Achim Bühl (Hrsg.)

Auf dem Weg zur biomächtigen Gesellschaft

VS RESEARCH

Achim Bühl (Hrsg.)

Auf dem Weg zur biomächtigen Gesellschaft?

Chancen und Risiken
der Gentechnik

VS RESEARCH

Bibliografische Information der Deutschen Nationalbibliothek
Die Deutsche Nationalbibliothek verzeichnet diese Publikation in der
Deutschen Nationalbibliografie; detaillierte bibliografische Daten sind im Internet über
<http://dnb.d-nb.de> abrufbar.

1. Auflage 2009

Alle Rechte vorbehalten
© VS Verlag für Sozialwissenschaften | GWV Fachverlage GmbH, Wiesbaden 2009

Lektorat: Christina M. Brian / Anita Wilke

VS Verlag für Sozialwissenschaften ist Teil der Fachverlagsgruppe
Springer Science+Business Media.
www.vs-verlag.de

Umschlaggestaltung: KünkelLopka Medienentwicklung, Heidelberg
Gedruckt auf säurefreiem und chlorfrei gebleichtem Papier
Printed in Germany

ISBN 978-3-531-16191-4

Aspekte der Präimplantationsdiagnostik

Probleme der Stammzellforschung

Probleme der Gendiagnostik
Karl Sperling 333

Risikoanalyse Grüne Gentechnik
Achim Bühl 371

Das genetische Personenkennzeichen auf dem Vormarsch

Gentechnik und die neue Qualität der Biowaffen

Vorwort

Achim Bühl

Das vorliegende Buch ist aus einer umfassenden transdisziplinären Zusammenarbeit hervorgegangen. Biologen, Chemiker, Mediziner, Soziologen, Juristen und Humangenetiker erläutern allgemein verständlich die mit den (post)modernen Lebenstechnologien verbundenen ethischen Probleme. Gefahren und Chancen der Gen- und Biotechnologien kommen dabei gleichermaßen zur Sprache. Eine kritische Sichtweise aus unterschiedlichen Blickwinkeln addiert sich so zu einer fundierten Gesamtbetrachtung, welche diverse Anwendungsgebiete der „Life Sciences" thematisiert.

Die Verfasser der Beiträge, die sich sowohl mit der Reproduktionsmedizin (Pränataldiagnostik, Präimplantationsdiagnostik) als auch mit der roten Gentechnik (Stammzellforschung, Gentherapie und Gendiagnostik) wie der grünen Gentechnik (Genlandwirtschaft und Genfood) beschäftigen, kennen sich aus unterschiedlichen Arbeitszusammenhängen wie u a. der Berlin-Brandenburgischen Akademie der Wissenschaften und ihrer interdisziplinären Arbeitsgruppe Gentechnologie, gemeinsamen Ringvorlesungen an der Hochschule für Technik Berlin (vormals TFH Berlin) sowie einem regen interpersonellen Gedankenaustausch zur Bioethik.

Den Schwerpunkt des Buches bilden dabei vor allem diejenigen Felder der Lebenstechnologien, die aus ethischen Gründen hochgradig strittig sind und die mit grundlegenden bioethischen Fragestellungen verknüpft sind, so dass auch Anwendungsgebiete zur Sprache kommen, die wie das Klonen von Menschen, die DNA-Identifizierung und die Biowaffenforschung häufig den Anlass für dystopische Szenarien in Science-Fiction-Filmen liefern.

Der Herausgeber dankt allen Beteiligten, die durch ihr hohes Engagement den vorliegenden Forschungsband, der sich sowohl an Geistes- als auch an Naturwissenschaftler wie generell an alle an Gen- und Biotechnologien Interessierte richtet, ermöglicht haben.

Der Herausgeber ist auch vielen seiner Studierenden, die durch großes Interesse, kritische Einwände und engagiertes Fragen in Vorlesungen und Seminaren zur Gen- und Biotechnologie diesen Band angeregt und bereichert haben, zu Dank verpflichtet.

Achim Bühl

Einleitung

Achim Bühl

Zu Beginn des 21. Jahrhunderts ist die Sichtweise, dass die modernen Gen- und Biotechnologien vielfältige Chancen als auch Risiken in sich bergen, weitgehend Konsens. Die bioethische sowie risikoanalytische Beurteilung einzelner Sachverhalte bleibt indes sowohl in der Scientific Community als auch in der Öffentlichkeit weiterhin hochgradig umstritten. Schon eine oberflächliche Betrachtung alltäglicher Zeitungsartikel offenbart die Dissense um die modernen Gen- und Biotechnologien. „Streit um Designer-Baby"[1] lautet die Überschrift eines Wissenschaftsartikels in der Tageszeitung „Die Welt". Forscher der New Yorker Cornell Universität hatten einem einzelligen menschlichen Embryo ein Gen für ein fluoreszierendes Protein eingesetzt. „Nach drei Tagen fluoreszierten alle Zellen, die sich inzwischen gebildet hatten. Mit dem Versuch wollten die Wissenschaftler herausfinden, ob der fluoreszierende Marker bei der Zellteilung auch in die Tochterzellen geht."[2] Während in den USA das „Center for Genetics and Society" (CGS) den Versuch als Überschreitung bislang gültiger ethischer Grenzen kritisierte[3], verteidigte der Direktor des Zentrums für Reproduktionsmedizin das Experiment, da seines Erachtens bei der Stammzellforschung nur so zu überprüfen sei, ob bei gentechnischen Veränderungen auch alle Zellen eines Embryos das geimpfte Gen bekommen. Während Kritiker die Züchtung von Wunschbabys befürchten, die gentechnische Veränderung sowie das Tuning von Menschen, sehen Befürworter große Gesundheitspotentiale und Chancen für die Heilung von Patienten.

Hochgradig umstritten ist auch die sogenannte „Chimärenbildung"[4], die Herstellung von Mischwesen. Zu Beginn des Jahres 2008 gelang es britischen Forschern der Universität von Newcastle erstmals Embryonen aus einem Menschen und einem Tier herzustellen. Vermischt wurde hierfür die aus Hautzellen gewonnene menschliche DNA mit Eizellen von Kühen. Die auf diese Weise entstandene Chimäre wurde nach drei Tagen vernichtet. Eine Genehmigung für das

---

[1] Die Welt, 14.05.2008
[2] Die Welt, a.a.O.
[3] taz, 16.05.2008
[4] Unter Chimären versteht man Organismen mit Erbinformationen verschiedener Individuen. In der griechischen Mythologie bezeichnet die Chimäre ein Mischwesen.

Experiment lag seitens der britischen Aufsichtsbehörde für Fortpflanzungsmedizin und Embryologie (HFEA) vor. Die Entscheidung der Behörde hatte bereits im September 2007 heftige Proteste in der britischen Öffentlichkeit sowie im Ausland ausgelöst. Bundesärztekammer-Präsident Jörg-Dietrich Hoppe warnte vor einer grenzenlosen Forschung am Menschen.[5] Um derartige Versuche zukünftig auf gesetzlichem Wege zu ermöglichen, verabschiedete das britische Unterhaus am 19. Mai 2008 ein Gesetz zur Liberalisierung der Stammzellforschung. „Damit dürfen auf der Insel in Zukunft Embryonen aus menschlichen und tierischen Zellen hergestellt werden."[6] Die Parteiführungen von Konservativen, Liberaldemokraten und der Labour Partei hoben dabei den Fraktionszwang für das Parlamentsvotum in dieser Frage auf. Der Entwurf der Labour-Regierung wurde vom Oppositionsführer der Konservativen David Cameron als auch von der Führung der Liberaldemokraten unterstützt, während eine ebenso parteiübergreifende Abgeordnetengruppe für den Antrag des Konservativen Edward Leigh votierte, die Forschung mit sogenannten zytoplasmatischen Hybriden zu verbieten. In freier Abstimmung wurde Leighs Antrag mit 336 zu 176 Stimmen abgelehnt. „In einer zweiten Abstimmung erlaubte das Unterhaus mit 286 zu 223 Stimmen auch die bisher noch unerprobte Forschung mit sogenannten echten Hybriden. Dabei wird die Eizelle einer Kuh mit menschlichem Sperma befruchtet oder umgekehrt."[7] Das Interesse britischer Forscher am Zugriff auf Kuhzellen liegt in der Tatsache begründet, dass zur Herstellung von Stammzelllinien nicht genügend menschliche Eizellen zur Verfügung stehen.

Wie die Beispiele belegen, besteht genügend Anlass, um Chancen und Risiken moderner Gen- und Biotechnologien auf aktuellem Wissensstand zu reflektieren. Der vorliegende Band bemüht sich dabei bewusst darum, unterschiedliche Positionen zu Wort kommen zu lassen, um dem Leser einen fundierten Einblick in eine der wichtigsten Technologiedebatten zu bieten und ihn zum eigenen Nachdenken anzuregen.

Titel und Fragestellung des Buches werden im Einleitungsbeitrag *„Von der Eugenik zur Gattaca-Gesellschaft?"* von *Achim Bühl* reflektiert. Eine ernsthafte Analyse der Risiken moderner Gen- und Biotechnologien ist für den Techniksoziologen und Herausgeber des Buches sowohl in Deutschland wie weltweit ohne einen Rekurs auf die Eugenik undenkbar. Will man die Chancen der Gentechnik nutzen und die ihr immanenten Risiken beachten bzw. vermeiden, so erweist sich die Aufarbeitung der historischen Erfahrungen des Missbrauchs der Le-

---

[5]   www.aerzteblatt.de
[6]   Berliner Zeitung, 20. Mai 2008
[7]   a.a.O.

benstechnologien als unverzichtbar. Die moderne Humangenetik ist genealogisch betrachtet zutiefst mit der „klassischen Eugenik" verflochten. Vorstellungen von Züchtungsutopie, „Menschenökonomie", Zwangssterilisation und „Euthanasie", von „Herrenrasse" und „minderwertigem Leben" finden sich um die Jahrhundertwende in ganz Europa sowie in den USA. Es sind zentrale Stereotype, welche die Unterdrückung der Farbigen, den Kolonialismus des 20. Jahrhunderts sowie innerimperialistische Machtkämpfe im Vorfeld des Ersten Weltkriegs ideologisch rechtfertigen sollen. Sie sind zugleich die Basiselemente dystopischer Bevölkerungsdiskurse der durch die sozialen Begleiterscheinungen der kapitalistischen Industrialisierung verunsicherten Gesellschaften am Ende des 20. Jahrhunderts. Das „Fin de siècle" ist dergestalt betrachtet nicht zuletzt eine Zeit der Biologisierung des Sozialen, welche die Therapie diffuser Zukunftsängste in der Adaption des Sozialdarwinismus und seiner rassistischen Konstrukte sieht. Zwar mag die nationalsozialistische Rassenhygiene hier ihren geistig-sozialen Nährboden gefunden haben, sie zeichnet sich jedoch in vergleichender Betrachtung etwa zu den eugenischen Bewegungen in Skandinavien und der Schweiz von Anfang an durch den ihr genuinen Antisemitismus und den Radikalisierungsgrad ihrer eugenischen Ideen aus, der in der praktischen Realisation millionenfacher Massenmorde ihren Ausdruck findet. Die Befreiung vom Faschismus bedeutet jedoch weder in den USA, noch in Europa und Deutschland nach 1945 das Ende der Eugenik. Zwangssterilisationen erstrecken sich vielfach noch bis in die 80-er und 90-er Jahre. Der Artikel schließt mit einer Betrachtung moderner Formen der Eugenik, einer Analyse der Gattaca-Gesellschaft sowie der Beantwortung der Frage, inwiefern und inwieweit eine „biomächtige Gesellschaft" eine reale Gefahr im 21. Jahrhundert darstellt.

Fundamentalistische Kritiker der Pränataldiagnostik sehen diese Technologie in der Traditionslinie der Eugenik. Zwar unterscheide sich die „liberale Eugenik" von der „klassischen Eugenik", da sie nicht mehr mit Zwang, sondern mit subtileren Mechanismen arbeite, das Ziel bliebe indes gleich, nämlich die „Aussonderung" bzw. die Vernichtung ungeborenen Lebens mit „Behinderungen". Für die Befürworter der pränatalen Diagnostik kommt diese Kritik einer Diffamierung der Schwangeren bzw. der potentiellen Eltern sowie des ärztlichen Personals gleich, da es diesen nicht um „Rassenzucht" gehe, sondern um das in vielerlei Hinsicht wertvolle Erkennen vorgeburtlicher Krankheiten sowie um die Selbstbestimmung der Frau.

Rolf Becker und *Achim Bühl* thematisieren in ihrem Beitrag „*Die Janusköpfigkeit der Pränataldiagnostik*" die Zwiespältigkeit der diagnostischen Möglichkeiten der nichtinvasiven sowie der invasiven PND. Die Chancen der Pränataldiagnostik sehen die Autoren im informativen, im behandelnden sowie im operativen Bereich. Mit Hilfe der PND habe sich eine rein reagierende mechanische Geburtshilfe in eine planbare agierende Geburtsmedizin verwandelt. Die Gefahren der Pränataldiagnostik liegen für die Autoren u. a. in der Potentialität eines Schwangerschaftsabbruchs, in der vorgeburtlichen Geschlechterauswahl, einer möglichen Behindertenfeindlichkeit, der psychischen Belastung der Schwangeren, dem Anspruchsdenken „gesundes Kind" sowie in der bei invasiven Verfahren gegebenen Gefährdung der Schwangeren sowie des Feten. Kritisch setzen sich Becker und Bühl mit der Frage auseinander, ob es sich bei der Pränataldiagnostik um Eugenik handelt.

Anfang 2008 hat Italien das Verbot vorgeburtlicher Untersuchungen gelockert. „Danach dürfen Paare, die mit Erbkrankheiten vorbelastet sind, im Reagenzglas entstandene Embryonen vor der Einpflanzung in die Gebärmutter auf genetische Defekte untersuchen."[8] Im Jahre 2003 hatte Italien erst ein restriktives Gesetz beschlossen, welches die Präimplantationsdiagnostik (PID) generell verbot. Gegen das im Fortpflanzungsgesetz enthaltene PID-Verbot hatten im Vorfeld der Gesetzesliberalisierung mehrere italienische Paare geklagt. Auch in Deutschland wurde kaum eine Technik so intensiv seit Beginn des neuen Jahrtausends diskutiert wie die PID, durch welche es seit nunmehr 17 Jahren beim Menschen möglich ist, Embryonen vor Re-Implantation in die Gebärmutter genetisch zu untersuchen. Die bundesdeutschen Debatten im Parlament und in den Feuilletons ließen vor allem in den Jahren 2000 und 2001 den Eindruck von einem „Kampf der Kulturen" im Bereich der moralischen Bewertung der PID aufkommen. Viele haben sich an diesem Diskurs beteiligt, aber nicht alle relevanten Gruppen sind tatsächlich zu Wort gekommen. Im Diskurs wurden zudem gesellschaftshistorische Wurzeln in vergleichender Betrachtung, etwa zur Diskussion und Praxis europäischer Nachbarländer, selten reflektiert. Gerade im Bereich der Bewertung der Gentechnologie im Feld der Reproduktionsmedizin stehen sich darüberhinaus mehrere Wissenschaftsfelder gegenüber, die eher übereinander als miteinander sprechen.

In ihrem Beitrag *„Aspekte der Präimplantationsdiagnostik"* versucht die Marburger Ärztin und Bioethikerin *Tanja Krones* die Auseinandersetzung um die PID auszuleuchten und den Konflikt einer transdisziplinären Bearbeitung zugänglich zu machen. Die Historie der nationalen und internationalen Entwicklung der Präimplantationsdiagnostik sowie die Debatte um die PID analysierend, entwickelt Krones ein theoretisch-methodisches Konzept einer empirischen, kontextsensitiven Ethik, deren zentrales Moment die sukzessive Einbe-

---

[8]   taz, 2.05.2008

ziehung der Auffassung unmittelbar und mittelbar Betroffener ist. Das Konzept sieht die diskursive Integration verschiedener Expertengruppen und der ganzen Gesellschaft in die Bewertung von gesellschaftlich technischen Ko-Produktionen - wie eben die der PID - vor. Eine kontextsensitive Ethik schließt für Krones eine empirische Überprüfung von ethischen sowie sozialwissenschaftlichen Argumenten und Thesen als Hypothesen in der Lebenswelt ein, so dass die Autorin zugleich die Resultate empirischer Studien präsentiert, die in den letzten Jahren in der AG Bioethik/Klinische Ethik am Zentrum für Konfliktforschung an der Universität Marburg durchgeführt wurden.

In den dargestellten Studien wurden sowohl direkt betroffene Paare, verschiedene Expertengruppen (Hebammen, Humangenetiker, Reproduktionsmediziner, Pädiater und Ethiker) sowie die Gesamtbevölkerung qualitativ und repräsentativ befragt und darüber hinaus eine Printmedienanalyse durchgeführt. Im Lichte der Ergebnisse dieser Erhebungen unterbreitet Krones abschließend Interpretationsmöglichkeiten und Lösungsvorschläge im Rahmen einer kontextsensitiven Ethik. Sie gelangt dabei zu dem Schluss, dass die PID, trotz vielfältiger Probleme, in Deutschland nicht weiter verboten bleiben sollte.

Die Bundestagsdebatten im Februar und April 2008 sowie parallel laufende Diskussionen in der Öffentlichkeit belegen, dass die embryonale Stammzellforschung in Deutschland weiterhin hochgradig umstritten bleibt. Laut Embryonenschutzgesetz[9] ist die Erzeugung embryonaler Stammzellen in Deutschland seit dem 1. Januar 1991 verboten. Im Ausland erzeugte Linien können jedoch unter bestimmten Bedingungen importiert werden. Den Import regelt das „Gesetz zur Sicherstellung des Embryonenschutzgesetzes im Zusammenhang mit Einfuhr und Verwendung menschlicher embryonaler Stammzellen (Stammzellgesetz)", welches am 1. Juli 2002 in Kraft trat.[10] Bislang durften laut Gesetz embryonale Stammzelllinien importiert werden, die vor dem 1. Januar 2002 im Ausland erzeugt wurden. Forscher hatten diese Stichtagsregelung zunehmend kritisiert, da sie sich auf diese Weise gezwungen sahen, mit mittlerweile veraltetem Zellmaterial zu arbeiten, das darüber hinaus durch tierisches Material verunreinigt ist.

Im April 2008 lagen dem Bundestag vier Anträge zur Abstimmung vor, die von einer vollständigen Freigabe der embryonalen Stammzellforschung bis hin zu einem gänzlichen Verbot reichten. Dem Antrag auf Verschiebung des Stichtags auf den 1. Mai 2007 stimmten bei namentlicher Abstimmung 346 Parlamentarier zu, 228 Abgeordnete waren dagegen. Die Anträge zur völligen Abschaffung der Stichtagsregelung sowie zum vollständigen Verbot der Forschung mit embryo-

---

[9] Text des Embryonenschutzgesetzes siehe: www.bundesrecht.juris.de/eschg/__13.html
[10] Text des Stammzellgesetzes siehe: www.bundesrecht.juris.de/stzg/index.html

nalen Stammzellen waren zuvor gescheitert. Abgestimmt wurde dabei ohne den üblichen Fraktionszwang, da schon die emotionale Debatte im Februar zeigte, dass die kontroversen Meinungen quer durch die im Bundestag vertretenen Parteien reichen.

Hoffnungen existieren, dass die Forschung zukünftig vielleicht ohne die ethisch und politisch umstrittenen embryonalen Stammzellen auskommen kann. So ist es dem deutschen Forscher Hans Schöler gelungen, Hodenzellen mit deutlich weniger gentechnischen Eingriffen als bislang üblich zu reprogrammieren. Doch auch mit dieser neuen Methode lässt sich das Krebsrisiko solcher Zellen nicht ausschließen.[11] Der Weg hin zu einer ethisch-unbedenklichen Stammzellforschung könnte dergestalt betrachtet noch weit sein.

Auf der Suche nach Forschungsalternativen beantwortet *Ferdinand Hucho* in seinem Beitrag *„Probleme der Stammzellforschung"* u. a. die Frage, ob embryonale oder die in ethischer Hinsicht weniger strittigen adulten Stammzellen zu präferieren sind. Der Biochemiker Hucho beschreibt dabei sowohl die zellbiologischen Grundlagen als auch die Ziele und potentiellen Anwendungen der Stammzellforschung sowie ihre umstrittene rechtliche Regulierung.

Kein Bereich der Gen- und Biotechnologien scheint zur Zeit derartig angstbesetzt zu sein wie das menschliche Klonen. Kein Wunder also, dass sich das Thema Klonen hervorragend für dystopische Science-Fiction-Filme eignet. Eine Analyse derartiger Filme ist schon deshalb von Interesse, da derartige cineastische Diskurse unsere Vorstellungen vom Klonen unbewusst prägen.

Achim Bühl beschreibt in seinem Beitrag *„Reproduktives Klonen in ‚real life'* *und in der Science Fiction"* zunächst die derzeit existierenden Klontechniken in Gestalt des Embryosplitting sowie des Zellkerntransfers, um sodann potentielle Anwendungsgebiete des reproduktiven Klonens bei Tieren und Menschen zu analysieren. Nach einer Betrachtung des Klonens in Science-Fiction-Filmen wird abschließend die rechtliche Seite des reproduktiven Klonens sowie der ethische Diskurs skizziert und einer Bewertung unterzogen.

Die „Entschlüsselung des menschlichen Genoms" sowie die technologische Entwicklung von Diagnosechips ermöglicht zahlreiche Untersuchungen u. a. für medizinische Zwecke, für Vaterschaftstests sowie für Zwecke im Versicherungsbereich sowie im Arbeitsleben. Eine umfangreiche Grauzone ist entstanden, zumal derartige Tests per Internet in Auftrag gegeben werden können und weder eine medizinische noch eine psychologische Betreuung nach Erhalt der Diagnose existiert. Die Anzahl der Webpages, die ihre Dienste zwecks Erstellung von Abstammungsgutachten anbieten, ist beachtlich gestiegen. Angesichts

---

[11]   Joachim Müller-Jung: Wegweisender Erfolg in der Stammzellforschung, FAZ, 10.07.2008

derartiger Entwicklungen ist es umso erstaunlicher, dass ein Gendiagnostikgesetz bis zum jetzigen Zeitpunkt (September 2008) noch immer nicht verabschiedet wurde. Am 17. Februar 2005 einigte sich der Deutsche Bundestag in einem fraktionsübergreifenden Beschluss auf die Notwendigkeit ein solches Gesetz zu erarbeiten. Die Bundestagsfraktion von Bündnis90/Die Grünen legte im November 2006 ein Gendiagnostikgesetz-Entwurf vor.[12] Erst im April 2008 einigte sich die (neue) Bundesregierung auf Eckpunkte zu einem Gendiagnostikgesetz, so dass nunmehr ein Referentenentwurf vorliegt.[13]

In seinem Beitrag *„Probleme der Gendiagnostik"* behandelt *Karl Sperling* die molekulargenetischen Grundlagen von Gentests sowie deren rechtliche Basis. Er setzt sich mit der Frage auseinander, ob wir in Deutschland ein Gendiagnostikgesetz brauchen oder nicht und analysiert kritisch den Entwurf der Bundestagsfraktion des Bündnisses90/Die Grünen sowie den Referentenentwurf. Dabei lässt Sperling auch die Problematik der Biodatenbanken nicht außer Acht.

Äußerst kontrovers diskutiert wird weiterhin die Grüne Gentechnik, was aktuell die Debatte über die weltweite Hungersnot und steigende Lebensmittelpreise verdeutlicht. Der Agrarforscher Matin Quaim hält eine neue Grüne Revolution für unverzichtbar. Zur Lösung des Problems, dass mehr als 800 Millionen Menschen auf der Erde hungern, führe kein Weg an der Gentechnik vorbei. Mit ihrer Hilfe könne es gelingen, widerstandsfähige und schädlingsresistente Pflanzen zu züchten, um so den Welthunger zu lindern und die Explosion der Lebensmittelpreise zu stoppen. Weltweit werde „keine Technologie so stark reguliert wie die Grüne Gentechnik, obwohl ernsthafte Probleme oder Risiken nirgendwo sichtbar sind."[14] Auch UN-Generalsekretär Ban Ki Moon warnt vor den Folgen teurer Lebensmittel und fordert wie Quaim eine neue Grüne Revolution. Zum Einsatz gelangen solle vor allem gentechnisch verändertes Saatgut, was der Trockenheit besser standhalte.[15]

Doch nicht nur die Befürworter, auch die Kritiker der Grünen Gentechnik sehen ihre Sichtweise durch die aktuelle Versorgungskrise bestätigt. Die Ursache der Verdoppelung der Preise für Reis und Getreide in den letzten Monaten sehen sie in einer durch die Gentechnologie forcierten monokulturell ausgerichteten Landwirtschaft, die an ihre Grenzen gestoßen sei sowie in der Produktion von Biotreibstoffen mittels gentechnisch veränderter Pflanzen. Auch der Bericht des Weltlandwirtschaftsrates (IAASTD) sieht eine Rückbesinnung auf nachhaltige

---

[12] Drucksache 16/3233 vom 3. 11. 2006, www.dip21.bundestag.de/dip21/btd/16/032/1603233.pdf
[13] Siehe hierzu: www.gfhev.de/de/hochschulinformationen/allgemeine_informationen.php
[14] Bio kann die Welt nicht retten. Interview mit dem Agrarforscher Matin Quaim, in: Die Welt, 13.05.2008
[15] taz, 22.04.2008

Produktionsweisen vor. „Dazu zähle der Einsatz natürlicher Düngemittel und traditionellen Saatguts sowie kürzere Wege zwischen Produzenten und Verbrauchern."[16]

Der Grünen Gentechnik widmet sich in diesem Buch der Beitrag von *Achim Bühl „Risikoanalyse Grüne Gentechnik".* Detailliert bespricht der Autor die technologieimmanente Seite des Risikos der Grünen Gentechnik und verdeutlicht in der Gegenüberstellung von gentechnischem Determinismus und systembiologischer Epigenetik, dass die Gefahren der Grünen Gentechnik im Kontext einer wissenschaftlichen Technikfolgenabschätzung zu Beginn des 21. Jahrhunderts gänzlich neu zu taxieren sind. Neben der technologischen Seite des Risikos wird auch die soziale Seite, die gesundheitliche sowie die ökologische Seite des Gefahrenpotentials einer fundierten Analyse unterzogen. Abschließend benennt der Techniksoziologe Bühl Alternativen zur Grünen Gentechnik und gelangt zum Fazit, dass für die Landwirtschaft sowie die Lebensmittelindustrie akzeptable Alternativen existieren, so dass keine hinreichenden Gründe existieren, um zum gegenwärtigen Zeitpunkt von einer Hochrisikotechnolgie Gebrauch zu machen.

Die forensische DNA-Analytik, der „genetische Fingerabdruck" wird von Kriminalisten als die entscheidende Waffe des 21. Jahrhunderts betrachtet. Unstrittig ist, dass es sich um eine Technik handelt, die bei der Aufklärung von Serienstraftaten, bei der Identifizierung von Leichen, bei Vaterschaftstests u. a. wichtige Dienste leisten kann. Strittig bleibt indes, ob es sich lediglich um ein polizeiliches Identifizierungsinstrument handelt oder weit darüberhinaus reichend um einen gravierenden Eingriff in die Grundrechte der Bürger. Während die Befürworter des „genetischen Fingerabdrucks" häufig weiter gehen wollen und die Ablösung des klassischen Fingerabdrucks durch den „genetischen Fingerabdruck" bei sämtlichen Straftaten fordern, sehen Kritiker u. a. die Gefahr, dass die Unschuldsvermutung[17] als juristisches Rechtsprinzip zunehmend an Gültigkeit verliert und weisen darauf hin, dass von Freiwilligkeit bei der Beteiligung an genetischen Massentests gesprochen werde, während die Realität sich durch perfiden Gruppenzwang auszeichne.

Alexander Dix problematisiert in seinem Beitrag *„Das genetische Personenkennzeichen auf dem Vormarsch"* den Terminus „genetischer Fingerabdruck" aus der Sicht eines Datenschutzbeauftragten. Er legt dar, inwiefern es sich ver-

---

[16]   Zitiert nach: www.spiegel.de, 15. April 2008
[17]   Die Unschuldsvermutung ist ein elementares Grundprinzip eines rechtsstaatlichen Strafverfahrens und bedeutet, dass jeder Verdächtige oder Beschuldigte während der gesamten Dauer eines Strafverfahrens als unschuldig zu gelten hat und nicht er seine Schuld, sondern die Strafverfolgungsbehörde ihm eine Schuld beweisen muss.

glichen mit dem klassischen Fingerabdruck beim „genetischen Fingerabdruck" um etwas qualitativ anderes handelt. Dix setzt sich mit den rechtlichen Rahmenbedingungen auseinander und benennt vielfältige Risiken, die in der Praxis auftreten können und warnt vor „Allmachtsphantasien" einer kriminalitätsfreien Gesellschaft. Eine Bewertung heimlicher Vaterschaftstests sowie der DNA-Tests als Mittel der Zuwanderungskontrolle, rundet den Beitrag ab.

Während die Furcht vor terroristischen Anschlägen nach dem 11. September 2001 scheinbar ungebrochen ist, findet die Entwicklung der Biowaffenforschung in staatlichen Labors kaum nennenswerte Beachtung. Dies mag zum einen daran liegen, dass der internationale Terrorismus sich noch immer traditioneller Mittel bedient, zum anderen daran, dass die Suche der USA nach ABC-Waffen im Irak im Sande verlaufen ist. Selbst ein Staat wie der Irak scheint offensichtlich überfordert gewesen zu sein, effektive Ausbringungsmethoden zu entwickeln, so dass die Erfolglosigkeit sowie der internationale Druck dazu führten, dass der Irak alle verbotenen Waffenprogramme wohl bereits 1991 einstellte.[18] Im August 2003 musste der militärische Nachrichtendienst der USA, die Defense Intelligence Agency, eingestehen, dass das Fahrzeug, welches man als Beweis für mobile Biowaffen-Labors im Irak präsentiert hatte, nicht für die Herstellung von Biowaffen geeignet war.[19]

Eine Entwarnung ist dadurch jedoch keineswegs begründet. Das biochemische Wettrüsten, vor allem von Großmächten wie Russland und den USA, geht unvermindert weiter. Am 25. Februar 2003 wurde in den USA ein Patent mit der Nr. 6.523.478 erteilt für „eine Granate, die von herkömmlichen Gewehren abgefeuert wird und so genannte nicht tödliche Stoffe ausbringen kann. Mit der Granate können feine Nebel - so genannte Aerosole - verschiedener Substanzen erzeugt werden."[20] Das Patent, welches der US-Armee erteilt wurde, dürfte es eigentlich gar nicht geben, da der Artikel 1 des Biowaffen-Übereinkommens die Entwicklung von Ausbringungsmethoden für biologische Waffen verbietet.

Auch sind die Entwicklungen auf dem Gebiet der Bio- und Gentechnologie selbst besorgniserregend. Im Jahr 2002 verkündete Craig Venter, der an der Entschlüsselung des menschlichen Genoms maßgeblich beteiligt war, dass er im Labor einen künstlichen Organismus konstruieren will, der gerade soviele Gene besitzen solle, dass er überleben könne. Craig Venter räumte dabei ein, dass der Organismus auch als Grundlage für neue biologische Waffen dienen könne. Am 31. Mai 2007 reichte sein Institut beim US-Patentbüro ein Patent auf die erste

---

[18] Jan van Aken: Biowaffen in Bagdad oder Baltimore? Online unter: www.sunshine-project.de
[19] Jan van Aken: Biowaffen in Bagdad oder Baltimore? A.a.O.
[20] Jan van Aken, a.a.O.

vollständig synthetische Lebensform ein. Das Bakterium „Mycoplasma labora-
torium"[21] enthält ein Minimal-Genom aus 381 Protein-codierenden Genen. Das
synthetisch erzeugte Genom wurde in einen Zellkörper eingepflanzt, dessen Genom zuvor entfernt wurde. Selbst wenn die Frage noch vollständig offen ist, ob
sich mit diesem Verfahren bereits ein lebensfähiges Bakterium herstellen lässt,
so ist doch eine Grenze in Richtung synthetischer Biologie überschritten worden. „Die Umwandlung einer Art in eine andere, nah verwandte ist also grundsätzlich möglich."[22]

Auch logistische Probleme geben zu denken. „Viele Firmen, die auf Bestellung
DNA-Sequenzen mit der Post liefern, überprüfen nicht oder nur mangelhaft ihre
Kunden, obwohl sich gefährliche Erreger aus diesen Bestandteilen herstellen
lassen."[23] Dabei werden sogar gefährliche Erreger wie Ebola durch postalische
Lieferdienste verschickt. Zwar müssen dabei gewisse Sicherheitsvorkehrungen
eingehalten werden, durch einen Überfall oder Unfall kann es jedoch durchaus
zu einer Freisetzung kommen. Wohl vollständig unüberlegt geschah der Versand eines gefährlichen Grippevirus „an über 5.000 Labors vor allem in den
USA, aber auch an 61 Labors in 18 weiteren Ländern"[24] im Auftrag des College
of American Pathologists im Jahr 2005. Der verschickte Grippevirus, der getestet werden sollte, hatte 1957 zwischen einer und vier Millionen Menschen getötet.[25]

Während gefährliche Erreger an Tausende von Adressen geschickt werden, lassen sich gefährliche Krankheitserreger aus frei über das Internet erhältlichen
Gen-Sequenzen zusammensetzen. „Terroristische Organisationen mit entsprechender Kenntnis und Ausrüstung könnten so z. B. in den Besitz des Pocken-
Virus' gelangen, gegen den es keinen ausreichenden Impfschutz mehr gibt."[26]

Der Beitrag von *Jan van Aken „Gentechnik und die neue Qualität der Biowaffen"* verdeutlicht das breite Spektrum missbräuchlicher Anwendungen, welche
die modernen Gen- und Biotechnologien auf dem Gebiet der Biowaffen eröffnen. Van Aken beschreibt präzise die potentielle gentechnische Veränderung
klassischer Biowaffen-Erreger, die Produktion neuartiger infektiöser Agenzien,
die Synthese gefährlicher Erreger - die bei Viren bereits erfolgreich gelungen ist

---

[21]   Das hierfür verwendete vergleichsweise simple Bakterium „Mycoplasma genitalium" lebt im
       Genitaltrakt des Menschen und verfügt über ca. 500 Gene.
[22]   Tagesspiegel, 25.01.2008
[23]   Florian Rötzer: Unkontrollierter Versand von Bestandteilen für Biowaffen, 11.11.2005, online
       unter: www.heise.de
[24]   Florian Rötzer: Gefährlicher Grippevirus wurde an 5.000 Labore verschickt, 13.04.2005, onli-
       ne unter: www.heise.de
[25]   Florian Rötzer, a.a.O.
[26]   „Biowaffen aus dem Internet", online unter: www.nachrichtenaufklaerung.de

- und die Kreation vollkommen neuer Waffenarten sowie ethnisch spezifischer Biowaffen. Der Autor beschränkt sich dabei nicht nur auf die Analyse der Gefahren, sondern skizziert zugleich konkrete Maßnahmen, deren erfolgreiche Umsetzung die Gefahren zumindest eindämmen könnten.

Die vorliegende Studie leistet somit einen umfassenden Beitrag für eine Risikoanalyse der modernen Gen- und Biotechnologien und bereichert die bioethische Debatte auf verschiedenen Feldern mit neuen Gedanken, interessanten Einwänden und relevanten Bedenken. Die Autoren des Bandes bekennen sich dabei zur Erfordernis der Transdisziplinarität, auch wenn sie selber in Einzelfragen recht unterschiedliche Positionen vertreten mögen, doch dies macht ja gerade den Reiz einer (wissenschaftlichen) Zusammenarbeit als auch des vorliegenden Buches aus.

Von der Eugenik zur Gattaca-Gesellschaft?

Achim Bühl

Eine Risikoanalyse moderner Gen- und Biotechnologien ist ohne einen Rückblick auf die Eugenik und die mit ihr verbundenen historischen Erfahrungen kaum denkbar. Der Terminus Eugenik wurde von dem britischen Anthropologen Francis Galton[1], einem Vetter von Charles Darwin, im Jahre 1883 geprägt. Galton sah in der Eugenik eine Wissenschaft, deren Aufgabe darin besteht, positiv bewertete, vererbbare Eigenschaften in der Bevölkerung durch die Förderung der Fortpflanzung „Gesunder" zu vermehren, negativ beurteilte Charakteristika hingegen durch die Verhinderung der Fortpflanzung „Kranker" mittels Zwangssterilisation „auszumerzen". Im deutschsprachigen Raum wurde bis zum Ende des Zweiten Weltkriegs der Begriff Rassenhygiene verwandt, den maßgeblich Alfred Ploetz[2] und Wilhelm Schallmayer[3] prägten.

Wir wollen im Folgenden klären, ob und inwieweit neue Formen der Eugenik denkbar bzw. zu befürchten sind, ob Tendenzen und Wege von der Eugenik zu einer biomächtigen Gesellschaft z. B. in Gestalt eines Gattaca-Szenarios existieren.

1 Grundlagen der Eugenik

Die Grundlagen der Eugenik basieren auf unterschiedlichen Ideengebäuden wie dem Sozialdarwinismus, Züchtungsutopien, der „Menschenökonomie" sowie der Euthanasiedebatte.

Unter Sozialdarwinismus versteht man die Übertragung der Darwinschen Evolutionstheorie auf menschliche Gesellschaften. Der Begriff ist insofern irreführend, als Darwin selbst eine solche Anwendung nach 1880 explizit ablehnte. Der

---

[1] Francis Galton, geb. 1822, gest. 1911, britischer Naturforscher, Halbcousin von Charles Darwin
[2] Alfred Ploetz, geb. 1860, gest. 1940, deutscher Arzt, Begründer der Rassenhygiene in Deutschland
[3] Wilhelm Schallmayer, geb. 1857, gest. 1919, deutscher Arzt, Eugeniker, zusammen mit Alfred Ploetz Begründer der Rassenhygiene in Deutschland

Sozialdarwinismus stützt sich daher eher auf Ideen von Herbert Spencer[4] und Jean-Baptiste de Lamarck[5]. So geht z. B. der Begriff „survival of the fittest" auf den britischen Soziologen Spencer zurück und nicht, wie irrtümlich häufig angenommen, auf Charles Darwin. Sozialdarwinistisches Gedankengut war dergestalt betrachtet schon vor dem Erscheinen der Darwinschen Werke weit verbreitet.

Züchtungsutopien finden sich bereits im Werk von Francis Galton, der die Züchtung einer „hochbegabten Menschenrasse" als Ziel formulierte. Der französische Diplomat und Schriftsteller Arthur de Gobineau[6] verbreitete die Theorie von der arischen Herrenrasse, der britische Schriftsteller Houston Stewart Chamberlain[7] betrachtete die „nordischen Rasse" als höherwertig und als explizites „Zuchtziel". Seine populärwissenschaftlichen Werke wurden zur Grundlage des Rassismus und Antisemitismus in Deutschland.

Der Begriff der „Menschenökonomie" kam Anfang des 20. Jahrhunderts auf und teilte die Menschen in „Leistungsschwache" und „Leistungsstarke" ein. Bereits im Jahr 1911 fragte ein Preisausschreiben „Was kosten die schlechten Rassenelemente den Staat und die Gesellschaft?"[8]

Noch im Jahre 1836 postulierte der deutsche Arzt Christoph Wilhelm Hufeland[9], dass es die wichtigste Aufgabe des Arztes sei, das Leben auch bei unheilbaren Krankheiten zu erhalten. Der deutsche Zoologe Ernst Haeckel[10] schreibt hingegen im Jahre 1904 in seinem Buch „Die Lebenswunder": „Es kann daher auch die Tötung von neugeborenen verkrüppelten Kindern vernünftigerweise nicht unter den Begriff des Mordes fallen, wie es noch in unseren modernen Gesetzbüchern geschieht. Vielmehr müssen wir dieselbe als eine zweckmäßige, sowohl für die Beteiligten, wie für die Gesellschaft nützliche Maßregel billi-

---

[4] Herbert Spencer, geb. 1820, gest. 1903, engl. Philosoph und Soziologe, vertrat die Position, dass das Konzept „survival of the fittest" auf die gesellschaftliche Entwicklung anzuwenden sei, Vorläufer des Sozialdarwinismus.

[5] Jean-Baptiste de Lamarck, geb. 1744, gest. 1829, französischer Botaniker und Zoologe, veröffentlichte eine eigene Evolutionstheorie, welche die Vererbung individuell erworbener Eigenschaften der Organismen an die Nachkommen vorsieht.

[6] Arthur de Gobineau, geb. 1816, gest. 1882, französischer Diplomat und Schriftsteller, entwickelte eine Theorie über der „arischen Herrenrasse".

[7] Houston Stewart Chamberlain, geb. 1855, gest. 1927, englischer Schriftsteller, Verfasser populärwissenschaftlicher Standarwerke des rassischen Antisemitismus

[8] www.wikipedia.pg/wiki/Eugenik

[9] Christoph Wilhelm Hufeland, geb. 1762 in Langensalza, gest. 1836 in Berlin, deutscher Arzt, erster Dekan der neuen Medizinischen Fakultät der neuen Berliner Universität, aktiv in der Armenfürsorge.

[10] Ernst Haeckel, geb. 1834, gest. 1919, deutscher Zoologe und Philosoph, Verbreiter des Darwinismus in Deutschland, Wegbereiter der Eugenik und Rassenhygiene, sprach sich für den Züchtungsgedanken beim Menschen aus.

gen."[11] Die Medizin, so Haeckel, dürfe nicht zur Ausschaltung des Prinzips der Selektion führen, da sonst degenerative Tendenzen die Oberhand gewännen. So heißt es etwa: „Hunderttausende von unheilbar Kranken, namentlich Geisteskranke, Aussätzige, Krebskranke usw., werden in unseren modernen Kulturstaaten künstlich am Leben erhalten, ohne irgendeinen Nutzen für sie Selbst oder für die Gesamtheit."[12] Positiv bewertet Haeckel in seinem Werk u. a. die Tötung behinderter Kinder im antiken Sparta.

Im Jahre 1920 erscheint die Arbeit „Die Freigabe der Vernichtung lebensunwerten Lebens. Ihr Maß und ihre Form"[13] von Karl Binding[14] und Alfred Hoche[15]. Tötungshandlungen sollten, so die Autoren, unter bestimmten Umständen als Heileingriffe gesetzlich zugelassen werden. Es gäbe Menschenleben, „die so stark die Eigenschaft des Rechtsgutes eingebüßt haben, dass ihre Fortdauer für die Lebensträger wie für die Gesellschaft dauernd allen Wert verloren hat."[16] Die Studie prägt maßgeblich die Debatte in der Weimarer Republik „und bereitete die Verbrechen der NS-Diktatur in entscheidendem Maße vor."[17]

Die Kombination aus diesen heterogenen Elementen entwickelte sich zur Eugenik bzw. zur „Rassenhygiene" des deutschen Nationalsozialismus.

2 Historie der Eugenik

Um die Jahrhundertwende war eugenisches Gedankengut in ganz Europa sowie in den USA weit verbreitet. Nicht zuletzt leistete auch die Belletristik hierzu ihren Beitrag, so u. a. in Deutschland das Stück von Gerhart Hauptmann[18] „Vor Sonnenaufgang"[19]. In Gestalt des Alkohol-Abstinenzlers Alfred Loth porträtierte Hauptmann hier Alfred Ploetz, der eine literarische Bühne für seine nunmehr zunehmend sozialdarwinistischen Gedanken erhält.

---

[11] Zitiert nach: www.wikipedia.pg/wiki/Eugenik
[12] Zitiert nach: a.a.O.
[13] Karl Binding, Alfred Hoche: Die Freigabe der Vernichtung lebensunwerten Lebens. Ihr Maß und ihre Form, Leipzig 1920
[14] Karl Binding, geb. 1841, gest. 1920, deutscher Rechtsgelehrter, Strafrechtler
[15] Alfred Hoche, geb. 1865, gest. 1943, deutscher Psychiater, Vordenker der Euthanasie
[16] Karl Bindig, Alfred Hoche: Die Freigabe der Vernichtung lebensunwerten Lebens, a.a.O., online unter: www.home.filternet.nl/~fn003273/ldo/Sites/freigabe.htm
[17] www.wikipedia.org/wiki/Geschichte_der_Euthanasie
[18] Gerhart Hauptmann, geb. 1862, gest. 1946, deutscher Schriftsteller, Literaturnobelpreisträger (1912)
[19] Gerhart Hauptmann: Vor Sonnenaufgang. Soziales Drama in fünf Akten, Berlin 1889

Die weite Verbreitung der Eugenik um 1900 wollen wir exemplarisch am Beispiel der USA, Deutschlands, der Schweiz sowie der skandinavischen Länder[20] verdeutlichen.

2.1 Eugenik in den USA

Der Erfinder des Telefons Alexander Graham Bell[21] war in den USA einer der frühen Verfechter der Eugenik.[22] In den Jahren zwischen 1882 und 1892 erforschte er die Häufigkeit von Taubheit auf einer Insel in der Nähe von Boston. Auf der Basis seiner wissenschaftlich nicht haltbaren Analysen - Bell besaß z. B. zu diesem Zeitpunkt keinerlei Kenntnisse über die Mendelschen Vererbungsregeln - empfahl er ein Eheverbot unter Taubstummen sowie die eugenische Kontrolle von USA-Immigranten. „Spätere Arbeiten von Rassenhygienikern stützten sich bis weit in das 20. Jhdt. ungeprüft auf Bells Angaben. Als Folge wurden zahlreiche Taube ohne ihr Wissen und ohne ihr Einverständnis sterilisiert."[23]

Im Jahr 1896 verbot ein Gesetz im US-Bundesstaat Connecticut „Epileptikern, Schwachsinnigen und Geistesschwachen" die Heirat. „Schätzungen zufolge sind in den USA über 100.000 Menschen im Rahmen dieses Programms sterilisiert worden."[24] Im Jahr 1907 wurde das erste Gesetz erlassen, das die Zwangssterilisation aus eugenischen Gründen erlaubte. Im Jahr 1921 fand der zweite internationale Eugenik-Kongress in New York statt. „Honorarpräsident war Alexander Graham Bell, der gemeinsam mit den Organisatoren das Ziel verfolgte, Gesetze zur Verhinderung der Ausweitung von ‚defekten Rassen' einzuführen."[25]

Für die Verankerung der Eugenik in der staatlichen Politik der USA kämpfte auch Charles Davenport[26]. Aufgewachsen unter dem dominanten Einfluss seines streng puritanischen Vaters interessierte sich der Harvard-Absolvent nach seinem Biologie-Studium für die menschliche Evolution. Im Jahre 1904 wurde

---

[20] Wobei wir uns im Wesentlichen auf Schweden beziehen. Zu den skandinavischen Ländern allgemein (Dänemark, Schweden, Norwegen und Finnland) folglich Gunnar Broberg, Nils Roll-Hansen (Hrsg.): Eugenics and the Welfare State. Sterilization Policy in Denmark, Sweden, Norway, and Finland, Michigan 1996

[21] Alexander Graham Bell, geb. 1847, gest. 1922, Großunternehmer, Erfinder und Sprachtherapeut

[22] Zur Eugenik in den USA siehe vor allem Edwin Black: War against the Weak. Eugenics and America's Campaign to create a Master Race, New York 2003

[23] www.wikipedia.org/wiki/Alexander_Graham_Bell

[24] www.wikipedia.org/wiki/Eugenik

[25] www.wikipedia.org/wiki/Eugenik

[26] Charles Benedict Davenport, geb. 1866, gest. 1944, US-amerikanischer Biologe und Eugeniker, richtete an der New Yorker Universität ein Zentrum für Eugenik ein. Edwin Black nennt ihn „the real father of eugenics", vgl. Edwin Black: War against the Weak, a.a.O., S. 385

er Direktor eines Forschungsinstituts in Cold Spring Harbor, New York, und begann damit Familiengeschichten von so vielen Personen wie möglich aufzuzeichnen. Als rigoroser Eugeniker ging er davon aus, „dass so gut wie alle Merkmale, von der Intelligenz bis zum Wahnsinn, in strikt Mendelschem Sinne von den Eltern an die Kinder weitergegeben würden."[27] Für ihn stand fest, dass für nahezu jedes Merkmal ein Gen verantwortlich sei. Das deterministische 1:1-Denken bezog sich dabei auch auf Merkmale wie z. B. Alkoholismus, Kriminalität, Pauperismus (chronische Armut), Tuberkulose, Kraftlosigkeit sowie Sehfehler.

Davenport nahm Einfluss auf einzelstaatliche wie auf das nationale Parlament der USA, wozu er nicht zuletzt durch großzügige finanzielle Unterstützungen der Witwe des Eisenbahnmagnaten E. H. Harrison in der Lage war.

In den USA wuchs von Jahr zu Jahr der Einfluss der eugenischen Bewegung auch auf die Einwanderungsbehörde. Im Jahr 1924 wird dies durch die Verabschiedung des Johnson Act[28] deutlich, wodurch die Einwanderung aus Osteuropa sowie aus dem Mittelmeerraum stark eingeschränkt wurde.[29] „Solche Einwanderer, so behaupteten die Vertreter der Eugenik, seien den Angelsachsen unterlegen und würden das reine amerikanische Blut vergiften."[30]

Der apokalyptische Bevölkerungsdiskurs in den USA wurde vor allem mit dem Argument geschürt, Einwanderer bekämen ungehemmt Kinder, während „die gesunde angelsächsische Frau" sich zunehmend der „obersten Pflicht" verweigere.

Im Jahr 1922 legte Harry Laughlin, ein Assistent Davenports, ein Gesetzentwurf vor, der als Grund für eine Zwangssterilisation die Unfähigkeit einer Person nannte, sich als ein nützliches Mitglied der Gesellschaft zu erweisen, wozu er explizit folgende Personengruppen zählte: „1) Schwachsinnige, 2) Geisteskranke (einschließlich der Psychopathen), 3) Kriminelle (Straffällige ebenso wie Verwahrloste), 4) Epileptiker, 5) Alkoholiker und Drogensüchtige, 6) Kranke (an Tuberkulose, Syphilis, Lepra und anderen chronischen, ansteckenden und daher nach dem Gesetz abzusondernden Leiden), 7) Blinde (einschließlich der stark Sehbehinderten), 8) Taube (einschließlich stark Gehörgeschädigter), 9)

---

[27] Gina Maranto: Designer-Babys. Träume vom Menschen nach Maß, Stuttgart 1998, S. 103
[28] Der Johnson Act, auch Johnson-Reed Act und Imigration Act genannt, war ein Bundesgesetz der USA aus dem Jahre 1924, welches die Anzahl der Immigranten begrenzte.
[29] Aristide Zolberg: A Nation by Design. Immigration Policy in the Fashioning of America, Harvard 2006
[30] www.de.encarta.msn.com

Mißgebildete (einschließlich Krüppeln) und 10) Abhängige (Waisen, Taugenichtse, Obdachlose, Bettler, Landstreicher).[31]
Laughlin ging dabei von der Notwendigkeit der Sterilisation von ca. 15 Millionen „minderwertiger" Männer und Frauen bis zum Jahr 1980 aus, da sonst die USA zu einem ganzen Volk von „Jukes" und „Kallikaks" verkämen, wobei es sich hierbei um die Synonyme zweier Familien handelte, die zur damaligen Zeit in populären Studien vorgestellt wurden.

Im Jahre 1874 besuchte der Soziologe Richard L. Dugdale Gefängnisse in New York. In einem Gefängnis fand er sechs Insassen, welche alle zur Familie Juke[32] gehörten. Er verfolgte akribisch den Stammbaum der Familie zurück bis zum Urahnen, den er Max nannte und der zwischen 1720 und 1740 geboren sein musste. Die Ergebnisse seiner Untersuchungen veröffentlichte er im Jahre 1877 mit dem Titel „The Jukes: A Study in Crime, Pauperism, Disease and Heredity". Das Buch präsentiert Max als den Urahnen von 76 verurteilten Kriminellen, 18 Zuhältern, 120 Prostituierten, über 200 Sozialhilfebeziehern und von 2 Fällen „geistigen Schwachsinns".[33] Viele Kriminelle konnten der Studie zufolge in Verbindung gebracht werden mit Margret, die Dugdale die Mutter der Kriminellen nannte und die einen der Söhne von Max geehelicht hatte.

Das Buch Dugdales wurde im 19. Jahrhundert außerordentlich stark gelesen und fand vielfältige Beachtung.[34] Obwohl Dugdale argumentierte, dass die Ergebnisse den nur relativen Einfluss der Umgebung sowie der Herkunft und den starken Effekt schlechter ökonomischer Verhältnisse auf das individuelle Verhalten zeigten, betrachteten führende Eugeniker in den USA seine Arbeit nahezu als eugenisches Manifest, das sogleich zahlreiche weitere Studien inspirierte. Von Dugdale hingegen sind keine Vorschläge in Richtung Zwangssterilisation oder anderer Formen von Reproduktionskontrolle bekannt. Da seinem Verständnis nach menschliches Verhalten sowohl vom „Erbe" als auch von der „Umwelt" beeinflusst wird, trat er vielmehr sozialreformerisch in Erscheinung und sprach sich für eine Justizreform, eine verbesserte staatliche Gesundheitsversorgung, eine frühkindliche Erziehung und für eine Kinderwohlfahrt aus; all dies somit Maßnahmen, die in Richtung einer Verbesserung der sozialen Verhältnisse zielten. Gleichwohl bewegt sich die Studie auf abschüssigem Terrain. Dies wird spätestens deutlich, wenn Dugdale in seiner Untersuchung eine Kostenberechnung vornimmt und zum Ergebnis gelangt, die Familie Juke habe den

---

[31] Zitiert nach: Gina Maranto: Designer-Babys, a.a.O., S. 109
[32] Der Familienname Juke ist ein von Richard L. Dugdale gewähltes Pseudonym.
[33] www.wikipedia.org/wiki/The_Jukes_family
[34] Edwin Black: War against the Weak. Eugenics and America's Campaign to create a Master Race, New York 2003, S. 24

Staat New York $1.308.000 gekostet. Beim Lesen des Buchs drängen sich an dieser Stelle Vergleiche zur nationalsozialistischen „Menschenökonomie" förmlich auf.

Im Unterschied zum Soziologen Richard L. Dugdale verstand sich der US-amerikanische Psychologe Henry H. Goddard, der seine Arbeit „The Kallikak Family" im Jahre 1912 vorlegte, explizit als Eugeniker. In der rassenhygienischen deutschen Literatur wurde die Kallikak-Familie[35] häufig als Beispiel für eine vorbildliche Familienforschung angeführt. Die genealogische Studie präsentiert den auf ein Stammelternpaar zurückgeführten Stammbaum einer Familie, die angeblich ihren von Goddard als erblich angesehenen „moralischen Schwachsinn" an Generationen von Alkoholikern, Verbrechern, Geisteskranken und Prostituierten weitergegeben hätten. Der von Goddard als Martin Kallikak bezeichnete Urahn heiratete eine Frau, welche den Quäkern angehörte. Alle Kinder, welche aus dieser Ehe stammten, wiesen - so Goddard - keine negativen Anzeichen auf. Kallikak habe aber zugleich eine Affäre mit einem „leichten Mädchen" gehabt. Das Ergebnis dieser Verbindung seien ganze Generationen Krimineller, die Goddard eine „Rasse Degenerierter" nannte.[36] Für Goddard stand definitiv fest, dass der kriminelle Charakter vererbt wird, dass das genetische Erbe generell ausschlaggebend ist. Als rigoroser Vertreter der Eugenik schlug Goddard die Errichtung von Lagern vor, um die „Degenerierten" zu separieren.[37]

Im Jahre 1935 schien die eugenische Bewegung in den USA an ihr Ziel gelangt zu sein: 28 Bundesstatten sahen die Zwangssterilisierung für Insassen staatlicher Pflegestätten, psychiatrischer Anstalten oder Gefängnisse vor.[38]

Die Eugenik in den USA kommt auch im US-amerikanischen Spielfilm „Das Urteil von Nürnberg"[39] indirekt zur Sprache. Darum bemüht, die Verantwortung der angeklagten Juristen für die Euthanasie und für Sterilisierungsprogramme zu belegen, bittet Ankläger Lawson den Zeugen Petersen in den Zeugenstand. Der Zeuge sagt aus, dass er wegen seiner Haltung zum Hitlerregime sterilisiert worden sei. Der Verteidiger weist im Kreuzverhör nach, dass „Petersen nicht wegen seiner antinazistischen Gesinnung sterilisiert wurde, sondern wegen seiner geistigen Unzurechnungsfähigkeit. Er führt weiter aus, dass die Sterilisierung von

---

[35] Der Name Kallikak ist ein von Henry H. Goddard gewähltes Pseudonym, abgeleitet aus dem Griechischen καλός (kalos) und κακός (kakos), was „gut" und „böse" bedeutet.
[36] www.wikipedia.org/wiki/The_Kallikak_Family
[37] Zu Henry H. Goddard siehe Edwin Black: War against the Weak. Eugenics and America's Campaign to create a Master Race, New York 2003, S. 76-79
[38] Gina Maranto: Designer-Babys, a.a.O., S. 111
[39] Das Urteil von Nürnberg, USA 1961, Regie: Stanley Kramer, Drehbuch: Abby Mann

Geisteskranken von höchsten amerikanischen Rechtsautoritäten als für das Gemeinwohl nützlich erachtet wurde."[40]

Der Zeuge Petersen wird so zum zweiten Mal Opfer rassistischer Eugenik, im Zeugenstand verhöhnt erweist sich seine Aussage für ein US-Gericht als unbrauchbar, um die juristische Schuld der Angeklagten nachzuweisen.

Auch nach dem Zweiten Weltkrieg fanden in den USA eugenische Zwangssterilisationen statt. Erst im Jahre 1978 wurde die Zwangssterilisation abgeschafft. Es dauerte allerdings noch bis in das 21. Jahrhundert, bis sich etwa die Bundesstaaten Virginia und Oregon bei den Opfern entschuldigten.

2.2 Eugenik in der Schweiz

Ein Vorreiter der Eugenik in Europa war die Schweiz. Hier wurden die ersten eugenischen Gesetze verabschiedet, so z. B. ein landesweites Heiratsverbot für „Geisteskranke" im Jahre 1912 sowie im Jahre 1928 ein Sterilisationsgesetz im Kannton Waadt. Auf ein nationales Sterilisationsgesetz verzichtete man in der Schweiz und zwar „nicht aus Opposition gegen eugenische Sterilisationen, sondern eher, weil die Ärzte argumentierten, dass sie ohne ein nationales Gesetz freier sterilisieren könnten."[41] Diese Einschätzung wird dadurch belegt, dass die Anzahl der Zwangssterilisationen in anderen Kantonen wesentlich höher als im Kanton Waadt lag. „Allein im Kanton Zürich sollen zwischen 1892 und 1970 mehrere Tausende von Frauen und eine weit kleinere, aber auch nicht zu vernachlässigende Zahl von Männern unfruchtbar gemacht worden sein."[42] Der Schweizer Historiker Thomas Huonker hat in seinen Studien nachgewiesen, dass vor allem Jenische[43], Frauen aus der „Unterschicht" wie z. B. Dienstmädchen sowie Sozialhilfebezieher und Homosexuelle betroffen gewesen sind.[44] Die Sterilisationen in der Schweiz basieren dabei vor allem auf dem als Vater der Schweizer Psychiatrie geltenden Auguste-Henri Forel[45] und dem von ihm propagierten Gedankengut, dass sich „Minderwertige" nicht vermehren sollten.

---

[40]   www.marlenedietrich-filme.de
[41]   Schweizer Nationalfonds: Horizonte, März 2007, S. 14
[42]   FAZ, 26.01.2004
[43]   Jenische ist die Eigen- wie Fremdbezeichnung für marginalisierte Schichten der Frühen Neuzeit, deren umfassender Ausschluss aus der Mehrheitsbevölkerung zur Dauermigratrion führte, während heute nur noch ein kleinerer Teil der Jenischen „reist".
[44]   Thomas Huonker: Diagnose: ‚moralisch defekt'. Kastration, Sterilisation und Rassenhygiene im Dienst der Schweizer Sozialpolitik und Psychiatrie 1890-1970, Zürich 2003
[45]   Auguste-Henri Forel, geb. 1848, gest. 1931, Schweizer Psychiater, Vertreter der Abstinenzbewegung, vertrat eugenische Ideen wie auch mehrere seiner Nachfolger an der Psychiatrischen Universitätsklinik Zürich („Burghölzli").

So heißt es in seiner Studie „Hygiene der Nerven und des Geistes"[46] wie folgt:
„Früher, in der guten alten Zeit, machte man mit unfähigen, ungenügenden
Menschen kürzeren Prozess als heute. Eine ungeheure Zahl pathologischer Hir-
ne, die (...) die Gesellschaft schädigen, wurde kurz und bündig hingerichtet, ge-
hängt oder geköpft; der Prozess war insofern erfolgreich, als die Leute sich nicht
weiter vermehren und die Gesellschaft mit ihren entarteten Keimen nicht weiter
verpesten konnten."[47] Zum Bekanntenkreis Forels gehörte auch Alfred Ploetz.
„Forel demonstrierte ihm in seiner Nervenklinik „Burghölzli" an seinen Patienten, vorwiegend Alkoholikern und Syphilitikern, Ursachen und Auswirkungen
der drohenden Degeneration des Menschen."[48]
Seit den 20-er Jahren des vorigen Jahrhunderts wurden in der Schweiz jenische
Kinder zwangsweise von ihren Eltern getrennt. Hierfür wurde das „Hilfswerk
Kinder der Landstrasse" gegründet, dessen Ziel die Bekämpfung des Jenischen
durch die Zerstörung der familiären Gemeinschaft und der Disziplinierung der
Kinder war. Obwohl die UNO-Konvention über die „Verhütung und Bestrafung
des Völkermordes" die gewaltsame Überführung von Kindern einer Gruppe in
eine andere Gruppe als Tatbestand des Völkermordes bereits seit 1948 aufführt,
bestand diese Praxis in der Schweiz bis in die 1970er Jahre, wobei viele der Je-
nische zwischen 1920 und 1970 zwangssterilisiert wurden.[49]
Der Nachfolger Forels als Direktor der Nervenheilanstalt Burghölzli war sein
Schüler Eugen Bleuler[50], welcher die Ansicht vertrat, dass Hinrichtungen die
Gesellschaft von der Sorge um den Deliquenten befreien und zugleich die Zeu-
gung einer ähnlich gearteten Nachkommenschaft verunmöglichen würden.[51]
Unter der Direktion Eugen Bleulers arbeitete in den Jahren 1908 bis 1910 der
Assistenzarzt Emil Oberholzer, der 1911 die von Bleuler genehmigte Dissertati-
on „Kastration und Sterilisation von Geisteskranken in der Schweiz" verfasste.
Hierin verweist er vor allem „auf die Schäden, die durch die große Zahl von
Geisteskranken, Entarteten und Verbrechern dem Staat erwachsen, auf die fi-

---

[46]   Auguste Forel: Hygiene der Nerven und des Geistes, Stuttgart 1903
[47]   Auguste Forel: Hygiene der Nerven und des Geistes, a.a.O., S. 86f.
[48]   Ludger Weß (Hrsg.): Die Träume der Genetik. Gentechnische Utopien von sozialem Fortschritt,
       Nördlingen 1989, S. 93
[49]   Thomas Huonker: Fahrendes Volk- verfolgt und verfemt. Jenische Lebensläufe, Zürich 1987;
       Helena Kanyar Becker (Hrsg.): Jenische, Sinti und Roma in der Schweiz, Basel 2003; Urs Wal-
       der: Nomaden in der Schweiz, Zürich 1999
[50]   Eugen Bleuler, geb. 1857, gest. 1939, Schweizer Psychiater, Vertreter eugenischer und rassisti-
       scher Ansichten
[51]   Julian Schütt: Der Wahn der Schweizer Rassenhygieniker, Weltwoche, 13. März 2003

nanzielle Belastung durch die Behandlung psychisch Kranker und auf die ständige Überfüllung der psychiatrischen Kliniken."[52]
Nach der Jahrhundertwende arbeiteten die Direktoren der Nervenheilanstalt eng mit den Züricher Armen- und Vormundschaftsbehörden zusammen. Empfahlen sie eine Entmündigung sowie eine Zwangssterilisation, so folgten die Behörden in der Regel ihren psychiatrischen Gutachten.[53]
Zu Beginn der 30-er Jahre des 20. Jahrhunderts verfestigte sich die Zusammenarbeit zwischen der Psychiatrie und der Einbürgerungsbehörde, die im Jahre 1938 gesetzlich verankert wurde. „Im Zeitraum von 1931-1969, dem ersten und letzten Gutachten, wurden mindestens 900 psychiatrische Gutachten für die Einbürgerung getätigt, deren Grundlage eugenisches Gedankengut war."[54]
Erschütternd sind auch die vom Schweizer Historiker Huonker dokumentierten Fälle der Zurückweisung von Asylanten während des deutschen Faschismus', die den Sinti angehörten. Sie wurden wieder über die Grenze gebracht und dort von der SS erschossen.[55]
Die letzte öffentlich bekannte Zwangskastration wurde in der Schweiz noch im Jahre 1987 vorgenommen.[56]

2.3 Eugenik in Skandinavien

Die weite Verbreitung der Eugenik nach der Jahrhundertwende wird am schwedischen Beispiel vor allem daran deutlich, dass die staatliche Eugenik in einen Zeitraum fällt, in der ohne Unterbrechung Sozialdemokraten regierten. Ein Kreis schwedischer Sozialdemokraten unter der Führung des Friedensnobelpreisträgers Hjalmar Branting[57] diskutierte zu Beginn der 20er Jahre darüber, wie eine „rassische Perfektion" der Bevölkerung zu realisieren sei. „Auf ihre Initiative hin beschloss der Reichstag in Stockholm 1921 die Einrichtung des weltweit ersten rassenbiologischen Instituts an der Universität Uppsala. Die schwedische Sozialdemokratie legte im Jahr 1922 einen Gesetzesentwurf vor, der zur Abwehr ‚rassenhygienischer Verfahren' die Sterilisation geistig Behin-

---

[52] Bernhard Küchenhoff: Eugenisch motiviertes Denken und Handeln im Bughölzli am Anfang des 20. Jahrhunderts, in: Schweizer Archiv für Neurologie und Psychiatrie, 1/2003, S. 13
[53] Willi Wottreng: Hirnriss: Wie die Irrenärzte August Forel und Eugen Bleuler das Menschengeschlecht retten wollten, Zürich 1999
[54] www.histsem.unibas.ch
[55] Thomas Huonker: Diagnose: ‚moralisch defekt', a.a.O.
[56] www.g26.ch/texte_032.html
[57] Karl Hjalmar Branting, geb. 1860, gest. 1925, schwedischer Politiker und Reichstagsabgeordneter, Ministerpräsident in den Jahren 1920 bis 1925, Gründungsmitglied der Sozialdemokratischen Partei Schwedens

derter vorsah."[58] Eine der Ursachen der raschen Verbreitung der schwedischen Eugenik sind die Kontakte der schwedischen Sozialdemokratie zur deutschen Sozialdemokratie. „Die Internationale Gesellschaft für Rassenhygiene" in Berlin hatte viele schwedische Mitarbeiter, die Universität Uppsala zahlreiche deutsche Gastreferenten. Selbst der SPD-Reichstagsabgeordnete Alfred Grotjahn[59] kämpfte bis zu seinem Tod (1931) für die zwangsweise Sterilisation."[60]

Auch die schwedischen Nobelpreisträger Alva und Gunnar Myrdal[61] sprachen sich für Sterilisationsprogramme aus, um „hochgradig lebensuntaugliche Individuen auszusondern."[62] Im Jahr 1934 erschien ihr Buch „Eine Krise in der Bevölkerungsfrage", welches einen großen Einfluss auf die Einführung des Sterilisationsgesetzes in Schweden hatte.[63] Alva Myrdal forderte noch im Jahr 1946, „den Ausbau der Sozialsysteme durch extensive Sterilisierungsprogramme begleiten zu lassen."[64]

Das erste schwedische Sterilisationsgesetz wurde 1934 erlassen und trat 1935 in Kraft. Es sah die Sterilisierung „geistig zurückgebliebener" Menschen bei Einwilligung des Betroffenen vor. „Bedingung für die Anwendung einer Sterilisation aus eugenischer Indikation war die Feststellung der großen Wahrscheinlichkeit von Erbschäden."[65] Das Gesetz sieht die Durchführung der Sterilisation ohne Einwilligung des Betroffenen bei Befürwortung zweier Ärzte vor, was den Charakter der Zwangssterilisation unterstreicht. Vom 1. Januar 1935 bis zum 30. Juni 1941 wurden bereits ca. 3.000 Menschen in Schweden sterilisiert.[66]

Das zweite schwedische Sterilisationsgesetz wurde 1941 erlassen. Es ermöglichte die Sterilisation psychisch Kranker und „geistig Behinderter" in Ausnahme-

---

[58] Ernstwalter Clees: Weitverbreitete Ideologie der Eugenik: Zwangssterilisationen in Skandinavien, in: Deutsches Ärzteblatt, Heft 40/1997, S. 31

[59] Alfred Grotjahn, geb. 1869, gest. 1931, deutscher Mediziner, war Mitglied der „Gesellschaft für Rassenhygiene", Mitglied der SPD und von 1921 bis 1924 Mitglied des Reichstags

[60] Ernstwalter Clees: Weitverbreitete Ideologie der Eugenik, a.a.O.

[61] Zur Person von Alva und Gunnar Myrdal siehe vor allem: Thomas Etzemüller: Die Romantik des Reißbretts. Social engineering und demokratische Volksgemeinschaft in Schweden. Das Beispiel Alva und Gunnar Myrdal (1930-1960), in: GuG 32/2006, S. 445-466 sowie: Thomas Etzemüller: Sozialstaat, Eugenik und Normalisierung in skandinavischen Demokratien, in: AfS 43/2003, S. 492-510 sowie Gunnar Broberg, Mattias Tydén: Eugenics in Sweden: Efficient Care, in: Gunnar Broberg, Nils Roll-Hansen (Hrsg.): Eugenics and the Welfare State. Sterilization Policy in Denmark, Sweden, Norway, and Finland, Michigan 1996, S. 104-105

[62] Ernstwalter Clees, a.a.O.

[63] Isa Treiber: Menschenrechte trotz Behinderung, Diplomarbeit zur Erlangung des akademischen Grades Magistra der Philosophie an der Fakultät der Universität Klagenfurt, Klagenfurt 2004

[64] Thomas Etzemüller: Totalität statt Totalitarismus. Europäische Themen, nationale Variationen, online unter: www.europa.clio-online.de

[65] Isa Treiber: Menschenrechte trotz Behinderung, a.a.O., S. 29

[66] Isa Treiber, a.a.O., S. 30

fällen auch ohne deren Einwilligung. Die eugenische Indikation umfasste soge- nannte Geisteskranke, Geistesschwache, Geistesgestörte sowie Personen mit psychischen Krankheiten oder Missbildungen. „Die soziale Indikation der Steri- lisation, die besagte, dass eine Sterilisation gerechtfertigt ist, wenn sich die Nachkommen als schwere Belastung für die Betroffenen auswirken können, wurde ausgeweitet und beschränkte sich zukünftig nicht nur auf Geisteskranke, Geistesschwache und Geistesgestörte sondern auch auf Menschen mit einer ‚an- ti-sozialen‘ Lebensweise. Das bedeutete, die Frage des Lebensstils der Frau wurde auch mit in die Entscheidung einbezogen, ob eine Frau sterilisiert werden sollte oder nicht."[67]

Eine genaue Anzahl der Sterilisationsopfer in Schweden existiert nicht, Kennt- nis besteht aber dahingehend, dass zwischen 1935 und 1976 ca. 62.000 Men- schen zwangsweise sterilisiert wurden.[68]

Dänemark führte die Zwangssterilisation als „rassenhygienische Maßnahme" bereits 1929 ein. Bis 1938 wurden mehrere Gesetze unter der Leitung des Sozi- aldemokraten K. K. Steincke verabschiedet. Heranwachsende Behinderte wur- den vor ihrer Entlassung aus einem Heim in der Regel sterilisiert. Die Zahl der Opfer - bis die Praxis per Gesetz 1967 beendet wurde - wird auf 10.000 Perso- nen geschätzt, darunter 5.000 bis 7.000 zwangsweise sterilisierte Personen.[69]

In Finnland[70] dauerte die Praxis der Zwangssterilisation noch bis 1979. Von 1935 bis 1979 wurden ca. 11.000 Frauen und Mädchen sowie einige Männer zwangsweise sterilisiert.

2.4 Eugenik in Deutschland

Wie in anderen europäischen Ländern auch kann die Eugenik in Deutschland keiner politischen Strömungen zugeordnet werden, sie umfasst verschiedene po- litische Richtungen. Ihre weite Verbreitung im geistigen Denken wird nicht zu- letzt daran deutlich, dass es neben einer „völkischen Rassenhygiene" der NSDAP, eine „katholische Eugenik" der Zentrumspartei sowie eine „sozialisti-

---

[67] Isa Treiber, a.a.O.

[68] Ernstwalter Clees: Weitverbreitete Ideologie der Eugenik, a.a.O.

[69] Ernstwalter Clees, a.a.O. Zur dänischen Eugenik, auf die wir hier aus Platzgründen nicht näher eingehen können siehe Bent Sigurd Hansen: Something Rotten in the State of Denmark, in: Gunnar Broberg, Nils Roll-Hansen (Hrsg.): Eugenics and the Welfare State. Sterilization Policy in Denmark, Sweden, Norway, and Finland, Michigan 1996, S. 9-76

[70] Zur finnischen Eugenik, auf die wir hier aus Platzgründen nicht näher eingehen können siehe Marjata Hietala: From Race Hygiene to Sterilization, in: Gunnar Broberg, Nils Roll-Hansen (Hrsg.): Eugenics and the Welfare State. Sterilization Policy in Denmark, Sweden, Norway, and Finland, Michigan 1996, S. 195-248

sche Eugenik" der SPD gab.[71] Eugenisches Gedankengut spielte auch im feministischen Diskurs sowohl der bürgerlichen wie der proletarischen Frauenbewegung eine bedeutende Rolle. Die nationalsozialistische „Rassenhygienik" fiel dergestalt betrachtet nicht vom Himmel, sie wurde in ideologischer Hinsicht umfassend im Deutschen Kaiserreich und in der Weimarer Republik vorbereitet.

2.4.1 Eugenik im Deutschen Kaiserreich

Wie in den USA war der Bevölkerungsdiskurs auch in Deutschland bestimmt durch apokalyptische Szenarien steigender Kriminalitätsraten, fallender Geburtenraten sowie ungebremster Infektionsraten. Derartige Diskurse beeindruckten auch Alfred Ploetz[72], der bereits als Schüler in Breslau einen Geheimbund zur „Ertüchtigung der Rasse" gegründet hatte. Während seines Medizinstudiums lernte er in Zürich den Psychiater Auguste Forel kennen, der ihn stark beeinflusste. In einem Kreis aus Studenten und Professoren wurde viel über Vererbungsfragen diskutiert. Nachdem sich Ploetz um 1890 von seinen früheren sozialistischen Idealen abgewandt hatte, vertrat er nunmehr die Ansicht, „dass eine zukünftige Gesellschaft nach den Grundsätzen des Darwinismus gestaltet werden müsse."[73] Im Jahr 1895 entstand so der Band „Die Tüchtigkeit unserer Rasse und der Schutz der Schwachen: ein Versuch über Rassenhygiene und ihr Verhältnis zu den humanen Idealen, besonders zum Socialismus."[74] Ploetz entwirft hier das Bild einer Gesellschaft, in der Heiratserlaubnis sowie Kinderzeugung reglementiert sind, Fortpflanzungsverbote existieren, behindert geborene Kinder durch Morphium getötet sowie Kranke und Schwache „ausgemerzt" werden. Die folgende Buchpassage verdeutlicht, dass der Text kaum als Warnung, sondern als gewünschter Zustand zu verstehen ist: „Armen-Unterstützung darf nur minimal sein und nur an Leute verabfolgt werden, die keinen Einfluss

---

[71] So standen z. B. auch Mitglieder der deutschen Sexualreformbewegung der SPD, einige der KPD nahe. Zur Sexualreformbewegung siehe: Annegret Klevenow: Geburtenregelung und „Menschenökonomie": Die Kongresse für Sexualreform 1921-1930, in: Heidrun Kaupen-Haas (Hrsg.): Der Griff nach der Bevölkerung. Aktualität und Kontinuität nazistischer Bevölkerungspolitik, Nördlingen 1986, S. 64-71

[72] Zu den Visionen von Alfred Ploetz siehe u. a. Arnold Künzli: Menschenmarkt. Die Humangenetik zwischen Utopie, Kommerz und Wissenschaft, Hamburg 2001, S. 30-33; Ludger Weß (Hrsg.): Die Träume der Genetik. Gentechnische Utopien von sozialem Fortschritt, Nördlingen 1989, S. 92-95. Biografisch orientiert, die Relevanz von Ploetz als Wegbereiter der faschistischen Rassenhygiene allerdings in nicht zu rechtfertigender Weise relativierend: Werner Doeleke: Alfred Ploetz (1860-1940). Sozialdarwinist und Gesellschaftsbiologe, Frankfurt a. M. 1975

[73] www.wikipewdia.de/wiki/Alfred_Ploetz

[74] Alfred Ploetz: Die Tüchtigkeit unserer Rasse und der Schutz der Schwachen: ein Versuch über Rassenhygiene und ihr Verhältnis zu den humanen Idealen, besonders zum Socialismus, Berlin 1895

mehr auf die Brutpflege haben. Solche und andere ‚humane Gefühlsduseleien‘ wie Pflege der Kranken, der Blinden, Taubstummen, überhaupt aller Schwachen, hindern oder verzögern nur die Wirksamkeit der natürlichen Zuchtwahl.“[75]

Um seine dergestalt festgelegten Ziele zu erreichen, gründete Ploetz im Jahre 1904 die Zeitschrift „Archiv für Rassen- und Gesellschaftsbiologie“ sowie im Jahr darauf am 22. Juni 1905 die „Gesellschaft für Rassenhygiene“ in Berlin. Das Ziel der Gesellschaft bestand u. a. darin, die „Rassenhygiene“ als wissenschaftliches Fach an den Universitäten zu verankern und auf staatliche Gesetzgebungen Einfluss zu nehmen. Mitglieder der Gründungsgesellschaft waren u. a. der Arzt Wilhelm Schallmayer, Gerhart Hauptmann und der sozialdemokratische Sozialhygieniker Alfred Grotjahn; zum Ehrenmitglied wurde der Zoologe Ernst Haeckel ernannt.[76] Im Jahr 1910 gründete Ploetz u. a. mit Fritz Lenz einen Geheimbund zur „Rettung der nordischen Rasse“ mit dem Namen „Nordischer Ring“.

Alfred Ploetz war mit seinen Ansichten im Deutschen Kaiserreich keineswegs isoliert. „1889 sah es der Colditzer Arzt Paul Näcke als eine staatliche Pflicht an, ‚Entartete‘ unfruchtbar zu machen. 1897 unternahm der Heidelberger Gynäkologe Kehrer die erste operative Unfruchtbarmachung in Deutschland. 1903 forderte der Rassenhygieniker Ernst Rüdin die Sterilisation bei unheilbaren Alkoholikern. 1914 legte Thomas von Bethmann Hollweg dem deutschen Reichstag ein Gesetzentwurf vor, der die Sterilisation aus medizinischer Indikation regeln sollte.“[77] Während des Ersten Weltkriegs propagierten schließlich der Leipziger Kriminalist Karl Binding und der Freiburger Psychiater Alfred Hoche verstärkt ihren Standpunkt, „dass man in Notzeiten geistig Tote schmerzlos beseitigen dürfe um die Allgemeinheit von einer Versorgungslast zu befreien.“[78]

Im Deutschen Kaiserreich begann bereits die Karriere eines der führenden „Rassenhygienikers“ des deutschen Faschismus. Der in Karlsruhe geborene Eugen Fischer habilitierte sich nach dem Studium von Medizin und Naturwissenschaften im Jahr 1900 auf dem Gebiet der Anatomie und Anthropologie. Als Vertre-

---

[75]   Alfred Ploetz: Die Tüchtigkeit unserer Rasse und der Schutz der Schwachen, a.a.O., S. 146
[76]   Zur Gesellschaft für Rassenhygiene folglich: Peter Weingart, Jürgen Kroll, Kurt Bayertz: Rasse, Blut und Gene. Geschichte der Eugenik und Rassenhygiene in Deutschland, Frankfurt a. M. 1988; Bernhard vom Brocke: Bevölkerungswissenschaft – quo vadis? Möglichkeiten und Probleme einer Geschichte der Bevölkerungswissenschaft in Deutschland, Opladen 1998; Jürgen Peter: Der Einbruch der Rassenhygiene in die Medizin. Auswirkungen rassenhygienischen Denkens auf Denkkollektive und medizinische Fachgebiete von 1918 bis 1934, Frankfurt a. M. 2004
[77]   Heinz Zehmisch: Das Erbgesundheitsgericht, in: Ärzteblatt Sachsen, 5/2002, S. 205/2006
[78]   Heinz Zehmisch: Das Erbgesundheitsgericht, a.a.O., S. 206

ter der humangenetischen Richtung innerhalb der Anthropologie vertrat er die Position, dass sich menschliche „Rassenmerkmale" nach den von Gregor Mendel aufgestellten Regeln vererben. Um diese Behauptung, die heute als widerlegt gilt, zu stützen, unternahm er im Jahr 1908 eine Forschungsreise nach „Deutsch-Südwestafrika" mit dem Ziel eine Studie zu Rassenkreuzungen („Bastards") zu erstellen. Die Ergebnisse wurden im Jahre 1913 unter dem Titel „Die Rehobother Bastards und das Bastardisierungsproblem beim Menschen"[79] veröffentlicht.

Fischer untersuchte Abkömmlinge von Buren und Khoikhoi[80], sogenannte „Hottentotten"[81], ein im 18. und 19. Jhdt. entstandenes Mischlingsvolk. Die Probandengruppe umfasste ausschließlich Einwohner aus Rehoboth, einer ca. 80 Kilometer südlich von Windhock liegenden Stadt. Den „Rehobother Bastarden" attestierte Fischer eine höhere Begabung als der „reinrassigen" indigenen Bevölkerung. Entscheidend war für Fischer jedoch die „Minderwertigkeit" der „Rehobother" gegenüber der „weißen Rasse", deren Erbgut um jeden Preis rein bleiben müsse, eine „Herabzüchtung" sei unbedingt zu verhindern. „Wenn die Bastards irgendwie dem Weißen gleichgesetzt werden, kommt ganz unweigerlich Hottentottenblut in die weiße Rasse. Noch wissen wir nicht sehr viel über die Wirkung der Rassenmischung. Aber das wissen wir ganz sicher: Ausnahmslos jedes europäische Volk, das Blut minderwertiger Rassen aufgenommen hat - und das Neger, Hottentotten und viele andere minderwertig sind, können nur Schwärmer leugnen - hat diese Aufnahme minderwertiger Elemente durch geistigen Niedergang eingebüsst."[82] Obwohl Fischer den eigentlichen Beweis in seiner Studie schuldig bleibt und sich dessen wohl bewusst gewesen sein muss, „galt in Fachkreisen von nun an die Vererbung beim Menschen nach Mendelschen Regeln als bewiesene Tatsache."[83]

Fischers Studie veranschaulicht die enge Verbindung zwischen deutscher Anthropologie, Kolonialismus und Eugenik sowie die Relevanz der bereits von

---

[79] Eugen Fischer: Die Rehobother Bastards und das Bastardisierungsproblem beim Menschen, Jena 1913
[80] Khoikhoi bezeichnet eine in Südafrika und Namibia lebende kulturell und sprachlich eng miteinander verwandte Völkergruppe, bei der es sich um die ursprüngliche (indigene) Bevölkerung des südlichen Afrika handelt.
[81] Das holländische Wort „Hottentot" für die Völkerfamilie der Khoikhoi wurde bereits seit der Einführung in der Kolonialzeit von den Buren rassistisch und diskriminierend verwendet.
[82] Eugen Fischer: Die Rehobother Bastards und das Bastardisierungsproblem beim Menschen, a.a.O., S. 302
[83] Michael Vetsch: Ideologisierte Wissenschaft. Rassentheorien in der deutschen Anthropologie zwischen 1918 und 1933, Bern 2003, S. 25

Hannah Arendt[84] vertretenen Position, dass die Wurzeln des national-sozialistischen Terrors und Rassismus auch in der Phase des deutschen Imperialismus in den Jahren zwischen 1884 und 1918 zu suchen sind. Zwar handelt es sich um eine historisch betrachtet relativ kurze Phase, doch kann diese durchaus als Wegmarke für die Konstituierung einer „rassischen Ordnung" sowie eines biologistischen Gesellschaftsverständnisses gelten.[85]

Nur kurze Zeit vor Fischers Ankunft in „Deutsch-Südwestafrika" waren die allerletzten Widerstandsversuche der Herero und Nama gescheitert. Die Rebellion hatte im Januar 1904 als verzweifelter Widerstand gegen den Verlust von Land und Vieh, gegen die Verschuldung bei Händlern sowie gegen die rassistische Diskriminierung begonnen.[86] Den Aufständischen gelang es, große Teile ihres Landes von der Kolonialherrschaft zu befreien, so dass das deutsche Militär sich gezwungen sah Verstärkung anzufordern. Zum Oberbefehlshaber der deutschen Truppen in Südwestafrika wurde Generalleutnant Trutz von Trotha ernannt. Schon bald wird deutlich, dass es weniger um die Rückeroberung der Kolonie an sich ging, als vielmehr einen Krieg zu führen, der mit der Vernichtung der Aufständischen enden sollte. Trothas Vorstellungen lassen sich als „Rassen-krieg" bezeichnen, so schreibt er etwa an das Volk der Herero: „Das Volk der Herero muss das Land verlassen. Wenn das Volk das nicht tut, so werde ich es mit dem Geschütze dazu zwingen. Innerhalb der deutschen Grenzen wird jeder Herero mit und ohne Gewehr, mit oder ohne Vieh erschossen, ich nehme keine Weiber oder Kinder mehr auf, treibe sie zu ihrem Volk zurück oder lasse auf sie schießen."[87] Obwohl dieser Schießbefehl von der deutschen Regierung widerrufen wurde und Trotha bereits im November 1905 nach Deutschland zurückgekehrt war, hielten die Offiziere an dieser Anordnung zum vorsätzlichen Genozid fest[88]; so trieb man die Hereros immer weiter in die Wüste hinein, „wo der Großteil an Krankheiten, Hunger und Durst zugrunde ging. Spätestens hier kann davon ausgegangen werden, dass die Hereros nicht mehr besiegt, sondern ver-

---

[84]   Hannah Arendt: Macht und Gewalt, München 1970
[85]   Pascal Grosse: Kolonialismus, Eugenik und bürgerliche Gesellschaft in Deutschland 1850-1918, Frankfurt a. M. 2000
[86]   Walter Schicho: Handbuch Afrika, Bd. 1, Frankfurt a. M., S. 172
[87]   Zitiert nach: Thomas Schmidinger: Der erste deutsche Völkermord: Ein Jahrhundert nach dem Genozid in „Deutsch-Südwestafrika", online unter: www.hagalil.com/archiv/contextxxi/deutsch-suedwestafrika.htm
[88]   Thomas Schmidinger: Der erste deutsche Völkermord, a.a.O.

nichtet werden sollten."[89] Die wenigen Überlebenden, die in Sammellager gesperrt wurden, kamen dort zu Tausenden durch Krankheiten und Hunger um.[90]
Der Vernichtungsfeldzug gegen die aufständischen Herero markiert dabei zugleich einen Paradigmenwechsel in der deutschen Kolonialpolitik, die nunmehr
in verstärktem Maße nach rassistischen Gesichtspunkten geordnet wurde. „Auf
das Bemühen des deutschen Gouvernements hin erklärte das Bezirksgericht
Windhoek im September 1907 standesamtlich geschlossene Ehen von Deutschen mit ‚Eingeborenen' rückwirkend für ungültig. Nachkommen aus gemisch-
ten Ehen wurden zu ‚Eingeborenen' erklärt."[91] Während der Schritt von der kul-
turalistischen zur rassistischen Definition der indigenen Bevölkerung sowie der
Paradigmenwechsel zur Politik „rassischer Dissimilation" von fast allen Koloni-
alländern zu Beginn des 20. Jahrhunderts vollzogen wurde, zeichnete sich während des ersten Weltkriegs ein „deutscher Sonderweg" ab. „Während die Eng-
länder und Franzosen im Zuge der allgemeinen Militarisierung auch ihre Kolo-
nialvölker in ihre strategischen Konzepte einbauten, bestanden die Deutschen
weiterhin auf einer strikten rassischen Trennung."[92]
Hannah Arendts Ansicht über die Wurzeln des faschistischen Terrors sollte jedoch nicht als eindimensionale Kontinuitätslinie verstanden werden, da dies die
Systematik der industriellen Massenvernichtung durch den deutschen Faschismus, die Unterschiede zwischen Rassismus und Antisemitismus sowie die neue
Qualität des nationalsozialistischen Antisemitismus und die Relevanz der ihm
eigenen historischen Wurzeln verkennen würde.

2.4.2 Eugenik in der Weimarer Republik

Am Ersten Weltkrieg nahm ca. eine Viertelmillion „schwarzer" Menschen teil,
darunter etwa 135.000 Afrikaner aus den französischen Kolonien südlich der
Sahara sowie ca. 35.000 überwiegend „schwarzer" Soldaten aus Martinique und
Guadelope. Die deutsche Kriegspropaganda bezeichnete dies während des Ersten Weltkriegs als ein Verbrechen Frankreichs gegen die gesamte „weiße Rasse". Die nationale Propaganda in der Weimarer Republik knüpfte daran nahtlos
an und nannte die Beteiligung farbiger Soldaten an der Besetzung des Rhein-
lands eine gezielte französische Provokation, eine bewusste Demütigung des

---

[89]   Thomas Schmidinger: Der erste deutsche Völkermord, a.a.O.
[90]   Jürgen Zimmerer, Joachim Zeller (Hrsg.): Völkermord in Deutsch-Südwestafrika. Der Kolonia-
       lismus (1904-1908) in Namibia und seine Folgen, Berlin 2003
[91]   Thomas Schmidinger: Der erste deutsche Völkermord, a.a.O.
[92]   Dirk van Laak: Kolonialismus, online unter:
       hsozkult.geschichte.hu-berlin.de/rezensio/buecher/2001/ladi0301.htm

„deutschen Kulturvolks".[93] Von den 85.000 französischen Besatzungssoldaten, welche auf der Basis des Versailler Vertrags linksrheinische Gebiete sowie die Städte Köln, Koblenz, Kehl und Mainz besetzten, waren etwa 25.000 bis 30.000 Farbige, die als „Negersoldaten" beschimpft wurden. Auch die Reichsregierung forderte den Abzug der schwarzen Soldaten. „Die Verwendung schwarzer Truppen niederster Kultur als Aufseher über eine geistig und wirtschaftlich so hoch stehende Bevölkerung wie die Rheinländer", so Friedrich Ebert, „ist eine dauerhafte Verletzung der Gesetze europäischer Zivilisation."[94]

Die diskriminierende Bezeichnung „Rheinlandbastard" lässt sich dabei bis unmittelbar nach dem Ersten Weltkrieg zurückführen, als durch Verbindungen mit einheimischen Frauen die ersten Kinder deutsch-afrikanischer Herkunft geboren wurden. Ihre Mütter waren sogleich einer erheblichen Diskriminierung ausgesetzt.[95] In den sogenannten „Rheinlandbastarden" sah Eugen Fischer „verderbtes deutsches Erbgut" von dem eine unmittelbare Gefahr für die „nordische Rasse" ausgehe.

Fischer sah es als bewiesen an, dass „der Neger" eine Rasse „ohne jede geistige Schaffenskraft" sei, dem es an erblicher Intelligenz fehle. Um eine Verschlechterung des Erbguts zu vermindern, müsste die Fortpflanzung destruktiver Elemente wie die der „Rheinlandbastarde" unterbunden werden.

Für die Eugeniker des Deutschen Kaiserreichs vollzog sich der Übergang zur Weimarer Republik problemlos, ja es begann erst die Zeit der umfassenden Etablierung der Rassenhygiene im Wissenschaftsbetrieb sowie in der Sozial- und Gesundheitspolitik. So gelang es im Jahr 1923 der eugenischen Bewegung erstmals einen Lehrstuhl für Rassenhygiene in Deutschland zu besetzen; berufen wird der Anthropologe Fritz Lenz, der zu einem der führenden „Rassenhygieniker" im faschistischen Deutschland werden wird. Sein gemeinsam mit den „Rassenhygienikern" Eugen Fischer und Erwin Baur verfasstes Lehrbuch „Menschliche Erblichkeitslehre und Rassenhgygiene"[96] wurde recht bald auch an US-amerikanischen Universitäten zum Standardlehrwerk der Vererbung.

Diverse Vorstöße in Richtung einer gesetzlichen Regelung der Sterilisation gab es in der Weimarer Republik bereits Anfang der zwanziger Jahre. Die Vorstöße unterstreichen die parteienübergreifende Verankerung eugenischen Gedankenguts, so empfahl im Juli 1923 das von einer linksgerichteten SPD-Regierung ge-

---

[93] www.museenkoeln.de/ausstellungen/nsd_0211_schwarze
[94] Arte: Rheinland-Bastarde, Sendung vom 24.11.2007, 20.00 Uhr
[95] www.de.wikipedia.org/wiki/Rheinlandbastard
[96] Erwin Baur, Eugen Fischer, Fritz Lenz: Menschliche Erblichkeitslehre und Rassenhygiene, München 1921

führte Land Thüringen der Reichsregierung die Einführung der freiwilligen Sterilisation.

Im Jahre 1925 entsteht in Konkurrrenz zur „Deutschen Gesellschaft für Rassenhygiene" der „Deutsche Bund für Volksaufartung und Erbkunde", dessen Ziel u. a. darin lag eugenisches Gedankengut populär zu verbreiten und in der Schulbildung zu verankern. In den Jahren zwischen 1926 und 1933 gab der „Deutsche Bund" acht Bände der „Zeitschrift für Volksaufartung" heraus. Das Ziel der publikatorischen Tätigkeit bestand primär darin Multiplikatoren wie Ärzte, Hebammen, Lehrer und Pfarrer zu gewinnen.

Im Jahr 1927 gründet die Kaiser Wilhelm-Gesellschaft ein „Institut für Anthropologie, menschliche Erblehre und Eugenik" und ernennt Eugen Fischer zum Direktor.

Vergleichsweise wie in den USA gelang es den „rassenhygienischen Pressuregroups" in der Weimarer Republik immer mehr Einfluss auf die staatliche Politik zu erlangen, was im Jahre 1929 durch die Gründung des „Reichsausschuss für Bevölkerungsfragen" deutlich wird.

Anfang der dreißiger Jahre wird die Diskussion über eine eugenisch motivierte Sterilisation erneut belebt. Die sozialdemokratisch-katholische Koalitionsregierung Preußens lässt über ihren Volkswohlfahrtsminister Heinrich Hirtsiefer, welcher der Zentrumspartei angehört, einen Gesetzesentwurf erarbeiten. Damit war es rassenhygienischen Pressure-groups, unzähligen eugenischen Geheimbünden, populären Schriften sowie öffentlichen Diskursen gelungen die Blockadehaltung der katholischen Zentrumspartei gegenüber Sterilisationsgesetzen zu kippen. Der preußische Sterilisationsgesetz-Entwurf am Ende der Weimarer Republik zeigt eklatant den Einfluss, welche die Rassenhygiene bereits vor 1933 erlangte.

2.4.3 Eugenik im deutschen Faschismus

Die Streitfrage „Kontinuität versus Bruch", „nahtloser Übergang versus neue Qualität" zwischen der Rassenhygiene der Weimarer Zeit und der nationalsozialistischen Rassenhygiene im deutschen Faschismus lässt sich beispielhaft anhand der „Zeitschrift für Volksaufartung" verdeutlichen. Volksverhetzende Agitation auch visuell dargestellt zwecks Popularisierung der Eugenik (siehe Abbildung 1) findet in allen Bänden der Zeitschrift statt. Termini wie Rasse, Minderwertige und Asoziale bilden das sprachliche Standardrepertoire des Magazins. Passagen wie die folgende finden sich dabei gehäuft: „Es ist nicht zu leugnen, dass solche (antisozialen) Individuen sich kaninchenhaft vermehren und meist eine Nachkommenschaft erzeugen, für die es in ihrem eignen Interesse und noch mehr in dem der Allgemeinheit besser wäre, nicht geboren worden zu sein."[97]

Nach dem Machtantritt des deutschen Faschismus wird die „Zeitschrift für Volksaufartung" bereits im Jahr 1933 eingestellt. Der „neuen Zeit" war die Zeitschrift nicht rassistisch genug, zumal sie sich gegen die Euthanasie aussprach; jahrelang ihren Weg vorbereitet und ihre ideologischen Grundlagen gelegt hat sie indes allemal.

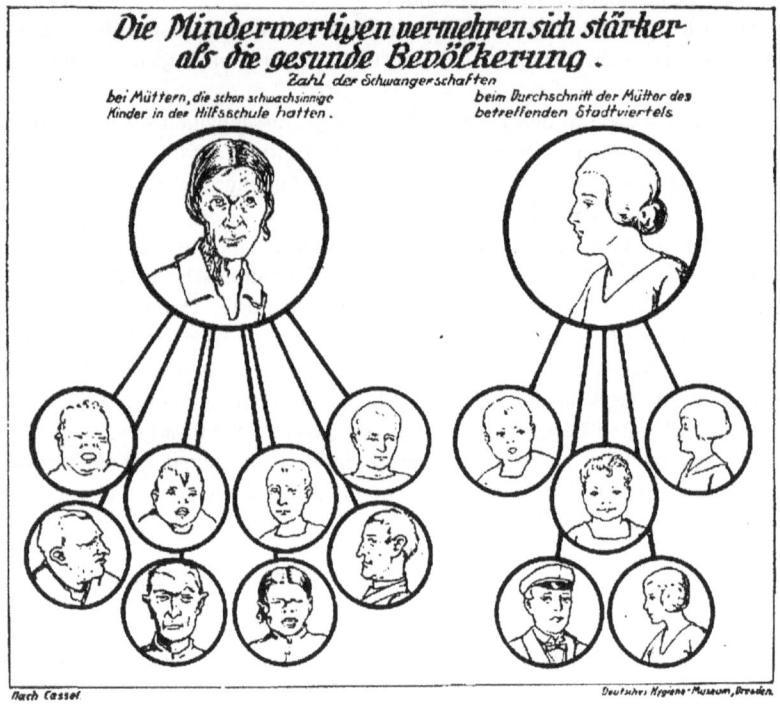

Abbildung 1: Rassenhygienische Propaganda in der Weimarer Republik[98]

97   Zitiert nach: Petra Jaeckel: Rassenhygiene in der Weimarer Zeit. Das Beispiel der Zeitschrift für Volksaufartung (1926-1933), online unter:
www.kultur.uni-hamburg.de/volkskunde/Texte/Vokus/1999-2/jaekel.html

Auch wenn die nationalsozialistische Rassenhygiene an die geistigen und pseu-
dowissenschaftlichen Entwicklungen der Weimarer Republik nahezu nahtlos an-
knüpfen konnte, stellt sie doch eine neue Qualität durch die Radikalisierung insbesondere hinsichtlich der praktischen Umsetzung des eugenischen Gedankenguts dar, insofern ist die nationalsozialistische Eugenik nicht zuletzt in Gestalt
des millionenfachen rassistischen Massenmords historisch betrachtet singulär.
Die geistigen und wissenschaftlichen Wegbereiter dieser Entwicklung taten sich
mit der neuen Qualität indes nicht schwer, sie begrüßten sie vielmehr als historische Möglichkeit der Realisierung ihrer Studien. Die meisten von ihnen schlossen sich dem Nationalsozialismus an. „Von den bekannten Anthropologen, Humangenetikern und Rassenhygienikern der Nazizeit, waren mehr als 90 % Mitglieder der NSDAP, 36 % gehörten der SS und 26 % der SA an."[99]
Zwar steigerte sich der Radikalisierungsgrad der nationalsozialistischen Eugenik
im Laufe der faschistischen Herrschaft, die Radikalisierung im Vergleich zur
Weimarer Republik existierte jedoch bereits unmittelbar nach dem 30. Januar
1933. Dies wird am „Gesetz zur Verhütung erbkranken Nachwuchses" vom 14.
Juli 1933 deutlich, welches am 1. Januar 1934 in Kraft trat. Das Gesetz sieht die
Zwangssterilisation von Personen vor, die gemäß Paragraph 1, Absatz 2 an folgenden Krankheiten leiden: „1. angeborenem Schwachsinn, 2. Schizophrenie, 3.
zirkulärem (manisch-depressivem) Irresein, 4. erblicher Fallsucht, 5. erblichem
Beitstanz (Huntingtonsche Chorea), 6. erblicher Blindheit, 7. erblicher Taubheit,
8. schwerer erblicher Missbildung."[100] Gemäß § 3 sieht das Gesetz vor: „Ferner
kann unfruchtbar gemacht werden, wer an schwerem Alkoholismus leidet."[101]
Das Gesetz ermöglichte durch die Einbeziehung diverser Gruppen sowie ihre
unklare Bestimmung die breite Anwendung der Zwangssterilisation, wobei sich
auch hier die Radikalisierung der faschistischen Eugenik vor allem anhand ihrer
praktischen Umsetzung zeigt. Nach dem „Gesetz zur Verhütung erbkranken
Nachwuchses" wurden bis Mai 1945 ca. 350.000 bis 400.000 Personen zwangssterilisiert, „rund 1 % der Bevölkerung des Deutschen Reiches im fortpflan-
zungsfähigen Alter."[102] Die Zahl derjenigen Personen, welche an dem Eingriff
starben, wird auf 5.500 Frauen und 600 Männer geschätzt.[103]

---

[98]   Zeitschrift für Volksaufartung und Erbkunde, Bd. 1, 1926, Deutsches Hygiene-Museum Dres-
       den. Das eigentliche Bild ist das Lichtbild Nr. 48 (Glasplattendiapositiv) aus der Lichtbildreihe:
       Vererbung, Rassenhygiene, ca. 1923, aus der Lehrmittelwerkstatt des Hygiene-Museums (In-
       ventarnr. 2002/1379).
[99]   www.de.wikipedia.org/wiki/Nationalsozialistische_Rassenhygiene
[100] www.documentarchiv.de/ns/erbk-nws.html
[101] www.verfassungen.de/de/de33-45/euthanasie33.htm
[102] www.de.wikipedia.org/wiki/Sterilisationsgesetze; Angabe nach: Gisela Bock: Sterilisationspoli-
       tik im Nationalsozialismus. Die Planung einer heilen Gesellschaft durch Prävention, in: Klaus

Zwecks Beurteilung eines Sterilisationsverfahrens wurden sogenannte „Erbgesundheitsgerichte" geschaffen, in denen Juristen und Mediziner zusammenwirkten. Die Unfruchtbarmachung konnte laut Gesetz der Betroffene oder sein gesetzlicher Vertreter beantragen, der beamtete Arzt oder der Leiter einer Anstalt, in der sich der Betroffene befand.

Am 11. März 1935 tagte eine Arbeitsgemeinschaft des Sachverständigenbeirats für Bevölkerungs- und Rassenpolitik, die über die Sterilisierung von farbigen Kindern beraten sollte. Teil nahmen u. a. auch die Professoren Günther, Lenz und Rüdin.[104] Im Frühjahr 1937 wurde daraufhin in der Prinz-Albert-Straße, dem Sitz der Gestapo in Berlin, eine Sonderkommission gebildet „mit dem Auftrag, die Sterilisierung aller Kinder von französischen und amerikanischen Besatzungssoldaten aus der Zeit der Rheinlandbesetzung mit deutschen Frauen durchzuführen. Das Reichsministerium des Innern, das zuvor in jahrelanger systematischer Kleinarbeit und in Zusammenarbeit mit Behörden und Wohlfahrtsverbänden wie der Deutschen Caritas e. V. recherchiert hatte, stellte dazu die nötigen Unterlagen, die jedes Kind genau erfassten, zur Verfügung."[105] Die Zwangssterilisation geschah ohne gesetzliche Grundlage und wurde geheim gehalten. Die Kinder wurden zuvor begutachtet. Zu den Gutachtern gehörten u. a. die Professoren Abel und Fischer. „385 Kinder wurden durch die Gestapo in Universitätskliniken gebracht und dort operativ sterilisiert.[106] Die Zahl der tatsächlich sterilisierten schwarzen Deutschen dürfte allerdings wesentlich höher anzusetzen sein, da sich die Zwangsmaßnahmen „weder auf die Kinder französischer Kolonialsoldaten noch auf das Jahr 1937 beschränkt."[107]

Bereits am 7. April 1933 wurde das „Gesetz zur Wiederherstellung des Berufsbeamtentums"[108] verabschiedet, welches insbesondere die Entlassung aller jüdischen und halbjüdischen Beamten und staatlichen Angestellten vorsah. Der Antisemitismus der NSDAP war schon im 25-Punkte-Programm von 1920 für je-

---

Dörner (Hrsg.): Fortschritte der Psychiatrie im Umgang mit Menschen. Wert und Verwertung im 20. Jahrhundert, Rehburg-Loccum 1985, S. 88-104. Gisela Bock schätzt die Zahl der Opfer auf mindestens 400.000 (S. 88)

[103] Angabe nach: Gisela Bock: Sterilisationspolitik im Nationalsozialismus, a.a.O., S. 101. In den USA wurden vergleichsweise zwischen 1907 und 1939 etwa 31.000 Menschen sterilisiert, in Schweden zwischen 1934 und 1948 etwa 12.000 (de.wikipedia.org/wiki/Eugenik)

[104] Benno Müller-Hill: Tödliche Wissenschaft, a.a.O., S. 34

[105] www.museenkoeln.de/ausstellungen/nsd_0211_schwarze

[106] Benno Müller-Hill: Tödliche Wissenschaft, a.a.O., S. 35

[107] Katharina Ooguntoye: Afrikanische Zuwanderung nach Deutschland zwischen 1884 und 1945, online unter: www.peuplesawa.com/downloads/42.pdf. Vgl. auch: Reiner Pommerin: Sterilisierung der Rheinlandbastarde. Das Schicksal einer farbigen deutschen Minderheit 1918-1937, Düsseldorf 1979

[108] www.documentarchiv.de /ns/beamtenges.html

dermann erkennbar, da es die Ausweisung aller seit 1914 eingewanderten Juden
sowie den Entzug der Bürgerrechte für alle deutschen Juden vorsah. Während
das 25-Punkte-Programm die Begriffe „Arier" und „Nichtarier" jedoch erst gar
nicht definierte, verdeutlichte das „Gesetz zur Wiederherstellung des Berufsbeamtentums" von 1933 die wissenschaftliche Unmöglichkeit einer solchen Definition. „Da es keinerlei spezifische Rasse-Merkmale für Juden gibt, wurde hier
die jüdische Religion als Definitionsmerkmal zu Hilfe genommen. Als arisch
galt nur der, der eine Abstammung von nichtjüdischen Großeltern beweisen
konnte."[109] Die wissenschaftliche Bankrotterklärung der „Rassenbiologie", der
es jahrzehntelang nicht gelungen war, objektive Eigenschaften zu eruieren, kam
so in den absurden Widersprüchen der Gesetzespraxis zum Ausdruck: „Hatten
jüdische Eltern laut Gesetz ihre Kinder taufen lassen, dann waren deren Kinder
und Enkel laut Gesetz ,reinrassige Arier'. Hatten die Urgroßeltern sie nicht taufen lassen, dann waren dieselben Enkel und Urenkel ,Nichtarier'. Trat ein Enkel
christlicher Großeltern zum Judentum über, so waren seine Kinder und Enkel
fortan ebenfalls ,Nichtarier', auch wenn ihre Vorfahren alle Christen gewesen
waren."[110] Über die „Rassenzugehörigkeit" bestimmte somit die zufällige Reli-
gionswahl. Der Nachweis der „arischen" Abstammung erfolgte dabei über sogenannte „Ariernachweise" in Gestalt der Vorlage beglaubigter Geburts-, Tauf-
und Heiratsurkunden. Wer den „Beweis" nicht erbringen konnte wurde in wachsendem Maße diskriminiert und gesellschaftlich stigmatisiert.
Die für die rassenhygienische Bewegung des Nationalsozialismus essentielle
Verknüpfung von „Erbschutz" und „Blutschutz" fand mit dem im Jahr 1935 auf
dem Nürnberger Parteitag der NSDAP verkündeten „Gesetz zum Schutze des
deutschen Blutes und der deutschen Ehre" seine radikale Realisierung. Der Staat
durfte nunmehr sowohl in das Recht der freien Eheschließung wie in den Bereich des Geschlechtslebens eingreifen. Der Paragraph 1 lautet: „Eheschließungen zwischen Juden und Staatsangehörigen deutschen oder artverwandten Blutes sind verboten...", der Paragraph 2: „Außerehelicher Geschlechtsverkehr
zwischen Juden und Staatsangehörigen deutschen oder artverwandten Blutes ist
verboten..."[111]
Auf dem Nürnberger Parteitag der NSDAP verkündet wurde ferner das „Gesetz
zum Schutze der Erbgesundheit des deutschen Volkes (Ehegesundheitsgesetz)",
welches u. a. ein Verbot der Eheschließung vorsah, „wenn einer der Verlobten
an einer Erbkrankheit im Sinne des Gesetzes zur Verhütung erbkranken Nach-

---

[109]   www.de.wikipedia.org/wiki/Ariernachweis
[110]   www.de.wikipedia.org/wiki/Ariernachweis
[111]   www.verfassungen.de/de/de33-45/blutschutz35.htm

wuchses leidet".[112] Der systematische Zusammenhang der „Nürnberger Gesetze" wurde juristisch wie folgt kommentiert: „Erbgesundheit und Rassenreinheit
lassen sich nicht voneinander trennen. Während die rassenpolitischen Maßnahmen die Geschlossenheit und die Wesensechtheit der deutschen Persönlichkeit
und dadurch die Harmonie des Volkskörpers gewährleisten sollen, sollen die
rassenhygienischen und erbpflegerischen Maßnahmen die körperliche, geistige
und seelische Gesundung und Gesundheit der lebenden und kommenden Geschlechter verbürgen. In ihrem Zusammenwirken sichern sie den biologischen
Bestand des Volkes."[113]

Die Radikalvariante der faschistischen Eugenik im Vergleich zu anderen europäischen Ländern sowie den USA verdeutlicht nicht zuletzt die durch die eugenische Abwertung von sogenannten „Minderwertigen" geistig vorbereitete „Euthanasie"[114], die im Jahre 1939 mit der sogenannten „Kinder-Euthanasie" begann, der ca. 5.000 erbkranke und kognitiv oder körperlich beeinträchtigte Kinder zum Opfer fielen.

Kurz darauf wurde mit der planmäßigen Ermordung der erwachsenen Bewohner
von Heim- und Pflegeanstalten begonnen. In den Jahren 1940 bis 1941 wurden
im Rahmen der sogenannten „Aktion T4" 70.273 Personen in sechs zentralen
Tötungsanstalten[115] umgebracht. Bedingt durch erste einsetzende Proteste entschied man sich dazu, die Ermordungen ab 1942 dezentral fortzusetzen. Die
Zahl der im Kontext der „Euthanasie" insgesamt ermordeten Personen wird auf
über 100.000 Psychiatrie-Patienten und behinderten Menschen geschätzt.[116]

Die „Euthanasie" stellte den Auftakt der nationalsozialistischen Massenmorde
dar. Ihnen fallen Millionen von Polen und Russen, ca. 20.000 Kommunisten und
Sozialdemokraten, 5.000 Homosexuelle und 1.200 Zeugen Jehovas zum Opfer.[117]

Im Unterschied zu den oben genannten Gruppen zielte die Ermordung der Sinti
und Roma sowie der Juden auf ein Genozid, auf deren systematische, geplante
und vollständige Auslöschung. Die Zahl der Holocaust-Opfer der Sinti und Ro-

---

[112]   www.verfassungen.de/de/de33-45/ehegesundheit35.htm
[113]   Wilhelm Stuckart, Rolf Schiedermair, Rassen- und Erbpflege in der Gesetzgebung des Dritten
        Reiches, Leipzig 1939, S. 86, zitiert nach: Peter Weingart, Jürgen Kroll, Kurt Bayertz: Rasse,
        Blut und Gene. Geschichte der Eugenik und Rassenhygiene in Deutschland, Frankfurt a. M.
        1988, S. 502-503
[114]   Zur Geschichte der „Euthanasie-Debatte" siehe Bettina Rainer: Euthanasie. Zu den Folgen eines
        harmoniesüchtigen Weltbildes, Wien 1995, S. 65-112
[115]   Bernburg, Brandenburg, Grafeneck, Hadamar, Hartheim, Sonnenstein
[116]   www.de.wikipedia..org/wiki/Aktion_T4
[117]   www.de.wikipedia.org/wiki/Holocaust

ma wird auf 500.000 Personen geschätzt, die Zahl der Juden, die Opfer der Shoa wurden, auf 5,6 bis 6,3 Millionen.[118]

Länder (in den Grenzen von 1937)	Geschätzte Zahl
Albanien	100
Belgien	28.500
Bulgarien	11.393
Dänemark	116
Deutschland	165.000
Estland	1.000
Frankreich	75.000
Griechenland	59.000
Italien	7.000
Jugoslawien, ehemaliges	65.000
Lettland	67.000
Litauen	160.000
Luxemburg	1.200
Niederlande	102.000
Norwegen	758
Österreich	65.500
Polen	3.000.000
Rumänien	350.000
Sowjetunion, ehemalige	1.000.000
Tschechoslowakei	263.000
Ungarn	270.000
Geschätzte Gesamtzahl der ermordeten Juden	5.700.000

Tabelle 1: Opferzahlen der Shoa[119]

Betrachtet man abschließend die Genealogie der faschistischen Rassenhygiene, so ergibt sich eine überdeutliche Verankerung in den mentalen Strukturen der westlichen Zivilisation der Jahrhundertwende. Die Eroberung und Vernichtung „minderwertiger Rassen" gehört zum zentralen Motiv des Kolonialismus und Imperialismus, die Zwangssterilisation zu einem menschenverachtenden Topos des apokalyptischen Bevölkerungsdiskurses kapitalistischer Industrienationen im 20. Jahrhundert. Die Gewalt des deutschen Nationalsozialismus lässt sich

---

[118] Dieter Pohl: Verfolgung und Ermordung in der NS-Zeit: 1933-1945, Darmstadt 2003
[119] Die Zahlen beruhen auf den Schätzungen von Wolfgang Benz und Dieter Pohl. Vgl. Wolfgang Benz (Hrsg.): Dimension des Völkermords. Die Zahl der jüdischen Opfer des Nationalsozialismus, München 1996; Dieter Pohl: Verfolgung und Ermordung in der NS-Zeit: 1933-1945, Darmstadt 2003; www.de.wikipedia.org/wiki/Shoa

dergestalt betrachtet durchaus im Rahmen einer longue durée[120], einer langfristigen Entwicklung in der europäischen Geschichte betrachten. Insofern ist Auschwitz auch ein (mögliches) Produkt der westlichen Zivilisation, wenngleich dies in keiner Weise als fatale Kausalität zu deuten ist.[121] „Die Singularität des Nationalsozialismus liegt also nicht in seinem Gegensatz zum Westen, sondern in seiner Fähigkeit, eine Synthese aus den verschiedenen Formen der Gewalt zu finden"[122] sowie in der sich historischen Vergleichen entziehenden Radikalität, die im millionenfachen Massenmord ihren Ausdruck findet.

2.4.4 Eugenik im Nachkriegsdeutschland

Nach der Befreiung Deutschlands am 8.Mai 1945 wurde das „Gesetz zur Verhütung erbkranken Nachwuchses" nicht durch die Kontrollratsgesetze aufgehoben.[123] „Ein Großteil der NS-Gesetzgebung, dazu gehörte auch dieses Gesetz, rettete sich unter dem Ziel der Rechtssicherheit in die neue Bundesrepublik Deutschland hinüber und bestand lange Zeit fort."[124] Im Westen Deutschlands wurden zwar die Erbgesundheitsgerichte nicht mehr personell besetzt, das „Gesetz zur Verhütung erbkranken Nachwuchses" wurde jedoch nicht als verbrecherisch eingestuft. Diesbezüglich ließ die Bundesregierung am 7. Februar 1957 im Deutschen Bundestag verkünden: „Das Gesetz zur Verhütung erbkranken Nachwuchses vom 14. Juli 1933 ist kein typisch nationalsozialistisches Gesetz, denn auch in demokratisch regierten Ländern - z. B. Schweden, Dänemark, Finnland und in einigen Staaten der USA - bestehen ähnliche Gesetze."[125]

Das Land Bayern hingegen hob das „Gesetz zur Verhütung erbkranken Nachwuchses" am 20. November 1945 auf, das Land Hessen verfügte am 16. Mai 1946, dass das Gesetz nicht anzuwenden sei, das Land Württemberg-Baden am 24. Juli 1946 die Aussetzung des Gesetzes, während wiederum am 28. Juli 1947

---

[120] Longue durée (dt.: lange Dauer) ist ein Begriff des französischen Historikers Fernand Braudel, um historische Entwicklungen strukturalistisch begreifen zu können.

[121] Enzo Traverso: Moderne und Gewalt. Eine europäische Genealogie des Nazi-Terrors, Köln 2003

[122] Enzo Traverso: Moderne und Gewalt, a.a.O., S. 152

[123] Brigitte Faber irrt, wenn sie schreibt: „Das von den Nationalsozialisten erlassene Gesetz zur Verhütung erbkranken Nachwuchses wurde 1945 von den Alliierten außer Kraft gesetzt." Brigitte Faber: Eugenik, Sterilisation, fremdnützige Forschung, in: Bundesministerium für Familie, Senioren, Frauen und Jugend (Hrsg.): Einmischen – mitmischen. Informationsbroschüre für behinderte Mädchen und Frauen, Berlin 2007. Das Gesetz befindet sich nicht unter den im Kontrollratsgesetz Nr.1 betreffend die Aufhebung von NS-Recht aufgeführten Gesetze. Aufgeführt werden hier u. a. das „Gesetz zur Wiederherstellung des Berufsbeamtentums", das „Gesetz zum Schutze des deutschen Blutes und der deutschen Ehre" sowie das „Reichsbürgergesetz".

[124] www.pflegewiki.de/wiki

[125] Plenarprotokoll des Deutschen Bundestages vom 7. Februar 1957, 2/191, S. 10876

in der britischen Zone eine Verordnung über die Wiederaufnahme von Verfahren in Erbgesundheitssachen erlassen wurde. Im Osten Deutschlands hob die Sowjetische Militäradministration das Gesetz am 8. Januar 1946 explizit auf. Es sagt sehr viel über die strafrechtliche Verfolgung der Naziverbrechen im Nachkriegsdeutschland sowie über die „westliche Gesellschaft" aus, dass die maßgeblichen Verfasser des Gesetzes, Arthur Julius Gütt und Ernst Rüdin, nicht zu den 23 Angeklagten im Nürnberger Ärzteprozess gehörten.

Der Deutsche Bundestag erklärte erst im Jahre 1998 per Gesetz die von Erbgesundheitsgerichten ergangenen Urteile für ungültig. Zwar konnten Bundesbürger seit 1980 sowie Opfer von Zwangssterilisationen aus den neuen Bundesländern seit 1989 eine einmalige Zahlung sowie monatliche Zuwendungen beantragen, mit den Verfolgten des Naziregimes wurden sie jedoch noch immer nicht gleichgestellt. Sie warten bis heute darauf, als Opfer des deutschen Faschismus anerkannt zu werden. Als Opfer der nationalsozialistischen Verfolgung hat laut Bundesentschädigungsgesetz vom 1. Oktober 1953 zu gelten, „wer aus Gründen politischer Gegnerschaft gegen den Nationalsozialismus oder aus Gründen der Rasse, des Glaubens oder der Weltanschauung durch nationalsozialistische Gewaltmaßnahmen verfolgt worden ist und hierdurch Schaden an Leben, Körper, Gesundheit, Freiheit, Eigentum, Vermögen, in seinem beruflichen oder in seinem wirtschaftlichen Fortkommen erlitten hat (Verfolgter)."[126] Das Bundesentschädigungsgesetz nahm damit bewusst eine Ausgrenzung verschiedener Opfergruppen vor. Die Bundesregierung führte diesbezüglich am 7. Februar 1957 aus: „Das Bundesentschädigungsgesetz gewährt grundsätzlich Entschädigungsleistungen nur an Verfolgte des NS-Regimes und in wenigen Ausnahmefällen an Geschädigte, die durch besonders schwere Verstöße gegen rechtsstaatliche Grundsätze Schäden erlitten haben."[127] Das „Gesetz zur Verhütung erbkranken Nachwuchses" wurde der juristischen Mehrheitsmeinung zur Folge durch Artikel 8 Nr. 1 des Gesetzes vom 18. Juni 1974 (BGBl. I, S. 1297) aufgehoben und gilt ab diesem Zeitpunkt als nicht mehr existent und folglich auch als nicht mehr aufzuheben.[128] „Somit war per fehlender gesetzlicher Regelung Sterilisation strafbar, wurde aber bei sogenannt geistig behinderten Frauen und Mädchen weiterhin stillschweigend praktiziert. Eine 1966 gefällte Entscheidung des Bundesgerichtshofes, dass eine Sterilisation aus-

---

[126] Bundesentschädigungsgesetz, Paragraph 1, Absatz 1, online unter:
       www.bundesrecht.juris.de/beg/__1.html
[127] Zitiert nach: www.pflegewiki.de/wiki
[128] Zur Debatte im Deutschen Bundestag um die Nichtigkeitserklärung des Erbgesundheitsgesetzes folglich: Deutscher Bundestag, 16. Wahlperiode, Beschlussempfehlung und Bericht des Rechtsausschusses, Drucksache 16/5450, 23.05.2007

schließlich mit der Einwilligung der betroffenen Person möglich sei, wurde damit umgangen, dass die Jahre vor dem 18. Lebensjahr als rechtsfreier Raum behandelt wurden."[129] Die Sterilisationen gingen weiter und wurden bei behinderten Frauen einfach vor dem Erreichen dieses Alters durchgeführt.

Folgt man den Schätzungen des Bundesjustizministeriums, so wurden in der Bundesrepublik Deutschland noch bis zum Jahr 1992 jährlich etwa 1.000 geistig behinderte Frauen gegen ihren eigenen Willen zwangssterilisiert. Sterilisationen von behinderten Frauen auch ohne deren Einwilligung und ohne medizinische Gründe blieben noch bis November 2003 möglich. Eine Sterilisation kann danach von den gesetzlichen Krankenkassen nur noch aus medizinischen Gründen übernommen werden. [130]

Die von uns dargestellte Historie der „Rheinland-Bastarde" spielte in den 60-er Jahren im Kontext der Auseinandersetzung um den nationalsozialistisch belastenden Staatssekretär Adenauers, Hans Globke, noch einmal eine Rolle und sorgte für Verstimmungen mit Frankreich. Aufgetaucht war das Dokument eines nationalsozialistischen Plan-Entwurfs über einen „Friedensschluss mit Frankreich", bei dem Globke, im Nationalsozialismus bereits Ministerialrat, als Sachbearbeiter fungiert hatte. Darin finden sich u. a. folgende Passagen:

- „Die dauernde Niederlassung von Farbigen (Negern, Madagassen, Indochinesen, Mulatten) in Frankreich darf nicht geduldet werden.
- Eheschließungen und der außereheliche Geschlechtsverkehr zwischen Farbigen aus Frankreich oder den französischen Kolonien und Ariern gleich welcher Staatsangehörigkeit werden sowohl in Frankreich wie etwa Frankreich verbleibenden französischen Kolonien verboten und unter Strafe gestellt.
- Farbige können die französische Staatsangehörigkeit nicht erwerben. Denjenigen, die die Staatsangehörigkeit bereits besitzen, ist diese zu entziehen, soweit der farbige Blutanteil wenigstens ein Viertel beträgt.
- Die französische Regierung wird ferner auf deutsches Verlangen die Rheinland-Bastarde (aus der französischen Besatzerzeit nach dem Ersten Weltkrieg), sowie sonstige Bastarde, deren farbiger Bluteinschlag von einem Farbigen aus den französischen Kolonialgebieten herrührt, übernehmen und in die französischen Kolonien weiterbefördern müssen."[131]

---

[129]   Brigitte Faber: Eugenik, Sterilisation, fremdnützige Forschung, in: Bundesministerium für Familie, Senioren, Frauen und Jugend (Hrsg.): Einmischen - mitmischen. Informationsbroschüre für behinderte Mädchen und Frauen, Berlin 2007

[130]   Brigitte Faber: Eugenik, Sterilisation, fremdnützige Forschung, a.a.O.

[131]   Zitiert nach: Der Spiegel, Nr. 24/1961, vom 7.06.1961, S. 17

Bis zum Ende seiner Amtszeit im Jahre 1963 hielt Bundeskanzler Adenauer an Hans Globke fest. Die Geschichte der schwarzen Opfer des Nationalsozialismus wurde abgesehen von vereinzelten Bemühungen generell weitgehend vergessen. Im Nachkriegsdeutschland verdeutlicht vor allem die Karriere der „Täter" den individuell, politisch wie gesellschaftlich nicht vorhandenen Willen Schuld einzugestehen. Hochgradig belastete Humangenetiker, Biologen und Mediziner erhielten im Nachkriegsdeutschland problemlos Rufe auf universitäre Lehrstühle.[132] Es wird genau 75 Jahre dauern bis deutsche Humangenetiker am 14. Juli 2008 erstmals eine schwere Schuld ihrer damaligen Fachkollegen am Massenmord in der NS-Zeit einräumen. Die „Erklärung der Deutschen Gesellschaft für Humangenetik" spricht von einer maßgeblichen Beteiligung deutscher Ärzte und Wissenschaftler an den menschenverachtenden Paragrafen des am 14. Juli 1933 verkündeten „Gesetzes zur Verhütung erbkranken Nachwuchses".[133] In der Erklärung heißt es: „Das Verhalten der Humangenetiker ist umso unverständlicher, als auch beim damaligen Kenntnisstand der Genetik die biologische Unsinnigkeit der Eugenik offenkundig war. So war beispielsweise schon 1908 von Godfrey Harold Hardy in Großbritannien und Wilhelm Weinberg in Deutschland mathematisch bewiesen worden, dass rezessive Krankheitsanlagen in jeder Population viel zu häufig sind, als dass sie mit eugenischen Maßnahmen aus dem Genbestand einer Population entfernt werden könnten. Ebenso war bekannt, dass viele der im Gesetz aufgeführten ‚Erbkrankheiten' beispielsweise Alkoholismus, Epilepsie, Schizophrenie oder bipolare Psychosen, nur zum Teil genetisch bedingt sind und daher nicht Gegenstand eugenischer Maßnahmen sein konnten."[134] Die Erklärung wurde auf dem Internationalen Kongress für Genetik in Berlin veröffentlicht.

2.5 Moderne Formen der Eugenik

Wir wollen in diesem Abschnitt aktuelle Beispiele von Eugenik anhand ausgewählter Beispiele thematisieren; es sind dies im Folgenden die Frage, ob es ein

---

[132] Hierzu u. a. Benno Müller-Hill: Tödliche Wissenschaft, Hamburg 1985
[133] taz, 15.07.2008
[134] Erklärung der Deutschen Gesellschaft für Humangenetik anlässlich des 75. Jahrestages der Verkündung des „Gesetzes zur Verhütung erbkranken Nachwuchses", 14. Juli 2008

Recht auf Behinderung gibt, Projekte zwecks Einrichtung elitärer Samenbanken sowie das Urteil des Bundesverfassungsgerichts zum Inzestverbot.[135]

2.5.1 Recht auf Behinderung?

Die Frage, ob es ein Recht auf Behinderung gibt, wurde im Jahr 2008 anhand des Falles der Engländerin Paula Garfield und ihres Lebensgefährten Tomato Lichy, die beide gehörlos sind, weit über Großbritannien hinaus debattiert. Das Paar, welches Taubheit nicht als Behinderung, sondern als Kulturzustand versteht, hat eine auf natürlichem Wege gezeugte gehörlose Tochter und wünscht sich noch ein weiteres Kind. Da Frau Garfield bereits 41 Jahre alt ist, soll eine Befruchtung im Reagenzglas stattfinden. Die Eltern wollen die in-vitro-Fertilisation zugleich nutzen, um gezielt einen genetisch auf Taubheit selektierten Embryo einpflanzen zu lassen. Da in Großbritannien im Unterschied zu Deutschland die Präimplantationsdiagnostik gestattet ist, war ein solches Vorgehen zum Zeitpunkt des Kinderwunsches möglich. Der Gesetzgeber plante daraufhin die Implantation „abnormer Embryonen" gesetzlich zu verbieten. Dies wiederum empörte das Paar Garfield/Lichy, da sie darin eine staatliche Diskriminierung von Gehörlosigkeit erblicken. Bioethisch betrachtet ist der Fall wesentlich komplizierter als populistische Überschriften englischer Tageszeitungen wie „Die Wahl eines tauben Babys ist ein Verbrechen"[136], auf den ersten Blick vermuten lassen.

Ein Staat, welcher die Präimplantationsdiagnostik gestattet, nimmt unseres Erachtens damit noch keine Wertung von „lebenswertem" und „lebensunwertem" Leben vor. Ein Staat indes, welcher die Entscheidung trifft, welche Embryonen eingepflanzt werden dürfen und welche Embryonen nicht, verhält sich eugenisch, da ein solches Vorgehen auf die Erstellung einer Liste hinausliefe, die regelt, welche Embryonen als „lebensunwert" und damit als nicht berechtigt eingepflanzt zu werden gelten sollen.

Solange ein Staat ohne Vorgaben zu machen die PID zulässt und damit die individuelle Lebensplanung der Eltern höher bewertet als die Rechte des Embryos, können wir kein eugenisches Szenario erblicken, da die Auswahl bzw. Verwerfung von Embryonen keinen eugenischen Zielsetzungen folgt, sondern den konkreten, individuellen Problemlagen der Eltern geschuldet ist sowie ihrem Wunsch, ein „gesundes Kind" auf die Welt zu bringen. Bestimmt der Staat in-

---

[135] Als relevantes Beispiel wäre ferner das Thalassämie-Programm auf Zypern zu diskutieren. Dies soll jedoch im Beitrag von Rolf Becker und Achim Bühl zur Janusköpfigkeit der Pränataldiagnostik geschehen.

[136] Reiner Luyken: Recht auf Behinderung? Die Zeit, 20.03.2008

des, welche Embryonen eingepflanzt werden dürfen und welche nicht, so ist damit explizit ein Zuchtgedanke verbunden, insofern bestimmte Eigenschaften als positiv, andere als negativ bewertet werden. Der Normalisierungszwang wäre nicht zuletzt dem Interesse des Staates geschuldet, Kosten im Gesundheits- und Bildungsbereich einzusparen. Das eugenische Szenario liegt ferner in der Tatsache begründet, dass die Existenz einer solchen Liste als Signal zu verstehen wäre, welche Menschen seitens des Staates als „Kostgänger der Gesellschaft" betrachtet werden.

Damit haben wir allerdings eine Antwort auf das Dilemma, ob es ein Recht auf „behinderte Kinder" gibt, noch nicht geliefert. Die Überschriften der britischen Tageszeitungen zeigen vor allem eins: Die aufgeklärten westlichen Gesellschaften sind im Sinne Foucaults hochgradig normalisierte Gesellschaften. Die Dichotomisierung in normal und anormal, gesund und krank, männlich und weiblich haben wir in einem Maße verinnerlicht, dass auf dem Wunsch zweier Eltern, die innerhalb der Vielfältigkeit des menschlichen Lebens anders sind, nahezu mit Hass reagiert wird. Es ist fraglich, ob die Ursache der Härte der Reaktionen in einer wie auch immer verstandenen Parteinahme für die Interessen des potentiellen Kindes liegen oder eher in der psychologischen Bedrohung des normalisierten Denkens, das als dichotome Denkstruktur das als Behinderung Erfahrene automatisch ausgrenzen will. So lässt sich berechtigt fragen, ob „uns Hörenden die Nuancen der Gehörlosenwelt nicht ebenso verschlossen bleiben"[137] wie dem Gehörlosen ein Beethoven-Konzert und ob man sich nicht gut vorstellen kann, „dass taube Eltern viel besser ein taubes als ein hörendes Kind großziehen können?"[138]

Was den vorliegenden Fall betrifft, so wird man mit anderen Personen als auch mit sich selber, aufgrund des Facettenreichtums der Aspekte, wohl zu keiner eindeutigen Lösung kommen, zumal Begründungen in mehrere Richtungen existieren. So steht etwa der Definition von Behinderung als soziales Phänomen und soziale Konstruktion die Position des Bioethikers John Fletcher[139] gegenüber, der seinerseits gehörlose Eltern hatte. Nach seiner Ansicht ist die Zeugung eines gehörlosen Babies insofern nicht fair, da auch nicht gehörlose Babies bei gehörlosen Eltern die Gehörlosensprache genauso gut lernen könnten, und man folglich im Sinne einer Befähigungsgerechtigkeit[140] den Kindern die Freiheit

---

[137] Reiner Luyken: Recht auf Behinderung? Die Zeit, 20.03.2008
[138] Reiner Luyken: Recht auf Behinderung? a.a.O.
[139] John Caldwell Fletcher, geb. 1934, gest. 2004, US-Amerikanischer Bioethiker
[140] Das Konzept der Befähigungsgerechtigkeit geht davon aus, dass jeder Mensch über Talente bzw. Fähigkeiten verfügt, dass er sie nur entfalten bzw. verwirklichen können muss. Befähigung bedeutet hier den einzelnen Menschen optimal zu unterstützen, so dass dieser ein selbstbe-

nehmen würde, mit nicht gehörlosen Menschen optimal zu kommunizieren. Der Einwand von Fletscher verweist auf ein außerordentlich diffiziles Problem zwecks Lösung des vorgestellten Falles: auf die erforderliche Notwendigkeit, die Grenzen einer rein sozialen Definition von Behinderung zu reflektieren und zu diskutieren sowie aus der Sicht der Gehörlosenkultur zu überdenken.

2.5.2 Elitäre Samenbanken

Unsere historischen Betrachtungen haben u. a. ergeben, dass „Züchtungsutopien" zum zentralen Gedankengut eugenischer Bewegungen gehören. Derartige Vorstellungen finden sich indes noch heute, so z. B. im Kontext von Samenbanken. So formuliert Bill Handel, Besitzer einer US-amerikanischen Leihmütter-Agentur: „Das Internet hat das Samenbankgeschäft revolutioniert. Man kann nach Kriterien wie Haarfarbe, Hautfarbe, Rasse, Gewicht und Größe auswählen. Man kann Athleten wählen, für sämtliche Sportarten."[141] Die Verbindungslinien etlicher Samenbanken zum Gedankengut eugenischer Bewegungen lässt sich auch daran erkennen, dass sich diese häufig neben Elite-Universitäten wie Harvard oder Stanford befinden. Als Samenspender werden zumeist Studenten im Alter zwischen 21 und 25 Jahren und einer Körpergröße von 180 Meter ausgewählt. Auch die Spender scheinen sich als „genetische Elite" zu begreifen. „Ich bin stolz darauf, dass mich die Samenbank ausgewählt hat"[142], so der Spender mit der Nummer 11604 der California Cryobank.

Der US-amerikanische Multimillionär Robert Graham beabsichtigte die „genetische Degeneration" der Menschheit, die er meinte selber diagnostiziert zu haben, durch eine Nobelpreisträger-Samenbank stoppen zu können. Gemeinsam mit dem US-amerikanischen Eugeniker Hermann J. Muller gründete er die Samenbank „Repository for Germinal Choice". Die Bereitschaft von Nobelpreisträgern zu spenden hielt sich allerdings in Grenzen. Trotz der finanziellen Mittel gelang es ihm nur drei Nobelpreisträger als Spender zu gewinnen, darunter der Physiker William B. Shockley.[143] Die Samenbank schloss im Jahr 1999, nachdem Graham bereits 1997 verstorben war. Es sollen bis zu diesem Zeitpunkt 217 Kinder durch Spenden geboren worden sein. Zwar gelang es Graham nicht, Nobelpreisträger für seine Vorstellung zu begeistern sowie den Genpool der ge-

---

stimmtes und erfülltes Leben führen kann. Grundbedingungen der Befähigung hierzu stellen Bildung, Gesundheit, gesellschaftliche Teilhabe, Chancengleichheit, Solidarität und Antidiskriminierung dar.

[141] Filmzitat aus: Frozen Angels, Dokumentation, Deutschland/USA 2005
[142] www.spiegel.de
[143] William B. Shockley, geb. 1910, gest. 1989, US-amerikanischer Physiker und Nobelpreisträger, Erfinder des Transistors

samten Bevölkerung mittels einer eugenischen Samenbak zu optimieren, das Samenbank-Geschäft revolutionierte er indes u. a. durch die Einführung von Katalogen mit umfassenden Angaben über die Spender.[144] So gilt heute - und nicht nur in den USA - der Typ blond, blauäugig, hellhäutig mit ebenmäßigem Gesicht als Wunschtyp. „Es entsteht ein neuer Imperialismus", so die Kritikern der Biotechnologie Lori Andrews, „bei dem amerikanisches Sperma rund um den Globus geht, Dritte-Welt-Länder eingeschlossen, um hellhäutige, blonde Kinder zu produzieren."[145]

2.5.3 Eugenisches Inzestverbot

Im Jahr 2008 sorgte der Fall der Geschwister Patrick und Susann aus Leipzig für Schlagzeilen und Diskussionen. Durch die elterliche Scheidung bedingt war das Geschwisterpaar nicht zusammen aufgewachsen, sondern traf sich erstmals im Jahr 2000. Nach dem Tod der gemeinsamen Mutter begannen die Geschwister eine sexuelle Beziehung, aus der vier Kinder stammen. In Deutschland ist der Geschlechtsverkehr zwischen in gerader Linie Verwandten, d. h. Eltern, Großeltern, Urgroßeltern und deren Kindern, Enkeln und Urenkeln, gemäß § 175 Abs. 2 Satz 2 StGB strafbar. Nach dem vierten Kind verurteilte das Amtsgericht Leipzig Patrick S. im November 2005 zu einer Freiheitsstrafe von zweieinhalb Jahren, nachdem zuvor bereits eine Bewährungsstrafe verhängt worden war. Eine Verfassungsbeschwerde beim Bundesverfassungsgericht wurde am 26. Februar 2008 zurückgewiesen. Für ein Inzestverbot werden verschiedene Gründe geltend gemacht u. a. familienschädigende Wirkungen, Schwierigkeiten für die Kinder aus inzestuösen Verbindungen „ihren Platz im Familiengefüge zu finden und eine vertrauensvolle Beziehung zu ihren nächsten Bezugspersonen aufzubauen"[146] sowie der Schutz potentiell unterlegener Partner. Es mag sich dabei um durchaus ernst zunehmende, gewichtige Gründe handeln, auf die wir hier nicht näher eingehen können. Neben derartigen kulturellen und sozialen Aspekten führt der 2. Senat des Bundesverfassungsgerichts zur Begründung indes auch eugenische Argumente an, die im Kontext dieser Studie von Interesse sind. In Absatz 27 der Urteilsbegründung heißt es: „Ergänzend komme auch dem Schutz der Volksgesundheit ein legitimes Gewicht zu. Solange die Folgen von Geschwisterinzest wissenschaftlich nicht abschließend geklärt seien, könne es dem Gesetzgeber nicht verwehrt werden, sich des Strafrechts zu bedienen, um

---

[144] Geowissen, Nr. 30, Die neuen Wege der Medizin, Hamburg 2002, S. 171
[145] Filmzitat aus: Frozen Angels, Dokumentation, Deutschland/USA 2005
[146] Süddeutsche Zeitung, 13.03.2008

diese Rechtsgüter zu schützen."[147] In Absatz 49 begründet der 2. Senat des BVG das Urteil wie folgt: „Der Gesetzgeber hat sich zusätzlich auf eugenische Gesichtspunkte gestützt und ist davon ausgegangen, dass bei Kindern, die aus einer inzestuösen Beziehung erwachsen, wegen der erhöhten Möglichkeit der Summierung rezessiver Erbanlagen die Gefahr erblicher Schädigungen nicht ausgeschlossen werden könne. (…) Im medizinischen und anthropologischen Schrifttum wird auf die besondere Gefahr des Entstehens von Erbschäden hingewiesen und teilweise angenommen, diese sei bei Verbindungen zwischen Bruder und Schwester noch gravierender als bei Verbindungen zwischen Vater und Tochter. (…) Vor diesem Hintergrund kann das strafbewehrte Inzestverbot auch unter dem Gesichtspunkt der Vermeidung von Erbschäden nicht als irrational angesehen werden."[148]

Nach alldem, was wir historisch bislang ausgeführt haben, möchten wir betonen, dass wir uns im Jahre 2008 befinden und dass soeben nicht aus einer neonazistischen Broschüre, sondern aus dem Inzestverbots-Urteil des obersten deutschen Gerichts, dem Bundesverfassungsgericht, zitiert wurde - aus einem Gerichtsurteil, welches in einem eklatanten Widerspruch zu den Werten und Prinzipien des Grundgesetzes steht. Mit seinem Urteil hat das Bundesverfassungsgericht den Weg frei für Fortpflanzungsverbote gemacht, mit dem Ziel behindertes Leben zu verhindern. Nach diesem Gerichtsbeschluss ließen sich Gesetze allein mit der Erwägung begründen, „dass die Entstehung behinderten Lebens verhindert werden solle."[149] Das Inzestverbots-Urteil stellt damit eine der stärksten Ausgrenzungen und Diskriminierungen von „behinderten Menschen" in Deutschland nach 1945 dar. Das Entsetzen des Leipziger Anwalts des Klägers bei der Urteilsverkündung ist nachvollziehbar, beachtet man alleine die Wortwahl des Gerichts: „eugenische Argumente", „Volksgesundheit", „erbbiologische Bedenken", „Gefahr erblicher Schädigungen", „Gefahr des Entstehens von Erbschäden", „Vorsorge vor genetisch bedingten Krankheiten" - im Urteil ohne Anführungszeichen. Offensichtlich sind die Gedanken der Eugenik und der Rassenhygiene in Deutschland latent und partiell manifest immer noch wirksam. Das Eingeständnis von Schuld seitens deutscher Juristen am deutschen Faschismus, an Rassenhygiene und Zwangssterilisierung scheint offensichtlich so knapp ausgefallen zu sein, dass es beim Bundesverfassungsgericht immer noch nicht angekommen ist, so dass man sich dem Geist und der Wortwahl eines Erbgesundheitsgerichts bedienen kann.

---

[147] www.bundesverfassungsgericht.de/entscheidungen/rs20080226_2bvr039207.html
[148] www.bundesverfassungsgericht.de/entscheidungen/rs20080226_2bvr039207.html
[149] Süddeutsche Zeitung, 13.03.2008

Es mag erschreckende Kontinuitäten in Deutschland geben, aber es gibt auch deutliche Brüche. So stimmte der Vizepräsident des Gerichts, Winfried Hassemer, gegen die Entscheidung seiner Kollegen (7:1). Das Risiko von Erbschäden dürfe verfassungsrechtlich nicht berücksichtigt werden, so Hassemer, auch andere Risikogruppen würden nicht mit Strafe bedroht, selbst wenn die Schädigungsgefahr noch höher sei. In Absatz 84 heißt es: „Auch lässt sich die Berücksichtigung eugenischer Gesichtspunkte nicht mit dem möglichen Argument der Belastung Dritter rechtfertigen, etwa der Familie, in der ein geschädigtes Kind hineingeboren werde, oder auch der Allgemeinheit, die zu fürsorgerischen Aufwendungen veranlasst sei. Dies liefe auf die Verneinung des Lebensrechts behinderter Kinder allein aus lebenskonträren Interessen und Fiskalbelangen anderer hinaus."[150] Der 2. Senat des Bundesverfassungsgericht ein Erbgesundheitsgericht?

Die Standesorganisation der deutschen Humangenetiker, die „Deutsche Gesellschaft für Humangenetik (GfH)" hat aus ihrer historischen Schuld Konsequenzen gezogen und zählt zu den wenigen Organisationen, die öffentlichkeitswirksam auf das Urteil sofort reagierte. In ihrer Stellungnahme vom 15.05.2008 heißt es: „Die Deutsche Gesellschaft für Humangenetik empfiehlt nachdrücklich, auf der Ebene höchstrichterlicher Rechtsprechung auf eugenische Begriffe und Argumentationen zu verzichten. Diese sind sachlich falsch und leisten darüber hinaus der Diskriminierung von Menschen und Familien Vorschub, die ohnehin ein schweres Schicksal haben."[151] Zwar mag es richtig sein, so die GfH, dass Kinder aus inzestuösen Verbindungen ein erhöhtes Risiko für rezessiv erbliche Krankheiten haben, eine eugenische Begründung sei jedoch unakzeptabel, gerade weil dieser Gesichtspunkt „historisch für die Entrechtung von Menschen mit Erbkrankheiten und Behinderungen missbraucht worden ist."[152] Das Argument, es müsse in Partnerschaften, deren Kinder ein erhöhtes Risiko für rezessiv erbliche Krankheiten haben, einer Fortpflanzung entgegengewirkt werden, so die GfH, sei ein Angriff auf die reproduktive Freiheit aller. Der gesellschaftliche Konsens, dass Elternpaare mit bestimmten genetischen Konstellationen, genau wie alle anderen Paare auch, die Entscheidungsfreiheit über die Verwirklichung ihres Kinderwunsches besäßen, würde mit Blick auf den seltenen Sonderfall des Inzests vom Bundesverfassungsgericht ausgehöhlt.[153]

---

[150] www.bundesverfassungsgericht.de/entscheidungen/rs20080226_2bvr039207.html
[151] www.idw-online.de/pages/de/news260268
[152] a.a.O.
[153] a.a.O.

In Absatz 56 des Inzestverbots-Urteils wird als Gesetzgebungsziel explizit „die Vorsorge vor genetisch bedingten Krankheiten"[154] genannt. Die Vorstellung, dass in Deutschland niemand die „Verbesserung" des kollektiven Erbgutbestandes einer Population mit dirigistischen Maßnahmen beabsichtige („Eugenik"), scheint vorschnell zu sein. Dem Bundesverfassungsgericht scheint die „Volksgesundheit" im Kontext eugenischen Gedankenguts auf jeden Fall derart wichtig zu sein, dass dafür das Strafgesetz als dirigistisches Element bemüht wird. Ganz allein steht damit das Bundesverfassungsgericht nicht, so stützt es sich u. a. auf die Stellungnahme des Generalbundesanwalts, der „auch dem Schutz der Volksgesundheit ein legitimierendes Gewicht zuspricht."[155] Wohin derartige dirigistische Maßnahmen führen, kann man in der Stellungnahme des Generalbundesanwalts lesen: „Der Beschwerdeführer hat sich inzwischen sterilisieren lassen."[156]

Sollte im Kontext der deutschen Geschichte dies nicht ausreichen, um den unverzüglichen Rücktritt der beteiligten Juristen zu fordern? Es ist nicht bekannt, dass in Deutschland im Kontext des Inzestverbots-Urteils jemand den Rücktritt der sieben Bundesverfassungsrichter des 2. Senats und des Generalbundesanwalts gefordert hätte.

2.6 Eugenik von unten?

Wir wollen in diesem Abschnitt die Behauptung von der Existenz einer „Eugenik von unten", die häufig im Kontext der modernen Reproduktionsmedizin geäußert wird, einer kritischen Betrachtung unterziehen.

Entsprechend unserer bisherigen Ausführungen wollen wir dabei unter Eugenik ein staatliches wie gesellschaftliches Interventionsbestreben zwecks „Verbesserung" des kollektiven Erbgutbestandes verstehen, das von einer Begünstigung der Fortpflanzung von Teilen der Bevölkerung durch u. a. fiskalische Anreize über Zwangssterilisation bis hin zur physischen Vernichtung von als „minderwertig" diskriminierten Menschen, die als „Kostgänger" herabgesetzt werden, gehen kann. Vereinfacht ließe sich Eugenik als Verhalten verstehen, dem die Absicht zugrunde liegt, die genetischen Eigenschaften einer Population aktuell und/oder zukünftig in Richtungen zu beeinflussen, die als wertvoll betrachtet bzw. als höherwertig konstruiert werden.

Fassen wir unsere bisherigen Ergebnisse zunächst in der folgenden Tabelle zusammen.

---

[154] www.bundesverfassungsgericht.de/entscheidungen/rs20080226_2bvr039207.html
[155] www.hrr-strafrecht.de/hrr/doku/2008/001/stellungnahme_gba_patrick.s.pdf
[156] a.a.O.

Ideologeme der Eugenik	Biologistisches Gesellschaftsverständnis
	Sozialdarwinistisches Gedankengut („Kampf ums Dasein", „Überleben des Tüchtigsten")
	Glaube an die Ungleichheit konstruierter „Menschenrassen"
	Lehre von der ungleichen Wertigkeit menschlicher Individuen auf Grund ihres Genotyps
	Identifizierung der „besser Veranlagten" mit den oberen Klassen
	Gegnerschaft von Hilfs- und Unterstützungsmaßnahmen für sozial Schwache
	Glaube an die Degeneration des „genetischen Volkskörpers" in Richtung des Durchschnitts
	Diffamierung einzelner Menschen und Menschengruppen als „Kostgänger" („Menschenökonomie")
	Schutz der Volksgesundheit vor „genetischer Entartung"
	Vertretung des Züchtungsgedankens beim Menschen
	Propagierung apokalyptischer Bevölkerungsvisionen
Praxen der Eugenik	Gründung von Verbänden und geheimen Vereinen zwecks Einfluss auf die staatliche Gesetzgebung im Sinne der Ziele
	Initiierung einer sozialen Bewegung auf der Basis eugenischer Ideologeme
	„Eugenische Erziehung" der Menschen
	„Asylierung" einzelner Menschen und Menschengruppen
	Verhängung von Eheverboten
	Verbote des sexuellen Verkehrs
	Gezielte Förderung sowie gezielte Benachteiligung von Teilpopulationen hinsichtlich der Fortpflanzung
	Zwangssterilisierung verschiedener Bevölkerungsgruppen
	Gezielte Tötung von Menschen („Euthanasie")

Tabelle 2: Definitorische Elemente der Eugenik[157]

Unter Eugenik fassen wir somit die im Kontext sozialer Bewegungen sowie staatlichen Handelns propagierten Techniken und Praxen, denen die Intention zugrunde liegt, die genetische Ausstattung auf Bevölkerungsebene aus ökonomischen und/oder züchterischen Absichten zu verändern, gänzlich unabhängig davon, ob sich diese Ziele rein wissenschaftlich betrachtet überhaupt realisieren lassen.

Die Ebene der gesamten Bevölkerung hat auch der US-amerikanische Bioethiker Jonathan Glover im Blick, wenn er die Frage stellt „What sort of people

---

[157] Die Zusammenstellung der definitorischen Elemente der Eugenik meint hierbei nicht, dass alle Elemente zutreffen müssen, damit es sich um Eugenik handelt. So gehören z. B. dirigistische Maßnahmen - an dieser Stelle sei die Eugenik-Definition der GfH in ihrer Stellungnahme zum Inzestverbots-Urteil des BVG kritisiert - nicht notwendig zur sogenannten „klassischen Eugenik". Insbesondere in der englischen eugenischen Bewegung gab es Eugeniker, die staatlichen Dirigismus strikt ablehnten und durch „eugenische Aufklärung" an die Einsicht des Menschen appellieren wollten.

should there be?".[158] Es wäre somit zunächst zu fragen, was das Spezifische einer „Eugenik von unten" sein soll. Die Protagonisten dieses Begriffs „erweitern" die Sichtweise dieser von Glover gestellten Frage, die nunmehr lautet: „What sort of people do we want there to be?"[159] wobei in einem weiteren Schritt daraus die Frage wird: „Welches Kind wünschen wir uns?" Nach einer derartigen „Erweiterung" gelangt man zum Resultat von Matthias Kettner: „Ich meine, es liegt keine unzulässige Überspitzung darin, wenn ich behaupte: Eugenik wurzelt im normalen Kinderwunsch plus Familienplanung."[160] Dergestalt betrachtet gäbe es dann keine „Internationale der Rassisten"[161] mehr, sondern eine Art „eugenischer Kollektivschuld". Kettner definiert „Eugenik von unten" demzufolge als „bestimmte Praktiken der Familienplanung und die aus den persönlichen Lebenswelten von Eltern stammenden, statt aus Staatsideologien stammenden Gründe, die den Rekurs auf solche Praktiken rechtfertigen sollen. Es ist, was Mitgliederzahl und Zeithorizont der Planenden betrifft, eine Mikroeugenik, keine Makroeugenik."[162]

In wenigen Federstrichen sind damit aus geistigen Wegbereitern der faschistischen Rassenhygiene, aus Zwangssterilisierern und Euthanasiebefürwortern potentielle Eltern geworden und damit letztendlich wir alle, aus Befürwortern von Pränataldiagnostik und Schwangerschaftsabbruch Eugeniker, aus Gynäkologen (post)moderne Rassenhygieniker. Eugeniker sind demzufolge Personen, welche die individuelle Entscheidungsfreiheit bei der Fortpflanzung bejahen. Damit hat man sich erfolgreich eines Totschlagarguments bedient, seiner Widersacher in Sachen Pränataldiagnostik entledigt und alle Beteiligten erfolgreich als Rassisten enttarnt.

Eine derartige Gleichsetzung von Eugenik und elterlicher, selbstbestimmter Entscheidung wie bei Kettner hat der Nachkriegsstaat seinerseits durch eugenisches Gedankengut ermöglicht. So findet sich eugenisches Gedankengut im Sachverhalt des Schwangerschaftsabbruchs mit embryopathischer Indikation, d. h. in der

---

[158] Jonathan Glover: What sort of people should there be? London 1984. Vgl. auch Jonathan Glover: Ethics of new reproductive technologies: The Glover Report to the European Commission, Illinois 1989

[159] Mathias Kettner: Zwischen „Eugenik von unten" und „reproduktiver Freiheit" - ein Dilemma im liberalen Staat, online unter:
www.bieson.ub.uni-bielefeld.de/volltexte/2003/113/html/MatthiasKettner.pdf

[160] Mathias Kettner, a.a.O.

[161] Stefan Kühl: Die Internationale der Rassisten, Frankfurt a. M. 1997

[162] www.bieson.ub.uni-bielefeld.de/volltexte/2003/113/html/MatthiasKettner.pdf. Kettner bezeichnet die „Eugenik von unten" hier als „liberale Eugenik", die beiden Begriffe werden von ihm in undifferenzierter Weise synonym benutzt. Wir wollen an einer Trennung der Termini „Eugenik von unten" und „liberale Eugenik", mit der wir uns im folgenden Abschnitt befassen, festhalten.

Begründung für den Abbruch einer Schwangerschaft aus einer schweren Erkrankung bzw. Entwicklungsstörung des Feten oder dessen Anlageträgerschaft. Der Gesetzgeber hat diese Form kollektiver Diskriminierung von Behinderungen („kann abgetrieben werden") im Jahr 1995 durch die Streichung der embryopathischen Indikation beendet und damit zugleich die Belange und Interessen der Schwangeren als Entscheidungsträgerin hervorgehoben. Die Neuregelung des § 218 zum 1.10.1995 verdeutlicht nunmehr, dass es sich um eine maternale Indikation handelt.

In Österreich wird demgegenüber noch immer und sogar von „eugenischer Indikation"[163] gesprochen, so erlaubt § 97 Abs. 1 Ziffer 2 des StGB den Abbruch, wenn „eine ernste Gefahr besteht, dass das Kind geistig oder körperlich schwer geschädigt sein werde."[164]

Derartige Begründungen haben geistige Schäden hinterlassen, so befürworteten bei einer Umfrage in Deutschland im April 2001 mehr als die Hälfte der Befragten pränatale Untersuchungen, „da sie zum Beispiel helfen, Kosten im Gesundheitssystem zu reduzieren.".[165] Unerträglich ist, dass noch im April 2000 der Direktor der Poliklinik für Frauenheilkunde und Geburtshilfe in Köln, Peter Mallmann, die Position vertritt, die Pränataldiagnostik sei „gesundheitsökonomisch notwendig zur Kostensenkung im Gesundheitswesen".[166]

Es soll hier also keineswegs bestritten werden, dass im Kontext der Pränataldiagnostik eugenisches Gedankengut existiert. Sicherlich spricht heute kaum jemand mehr von einer „drohenden Entartung des Volkskörpers" oder von der „notwendigen Aufartung unserer Rasse", trotzdem mag er Eugeniker sein oder eugenisches Gedankengut vertreten. Vorwürfe oder Verdächtigungen müssen jedoch wissenschaftlich betrachtet verifizierbar sein, d. h. sich an einer operationalisierbaren Definition von Eugenik bzw. eugenischem Verhalten messen lassen. Im Kontext unserer historischen Betrachtung der eugenischen Bewegungen haben wir solche Definitionselemente erarbeitet (siehe Tabelle 2). Auf der Basis dieser definitorischen Elemente vertraten wir die Position, dass es sich beim Inzestverbot-Urteil des BVG um ein „eugenisches Urteil" und damit um eine skandalöse Rechtsprechung handelt, insofern das Urteil mit dem Schutz der „Volksgesundheit" vor „genetischer Entartung" (Ideologeme der Eugenik) be-

---

[163] Im Kontext der Etablierung der PND wurden in den 60-er Jahren in vielen Ländern Schwangerschaftsabbrüche mit „eugenischer Indikation" begründet.

[164] Zitiert nach:
www.de.wikipedia.org/wiki/Schwangerschaftsabbruch_mit_embryopathischer_Indikation

[165] Zitiert nach:
www.de.wikipedia.org/wiki/Schwangerschaftsabbruch_mit_embryopathischer_Indikation

[166] Zitiert nach: a.a.O.

gründet wird - wenn auch bei anderer Wortwahl des Gerichts - sowie als Zwangs-
maßnahme das Verbot des sexuellen Verkehrs (Praxen der Eugenik) bestätigt
wird.

Die Frage ist also zu stellen, ob gleiches bei der Pränataldiagnostik als solcher
zutrifft, die bei Kettner implizit, bei vielen Kritikern häufig auch explizit mit
„Eugenik von unten" gleichgesetzt wird; so äußert z. B. Marion Brüssel vom
Bund Deutscher Hebammen e. V. die Ansicht: „Das routinemäßige Angebot
pränataler Diagnostik stellt für uns Hebammen das Lebensrecht von Menschen
mit Behinderungen in Frage. Wir sehen, dass es die Entwicklung einer „Eugenik
von unten", die Selektion kranker und behinderter Menschen fördert."[167]

Zwecks Entscheidung unserer Frage sei die Situation einer Frau betrachtet, die
sich nach einer pränatalen Mukoviszidose-Diagnose die Frage nach einem
Schwangerschaftsabbruch stellt. Entscheidet sie sich für einen Schwangerschaftsabbruch, so ist motivational nicht davon auszugehen, dass eines der von
uns genannten Ideologeme der Eugenik hierbei eine Rolle gespielt hat, ebenso
ist (zur Zeit in Deutschland) keine eugenische Praxis erkennbar, welche „dirigis-
tisch" oder „erzieherisch" ihre Entscheidung beeinflusst haben könnte.

Wenn sich auf der Basis unserer umfassenden Definitionselemente keine Eugenik verifizieren lässt, wie wird diese dann seitens der Protagonisten begründet?

Zum einen, indem die Definition der Eugenik von ihrer Zweckgerichtetheit entbunden wird. Eugenik ist dergestalt betrachtet nur noch „die praktische Anwendung der Erkenntnisse der Humangenetik auf menschliche Populationen" und
somit definitorisch nicht mehr verkoppelt „mit dem Ziel, einer Verschlechterung
(= Degeneration oder Entartung) der Erbanlagen vorzubeugen (negative Eugenik) bzw. eine Verbesserung (= Aufartung) zu bewirken (positive Eugenik)."[168]
Eine derartige definitorische Entkoppelung ist unseres Erachtens unzulässig, da
sie das Wesen der Eugenik verfehlt und die Humangenetik als solche mit der
Eugenik gleichsetzt und dergestalt diffamiert und zum anderen dabei übersehen
wird, dass eugenische Bewegungen sich lediglich instrumentell und voluntaris-
tisch auf den Stand humangenetischer Forschung bezogen haben. Im Kontext
der Entscheidung für einen Schwangerschaftsabbruch ist jedoch nicht davon
auszugehen, dass dieser auf Seiten der handelnden Akteure intentional aus
Gründen einer „negativen" oder einer „positiven Eugenik" erfolgt.

Zum anderen geschieht die Begründung, es handele sich um Eugenik, indem die
Bestimmung dessen, was eugenisches Verhalten ist, von Ideologemen und Praxen der Eugenik sowie generell von Intentionen, Absichten und Motivationen

---

[167]   Zitiert nach: www.studgen.uni-mainz.de/manuskripte/becker2.pdf
[168]   Wilhelm Korff, Lutwin Beck, Paul Mikat: Lexikon der Bioethik, Bd. 1, S. 694

entkoppelt wird. Abgehoben wird dann einzig und allein auf die Resultativität, auf das Ergebnis des Handelns, was anhand der folgenden Textpassage verdeutlicht werden soll: „Eine schwangere Frau, die sich nach einer Mukoviszidose-Diagnose für einen Abbruch der Schwangerschaft entscheidet, tut dies wohl kaum mit dem Motiv, der genetischen Verbesserung der Bevölkerung zu dienen. Im Ergebnis läuft es aber auf eine eugenische Selektion hinaus. Das ist der springende Punkt: Die Kontroverse, ob es sich bei den Praktiken um Eugenik handelt, gründet auf einer unterschiedlichen Sichtweise. Die eine blickt lediglich auf die Intention, die andere auch auf die Konsequenz. Die eine fragt: Welche Absichten stecken dahinter? Die andere: Was entsteht ungeachtet der Absichten letztlich dabei? Wird allein die Intention beachtet, ist eine Verständigung über die Beurteilung der in Frage stehenden Praktiken kaum möglich. Eine angemessene Einschätzung aber bedarf der Berücksichtigung beider Aspekte. Um diese neue Eugenik, die von den beteiligten Menschen meistens nicht gezielt verfolgt wird, von der alten Form zu unterscheiden, spricht man auch von ‚schleichender Eugenik‘ oder ‚Eugenik von unten‘. Das gilt für die heutige negative Eugenik: die pränatale und präimplantative Selektion, die entweder schon täglich praktiziert wird oder technisch ohne weiteres möglich ist."[169]

Es mag soziologisch betrachtet durchaus relevante nichtintentionale Folgen des menschlichen Handelns geben, die auch zu berücksichtigen wären, ein empirischer Beweis wird jedoch nicht erbracht, stattdessen ist häufig apodiktisch davon die Rede, dass die Pränataldiagnostik das Lebensrecht von Menschen mit Behinderungen in Frage stelle und die Selektion kranker und behinderter Menschen fördere.[170]

Unverständlich bleibt auch die Verwendung des Terminus der „eugenischen Selektion" im Kontext der Pränataldiagnostik. Versteht man unter Selektion „Zucht", „Aussortieren" und „Bevorzugung" dann ist die Frage zu stellen, zwischen welchen beiden Feten sich denn die Schwangere entscheidet angesichts der Tatsache, dass es ja nur einen gibt. Der Terminus kann also zumindest hypothetisch nur aufrecht erhalten werden, wenn man einen zeitlich späteren noch nicht existenten Feten meint. Es ist aber kaum davon auszugehen, dass die Schwangere ihre Entscheidung auf Basis eines solchen Vergleichs trifft.

Wir wollen ab dieser Stelle abschließend unsere Kritik am Terminus der „Eugenik von unten" zusammenfassen.

---

[169]   www.gen-ethisches-netzwerk.de/gid2/inhalt

[170]   Auf die nichtintentionalen Folgen menschlichen Handelns - insbesondere auf die Frage, ob Pränataldiagnostik zu mehr Behindertenfeindlichkeit führt - wollen wir an dieser Stelle nicht weiter eingehen, da dies ausführlich im Artikel von Rolf Becker und Achim Bühl: „Zur Janusköpfigkeit der Pränataldiagnostik" geschieht.

Erstens: Angesicht der von uns dargestellten Realitäten von Eugenik und Rassenhygiene bedeutet der Terminus der „Eugenik von unten" eine wenn auch intentional nicht beabsichtigte Verharmlosung der Historie.

Zweitens: Der sprachliche Vergleich zwischen der faschistischen Eugenik und der Pränataldiagnostik ist ethisch nicht vertretbar; er bricht mit dem Prinzip der Beachtung der Singularität des deutschen Nationalsozialismus, dessen historische Realität sich nicht zuletzt auch in eugenischer Hinsicht legitimen Vergleichen entzieht.

Drittens: Der Terminus suggeriert durch die Gegenüberstellung einer „alten" und einer „neuen Form" der Eugenik ein Ablösungsverhältnis. Dies trifft wie wir anhand der Beispiele des Falls Garfield/Lichy, elitärer Samenbanken und dem eugenischen Inzestverbot zeigen wollten, nicht zu. Die sogenannte „alte Form" der Eugenik ist vielmehr noch immer höchst aktuell.

Viertens: Der Terminus der „Eugenik von unten" suggeriert, dass heutzutage die Hauptgefahr „von unten" ausgeht. Dies führt zum einen zur Unachtsamkeit gegenüber Ideologemen und Praxen der sogenannten „klassischen Eugenik", zum anderen wird dergestalt übersehen, dass etatistische Formen, die sich dirigistischer Maßnahmen bedienen, auch zukünftig - etwa im Kontext knapper Gesundheitskassen - die Hauptgefahr darstellen, der Druck auf Schwangere als eugenische Praxis durchaus wieder Realität werden könnte.

Fünftens: Der Terminus der Eugenik sollte aus historischen Gründen sowie Aspekten der Begriffsschärfe Intentionen sowie Maßnahmen vorbehalten bleiben, die sich auf die Bevölkerung als Ganzes beziehen. Eine Gleichsetzung von Bevölkerungspolitik und „elterlicher Familienplanung" trägt nicht zur Verdeutlichung, sondern zur analytischen Unschärfe bzw. Verschleierung gesellschaftlich relevanter Sachverhalte bei.

Sechstens: Der Terminus der „Eugenik von unten" stellt eine offene wie öffentliche sowie rigide Form der Diskriminierung von Schwangeren dar, die von ihrer Entscheidungsfreiheit Gebrauch machen und eine extreme Verletzung des ärztlichen Personals sowie eine gesellschaftliche Missachtung der Position Andersdenkender.

2.7 Liberale Eugenik?

In seinem Essay „Die Zukunft der menschlichen Natur"[171] benutzt Jürgen Habermas den Terminus der „liberalen Eugenik". Unter „liberaler Eugenik" ver-

---

[171]   Jürgen Habermas: Die Zukunft der menschlichen Natur. Auf dem Weg zu einer liberalen Eugenik? Frankfurt a. M. 2001

steht Habermas die „genetische Selbsttransformation der Gattung", welche über
therapeutische Zwecke hinaus geht und „die Auswahl der Ziele merkmalsverän-
dernder Eingriffe den individuellen Präferenzen von Marktteilnehmern überlässt."[172] Habermas bezieht sich hierbei auf die in den USA recht verbreitete
Diskussion, welche zwischen autoritären und liberalen Spielarten der Eugenik
unterscheidet. So heist es z. B. bei N. Agar: „While old-fashioned authoritarian
eugenicists sought to produce citizens out of a single centrally designed mould,
the distinguishing mark of the new liberal eugenics is state neutrality. Access to
information about the full range of genetic therapies will allow prospective parents to look to their own values in selecting improvements for future children.
Authoritarian eugenicists would do away with ordinary procreative freedoms.
Liberals instead propose radical extension of them."[173]
Habermas übernimmt den Terminus „liberale Eugenik" einerseits weitgehend
unkritisch, andererseits kritisiert er aber die damit verbundenen Inhalte scharf
und stellt in Abrede, dass das Programm der liberalen Eugenik mit den Grundlagen des politischen Liberalismus vereinbar sei, da „positive eugenische" Eingriffe auf Seiten der genetisch behandelten Person die Möglichkeiten zu auto-
nomer Lebensführung und die Bedingungen eines egalitären Umgangs mit anderen Personen einschränkten. Dergestalt betrachtet steht für Habermas mit den
modernen Lebenstechnologien unser ethisches Selbstverständnis als Gattung in
Frage.
In seiner Abhandlung benutzt Habermas den Terminus „Eugenik von unten"
bewusst nicht, u. a. weil er qualitative Unterschiede zwischen der Inanspruchnahme der Präimplantationsdiagnostik und einem Schwangerschaftsabbruch
nach Pränataldiagnostik sieht. „Bei der Ablehnung einer ungewollten Schwangerschaft kollidiert das Selbstbestimmungsrecht der Frau mit der Schutz-
bedürftigkeit des Embryos. Im anderen Fall gerät der Lebensschutz des Ungeborenen mit einer Güterabwägung der Eltern in Konflikt, die einen Kinderwunsch
haben, aber auf die Implantation verzichten wollen, wenn der Embryo bestimmten Gesundheitsstandards nicht entspricht. In diesem Konflikt werden die Eltern
auch nicht unversehens verwickelt; sie nehmen die Kollision von vornherein in
Kauf, indem sie eine genetische Prüfung des Embryos vornehmen lassen."[174]
Der qualitative Unterschied zwischen der Pränataldiagnostik und der Präimplantationsdiagnostik besteht für Habermas somit darin, dass nur die PID die In-

---

[172] Jürgen Habermas: Die Zukunft der menschlichen Natur. Auf dem Weg zu einer liberalen Eugenik? Frankfurt a. M. 2001, S. 39
[173] N. Agar: Liberal Eugenics, in: H. Kuhse, P. Singer: Bioethics, London 2000, S. 171
[174] Jürgen Habermas: Die Zukunft der menschlichen Natur. Auf dem Weg zu einer liberalen Eugenik? Frankfurt a. M. 2001, S. 58

strumentalisierung eines unter Vorbehalt erzeugten Lebens für elterliche Präferenzen darstellt, eine Selektionsentscheidung über Existenz und Nichtexistenz auf der Basis des Genoms vornimmt sowie eine Wertorientierung bezüglich der wünschenswerten Zusammensetzung des Genotyps einschließt.

Im Kontext des Begriffes der „liberalen Eugenik" bezieht sich Habermas somit vor allem auf die Präimplantationsdiagnostik und die Keimbahntherapie, da er hier die Gefahr genverändernder eugenischer Eingriffe erblickt, welche die Gesamtstruktur unserer moralischen Erfahrung verändern könnten, insofern diese die Grenze zwischen Therapie und Design, Naturbasis und „Reich der Freiheit", Zufall und Entscheidung, Selbstzweck und Fremdzweck sowie zwischen Naturwüchsigem und Gemachtem auflösen.

So sehr wir Habermas bezüglich seiner kritischen Anmerkungen zu den modernen Lebenstechnologien und ihres Gefahrenpotentials in vielerlei Hinsicht auch zustimmen können, erheben wir zugleich Bedenken bezüglich der Grundanlage seiner Argumentationsweise, die unseres Erachtens ihrerseits biologistisches Denken reproduziert. Der Mensch wird bei Habermas, ohne das dieser es bemerkt, unter der Hand zu einer „Summe seiner Gene", insofern er die Position vertritt, dem „reprogrammierten Menschen", dem Individuum, das einer pränatalen „genetischen Programmierung" unterzogen wurde, werde das Recht auf eine autonome Lebensgestaltung und damit eine offene Zukunft abgesprochen. Es mag durchaus vielfältige ethische Bedenken gegen derartige Eingriffe geben, die ohne das Einverständnis des Betroffenen erfolgen, die Ansicht, dass der „reprogrammierte Mensch" nicht frei geboren wird, verkehrt indes den Zusammenhang von Naturwesen und Kulturwesen, sowie die Dialektik von Erbe und Umwelt in ihr Gegenteil. Auch der sogenannte „reprogrammierte Mensch" ist und bleibt ganz und gar Urheber seiner eigenen Biografie, er bleibt Gestalter seines eigenen Lebens, insofern er die Freiheit hat den Schnipseln veränderter DNA mit einem „so what?" zu begegnen. Wer sollte ihn daran hindern, es sei denn, dass auch er wie Habermas zu einem geistigen Opfer des „Terrors der Gene" geworden ist. Der „Terror der Gene" ist indes kein biologischer, kein medizinischer Sachverhalt, er ist ein Artefakt unseres Denkens, welches sich nicht zuletzt in Metaphern wie „Buch des Lebens", „Entschlüsselung des menschlichen Genoms", „das Schwulen-Gen" und „Programmierung" wie „Reprogrammierung" ausdrückt. Der Mensch wird, was die der maschinellen Computerwelt entnommene Wortwahl „Programmierung" verrät in der Habermaschen Argumentation zu einem Automaten seines Genotyps, zu einem Spielball seiner DNA. Dies mag eine Warnung sein, ein Hinweis darauf, wie mächtig der „Terror der Gene", d. h. das Denken in den „1:Gen-1:Protein-1:Leben-Kategorien"

bereits geworden ist, dass auch ein liberaler Philosoph diesen biochemischen
Reduktionismus in wenn auch aufgeklärter Absicht übernimmt. Doch es darf
dabei zugleich nicht übersehen werden - und Habermas beurteilt in ethischer
Hinsicht ja gerade bewusst eine zukünftige Zukunft - dass das Humangenomprojekt in geistiger Hinsicht bereits ein gegenläufiges Denken produziert hat,
das produktive Früchte tragen wird; immer mehr Biologen, Biochemiker, Gen-
und Biotechniker sowie Humangenetiker wenden sich ab vom „1:Gen-
1:Protein-1:Leben-Determinismus" und erkennen gerade angesichts der sogenannten „Entschlüsselung" des menschlichen Genoms den Wert des sokratischen Prinzips des „Ich weiß nichts", entdecken die Relevanz neuer systembiologischer, epigenetischer und komplex vernetzter Modelle, welche die alte
statische Gegenüberstellung der beiden „Kontrahenten" Genom („Erbe") und
Umwelt ganzheitlich auflösen.
Geisteswissenschaftler rezipieren relevante Entwicklungen in den Naturwissenschaften leider stets mit terminaler Verzögerung; während die Fachwissenschaftler langsam und zögerlich - in der Grünen Gentechnik mehrheitlich allerdings eher widerwillig - bereits damit beginnen, sich der Bedeutung gänzlich
neuer Modelle zu öffnen, um die durch den deterministischen Biologismus erzeugten Sackgassen zu überwinden, scheint dieser sich nunmehr der Geisteswissenschaftler bemächtigt zu haben, welche den advocatus diaboli gegen die
Gen- und Biotechnologien selber richten und dabei zugleich ihren genuinen
fachwissenschaftlichen Standpunkt vom Menschen als Sozialwesen preisgeben.
Verdeutlichen wir dies anhand eines Beispiels: Eltern - ihrerseits beide Gold-
medaillengewinner im Gewichtheben - zeugen ihr Kind in vitro. Sie hegen den
Wunsch, dass ihr Kind auch ein erfolgreicher Gewichtheber werden möge und
nutzen die IVF zugleich zu einer genetischen Veränderung, die zu einem schnel-
leren Aufbau von Muskelmasse führt und insofern einen sportlichen Vorteil garantiert. Wie viele andere Eltern auch, die den Wunsch hegen, ihre Kinder mögen „in ihre Fußstapfen treten" - melden sie das Kind bereits sehr früh im
Sportverein an und trainieren es. Ist dadurch das Recht des Kindes auf autonome
Lebensgestaltung tangiert? Wird das Kind dadurch zu einem programmierten
Gewichtheberautomaten ohne freien Willen? Ist das Kind willenlos dem Einfluss des veränderten Gens unterworfen und nicht mehr den vielfältigen Einflüssen der Sekundärsozialisation ausgesetzt? Mitnichten: Das Kind wird eigene
Interessen entwickeln, wird mit anderen Sportarten konfrontiert und findet diese
vielleicht viel spannender oder gar den Computer. Vielleicht eignet es sich auch
gar nicht zum Gewichtheben, da es auch bei dieser Sportart wohl kaum nur auf
Muskelmasse ankommt.

Wenn auch die Argumente von Habermas im Kontext des „freien Willen" in keiner Weise überzeugen, so lassen sich indes genügend weitere ethische Aspekte ansprechen, die gegen ein solches Tuning sprechen. Löst man sich vom reduktionistischen „1:1:1-Denken", so werden solche Eingriffe auch in Zukunft mit vielfältigen gesundheitlichen Gefahren verbunden sein. Vielleicht führt ein solcher Eingriff ja nicht nur zu mehr Muskelmasse, sondern zu gleich auch zu motorischen und anderweitigen gesundheitlichen Störungen. Ohne dass ein offensichtlicher und gravierender therapeutischer Grund vorliegt, handelt es sich um „Menschenexperimente", die sich einer Legitimierung schon aufgrund ihrer unkalkulierbarer gesundheitlichen Folgen entziehen.

Es ist auch dies, was uns an der Habermaschen Argumentation stört: Die kritiklose Übernahme der ingenieurwissenschaftlichen Denkart moderner Lebenstechnologien. Einwände diesbezüglicher Art verdrängt Habermas mit dem Argument, er bezöge sich auf die Zukunft, wo es keine Probleme technologischer Art mehr gäbe. Selbst wenn sich in Zukunft gerade in gen- und biotechnologischer Hinsicht vieles realisieren ließe, was heute nur Zukunftsmusik ist, so wird der ingenieurwissenschaftliche Ansatz des „1:1:1" im Sinne einer maschinellen Programmierung der DNA dadurch weder richtiger noch realistischer.

Schwere Bedenken erheben wir indes auch bezüglich der Verwendung des Terminus der „liberalen Eugenik" an sich bei Habermas, die wir abschließend darlegen wollen.

Erstens: Der Terminus der „liberalen Eugenik" repliziert den Mythos des politischen Liberalismus vom „Nachtwächterstaat". Gerade im Kontext der Gen- und Biotechnologien ist der Staat im Kontext von Forschungsförderung, Gesetzgebung und Leitbildern vielfältig steuernd tätig, was einer kritischen Analyse bedarf, weil nicht zuletzt an dieser Stelle bereits eugenische Zielsetzungen bewusster sowie unbewusster Natur eingehen (können).

Zweitens: Die Politische Ökonomie der Gen- und Biotechnologien[175] - auf die wir hier leider nicht näher eingehen können - wird reduziert auf ein Marktgeschehen, welches durch Angebot und Nachfrage geregelt wird und den Konsumenten als gleichberechtigten, ja sogar als den eigentlichen Akteur moderner Schlüsseltechnologien erscheinen lässt.

Drittens: Der Terminus der „liberalen Eugenik" wie der Terminus der „Eugenik von unten" verharmlosen gleichermaßen die Gefahren einer „Eugenik von

---

[175] Zur Politischen Ökonomie der Gentechnik folglich: Ulrich Dolata: Poilitische Ökonomie der Gentechnik. Konzernstrategien, Forschungsprogramme, Technologiewettläufe, Berlin 1996; Daniel Barben: Politische Ökonomie der Biotechnologie. Innovation und gesellschaftlicher Wandel im internationalen Vergleich, Frankfurt a. M. 2007

oben", die Risiken biomächtig-totalitärer Herrschaftspraxen sowie einer Men-schenökonomie im (post)modernen neoliberalen Gewand.

Viertens: Der Terminus der „liberalen Eugenik" übersieht, dass wir bereits ak-tuell Bevölkerungsdiskurse zu verzeichnen haben, die Elemente der apokalypti-schen Visionen des Fin de siècle wieder aufnehmen - wie dies etwa bei der De-batte über die rückgängige Geburtenrate der Fall ist. Mehr deutsche Kinder sol-len geboren werden, „damit der Volkskörper vital bleibt."[176] Auch scheint es - folgt man der öffentlichen Meinung - besonders tragisch zu sein, dass Akademi-kerinnen derart wenig zur Fortpflanzung beitragen (weil sie intelligenter sind?). Bereits diese Beispiele lassen die Grenzen des „repetitive freedom" im „libera-len Staat" erkennen.

Die von Habermas angesprochenen Befürchtungen und berechtigten Ängste werden einerseits sehr gut vom SF-Film „Gattaca" in Szene gesetzt, andererseits warnt auch Gattaca implizit vor der Vorstellung einer „liberalen Eugenik", inso-fern die (post)moderne Eugenik der Gattaca-Gesellschaft zu sehr die klassischen Züge eines faschistoiden Staates besitzt, der auf der Basis postmoderner Lebens-technologien agiert, diszipliniert und normiert.

3 Die Gattaca-Gesellschaft

Der Film Gattaca[177] „zeichnet das Bild einer Gesellschaft, welche die Diskrimi-nierung anhand der Merkmale Geschlecht, Rasse und sozialer Herkunft über-wunden hat."[178] Dabei handelt es sich jedoch keineswegs um das utopische Szenario einer klassenlosen Gesellschaft im Sinne frühsozialistischer Autoren, sondern um die Dystopie einer auf der Basis genetischer Ausstattung funktionie-renden Zweiklassengesellschaft, welche die Scheidelinie zwischen „valid" und „invalid", zwischen „in-vitro" und „utero" zieht.

Versteht man unter Rassismus die Ungleichbehandlung von Menschen, welche einer Gruppe zugeordnet werden, die aufgrund bestimmter Charakteristika als minderwertig konstruiert wird, so handelt es sich bei Gattaca um eine rassisti-sche Gesellschaft. Geht man davon aus, dass Rassismus über „bloße Diskrimi-nierung" durch ein eliminatorisches Element hinausgeht, so lässt sich dieses bei Gattaca klar bestimmen: Es ist das genetische Material.

---

[176] www.heise.de/tp/r4/artikel/26/26228/1.html
[177] Gattaca, USA 1997, Regie und Drehbuch: Andrew Niccol
[178] www.uni-bielefeld.de/paedagogik/Seminare/moeller02/kino_scifi/gattaca-analyse.html

Die Gattaca-Gesellschaft zeichnet sich dabei als krisengeschüttelte Gesellschaft aus. Die Scheidelinie zwischen „valid" und „invalid" charakterisiert nicht nur das Verhältnis der gesellschaftlichen Großgruppen zueinander, sondern verlängert sich bis in die Familienbeziehungen hinein. Familienbande werden brüchig, die Identifikation mit den eigenen Kindern einerseits sowie mit den Eltern andererseits löst sich auf, Geschwister werden nicht mehr als Geschwister antizipiert. Die Erde scheint wie in so vielen anderen SF-Filmen unbewohnbar geworden zu sein. Während nur den Validen die Möglichkeit offensteht, „diese miese Dreckskugel zu verlassen", besitzen die Invaliden noch nicht einmal die Chance auf einen menschenwürdigen Arbeitsplatz geschweige denn auf ein erfülltes Leben.

Gattaca ist dabei einer der ersten SF-Filme, der die Gefahren der Präimplantationsdiagnostik[179] thematisiert. Analysiert man die diesbezüglichen Film-Szenen, so bestehen die Risiken der PID in folgenden Sachverhalten:

Erstens: Eine Einschränkung der zu screenenden Sachverhalte ist nicht möglich. Die Logik des Screenens folgt einem Steigerungsimperativ. Die sogenannte „negative Auswahl" geht automatisch mit einer „positiven Auswahl" einher. Eine Trennlinie zwischen „negativer" und „positiver Eugenik" existiert nicht.

Zweitens: Die PID führt zur Geschlechterauswahl sowie generell zu Menschen nach Maß bzw. zu Designerbabies.

Drittens: Die Rolle des Arztes bzw. des Gynäkologen verändert sich im Kontext der PID fundamental. Vom qualifizierten Geburtshelfer wird er zu einer selektiven Entscheidungsinstanz. Statt Leben zu retten, selektiert er es.

Viertens: Die PID geht einher mit einer gravierenden Verletzung des Rechts auf Nichtwissen bzgl. der eigenen „genetischen Ausstattung". Die handelnden Akteure erhalten unhinterfragt Informationen, die ihre Handlungsautonomie gravierend beeinträchtigen und die Offenheit ihrer Lebensgestaltung tangieren.

Fünftens: Die PID wird den potentiellen Eltern aufgezwungen, insofern diese die Erfahrung machen, dass „behinderte Kinder" von Sozialleistungen ausgeschlossen werden und sie sich einem starken Erwartungsdruck seitens der Gesellschaft ausgesetzt sehen. Eine Wahlfreiheit bzgl. der Inanspruchnahme existiert nicht.

Sechstens: Im Kontext der PID kommt es zu einer radikalen Veränderung individueller sowie gesellschaftlicher Denkstrukturen, insofern selbst komplexe multifaktorielle Eigenschaften einzig und allein auf die genetische Ausstattung zurückgeführt werden.

---

[179] Folglich der Artikel von Tanja Krones: „Aspekte der Präimplantationsdiagnostik" in diesem Buch.

Siebtens: Die PID ist eine Art ethischer Dammbruch, insofern der „Terror der Gene", d. h. das Denken, alles sei genetisch bedingt, von hier aus die gesamte Gesellschaft durchzieht.

Achtens: Die PID führt zu einem wachsenden Maß an Behindertenfeindlichkeit in der Gesellschaft.

Als behindertenfeindliche Gesellschaft steht Gattaca in der historischen Traditionslinie zur Euthanasie des deutschen Nationalsozialismus bzw. Faschismus. Personen, welche als „invalid" diskriminiert werden, sind gänzlich schutz- und rechtlos und wohnen in Slumvierteln. Sie bilden eine Art postmodernes Sklaventum, ohne je über die Chance eines sozialen Aufstiegs auf legalem Wege zu verfügen. Da ihnen innerhalb der Gesellschaft keinerlei befriedigende Lebensperspektive geboten wird, stellt der Suizid ein Sinnbild für ihre Ausweglosigkeit dar.

Wertet man den Film im Sinne einer Technikfolgenabschätzungsanalyse (TFA) aus, so lassen sich folgende weitere Risiken ausmachen:

Erstens: In Gattaca werden auf allen Ebenen soziale Charakteristika durch Genomanalysen verdrängt. Persönliche Auswahlgespräche sind nicht mehr erforderlich, wenn der „genetische IQ" aus Firmensicht optimal ist. Soziale Qualifikationen sind irrelevant geworden.

Zweitens: In Gattaca schwindet die Solidarität unter den Menschen. Niemand macht sich mehr für den anderen stark, es ist eine kalte, klinische Gesellschaft, in der sogar die Anbahnung von Liebesbeziehungen durch Gen-Tests entschieden wird.

Drittens: Die genetische Ausstattung stellt eine hohe Hypothek dar, insofern ihre Eigner einem extremen Leistungsdruck unterworfen sind, der mit psychischen Problemen und Versagungsängsten einhergeht.

Viertens: In der Gattaca-Gesellschaft existiert ein vielfacher Missbrauch von Gentests. Ist der Weg für solche Tests erst einmal prinzipiell geöffnet, schützen gesetzliche Regulierungen und Verbote nicht mehr. Grauzonen als auch kriminelle Delikte entziehen sich der staatlichen Steuerung.

Fünftens: Die Gattaca-Gesellschaft hat die Überwachung ihrer Individuen totalisiert. Eine Privatsphäre existiert de facto nicht, Eingriffe diesbezüglicher Natur sind sowohl innerhalb des betrieblichen Alltags als auch außerhalb nahezu grenzenlos.

In Gattaca wird im Unterschied zu zahlreichen anderen SF-Filmen die Überwachung komplex dimensioniert. Da ist zum einen der Staat, der im Orwellschen Geiste zentrale Datenbanken aller Bürger angelegt hat, die jederzeit dezentral abrufbar sind. Neben dem Staat als „big brother" existieren sodann noch weitere

Akteure, wie z. B. Unternehmen, die ihre Mitarbeiter rund um die Uhr ausspähen; Privatpersonen, die mal eben schnell das Genom ihres Geliebten begutachten wollen; Krankenkassen, die alles über ihre Kunden erfahren wollen; Kindergärten, die Kenntnis über die Genome ihrer kleinen „Schützlinge" besitzen möchten. Bezüglich der Überwachung ist Gattaca somit zugleich Staat als auch Gesellschaft.

4 Genetischer Rassismus versus „Genoismus"

Vielfältige Beispiele für die gesellschaftliche Diskriminierung aufgrund genetischer Analysen existieren auch aus jüngerer Zeit, wie wir bereits gesehen haben. So lässt sich z. B. mittels einer Genanalyse das potentielle Risiko des Ausbruchs einer Sichelzellenanämie[180] feststellen.

Im Jahre 1991 verfasste das US-Verteidigungsministerium einen Erlass, welcher alle neuen Rekruten verpflichtete, eine DNA-Probe abzugeben. Die Dokumentation der DNA-Proben sollte bei der Identifikation von Gefallenen helfen. Die Weigerung zweier Marinekorps-Mitglieder, eine Speichelprobe abzugeben, wurde vor Gericht entschieden. Ein US-Bundesgericht urteilte diesbezüglich „zu Gunsten der Regierung - mit der Begründung, das Interesse derselben, Rechenschaft über das Schicksal ihrer Soldaten abzulegen und den nächsten Verwandten Gewissheit verschaffen zu können, stehe über dem verfassungsmäßigen Recht einzelner Militärangehöriger vor unzumutbaren Untersuchungen und Beschlagnahmen geschützt zu werden."[181]

Derartige Genom-Dokumentationen bergen Probleme vielfältiger Art in sich, was der Fakt belegt, dass auf der Basis von Gentests bereits in den 70er Jahren einige US-Unternehmen Träger der Sichelzellenanämie als Arbeitssuchende diskriminierten.[182] So untersagte z. B. die US-Air Force einem aktiven Leichtathleten und Footballspieler nach einem genetischen Reihentest, Flugzeuge zu führen, weil er die Anlage zur Sichelzellen-Anämie besaß. Der Pilot wurde „anderweitig verwendet."[183]

---

[180] Bei der Sichelzellenanämie handelt es sich um eine erbliche Erkrankung der roten Blutkörperchen, welche sich vor allem bei Sauerstoffarmut sichelzellenförmig deformieren. Die deformierten Erythrozyten werden von der Milz als krank erkannt und abgebaut.. Es handelt sich um ein autosomal-rezessives Erbleiden. Das Sichelzellenallel verleiht gegen Malaria Resistenz, so dass es in Teilen Afrikas bei fast einem Drittel der Bevölkerung vorkommt („Heterozygotenvorteil").

[181] Lori B. Andrews: Genetische Vorhersagen und gesellschaftliche Reaktionen, online unter: www.aec.at/de/archives

[182] Lori B. Andrews, a.a.O.

[183] Gero von Boehin: Auf der Suche nach der Gen-Ethik, online unter:

Die Sichelzellenanämie ist in diesem Kontext ein besonders problematisches Beispiel, da sie als doppeltes rassistisches Konstrukt dienen kann. Gesundheitliche Leiden, die sich auf bestimmte „ethnische" Gruppen konzentrieren sind jedoch recht selten. Als weiterer Fall existiert die Tay-Sachs-Krankheit, die zu den Lipid-Speicherkrankheiten gehört, „bei denen sich auf Grund eines fehlenden Eiweißes Fettbausteine im Nervensystem ablagern. Diese Krankheit kommt zu 90 Prozent bei den aschkenasischen Juden vor. In dieser Bevölkerungsgruppe liegt das Risiko, ein mutiertes Gen zu haben, bei fast drei Prozent. Dies ist um ein Vielfaches höher als in anderen genetischen Gruppen."[184]

Zwar mag angesichts der Tatsache, dass 99,9 Prozent der 3,08 Milliarden Gen-Bausteine bei schätzungsweise 25.000 Genen im Schnitt identisch sind, die Rassentheorie am Ende sein, es ist aber außerordentlich vorschnell, wenn Gattaca prognostiziert: „Es interessiert die nicht, wo man geboren wurde, sondern nur wie. Blut hat keine Nationalität. Solange es aufweist, was die haben wollen, ist es der einzige Pass, den sie brauchen."[185] Die Klassengesellschaft in Gattaca ist keine der „ethnischen" Zugehörigkeit, sondern eine der genetischen Ausstattung, eine dichotome Herrschaftskonstruktion zwischen „valid" und „invalid".

Angesichts der weitgehenden genetischen Gleichheit, der Ziellosigkeit der menschlichen Evolution sowie der vergleichsweise nur kurzen evolutionären Zeitspanne des Menschen halten Humangenetiker schon seit längerem den Begriff „Rasse" für gänzlich ungeeignet. Aus ihrer Sichtweise sollte man eher von „Gruppen relativer genetischer Ähnlichkeit" sprechen. Doch genau hier liegt das Problem: Zwar mögen die genetischen Unterschiede zwischen den „Gruppen relativer genetischer Ähnlichkeit" extrem gering sein, für rassistische Konstrukte eignen sie sich indes allemal, was das Beispiel der „Ethnobombe" drastisch belegt.[186]

Betrachtet man die nahezu schon harmonischen Bilder des Raumschiffstarts am Ende des Gattaca-Films, bei denen eine „Asiatin", ein „Farbiger" und ein „Weißer" friedlich nebeneinander zu sehen sind - eine Harmonie, die allerdings durch den Tod Jeromes gestört, ja gar dechiffriert wird - gilt es, die eigentlich entscheidende Frage präziser zu stellen: „Wie verhält sich die rassistische Diskriminierung zur genetischen Diskriminierung, der Rassismus zum Genoismus?"

---

[184]   images.zeit.de/text/1980/10/Auf-der-Suche-nach-der-Genethik
        www.j-zeit.de/archiv/artikel.145.html
[185]   Gattaca, Columbia Pictures Industries, 1997, Buch und Regie: Andrew Niccol
[186]   Folglich der Beitrag von Jan van Aken: „Gentechnik und die neue Qualität der Biowaffen" in
        diesem Buch.

Beantwortet man diese Frage auf der Basis des Gattaca-Films, so handelt es sich um einen linearen Ablösungs- bzw. Ersetzungsprozess. So heißt es etwa an entscheidender Stelle im Drehbuch: „Ich gehörte zu einer neuen Unterschicht, die nicht mehr definiert war durch die gesellschaftliche Stellung oder durch die Hautfarbe. Nein, wir haben Diskriminierung zu einem automatischen Prozess gemacht."[187]

Der genetische Rassismus als potentielle Gefahr für die Menschheit im 21. Jhdt. stellt sich uns jedoch nicht als ein technologisch indizierter Substitutionsprozess des Rassismus durch den Genoismus dar, sondern als dialektisches Konstrukt, dessen Basis der „moderne" Rassismus ist und bleibt.

Die alltagsmächtige Verschränkung zwischen Rassismus und Genetik ergibt sich unseres Erachtens als potentielle Gefahr aus folgenden Sachverhalten:

Erstens: Der Rassenbegriff sowie das rassistische Denken ist in der Weltgesellschaft und im Denken ihrer Subjekte tief verwurzelt; die Realisation des Zusammenhangs zwischen genetischer Gleichheit und Differenz wird somit stets durch das Spektrum unbewusst verinnerlichter rassistischer Ideologeme erfolgen sowie durch die bewusste Antizipation eigener Herrschaftsinteressen und Machtansprüche.

Zweitens: Die Aneignung des Nutzens der Gentechnik, z. B. in Gestalt medizinischer Versorgung oder in Form der Verfügung über gen- bzw. biotechnologisch erzeugter Pharmaka, ist innerhalb der Weltgesellschaft jedoch kein egalitärer Prozess, sondern ein dem Rassismus bzw. den Folgen des Imperialismus bzw. Kolonialismus unterworfenes soziales Ungleichheitsverhältnis. Hautfarbe und gesellschaftliche Stellung entscheiden über den individuellen Nutzen moderner Schlüsseltechnologien, was für die Computertechnologie („digital divide") wie für die Biotechnologie („biotechnological divide") gleichermaßen gilt.

Drittens: Insofern es sich beim Rassismus und seinen Theorien nie um Wissenschaft gehandelt hat, spielen auch die wissenschaftlichen Resultate der Genetik für den Rassismus als Konstrukt nur eine marginale, in keiner Weise aber eine existentielle Rolle.

Viertens: Insofern der „moderne" Rassismus eine biologistische Ideologie des „aufgeklärten" Europa darstellt, lässt sich selbst die Existenz marginaler genetischer Unterschiede nahezu mühelos in ein rassistisches Herrschaftskonstrukt integrieren.

Statt von „Genoismus" zu sprechen, scheint es uns daher angebrachter zu sein den Terminus des genetischen Rassismus zu verwenden.

---

[187] Gattaca, Columbia Pictures Industries, 1997, Buch und Regie: Andrew Niccol

Die Alltagsmacht des „modernen" Rassismus wird auch anhand des Gattaca-
Drehbuchs überdeutlich. Verräterisch ist nämlich die Metapher des Blutes, die
auch dann und gerade dann sowohl sprachlich als auch bildlich[188] vielfältig bemüht wird, wenn es um die genetische Differenz geht; eine Metapher, die auf
den von uns postulierten Verschränkungsprozess verweist und eben nicht auf
die Vorstellung einer linearen Substitution des Rassismus durch den Genoismus,
welche die Konstruktion eigenständiger Ideologeme einschließen müsste.
Die Metapher vom sauberen, vom reinen Blut stellt ein Schlüsselbild des modernen Rassismus im 14. und 15. Jhdt. dar. Die Vertreibung der Juden und Mus-
lime ab 1492, nach der Reconquista - der Rückeroberung Andalusiens durch die
Spanier - geschieht ideologisch gestützt durch die Vorstellung, dass das „Wesen" eines Juden oder eines Moslem in seinem Blute läge und daher auch eine
Taufe oder eine Konversion unzureichend sei, um sich von dieser „Unreinheit"
zu befreien.[189] Die blutsmäßige Naturalisierung bzw. Biologisierung des Religiösen bzw. der Religionszugehörigkeit bildet die Geburtsstunde des „modernen"
Rassismus. In Gestalt der Statuten von der „Reinheit des Blutes" („Estatutos de
limpieza de sangre") verfasst der spätere Großinquisitor Torquemeda im Jahre
1449 die spanischen „Rassegesetze" der Reconquista. „Die spanische Doktrin
von der Reinheit des Blutes war in dem Maße, wie sie tatsächlich durchgesetzt
wurde, zweifellos eine rassistische Lehre. Sie führte zur Stigmatisierung einer
ganzen ethnischen Gruppe aufgrund von Merkmalen."[190] Das Ergebnis liegt auf
der Hand: „Aus der christlichen Glaubensgemeinschaft, der eigentlich jeder angehört, der durch die Taufe zu einem Teil der Gemeinschaft geworden ist, war
eine Abstammungsgemeinschaft, ein Rassenäquivalent, geworden - ein Vorgang, in dem sich fast 500 Jahre vor dem Nationalsozialismus das rassistische
Ideologem vom „Volkskörper" und damit einhergehenden Vorstellungen, beispielsweise von der „Unreinheit des jüdischen Blutes", ankündigt.
Dass leider auch der spanische Rassismus keine Historie ist, zeigte sich vom 5.
bis 8. Februar 2000 als Tausende Einwohner der südspanischen Stadt El Ejido
über Landarbeiter herfielen, „die mit marokkanischen Papieren nach Andalusien
gekommen waren."[191] Auch hier legten die Rassisten das klassische Feindbild
„los moros" („die Mauren") zugrunde sowie die Losung vom „sauberen Blut".

---

[188] So z. B. die Blutsbrüderschafts-Szene und die Mappe des „Schwarzhändlers" mit Blutfläsch-
chen.
[189] So heißt es z. B. ein paar Jahrhunderte später in den Thesen der nationalsozialistischen Studenten: „Der Jude kann nur jüdisch denken. Schreibt er deutsch, dann lügt er." Zitiert nach: Die
Welt, 4. Mai 2008
[190] George M. Fredrickson: Rassismus. Ein historischer Abriss, Hamburg 2004, S. 38
[191] www.labournet.de/internationales/es-kirsche.html

Betrachten wir im Folgenden unsere Behauptung, dass auch noch so marginale Unterschiede sich in ein rassistisches Konstrukt integrieren lassen. Legen wir eine Identität von 99,9 % des Genoms bei allen Menschen zugrunde, so bedeutet dies, dass wir uns in nur einem Zehntel Prozent unterscheiden. Forscher haben allerdings bereits Strukturen im menschlichen Genom entdeckt, wo diese Differenzen strukturiert sind; es handelt sich hierbei um die sogenannten Haplotypen.[192] Ein internationales „Hap-Map-Projekt will in den nächsten Jahren die gängigen Haplotypen-Muster verschiedener Bevölkerungsgruppen aus der ganzen Welt analysieren und kartieren."[193] Da jedoch einige Muster in verschiedenen Bevölkerungsgruppen mit typischen Unterschieden vererbt werden, könnten sie zur rassistischen Diskriminierung führen.

Ein Beispiel hierfür stellt die Geschichte der Falasha dar. Das äthiopische Hochland, von den Griechen „Insel des Himmels" (Gondar) genannt, wird hauptsächlich von semitischen Amharen bewohnt, die aus Südarabien eingewandert sind. „Es gibt dort aber noch eine weitere Bevölkerungsgruppe, die bereits vor den Amharen in Gondar lebte: die hamitischen Agaw. Die meisten Agaw sind Christen; einige von ihnen praktizieren jedoch eine archaische Form des jüdischen Glaubens und werden Falasha genannt. Die Falasha leben meist in den gleichen Ansiedlungen wie ihre christlichen Landsleute, ihre Häuser sind jedoch für gewöhnlich von der übrigen Siedlung etwas abgesetzt. Sie leben in Armut und üben oft Berufe aus, die von den Amharen verachtet werden, wie Schmied, Weber, Gerber, Töpfer oder Korbflechter."[194]

Die Falasha praktizieren eine sehr alte Form des Judentums und sind vermutlich Nachfahren der Chaldäer, die wiederum zu den Kushiten gehörten, was in der Bibel „Schwarze" bedeutet.[195] Sie kennen den Sabbat, den Besuch der Synagoge, die Beschneidung männlicher Kinder, Speisegesetze und Reinheitsgebote. Sie orientieren sich dabei ausschließlich an der Tora, den fünf Büchern Moses. „Die Falasha sprechen kein Hebräisch und erkennen den um 500 n. Chr. schriftlich fixierten Talmud nicht an. Dies deutet darauf hin, dass sie sehr lange Zeit von anderen Juden isoliert waren."[196]

Die Falasha wurden 1975 vom Oberrabinat als Juden anerkannt, was das Recht einschloss, sich in Israel anzusiedeln. Um die Jahreswende 1984/85 wurden im

---

[192] Haplotypen beschreiben den genetischen Aufbau eines Chromosoms, wobei lediglich individuelle Zusammensetzungen einer speziellen Kombination von Genen interessieren, um so für jedes Individuum eine spezielle Sequenz an einer bestimmten Stelle seines Genoms zu erhalten.
[193] www.heise.de/tr/Genetischer-Rassismus--/artikel/39727
[194] www.rasta-forum.de
[195] www.hagalil.com/archiv/2005/11/"falasha.htm
[196] www.rasta-forum.de

Rahmen israelischer sowie US-amerikanischer Aktionen Tausende Falasha aus Flüchtlingscamps im Sudan nach Israel geflogen.

Die Geschichte der äthiopischen Juden in Israel ist jedoch alles andere als konfliktfrei. Genau an dieser Stelle kommen wieder die Haploiden ins Spiel. „Nach genetischen Untersuchungen stammen die Falasha nicht von Juden ab, sondern sind der nichtjüdischen Bevölkerung sehr ähnlich, wobei Abweichungen aus dem isolierten Leben mit Heirat untereinander erklärt werden. Zwei sogenannte ‚Haplotypen' kommen bei mehr als 70% der Falasha wie Äthiopier vor, während zwei jüdische Haplotypen nicht vertreten sind."[197] Diese Analyse kann als Information über Wanderungsbewegungen verstanden werden oder aber auch zur Abgrenzung der Falasha aus der israelischen Gesellschaft bzw. dem israelischen Staat instrumentalisiert werden. Damit wären wir wieder bei den „Estatutos de limpieza de sangre", den Statuten von der „Reinheit des Blutes" angekommen. Man kann die Religionszugehörigkeit verstehen als Glaubensgemeinschaft oder aber als Abstammungsgemeinschaft und damit als Rassenkonstrukt. Der genetische Rassismus hat damit sein erstes Opfer gefunden: Den Falasha wird das Judentum abgesprochen. Dies gelingt umso leichter, da der genetische Rassismus sich hier optimal der Verschränkung zwischen Rassismus und Genetik bedienen kann, er jahrhundertealte Stereotype bedient: die Falasha sind „Schwarze". Sie werden in Israel „vielfach so behandelt wie Schwarze überall sonst in der Welt: es kann schwieriger sein, Wohnung und Arbeit zu finden, Karriere zu machen."[198]

Die Historie der Falasha bildet den Hintergrund des Films „Geh und lebe"[199], der die Geschichte eines Waisenknaben thematisiert, der aus dem Sudan nach Israel geflogen wird. Er ist eigentlich der Sohn einer Christin, die ihn einer Jüdin gegeben hat, welche bei der Kontrolle sagt, dass es ihr Sohn sei. Das rassistische Konstrukt der Ausgrenzung erfährt Schlomo als Kind und Jugendlicher in der israelischen Gesellschaft, in der diskriminiert und zugleich gegen die Ausgrenzung demonstriert wird, vielschichtige Verhaltensweisen existieren, wie in anderen Ländern auch. Der aus Rumänien stammende und in Frankreich lebende Regisseur Radu Mihaileanu sagt in einem Interview, dass für ihn als Askenasim, als ost-europäischen Juden, jüdisch sein eine Frage des sich jüdisch Fühlens und der Religion sei. „Anderer Judaismus wie jener der Falasha solle als

---

[197] www.hagalil.com/archiv/2005/11/falasha.htm
[198] www.hagalil.com/archiv/2005/11/falasha.htm
[199] Geh und lebe, Belgien, Frankreich, Israel, Italien 2005, Regie: Radu Mihaileanu

Bereicherung gesehen werden, da das Judentum sich nicht als einzige und wahre Religion sieht, auch wenn es eine kleine Gruppe so verstehen will."[200]

5 Die biomächtige Gesellschaft

Wir wollen in diesem Abschnitt die potentiellen Gefahren einer biomächtigen Gesellschaft skizzieren, die im Sinne eines Gattaca-Szenarios als soziale Dystopie betrachtet wird und in naher Zukunft ein relevantes Risiko darstellt. Im Unterschied zu den Vorstellungen von einer „liberalen Eugenik" gehen wir dabei davon aus, dass es sich um eine Gesellschaft handelt, deren biomächtige, zentrifugale Achse sowohl gesellschaftlich als auch staatlich zu verorten ist. Die reale Gefahr einer solchen Entwicklung besteht somit im Zusammenspiel von Staat und Gesellschaft bezüglich der normierenden Kraft (post)moderner Lebenstechnologien.

5.1 Der Terminus der „Biomacht" bei Foucault

Der Terminus der „biomächtigen Gesellschaft" bedient sich des auf den französischen Philosophen Michel Foucault zurückgehenden Begriffs der „Biomacht", welcher die systematische Produktion von Machtwirkungen auf Körper und Leben mit dem Ziel der umfassenden Regulation der Bevölkerung meint. Die in der Moderne sich herausbildenden Kontrolltechnologien beziehen sich dabei auf die Fortpflanzung, die Geburten- und die Sterblichkeitsrate, die Gesundheit sowie die Lebensdauer. Diese sich seit dem 17. Jahrhundert herausbildenden Lebenstechnologien bewirken die Ausrichtung, die Disziplinierung und Normierung der Subjekte. Der Zwang zur Normalisierung richtet seine Wirkungen dabei sowohl auf den individuellen Körper wie auf den „Gattungskörper", die Bevölkerung als Ganzes. Das zentrale Verbindungsglied zwischen dem Individuum und der Bevölkerung stellt die Sexualität dar, da ihre Regulierung und Normierung sowohl den Zugriff auf das individuelle Subjekt wie auf den Gattungskörper gleichermaßen gestattet.[201]
Um ihr Leben zu gestalten, wenden die Individuen dabei Praktiken auf sich selber („Technologien des Selbst") an. In diesem Kontext versteht Foucault unter Regierung („gouvernementalité") „zahlreiche und unterschiedliche Hand-

---

[200]   www.hagalil.com/archiv/2005/11/falasha.htm

[201]   Zur systematischen Einführung in das Werk von Foucault ausführlich Achim Bühl: Die Habermas-Foucault-Debatte neu gelesen: Missverständnis, Diffamierung oder Abgrenzung gegen Rechts? In: Prokla. Zeitschrift für kritische Sozialwissenschaft Nr. 130, Nr. 1/2003, S. 159-182

lungsformen und Praxisfelder, die in vielfältiger Weise auf die Lenkung, Kontrolle, Leitung von Individuen und Kollektiven zielen und gleichermaßen Formen der Selbstführung wie Techniken der Fremdführung umfassen."[202] Benutzen wir den von Foucault entwickelten Begriff der Biomacht zur Deutung des Inzestverbot-Urteils des Bundesverfassungsgerichts, so wird die Praxis der Rechtssprechung an dieser Stelle überdeutlich. Das Inzestverbot als Sexualitätsverbot stellt ein zentrales Verbindungsglied zwischen den zu normalisierenden Polen dar, folglich darf es auf keinen Fall gefährdet werden. Kontrollverlustängste, Befürchtungen, die Macht über die Bevölkerung wie über ihre Subjekte gleichermaßen zu verlieren, paaren sich mit der kollektiv nicht aufgearbeiteten Beteiligung des eigenen Berufsstandes an der deutschen Rassenhygiene zu einem „eugenischen Urteil".

5.2 Der genetische Determinismus als Herrschaftsmechanismus

In Abgrenzung zur Habermaschen Position lautet die Kernfrage: Kann es eine biomächtige Gesellschaft als dystopisches Szenario geben, auch dann, wenn die wissenschaftlichen Prämissen des genetischen Determinismus nicht haltbar sind? Wir bejahen diese Frage, insofern der genetische Determinismus als Dogmengebäude wissenschaftlich betrachtet gar nicht haltbar sein muss, um auf dem ideologischen Feld seine für die soziale Realität strukturierende Kraft zu entfalten. Die nationalsozialistische Rassenhygiene - darauf sei an dieser Stelle noch einmal verwiesen - basiert eben nicht auf der Wissenschaft der Humangenetik, auch dann nicht, wenn deren Vertreter Wegbereiter des deutschen Faschismus waren und die „Gleichschaltung" mit Begeisterung betrieben haben. Insofern verwenden wir den Terminus des „genetischen Determinismus", obwohl wir weder einer biochemischen noch einer soziobiologischen Fundierung zustimmen. Der „genetische Determinismus" stellt in unserem Sprachgebrauch vielmehr ein zentrales Ideologem einer biomächtigen Gesellschaft dar, eine ideologische Stütze, die den geistigen „Terror der Gene" aus Herrschaftsgründen und Machtinteressen aufrecht erhält, auch wenn er sich wissenschaftlich nicht „fundieren" lässt.
Insofern zeigt es sich, dass eine soziologische Spielfilmanalyse von Nutzen sein kann, da das Drehbuch des Spielfilms Gattaca diesen Herrschaftsmechanismus - gerade im Unterschied zu zahlreichen SF-Filmen zum Klonen, die wie Haber-

---

[202] Thomas Lemke, Susanne Krasmann, Ulrich Bröckling: Gouvernementalität der Gegenwart, Frankfurt a. M. 2000, S. 10

mas die Wissenschaftlichkeit des genetischen Determinismus unterstellen[203] - enttarnt. Der genetische Determinismus ist in der Gattaca-Gesellschaft nahezu allmächtig, er bestimmt die Partnerwahl, die Chancen im beruflichen Alltag, die gesellschaftliche Position, er wird jedoch - leider auch bei Gattaca allerdings nicht gänzlich - als intentionaler Macht-Mythos dekonstruiert: Der erfolgreiche Protagonist ist ein „Gotteskind", während die „Loser" in vitro gezeugt wurden und an Alkoholismus leiden, obwohl eine solche „Veranlagung" angeblich ja genetisch ausgeschlossen wurde.

Es ist für uns in diesem Kontext gar nicht wichtig, den genetischen Determinismus bzw. Reduktionismus zu widerlegen, entscheidend ist vielmehr danach zu fragen, welche sozialen, kulturellen und alltäglichen Realitäten durch ihn mit welchen Interessen und Absichten intentional wie nicht-intentional produziert werden. Wir gehen dabei davon aus, dass Gen- und Biotechnologien in einer biomächtigen Gesellschaft „eine strategische Rolle in einer neoliberalen Transformation des Sozialen zukommen."[204] Der zentrale Wirkungsmechanismus des genetischen Reduktionismus besteht dabei in der Genetisierung, d. h. der Rückführung der biologischen, psychologischen und sozialen Unterschiede menschlicher Individuen auf Differenzen ihres Genotyps. Die Relevanz des genetischen Determinuismus liegt somit in seinem ideologischen Potential, gesellschaftliche Kräfteverhältnisse in Richtung einer forcierten Individualisierung und Privatisierung sozialer Risiken im neoliberalen Interesse zu transformieren. Die Genetisierung stellt sich dergestalt betrachtet als eine machtpolitische Prekarisierungsstrategie dar, welche den Rückzug des Staates aus dem Bereich des Sozialen bei gleichzeitigem Appell an Eigenverantwortung und Selbstsorge ermöglicht. Im Sinne Foucaults lässt sich die Genetisierung der Gesellschaft als „genetische Gouvernementalität" verstehen, die vielfältige Handlungsoptionen sowohl für die soziale Regulation wie für die individuelle Disziplierung der Subjekte eröffnet und damit beide Pole der Biomacht gleichermaßen bedient. Die genetische Gouvernementalität stellt nicht nur eine Abwehrstrategie gegen

---

[203] So heißt es bei Habermas zum Klonen: „Diese Situation [die genetische Programmierung, der Verf.] ähnelt übrigens der des Klons, der durch den modellierenden Blick auf Person und Lebensgeschichte eines zeitverschobenen Zwillings seiner unverstellten eigenen Zukunft beraubt wird." Jürgen Habermas: Die Zukunft der menschlichen Natur, a.a.O., S. 108. Auch an dieser Stelle wird bei Habermas recht deutlich, dass er unreflektiert den Menschen auf die „Summe seiner Gene" reduziert, die Lebensgeschichte des Klons liegt laut Habermas in seinem Genom, der Klon ist somit nicht frei geboren, sondern „determiniert." Zur Kritik derartiger reduktionistischer Einwände gegen das Klonen siehe den Beitrag von Achim Bühl: „Reproduktives Klonen in ‚real life' und in der Science Fiction" in diesem Buch.

[204] Thomas Lemke: Die Regierung der Risiken, in: Ulrich Bröckling, Susanne Krasmann, Thomas Lemke (Hrsg.): Gouvernementalität der Gegenwart, Frankfurt a. M. 2000, S. 230

soziale Rechte zugunsten individueller Pflichten dar, sondern auch eine qualitative Ökonomisierung des Sozialen, insofern kapitalistische Verwertungslogiken und Rentabilitätskriterien sich des individuellen Subjektes bemächtigen und Führungstechniken „die Individuen dazu anleiten mit ihrem Leben als Humankapital umzugehen und an dessen Optimierung und Effektivierung zu arbeiten."[205] Genetisierung als neoliberale Machtstrategie und realitätsbildende wie wirklichkeitstransformierende Kraft erzeugt damit zugleich relevante Selbsttechnologien.

5.3 Aspekte der biomächtigen Gesellschaft

Wir wollen in diesem Abschnitt eine Art Szenario einer „biomächtigen Gesellschaft" entwickeln und hierfür ausgewählte, zentrale Aspekte einer potentiellen Entwicklung skizzieren. Zwischen einer biomächtigen Gesellschaft und dem Gattaca-Szenario sehen wir dabei durchaus viele Parallelen. Statt des Begriffes der Gattaca-Gesellschaft verwenden wir indes den Begriff der biomächtigen Gesellschaft, um zum einen die theoretisch-konzeptionelle Verwandtschaft zu Foucault zu betonen und zum anderen unserer dargelegten Kritik am Genoismus des Gattaca-Konzeptes Rechnung zu tragen.

5.3.1 Die Genetisierung der Überwachung

Der Staat der biomächtigen Gesellschaft wird - so ließe sich zunächst einmal befürchten - sich in zunehmendem Maße wie in GATTACA des Überwachungsaspekts moderner Gen- und Biotechnologien bedienen. Das Szenario diesbezüglich ist bereits prästrukturiert:

- Personalausweise mit genetischem Fingerabdruck
- Ausweiskontrollen auf der Basis genetischer Fingerabdrücke bei Firmen und Behörden
- Zentrale DNA-Datenbanken für alle Straftäter
- DNA-Bürgerdatenbanken, die alle Staatsangehörigen von Geburt an erfassen
- Pflichtmäßige Beteiligung an Massenscreenings zur Aufklärung von Straftaten
- Gesetzlich verankerte DNA-Tests zwecks Überprüfung der Familienzugehörigkeit bei Migranten (in Deutschland bereits in einer „gesetzlichen Grauzone" praktiziert)

---

[205] Thomas Lemke: Die Regierung der Risiken, in: Ulrich Bröckling, Susanne Krasmann, Thomas Lemke (Hrsg.): Gouvernementalität der Gegenwart, Frankfurt a. M. 2000, S. 240

Wie stark die Tendenzen diesbezüglich bereits sind, soll nur kurz am schwedischen Beispiel illustriert werden. Seit 1975 wird in Schweden von jedem geborenen Kind eine Blutprobe genommen. Die Probe wird in einer staatlichen Biobank auf Krankheiten untersucht, deren Symptome sich erst im weiteren Lebensverlauf zeigen. „Die Probe wird gelagert und darf für Forschungszwecke - und ausschließlich für Forschungszwecke - verwendet werden. Auf diese Biobank, die gleichzeitig ein potentielles DNA-Register über mittlerweile dreieinhalb Millionen Schweden unter 34 Jahren ist, hat die Regierung in Stockholm nun ein Auge geworfen. Über eine Änderung des Biobank-Gesetzes soll die Möglichkeit geschaffen werden, dieses der polizeilichen Ermittlungsarbeit zugänglich zu machen."[206] Das sogenannte PKU-Register war in der Vergangenheit bereits für (polizeiliche) Ermittlungen illegal zugänglich gemacht worden, so z. B. um den Mörder der schwedischen Außenministerin Anna Lindh zu überführen sowie zwecks Identifizierung der schwedischen Tsunami-Opfer.

Die Genetisierung der Gesellschaft bedeutet somit nicht zuletzt die Möglichkeit des Staates jederzeit jeden einzelnen Bürger (genetisch) zu identifizieren und damit zu überwachen.[207]

5.3.2 Die Genetisierung des Arbeitslebens

Der Staat könnte seinerseits als Arbeitgeber bezüglich seiner Beamten und staatlichen Angestellten auch zu einem Vorreiter für DNA-Zeugnisse werden, ein Szenario, welches ebenfalls bereits in der Gegenwart angelegt ist. Im August 2003 wurde einer Lehrerin die Einstellung als Beamtin auf Probe in den hessischen Schuldienst verweigert. Hintergrund war der pflichtmäßig vorgesehene Termin der Anwärterin beim zuständigen Gesundheitsamt. Dort hatte sie auf einem Fragebogen angegeben, dass ihr Vater an Morbus Huntington - einer spätmanifestierenden Erkrankung - leidet. „Das amtsärztliche Gutachten kam zwar zu dem Ergebnis, dass zum gegenwärtigen Zeitpunkt eine gesundheitliche Eignung der Bewerberin vorliege; die Verbeamtung wurde dennoch mit der Begründung abgelehnt, dass eine erhöhte Wahrscheinlichkeit bestehe, dass sie in absehbarer Zeit erkranken und dauerhaft dienstunfähig werde."[208] Die 36-jährige klagte vor dem Verwaltungsgericht Darmstadt und bekam Recht. Das Schulamt überlegte wegen der grundsätzlichen Bedeutung des Falles, ob es in

---

[206]   taz, 1.07.2008
[207]   Siehe zum Thema DNA-Identifizierung den Beitrag von Alexander Dix: „Der genetische Fingerabdruck" in diesem Buch
[208]   Thomas Lemke: Die Polizei der Gene. Formen und Felder genetischer Diskriminierung, Frankfurt a. M. 2006, S. 17

die nächste Instanz gehen solle. Das Gericht ließ in der schriftlichen Begründung des Urteils eine Berufung jedoch nicht zu.

In einer biomächtigen Gesellschaft wäre demgegenüber zu befürchten, dass das „Recht auf Nichtwissen" vor Gericht keinen Bestand mehr hätte und der Schutz vor genetischer Diskriminierung nicht mehr respektiert würde.

Derartige Rechte könnten eine schleichende Aushöhlung erfahren, indem zunächst auf besondere Fälle verwiesen würde, bei denen es z. B. um die Sicherheit von Personen geht, wie etwa bei Busfahrern, Lokomotivführern und Flugzeugkapitänen. In einem nächsten Schritt ließe sich mit der Gesundheit der Beschäftigten argumentieren, z. B. bei Arbeitsplätzen mit Allergierisiken bzw. sonstigen gesundheitlichen Gefährdungen. „Zu befürchten ist, dass es z. B. bei Einstellungs-, Eignungs- bzw. Tauglichkeitsuntersuchungen im Rahmen der Arbeitsmedizin zu einer Verlagerung der Aufmerksamkeit weg von schädlichen und krankheitsgenerierenden Arbeitsbedingungen hin zu ‚übersensiblen' Arbeitnehmern kommen könnte. ‚Arbeitsschutz' würde zum ‚Schutz' der Arbeitsplätze vor besonders gefährdeten Individuen."[209]

Die Genetisierung der Gesellschaft bedeutet somit bezüglich des Berufslebens einen weitgehend schutzlosen Beschäftigten, dessen informationelle Selbstbestimmung bezüglich des eigenen Genotyps in eine genetische Selbstführung transformiert wird, was zum Aspekt der Gesundheit überleitet.

5.3.3 Die Genetisierung des Gesundheitswesens

Ein zentraler Aspekt der biomächtigen Gesellschaft stellt die Genetisierung der Medizin dar, insofern sich hier heterogene Machtstränge kreuzen. Im Interesse von Genmedizin und Genpharmazie liegt die Mobilisierung möglichst großer Mengen öffentlicher Gelder. Dies gelingt vor allem dann, wenn das deterministische Genparadigma, die Reduktion von Krankheit auf „genetische Ausstattung" sich in der medialen Öffentlichkeit durchsetzt. Der das Genom als Risikofaktor fokussierende Diskurs wird seinerseits durch die Machtstrategie einer biopolitischen Gesellschaftsformation gestützt, die den Körper der Staatsbürger wie den Bevölkerungskörper für die Erhaltung und Wandlung der Macht im Kontext der Privatisierung des Gesundheitswesens zu nutzen beabsichtigt.[210]

---

[209] Thomas Lemke: Die Regierung der Risiken, in: Ulrich Bröckling, Susanne Krasmann, Thomas Lemke (Hrsg.): Gouvernementalität der Gegenwart, Frankfurt a. M. 2000, S. 247. Folglich auch: Leonhard Hennen, Thomas Petermann, Joachim J. Schmidt: Genetische Diagnostik - Chancen und Risiken. Der Bericht des Büros für Technikfolgen-Abschätzung zur Genomanalyse, Berlin 1996, S. 141-184

[210] Alexander von Schwerin: Das Genom als Risikofaktor, Gen-ethischer Informationsdienst Nr. 150, Februar/März 2002, online unter: www.gen-ethisches-netzwerk.de

Die Tendenz, Krankheiten in wachsendem Maße als Abweichungen von einer virtuellen genetischen Norm zu definieren und per Sequenzanalyse und Gendiagnose[211] zu identifizieren, könnte das Gesundheitswesen als solches neoliberal transformieren und aus einer medizinischen Heilkunst eine biotechnologische Ingenieurskunst machen, die sich an den Parametern normierter Gensequenzen orientiert. Die Verantwortung für den eigenen Körper und die eigene Gesundheit wird so zu einem aktiven Verhinderungsmanagement des „Krankheitsausbruchs". Die auf der Basis der Gendiagnostik erstellten individuellen Risikoprofile könnten dergestalt betrachtet die Grundlage bilden für eine umfassende Privatisierung des öffentlichen Guts Gesundheit. Da der Patient bereits seit Geburt in Kenntnis gesetzt wurde über eine präzise Liste seiner genetischen Veranlagungen und Krankheitsdispositionen, lässt sich in einer biomächtigen Gesellschaft der „Ausbruch von Krankheit" als Konsequenz einer nicht adäquaten individuellen Lebensführung betrachten, als mangelnde Bereitschaft, die Gesellschaft vor drohenden Kosten durch Eigenverantwortung und Selbstsorge zu schützen. Das Interesse des neoliberal agierenden Staates, das Gesundheitswesen zu privatisieren, kreuzt sich hier mit den Interessen von Krankenkassen sowie diverser „Gesundheitsanbieter" nach einer marktförmigen Strukturierung von Medizin und Pharmazie.

Fragt man sich als Nichtraucher, warum man denn so lange auf ein Rauchverbot in Speisegaststätten warten musste, um sich auf den Genuss von Speisen konzentrieren zu dürfen und vor dem Passivrauchen geschützt zu werden, so könnte eine mögliche Antwort lauten, dass das Rauchverbot ein Teil der staatlichen Biopolitik[212] ist und derzeit in ideologischer Hinsicht optimal zum Diskurs der Genetisierung des Gesundheitswesens passt. Der Staat beabsichtigt die durch das Rauchen entstehenden volkswirtschaftlichen Schäden zu begrenzen und illustriert zugleich am Beispiel des Rauchens eine inakzeptable Selbstführung, die zu Krankheiten wie z. B. zur Raucherlunge führen kann. Von hieraus ist es nur noch ein Schritt zu höheren Krankenkassengebühren für Raucher (und sogenannten „Risikopatienten") und zur individuellen Kostenübernahme von Krankenhausbehandlungen. Der Raucher wird so zum Paradefall für den diskursiven Zwang zur Eigenverantwortung und Selbstsorge. Da im Zeichen der Genetisierung von Krankheit die Devise gilt „No body is perfect" sind wir alle Risikopatienten und können somit für unsere „manifesten Krankheiten" verantwortlich

---

[211] Zur Gendiagnose siehe den Beitrag von Karl Sperling: „Probleme der Gendiagnostik" in diesem Buch.

[212] Zum Terminus Biopolitik siehe: Hubertus Buchstein, Katharina Beier: Biopolitik, in: Gerhard Göhler, Mattias Iser, Ina Kerner (Hrsg.): Politische Theorie, Wiesbaden 2004, S. 29-46

gemacht und damit pekuniär zur Rechenschaft gezogen werden. Die Technologien des Selbst stehen somit keineswegs außerhalb von Macht und Herrschaft, sie rezipieren vielmehr aktiv die durch vielfältige Zwänge entstehenden möglichen Nachteile für die eigene Lebensführung und -gestaltung.[213] Die Genetisierung der Gesellschaft bedeutet somit im Gesundheitswesen eine umfassende Neudefinition des Krankheitsbegriffs, den „freiwilligen Zwang" zur Krankheitsprävention in Eigenverantwortung sowie die umfassende Privatisierung und Individualisierung von Gesundheitskosten.

5.3.4 Die Genetisierung als genetischer Rassismus

Ein zusätzlicher Faktor bei der Forcierung von Genetisierungstendenzen könnte auch die Pharmakogenetik darstellen. Kritisch zu bewerten sind hier vor allem bereits existierende „Lifestyle-Gentests", die zur Verbreitung von genetischem Reduktionismus beitragen. Die Orientierung persönlicher Entscheidungen der Ernährungsweise und der Arbeitsplatzwahl an den Resultaten von Pharmakogenetik und Nutrigenetik[214] hat bereits in der Gegenwart begonnen und könnte in wachsendem Maße den genetischen Determinismus als auch rassistische Denkweisen verstärken.

Bei unserer Kritik am Drehbuch des Gattaca-Spielfilms haben wir bereits darauf hingewiesen, dass die Vorstellung, der „moderne Rassismus" werde in einer biomächtigen Gesellschaft keine Rolle mehr spielen, vorschnell ist. Wir wollen diesen Gedanken am Beispiel der Pharmakogenetik bzw. der Nutrigenetik vertiefend verdeutlichen. Die Pharmakogenetik untersucht Verknüpfungen individueller genetischer Variationen mit Arzneireaktionen, die Nutrigenetik Zusammenhänge genetischer Modifikationen mit der Wirkungsweise von Lebensmitteln. Entscheidend für unsere Fragestellung ist, dass beide sich dabei sogenannter biologischer Marker bedienen. Biologische Marker bzw. Markergene sind eindeutig identifizierbare, kurze DNA-Abschnitte, deren Ort im Genom bekannt ist. Typen von Marker sind u. a. Single Nucleotid Polymorphisms (SNP) und Short Tandem Repeats (STR). Bei SNPs handelt es sich um sogenannte Punktmutationen, wobei bestimmte SNPs mit Krankheiten korreliert sind. SNPs dienen daher häufig als Marker für eine bestimmte Krankheit. STRs sind kurze wiederkehrende Abschnitte, welche aus bis zu 200 Nukleotiden bestehen und

---

[213] Auch insofern ist der sich vermeintlich auf Foucault stützende Terminus „Eugenik von unten" zu kritisieren, da er die Termini Panoptismus, Gouvernementalité und Technologien des Selbst bei Foucault falsch rezipiert und sich damit in keiner Weise auf die Machttheorie des französischen Philosophen stützen kann.

[214] Die Nutrigenetik bzw. Nutrigenomik ist eine Forschungsrichtung, welche die Wechselwirkung zwischen der Ernährung und dem Genom untersucht.

sich bis zu zwanzigmal wiederholen können; sie treten ebenfalls mit ganz bestimmten Krankheiten auf.

Die Verwendung biologischer Marker betont somit nicht mehr die Gleichheit der Menschen, sondern macht sich auf der Suche nach molekularbiologischen Unterschieden. Derartige genetische Marker lassen sich für rassistische Konstrukte instrumentalisieren und nähren Ideen einer biologischen Definierbarkeit ethnischer, rassischer und anderer sozialer Zuschreibungen.

Während Francis Collins, Leiter des Human Genome Projects, und Craig Venter anlässlich der „Entschlüsselung des menschlichen Genoms" verkündeten, dass „Rasse" auf der Ebene der DNA nicht von Bedeutung sei, blieben etliche Wissenschaftler bei der Ansicht, „dass ,Rasse' eine wichtige Kategorie sowohl für die Entwicklung von Medikamenten wie auch für die Abschätzung des Risikos genetisch bedingter Defekte oder für genetische Prädispositionen für komplexe Krankheiten darstelle. Andere verfolgen diesen Ansatz innerhalb der forensischen Wissenschaften mit der Hoffnung, bestimmte Allelhäufigkeiten zu finden, die innerhalb einer ,Rasse' oder ethnischen Gruppe stärker verbreitet sind als in anderen."[215]

„Supercomputer" machen sich heute auf der Basis der 0,1 Prozent Abweichung des Genoms zwischen zwei Menschen auf der Suche, um in diesen ungefähr drei Millionen Punkten relevante Unterschiede zwischen Bevölkerungsgruppen zu finden. Bereits im März 2001 warb das erste Unternehmen damit, das erste ethnische Medikament entwickelt zu haben. Der Geschäftsführer des Unternehmens erklärte ausdrücklich, „dass die afro-amerikanische Bevölkerung die Zielgruppe des Medikamentes darstelle, da BiDiL, ein bei Herzinsuffizienz eingesetztes Medikament, die Sterblichkeit bei Afro-Amerikanern um 66 Prozent verringert habe. Bei Weißen jedoch kaum von Nutzen gewesen sei."[216]

Inwiefern derartige Verlautbarungen wissenschaftlich fundiert sind und reale therapeutische Effekte versprechen oder nur dem Paradigma des genetischen Determinismus folgen, sei an dieser Stelle dahingestellt, wichtig ist, dass derartige Entwicklungen beträchtliche Auswirkungen bezüglich des „genetischen Rassismus" haben könnten. „Unklare Definitionen der Bedeutung des Rassebegriffs und ethnischer Gruppen spielen hier eine Rolle. Gäbe es eines Tages gruppenspezifische Medikamente, würden die Bevölkerungen reicher Länder vermutlich am meisten profitieren. Bestehende Ungerechtigkeiten könnten da-

---

[215]   Troy Duster: Die Wiedergeburt des Rassebegriffs, online unter:
        www.gen-ethisches-netzwerk.de/gid/163/thema/duster/wiedergeburt-des-rassebegriffs
[216]   Troy Duster: Die Wiedergeburt des Rassebegriffs, a.a.O.

durch verstärkt werden, dass teure pharmakogenetische Therapien für bereits sozial benachteiligte Gruppen nicht zugänglich sein könnten."[217] Der moderne Rassismus würde dergestalt betrachtet gerade in einer biomächtigen Gesellschaft ein zentrales Argumentationsmuster zur Legitimierung von Diskriminierung darstellen.

5.3.5 Die Genetisierung der Reproduktion

Auf dem Gebiet der Reproduktionsmedizin liegen die Gefahren einer biomächtigen Gesellschaft im Übergang von der Selbstbestimmung zur Fremdbestimmung, von der individuellen Entscheidungsfreiheit zum staatlichen wie gesellschaftlich verordneten Reproduktionszwang. Diese potentiell denkbare dystopische Entwicklung wird unseres Erachtens im Gattaca-Spielfilm recht treffend mediatisiert.

Das Einstiegsszenario ließe sich wohl bei der Pränataldiagnostik[218] verorten. Diverse Mechanismen könnten hier einen schleichenden Wechsel von der freiwilligen Inanspruchnahme pränataldiagnostischer Untersuchungen hin zum pflichtmäßigen Einsatz bewirken. Da in zunehmendem Maße bereits intrauterine[219] Behandlungen möglich werden, könnte sich der moralische Druck verstärken, von diversen Vorsorgeuntersuchungen Gebrauch zu machen, da diese unter Umständen unmittelbar der Gesundheit des Feten zugute kommen. Eine pekuniäre Steuerung wie im Gattaca-Szenario („Es tut mir sehr leid, die Versicherung deckt das nicht ab") könnte darüber hinaus die Handlungsfreiheit der potentiellen Eltern weiter einschränken. Eine insgesamt sozial kälter werdende Gesellschaft lässt darüber hinaus die individuelle Reproduktion in zunehmendem Maße als individuelles Risiko bezüglich der eigenen Lebenslage erscheinen.

Auch auf dem Gebiet der Präimplantationsdiagnostik[220] existieren bereits Entwicklungen, an denen ein Andocken stattfinden könnte. Dies betrifft vor allem die sich herausbildende Dopplung des Diskursstranges bezüglich der PID. Wurde die IVF ursprünglich lediglich als „Hilfestellung für das unter Sterilität leidende heterosexuelle Ehepaar"[221] konzipiert, erscheint sie im Zusammenwirken

---

[217] Lilian Marx-Stölting: Pharmakogenetik - Rolltreppe abwärts? Online unter: www.gen-ethisches-netzwerk.de/GID166_marxstoelting
[218] Folglich der Beitrag von Rolf Becker und Achim Bühl: „Dis Janusköpfigkeit der Pränataldiagnostik" in diesem Buch.
[219] Innerhalb der Gebärmutter gelegen
[220] Folglich der Beitrag von Tanja Krones: „Aspekte der Präimplantationsdiagnostik" in diesem Buch.
[221] Bettina Bock von Wülfingen: Genetisierung der Zeugung. Eine Diskurs- und Metaphernanalyse reproduktionsgenetischer Zukünfte, Bielefeld 2007

mit der PID im Kontext des genetischen Determinismus und der tagtäglichen
medialen Enthüllungen der Rückführbarkeit von Krankheiten, Immunschwächen und Allergien auf genetische Veranlagungen mittlerweile als einzige Möglichkeit genetisch gesunder Fortpflanzung überhaupt.

Technische Möglichkeiten wie die Kryokonservierung von Ei- und Samenzellen
sowie die Intrazytoplasmatische Spermieninjektion (ICSI) lassen darüber hinaus
die Kategorie Alter als eine gänzlich disponible „Zeugungsgröße" erscheinen
und ermöglichen es potentiellen Eltern den Zeitpunkt der Geburt ihres Kindes
Karrieregesichtspunkten sowie beruflichen Zwängen selbstfremdbestimmt an-
zupassen. Der Übergang von der „natürlichen Zeugung" zur Zeugung in vitro
würde in einer biomächtigen Gesellschaft - hier dem Gattaca-Szenario folgend -
sukzessive zur gesellschaftlichen Normalität.

Die Zeugung durch herkömmlichen Geschlechtsverkehr erscheint bereits in unseren Tagen im Lichte des genetischen Determinismus und Reduktionismus als
Anachronismus, der sich einer postmodernen Fassung des Begriffs der „Repro-
duktionsgesundheit" verschließt. Der Staat einer biomächtigen Gesellschaft als
„eugenischer Staat" wird durch diverse Steuerungsmechanismen sowie Druck
(„Hegemonie gepanzert mit Zwang") das Ziel verfolgen, die „natürliche Zeugung zu Hause" durch die kontrollierte Zeugung in vitro inklusive umfassender
PID zu ersetzen - begleitet von Diskursen über „Gesundheitsverantwortung" und
die staatsbürgerliche „Pflicht zur Gesundheit".

Eine ausschließliche Befruchtung in vitro würde den Zugriff auf den individuellen wie auf den Gattungskörper im screenenden Blick durch das Reagenzglas
vereinen zu einer historisch beispiellosen Biomächtigkeit, die neue „eugenische
Begehrlichkeiten" wecken würde.

5.3.6 Die Genetisierung der Ökonomie

In der biomächtigen Gesellschaft ist die Biotechnologie endgültig zur Schlüsseltechnologie geworden und hat alle industriellen Sektoren durchdrungen. Sie
weist dabei vielfältige Parallelen zur Mikroelektronik bzw. zur Computerindus-
trie auf.[222] So zeichnet sich etwa auch die Biotechnologie durch eine Entkoppelung von Umsatz- und Beschäftigungsentwicklung aus. Mit der Biotechnologie
entstehen keine neuen Industriezweige, so dass auch in einer biomächtigen Gesellschaft keine zusätzlichen Beschäftigungspotentiale zu erwarten sind. Die
Biotechnologie wird vielmehr mit einem hohen Rationalisierungspotential einhergehen, insofern es sich primär um eine Substitutionstechnologie handelt, die

---

[222] Achim Bühl: Die virtuelle Gesellschaft des 21. Jahrhunderts, Wiesbaden 2000

vor allem in den klassischen Industriezweigen der Industriegesellschaft wie der Agrochemie, der Lebensmittelindustrie und der Pharmaindustrie zum Einsatz gelangt und hier „traditionelle Produkte" zunehmend durch „Genprodukte" substituieren wird. „Bereits vorhandene Medikamente werden durch neue ersetzt, herkömmliches durch transgenes Saatgut abgelöst, der Arbeitseinsatz in der Landwirtschaft wird weiter verringert, Produktionsprozesse etwa in der Lebensmittelverarbeitung erfahren einen neuen Effektivierungsschub."[223]

Trotz ihrer wachsenden ökonomischen Bedeutung werden von der Biotechnologie daher keine Beschäftigungseffekte ausgehen. Zu Beginn des 21. Jahrhunderts ist das Beschäftigungsvolumen in den zahlreichen kleineren neugegründeten Biotechnologiefirmen, den sogenannten start-ups, welche mit den „digitalen Turnschuhfabriken" der Microsoft-Frühphase vergleichbar und bezüglich ihres innovativen Potentials hoch zu taxieren sind, eher ernüchternd. „Insbesondere in den etablierten Unternehmen wird die biotechnologische Beschäftigung vornehmlich über den Ersatz bisheriger durch neue Arbeitsplätze bzw. durch Umschulung und Weiterbildung des vorhandenen Personals ausgeweitet."[224] Wenn auch der biotechnologische Innovationsprozess in relevantem Maße von kleinen Firmen getragen wird, so ist die Biotechnologie auf der Marktebene vor allem ein „Global Player". Nur Großunternehmen sind in der Lage, die von den „start-ups" entwickelten Produkte erfolgreich weiterzuentwickeln und weltweit zu vermarkten.

Die Vorstellung, dass Kleinunternehmen entwickeln und Großunternehmen vermarkten, erweist sich bei der Biotechnologie auch eher als eine Legende. Längst sind die Kosten bei der biotechnologischen Forschung und Entwicklung so hoch geworden, dass auf zentralen Feldern nur noch global agierende Konzerne über entsprechendes Finanzkapital verfügen, um hierfür erforderliche transdisziplinäre Forschungs- und Entwicklungszentren zu unterhalten.

Insbesondere die Vorstellung von der Ökonomisierung des Lebens, von der Kapitalisierung der DNA in Gestalt weltweit greifender Patentrechte lässt alle „Multis" auf die Biotechnologie setzen. Die Vision - bei aktuell eher stagnierenden Märkten -, sich den im wahrsten Sinne des Wortes globalen Zugriff auf das Saatgut via weltweiter Patentrechte zu sichern sowie den „menschlichen Weltkörper" via weltweit patentierter Pharmazeutika zu erobern, lässt alle Großunternehmen hoffen.

---

[223] Ulrich Dolata: Die Bio-Industrie, in: Michael Emmrich (Hrsg.): Im Zeitalter der Bio-Macht, Frankfurt a. M. 1999, S. 250

[224] Ulrich Dolata: Die Bio-Industrie, a.a.O., S. 249

Mit bereits erteilten Patenten auf pflanzliches, tierisches und menschliches Leben sind erste Schritte in Richtung einer biomächtigen Gesellschaft, die sich durch eine umfassende Ökonomisierung und Kapitalisierung des globalen Lebens auszeichnen würde sowie durch vielfältige neue Abhängigkeiten nationaler Ökonomien ganzer Länder und Kontinente von einer Handvoll global agierender Saatgutmultis wie Pharmariesen, bereits vollzogen. Für ein dystopisches Szenario einer Genetisierung der Ökonomie existieren somit bereits vielfältige Wege zum Andocken.

6 Resümee

Ohne eine kritische Reflexion der eugenischen Bewegungen, ihres Wesens und ihrer Zielstellungen, ist es nicht möglich, sich der historischen Verantwortung der Humangenetik angesichts ihrer aktiven Beteiligung an Zwangssterilisierung, Euthanasie und Massenmord des deutschen Faschismus zu stellen. Die Genesis des nationalsozialistischen Genozids erfolgte auch „aus dem Geist der Wissenschaft"[225], so dass Wissenschaften und Wissenschaftler gefordert sind, aktive Beiträge zu leisten, damit die Entwicklung der modernen Gen- und Biotechnologien sich nicht erneut unlösbar mit Techniken zur Enthumanisierung verknüpft.

Insofern Technik der gesellschaftlichen Kontrolle, Kräfteverhältnissen, Gestaltungsoptionen, öffentlichen Kommunikationsprozessen, staatlichem Handeln, juristischer Regulierung sowie dem Nutzungsverhalten der Individuen unterliegt, gibt es historisch betrachtet weder eine technikdeterministische Entwicklung der Eugenik hin zur Gattaca- noch zu einer biomächtigen Gesellschaft.

Gleichwohl sind vielfältige „eugenische Gefahren" mit den (post)modernen Lebenstechnologien immanent verknüpft, die es zu erkennen und zu verhindern gilt, so dass wir im Folgenden auch von der Janusköpfigkeit der Biotechnologie sprechen.

---

[225] Volker Bahl: Der gläserne Mensch? In: Michael Emmrich (Hrsg.): Im Zeitalter der Bio-Macht, Frankfurt a. M. 1999, S. 47

Die Janusköpfigkeit der Pränataldiagnostik

Rolf Becker, Achim Bühl

Pränataldiagnostik (PND) und Pränatale Therapie gehören zur „Pränatalen Medizin", welche die Erkennung, Behandlung und auch Vorbeugung von Erkrankungen des Menschen vor seiner Geburt zum Ziel hat. Es handelt sich um eine vergleichsweise junge Wissenschaft. Die erste Publikation, die sich mit dem Einsatz von Ultraschall als bildgebendem Verfahren in der Pränatalmedizin befasste, erschien vor genau 50 Jahren.[1]

Ausgangspunkt für die Etablierung dieser Disziplin war die Ultraschalldiagnostik, die durch die Entwicklung der Schallköpfe sowie insbesondere durch den rasanten Fortschritt der elektronischen Datenverarbeitung möglich wurde.

In den letzten Jahren sind die Möglichkeiten, Erkrankungen und Notsituationen des Ungeborenen in der Gebärmutter (intrauterin) zu behandeln, sprunghaft angestiegen. Während dieser Teil der pränatalen Medizin kaum in der öffentlichen Kritik steht, ist die Diskussion um die nicht lebensfördernden Aspekte der pränatalen Diagnostik[2] weiterhin in vollem Gange.[3]

1 Zwiespältigkeit der diagnostischen Möglichkeiten

Primäres Ziel der Schwangerenvorsorge war und ist der Schutz von Leben und Gesundheit der Schwangeren und des ungeborenen Kindes (vor der 12. SSW „Embryo", danach bis zum Ende der Schwangerschaft „Fetus" genannt) bzw. der ungeborenen Kinder. Da in der Schwangerschaft Leben und Gesundheit von schwangerer Frau und Ungeborenem in sehr engem Zusammenhang stehen, wird inzwischen auch von „fetomaternaler" Medizin gesprochen. Wir sind uns

---

[1] Eine sonographische Darstellung legte erstmals der britische Geburtshelfer Ian Donald im Jahr 1958 vor.

[2] Unter Pränataldiagnostik fassen wir sämtliche Untersuchungen des ungeborenen Kindes sowie der Schwangeren.

[3] Gerade jüngst wurde ein Bericht des Instituts für Qualität und Wirtschaftlichkeit im Gesundheitswesen publiziert, in dem der Stellenwert der Ultraschalldiagnostik im Rahmen der Schwangerenbetreuung kritisch untersucht wurde, vgl.: Institut für Qualität und Wirtschaftlichkeit im Gesundheitswesen: Ultraschallscreening in der Schwangerschaft. Testgüte hinsichtlich der Entdeckungsrate fetaler Anomalien, Köln 2008

dabei bewusst, dass das Verwischen der Grenzen von zwei höchst unterschiedlichen „Patienten" aus medizinethischer als auch feministischer Sicht ein Problem darstellt.[4]

Mit den vielfältigen Möglichkeiten der Diagnostik wuchs auch im Bereich der Pränatalmedizin die Sorge, dass Entwicklungen in Gang kommen, deren Folgen wir weder überblicken noch beherrschen können. Die modernen medizintechnologischen Entwicklungen ermöglichen es, je nach Qualifikation des Untersuchers, Anomalien sowie Gefährdungssituationen der Schwangeren und des Ungeborenen mit zunehmend größerer Genauigkeit und zudem zu immer früheren Zeitpunkten in der Schwangerschaft zu entdecken. Dabei können auch Situationen entstehen, in denen im Bestreben, gesundheitsfördernd oder sogar lebensrettend zu wirken, Befunde erhoben werden, die sich keiner der Beteiligten wünscht: wir sehen evtl. am Ungeborenen Veränderungen, die - je nach Ausprägung und Schweregrad - mit oder ohne Behandlung mit dem Leben vereinbar sind, jedoch mit einer mehr oder weniger stark ausgeprägten Behinderung einhergehen; wir sehen aber auch Befunde, die nicht behandelbar sind und evtl. sogar mit einem längeren Leben nach der Geburt nicht vereinbar sind. Üblicherweise besteht in der Schwangerschaft Interessenkonkordanz („fetomaternale Einheit") zwischen den Interessen der Schwangeren und des Ungeborenen. Im Falle einer schweren Anomalie kann jedoch Interessendiskordanz auftreten: die Schwangere hat in einer solchen Situation nach derzeitiger Rechtslage die Möglichkeit, sich „unter Berücksichtigung ihrer jetzigen und zukünftigen Situation" im Falle einer schweren Anomalie gegen das Austragen der Schwangerschaft zu entscheiden („medizinisch-soziale Indikation" zum Schwangerschaftsabbruch). Damit wird die ursprüngliche Intention der Schwangerenberatung und Pränatalmedizin, Gesundheit und Leben von Schwangerer und Ungeborenem zu schützen, in manchen Fällen in ihr Gegenteil verkehrt: die Ergebnisse der pränatalen Untersuchung können für das Ungeborene tödlich sein.

Ein zusätzlicher Aspekt, welcher aus Ländern wie u. a. Indien[5] und China bekannt[6] ist, stellt die Möglichkeit einer missbräuchlichen Nutzung der Ergebnisse der Diagnostik in Form einer Geschlechterselektion dar.

Mit der Möglichkeit, potentielle Behinderungen vorgeburtlich zu erkennen und die betroffenen Schwangerschaften nicht auszutragen, fühlten und fühlen sich

---

[4]   Siehe hierzu: Claudia Wiesemann: Von der Verantwortung ein Kind zu bekommen. Eine Ethik der Schwangerschaft, München 2006

[5]   VII Congress of the Indian society of prenatal diagnosis and therapy, 23.-26.1.2004, Ahmedabad, India

[6]   Der Tagesspiegel, 24.01.2006

Behinderte in ihrem Recht auf Leben hinterfragt. Begriffe wie „Designerbaby"[7], „Selektion" und sogar „Früheuthanasie"[8] wurden im Zusammenhang mit moralischen Aspekten der Pränataldiagnostik in die Diskussion gebracht. Angesichts des gesundheits- und lebensfördernden wie auch lebensbegrenzenden Potentials der Pränataldiagnostik sprechen wir daher von ihrer Janusköpfigkeit[9] und bemühen uns im Folgenden, Chancen und Risiken der PND möglichst präzise zu benennen.

2 Arten von Pränataldiagnostik

Häufig wird Pränatalmedizin auf Pränataldiagnostik, insbesondere die invasive Pränataldiagnostik reduziert. Unter invasiver Pränataldiagnostik versteht man Eingriffe, bei denen Gewebe oder Flüssigkeit entnommen wird, um Informationen über das ungeborene Kind, z. B. seinen Chromosomensatz, also seine Erbanlagen, zu erhalten. Methoden der invasiven Pränataldiagnostik sind insbesondere die Chorionzottenbiopsie (Entnahme und Untersuchung von Gewebeproben aus dem Mutterkuchen), die Amniocentese (Fruchtwasseruntersuchung) und die Untersuchung von Fetalblut (meist aus der Nabelschnur).
Diese Eingriffe beinhalten das Risiko, im Falle einer Komplikation, die Schwangerschaft zu gefährden, schlimmstenfalls zu verlieren. Pränataldiagnostik ist jedoch in der täglichen Praxis nur zum kleinen Teil durch Eingriffe dieser Art bestimmt. Der überwiegende Anteil der pränatalmedizinischen Praxis besteht heutzutage aus nichtinvasiven Maßnahmen. Hierbei haben Ultraschalluntersuchungen das größte Gewicht, aber auch andere Methoden wie z. B. Blutuntersuchungen der Schwangeren sind von Bedeutung.
Bei den verschiedenen Testverfahren, welche wir im Folgenden noch vorstellen werden, spielt die Falsch-Positiv-Rate als Testgütekriterium eine Rolle, die den Anteil der Probanden erfasst, welche durch den Test fälschlicherweise als wahrscheinlich erkrankt eingestuft werden. Eine Falsch-Positiv-Rate von 5 % bedeutet z. B., dass von 100 gesunden Probanden fünf irrtümlicherweise als wahrscheinlich erkrankt kategorisiert werden, d. h. in diesem Fall würde jeder zwan-

---

[7] Der Tagesspiegel, 9.11.2000
[8] Hubert Hüppe, MdB: „Spätabtreibung ist nichts anderes als Früheuthanasie", in: Deutsches Ärzteblatt 40/2006; S. A2616
[9] Der Gott Janus zählt zu den ältesten römischen Gottheiten. Statuen des Gottes sowie Abbildungen zeigen ihn mit einem vorwärts und rückwärts blickenden Doppelgesicht. Der Januskopf stellt ein Symbol der Zwiespältigkeit dar. Der römischen Mythologie folgend soll er als König über Latium geherrscht und auf dem Ianiculum (Gianicolo) gewohnt haben.

zigste Proband fälschlicherweise zur Gruppe der wahrscheinlich Erkrankten gezählt. Die sogenannte Falsch-Negativ-Rate wiederum beschreibt den Anteil der
Kranken, die vom Test irrtümlicherweise als nicht wahrscheinlich erkrankt eingestuft werden. Eine Falsch-Negativ-Rate von 5 % bedeutet also, dass von 100
kranken Probanden fünf fälschlicherweise als gesund eingestuft werden, d. h. in
diesem Fall würde jeder zwanzigste Kranke irrtümlicherweise zur Gruppe der
Gesunden gezählt.[10]
Bei den im Folgenden vorzustellenden Testverfahren handelt es sich somit zum
einen um diagnostische Untersuchungen, zum anderen um Suchtests, bei denen
einerseits ein Teil der Patienten mit einer entsprechenden Besonderheit nicht erkannt wird und andererseits einem weiteren Teil der Probanden fälschlicherweise eine Besonderheit attestiert wird.

2.1 Nichtinvasive sonographische Pränataldiagnostik

Zur nichtinvasiven Pränataldiagnostik zählen zunächst einmal die im Verlauf
einer normalen Schwangerschaft laut Mutterschaftsrichtlinien[11] vorgesehenen
drei Standard-Ultraschalluntersuchungen. Weitergehende Ultraschalluntersuchungen sind die „NT-Diagnostik"[12] - evtl. erweitert durch andere sonographische Parameter wie die Messung des Nasenbeins, die Suche nach einer Tricuspidalklappenundichtigkeit[13] oder andere Ultraschallmarker für eine Chromosomenanomalie -, der sogenannte Feinultraschall, die Dopplersonografie, die fetale Echokardiografie, der 3D- sowie der 4D-Ultraschall. All diese Verfahren zählen zur Sonographie.
Zu den nicht-invasiven Untersuchungsmethoden zählen ferner die verschiedenen Methoden der Serumdiagnostik aus mütterlichem Blut. Im Kontext der
nichtinvasiven Pränataldiagnostik ist ferner das Erst-Trimester-Screening von
Bedeutung; eine Kombination aus serologischen und sonographischen Parametern.

---

[10] Siehe hierzu: Gerd Grigerenzer: Das Einmaleins der Skepsis, Berlin 2004
[11] Richtlinien des Bundesausschusses der Ärzte und Krankenkassen über die ärztliche Betreuung
während der Schwangerschaft und nach der Entbindung („Mutterschafts-Richtlinien") in der
Fassung vom 10. Dezember 1985, zuletzt geändert am 24. März 2003, in Kraft getreten am 12.
Juli 2003, Bundesanzeiger Nr. 126, 11. Juli 2003
[12] NT = nuchal translucency: Nackentransparenzmessung
[13] TI = Tricuspidalinsuffizienz: Undichtigkeit der Herzklappe, die den rechten Vorhof von der
rechten Herzkammer trennt.

2.1.1 Die drei Standard-Ultraschalluntersuchungen

Deutschland war das erste Land, das einen Anspruch der Schwangeren auf Ultraschalluntersuchungen während der Schwangerschaft festlegte. Zwischen 1980 und 1995 wurden der Schwangeren zwei Ultraschalluntersuchungen angeboten (16.-20. und 32.-36. Schwangerschaftswoche). Seit 1995 besteht ein Anspruch auf drei Ultraschalluntersuchungen in der normalen Schwangerschaft.

Die erste Untersuchung (1. Screening: 9.-12. Woche) dient u. a. der Feststellung der Schwangerschaft sowie der Existenz möglicher Mehrlinge, dem Ausschluss einer Bauchhöhlenschwangerschaft sowie der Errechnung des Geburtstermins. Einer Überprüfung unterzogen werden ferner die kindlichen Herzaktionen.

Die zweite Untersuchung (2. Screening: 19.-22. Woche) überprüft, ob das ungeborene Kind sich korrekt und zeitgerecht entwickelt, analysiert Hinweiszeichen auf mögliche Fehlbildungen und stellt den Sitz der Nachgeburt[14] fest.

Die dritte Untersuchung (3. Screening: 29.-32. Woche) dient dem Feststellen der normalen Entwicklung des Ungeborenen sowie der richtigen Kindslage.

Der Frage, ob Ultraschalluntersuchungen für das Ungeborene schädlich sein könnten, ist in zahlreichen experimentellen sowie Beobachtungsstudien nachgegangen worden. Nach allem, was wir wissen, können wir davon ausgehen, dass Ultraschalluntersuchungen als unbedenklich sowohl für die Mutter wie für das ungeborene Kind angesehen werden können. Nichtsdestotrotz sollte der Einsatz dopplersonographischer Untersuchungen in der Frühschwangerschaft möglichst kurz gehalten werden.

2.1.2 Der Feinultraschall

Bei der sogenannten „Feindiagnostik" handelt es sich um eine Ultraschalluntersuchung, bei der die Organe des ungeborenen Kindes untersucht werden. Sie dient der Erkennung bzw. dem Ausschluss von körperlichen Anomalien. Die „Feindiagnostik" hängt sehr von Faktoren wie u. a. Untersuchungsbedingungen, Schwangerschaftszeitpunkt, Qualifikation des Untersuchers sowie Qualität der benutzten Ultraschallgeräte ab. Zunächst erfolgt die übliche Untersuchung mit den im Rahmen der Mutterschaftsvorsorge vorgesehenen Parametern. Bei der Feindiagnostik werden zusätzlich die Strukturen des Zentralnervensystems, das Gesicht, die Augen, Hals und Nacken, Brustkorb, Lungen sowie die Bauchorgane[15] dargestellt; ferner die Extremitäten sowie die äußere Körperoberfläche, insbesondere auch der Bauchnabel sowie die Wirbelsäule. Im Rahmen der Organ-

---

[14] Als Nachgeburt bezeichnet man die Abstoßung der Eihäute sowie des Mutterkuchens (Plazenta) nach der eigentlichen Geburt.

[15] Magen, Harnblase, Nabelschnur, Nieren, Darm

diagnostik hat die Beurteilung des fetalen Herzens einen besonderen Stellenwert, da einerseits hier die Wahrscheinlichkeit für das Auftreten einer Anomalie höher ist als bei jedem anderen Organ, andererseits die Untersuchung des fetalen Herzens („fetale Echokardiographie") an die Qualifikation des Untersuchers besondere Ansprüche stellt. Voraussetzungen für die Feindiagnostik sind eine entsprechende apparative Ausstattung sowie die persönliche Qualifikation des Untersuchers. Optimaler Zeitpunkt für eine weitestgehende Untersuchung ist der Bereich um die 22. Woche. Das Ungeborene ist groß und ausgereift genug, um die wichtigen Organe und Organsysteme darzustellen, jedoch noch nicht so groß, dass aufgrund der begrenzten Eindringtiefe der Ultraschallwellen eine vollständige Darstellung nicht mehr möglich ist. Eine Feindiagnostik kann auch zu einem früheren oder späteren Zeitpunkt in der Schwangerschaft durchgeführt werden. Mit modernen Geräten ist die Erkennung des größten Teils der evtl. vorhandenen Anomalien auch schon in der 13./14. Woche möglich.[16] Findet die Untersuchung im letzten Viertel der Schwangerschaft statt, so erlauben die Bedingungen (Fruchtwassermenge, Eindringtiefe) eine im Vergleich zu früheren Zeitpunkten eher begrenzte Aussage. Chromosomale Auffälligkeiten lassen sich mit Hilfe des Feinultraschalls nicht sicher diagnostizieren, anhand der körperlichen Entwicklung bzw. der Organausprägung kann jedoch auf die Wahrscheinlichkeit chromosomaler Besonderheiten geschlossen werden.

2.1.3 Die Dopplersonographie

Die Dopplersonographie basiert auf dem durch den österreichischen Physiker Christian Doppler beschriebenen Effekt, dass sich die Wellenlänge einer empfangenen Welle ändert, wenn der Sender sich relativ zum Empfänger bewegt. Die Dopplersonografie registriert Richtung und Geschwindigkeit des Blutflusses in den Blutgefäßen der Mutter sowie des ungeborenen Kindes. Es gibt verschiedene Arten der Doppleruntersuchung. In der Pränatalmedizin werden meist der gepulste Doppler sowie die farbcodierte Dopplersonographie angewandt. Untersucht werden fetale Blutgefäße sowie das fetale Herz. Die Analyse liefert wichtige Erkenntnisse über den Versorgungszustand des Ungeborenen. Durchgeführt wird die Dopplersonographie u. a. zur Vorhersage oder bei schon vorhandener schwangerschaftsbedingter Erkrankung der Mutter[17], bei Verdacht auf beein-

---

[16]   Rolf Becker, R-D. Wegner: Detailed screening for fetal anomalies and cardiac defects at the 11-13-week scan, in: Ultrasound Obstet Gynecol 6/2006, S. 613-618

[17]   Gestose, Präeklampsie: Veränderungen, die mit hohem Blutdruck, Wassereinlagerungen sowie Eiweißausscheidung einhergehen und in schweren Fällen für Mutter und Ungeborenes lebensbedrohlich sein können.

2 Arten von Pränataldiagnostik

trächtigtes Wachstum des Ungeborenen, bei Verdacht auf Herzfehler bzw. Herz-
erkrankungen des Ungeborenen, bei verminderter Fruchtwassermenge sowie bei
Mehrlingsschwangerschaften.

2.1.4 Die fetale Echokardiographie

Mit Hilfe der fetalen Echokardiographie lässt sich das Herz des Ungeborenen
untersuchen. Herzfehler zählen zu den häufigsten Fehlbildungen. Die Untersu-
chungsergebnisse sind wesentlich von Faktoren wie Qualifikation des Untersuchers sowie apparativer Ausstattung abhängig. Optimaler Zeitpunkt für eine fetale Echokardiographie ist der Zeitraum um die 22. Woche. Da ein Herzfehler
ein Leitsymptom einer chromosomalen Anomalie oder eines anderen komplexen Krankheitsbildes sein kann, deren Entdeckung die Schwangere evtl. dazu
veranlasst, sich gegen das Austragen der Schwangerschaft zu entscheiden, liegt
es im Interesse aller Beteiligten, diese Anomalien möglichst früh zu erkennen.
Ein wesentlicher Teil der schweren Herzfehler kann heutzutage an hoch-
spezialisierten Zentren mittels fetaler Echokardiographie auch schon in der 13. -
14. Woche erkannt werden.[18]

2.1.5 Der 3D-Ultraschall

Der 3D-Ultraschall erweitert die zweidimensionale Darstellung bei Ultraschalluntersuchungen im Kontext der Pränataldiagnostik um eine weitere Dimension,
so dass sich eine räumliche Darstellung des ungeborenen Kindes und einzelner
Organe realisieren lässt. Stellen der übliche Ultraschall sowie der Feinultraschall Besonderheiten wie z. B. Herzfehler oder Gesichtsspalten fest, so können
diese mit Hilfe des 3D-Ultraschalls deutlich besser erkannt werden, um geeignete Behandlungsmethoden einzuleiten. Eine Diagnose chromosomaler Besonderheiten ist zwar auch mit dieser Methode nicht möglich, es lassen sich jedoch
körperliche Auffälligkeiten feststellen, die Hinweise auf Chromosomenaberrationen[19] liefern können.

---

[18] Rolf Becker, R-D. Wegner: Detailed screening for fetal anomalies and cardiac defects at the 11-
13-week scan, a.a.O.

[19] Der Terminus Chromosomenaberrationen (von lateinisch aberrare = abweichen) bezeichnet
sämtliche Transformationen in der Struktur oder in der Anzahl der Chromosomen. Als eine Art
Oberbegriff bildet er ein Synonym für die Erbgutveränderungen eines Organismus.

2.1.6 Der 4D-Ultraschall

In Erweiterung des 3D-Ultraschalls erzeugt der 4D-Ultraschall[20] ein dreidimensionales Bild des Untersuchungsobjekts in Echtzeit.[21] Die Methode des 3D-Ultraschalls wird um eine vierte Dimension, die Zeit, ergänzt. „Dadurch entsteht am Ultraschallmonitor ein ständig aktualisiertes, dreidimensionales Bild, in dem sich die Kindsbewegungen in Realzeit (also fast ohne zeitliche Verzögerung) darstellen lassen."[22]

2.2 Abschätzung der Wahrscheinlichkeit einer Chromosomenanomalie

Im Folgenden werden die sonographischen sowie die nichtsonographischen Methoden zur Abschätzung für das Risiko einer Chromosomenanomalie beschrieben. Betont sei, dass der Umgang mit den Ergebnissen dieser Untersuchung, in denen nicht Diagnosen, sondern lediglich Wahrscheinlichkeiten erfasst werden, sowohl für die betreuenden Ärzte wie die Schwangere und ihr Umfeld ausgesprochen problematisch sein können.

2.2.1 Sonographische Methoden

Schon bald nach Beginn der routinemäßigen Durchführung von Ultraschalluntersuchungen in der Schwangerschaft war bekannt, dass organische Anomalien Hinweiszeichen für eine Chromosomenstörung sein können. Die Beobachtung, dass der fetale Nacken am Ende des ersten Trimenon bei Feten mit bestimmten Chromosomenstörungen verdickt sein kann[23], brachte eine neue Dimension in die Pränataldiagnostik.

Erstens: Die Nackentransparenzmessung
Die Nackentransparenzmessung[24], welche nicht zu den üblichen Vorsorgeuntersuchungen zählt, misst zwischen der 12. und der 14. Woche der Schwangerschaft eine Flüssigkeit unter der Nackenhaut des Kindes. Sie kann Hinweise

---

[20] Siehe vor allem: Michael Entezami, Mathias Albig, Adam-Gasiorek-Wiens, Rolf Becker: Sonographische Fehlbildungsdiagnostik. Lehratlas der fetalen Ultraschalluntersuchung, Stuttgart 2002; Rolf Becker, Walter Fuhrmann, Wolfgang Holzgreve u. a.: Pränatale Diagnostik und Therapie. Humangenetische Beratung, Ätiologie und Pathogenese von Fehlbildungen, invasive, nichtinvasive und sonographische Diagnostik sowie Therapie in utero, Stuttgart 1995; Mathias Albig, Adam Gasiorek-Wiens, Rolf Becker, Ursula Knoll u. a.: Ultrasound Diagnosis of Fetal Anomalies, Stuttgart 2003
[21] Er wird daher häufig auch Live-3D-Ultraschall genannt.
[22] de.wikipedia.org/wiki/4D-Ultraschall
[23] J. Szabo, J. Gellen: Nuchal fluid accumulation in trisomy 21 detected by vaginosonography in first trimester, in: Lancet 336/1990, S. 1133
[24] NT-Diagnostik; NT = nuchal translucency; auch Erstrimester-Test genannt

darauf geben, ob eine genetische Erkrankung wie z. B. eine Trisomie[25] wahrscheinlich oder unwahrscheinlich ist. Für eine Vermehrung der Nackenflüssig-
keit eines Feten können jedoch auch andere - nicht durch Chromosomenstörungen bedingte Anomalien des Feten, z. B. Herzfehler - ursächlich verantwortlich
sein. Die Nackentransparenzmessung gibt Schätzwerte für ein potentielles Risiko für bestimmte Chromosomenstörungen an. Sie kann der Schwangeren bei der
Entscheidung helfen, ob sie einen zusätzlichen diagnostischen Test in Anspruch
nehmen will oder nicht. Eine Ultraschalluntersuchung bildet dabei den wesentlichen Bestandteil des Testes. Hierfür reicht in der Regel ein Ultraschall über die
Bauchdecke, in bestimmten Fällen kann ein vaginaler Ultraschall weitere Informationen erbringen. Die Breite der Nackentransparenz ist mit Hilfe des Ultraschalls als schwarzer Zwischenraum auf dem Bildschirm zu erkennen. Da auch
ein gesundes Baby eine verbreiterte Nackentransparenz haben kann, weiß man
indes auch nach der Messung nicht genau, ob eine Erkrankung vorliegt.

Die Messung der Nackentransparenz wird häufig kombiniert mit einer Hormon-
bestimmung aus dem Blut der Mutter. Aus den Daten der Blutuntersuchung sowie den Ultraschalldaten wird unter Berücksichtigung des mütterlichen Altersri-
sikos ein Gesamtrisiko berechnet. Die kombinierte Risikoabschätzung ist imstande, bis zu 95 % aller Feten mit einem Down-Syndrom bei einer falsch-positiv-Rate von 5 % als positiv zu testen.[26] Die Interpretation der Ergebnisse kann
für die betroffene Schwangere und die beratenden Personen schwierig werden,
insbesondere wenn Ergebnisse im „intermediären" Bereich entstehen, die weder
eine eindeutig sehr hohe noch sehr niedrige Wahrscheinlichkeit für das Vorhandensein einer Chromosomenanomalie ergeben. Durch die Beurteilung weiterer
Parameter lassen sich die Testergebnisse verbessern.

Zweitens: Die Nasenbeinmessung
Die Nasenbeinmessung kann als eine Ergänzung der Nackentransparenzmessung betrachtet werden. Mit Hilfe von Ultraschallaufnahmen wird überprüft, ob
das Nasenbein des Kindes in normaler Größe sichtbar ist oder nicht. Die Nasenbeinmessung dient überwiegend der Diagnose von Trisomie 21, da eine verzögerte Verknöcherung in diesem Bereich für Feten mit einem Down-Syndrom
charakteristisch ist. Durch die additive Nasenbeinmessung lässt sich die Entdeckungsrate des Down-Syndroms auf ca. 93 % bis 95 % steigern. „Feten, bei denen das Nasenbein auf den Ultraschallbildern nicht zu sehen ist, haben ein

---

[25]   Unter Trisomie versteht man das dreifache Vorhandensein eines Chromosoms oder eines
       Chromosomenteils.
[26]   K. H. Nicolaides: Screening for chromosomal defects, in: Ultrasound Obstet Gynecol 21/2003,
       S. 313-321

150mal größeres Risiko für das Vorhandensein einer Trisomie 21 als Feten, deren Nasenbein in der 14. Schwangerschaftswoche zu erkennen ist."[27] Mit Hilfe einer qualifiziert durchgeführten weitergehenden Ultraschalluntersuchung lässt sich die diagnostische Aussagekraft erhöhen.

Drittens: Weitere sonographische Marker in der Frühschwangerschaft
Neben der Messung der Nackentransparenz und der Darstellung bzw. Messung des Nasenbeins sind weitere sonographische Parameter dazu angetan, die Wahrscheinlichkeit für das Auftreten einer Chromosomenanomalie zu modifizieren. Hierzu zählen für die Trisomie 21 insbesondere die Tricuspidalinsuffizienz[28], der Winkel zwischen Oberkieferknochen und Stirn[29] sowie bestimmte Blutströmungsmuster im Kreislaufsystem des Feten.[30] Inwieweit diese Parameter, die nur an spezialisierten Zentren erfasst werden, für die Schwangere in ihrer konkreten Situation wirklich hilfreich sind, ist umstritten.

Viertens: Sonographische Marker in der Spätschwangerschaft
Auch nach der 14. Woche haben sonographisch erkennbare Auffälligkeiten die doppelte Qualität, zum einen Organbefund an sich zu sein, zum anderen die Wahrscheinlichkeit für das Vorhandensein einer chromosomalen Anomalie zu verändern. Je nach Organbefund ist der Charakter eines Leitsymptomes für eine chromosomale Anomalie mehr oder weniger stark ausgeprägt. Neben Auffälligkeiten in der Biometrie sind praktisch alle Organsysteme potentiell beim Auftreten einer Chromosomenanomalie von der Möglichkeit einer Fehlbildung betroffen, wobei das Auftreten von Herzfehlern des Ungeborenen von besonderer Bedeutung ist.

2.2.2 Serologische Parameter

Das Prinzip der Risikoabschätzung durch Serumparameter besteht darin, die insbesondere durch das Alter der Schwangeren vorgegebene Wahrscheinlichkeit für das Vorhandensein einer Chromosomenstörung zu verändern bzw. zu präzisieren. Hintergrund ist die Beobachtung, dass bestimmte Stoffe im Blut der Schwangeren bei Schwangerschaften mit normalem Chromosomensatz durchschnittlich anders (höher oder niedriger) konzentriert sind als bei Schwangerschaften mit bestimmten Chromosomenstörungen. Der wesentliche Vorteil dieser Methoden besteht darin, dass sie - wie die Ultraschalluntersuchungen - ohne

---

[27]   www.schwanger-plus.de/schwangerschaft/praenataldiagnostik/nasenbeinmessung
[28]   Undichtigkeit der Herzklappe, die den rechten Vorhof von der rechten Herzkammer trennt
[29]   Engl.: facio-maxillary angle
[30]   Negative A-Welle im Bereich des Ductus venosus

direktes Risiko für die Schwangerschaft durchgeführt werden können. Wesentliche Voraussetzung für ein korrektes Ergebnis ist, dass das Alter der Schwangerschaft sehr genau bekannt sein muss, um Fehlinterpretationen zu verhindern. Die Kosten für diese Untersuchungen werden derzeit von den gesetzlichen Krankenkassen nicht erstattet, es handelt sich also um sogenannte IGeL-Leistungen (Individuelle Gesundheitsleistungen), für welche die Schwangere selber aufkommen muss.

Vielfach wird von der „Trefferquote" der Serumdiagnostik bzw. des „Erst-Trimester-Screening" gesprochen. Diese liegt - je nach Methode - zwischen etwa 60 % und 95 %. Gemeint ist damit, dass unter Inkaufnahme einer Situation, in der bei 5 % aller Frauen mit gesunder Schwangerschaft ein „auffälliger" Befund[31] erhoben wird, dieser Prozentsatz von auffälligen Schwangerschaften wirklich als auffällig erkannt wird. Diese „Trefferquote" hat nichts zu tun mit der individuellen Wahrscheinlichkeit, die für eine spezielle Schwangere vor oder nach dem Test angenommen werden kann. Es handelt sich lediglich um wissenschaftliche Größenordnungen, welche die Aussagekraft der Methode beschreiben.

Erstens: Der Double-Test
Der Double-Test basiert auf der Messung von zwei Laborwerten (PAPP-A, free ß-HCG). Die Blutentnahme erfolgt in der 11.-14. Schwangerschaftswoche. Tendenziell ist das Ergebnis umso aussagekräftiger, je früher die Messung innerhalb dieses Zeitraumes erfolgt. Werden der Double-Test im ersten Trimenon sowie die Nackentransparenzmessung (Ultraschalluntersuchung in der 12.-14. Schwangerschaftswoche) miteinander kombiniert, so werden sie auch als Erst-Trimester-Screening bezeichnet. Vorteil dieses Tests ist der Erhalt eines Ergebnisses relativ früh in der Schwangerschaft. In der Folge eines auffälligen Ergebnisses besteht - falls die Schwangere dies wünscht - die Möglichkeit der Bestimmung des fetalen Chromosomensatzes durch eine Chorionzottenbiopsie.

Zweitens: Der Triple-Test
Der Triple-Test basiert auf der Bestimmung von drei Serumparametern (AFP, hCG, uE3). Die Blutentnahme erfolgt in der 15.-18. Schwangerschaftswoche. Durch die Bestimmung des AFP im Serum der Schwangeren wird neben der Aussage über die Wahrscheinlichkeit einer Chromosomenstörung auch eine Aussage über das Auftreten eines Neuralrohrdefektes[32] möglich. In der Folge

---

[31]   Willkürlich festgelegt als Wahrscheinlichkeit über 1:350 für das Vorhandensein einer Trisomie 21.

[32]   Spina bifida = „offener Rücken"; Anencephalie = schwerwiegende Anlagestörung im Bereich des fetalen Kopfes

eines auffälligen Ergebnisses bei dieser Untersuchung ist - falls die Schwangere dies wünscht - die übliche Maßnahme zur Bestimmung des Chromosomensatzes die Amniocentese, zur Klärung der Frage nach einem Neuralrohrdefekt, die differenzierte Ultraschalluntersuchung.

Der Triple-Test wird schon seit vielen Jahren angeboten. Er kam in Verruf, da zum einen häufig unkorrekte Ergebnisse durch falsche Beurteilung des Schwangerschaftsalters entstanden; zum anderen wurde vielfach falsch vermittelt, dass ein „auffälliges" Ergebnis[33] nicht mit einem betroffenen Feten einhergehen muss und umgekehrt ein „unauffälliges" Ergebnis überhaupt keine Garantie dafür ist, dass das Ungeborene nicht betroffen ist.

Drittens: Der Quadruple-Test
Der Quadruple-Test ist eine Weiterentwicklung des Triple-Testes. Zusätzlich zu den Parametern AFP, hCG, uE3 wird ein weiterer Parameter, das Inhibin[34], bestimmt. Die Blutentnahme erfolgt ebenfalls in der 15.-18. Schwangerschaftswoche.

Viertens: Das „integrierte Screening"
Das integrierte Screening nutzt Informationen aus dem 1. und 2. Trimenon. Bestimmt werden die Parameter PAPP-A (10+0-13+6 SSW) sowie AFP, hCG, uE3 und Inhibin (14+0-17+6 SSW). Der Test kann kombiniert werden mit einer Nackentransparenzmessung im 1. Trimenon.

Einen Überblick über die verschiedenen serologischen Tests (evtl. in Kombination mit Ultraschall) gibt die Tabelle 1.

Als Ergebnis der Serumdiagnostik wird die gegenüber dem vorher bestehenden Altersrisiko veränderte Wahrscheinlichkeit für die häufigste Chromosomenstörung, die Trisomie 21 (Down Syndrom), evtl. auch noch für Trisomie 13 (Pätau Syndrom) und Trisomie 18 (Edwards Syndrom) angegeben. Es gibt jedoch noch sehr viele anderere, wenn auch seltenere, aber zum Teil sehr schwerwiegende Chromosomenanomalien. Diese weiteren Chromosomenanomalien oder andere Krankheiten werden mit den Methoden der Serumdiagnostik nicht erfasst. Der Test kann also in keinem Fall sagen, ob ein Ungeborenes „gesund" ist. Auch besteht durchaus die Möglichkeit, dass eine andere Chromosomenanomalie als Trisomie 21 (bzw. 13 oder 18) vorhanden ist.

---

[33]   Üblicherweise definiert als Wahrscheinlichkeit höher als 1:350
[34]   Im menschlichen Organismus ist Inhibin ein als Glykoprotein gebildetes Proteohormon, das in den Sertolizellen der Hoden und in den Granulosazellen der Eierstöcke gebildet wird und die FSH-Freisetzung reguliert.

Bei der Mitteilung der Wahrscheinlichkeit entsteht das Problem, zu überlegen, ob der Wert „normal" ist. Genau betrachtet gibt es keine Normalwerte. Bei einer Wahrscheinlichkeit von 1:50 (üblicherweise als „auffällig" deklariert) ist die Wahrscheinlichkeit dafür, dass das Ungeborene keine Chromosomenanomalie hat, 98 %: das Ungeborene hat trotz eines „auffälligen" Wertes wahrscheinlich kein Problem. Andererseits ist bei einer Wahrscheinlichkeit von 1:2.000 (üblicherweise als „unauffällig" deklariert), die Wahrscheinlichkeit für das Auftreten einer Chromosomenanomalie 0,05 %: eine Chromosomenanomalie ist zwar unwahrscheinlich, aber bei weitem nicht unmöglich oder ausgeschlossen. Dies Problem wird von betreuenden Beratern unter Umgehung des „Prinzips der nichtdirektiven Beratung" häufig dadurch umgangen, dass ein Wert von 1:350 als Grenzwert festgelegt wird (entsprechend dem Risiko einer Frau von 35 Jahren, zum Geburtstermin ein Kind mit einer Trisomie 21 auszutragen); höhere Risiken werden als „auffällig", niedrigere als „unauffällig" deklariert. Eine andere Variante teilt die Wahrscheinlichkeiten in drei Bereiche ein:

- Bereich grün: Wahrscheinlichkeit kleiner als 1:1.000: „unbedenklich"
- Bereich gelb: Wahrscheinlichkeit zwischen 1:1.000 und 1:100: „grenzwertig"
- Bereich rot: Wahrscheinlichkeit über 1:100: „auffällig"

Test	SSW-Woche	Parameter	ungefähre „Trefferquote"
Double-Test	10+0-13+6	PAPP-A Free-ß	60 %
Ersttrimester-Screening	11+0-13+6	PAPP-A Free-ß-hCG Ultraschall	80-90 %
Triple-Test	14+0-17+6	AFP hCG uE3	70 %
Quadruple-Test	14+0-17+6	AFP hCG uE3 Inhibin	80 %
Integriertes Screening	10+0-13+6 14+0-17+6	PAPP-A AFP hCG UE3 Inhibin	85 %
Integriertes Screening + Ultraschall			90-95 %

Tabelle 1: Serologische Tests im Überblick

In jedem Fall muss klar gesagt werden, dass es keinen Grenzwert gibt, ab dem das Ungeborene sicher betroffen oder nicht betroffen sein wird und dass eine Schwangere für sich entscheiden soll, ob sie eine für sie bestimmte individuelle Wahrscheinlichkeit akzeptiert oder nicht.

Auf individueller Ebene ermöglicht das Serum-Screening eine informierte Entscheidung der Schwangeren über Durchführung oder Unterlassung einer invasiven Diagnostik auf einer Basis, die ein breiteres Fundament hat als Angaben aufgrund des mütterlichen Alters alleine.

Auf kollektiver Ebene hat die Serumdiagnostik (am besten in Kombination mit einer qualifizierten frühen Ultraschalluntersuchung) bei sachgerechter Anwendung die Folge, dass sich die Zahl der Eingriffe aus dem Bereich der invasiven Pränataldiagnostik deutlich reduziert, ohne dass es zu einer nennenswerten Senkung der Erkennung von Schwangerschaften mit Chromosomenanomalien kommt. Des weiteren wird auch bei Schwangeren, die ein klassisch „geringes" Risiko haben (Alter unter 35 Jahren), die Erkennungsrate von Schwangerschaften mit Chromosomenanomalien erhöht.

2.3 Invasive PND

Bei der invasiven Pränataldiagnostik handelt es sich überwiegend um diagnostische Tests: durch Entnahme von Materialien (Flüssigkeiten, Gewebe) entsteht die Möglichkeit, praktisch zuverlässige Informationen z. B. über die Erbanlagen eines Ungeborenen zu erhalten. Es sind jedoch auch andere Indikationen wie Erkennen einer fetalen Anämie oder Infektion denkbar.

Gemeinsam ist den invasiven Methoden der Pränataldiagnostik, dass sie mit einem Risiko für den Fortbestand der Schwangerschaft verknüpft sind.

Zur invasiven Pränataldiagnostik zählen u.a. die Chorionzottenbiopsie, die Amniocentese sowie die Cordozentese.

2.3.1 Die Chorionzottenbiopsie

Bei der Chorionzottenbiopsie wird mit Hilfe des Einführens einer Nadel durch die Bauchdecke Gewebe aus dem Mutterkuchen - der Plazenta, die in der frühen Phase der Schwangerschaft als Chorion bezeichnet wird - entnommen. Mittels Ultraschall wird der entsprechende Bereich identifiziert. Da sich sowohl das ungeborene Kind als auch die Placenta[35] aus der befruchteten Eizelle entwickelt haben, sind die Chromosomen beider Strukturen in der Regel identisch.[36] Die Chorionzottenbiopsie[37] erfolgt in der Regel nicht vor der 11. Schwangerschaftswoche; bei früherer Entnahme besteht evtl. ein leicht erhöhtes Risiko für das Auftreten einer Schädigung der fetalen Extremitäten. Die Untersuchung findet unter kontinuierlicher Ultraschallkontrolle statt. Entnommen werden ca. 20 bis 30 mg Chorionzotten zur Chromosomendiagnostik nach Kurzzeit- und Langzeitkultur. Die Untersuchung dient dem Nachweis bzw. Ausschluss chromosomaler Anomalien, unter denen die Trisomie 13, 18 und 21 zu den häufigsten gehören. Darüber hinaus ist der Nachweis von Erkrankungen möglich, deren Identifikation auf molekulargenetischer Ebene erfolgt.

Vorteile der Chorionzottenbiopsie sind die Möglichkeit eines relativ frühen Einsatzes in der Schwangerschaft sowie die Tatsache, dass bei korrekter Durchführung die Eihäute, welche die Fruchthöhle umgeben, nicht verletzt werden. Nachteil besteht in der gegenüber anderen Methoden der invasiven Pränataldiagnostik erhöhten Rate von Komplikationen, wenn die Methode durch nicht routinierte Untersucher ausgeführt wird. Besonderheit der Bestimmung der Chromosomen aus Chorionzotten ist in etwa 1 bis 2 % der Fälle das gleichzeitige Auftreten von unauffälligen und auffälligen Chromosomensätzen in der Auswertung, welches evtl. weitergehende Untersuchungen zur Folge hat.

2.3.2 Die Amniozentese

Bei der Amniozentese wird der Schwangeren Fruchtwasser entnommen, in dem sich fetale Zellen befinden. Auch diese Untersuchung findet unter kontinuierlicher Ultraschallkontrolle statt. In der Regel werden ca. 10 bis 20 ml Fruchtwasser benötigt. Die Zellen des Ungeborenen werden in einer Zellkultur herangezüchtet. Nach ca. zwei Wochen kann eine Chromosomenanalyse erfolgen. Bestimmen lassen sich so einige Erbkrankheiten sowie Chromosomenaberrationen. Eine Analyse des Fruchtwassers (Konzentration von AFP = alpha-feto-Protein) lässt ferner Rückschlüsse auf die Wahrscheinlichkeit eines fetalen Neuralrohrdefektes oder einer Anomalie des fetalen Kopfes ("Anencephalie") zu. Zur Absicherung der Diagnose werden Feinultraschall bzw. der 3D- oder 4D-

---

[35]   Bei der Plazenta ("Mutterkuchen") handelt es sich um ein embryonales Gewebe. Es hat die Funktion das Ungeborene mit Nährstoffen und Sauerstoff zu versorgen. Die Verbindung zwischen Embryo und Plazenta erfolgt durch die Nabelschnur.

[36]   Chromosomale Abweichungen zwischen den Zellen der Placenta und fötalen Zellen sind eher selten.

[37]   Biopsie ist der medizinische Fachbegriff für die Entnahme und Untersuchung von Material aus einem lebenden Organismus. Es handelt sich dabei zumeist um Gewebeproben.

Ultraschall eingesetzt. Die Untersuchungsmethode schließt das Risiko eines Fruchtblasensprunges sowie einer Infektion mit nachfolgender Fehlgeburt ein. Verletzungen des ungeborenen Kindes sowie Komplikationen durch Blutungen auf Grund einer Punktion von Gefäßen - insbesondere auf der Oberfläche der Plazenta - sind bei korrekter Technik in geübten Händen weitestgehend vermeidbar.

Die Kultivierung für eine umfassende Diagnostik nimmt Zeit in Anspruch (in der Regel 10-14 Tage). Inzwischen besteht die Möglichkeit, durch einen pränatalen Schnelltest (FisH = Fluoreszenz in situ Hybridisierung) ein vorläufiges Ergebnis zu erhalten, welches die fünf Chromosomen mit der größten Wahrscheinlichkeit einer numerischen Anomalie (13, 18, 21, X, Y) untersucht. Der FisH-Test kann numerische Chromosomenaberrationen erkennen, also Situationen, in denen die betroffene Person nicht 46, sondern mehr oder weniger viele Chromosomen als Erbanlage besitzt. Dies kann die Autosomen (Nicht-Geschlechtschromosomen) betreffen wie z. B. bei der Trisomie 13, 18, 21 oder der Triploidie. Es können aber auch die Geschlechtschromosomen betroffen sein, wie z. B. beim Turner-Syndrom[38] oder dem Klinefelter-Syndrom.[39]

2.3.3 Die Cordozentese

Bei der Cordozentese wird Blut aus der Nabelschnurvene eines Ungeborenen entnommen. Die Technik entspricht der der Amniocentese, der Unterschied besteht in der Größe des zu punktierenden Bereichs. Es ist technisch ausgesprochen anspruchsvoll, unter Ultraschallsicht eine wenige Millimeter dicke Nabelschnur in der Gebärmutter erfolgreich zu punktieren. Dementsprechend ist eine Nabelschnurpunktion meist erst ab der 20. Schwangerschaftswoche möglich. Entnommen werden meist ca. 1 bis 2 ml fetales Blut. Indikation für eine Cordozentese sind die Bestimmung der fetalen Blutgruppe, der Nachweis oder Ausschluss von Infektionen (z. B. Toxoplasmose[40]) oder auch der Nachweis oder Ausschluss einer Chromosomenanomalie, u. a. auch bei unklaren Ergebnissen von Amniocentese oder Chorionzottenbiopsie. Neben der Entnahme von Blut

---

[38]   Beim Turner-Syndrom handelt es sich um eine chromosomale Besonderheit, die nur beim weiblichen Geschlecht auftritt und wissenschaftlich erstmals von Henry Turner im Jahr 1938 beschrieben wurde. Statt der üblichen zwei X-Chromosomen haben Mädchen bzw. Frauen lediglich ein funktionsfähiges X-Chromosom (Monosomie X).

[39]   Das Klinefelter-Syndrom ist eine numerische Chromosomenaberration, die nur beim männlichen Geschlecht vorkommt. Jungen bzw. Männer besitzen ein zusätzliches X-Chromosom (XXY statt XY) in allen oder nur in einem Teil der Körperzellen.

[40]   Die Toxoplasmose ist eine häufig auftretende Infektionskrankheit beim Menschen, die durch Parasiten übertragen wird, deren Hauptwirt Katzen sind.

bietet die Technik der Cordozentese auch die Möglichkeit, dem Ungeborenen Substanzen zuzuführen, wie z. B. Medikamente[41] oder Blut.[42]

3 Beweggründe für die Inanspruchnahme der PND

Der Stellenwert der „Gesundheit" und der Integrität der Schwangeren und des ungeborenen Kindes hat in den letzten Jahren sicherlich nicht an Bedeutung verloren. Ultraschalluntersuchungen sind zu einem integralen Bestandteil jeder Schwangerenberatung geworden. Für die Inanspruchnahme insbesondere der invasiven PND lassen sich vor allem vier Gründe benennen:[43]

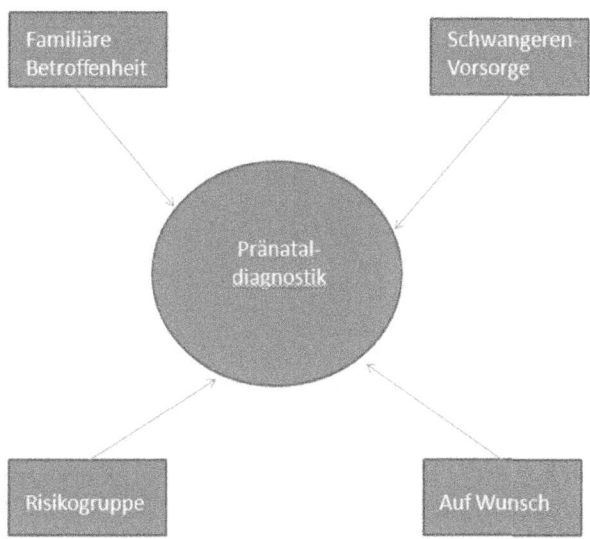

Abbildung 1: Beweggründe für die PND

---

[41] Etwa bei bestimmten Herzrhythmusstörungen
[42] Bei Blutarmut des Ungeborenen z. B. im Zusammenhang mit Blutgruppenunverträglichkeit oder durch bestimmte Infektionen
[43] Therese Neuer-Miebach: Zwang zur Normalität. Pränatale Diagnostik und genetische Beratung, in: Michael Emmrich (Hrsg.): Im Zeitalter der Biomacht, Frankfurt a.M. 1999, S. 82-83

Erstens: Die Inanspruchnahme der PND bei familiärer Betroffenheit erfolgt u. a. bei genetischer Disposition, chronischer Erkrankung in der Familie oder „Blutsverwandtschaft" der potentiellen Eltern. Eine Situationsbeschreibung wäre hier z. B. die Geschichte eines Paares mit einem behinderten Kind, für das sich die Frage stellt, wie sie sich bei einem weiteren behinderten Kind entscheiden sollen.[44]

Zweitens: Die Inanspruchnahme der PND nach der Schwangerenvorsorge ergibt sich aus einem Befund. Die Eltern müssen in diesem Fall entscheiden, ob sie (weitere) diagnostische Verfahren in Anspruch nehmen wollen.

Drittens: Die Inanspruchnahme der PND resultiert daraus, dass es sich um eine Schwangere im höheren Alter handelt, die zur sogenannten „Risikogruppe" zählt.

Viertens: Schließlich kann die Inanspruchnahme der PND auf Wunsch erfolgen. Dies ist vor allem dann der Fall, wenn Eltern sich der Belastung durch ein behindertes Kind nicht gewachsen fühlen und die Geburt eines Kindes mit Behinderung ausschließen wollen.

Zu dieser Systematik ist kritisch anzumerken, dass bei vielen Erbkrankheiten - wie z. B. autosomal rezessiven - die invasive Pränataldiagnostik überhaupt nicht hilfreich ist. Vielmehr können genetische Beratung und Ultraschalldiagnostik - allerdings nur in einem Teil der Fälle - weitergehende Informationen liefern.

Wir wenden uns nunmehr der Thematik der Technikfolgenabschätzung zu.

4 Chancen und Risiken der Pränataldiagnostik

Wir wollen im Folgenden die Janusköpfigkeit der Pränataldiagnostik analysieren, d. h. Chancen und Risiken möglichst präzise bestimmen und bewerten. Wir beginnen mit den Chancen der PND.

4.1 Chancen der Pränataldiagnostik

Die Pränataldiagnostik stellt die wichtigste Untersuchungsmethode im Rahmen der Geburtshilfe dar. Ihre positive Seite liegt vor allem darin begründet, dass es mit ihrer Hilfe gelungen ist, eine rein reagierende mechanische Geburtshilfe in

---

[44]   In diesem Kontext verdient das Faktum Beachtung, dass sich überhaupt erst durch die Möglichkeit, von der PND Gebrauch zu machen, viele Paare mit sogenanntem „Wiederholungsrisiko" für eine erneute Schwangerschaft entscheiden.

eine planbare agierende Geburtsmedizin zu verwandeln. Vielfältige negative Geburtsfolgen lassen sich auf diese Weise vermeiden.[45]

Die Chancen der Pränataldiagnostik liegen im informativen, im behandelnden sowie im operativen Bereich.

4.1.1 Die informative Seite der PND

Die Pränataldiagnostik liefert im Vorfeld der Geburt wichtige Informationen bezüglich des Zustandes von Mutter und Kind, deren positiven Aspekte[46] wie folgt zu präzisieren sind:

- Beruhigung der Schwangeren durch weitestgehenden Ausschluss von Anomalien sowie regelwidrigen Verläufen
- Vorbereitung der Schwangeren auf eine Anomalie
- Vorbereitung der Schwangeren auf eine intrauterine Behandlung, d. h. einer Behandlung des Kindes innerhalb der Gebärmutter
- Vorbereitung der Schwangeren auf eine Behandlung nach der Geburt
- Festlegung von Geburtsart, -ort und Zeitpunkt im Interesse der Schwangeren sowie des ungeborenen Kindes
- Gewinnung von Informationen, die es der Schwangeren ermöglichen, im Falle einer schweren Anomalie des Ungeborenen eine autonome Entscheidung über die Fortführung der Schwangerschaft zu treffen.

Die informative Seite der PND erhöht die Autonomie der Schwangeren als Subjekt von Entscheidungen sowie die Handlungskompetenz der Ärzte zwecks Minimierung von Geburtsrisiken.

4.1.2 Die behandelnde Seite der Pränatalmedizin in Folge einer PND

Beispiele für die gesundheitsfördernden Aspekte der pränatalen Medizin, die ohne pränatale Diagnostik nicht möglich wären, sind:

- Intrauterine[47] Behandlung von Blutarmut des Ungeborenen durch Bluttransfusionen

Probleme wie die Blutarmut waren früher für das Ungeborene tödlich. Heute besteht die Möglichkeit, eine Bluttransfusion direkt in das Gefäßsystem des Fe-

---

[45] So z. B. die Stellungnahme von Bernhard-J. Hackelöer bei der öffentlichen Anhörung der Enquete Kommission „Ethik und Recht der modernen Medizin", online unter: webarchiv.bundestag.de/archive/2005/0919/parlament/kommissionen/ethik_med/anhoerungen1/ 05_05_30_pnd/stellg_hackeloeer.pdf
[46] Marc Jäger: Pränatale Diagnostik, Dissertation, Berlin 1998
[47] Lateinisch: innerhalb der Gebärmutter gelegen

ten durchzuführen. Technisch erfolgt diese Transfusion durch Einführen einer hauchdünnen Nadel durch die Bauchdecke der Schwangeren meist in die Nabelschnurvene des Feten.

• Intrauterine Behandlung von Herzrhythmusstörungen des Ungeborenen
In Fällen, in denen das Herz des Ungeborenen viel zu schnell schlägt[48], kann es erforderlich sein, die erforderlichen Medikamente nicht über den Kreislauf der Mutter, sondern direkt zu verabreichen.

• Vorbereitung einer Behandlung unmittelbar nach der Geburt bei Erkrankungen des Ungeborenen, die eine schnelle Hilfe benötigen (Zwerchfellbruch, bestimmte sogenannte „ductus-abhängige" Herzfehler)
Der Ductus arteriosus Botalli stellt im vorgeburtlichen Blutkreislauf eine Verbindung zwischen der Körperschlagader und der Lungenschlagader dar. Der Ductus verschließt sich normalerweise in den ersten Lebenstagen. Als „Ductus abhängige Herzfehler" werden diejenigen Herzfehler bezeichnet, bei denen das Blut infolge schwerer Obstruktion des Zugangs zum Lungen- oder Körperkreislauf nur auf dem Umweg über den Ductus in die Lungen oder in den Körper gelangen kann. Der spätere Verschluss des Ductus kann dann zu einem Kreislaufkollaps führen. Die fetale Echokardiographie kann solche Herzfehler feststellen.

• Vorzeitige Beendigung der Schwangerschaft bei mangelhafter Versorgung des Ungeborenen, sogenannter „Plazentainsuffizienz"[49]
Mit Plazentainsuffizienz bezeichnet man die mangelnde Funktion des Mutterkuchens, der Plazenta, die der Ernährung des ungeborenen Kindes dient. Eine chronische Plazentainsuffizienz, die sich durch ein verlangsamtes Wachstum des Kindes äußert, kann durch eine Ultraschalluntersuchung[50] festgestellt werden.

• Entscheidung gegen eine normale Geburt und für eine Kaiserschnittentbindung bei zu tief sitzender Plazenta (Plazenta praevia) oder beim Vorliegen von Eihaut- oder Nabelschnurgefäßen vor dem inneren Muttermund („Vasa praevia")
Mit Plazenta praevia bezeichnet man die Fehllage des Mutterkuchens: die Plazenta überdeckt den inneren Muttermund. Öffnet sich dieser am Ende der Schwangerschaft oder zu Beginn der Geburt, so löst sich in einem solchen Fall die Plazenta ab, und es kommt zu für Mutter und Kind lebensbedrohlichen Blutungen. Überziehen Nabelschnurgefäße den inneren Muttermund, so kommt es

---

[48] Über 200 Schläge/min, normalerweise 120-160 Schläge/min
[49] Mit Plazentainsuffizenz bezeichnet man die mangelnde Funktion des Mutterkuchens, der Plazenta.
[50] Biometrie = Messung der Größe des Ungeborenen sowie Doppleruntersuchungen der fetomaternalen Strombahn

bei Muttermundöffnung zu deren Zerreißen, was für das Ungeborene fatale Folgen hat. Mittels Ultraschalluntersuchungen können derartige Situationen erkannt werden. Einzig sinnvolle und evtl. lebensrettende Maßnahme ist die Entbindung durch Kaiserschnitt vor Beginn der spontanen Geburt.

- Laserkoagulation von Gefäßbrücken zwischen eineiigen Zwillingen beim sogenannten feto-fetalen Transfusionssyndrom

Beim fetofetalen Transfusionssyndrom handelt es sich um ein schwerwiegendes Durchblutungsproblem von eineiigen Zwillingen. Bei sogenannten Diamnioten (zwei Fruchthöhlen), Monochoriaten (eine gemeinsame Plazenta mit zwei Anteilen) bestehen meistens Gefäßverbindungen zwischen den beiden Anteilen der Plazenta auf deren der Fruchthöhle zugewandten Oberfläche. Hat sich die Verbindung zwischen einer Arterie des einen Zwillings (hoher Blutdruck) und der Vene des anderen Zwillings (niedriger Blutdruck) ausgebildet, so wird fortwährend Blut aus dem Kreislauf des einen Feten in den des anderen Feten gepumpt. Dies kann für beide Feten weitreichende Konsequenzen haben. Behandlungsmethode der Wahl ist die Durchtrennung der problematischen Gefäßverbindungen mittels Laser im Rahmen einer Fetoskopie.

Die behandelnde Seite der Pränatalmedizin in der Folge einer PND kann je nach vorhandener Situation somit lebensrettende Aspekte besitzen.

4.1.3 Die operative Seite der PND

Der erste Schritt in Richtung einer „Fetalchirurgie" geschah durch den kalifornischen Arzt Michael Harrison, der bereits 1981 einen Feten mit tödlicher Erkrankung am offenen Mutterbauch operierte. Seitdem hat sich die vorgeburtliche Chirurgie beachtlich entwickelt, so dass heute selbst bei komplizierten Operationen die Bauchdecke der Schwangeren nicht mehr geöffnet werden muss. Die minimal-invasive Operationstechnik verfügt hierfür über Fetoskope, d. h. Spezialendoskope in Gestalt dünner Röhrchen, die von außen in die Gebärmutter eingeführt werden.

An spezialisierten Zentren werden bereits diverse operative Eingriffe am Ungeborenen durchgeführt. Beispiele hierfür sind:

- die Öffnung von verschlossenen Herzklappen
- die operative Behandlung von Neuralrohrdefekten[51] („spina bifida")

---

[51] In Deutschland ist mit einem Neuralrohrdefekt auf 1.000 Geburten zu rechnen. Der Terminus Neuralrohrdefekt („Wirbelsäulenveränderungen") fasst verschiedene Schlussstörungen zusammen.

- der vorübergehende intrauterine Verschluss der fetalen Luftröhre zur Förderung der Lungenentfaltung bei Zwerchfellbruch des Ungeborenen.

An einer „Zwerchfellhernie" leidet eins von 2.500 Ungeborenen. Das Zwerchfell entwickelt sich in der 8.-10. Schwangerschaftswoche, wobei es zu Entwicklungsstörungen kommen kann. Durch Lücken im Zwerchfell können Bauchorgane in den Brustkorb rutschen, was wiederum zu einem Minderwachstum der Lunge führt. Nur fünf bis acht Prozent der Feten überleben dies. „Die meisten werdenden Eltern entscheiden sich deshalb für einen Schwangerschaftsabbruch. Mit einer Operation können die Fetalchirurgen jedoch inzwischen über 60 Prozent der Babys retten - oft ohne spätere Beeinträchtigungen der Kinder."[52]

Historisch betrachtet bestand das ursprüngliche Ziel der Pränataldiagnostik in der Senkung der Rate der Totgeburten sowie der Säuglingssterblichkeit. „Lag die Säuglingssterblichkeit im Jahr 1960 in der damaligen BRD bei 35 auf 1.000 Lebendgeburten, so sank sie bis 1994 auf 5,6 auf 1.000 Geburten. Die Beratung der Frauen während der Schwangerschaft, aber auch die gesundheitliche Überwachung der Mutter in Form von z. B. Blutdruck-, Urin- und Blutkontrollen haben dazu beigetragen, dass mehr Schwangerschaften ausgetragen werden und Kinder, die nach problematischen Schwangerschaften geboren werden einen besseren Start ins Leben haben können."[53]

Die deutlich geringere Säuglingssterblichkeit ist dabei allerdings nicht nur als Resultat der PND zu betrachten, sondern vor allem als Ergebnis der Fortschritte in der Medizin allgemein, wie u. a. in der Hygiene, der Pädiatrie und der Geburtshilfe.

Die ursprünglichen Ziele der Pränataldiagnostik haben sich in den letzten Jahren um die Aufdeckung von fetalen Anomalien erweitert. Zwar sollten die Chancen der Pränataldiagnostik bereits zum jetzigen Zeitpunkt bei der Behandlung des Ungeborenen nicht unterschätzt werden, festzuhalten bleibt jedoch auch, dass zahlreiche der mittels PND diagnostizierten Schädigungen zurzeit nicht therapierbar sind.

Ein Grund für die geringere Säuglingssterblichkeit[54], der mit der PND zusammenhängt, ist allerdings auch, dass es heutzutage aufgrund der höheren Erkennungsrate häufiger zu Abbrüchen bei Kindern mit schweren bzw. nicht mit dem Leben vereinbaren Fehlbildungen kommt als früher, womit wir bei den nicht le-

---

[52] www.babygesundheit.de/schwangerschaft_geburt
[53] www.pflegewiki.de. Zu Berücksichtigen ist dabei allerdings auch die verbesserte Lebensführung insgesamt.
[54] Berliner Morgenpost, 26.04.2003

bensfördernden Aspekten und den ethischen Problemen der Pränataldiagnostik angelangt sind.

4.2 Risiken der Pränataldiagnostik

Die Risiken der PND sind wie ihre Chancen vielfältiger Natur und hochgradig von der Einschätzung des moralischen Status des Embryos abhängig, so dass wir im Folgenden mit der unterschiedlichen Bewertung des Embryos beginnen.

4.2.1 Moralischer Status des Embryos

Der moralische Status des Embryos kann auf drei Arten beschrieben werden:

* Bewusstseinstheorie

Der Mensch erlangt Personenrechte, wenn er ein Bewusstsein entwickelt. Diese Haltung würde einen Schwangerschaftsabbruch (auch bei gesundem Ungeborenem) in jeder Phase der Schwangerschaft rechtfertigen. Ein Schwangerschaftsabbruch stellt somit eine legale Option für die Schwangere dar und ist vom Gesetzgeber zu schützen.

* Konzeptionalismus

Der Mensch erlangt Personenrechte in dem Moment, in dem die Eizelle befruchtet wurde und die beiden Erbinformationen zusammenkommen. Diese Haltung würde einen Schwangerschaftsabbruch in keiner Phase der Schwangerschaft rechtfertigen. Für die Befürworter des Konzeptionalismus begünstigen „alle Argumente, die den Beginn des menschlichen Lebens und den Anspruch auf volle Personenwürde auf einen späteren Zeitpunkt als den der Verschmelzung von weiblicher Eizelle und männlicher Samenzelle verlegen, eine schrittweise Abflachung ethischer Hemmschwellen."[55] Eine Verschiebung des Zeitpunkts liefe auf einen „ethischen Dammbruch" hinaus.

Dem Konzeptionalismus liegen vier Argumente zugrunde, die SKIP-Argumente genannt werden:[56]

Erstens: Die Spezieszugehörigkeit (S) des Embryos zur Gattung Mensch.

Die Spezieszugehörigkeit geht davon aus, dass es sich bei der befruchteten Eizelle nicht um einen unspezifizierten Zellhaufen handelt, sondern um echtes menschliches Leben, das demzufolge mit Privilegien auszustatten sei. Damit

---

[55] So etwa Bischof Kapellari bei den zweiten „Mariazeller Gesprächen", zitiert nach: Die Tagespost, 28.10.2003

[56] Siehe hierzu vor allem: Gregor Damschen, Dieter Schönecker: Der moralische Status menschlicher Embryonen. Pro und contra Spezies-, Kontinuums-, Identitäts- und Potentialitätsargument, Göttingen 2002; Marcus Düwell, Klaus Steigleder: Bioethik. Eine Einführung, Frankfurt a. M. 2003

verbunden ist die Ansicht, dass das biologische Leben generell zu schützen sei („sanctity of life").

Dagegen wird der Einwand erhoben, dass es sich biologisch betrachtet zwar um menschliches Leben handele, die Eigenschaft des Menschseins aber an konkreten Eigenschaften gebunden sei, die beim Embryo nicht vorlägen, da sonst ja jede Zelle heilig wäre.

Zweitens: Die Kontinuität (K) in der Entwicklung des Embryos. Das Kontinuitätsargument vertritt die Position, dass keine qualitativen Einschnitte bezüglich der Entwicklung des Embryos auszumachen seien. Dagegen lässt sich einwenden, dass zwar keine exakten Grenzen bestimmbar sind, sich gleichwohl aber statusrelevante Einschnitte feststellen lassen, wie z. B. die Nidation, die Entwicklung eines zentralen Nervensystems oder das Erreichen der selbständigen Lebensfähigkeit außerhalb der Gebärmutter. Gegen das Kontinuitätsargument lässt sich ferner geltend machen, dass der Embryo hierbei als eine Art entsozialisiertes „perpetuum mobile" betrachtet wird, die Rolle der Schwangeren sowohl in ihrer ontogenetischen Relevanz als auch als beteiligtes Subjekt, das unstrittig mit vollen Rechten ausgestattet ist, negiert wird.

Drittens: Die Identität (I) zwischen dem Embryo und dem späteren geborenen Menschen.

Das Identitätsargument betont, dass alle Menschen einmal den Status des Embryos durchlaufen haben und dass aus einem Embryo ein bestimmter Mensch wird. Dagegen lässt sich einwenden, dass es sich um eine rein numerische Identität handelt. „Um eine Status-Identität zwischen Embryo und Kind zu begründen, müsse jedoch ein viel anspruchsvolleres Konzept der Identität herangezogen werden."[57] Das Identitätsargument ist als rein numerisches Argument nicht haltbar, insofern sich im frühen Stadium des Embryos noch eine Mehrlingsschwangerschaft entwickeln kann.

Viertens: Die Potentialität (P) des Embryos, d. h. dessen Fähigkeit sich zu einem Menschen entwickeln zu können.

Das Potentialitätsargument betont das Entwicklungspotential des Embryos, die Fertigkeit zur Ganzheitsbildung. Fraglich ist indes, ob sich aus einem derartigen Vermögen eine normative Gleichsetzung des Embryos mit einem geborenen Menschen ableiten lässt.

• Theorie der Gradierung

Der moralische Status des Embryos bzw. des Feten ändert sich mit der Zunahme seiner Fähigkeiten und Eigenschaften. Moralisch relevante Prozesse sind in diesem Zusammenhang die Befruchtung, die Nidation (Einnistung), die Entwick-

---

[57] Bettina Schöne-Seifert: Grundlagen der Medizinethik, Stuttgart 2007, S. 159

lung des Nervensystems, die Vollendung der Embryogenese (Abschluss der Organanlagen), die Lebensfähigkeit sowie die Geburt.

Grundlage für die derzeit geltende Praxis und Rechtsordnung ist unter Berücksichtigung dieser Grundlagen die Theorie der Gradierung. Allerdings ist die derzeit geltende Rechtslage und -praxis zweigespalten und widersprüchlich: während das „Embryonenschutzgesetz"[58] der befruchteten Eizelle faktisch volle Personenrechte zubilligt, kommt es nach der Nidation de jure und de facto zu einem Verlust von Personenrechten, da eine Schwangere im Rahmen der Fristenlösung sehr wohl das Recht hat, das Leben des Ungeborenen bis zur vollendeten 12. Woche nach Empfängnis zu beenden. Dieser Zwiespalt tritt auch in der Pränataldiagnostik zutage: während es einer Schwangeren sehr wohl gestattet ist, in jeder Phase der Schwangerschaft über Maßnahmen der invasiven Pränataldiagnostik den Chromosomensatz des Ungeborenen bestimmen zu lassen, ist ihr dies in der frühesten Phase des Lebens, nämlich an seinem Beginn im Rahmen der in vielen Ländern inzwischen legalen und praktizierten Präimplantationsdiagnostik[59] verwehrt. Dies führt zu der inzwischen schwer erklärbaren Situation, dass Frauen mit hohem Risiko für eine fetale Erkrankung, z. B. bei autosomal-rezessiv vererbten Leiden, bei denen die Wiederholungswahrscheinlichkeit bei 25 % liegt, gezwungen werden, ihre Schwangerschaft bis zu dem Zeitpunkt auszutragen, an dem eine Maßnahme der invasiven Pränataldiagnostik zur Grundlage ihrer Entscheidung wird. Dies ist üblicherweise die Chorionzottenbiopsie, die frühestens in der 12. Schwangerschaftswoche ausgeführt wird.

4.2.2 Potentialität eines Schwangerschaftsabbruchs

Wesentlicher Kritikpunkt, der von Gegnern der Pränataldiagnostik vorgebracht wird, ist, dass eine der möglichen Folgen der PND die Entscheidung der Schwangeren gegen das Austragen der Schwangerschaft, also der Schwangerschaftsabbruch, ist. Häufig wird in diesem Zusammenhang mit den Begriffen „Euthanasie" und „Selektion" gearbeitet und ein Zusammenhang zu den Vorgehensweisen hergestellt, die aus dem deutschen Nationalsozialismus bzw. Faschismus bekannt sind. Beide Begriffe - im engeren Sinne - bezeichnen die Vernichtung von Leben im Interesse einer angeblichen „Volksgesundheit".

---

[58] Das deutsche Embryonenschutzgesetz vom 13. Dezember 1990 in seiner aktuellen Fassung vom 23.Oktober 2001 regelt die In-vitro-Fertilisation, online unter:
www.bundesrecht.juris.de/eschg/

[59] Unter Präimplantationsdiagnostik (PID) versteht man die genetische Untersuchung in der Phase zwischen außerkörperlicher Befruchtung der Eizelle und anschließender Einsetzung der daraus entstandenen Zellgruppe in den Körper der Frau. Folglich der Beitrag von Tanja Krones in diesem Buch.

Betrachtet man unter diesem Aspekt die Frage, ob das Entscheiden einer Schwangeren gegen das Austragen der Schwangerschaft dieses Kriterium erfüllt, lässt sich bei der derzeit geltenden Praxis und Rechtslage diese Frage mit einem klaren „Nein" beantworten. Es ist derzeit schwerlich davon auszugehen, dass sich eine Schwangere in Kenntnis der schweren Erkrankung ihres Ungeborenen gegen das Austragen der Schwangerschaft entscheidet, weil dies der „Volksgesundheit" diene.[60] Ein Schwangerschaftsabbruch aus ehemals fetopathischer, nach Reform des § 218 StGB mütterlich medizinischer Indikation wird von der Schwangeren nach derzeit geltender Praxis ausschließlich in ihrem eigenen Interesse entschieden, wobei in diese Entscheidung sicher die ihr nahestehende Umgebung mit einbezogen wird bzw. direkt oder indirekt involviert ist. Insofern kann davon ausgegangen werden, dass der Versuch, eine Schwangere in den geistigen Zusammenhang mit nationalsozialistischem Gedankengut zu bringen, wenn sie sich für einen Schwangerschaftsabbruch aus mütterlich-medizinischer Indikation entscheidet, einer Diskriminierung gleichkommt. „Prädiktive Medizin im vorgeburtlichen Bereich ist im Unterschied zur klassischen Eugenik keine Instrumentalisierung der Mutter, um gesunden Nachwuchs zu bekommen, falls die eigene Entscheidung der Mutter (der Eltern) nach hinreichender Aufklärung verantwortungsbewusst getroffen wurde."[61]

Im Rahmen der ehemals „sozialen" Indikation zum Schwangerschaftsabbruch, die nach Reform des § 218 StGB in eine Fristenlösung umgewandelt wurde, hat die Schwangere das Recht, sich innerhalb der gesetzlich vorgeschriebenen Fristen (12 Wochen nach Empfängnis) gegen das Austragen einer zu diesem Zeitpunkt ungewollten Schwangerschaft mit einem „gesunden" Ungeborenen zu entscheiden. Im Unterschied dazu besteht im Falle des Schwangerschaftsabbruches bei bekannter schwerer Erkrankung des Ungeborenen die besonders zwiespältige Situation, dass bei der Schwangeren sehr wohl Kinderwunsch besteht, die Schwangere sich jedoch nicht in der Lage sieht, „unter Berücksichtigung ihrer jetzigen und zukünftigen Situation" (so der Wortlaut des § 218) die Schwangerschaft auszutragen. Fälle dieser Art treten vergleichsweise eher selten auf. So stehen ca. 130.000 Schwangerschaftsabbrüchen von „gesunden" Feten im Rahmen der Fristenlösung etwa 1.500 Schwangerschaftsabbrüche aus „mütterlich-medizinischer Indikation" bei nachgewiesener Erkrankung des Feten gegenüber.

---

[60] Folglich der Beitrag von Achim Bühl: „Von der Eugenik zur Gattaca-Gesellschaft?" in diesem Buch.

[61] Bernhard Irrgang: Einführung in die Bioethik, München 2005, S. 157. Folglich auch der Artikel zur PID von Tanja Krones in diesem Buch.

Besondere Brisanz existiert, wenn es sich bei der festgestellten fetalen Erkrankung nicht um eine Erkrankung handelt, die mit dem Leben nach der Geburt - auch nach Behandlung - unvereinbar ist (Beispiel: Anencephalie - Fehlen des fetalen Gehirnes), sondern ein Leben mit einer Behinderung durchaus möglich wäre (Beispiele: Down Syndrom, Neuralrohrdefekt). In beiden Fällen ist die Entscheidung für alle Beteiligten - insbesondere die Schwangere - in der Regel umso schwieriger und belastender, je weniger schwerwiegend die gefundene Erkrankung ist und je weiter die Schwangerschaft fortgeschritten ist. Dies liegt u. a. im moralischen Status des Embryo bzw. Feten begründet sowie in der wachsenden Mutter-Kind-Beziehung.

4.2.3 Vorgeburtliche Geschlechterauswahl

Die Risiken der Pränataldiagnostik liegen nicht zuletzt auf dem Gebiet der vorgeburtlichen Geschlechterauswahl. Seit Dezember 2006 bietet eine Kölner Biotech Firma einen Bluttest an, mit dessen Hilfe das Geschlecht des Ungeborenen ab der achten Schwangerschaftswoche bestimmt werden kann. Kritiker befürchten, dass die Grenze zwischen gesundheitlicher Fürsorge und pränataler Auswahl auf diese Weise schwinden könnte. Der „Gendertest", so der Firmensprecher, „könne bei geschlechtsgebundenen genetischen Erkrankungen invasive Fruchtwasseruntersuchungen ersparen".[62] Derartige Testverfahren lassen sich indes problemlos auch für nichtmedizinische Zwecke gebrauchen.[63] Da der Test schon in der achten Schwangerschaftswoche zum Einsatz gelangen kann, „wäre ein privat entschiedener Schwangerschaftsabbruch ohne jede medizinische Indikation möglich."[64]

Daten empirischer Erhebungen zeigen zwar[65], dass die Selektion nach Geschlecht in Deutschland nur ein Ausnahmefall bleiben dürfte. Ganz anders sieht dies allerdings unter anderen soziokulturellen Bedingungen z. B. in Indien und verstärkt noch durch die „Ein-Kind-Politik" in China aus. Das Vorrücken pränataldiagnostischer Verfahren führt hier bereits seit geraumer Zeit zu einer ungleichen Verteilung der Geschlechter. So schätzen Nichtregierungsorganisationen, „dass unter 1.000 Abtreibungen in Indien nur fünf männliche Föten sind."[66] Die Einführung des Ultraschalls Anfang der 80er Jahre hat in Indien zu einer drasti-

---

[62] www.gen-ethisches-netzwerk.de
[63] Wobei ein potentieller Missbrauch natürlich auch im medizinischen Bereich liegen könnte.
[64] www.gen-ethisches-netzwerk.de
[65] Edgar Dahl u. a.: Social sex selection and the balance of the sexes: empirical evidence from Germany, the UK, and the US, in: Journal of Assisted Reproductive Genetics 23/2006, S. 311-318
[66] Der Tagesspiegel, 24.01.2006

schen Zunahme von Schwangerschaftsabbrüchen weiblicher Föten geführt. Volkszählungen im Jahr 2007 haben ergeben, dass in einigen indischen Bundesstaaten auf 1.000 Männer lediglich 800 Frauen kommen.[67] Zwar existiert die vorgeburtliche Geschlechterdiskriminierung in Indien schon seit langem, die Pränataldiagnostik hat dieses primär kulturell zu verortende Problem indes gravierend verschärft. Die pränatale Geschlechtsbestimmung hat, so die britische Medizinzeitschrift „The Lancet" dazu geführt, „dass in Indien in den letzten zwanzig Jahren rund zehn Millionen weibliche Föten abgetrieben wurden."[68] Eine Auswertung umfassender Daten des Jahres 1998 ergab, dass auf 1.000 Geburten von Jungen 933 von Mädchen kamen. „War das erste Kind der Eltern bereits ein Mädchen, war das Verhältnis beim zweiten Kind nur noch 759 Mädchen auf 1.000 Jungen und beim dritten Kind gar nur noch 719 zu 1.000, wenn die ersten beiden Kinder Mädchen waren. War dagegen das erste Kind ein Junge, ist das Verhältnis Jungen zu Mädchen beim zweiten Kind etwa ausgeglichen."[69]

Die Ursachen hierfür liegen u. a. darin begründet, dass das soziale Heiratssystem in Indien eine deutlich kommerzielle Seite besitzt. Der Familie des Bräutigams muss eine hohe Mitgift gezahlt werden, wobei die Kosten für Geschenke und für die Hochzeitsfeier das Vermögen der Brautfamilie oft deutlich übersteigen und bei mehreren Mädchen zu einem finanziellen Ruin führen können.

Um derartigen Entwicklungen gegenzusteuern, existiert in Indien ein Moratorium, das Geschlecht des Kindes im Kontext pränataldiagnostischer Untersuchungen nicht zu nennen.

4.2.4 Wachsende Behindertenfeindlichkeit?

Ethische Probleme der PND resultieren aus dem Sachverhalt, dass gezielt bestimmte Eigenschaften des Fetus untersucht werden, deren Vorhandensein eine Entscheidung über Leben und Tod impliziert. „Diese Merkmale, insbesondere natürlich Schädigungen, werden nun zum entscheidenden Kriterium einer Abtreibungsentscheidung. Suggeriert wird damit scheinbar, dass ein Leben mit Behinderungen nicht wert ist, gelebt zu werden. ,Qualitätskontrollen' der genannten Art scheinen demnach moralisch verwerflich zu sein, weil sie Menschen mit Behinderungen diskriminieren."[70] So sehen Kritiker „eine fatale sozialpsychologische Wechselwirkung zwischen der vorgeburtlichen Selektionsmöglichkeit

---

[67] www.dradio.de/dlf/sendungen/einewelt/587600
[68] taz, 10.01.2006
[69] taz,10.01.2006
[70] Thomas Schramme: Bioethik, Stuttgart 2002, S. 58

und der Akzeptanz geistig oder körperlich Behinderter in der Gesellschaft."[71]
Der österreichische Bischof Kapellari vertritt den Standpunkt: „Jede negative
Entscheidung über Lebenswert und Lebensaussicht eines noch nicht geborenen
Kindes impliziert auch eine negative Aussage über die heute mit uns lebenden
schwer kranken oder behinderten Menschen."[72]
Als Einwand gegen eine solche Position lässt sich formulieren, dass bei einer
Entscheidung gegen oder für ein Kind mit oder ohne Behinderung nicht pränataldiagnostische Verfahren als solche diskriminieren, sondern das Verhalten der
beteiligten Akteure. Wir unterscheiden dabei im Folgenden drei Akteure: a) den
untersuchenden Arzt bzw. das medizinische Personal, b) die Gesellschaft als
solche u. a. in Gestalt der Jurisdiktion, der Krankenkassen, der Medien etc. sowie c) die Schwangere bzw. die Eltern.
Bezüglich der Rolle des untersuchenden Arztes als Akteur hat die Maxime zu
gelten, dass dieser eine Diagnose im Sinne eines umfassenden informiert Werdens zu vermitteln hat, d. h. seinerseits ein wertendes Urteil weder explizit noch
implizit suggeriert, keinen Entscheidungsdruck ausübt, auf weitere Beratungs-
möglichkeiten verweist sowie möglichst über Erfahrungen mit „behinderten
Menschen" verfügt. Das beratende Gespräch darf nicht gegen das Selbstbestimmungsrecht der Frau verstoßen, was einschließt, dass der Schwangerschaftsabbruch von den beteiligten Ärzten erwähnt, jedoch nicht automatisch als
einzige Lösung angeboten wird. Eine deutlich stärkere Vernetzung zwischen
ärztlicher und psychosozialer Beratungskompetenz wäre somit wünschenswert.
Die Maxime der „non-directivity" ist dabei nicht gleichzusetzen mit einer bloßen Vermittlung von Information. Im Sinne einer Akzeptanz und Stärkung der
Patientenautonomie sollte „non-directivity" „eine eigene Entscheidung der Klienten ermöglichen, vorbereiten und zumindest die Entscheidungssituation struk-
turieren."[73]
Hinsichtlich der Rolle der Gesellschaft gilt es diverse Anforderungen zu stellen,
um diskriminierenden Praxen entgegenzuwirken. Zunächst einmal darf das
„Recht auf Nichtwissen während der Schwangerschaft" keinerlei Beeinträchtigung erfahren. Insbesondere darf die Ausübung dieses Rechts nicht zu einer
Minderung medizinischer und sozialer Leistungen führen. In der gesetzgeberi-
schen Praxis sind jegliche Formen zu unterbinden, die de jure oder de facto zu
einer ungleichen Bewertung des ungeborenen Lebens mit und ohne Behinderung führen. In der Öffentlichkeit sowie in den Medien sollten auch die positi-

---

[71] Die Tagespost, 28.10.2003
[72] Zitiert nach: Die Tagespost, 28.10.2003
[73] Bernhard Irrgang: Einführung in die Bioethik, München 2005, S. 149

ven Seiten des Lebens behinderter Menschen zur Sprache kommen, eine „Geringschätzung behinderten Lebens" sollte sowohl strukturell als auch juristisch unterbunden werden, ein „Recht auf Leben in Unvollkommenheit" umfassend gewährleistet sein. Schließlich wären auch Diskurse nützlich, welche die Vorstellung, medizinische Techniken ermöglichten ein Leben ohne Leid, als Krankheitsverdrängungs-Illusion enthüllen.

Ein dergestalt betrachteter umfassender Schutz der reproduktiven Autonomie schließt unseres Erachtens genuin das Recht auf Schwangerschaftsabbruch ein, wobei wir bei der Schwangeren als Akteurin angelangt sind. Auch bei der Schwangeren als Akteurin zeigt sich, dass nicht die Diagnose der PND als solche diskriminierend ist, sondern allenfalls das Denken und Handeln der beteiligten Menschen. Paare, die ein behindertes Kind aus dem Grund nicht wollen, weil sie die Position vertreten, dass ein Leben mit Behinderung „lebensunwert" ist, verhalten sich eindeutig diskriminierend. Unsere Position von der Janusköpfigkeit der Pränataldiagnostik schließt sehr wohl die Ansicht ein, dass PND ein Werkzeug diskriminierender Praxen sein kann, aber eben keineswegs automatisch sein muss. Die in der Diskussion vertretende Haltung, dass jede Praxis von PND mit oder ohne Schwangerschaftsabbruch als Folge eine diskriminierende Einstellung ausdrücke, da der einzige Grund für einen Test eine Abtreibung sei, ist abzulehnen, weil diese Position erstens die Janusköpfigkeit der PND in Abrede stellt, d. h. die Chancen der PND gänzlich ignoriert, zweitens ihre Vielseitigkeit missachtet und drittens den moralisch nicht zu hinterfragenden Wunsch nach einem „gesunden" Kind diskreditiert.

Dem Vorschlag aus der Behindertenbewegung, Pränataldiagnostik nur für behandelbare Krankheiten zuzulassen, ist insofern nicht zuzustimmen, weil dadurch ein Großteil der heutigen Untersuchungen von vornherein ausgeschlossen wäre und dadurch elementar in das „Recht auf Wissen" der Frau eingegriffen würde. Der Vorschlag wiederum, die PND auf schwerste Krankheiten und Behinderungen zu begrenzen, liefe darauf hinaus, einen Krankheits- und Behinderungskatalog aufzustellen, der in den Augen derjenigen Menschen, die an den genannten Krankheiten leiden, nur diskriminierend sein kann. Ein solcher Katalog wäre in der Tat herabsetzend und besäße darüber hinaus deutliche Parallelen zur faschistischen Eugenik.

Schwieriger noch als eine Beurteilung der objektiven Seite der Behindertenfeindlichkeit ist die Seite der empfundenen Behindertenfeindlichkeit. Es ist durchaus verständlich, dass ein Schwangerschaftsabbruch nach einem festgestellten Befund für einen Behinderten als Botschaft realisiert werden kann, ein Leben mit einer solchen Behinderung sei nicht lebenswert. Zwar mag eine solche Botschaft keineswegs vom Aussendenden, in diesem Fall der Schwangeren, intendiert sein, Handlungen können indes kausal nicht-erwünschte sowie nicht-beabsichtigte Konsequenzen haben. Die PND als solche kann dergestalt betrachtet zu einer Schädigung bzw. Verletzung des Selbstwertgefühls von behinderten Menschen führen, wenn diese subjektiv als Botschaft realisiert wird, es bestünde ein gesellschaftlicher Konsens über die Exklusion behinderter Menschen.[74] Die Interpretation der Botschaft wird dabei stark davon abhängen, wieweit die Gesellschaft und ihre kulturelle Rahmung vom Behinderten alltäglich als behindertenfeindlich erfahren wird. In einer Gesellschaft, die sich zum Prinzip bekennt, dass Behinderung ein sozialer Konstruktionsprozess ist, dürfte die Chance der Wahrnehmung deutlich größer sein, dass Frauen, die sich für die PND entscheiden, gar nicht die Absicht haben, eine behindertenfeindliche Botschaft zu vermitteln.[75] Dergestalt betrachtet kann das Ziel nur darin bestehen eine Gesellschaft zu schaffen, in der Behinderte umfassend gesellschaftlich anerkannt und gleichgestellt sind. Ein technologischer Determinismus liegt nicht vor, den Kritiker der Pränataldiagnostik ihren Ausführungen immer wieder zugrunde legen, wenn etwa behauptet wird, dass die Toleranz gegenüber denjenigen, die von der Norm abweichen, sich in dem Maße verringere, wie „Reparatur"-Möglichkeiten verfügbar seien.[76] Eine solche Vorstellung reduziert komplexe gesellschaftliche Phänomene wie die Behindertenfeindlichkeit auf technologische Sachverhalte und stellt eine Spielart des technikdeterministischen Denkens dar.

4.2.5 Psychische Belastung der Schwangeren

Die von uns konstatierte Janusköpfigkeit der Pränataldiagnostik zeigt sich auch bezüglich der psychischen Situation der Schwangeren. Neben der bereits dargelegten Seite der psychischen Entlastung existiert auch die Seite der psychischen Belastung. „Durch die oft ungefragt und unreflektierte Suche nach ‚Fehlbildungen' des Föten können Frauen in Entscheidungskonflikte und schwere existentielle Krisen rutschen, ohne sich dies vorher bewusst gemacht zu haben."[77] Darüber hinaus besteht ein stiller Zwang von der PND Gebrauch zu machen. Eine repräsentative Studie im Auftrag der Bundeszentrale für gesundheitliche

---

[74] Sigrid Graumann: Die Praxis der Pränataldiagnostik, ihre gesellschaftlichen Folgen und Vorschläge zu ihrer gesetzlichen Regulierung, 13. Alsterdorfer Fachforum, 19. September 2006

[75] Jackie Leach Scully: Prenatal testing and disability rigths: the expressivist argument, a.a.O.

[76] Therese Neuer-Miebach: Zwang zur Normalität. Pränatale Diagnostik und genetische Beratung, in: Michael Emmerich (Hrsg.): Im Zeitalter der Biomacht, Frankfurt a. M. 1999, S. 71

[77] Sigrid Graumann: Die Praxis der Pränataldiagnostik, ihre gesellschaftlichen Folgen und Vorschläge zu ihrer gesetzlichen Regulierung, a.a.O.

Aufklärung zum Thema „Schwangerschaftserleben und PND"[78] ergab, dass Schwangere mit der PND deutlich ambivalente Gefühle verbinden. Während 82 % der Befragten die PND als Entlastung wahrnahmen, weil sie die Sorge um die Erkrankung ihres Kindes nehmen könne, stimmten zugleich 62 % der befragten Schwangeren der Frage zu, dass die PND sie sehr stark belaste, weil sie Entscheidungen über Leben und Tod ihres ungeborenen Kindes fällen müssten. Ein Drittel der Schwangeren (35,0 %) bezeichnete sich als besorgt, ein Viertel (24,6 %) als gestresst.[79]

Desweiteren existiert das Phänomen der „Schwangerschaft auf Probe". Die Sorge vor möglichen Resultaten der Pränataldiagnostik führt bei vielen Schwangeren zu einer Beeinträchtigung des Schwangerschaftserlebens. „Sie können oft die Schwangerschaft noch nicht bewusst erleben, noch keine Beziehung zu ihrem zukünftigen Kind zulassen, bevor die Pränataldiagnostik überstanden und die ‚Entwarnung' amtlich ist."[80]

Wie wichtig die Inanspruchnahme psychosozialer Beratungen seitens unabhängiger Beratungsstellen ist, verweist auch der Fakt, dass es sich bei Schwangerschaftsabbrüchen nach PND meist wegen der bereits fortgeschrittenen Schwangerschaft um eine künstlich eingeleitete Geburt mit Todesfolge für das Kind handelt. „Für die meisten Frauen ist das eine traumatisierende Erfahrung."[81]

4.2.6 Anspruchsdenken „gesundes" Kind

Ein Recht auf ein „gesundes" Kind existiert als juristisch einklagbarer Anspruch nicht. „Es ist also zu unterscheiden zwischen diesem nicht existierenden Recht auf ein gesundes Kind und dem Recht darauf, sich ein gesundes Kind zu wünschen."[82]

Die Frage in unserem Kontext besteht darin, ob pränataldiagnostische Verfahren die Gefahr beinhalten, dass sich ein solches Anspruchsdenken verfestigt, unrealistische Erwartungshaltungen geweckt werden, die im Konfliktfall zu Beein-

---

[78]   Bundeszentrale für gesundheitliche Aufklärung (Hrsg.): Schwangerschaftserleben und Pränataldiagnostik. Repräsentative Befragung Schwangerer zum Thema Pränataldiagnostik 2006, Köln 2006

[79]   Der Prozentsatz der befragten Frauen, welche unabhängig vom Alter Untersuchungen der PND durchführen ließen, lag bei 85 %; der Kenntnisstand zur PND erwies sich streckenweise als erschreckend gering. Bundeszentrale für gesundheitliche Aufklärung (Hrsg.): Schwangerschaftserleben und Pränataldiagnostik, a.a.O.

[80]   Sigrid Graumann: Die Praxis der Pränataldiagnostik, ihre gesellschaftlichen Folgen und Vorschläge zu ihrer gesetzlichen Regulierung, a.a.O.

[81]   Sigrid Graumann, a.a.O.

[82]   www.proinfirmis.ch/de

trächtigungen bezüglich der Identifikation mit dem Kind führen. Im Sinne einer Risikoanalyse der PND ist von einer solchen Gefahr auszugehen.[83]

4.2.7 Gefährdung der Schwangeren, des Feten

Im Unterschied zur vergleichsweise unproblematischen nichtinvasiven PND beinhalten die invasiven Methoden Gefahren weniger für die Schwangere als vielmehr für den Feten. Bei allen Maßnahmen besteht ein Risiko für den Fortbestand der Schwangerschaft, welches in geübten Händen bei allen Methoden etwa im Bereich von 0,5 % bis 1 % anzusiedeln ist. Damit besteht vor jeder dieser Methoden die Notwendigkeit, abzuwägen zwischen dem Risiko des Eingriffes und dem Risiko der Unterlassung des Eingriffes. In die Beurteilung eines jeden Risikos gehen insbesondere zwei Dinge ein: die Eintrittswahrscheinlichkeit und die Qualität dessen, was das Risiko in seinem Wesen bedeutet. Die Person, die entscheiden kann, was für sie der Verlust der Schwangerschaft auf der einen Seite und das Leben mit einem Kind, welches an einer nach nicht durchgeführter invasiver PND nicht erkannten wesentlichen Krankheit leidet, auf der anderen Seite bedeutet, ist die Schwangere in letzter Konsequenz alleine. Dementsprechend hat die Schwangere sehr wohl das Recht, sich auch bei eher geringer Wahrscheinlichkeit einer fetalen Erkrankung für die Durchführung einer Maßnahme der invasiven PND zu entscheiden, genauso wie sie auf der anderen Seite das Recht hat, bei eher hoher Wahrscheinlichkeit für das Erkennen einer fetalen Erkrankung auf einen solchen Eingriff zu verzichten. Eine Betreuung, die dieses Recht auf Autonomie der Schwangeren nicht respektiert, verstößt gegen das fundamentale Prinzip der nichtdirektiven Beratung in der Pränatalmedizin.

4.2.8 PND als Einstieg in die Eugenik?

Der Soziologe Ulrich Beck vertritt in seinem Buch Gegengifte die Position: „Die Beschäftigung mit dem Erbgut schließt immer ein - und zwar ob man das will oder nicht - Kontrolle, Selektion, Auswahl, Verbesserung des Erbguts."[84] Es soll an dieser Stelle kritisch überprüft werden, ob die PND im Sinne Becks nicht doch ein eugenisches Szenario darstellt oder zumindest das Tor für die Eugenik öffnet. Wir wollen dies bewusst anhand eines besonders kritischen Beispiels überprüfen, der Bekämpfung der Thalassämie auf Zypern. Bei Thalassämien handelt es sich um genetisch bedingte Erkrankungen, die zumeist autosomal rezessiv von den Eltern auf ihre Kinder übertragen werden. Gemeinsam ist

---

[83] Vgl. auch der Abschlussbericht der Enquetekommission „Recht und Ethik der modernen Medizin", online unter: dip.bundestag.de/btd/14/090/1409020.pdf

[84] Ulrich Beck: Gegengifte. Die organisierte Unverantwortlichkeit, Frankfurt a. M. 2002, S. 56

ihnen ein genetischer Fehler in der Zusammensetzung des Hämoglobins. Eine Variante dieser Bluterkrankungen, die sogenannte β-Thalassämie, ist auf Zypern weit verbreitet, jeder siebte Einwohner ist Merkmalsträger dieser Erbinformation, ohne selbst wesentlich erkrankt zu sein (Thalassämia minor). Dem Erbgang entsprechend beträgt die Wahrscheinlichkeit für Kinder, bei denen beide Elternteile heterozygote Merkmalsträger sind, an der schweren Form dieser Erkrankung, der Thalassämia major, zu erkranken, 25 %. Seit 1976 existiert auf Zypern ein „Thalassämie-Programm". Auf Grund eines freiwilligen Gentests kann jeder Zypriote überprüfen lassen, ob er Träger des Gendefekts ist. In der Schwangerschaftsberatung wird eine PND auf freiwilliger Basis empfohlen. Pro Jahr gibt es auf Zypern rund 200 solcher vorgeburtlichen Untersuchungen und rund 50 darauf folgende Schwangerschaftsabbrüche.[85] Einen nennenswerten Widerstand der Bevölkerung gegen das Thalassämie-Programm gab es nicht. Im Unterschied zur nichtkirchlichen Heirat ist seit 1983 für eine kirchliche Trauung „ein Screening-Zertifikat, auf dem einem heiratswilligen Paar die Teilnahme am genetischen Screening und einer humangenetischen Beratung bestätigt wird"[86], erforderlich. Ohne das Thalassämie-Programm hätte sich die Zahl der Erkrankten auf Zypern ca. alle zehn Jahre verdoppelt, so die zypriotische Gesundheitsbehörde. Für Medikamente und kostenlose Bluttransfusionen wurde ein Fünftel des Gesundheitshaushalts ausgegeben. In einem Bericht des Gesundheitsministeriums heißt es: „Wenn wir dem nicht Einhalt gebieten würden und die Geburten neuer Thalassämiker verhindern, würden unsere Ressourcen hoffnungslos überstrapaziert."[87]

Das zypriotische Beispiel halten wir aus folgenden Gründen für bedenklich:

Erstens: Bei der Begründung des Thalassämie-Programms seitens der zypriotischen Gesundheitsbehörde handelt es sich um ein der Eugenik nahestehendes Gedankengut, da ökonomische Motive („Ressourcen") genannt werden. Das Land sei finanziell damit überfordert, die medizinische Versorgung einer größeren Zahl von Neugeborenen mit Thalassämia major zu finanzieren.

Zweitens: Menschen mit einem genetischen Defekt werden dadurch, dass sie zu einer eigenständigen Gruppe innerhalb der Gesellschaft definiert werden („Thalassämiker"), tendenziell aus der zypriotischen Gesellschaft ausgegrenzt.

Drittens: Es handelt sich um ein staatlich und kirchlich verordnetes Programm, welches mit medialer Unterstützung Denk- und Verhaltensweisen der Gesamt-

---

[85]   www./de.wikipedia.org/wiki/Eugenik
[86]   www./de.wikipedia.org/wiki/Eugenik
[87]   Zitiert nach Ursel Fuchs, online unter:
       www.pilhar.com/Schulmed/Sonstige/20Bioeth/50Ausrot.htm

bevölkerung dahingehend verändern will, das Menschen mit einer konkreten Behinderung nicht mehr geboren werden. Das Thalassämie-Programm schließt somit ideologische Zwangsmechanismen ein.

Viertens: Die Weigerung seitens kirchlicher Behörden, ein Paar ohne „Screeningzeugnis" zu trauen, stellt einen tiefen Eingriff in die Persönlichkeitsrechte der Betroffen dar, insofern a) das Recht auf Nicht-Wissen der eigenen genetischen Ausstattung verletzt wird sowie b) eine klare Selektion bzw. Auswahl im Beckschen Sinne vorliegt; das „Screeningzeugnis" wird zum „Ehetauglichkeitszeugnis" mit deutlichen Parallelen zum „Erbgesundheitszeugnis" im faschistischen Deutschland.

Auf der anderen Seite führen Befürworter der zypriotischen Politik folgende Argumente ins Feld:

Erstens: Aufgrund der hohen Frequenz der Erkrankung befindet sich das zypriotische Gesundheitssystem in einer besonderen Zwangslage. Jedes moderne Gesundheitssystem muss nicht nur ethischen, sondern auch ökonomischen Kriterien standhalten.

Zweitens: Es bleibt zu berücksichtigen, dass zukünftige Eltern mit Thalassämia minor nicht an ihre Reproduktion gehindert werden: immerhin sind drei von vier zu erwartenden Kinder klinisch unauffällig[88]; diese Schwangerschaften werden auch in Zypern ausgetragen.

Drittens: Auch in anderen Bereichen der praktischen Pränatalmedizin kommt es nicht selten zu einer Situation, in der zukünftige Eltern mit einer hohen Wahrscheinlichkeit für schwere, jedoch pränatal diagnostizierbare Erkrankungen, erst dadurch eine Schwangerschaft anstreben, dass PND ihnen die Möglichkeit gibt, nicht gegen ihren Willen eine Schwangerschaft mit einem schwer betroffenen Kind auszutragen. Berücksichtigt man, dass die Hälfte aller einer solchen Konstellation entspringenden Kinder wiederum heterozygote Merkmalsträger sind, so ist der (durchaus akzeptierte) Effekt der PND in diesem Bereich evtl. nicht eugenisch, sondern sogar dysgenisch.

Viertens: Zwar besitzt insbesondere im Bereich der Genetik und Pränatalmedizin jeder das Recht auf Nichtwissen, im Fall des heterozygoten Merkmalsträgerstatus der Thalassämie ist - abgesehen von den reproduktiven Aspekten - das Wissen um diese Situation jedoch ohne wesentliche Konsequenz für die weitere individuelle Lebensführung.

Auf der Basis des präsentierten zypriotischen Falls stimmen wir trotz unserer kritischen Bedenken der Position Becks nicht zu, dass PND stets Kontrolle, Se-

---

[88] Zwei heterozygote Merkmalsträger mit Thalassämia minor wie ihre beiden Elternteile sowie ein in diesem Bereich „gesundes" Kind.

lektion und Auswahl einschließt und zwar ob man das will oder nicht. Eine solche Ansicht stellt eine technikdeterministische Sichtweise dar, die sich auch anhand des Thalassämie-Beispiels nicht aufrecht erhalten lässt. Die PND ist keine Technologie, der wir hilflos als Objekte ausgeliefert sind; letztendlich entscheiden Staaten, Nationen, gesellschaftliche Gruppen, Kräfteverhältnisse, Interessenlagen und handelnde Subjekte über die Konkretion ihrer Anwendung sowie bereits im technologischen Vorfeld über ihre Zielsetzungen. So haben sich auf Zypern kirchliche Behörden in ein Programm einspannen lassen und ihm seinen Segen gegeben, welches durchaus der Eugenik nahestehende Aspekte hat. Dies ist allerdings nicht als logische oder notwendige Konsequenz dieser Technologie zu verstehen. Die PND hätte auch auf Zypern alternativ zur Vorgehensweise ein rein beratendes Instrument auf freiwilliger Basis sein können, welches die Handlungs- und Entscheidungsautonomie der Paare stärkt und nicht einschränkt bzw. von vornherein ihr Agieren in staatlicherseits gewollte und dirigierte eugenische Bahnen lenkt. So mag die PND, wie nicht zuletzt das zypriotische Beispiel zeigt, im Sinne der von uns postulierten Janusköpfigkeit zwar immer die Gefahr der Selektion beinhalten, von einer eugenischen Technologie per definitionem kann indes keine Rede sein.

4.2.9 Verblendung sozialer Probleme mittels Technik

Als wohl prominentestes Beispiel einer späten Mutter machte Madonna Schlagzeilen, die sich im Alter von 42 Jahren entschied, noch ein zweites Kind zu bekommen. Während in den 80er Jahren nur 3,5 % der Mütter bei der Geburt des ersten Kindes älter als 35 Jahre waren, liegt diese Quote derzeit bereits bei über 12 Prozent. Das Alter von 35 wählen wir als Grenze, da im Mutterpass ab dem 35. Lebensjahr grundsätzlich von einer Risikoschwangerschaft („Altersrisiko") gesprochen wird. Zwar gibt es durchaus gute Gründe für Entwarnungen bei späten Schwangerschaften, das Risiko für Trisomien steigt jedoch mit dem Alter der Schwangeren deutlich an:

Alter (Jahre)	Risiko für Trisomie 21	
	bei Geburt	in der 12. SSW
20	1 von 1.526	1 von 1.018
25	1 von 1.351	1 von 901
30	1 von 894	1 von 596
32	1 von 658	1 von 439
34	1 von 445	1 von 297
36	1 von 280	1 von 187
38	1 von 167	1 von 112
40	1 von 96	1 von 64
42	1 von 55	1 von 36
44	1 von 30	1 von 20

Tabelle 2: Altersabhängigkeit der Trisomie 21[89]

Eine zeitlich sowie biografisch betrachtet spätere Schwangerschaft kann zum einen ein weitgehend selbstbestimmter Wunsch der Frau sein, der mit komplexen Veränderungsprozessen wie dem sich wandelnden Geschlechterverhältnis sowie der Transformation des weiblichen Rollenbildes einhergeht. Die Verschiebung des Schwangerschaftszeitpunktes kann zum anderen aber auch sozial erzwungen sein, da eine Schwangerschaft mit der realen Angst verbunden ist, berufliche Nachteile zu erleiden. Nachdem in den letzten Jahren in der Folge dieser Entwicklungen hierzulande das mittlere Alter der Schwangeren eher gestiegen war, kam es im Bereich der Eingriffe aus dem Bereich der invasiven PND zunächst zu einer parallelen Entwicklung. Nicht zuletzt aufgrund der Möglichkeiten der Ultraschall- und Serumdiagnostik im Bereich des ersten Trimenon verzeichnen inzwischen viele Zentren international einen deutlichen Rückgang dieser Eingriffe.
Die PND kann dergestalt betrachtet zum gewissen Teil als Versuch verstanden werden ein primär sozial erzeugtes Problem technologisch zu lösen.

4.2.10 Baby-Facing

Im anglo-amerikanischen Sprachraum wird der 3D-Ultraschall umgangssprachlich auch „Baby-Facing" genannt. Zwar sollte auch der 3D-Ultraschall rein medizinischen Zwecken dienen und nicht dem Erstellen von Erinnerungsfotos oder -videos. Unbestreitbar ist die Möglichkeit, ein Bild vom Ungeborenen zu sehen[90] sehr wohl dazu angetan, die Bindung an das Ungeborene („bonding ef-

---

[89]   www.hr-online.de
[90]   Früher 2-dimensional, jetzt 3-dimensional oder als DVD „4-dimensional"

fect") insbesondere auch beim werdenden Vater zu verstärken. Auf der anderen Seite hat diese Möglichkeit auch ihre Schattenseite: „Es gibt Ärzte, die das große Interesse werdender Eltern an 3D-Bildern ihres Ungeborenen nutzen und oft außerhalb der normalen Sprechstunden gesonderte Termine für das Erstellen von Erinnerungsaufnahmen anbieten. Dieses ist problematisch, weil nicht auszuschließen ist, dass in der Zukunft vielleicht eine Schädigung des Kindes durch Ultraschall nachgewiesen werden kann und jede über medizinisch notwendige Untersuchung hinausgehende Anwendung daher eher vermieden werden sollte."[91]

4.2.11 Perspektiven der Pränataldiagnostik

Bezüglich der Perspektiven der Pränataldiagnostik wollen wir die folgenden Gedanken einbringen:

Erstens: Die Zeiten, in denen man sich über den Wert und die Notwendigkeit der Pränatalmedizin an sich streitet, sollten der Vergangenheit angehören. Eine Diskussion über die Art der Ausführung ist indes weiterhin dringend erforderlich.

Zweitens: Notwendig ist die Akzeptanz der Entscheidungsfreiheit der Schwangeren. Sollte sie sich in bestimmten Ausnahmesituationen gegen das Austragen der Schwangerschaft entscheiden, so ist dies im Rahmen der Autonomie der Patientin ihr gutes Recht, was zukünftig umfassend respektiert werden sollte.

Drittens: Akzeptiert man das Recht der Schwangeren, sich in bestimmten Situationen gegen das Austragen der Schwangerschaft zu entscheiden, und ist man auf der anderen Seite daran interessiert, „späte Abbrüche" (an der Grenze der Lebensfähigkeit oder sogar noch später) möglichst zu vermeiden, so ergibt sich die Notwendigkeit, Schwangere möglichst früh mit denjenigen Informationen zu versorgen, die ihr eine informierte Entscheidung ermöglichen. Die konkrete organisatorische Umsetzung bestünde im Aufbau eines Systems, welches jeder Schwangeren Zugang zu einer qualifizierten Feindiagnostik in der 13./14. Woche bietet, wenn sie das wünscht, d. h. wenn ein Abbruch der Schwangerschaft in bestimmten Situationen für sie eine denkbare Handlungsoption ist.

Viertens: Gegner der nicht lebens- und gesundheitsfördernden Aspekte der Pränatalmedizin sollten verstehen und akzeptieren, dass im Interesse der Schwangeren aber insbesondere des Ungeborenen Pränataldiagnostik erforderlich ist. Die Nichtnutzung dieser Möglichkeiten ist gleichbedeutend mit der Inkaufnahme von Risiken, insbesondere für das Ungeborene. Daher sollten auch Schwan-

---

[91] Wikipedia: 3D-Ultraschall, www.de.wikipedia.org/wiki/3D-Ultraschall

gere, für die ein Abbruch (zunächst) keine Option darstellt, eine nichtinvasive Pränataldiagnostik in Anspruch nehmen. Sinnvoller Zeitpunkt wäre für diese Schwangeren derzeit das modifizierte 2. Screening (um die 22. Woche).

Fünftens: Es sollte gesellschaftlich und gesundheitspolitisch akzeptiert werden, dass sowohl die weitestgehende Ultraschalluntersuchung auf hohem qualitativen Niveau im 1. Trimenon (Feindiagnostik 13./14. Woche) als auch die Feindiagnostik in der Mitte der Schwangerschaft (21.-24. Woche) von so hohem Stellenwert sind, dass jede Schwangere, die dies wünscht, Zugang zu diesen Untersuchungen erhält. Diese Untersuchungen sollten nicht weiter durch die individuelle finanzielle Kapazität der Schwangeren limitiert sein (derzeitige weit verbreitete Praxis ist das Angebot für diese Untersuchungen als IGeL-Leistung).

Sechstens: Die weiterhin anhaltende sprunghafte Entwicklung im Bereich der Pränatalmedizin erfordert hohe persönliche und apparative Kompetenz. Fehldiagnosen können fatale Konsequenzen haben. Notwendig ist der Ausbau eines Systems kompetenter Pränatalzentren.

Siebtens: Pränatalmedizin hört nicht mit dem Erstellen eines sonographischen Befundes auf. Perspektivisch gilt es insbesondere die Beratungskompetenz zu erhöhen. Situationen müssen vermieden werden, wo Ängste von Frauen durch nicht qualifizierte Interpretationen von Untersuchungsergebnissen erhöht werden.[92]

5 Resümee

Zusammenfassend lässt sich sagen, dass die moderne Pränatalmedizin eine Vielzahl von Möglichkeiten bietet, die Schwangerschaft, die Geburt und den Start in das Leben nach der Geburt für Mutter und Ungeborenes bzw. Neugeborenes sicherer zu gestalten. Wir stehen mitten in einer Entwicklung, die bei weitem noch nicht abgeschlossen ist, sondern in der Zukunft mit Sicherheit noch weitere vielfältige Möglichkeiten bieten wird.

Haben wir akzeptiert, dass die Behandlung der möglichen schweren Probleme, die bei jeder Schwangerschaft, jeder Schwangeren und jedem Ungeborenen vorliegen können, voraussetzt, dass wir Kenntnis davon haben, so sind die Maßnahmen der nichtinvasiven und invasiven Pränataldiagnostik unverzichtbar. Be-

---

[92] Vgl. die Stellungnahme von Bernhard-J. Hackelöer bei der öffentlichen Anhörung der Enquete Kommission „Ethik und Recht der modernen Medizin", online unter: webarchiv.bundestag.de/archive/2005/0919/parlament/kommissionen/ethik_med/anhoerungen1/ 05_05_30_pnd/stellg_hackeloeer.pdf

dauerlicherweise können sich weder der behandelnde Arzt noch die betroffene Schwangere die Situation, die vorgefunden wird, sowie die Diagnose aussuchen. Die geltende Rechtslage gestattet der Schwangeren, sich im Falle einer Erkrankung des Feten, die mit dem Leben nach der Geburt nicht vereinbar ist oder mit einer schweren Behinderung einhergeht, gegen das Austragen zu entscheiden, wobei für die Beurteilung des Stellenwertes dieser Probleme die subjektive Einschätzung der Schwangeren von wesentlicher Bedeutung ist. Die Rechtslage respektiert damit im Interessenkonflikt mit den Interessen des Ungeborenen die Autonomie der schwangeren Patientin.

Neben eindeutigen Situationen führt die Realität die Beteiligten immer wieder in grenzwertige Situationen, in denen klare, eindeutige Beurteilungen und Grenzziehungen nicht möglich sind. Beispiele hierfür sind der Wunsch der Schwangeren nach einem Abbruch bei leichter Anomalie des Feten oder der Wunsch nach „Reduktion" einer (höhergradigen) Mehrlingsschwangerschaft. Dabei stellen unseres Erachtens allerdings die Gefahren der missbräuchlichen Anwendung der Pränatalmedizin keinen hinreichenden Grund dafür dar, um diese angesichts ihrer positiven Seiten vollständig zu verbieten. Wir werden gut daran tun, durch fortlaufende Diskussionen im Zusammenhang mit den neuen Möglichkeiten, die sich auftun, weiterhin die Grenzen zu definieren, innerhalb derer sich der Handlungsspielraum der beteiligten Akteure bewegen darf.

Aspekte der Präimplantationsdiagnostik

Tanja Krones

Immer wieder haben neue wissenschaftliche Erkenntnisse und Möglichkeiten sowohl große Erwartungen als auch tiefe Ängste und Befürchtungen geweckt, insbesondere, wenn zwei oder mehrere wissenschaftliche Felder ihre Aktivitäten verschränken und Grenzen überschreiten, die zuvor als fraglos existent erschienen. In kaum einem Bereich hat die bundesdeutsche Diskussion um die Gentechnologie jedoch eine so breite Öffentlichkeit erreicht wie bei der Debatte um die Zulässigkeit oder Unzulässigkeit der Präimplantationsdiagnostik[1], die im Folgenden auf der Basis empirischer Erhebungen ausführlich analysiert werden soll.

1 Die Debatte um die PID

Die Debatte wurde im Jahr 2000 durch einen Diskussionsentwurf der Bundesärztekammer zur PID angestoßen, der sich die Diskussion um die Stammzellforschung anschloss, welche bis heute andauert. Während die Stammzellforschung in Deutschland mittlerweile in engen Grenzen möglich ist[2], ist die PID, zumindest nach bisheriger Mehrheitsmeinung des Parlamentes, aufgrund des 1990 verabschiedeten Embryonenschutzgesetzes verboten.

Die PID ist einem Feld zuzuordnen, das auch als „Reprogenetik"[3] bezeichnet wird. Der Begriff weist direkt auf die enge Allianz von Fortpflanzungs- und Gentechnologien hin. Die PID-Technik ist dabei ein wesentlicher Teil der Reprogenetik, durch die es prinzipiell ermöglicht wird, außerhalb des Körpers entstandene Embryonen genetisch auf bestimmte Merkmale hin zu untersuchen, zu manipulieren und zu vernutzen. Sowohl das sogenannte therapeutische Klonen, als auch die embryonale Stammzellforschung sind bisher auf das Vorhandensein von Eizellen oder Embryonen angewiesen, die im Bereich der humanen For-

---

[1]   Deutsch abgekürzt PID, engl. preimplantation genetic diagnosis, PGD
[2]   Folglich der Beitrag von Ferdinand Hucho zur Stammzellforschung in diesem Buch
[3]   Vgl. zur Entstehung und Definition des Begriffs und des mit ihm bezeichneten wissenschaftlichen Feldes Erik Parens, Lori P. Knowles: Reprogenetics and Public Policy. Reflections and Recommendations, Washington 2003

schung von Frauen stammen, die sich einer invasiven Eizellentnahme unterzogen haben. Daher sind in der „Reprogenetik" verschiedene Interessenlagen ver-
mengt, die sowohl wissenschaftliche Grundlagenforschung, kommerzielle Motive, Heilung von Krankheiten als auch den Wunsch nach eigenen, gesunden
Kindern umfassen. Die PID selbst steht, wie auch der Name impliziert[4], allerdings direkt im reproduktiven Zusammenhang, wesentlich getragen von der Intention, Paaren die Geburt eines Kindes ohne das Vorliegen bestimmter unerwünschter Merkmale zu ermöglichen. Die Gemengelage mit anderen Intentionen als die der Fortpflanzung ist allerdings einer der wesentlichen Verdachts-
momente, die nicht nur aus sozialwissenschaftlicher Sicht hinsichtlich der PID
geäußert werden. Die Handlungsbedingungen, Intentionen, Motive und Interessen der Beteiligten, die Umstände, unter denen sich die Reprogenetik entwickelt, sind ein zentraler Gegenstand der sozialwissenschaftlichen Beschäftigung
mit Reproduktionsmedizin und Gentechnologie.

In der deutschen sozialwissenschaftlichen und auch feministischen Debatte werden die Handlungsbedingungen im Bereich der Fortpflanzungsmedizin und
Humangenetik häufig allein auf der Matrix einer spezifischen Hermeneutik des
Werks des französischen Philosophen und „Archäologen" humanistisch-ratio-
naler Denk- und Handlungsstrukturen, Michel Foucault, interpretiert. Darüber
hinaus stehen im Wesentlichen intendierte Handlungsfolgen sowie im Rahmen
der Gesellschaftstheorie der reflexiven Modernisierung und der „Risikogesell-
schaft" durch Ulrich Beck und Elisabeth Beck-Gernsheim seit Mitte der 80er
Jahre thematisierte unintendierte Nebenfolgen als Gegenstände bundesdeutscher
sozialwissenschaftlicher Forschung zur Reprogenetik im Vordergrund. Gefasst
wird die seit den 80er Jahren anhaltende Debatte um die Reprogenetik in
Deutschland als wesentliches Moment der sogenannten „Biopolitik". Hinter diesem in Deutschland erst in jüngerer Zeit zentral verwendetem Begriff[5] verbirgt
sich u. a. einer von vielen reflexiv (post-)modernen Neologismen, der ein neues
politikwissenschaftlich zu bearbeitendes und gesellschaftspolitisch zu regulie-
rendes Feld bezeichnet, welches durch die Anwendung „der Biowissenschaften"
auf „die Gesellschaft" entstanden ist. Anthony Giddens versteht die Entwicklungen der Reprogenetik, die er mit einer etwas anderen Konnotation als „life-
politics", als Lebens-Politik bezeichnet, als fundamentale Entgrenzung von Poli-

---

[4]   Prä-Implantations-Diagnostik = Diagnose vor Einnistung des befruchteten Eis in die Gebärmut-
      ter
[5]   Meines Erachtens erst seit 2000, als die Debatte um die Reprogenetik nach einer ersten Welle in
      den 80er Jahren neu entbrannte, vgl. hierzu Christian Geyer: Biopolitik, Frankfurt a. M. 2001;
      Wolfgang van den Daele: Einleitung. Soziologische Aufklärung zur Biopolitik, in: Wolfgang
      van den Daele (Hrsg.): Biopolitik, Leviathan Sonderheft 23, Wiesbaden 2005, S. 7-41

tik und konstatiert in der „zweiten Moderne" ihren Ortswechsel in den individuellen Bereich.[6]

Wenn wir also über Chancen und Risiken der PID sprechen, reden wir als Sozialwissenschaftler nicht mehr allein von einer umgrenzten Technik und deren Implikationen auf die Gesellschaft, sondern von einem zentralen Strukturmoment gesellschaftlich-technischer Koproduktionen, das uns alle betrifft, an dem wir alle teilhaben, gewissermaßen „mitstricken" als Produzenten, Ko-Produzenten und Reproduzenten, als „Experten" verschiedener Provenienz sowie als „Laien"[7]. Wir fragen, wie dies bereits Beck-Gernsheim in großer Voraussicht 1991 unternahm, als gerade das erste Kind nach PID geboren wurde und die Debatte in Deutschland dazu noch nicht konkret begonnen hatte, viel fundamentaler: „Die Fragen, um die es geht, rühren direkt an unser Weltbild, unser Menschenbild, unsere Grundwerte, und dies nicht über viele Zwischenschritte vermittelt, sondern direkt in unserem eigenen Leben, in Entscheidungen, die vielleicht schneller auf manche zukommen, als sie im Augenblick ahnen." Beck-Gernsheim fragte damals noch weiter: „Wie können wir Demokratie hier erhalten bei Entscheidungen, die so grundlegend sind, die den Kurs der Zukunft bestimmen?"[8]

Es geht also bei der PID ums Ganze. Und wenn es ums Ganze geht, gibt es seit Max Webers Werturteilsstreit mit der Deutschen Gesellschaft für Socialpolitik in der deutschen Sozialwissenschaft zwei Reflexe. Zum einen eine Rückbesinnung auf das „professionelle Mandat" einer „soziologischen Aufklärung" durch eine möglichst umfassende Entzauberung der Welt, einer möglichst neutralen, emotionslosen Darlegung von beobachtbaren Fakten, Determinanten, Auffassungen, Zusammenhängen ohne „normative Bewertung". Diese Haltung verteidigt beispielsweise Wolfgang van den Daele in einem der ersten programmatischen Aufsätze zur Biopolitik aus soziologischer Sicht, vor allem auch in Abgrenzung - analog zu Max Weber - zur philosophischen und häufig versteckt theologisch-christlichen Herangehensweise und Auslegung der ebenso als bioethisch verstehbaren biopolitischen Fragen.[9] Daele empfiehlt dann jedoch implizit einen explizit bioethischen Ansatz - denjenigen der Diskursethik - zur Lö-

---

[6] Anthony Giddens: Jenseits von Rechts und Links. Die Zukunft radikaler Demokratie, Frankfurt a. M. 2005; Anthony Giddens: Modernity and Self-Identity. Self and Society in the Late Modern Age, Stanford 1991

[7] Die es in dem modern gemeinten, klar abgegrenzten Sinn damit nicht mehr gibt.

[8] Elisabeth Beck-Gernsheim: Technik, Markt und Moral. Über Reproduktionsmedizin und Gentechnologie, Frankfurt a. M. 1991, S. 21

[9] Wolfgang van den Daele: Soziologische Aufklärung zur Biopolitik, a.a.O., S. 7ff.

sung der beobachtbaren Konflikte um die Reprogenetik und anderer Fragen unseres Lebens und Sterbens.

Zum anderen dominiert seit dem Positivismusstreit der 60er und 70er Jahre, wurzelnd in der kritischen Theorie Horkheimer und Adornos, der sozialwissenschaftliche Typus einer Totalanalyse der Gesellschaft aus einem Gestus häretischer Gegenexperten mit allumfassenden Wertungen, manchmal, aber nicht immer, unterfüttert von mehr oder weniger gut recherchierten Fakten. Zu diesem Typus zählen viele derjenigen Personen, die, wie schon oben angesprochen, unter Inanspruchnahme von Michel Foucaults Frühwerken im Feld der Biopolitik „entlarvungsartistisch"[10] eine Bio-Macht am Werk sehen, in der eine rein utilitaristische Bio-Ethik und Bio-Medizin gemeinsame Sache machen, um die Menschenwürde auszuhebeln und Gesellschaft zu de-humanisieren, die dieser Macht, mehr oder weniger bewusst korrumpiert, folgt; einer Gesellschaft also, der man nicht trauen kann und der man anscheinend selbst nicht angehört. Schuld sind damit immer „die anderen"[11], nicht aber man selbst. Was früher der Nationalsozialismus und Kapitalismus als Gegner war, ist heute „Bio" (Bio-Macht/-Ethik/-Medizin) und im Grunde mehr oder weniger eins. Das Aufsuchen historischer und gedanklicher Nähe von nationalsozialistischem und utilitaristischem Gedankengut zu den heutigen Debatten der Biopolitik gerade hinsichtlich der PID gehört zum Werkzeugkasten dieser Herangehensweise insbesondere des deutschen sozialwissenschaftlichen Diskurses zur Biopolitik der zweiten Art. Es gibt jedoch, wie neben Michel Foucault[12] ein weiterer intellektueller französischer Grenzgänger der Wissenschaften, Pierre Bourdieu[13], vehement formulierte, keine Intellektuellen, die außerhalb des Spiels sind. Man kann nicht mit der Macht brechen, sondern ist gerade auch als Intellektuelle/r immer ein Teil von ihr. Einfache Gegenüberstellungen der bösen Macht, der orthodoxen, naturwissenschaftlichen Experten und/oder der korrumpierten Gesellschaft mit häretischen, sozialwissenschaftlichen Gegenexperten sind ein Reflex derer, die vermeintlich kein Gewissen mehr zu haben brauchen, weil sie das Gewissen sind: „Das Tribunal, dem man entkommt, indem man es wird."[14] So ist man in der Lage, alles zu entzaubern, allein nicht den Drang, selbst zu orthodoxen, Macht ausübenden Wahrheitshütern werden zu wollen oder dies bereits zu sein.

---

[10]   Odo Marquard: Abschied vom Prinzipiellen, Stuttgart 2005, S. 13
[11]   Die bösen anderen: Humangenetiker, Bioethiker, Biomediziner, Frauen, die als Opfer oder Mittäterinnen unmoralische Techniken nutzen.
[12]   Vgl. u. a. Michel Foucault: Von der Subversion des Wissens, Frankfurt a. M. 1974
[13]   Pierre Bourdieu: Soziologische Fragen, Frankfurt a. M. 1993
[14]   Odo Marquard: Abschied vom Prinzipiellen, a.a.O, S. 12

Wenn es um Fragen des Menschen- und Weltbildes geht, wie es bei der Bewertung der PID augenscheinlich der Fall zu sein scheint, kann man sich auch als Sozialwissenschafter des ersten Typs normativen Fragen nicht entziehen. Wesentlicher scheint mir jedoch die aus der reflexiven Modernisierung und der neueren Wissenschaftstheorie aufscheinende und sich in immer mehr Feldern artikulierende Erkenntnis zu sein, dass sich Fakten von Werten nicht nicht-wertend trennen lassen; dass diese Trennung selbst eine zentrale Form der Grenzpolitik der linearen Moderne ist. Seit Beginn des letzten Jahrhunderts wurde das Subjekt in die Wissenschaftstheorie eingeführt. Erkenntnis ist demnach immer positional, d. h. von einem subjektiven, sozial und historisch situierten Standpunkt aus. Zu dieser Auffassung haben Naturwissenschafter und Mediziner[15] ebenso beigetragen wie Sozialwissenschaftler und Philosophen.[16] Dies heißt aber nicht, dass man sich ganz im Sinne der ersten Auffassung sozialwissenschaftlicher Beschäftigung auch bei Fragen, die „ums Ganze" gehen, nicht um eine möglichst umfassende, vorsichtige und so weit als möglich alle erreichbaren Auffassungen einbeziehende Faktenerhebung und Analyse bemühen sollte, zu der man allerdings immer seinen eigenen Standpunkt reflektieren und sichtbar machen muss[17] statt diesen zu negieren oder einzig und allein als Nebendeterminante bei der Faktenproduktion zu betrachten.

Diejenigen, die über „Ethik" schrieben, waren bis vor nicht allzu langer Zeit vorwiegend Philosophen und Theologen, diejenigen, welche sich mit dem Psychologischen und Sozialen befassten, Sozialwissenschafter und Psychologen. Mit der reflexiv gewordenen Moderne stellen sich alte Fragen und neue Fragen anders; neue Fragen werden mit alten Mitteln versucht zu beantworten und vice versa. Die hier praktizierte transdisziplinäre Herangehensweise[18] an die Problematik der Analyse und Bewertung der PID ist die einer empirischen Bioethik oder auch einer „ethisierten (Sozial-) Wissenschaft", welche die statischen Fächergrenzen nicht mehr respektiert. Man kann nicht über das Sein schreiben, ohne auf das Sollen Einfluss auszuüben; alle Theorien des Sollens sind ebenso nicht - wie von traditionell philosophischer Seite verteidigt - frei von empirischen sowie von historischen und sozialen Wurzeln der Theorie und derer, die sie vertreten. Ethische a priori gesetzte, a-empirische Universalitäts- und Allge-

---

[15] Albert Einstein, Sigmund Freud, Victor von Weizsäcker, Thure von Uexkuell, Bill Fulford u. a.
[16] Theodor W. Adorno, Ulrich Beck, Anthony Giddens, Emmanuel Castells, Richard Rorty, Judith Butler, Jacques Derrida, Jean Francois Lyotard, Michel Foucault u. a.
[17] Im Sinne einer Soziologie der Soziologen, a là Bourdieu
[18] Vgl. Tanja Krones: Der Beitrag der Sozialwissenschaften zur biomedizinischen Ethik. Ein interdisziplinäres Mehrebenenmodell, in: Marcus Düwell, Josef Neumann: Wie viel Ethik verträgt die Medizin? Paderborn 2005, S. 291-306

meingültigkeitsansprüche sind nichts als mental magic selbsterklärter Halbgötter, so auch einer der Begründer der pragmatischen Philosophie amerikanischer Prägung, der mit George Herbert Mead eng befreundete Philosoph und Sozialwissenschafter John Dewey.[19]

2 Die Entwicklung der Präimplantationsdiagnostik

In diesem Abschnitt werden zunächst die naturwissenschaftlichen Grundlagen und prinzipiellen Möglichkeiten der PID geschildert, bevor die tatsächlich stattgefundenen klinischen Entwicklungen zusammengefasst werden.

2.1 Medizinische Grundlagen

Die PID ist das erste und direkte Resultat der Reprogenetik als Verschränkung von molekularbiologischen und reproduktionsmedizinischen Techniken. Diese Verbindung wurde seit den 60er Jahren des letzten Jahrhunderts angedacht und an Kaninchen und Mäusen durch einen der Pioniere der in vitro-Fertilisation, Robert Edwards, erstmals erprobt.[20] Robert Edwards war auch bei der Entstehung des ersten „Retortenbabies" Louise Brown, die 1978 in England geboren wurde, der verantwortliche Naturwissenschaftler. Zunächst war es nur möglich, das Geschlechtschromosom zu markieren. Da bestimmte Erkrankungen „geschlechtsgebunden" sind, d. h., die für die Erkrankung verantwortliche Gensequenzen durch Geschlechtschromosomen vererbt werden, wodurch meist nur Jungen betroffen sind[21], war eine der ersten angedachten Methoden, bei solchen Erkrankungen zu ermitteln, ob die Embryonen weiblichen oder männlichen Geschlechts sind, und nur weibliche Embryonen einzusetzen. Die Methode war jedoch 30 Jahre lang beim Menschen nicht erfolgreich. Erst durch die Entwick-

---

[19] Vgl. John Dewey: Theorie der Forschung, Frankfurt a. M. 1986
[20] David Gardner, Robert Edwards: Control of the sex ratio at full term in the rabbit by transferring sexed blastocyts, in: Nature 218/1968, S. 346-349
[21] Viele geschlechtschromosomal vererbbare Erkrankungen werden X-chromosomal rezessiv vererbt, wie zum Beispiel die relativ bekannte Duchenne'sche Muskeldystrophie. Dies bedeutet, dass die Erkrankung dann tatsächlich ausbricht (im Phänotyp sichtbar wird), wenn das krankheitsversursachende Gen nicht durch das zweite „gesunde", dominante Gen unterdrückt wird. Da Mädchen zwei X-Chromosomen haben, und in aller Regel allein ein X-Chromosom der Mutter betroffen ist, bricht bei ihnen die Erkrankung nicht aus, da die Entstehung durch das dominante Gen auf dem zweiten X-Chromosom vom Vater unterdrückt wird. Sie sind aber zu 50% wie ihre Mutter Konduktorinnen, d. h. sie können das Gen weitervererben. Allein bei Jungen bricht die Erkrankung aus, wenn sie das X-Chromosom mit der krankheitsverursachenden Gensequenz erben, welches durch das Y-Chromosom nicht unterdrückt wird.

lung der sogenannten polymerase chain reaction (PCR) in den 80er Jahren, durch welche dann Sequenzen auf den Chromosomen vielfach vermehrt und damit messbar werden (sog. DNA Amplifikation) konnte die Methode erstmals 1989 von der Arbeitsgruppe um Alain Handyside bei zwei Frauen mit unterschiedlichen x-chromosomal vererbbaren Erkrankungen angewendet werden und führte 1990 zur ersten Geburt von weiblichen Zwillingen nach PID. Dass Zwillinge geboren wurden, ist kein Zufall: Die Rate von Mehrlingsschwangerschaften ist bei der Anwendung von künstlichen Befruchtungen regelhaft erhöht, die zur Durchführung der PID unabdingbar notwendig ist, um möglichst viele Embryonen zu erzeugen und außerhalb des Körpers der Frau zu untersuchen (siehe Abbildung 1). Die erhöhte Rate von Mehrlingsschwangerschaften hat vermutlich mehrere Ursachen. Zum einen werden in den meisten Ländern Frauen nach künstlicher Befruchtung ein bis maximal drei Embryonen eingesetzt, um die Schwangerschaftsrate zu erhöhen.[22] Zum anderen erfolgt in den meisten Protokollen zur künstlichen Befruchtung eine sogenannte Überstimulation der Frau, die selbst zu einer erhöhten Mehrlingsrate beitragen kann. Durch die Gabe verschiedener Hormone werden die Eierstöcke der Frau zur Produktion von mehreren reifen Eizellen gebracht, die dann meist in lokaler Betäubung oder in Kurznarkose abpunktiert werden. Die meisten Eizellen, die erreichbar sind, werden in einem IVF-PID Zyklus, um Verunreinigungen mit der DNA anderer Spermien zu vermeiden, meist mittels der sogenannten intracytoplasmatischen Spermieninjektion (ICSI) durch Einspritzung eines Spermiums befruchtet. Hierauf werden alle so befruchteten Eizellen in Kultur belassen. Von denjenigen, die sich bis zum mehrzelligen Stadium weiterentwickeln (ca. 40-60 %) werden dann möglichst alle biopsiert. Hierfür wird ein kleines Loch in die äußere Membran des frühen mehrzelligen (meist 8-16 Zellen) Embryos gebohrt und ein bis zwei Zellen entnommen. Diese werden dann mittels verschiedener molekulargenetischer Methoden untersucht. Kennt man eine bestimmte Gensequenz, die man auffinden möchte, wird diese mittels PCR-Technik, der Vermeh-

---

[22] Allerdings hat sich in vielen Ländern Europas, in denen, anders als in Deutschland, die Auswahl und Verwerfung von mehrzelligen Embryonen aufgrund der beobachten Weiterentwicklung nach morphologischen (äußerlich beobachtbaren) Kriterien gestattet ist (vgl. Abschnitt 3.1.), sich in den letzten Jahren zunehmend der sogenannte selektive Single Embryo Transfer durchgesetzt, wodurch die Rate der Mehrlingsschwangerschaften drastisch reduziert werden konnte. Zum Single Embryo Transfer folglich Christina Bergh: Single Embryo Transfer. A mini review, in: Human Reproduction 19/2005, S. 2415-2419; für die deutsche Debatte siehe Hartmut Kreß: Präimplantationsdiagnostik. Ethische, soziale und rechtliche Aspekte, in: Bundesgesundheitsblatt, Gesundheitsforschung, Gesundheitsschutz 50/2007, S. 157-167; Klaus Diedrich, Georg Griesinger: Deutschland braucht ein Fortpflanzungsmedizingesetz, Editorial, in: Geburtshilfe, Frauenheilkunde 66/2006, S. 345-348

rung bestimmter vorliegender DNA-Sequenzen untersucht. Diese Technik gelangt dann zum Einsatz, wenn eine PID aufgrund einer bestimmten monogeneti-
schen Erkrankung, wie zum Beispiel der Mukoviszidose, bei der das elterliche
krankheitsverursachende Gen bekannt ist, angewendet wird. Die PCR wird auch
dann verwendet, wenn sie für eine PID im Rahmen einer HLA-Typisierung
durchgeführt wird, um ein Spenderkind für ein erkranktes Geschwisterkind zu
finden.

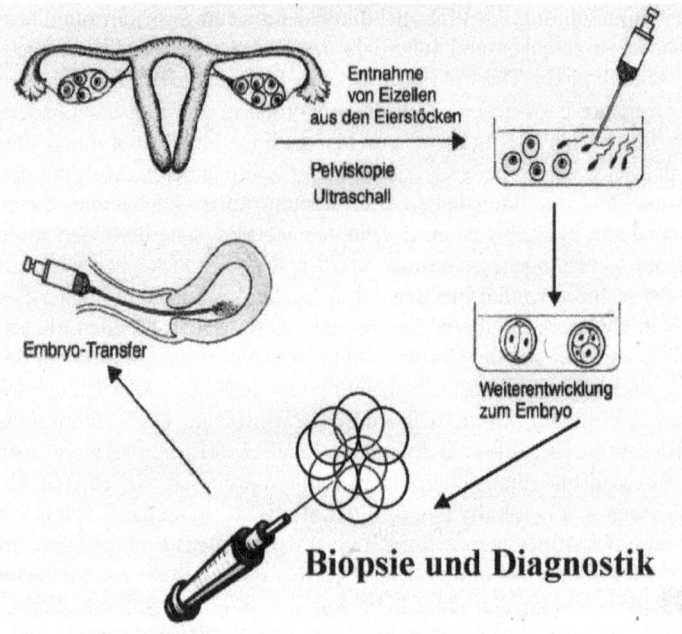

Abbildung 1: Der PID Zyklus

Hierbei liegt bei einem Kind aus einer Familie eine genetisch bedingte Bluter-
krankung, wie z. B. die im Mittelmeerraum gehäuft vorkommende Thalassämie,
oder eine Leukämie vor. Die PID wurde in solchen seltenen Fällen in verschiedenen Ländern, u. a. in Israel, Belgien und den USA eingesetzt, um die sogenannte Histokompatibilität der genetischen Ausstattung von Embryonen mit
dem erkrankten bereits geborenen Kind zu vergleichen. Die HLA Testung als
Parameter für die Histokompatibilität ist ein wesentliches Kriterium, um fest-

zustellen, ob es bei einer Transplantation von Empfänger- und Spendergewebe wahrscheinlich zu Abstoßungsreaktionen kommt. Wird das Geschwisterkind geboren, so wird nach der Geburt nach Abnabelung aus der Nabelschnur Blut entnommen, welches auch Stammzellen enthält. Diese werden aufbereitet und dem erkrankten größeren Geschwisterkind infundiert, wodurch es bei erfolgreicher Transplantation dieser Stammzellen sowie deren Ansiedelung im Knochenmark des erkrankten Kindes zu einer Heilung kommen kann. Die PID zur HLA-Typisierung betrifft jedoch nur sehr wenige Fälle.

Häufig kommt als molekulargenetisches Verfahren die sogenannte FISH (Fluoreszenz in situ Hybridisierung) zur Anwendung. Es werden so Chromosomen markiert und sichtbar gemacht, so dass auch eine Geschlechtsbestimmung bei geschlechtsgebundenen Erkrankungen, oder auch zur Feststellung des Geschlechts aus „sozialen Gründen" möglich ist. Diese Methode wird auch beim sogenannten Aneuploidiescreening[23] verwendet, bei welchem nach Chromosomenfehlverteilungen und Chromosomentranslokationen gesucht wird. Hierbei sind nicht einzelne krankheitsverursachende Gene auf Chromosomen vorhanden, sondern ganze Chromosomen oder Bruchstücke liegen zuviel, zuwenig, einzeln oder gebunden an andere Chromosomen vor. Die bekannteste Fehlverteilung ist die Trisomie 21, die zum Downsyndrom führt. Solche Fehlverteilungen kommen bei Schwangerschaften im höheren Alter häufiger vor, da Chromosomen in älteren Eizellen dazu neigen, sich während ihrer Teilungen nicht voneinander zu trennen, sind aber ebenso bei jungen Paaren möglich. Das Downsyndrom ist daher keine genetische Erkrankung, sondern beruht meist auf zufälligen Fehlverteilungen der Chromosomen. Manche Menschen haben in ihren Keimzellen jedoch Fehlverteilungen, die immer vorhanden sind, beispielsweise wenn ein Chromosom mit einem anderen gekoppelt ist. Chromosomenfehlverteilungen sind ein Grund für sogenannte habituelle Aborte, wiederholte Fehlgeburten bei natürlicher Befruchtung, aber auch ein Grund für das Implantationsversagen in der IVF, d. h. eine Ursache dafür, dass insbesondere bei älteren Paaren keine Einnistung der befruchteten Eizelle erfolgt. In Tabelle 1 sind die verschiedenen Indikationen, für die eine PID grundsätzlich möglich ist, aufgeführt. Hierbei sind bei vielen der genannten Möglichkeiten die Paare nicht steril, sondern unterziehen sich einer künstlichen Befruchtung allein um eine PID durchzuführen. Damit stellt die PID auch eine weitere Ausweitung der Indikation für künstliche Befruchtungen dar.

---

[23]   Preimplantation genetic screening, PGS

Anwendungsgebiet	Angewandte Technik	In Anwendung	Paare steril
Monogenetische, autosomal dominante und rezessive Erkrankungen	PCR	ja	meist nein
Monogenetische, x chromosomal rezessiv vererbbare Erkrankungen	PCR, FISH	ja	meist nein
Social Sexing (Auswahl des Geschlechts aus sozialen Gründen)	FISH, PCR	ja	meist nein
„Donor Sibling", „Saviour Sibling" (HLA-Gewebstypisierung für Auswahl eines Spenders von Nabelschnurblut für krankes Geschwisterkind)	PCR	ja (wenige Fälle)	meist nein
Auneuploidiescreening (PGS) bei älteren Frauen in der IVF	FISH	ja	ja
Aneuploidiescreening (PGS) bei mehreren fehlgeschlagenen IVF Versuchen (Implantationsversagen)	FISH	ja	ja
Aneuploidiescreening bei habituellen Aborten (mehreren Fehlgeburten)	FISH	ja (wenige Fälle)	eher nein
Auswahl erwünschter Eigenschaften (außer Geschlecht)	PCR; Chip Technologie	nein	meist nein

Tabelle 1: Übersicht der Anwendungsmöglichkeiten der PID

Erst seit jüngerer Zeit gibt es das Verfahren der PID-Haplotypisierung, durch welches mehrere DNA-Abschnitte repliziert werden können, statt für jede einzelne Veränderung (Mutation) ein eigenes Verfahren zu verwenden. Diskutiert wird auch die Möglichkeit, eine Vielzahl von Genen mittels der sogenannten DNA Chiptechnik zu untersuchen. Hierbei ist es auch grundsätzlich denkbar, dass Embryonen auf erwünschte Eigenschaften hin untersucht werden.[24] Dieser Anwendung stehen allerdings aus medizinischer Sicht noch mehrere Hindernisse im Weg. Zum einen sind erst wenige Gene beim Menschen bekannt, die für komplexe erwünschte Eigenschaften einen beeinflussenden Faktor darstellen. Die Vererbung solcher Eigenschaften ist multifaktoriell, hängt von vielen genetischen und epigenetischen[25], als auch von nicht genetischen Einflüssen und Gen-Umwelt-Interaktionen ab. Dies limitiert die Anwendungsmöglichkeiten der

---

[24]   Beispielsweise Faktoren, die zu Musikalität, Intelligenz etc. führen
[25]   Epigenetische Prozesse sind Möglichkeiten der Beeinflussung von genetisch verursachten Prozessen, Modifikationen der Expression von Genen durch biochemische Prozesse der DNA (Methylierung, Acetylierung) oder den Proteinen, auf welchen die DNA in den Chromosomen aufgewickelt ist (sogenannte Histone).

sogenannten „positiven Eugenik"[26] oder gar des Enhancements, wie z. B. Keimbahnmanipulationen zur „Verbesserung des Genpools".

Ein weiterer Umstand kommt hinzu. Auch durch die oben beschriebene Überstimulation können Eierstöcke nur eine begrenzte Anzahl von Eizellen produzieren. Insgesamt kann aufgrund der Belastung durch die Behandlung nur eine limitierte Anzahl von Zyklen durchgeführt werden. Viele Embryonen entwickeln sich nicht über das Mehrzellstadium hinaus. Jeder Mensch trägt Veranlagungen für rezessive genetisch (mit)-bedingte Erkrankungen.

Die Wahrscheinlichkeit, dass frühe Embryonen Chromosomenfehlverteilungen aufweisen, ist ebenfalls nicht gering. Wollte man eine Vielzahl von Erkrankungen ausschließen, hat man eine Präferenz für ein Geschlecht und möchte noch mehrere erwünschte Eigenschaften im Genpool des auserwählten Embryos enthalten wissen, bleiben von den weiterentwickelten Embryonen in einem Zyklus (5-10) vermutlich kaum Embryonen übrig, die sich zum Transfer eignen.

Im Prinzip sind alle Erkrankungen und Chromosomenfehlverteilungenn diagnostizierbar, die auch durch invasive Pränataldiagnostik mittels Fruchtwasserzelluntersuchung oder Chorionzottenbiopsie diagnostizierbar sind.[27] Tatsächlich sind die Voraussetzungen zur Nutzung von invasiver PND oder PID aus Sicht von Paaren mit einem bekannten Risiko für die Vererbung genetisch mitbedingter Erkrankungen auch sehr ähnlich. Beide Techniken weisen jedoch hinsichtlich ihrer medizinischen Grundlagen[28] Unterschiede zueinander auf. Zum einen ist bei der PID, aufgrund des wenigen vorhandenen DNA-Materials, der Möglichkeit eines Mosaiks[29] und aufgrund der Möglichkeit der Kontamination mit anderer DNA eine sichere Diagnose schwieriger. Es kommt manchmal zu Fehldiagnosen, so dass den Paaren, die sich einer PID unterziehen, nach wie vor geraten wird, eine Pränataldiagnostik im Verlauf der Schwangerschaft durchführen zu lassen, um die Diagnose zu verifizieren. Hierdurch kam es schon zu einzelnen Schwangerschaftsabbrüchen nach PID, aber auch zu Fortführungen der Schwangerschaften trotz Vorliegen einer genetischen Erkrankung. Auf der anderen Seite ist bei der PID eine Auswahl aus verschiedenen Embryonen mög-

---

[26] In Abgrenzung zur oben geschilderten „negativen Eugenik", der Auswahl aufgrund nicht erwünschter Eigenschaften

[27] Siehe hierzu den Beitrag von Becker/Bühl zur Pränataldiagnostik in diesem Buch.

[28] Weitere Vergleichbarkeiten und Unterschiede werden in den Abschnitten 4, 6 und 7 diskutiert.

[29] Ein genetisches Mosaik liegt bei einigen Menschen vor. Es bedeutet, dass nur einige Zellen eine Chromosomenfehlverteilung aufweisen, andere nicht. Da bei der PID nur 1-2 Zellen entnommen werden, kann es passieren, dass Zellen ohne Chromosomenfehlverteilungen biopsiert werden, das Kind jedoch mit einer Ausprägung des Syndroms einer Fehlverteilung geboren wird. Bei der Amniozentese und Chorionzottenbiopsie ist viel mehr Zellmaterial vorhanden und damit die Diagnose sicherer.

lich. Dabei wird aufgrund der vorhandenen Informationen selektiert, wobei theoretisch, wie geschildert, auf mehrere Eigenschaften hin untersucht werden kann. Die nicht ausgewählten Embryonen werden eingefroren, oder aber verworfen, d.h. sie sterben ab. In einigen Ländern ist es zudem möglich, dass der Embryo für andere Paare bei Zustimmung der Spendereltern zur Implantation freigegeben wird. Frühe, durch PID entstandene Embryonen sind zudem eine Quelle für die Herstellung von Stammzellen, in Ländern, wo dies möglich ist.[30] Bei der invasiven Pränataldiagnostik geht es um die genetische Diagnose bei einem bereits im Körper der Mutter weiterentwickelten Fötus. Hierbei steht häufig die Entscheidung an, ob die Schwangerschaft abgebrochen wird oder nicht, das heißt es geht um Geburt oder Abtreibung eines bestimmten Kindes. Eine „Auswahlmöglichkeit" unter verschiedenen Embryonen ist hierbei nicht gegeben, sondern es wird eine ja/nein Entscheidung bezüglich der Weiterführung der Schwangerschaft mit einem bestimmten Fötus getroffen.
Wie die klinischen Anwendungen der PID zurzeit konkret aussehen, wird im nun folgenden Abschnitt geschildert.

2.2 Klinische Entwicklungen

Wie auch die Pränataldiagnostik[31] hat sich die PID von einem Verfahren, welches zunächst nur für wenige Fälle von schweren genetisch bedingten Erkrankungen initial etabliert und diskutiert wurde, auf verschiedene weitere Anwendungsmöglichkeiten ausgedehnt. Nach den letzten veröffentlichten Daten des ESHRE PGD Konsortiums[32] wurden von den insgesamt bis 2003 berichteten 6.200 durchgeführten PID-Zyklen nur 46,3 % aufgrund eines vorher genau be-

---

[30] Unter anderem Israel, England, Schweden, private Unternehmen in den USA, siehe auch den Beitrag von Ferdinand Hucho zur Stammzellforschung in diesem Buch.

[31] Die Anwendung einer Technologie zunächst auf einen engen Bereich, der sich während der Entwicklung einer als gesellschaftlich sinnvoll erachteten Technik auf immer weitere Anwendungsfelder ausdehnt, ist für viele Technologien innerhalb und außerhalb des Gesundheitssektors, die sich etablieren, ein beobachtbares Phänomen. Soziale Brisanz erhält diese Erweiterung im Bereich der Pränatal- und Präimplantationsdiagnostik durch die Konnotation eines Dammbruchs hin zur generellen Menschenzüchtung, zur Erodierung gesellschaftlicher Moralvorstellungen und im Hinblick auf eine zunehmende geringere Akzeptanz von Menschen mit Behinderungen.

[32] Das ESHRE PGD Consortium ist ein Zusammenschluss vorwiegend europäischer Zentren, die alle durchgeführten PID-Zyklen dokumentieren und deren Ausgang an das Steering Committee senden. Waren dies zu Beginn der Datenerhebung 1999 noch 16 Zentren, so stieg die Zahl der teilnehmenden Zentren in der letzten Datenerhebung auf 50. Hierbei nehmen auch einige nicht europäische Zentren, wie indischen Zentren, an der Datenerhebung teil. Vgl. zu den Daten ESHRE 2002 und ESHRE 2007.

kannten genetischen Risikos[33] durchgeführt. Die Charakteristika der Erkrankungen, für die eine PID am häufigsten angewendet wurde, sind in Tabelle 2 beschrieben.

Bei weiteren 49,7 % wurde die PID in der IVF angewendet, dass heißt, bei Frauen, die sich aufgrund der eigenen Infertilität oder der Infertilität ihres Partners einer IVF unterzogen haben, und die PID zusätzlich angewendet haben, da sie älter waren und/oder wiederholt ein Implantationsversagen in der IVF hatten, d. h. nicht erfolgreiche IVF-Zyklen erlebt haben. In diese Zahlen gehen auch die wenigen Fälle von Paaren ein, die wiederholt Fehlgeburten erlitten haben, nicht steril sind und die PID aufgrund dieser Fehlgeburten durchgeführt haben.

Die Rate dieses Präimplantationsscreenings (PGS) ist in den letzten Jahren zunehmend gestiegen. Der Anteil des PGS lag in den Zyklen 2003 bereits bei 57,7 %. Im New England Journal of Medicine erschien 2007 jedoch das Ergebnis des ersten randomisierten, doppelblinden, kontrollierten Versuchs zum PGS bei Altersindikation, d. h. bei Frauen, die sich einer IVF unterziehen und über 35 Jahre alt sind, ohne dass es häufiger zu Implantationsversagen oder habituellen Fehlgeburten gekommen war.[34]

---

[33] Monogenetische Erkrankungen; monogenetische, geschlechtsgebundene Erkrankungen; bekannte Translokationen bzw. Chromosomenfehlverteilungen der Keimzellen; einzelne Fälle von HLA-Typisierungen

[34] Die Studie wurde in den Niederlanden durchgeführt, vgl. Sebastiaan Mastenbroek u. a.: In Vitro Fertilization with Preimplantation Genetic Screening, in: New England Journal of Medicine, 357/2007, S. 9-17. Randomisiert und doppelblind bedeutet, dass die Zuteilung von Frauen über 35 einem Zufallsprinzip entsprach. Hierdurch versucht man, bekannte und unbekannte Confounder (beeinflussende Variablen) auf die Interventionsgruppe (PGS) und die Kontrollgruppe (IVF ohne PGS) gleich zu verteilen. Doppelblind bedeutet, dass weder den Ärzten, noch den Patientinnen bekannt war, ob PGS bei ihren Embryonen durchgeführt wurde. Hierdurch wird der Effekt des Wissens über Behandlung und Nicht-Behandlung auf das Studienergebnis (Placebo Effekt) ausgeschlossen, und das Ergebnis hängt mit einer großen Wahrscheinlichkeit von der Intervention (hier: PGS) ab. Die Durchführung eines solchen Versuchs erfüllt damit den höchsten Standard der evidenzbasierten Medizin.

Erkrankung	Zyklen 2003	Kurz-Beschreibung klinischer Symptome
Huntington-Erkrankung	90	Autosomal dominant vererbte Erkrankung, die zu 100% bei Vorhandensein des Gens auftritt. Die Erkrankung ist in den Familien aufgrund des Erbgangs bekannt. Beginn im mittleren Lebensalter; Auftreten von neurologischen Symptomen, überschießenden Bewegungen bis zum völligen Kontrollverlust; Demenz; Tod meist innerhalb weniger Jahre
Mukoviszidose = Zystische Fibrose, CF	69	In unseren Breiten sehr häufige autosomal rezessiv vererbbare Erkrankung. Die Eltern erfahren daher meist erst bei Geburt oder Fehlgeburt des Kindes von ihrer Veranlagung. Betroffen ist die Sekretproduktion verschiedener Drüsen. Dominierende Symptome sind Atemprobleme durch zähen Schleim der Lunge und Verdauungsprobleme. Einige Kinder sterben bereits im Neugeborenenalter. Die Prognose hat sich in den letzten Jahren jedoch stark verbessert. Heute erreicht unter intensiver Therapie circa die Hälfte das 18. Lebensjahr, die Geburtsjahrgänge 1980 ff. haben bereits eine Prognose von 70 % mittlere Überlebenszeit bis zum 18. Lebensjahr.
Myotone Dystrophie	67	Häufige autosomal dominant vererbte Erkrankung, deren Symptome von Generation zu Generation stärker werden. Fortschreitende Muskelschwäche und verschiedene Störungen der Drüsen, Augenerkrankungen (Trübung der Linse), psychische Störungen, geringe Intelligenz
ß-Thalassämie	53	Autosomal dominante Erkrankung, die bei Vorliegen beider krankheitsverusachender Gene zum Tod im Kleinkindalter führt, bei Vorhandensein eines Gens eher milde Verlaufsformen; häufige Erkrankung aus Bevölkerungsgruppen des Mittelmeerraums. Störung in der Bildung des roten Blutfarbstoffs mit vermehrtem Abbau der roten Blutkörperchen. Schwere Blutarmut und Störung von Organfunktionen aufgrund von Eisenablagerungen (Ausfall von Leberfunktion, Nierenfunktion). Heilung mittlerweile durch HLA kompatible blutbildende Stammzellen von erwachsenen Spendern oder Spende aus dem Nabelschnurblut eines Geschwisterkindes (Donor Sibling) möglich
Spinale Muskelatrophie	29	Autosomal rezessiv vererbbare Erkrankung der Rückenmarksnerven, die sich als Muslekschwäche und Schwund äußert; deren schwerste Verlaufsform (Typ 1 Werdnig Hoffmann) führt im ersten Lebensjahr zum Tod
Fragiles X Syndrom	27	X chromosomaler Erbgang, bei dem auch Mädchen betroffen sein können; Obwohl das Gen bekannt ist, ist der Vererbungsmodus nicht ganz klar. Vor allem geminderte Intelligenz, die von Lernschwierigkeiten bis zu sehr starker Intelligenzminderung reichen kann; Jungen haben häufig weitere körperliche Auffälligkeiten.
Muskeldystrophie Duchenne	17	X chromosomal rezessiv vererbte Erkrankung, die nur Jungen betrifft. Beginn meist schleichend im Kleinkindalter; Umbau der Muskulatur zu Fettgewebe mit Beteiligung des Herzmuskels. Tod bei Duchenne noch im Kindesalter; beim wesentlich selteneren Typ Becker etwas milderer Verlauf

Hämophilie	14	X-chromosomal rezessiv vererbte Erkrankung der Blutgerinnung, fast nur Jungen betroffen, Symptome durch akute Blutungen auch bei leichten Verletzungen, Muskel- und Gewebseinblutungen; Probleme auch durch notwendige häufige Bluttransfusionen
Sichelzellenanämie	9	Autosomal dominant erblich, fast ausschließlich bei Menschen aus dem schwarzafrikanischen Raum auftretend. Führt zur Verformung der roten Blutkörperchen bei wenig Sauerstoff im Gewebe (u.a. bei Fieber) und im Verlauf zu vielen Schäden an den Inneren Organen. Tod häufig im Kindes- und Jugendalter
Adenomatöse polyposis Coli	9	Autosomal dominant vererbbare Erkrankung, die mit zunehmendem Alter zum tumorösen Umbau des Dickdarms führt. Wahrscheinlichkeit für die Entstehung von Darmkrebs extrem hoch; in höherem Lebensalter meist Dickdarmentfernung
Marfansyndrom	8	Autosomal dominant vererbbare Erkrankung, bei der es zu einer generalisierten Bindegewebsschwäche kommt. Menschen mit Marfansyndrom sind meist sehr groß und dünn. Probleme macht vor allem die Bindegewebsschwäche der großen Gefäße und Herzklappenfehler; daneben dominieren Augenerkrankungen. Menschen mit Marfansyndrom erreichen meist das Erwachsenenalter.
Andere	104	Verschiedenste Erkrankungen, Krankheitsschwere und Verlauf sehr unterschiedlich

Tabelle 2: Genetische Erkrankungen, die zur PID geführt haben[35]

Hierbei zeigte sich, dass es durch das PGS zu weniger Schwangerschaften und Lebendgeburten kam, als wenn durch PGS alle Embryonen biopsiert und nur diejenigen eingesetzt wurden, die diagnostiziert waren und sich weiterentwickelt haben.

Die Autoren erklären dies im Wesentlichen mit möglichen Auswirkungen der Biopsie auf die Implantationsmöglichkeit des Embryos, auf die geringere Anzahl von Embryonen, die nach Biopsie zur Verfügung stehen. Durch diese Ergebnisse ist zu vermuten, dass die große Gruppe derer, die ein PGS allein aufgrund ihres erhöhten Eintrittsalters haben durchführen lassen („Routine-IVF ab

---

[35]   Zur Übersicht siehe ESHRE 2007 (Supplementary Tables) und Tanja Krones u. a.: Einstellungen und Erfahrungen von genetischen Hochrisikopaaren hinsichtlich der Präimplantationsdiagnostik (PID) - Nationale und internationale Ergebnisse, in: Journal für Reproduktionsmedizin und Endokrinologie 2/2007, S. 112-119. Für schätzungsweise knapp 100 Erkrankungen wurde bisher eine PID-Diagnostik etabliert.
Da Symptome erst spät manifestierend auftreten, wissen Verwandte aus Huntingtonfamilien im gebär- bzw. zeugungsfähigen Alter, dass sie betroffen sind, wenn sie einen Gentest durchführen (Sicherheit des Gentests nahezu 100 %). Sehr häufig nehmen Betroffene jedoch das Recht auf Nicht-Wissen in Anspruch und verzichten auf eine Diagnose. Die PID wurde in manchen Fällen bei Paaren angewendet, die aus Huntington-Familien stammen, aber selbst nicht wussten, oder auch nach PID nicht wissen wollen, ob sie von der Erkrankung betroffen sind. Sie wollen jedoch das Vorhandensein der Erkrankung bei ihren Kindern ausschließen.

35") deutlich geringer werden wird. Diese Ergebnisse sind allerdings nicht direkt auf weitere oben beschriebene Gruppen übertragbar, die ein PGS durchführen lassen (wiederholtes Implantationsversagen, habituelle Aborte). In den ESHRE PGD Daten sind zudem für alle Zyklen bis 2003 4,1 % als Zyklen zum social sexing gekennzeichnet (2003: 2,7 %), d. h. die Bestimmung des Geschlechts wurde nicht aufgrund einer geschlechtsgebundenen Erkrankung, sondern aufgrund des Wunsches der Eltern durchgeführt, ein Kind eines bestimmten Geschlechts zu bekommen. Welche Zentren weltweit „social sexing" durchführen, ist nicht genau bekannt. Als 2002 zum ersten Mal durch das ESHRE Konsortium 2002 von social sexing berichtet wurde, bekannte sich ein teilnehmendes Zentrum aus Australien zu dieser Praktik, ebenso etwas später ein Zentrum aus Indien. Vermutet wurde, dass social sexing in Einzelfällen auch in den USA durchgeführt wurde, wobei dort häufiger als die PID zu diesem Zweck die sogenannte Microsort Technik angewendet wird, durch welche Spermien mit weiblichem und männlichen Chromosom durch Zentrifugation voneinander getrennt werden, und so die Wahrscheinlichkeit, ein Kind des gewünschten Geschlechts zu bekommen, deutlich ansteigt, wenn die erwünschte Spermienfraktion zur Befruchtung (häufig nicht durch IVF, sondern durch Insemination, d. h. Einbringen der Spermien zum Zeitpunkt des Eisprungs in die Scheide) verwendet wird. In Europa wird social sexing mit hoher Wahrscheinlichkeit bisher nicht durchgeführt; in der Debatte gibt es jedoch durchaus einige Stimmen, die das social sexing auch in Europa befürworten.

Klinischer Status	Anzahl (% aller Zyklen)	Erläuterung
Anzahl berichteter Zyklen	9.184	Alle Zyklen, bei denen Frauen mit Hormonen behandelt wurden und bei denen es zur Punktion und zur Eizellentnahme kam
Anzahl Embryonentransfer	6.592 (71 %)	Nicht in jedem Fall können Eizellen befruchtet, biopsiert, diagnostiziert werden und sind übertragbar.
Schwangerschaften	2.102 (23 %)	Als Schwangerschaft gelten alle positiven Schwangerschaftstests nach Embryotransfer, d. h. bei denen das Schwangerschaftshormon ß HCG nachgewiesen werden konnte; sogenannte chemische Schwangerschaften
Schwangerschaften mit Nachweis eines kindlichen Herzschlags	1.282 (18 %)	Wenn im Ultraschall der Nachweis eines Embryos bzw. Fötus mit einem nachweisbaren Herzschlag gelingt (in der Regel in der 8. bis 12. Schwangerschaftswoche) wird von klinischen Schwangerschaften gesprochen
Fehlgeburten (davon erstes Trimester)	163 142	Die meisten Fehlgeburten kommen, ebenso wie in Schwangerschaften ohne IVF/PID zu Beginn der Schwangerschaft vor; ob die Rate bei IVF/PID erhöht oder erniedrigt ist, ist bisher nicht systematisch untersucht worden.

Abbrüche (davon nach Fehl- diagnose)	10 4	Insgesamt wurde von 4 Abbrüchen der Schwanger- schaft aufgrund von Fehldiagnosen berichtet (vor 2003), 6 Abbrüche aufgrund von anderen Erkrankun- gen, die nicht untersucht wurden (u. a. Trisomie 18 bei einer anderen Chromosomenfehlverteilung) oder die nicht mittels PID untersuchbar sind, wie Fehlbildungen des Nervensystems (Spina bifida, Encephalocele). Ein Abbruch erfolgte aufgrund eines Turner-Syndrom Mo- saiks, welches wenig bis keinen Krankheitswert hat.
Geburten	1.177 (13 %)	Dokumentierte Geburten bis Oktober 2003, einige Schwangerschaften aus begonnenen Zyklen nicht ein- geschlossen, daher liegt die sogenannte Baby take home Rate pro Zyklus etwas höher; zusätzlich wurde von 65 normal verlaufenden Schwangerschaften berichtet, de- ren Geburt aber nicht dokumentiert werden konnte (loss to follow up)
Kinder Einlinge Zwillinge Drillinge	1.470 897 534 39	Daten bis Oktober 2003

Tabelle 3: Schwangerschaften und Geburten nach PID gemäß ESHRE 2007[36]

Die PID zur bereits oben erwähnten HLA-Typisierung wurde erstmals im Jahr 2000 in den USA durchgeführt. In einigen europäischen Ländern, wie England oder Belgien, wurde in Einzelfällen, teils begleitet von öffentlichen Debatten, eine HLA-Typisierung in Familien durchgeführt, in denen ein Geschwisterkind an einer tödlich verlaufenden Erkrankung leidet, die durch die Transplantation von Stammzellen aus dem Nabelschnurblut geheilt werden kann, dies gilt u. a. für verschiedene Formen der Thalassämie und erbliche Leukämieformen. Bisher wurden nach Schätzungen circa 2.000 Kinder in 17 Jahren PID geboren. 1.177 Geburten sind in den Daten des ESHRE PID Konsortiums dokumentiert (siehe Tabelle 3).
Davon waren 22,7 % Zwillinge und 1,1 % Drillinge, d. h. die Geburt von 1.470 Kindern ist in diesen Daten bis einschließlich 2003 enthalten. Wie oben bereits erwähnt, ist die Rate an Mehrlingsschwangerschaften in der IVF generell gegen- über den Schwangerschaften durch natürliche Befruchtung erhöht. Mehrlings- schwangerschaften sind jedoch mit einem deutlich erhöhten Risiko für Schwan- gere sowie die Kinder verbunden. Es kommt häufiger zu Schwangerschafts- komplikationen und Frühgeburten, die Kinder weisen häufiger Fehlbildungen auf.

---

[36] Daten einschließlich der letzten berichteten Daten aus den Zyklen 2003

Gegenüber Zwillingen ist das Risiko bei Drillingen oder gar Vierlingen noch-mals deutlich erhöht. Wie bereits geschildert, hat sich in den letzten Jahren in vielen Ländern, in denen dies möglich ist, der sogenannte Single Embryo Trans-fer in der „normalen IVF" durchgesetzt. Hierbei werden alle befruchteten Ei-zellen bis zum Blastozystenstadium (wenige Tage nach Befruchtung) in Kultur belassen, und lichtmikroskopisch untersucht, wie sich die Embryonen weiter-entwickeln. Allein ein Embryo, der sich äußerlich (morphologisch) am besten weiterentwickelt hat, wird in die Gebärmutter transferiert, die anderen Embryo-nen werden in der Regel eingefroren oder verworfen.[37] Hierdurch konnte die Mehrlingsquote drastisch reduziert werden, bei gleichbleibend hoher Schwan-gerschaftsrate, die teilweise deutlich über den Zahlen der IVF-Erfolgsrate aus Deutschland liegt.

Das gleiche Verfahren ist bei der PID schwieriger. Zum einen werden in der PID nur die Embryonen eingesetzt, die sich auch biopsieren ließen und eine Diagnose gestellt werden konnte. Manchmal tragen alle Embryonen, die sich weiterentwickelt haben, biopsieren und diagnostizieren ließen, auch das krank-heitsverursachende Gen. Hierdurch ist die Anzahl der Embryonen, die für den Transfer zur Verfügung stehen, gegenüber der normalen IVF geringer. Eine zu-sätzliche morphologische Beurteilung ist daher sekundär. Durch den Aufwand der Biopsie ist das Bemühen, die Schwangerschaftsrate nach IVF-PID Zyklus hoch zu halten, groß, so dass, wenn möglich und bei vorliegender Einwilligung der Frau, zwei Embryonen eingesetzt werden. Hierdurch ist aber die Rate an Mehrlingen nach PID international vergleichbar mit der Rate an Mehrlingen vor Einführung des Single-Embryo Transfers. Wie in Tabelle 3 aufgeführt, kam es bei allen berichteten Schwangerschaften insgesamt zu 27 so genannten Mehr-lingsreduktionen, d. h. einer Teilabtreibung von Mehrlingsschwangerschaften.[38] Es kam zudem zu einigen Fehlgeburten und zu insgesamt zehn Abbrüchen der Schwangerschaft aufgrund von Fehldiagnosen oder aufgrund von anderen, nicht durch PID untersuchten oder untersuchbaren Gründen.

Wie Tabelle 3 demonstriert, liegt die sogenannte „Baby take home Rate", die Wahrscheinlichkeit, ein Kind nach einem Zyklus zu bekommen, welche für die

---

[37] Oder diese „überzähligen Embryonen" werden an andere Paare weitergegeben („Embryoadop-tion") bzw. für die Forschung gespendet. Hierbei hat sich in einigen Ländern und an einigen Zentren eine Praxis etabliert, nach der die Kosten für die IVF für Paare geringer sind, wenn Embryonen an die Forschung oder an andere Paare gespendet werden. Diese Praxis wird im internationalen Medizin- und Bioethikdiskurs sehr kontrovers diskutiert.

[38] Abtreibung eines oder zwei Kinder bei einer meist höhergradigen Mehrlingsschwangerschaft von Vierlingen zu Zwillingen, Drillingen zu Zwillingen bzw. Einlingen und selten von Zwillin-gen zu Einlingen.

Eltern die relevante Größe darstellt, nach PID lediglich bei 13 % pro durchgeführtem Zyklus. Die Rate in der normalen IVF ist von Land zu Land und Zentrum zu Zentrum unterschiedlich, ist jedoch aus den bereits oben geschilderten Gründen deutlich höher. Viele Paare lassen drei Zyklen (teils mehr) durchführen, so dass die kumulative „Baby take home Rate" der gesamten IVF/PID Behandlung zwischen 30 % und 40 % liegen dürfte. Dies bedeutet jedoch auch, dass die Mehrheit der Paare, die sich einer PID unterziehen, ohne ein Kind aus der Behandlung entlassen wird.

Die meisten Paare, die aufgrund einer genetisch bedingten Erkrankung eine PID haben durchführen lassen, sind nicht steril und können ein Kind auf natürlichem Weg bekommen. Sie haben sich jedoch der PID Prozedur unterzogen, weil sie das Risiko nicht eingehen wollten, (noch) ein Kind mit der familiär bekannten genetischen Erkrankung zu bekommen, oder sie wollten keinen Schwangerschaftsabbruch durchführen lassen, so dass die Auseinandersetzung mit dem Kinderwunsch nach PID weiter bestehen bleibt - allein, die Paare sind älter geworden, was die Möglichkeit der natürlichen Befruchtung verringert. Zwar stieg die Anzahl der weltweit durchgeführten PID Zyklen insgesamt, wie geschildert, an, u. a. da neue Zentren in verschiedenen Ländern entstanden; in den europäischen Ländern, welche die Durchführung der PID in unterschiedlichem Maße zulassen und regulieren, kam es jedoch nicht zu einem sprunghaften Ansteigen der durchgeführten Zyklen. Künstliche Befruchtung macht im Gegensatz zur natürlichen Befruchtung keinen Spaß. Die PID betrifft jährlich in unseren unmittelbaren europäischen Nachbarländern bisher maximal 100-200 Paare pro Land, wovon allerdings sehr viele Patienten (u. a. in Belgien und Spanien) aus dem Ausland, u. a. aus Deutschland stammen.

3 Die Regulierung der Präimplantationsdiagnostik

In diesem Kapitel wird die unterschiedliche Herangehensweise der Implementierung, Kontrolle und Regulierung der PID in den europäischen Nachbarländern sowie in Deutschland dargelegt.

3.1 Internationale Herangehensweisen

In den letzten zehn Jahren wurde in den meisten Ländern Europas mit der Durchführung der PID begonnen, die in vielen Ländern von gesetzlich verankerten Reglementierungen flankiert wird (siehe Tabelle 4). Zurzeit wird ein Gutachten der Europäischen Union vorbereitet, welches die Situation hinsichtlich der PID in 25 europäischen Ländern untersucht.[39]

Die Debatten, welche die Einführung der PID begleiteten, sind von sehr unterschiedlicher Tiefe, Breite und Heftigkeit. Am intensivsten wurde die PID-Debatte neben Deutschland in Frankreich und in England geführt. Während man sich in Frankreich im Wesentlichen innerhalb der Reproduktionsmedizin und in den Medien austauschte, wurde die Debatte in England von Beginn an unter Einbeziehung der Bevölkerung geführt. Die für die Regelungen in der Reproduktionsmedizin seit dem 1990 in Kraft getretenen Human Fertilisation and Embryology Act zuständige Behörde Human Fertility and Embryology Authority (HFEA) sucht bei verschiedenen Verfahren[40] auch direkt durch öffentliche Konsultationen und Umfragen den Austausch mit der Öffentlichkeit. In einem kürzlich veröffentlichten Gutachten der Friedrich-Ebert-Stiftung[41] wird die aktuelle Situation in drei europäischen Ländern (Belgien, Frankreich, England) resümiert, die langjährige Erfahrungen mit der PID haben, sich jedoch bezüglich der Regelungen und den Grenzziehungen voneinander unterscheiden. Die Ergebnisse dieses Gutachtens seien an dieser Stelle kurz zusammengefasst. Hierbei wird bereits erkennbar, dass die Historien theologischer, philosophischer und politischer Diskurse in den einzelnen Ländern im Bereich der Biomedizin/Ethik/Politik eng miteinander verbunden sind, oder, anders ausgedrückt, in konkreten, aktuellen Entscheidungen gerade im Bereich der Reproduktionsmedizin die Inschrift der Geistesgeschichte des jeweiligen Landes sichtbar wird.

In Belgien findet sich hinsichtlich bioethisch relevanter Fragen insgesamt die Tendenz, zentrale Regulierungen weitgehend zu vermeiden und die meisten Entscheidungen den Akteuren vor Ort und den konkreten Situationen zu überlassen. Belgien hat damit eine der liberalsten permissivsten de-reguliertesten Herangehensweisen an ethische Grenzfragen auch im Bereich der Reproduktionsmedizin. Konkrete Verbote hinsichtlich der PID beziehen sich lediglich auf die Geschlechtswahl aus nicht-medizinischen Gründen und die Selektion oder Keimbahntherapie bei nicht-krankheitsverursachenden Merkmalen. Das Angebot der PID wird von den Zentren, welche die PID durchführen, selbst ent-

---

[39] Erste Vorabergebnisse zeigen insbesondere Schwierigkeiten, die mit dem sogenannten „Reproduktionstourismus" zwischen Ländern der Europäischen Union zusammenhängen. Sobald die Ergebnisse offiziell vorliegen, sind diese unter www.jrc.es/home/pages/publications.cfm abrufbar.

[40] Unter anderem zur Zulässigkeit der PID bei spätmanifestierenden Erkrankungen

[41] Irmgard Nippert: Präimplantationsdiagnostik - ein Ländervergleich. Die aktuelle Situation hinsichtlich der gesetzlichen Regelung, der Anwendung und der gesellschaftlichen Diskussion in Belgien, Frankreich und Großbritannien, Bonn 2006

wickelt. Begleitet wird der Prozess von lokalen Ethikkomitees an den Kliniken, welche die PID anbieten. Dies ist einer der Gründe, warum an den belgischen Zentren mindestens 30 % der Paare aus dem Ausland, davon sehr viele aus Deutschland, stammen. Insgesamt unterscheidet sich das Spektrum des Angebots für genetische Erkrankungen trotz der liberalen Regelung qualitativ kaum vom PID-Angebot in anderen europäischen Ländern mit restriktiveren Regelungen. Zulässig ist in Belgien auch das PGS in der Routine-IVF, welches sich vermutlich nach den oben zitierten Studienergebnissen aus den Niederlanden wieder zurückentwickeln wird. Ebenfalls zulässig und in anderen Ländern noch verboten oder noch im Regulierungsverfahren ist die PID zur HLA-Typisierung, die in Belgien ebenfalls an einzelnen Zentren seit kurzem etabliert ist. Die öffentliche Debatte um die Reproduktionsmedizin verlief in Belgien eher sehr moderat. Im belgischen „Advisory Comitee in Bioethics" wurde jedoch durchaus um zentrale Fragen, wie die des Status des Embryos, heftig gestritten.[42] Generell besteht jedoch ein hohes Vertrauen in die Biotechnologie und die (belgische) Gesellschaft, mit den Möglichkeiten der Reprogenetik verantwortbar umzugehen. Die Politik ist in Belgien insgesamt, so auch Irmgard Nippert in ihrem Gutachten,[43] darauf ausgerichtet, gesellschaftspolitisch liberale Regelungen zu erwirken, auch um die vorhandenen Gegensätze und Konflikte zwischen den recht unterschiedlichen Gruppen der Wallonen und Flamen möglichst weitgehend zu tolerieren und zu minimieren. Das Land ist, ebenso wie die Niederlande, vom Protestantismus geprägt; die PID findet aber sowohl im katholischen als auch im protestantischen Teil Belgiens statt, u. a. auch an der katholischen Universität Leuven. Die Kirchen kommentieren bioethische Streitfragen moderater als beispielsweise in Deutschland. Belgische Ethiker, wie Guido Pennings, Reproduktionsmediziner und Genetiker wie Karen Sermon und Ingeborg Libaers haben ein große internationale Außenwirkung. Pennings ist einer derjenigen, der auch gegen ein Verbot des social sexing Argumente vorbringt.[44] Er betont, dass zwar medizinische Anwendungen der PID Vorrang hätten, es aber dennoch möglich sei, social sexing zuzulassen, wenn Paare dies wünschen, da nicht medizinische Gründe für eigene Reproduktionsentscheidungen nicht

---

[42] Bart Hansen, Paul Schotsmans: Stem Cell research. Trust in Progress through biotechnology. Some ethical reflections on the Belgian debate, in: Chris Gastmans u. a. (Hrsg.): New Pathways for European Bioethics, Antwerpen, Oxford 2007, S. 207-217

[43] Irmgard Nippert: Präimplantationsdiagnostik - ein Ländervergleich. Die aktuelle Situation hinsichtlich der gesetzlichen Regelung, der Anwendung und der gesellschaftlichen Diskussion in Belgien, Frankreich und Großbritannien, a.a.O., S. 28

[44] Guido Pennings: Personal desires of patients and social obligations of geneticists: applying preimplantation genetic diagnosis for non-medical sex selection, in: Prenatal Diagnosis 12/2002, S. 1123-1129

grundsätzlich verwerflich seien. Argumente, die den Status des Embryos oder aber negative Auswirkungen auf Menschen mit Behinderungen betreffen, werden in Belgien öffentlich eher selten vorgebracht. Es scheint in Belgien ein großes Vertrauen auch in ärztliche Selbstverpflichtungen im Bereich der Reprogenetik zu geben. Die aus Belgien vorgetragenen Argumente für eine weitgehend lokal regulierte und wenig reglementierte Reprogenetik beziehen sich auf der individualethischen Ebene im wesentlichen auf die Situation der Paare, insbesondere der Frauen, das Ethos des ärztlichen Berufs mit dem Primat der Abwendung von Schaden für Frauen, Paare und (zukünftige) Kinder und die Reproduktionsfreiheit als Teil einer liberalen, säkularen Staatsauffassung. Sozialethisch im Fokus ist aus belgischer Sicht der „Reproduktionstourismus", da aufgrund der Situation in Belgien die Zulassung von aus dem Ausland stammenden Paaren mittlerweile dazu geführt hat, dass an den sechs belgischen Zentren, welche eine PID durchführen, ein Drittel der Paare aus dem Ausland stammt.[45]

In Frankreich stellt sich die Situation etwas anders dar. Auch dort wird die PID durchgeführt, allerdings erst seit 1999 und unter recht strengen Auflagen, die im Rahmen der Bioethikgesetze interpretiert und durch eine zentrale Behörde, die Agence de la Biomédicine überwacht werden. Die Behörde untersteht direkt dem französischen Gesundheitsminister. In den Bioethikgesetzen, die 1994 verabschiedet wurden, ist ihre regelmäßige Überprüfung und Novellierung alle fünf Jahre vorgesehen, wobei sich die erste Novellierung um mehrere Jahre verzögerte. Auf der Basis dieser Gesetze ist die PID nur für Paare zugelassen, die Merkmalsträger einer genetischen Prädisposition für schwerwiegende genetische Erkrankungen sind, welche nach bisherigem ärztlichen Ermessen nicht heilbar sind. Beide Partner müssen in einem zugelassenen PID-Zentrum beraten worden sein, eine Ärztin/ein Arzt des Teams muss die Diagnose bestätigen und beide Partner müssen informiert zustimmen. Die PID darf nur für die bekannte familiäre Erkrankung durchgeführt werden; PGS ist ebenso wenig zugelassen wie social sexing. Die HLA-Typisierung für die Transplantation von Stammzellen aus Nabelschnurblut für ein Geschwisterkind ist nach dieser Auslegung zwar nicht möglich, da die Eltern nicht Träger des Merkmals sind. Hier ist aber eine Novellierung der Bioethikgesetze in Planung.

---

[45]   Vgl. Guido Pennings: Reproductive Tourism as moral pluralism in motion, in: Journal of Medical Ethics 28/2002, S. 337-341; Guido Pennings, Guido de Wert: Evolving ethics in medically assisted reproduction, in: Human Reproduction Update 4/2003, S. 397-404

Land	PID zulässig	Gesetzliche Regelung
Belgien	Ja	Ja, in Teilen
Dänemark	Ja	Ja
Deutschland	Nein	Indirekt (Embryonenschutzgesetz)
Finnland	Ja	Ja
Frankreich	Ja	Ja
Griechenland	Ja	Nein
Großbritannien	Ja	Ja
Irland	Nein	Nein (Verfassung)
Italien	Ja (seit 2008)	Ja
Niederlande	Ja	Ja
Norwegen	Ja	Ja
Österreich	Nein (noch)	Ja
Portugal	Unklar	Nein
Polen	Nein	Nein
Schweden	Ja	Ja
Schweiz	Nein	Ja
Spanien	Ja	Ja
Tschechien/Slowakei	Ja	Unklar
Türkei	Ja	Nein

Tabelle 4: Regulierung der PID in verschiedenen europäischen Ländern[46]

Obgleich die Regelungen eher eng sind, ist der Interpretationsspielraum der Zulässigkeit der PID in den einzelnen Zentren recht groß. Was genau eine schwere genetische Erkrankung ist, für welche eine PID angeboten wird, bleibt den Zentren selbst überlassen, so dass in den drei Universitätskliniken, welche die PID durchführen (Paris, Straßburg und Montpellier) eine differente Angebotspalette besteht. Seit der Novellierung der Bioethikgesetze in 2004 ist auch die Forschung an und Herstellung von embryonalen Stammzellen aus „überzähligen IVF Embryonen" zulässig. Die Debatte und auch die Prozesse, die zum Gesetzgebungsverfahren geführt haben, wurden im Wesentlichen durch Expertendiskurse geprägt, die jedoch durchaus auch zu manchen Zeiten ein reges Medienecho auslösten. Zwar wurde die Öffentlichkeit auch in die Entscheidungen der Gesetzgebung mit einbezogen, vorwiegend jedoch durch professionelle Verbände vertreten. Expertengremien und Expertendiskurse spielen wie in Deutschland

---

[46] Vgl. Tanja Krones, Gerd Richter: Preimplantation Genetic Diagnosis (PGD). European Perspectives and the German Situation, in: Journal of Medicine and Philosophy 5/2004, S. 623-640. Bezüglich Österreich gult: Laut Aussagen von österreichischen Rechtsexperten auf der Tagung „Der Status des extrakorporalen Embryos" in Freiburg im Breisgau (Oktober 2004) sowie von Uwe Körtner (Wien) auf der Tagung „Der Embryo - Ware, Rohstoff, Geschenk" in der Evangelischen Akademie Tutzing (Juni 2008) findet seit einigen Jahren über das Verbot der PID eine intensive Diskussion statt.

eine entscheidende Rolle. Insbesondere der Nationale Ethikrat Frankreichs, der bereits 1983 durch die Regierung eingesetzt wurde, hat auf die Gesetzgebung zur Biopolitik einen großen Einfluss. Der Ethikrat setzt dabei insbesondere auch auf die Repräsentanz möglichst aller gesellschaftlichen Gruppen. Anders als in Deutschland sind hier Vertreter der islamischen Gemeinden ebenso Mitglieder wie Abgesandte der christlichen Kirchen. Die Ansichten waren dabei in den 90er Jahren, als die Bioethikgesetze erstmals erlassen wurden, teilweise sehr kontrovers. Einer der bekanntesten französischen Reproduktionsmediziner, Jacques Testart, veröffentlichte gemeinsam mit Bernard Sele 1995 einen Artikel, in welchem er die PID als ein Instrument medizinischer Eugenik bezeichnete und die Einführung der PID kritisierte. Konservative Politiker und die katholische Kirche Frankreichs, aber auch einige prominente Vertreter der Ärzteschaft verhinderten in den 90er Jahren eine liberalere Regelung der PID, wie sie die sozialdemokratische Partei vorgesehen hatte. Ein gänzliches Verbot der PID wurde jedoch kaum vertreten, als einzige französische Organisation verlangt dies die katholische Kirche Frankreichs, nicht aber beispielsweise Behindertenverbände, die evangelische Kirche oder Ärzteorganisationen, wie in Deutschland. Mittlerweile, laut dem Gutachten der Friedrich-Ebert-Stiftung, ist die Diskussion in Frankreich jedoch abgeflaut, das öffentliche Interesse ist eher gering, und (fast) alle Beteiligten sind mit den bestehenden Regelungen recht zufrieden. Auffällig ist jedoch die insgesamt stark zentralisierte und von Experten geleitete Biopolitik, eine Tendenz, die den französischen Staat seit jeher prägt.

Die Situation in England, dem „Mutterland" neuer reprogenetischer Technologien, unterscheidet sich von der Frankreichs und Belgiens hinsichtlich mehrerer Punkte. Wie bereits weiter oben geschildert, ist seit 1990 mit der Verabschiedung des Human Fertilisation and Embryology Acts ebenfalls eine zentrale Behörde, die HFEA, für die Lizensierung und Überwachung der PID zuständig. Diese untersteht zwar dem britischen Gesundheitsministerium, ist aber dennoch in ihrem Vorgehen weitgehend unabhängig. Anders als in Frankreich und auch in Belgien (ebenso wie in Deutschland) war es von Beginn an ein Desiderat der englischen Biopolitik, Laien zentral in die Diskussion um Entwicklungen der Reproduktionsmedizin mit einzubeziehen. Bereits die sogenannte Warnock-Kommission unter Führung der Philosophin Mary Warnock, die drei Jahre nach Geburt des ersten Kindes nach IVF eingesetzt wurde, bestand aus Experten und Laien. In den Konstitutionsvereinbarungen der HFEA, welche den gesamten Bereich der Reprogenetik überwacht und lizensiert, ist ebenfalls festgelegt, dass sie im wesentlichen aus Laien ohne medizinische Expertise zusammengesetzt ist. Wie bereits erwähnt, sucht die HFEA hinsichtlich kontroverser Entwicklungen

im Bereich der Reprogenetik die öffentliche Meinung, so zur allgemeinen Einführung der PID, zur Lizensierung von bestimmten Indikationen, wie die Durchführung der PID für spätmanifestierende Erkrankungen, oder aber sie greift in ihren Darstellungen zentral auf Meinungsumfragen zurück, die allerdings nicht den alleinigen Ausschlag für die weitere Entwicklung geben. Die Debatte um die Entwicklung der Reprogenetik war jedoch von Beginn an, anders als des Öfteren dargestellt, durchaus kontrovers. „Pro-Life-Organisationen", konservative Abgeordnete, die katholische Kirche Englands und einige Vertreter/innen der Disability Rights Bewegung kritisierten bereits zum Zeitpunkt der Erstellung des Berichtes der Warnock Kommission die Durchführung von IVF, PID und Embryonenforschung. Die Disability Rights Bewegung vertrat jedoch selten vehement ein totales Verbot der Techniken. Die anglikanische Kirche hat zu Fragen der Bioethik eine eher liberale Haltung. Trotz mehrfach knapper Entscheidungen im Parlament setzten sich jedoch letztlich liberalere Regelungen durch. Im Fokus steht bei Entscheidungen, welche Paare zur PID zugelassen werden sollen, immer die besondere Situation, das subjektiv empfundene Risiko und die Belastung des einzelnen Paares. Zwar werden generelle Stoßrichtungen[47] zentral debattiert und reglementiert, Einzelfälle können diese Festlegungen jedoch immer wieder in Frage stellen. Diese Herangehensweise an konfliktäre Situationen ist auf dem Boden der englischen Politik und Philosophie zu verstehen.[48] In England herrschte seit Beginn der Moderne, seit den Schriften der englischen Empiriker Smith, Hume und Locke, der Nominalismus, Empirismus, Utilitarismus und Pragmatismus vor, getragen von einer großen Skepsis gegenüber allgemeingültigen, a priorischen, nicht-empirischen Herangehensweisen. Dem entspricht auch die Jurisdiktion, welcher der Fallbezug, das Case-Law statt allgemeingültiger Verfassungsregeln zugrunde liegt.
In England, wie in Belgien und Frankreich verboten ist das social sexing. Jedoch gibt es auch einige Stimmen in England, wie in Belgien (und auch in Deutschland), die sich für eine nicht-medizinische Geschlechtswahl aussprechen. Auch zu diesem Thema wurde von der HFEA eine Studie in Auftrag gegeben, die 2003 veröffentlicht wurde. Demnach ist eine Mehrheit der Briten (79 %) dagegen, dass Eltern das Recht bekommen sollten, das Geschlecht ihres Kindes zu wählen. Gemäß der Empfehlungen der Behörde wird social sexing

---

[47] Lizensierung von Erkrankungen in einzelnen Zentren, Regelung der Embryonenforschung, Herstellung von Embryonen zu Forschungszwecken, Zulassung oder Verbot der PID für HLA-Typisierungen, social sexing, oder spätmanifestierende Erkrankungen

[48] Vgl. zur Diskussion in England in Abgrenzung zur Situation in Deutschland auch Christine Hauskeller: How traditions of ethical reasoning and institutional processes shape stem cell research in Britain, in: Journal of Medicine and Philosophy 5/2004, S. 509-532

weder im Rahmen der PID, noch im Rahmen der Spermienaufbereitung (z. B. durch die Microsort Technik) erlaubt, keine Klinik erhält hierfür die Lizenz. Auffällig ist insgesamt, dass englische Forscher gerade in Grenzbereichen der Medizin an „vorderster Front" stehen. Nicht selten in Konferenzen erwähnt wird als eine Wurzel des britischen Denkens der Drang aus der britischen Kolonialzeit, neue Gebiete zu „erobern". Dies mag ein historischer Zug sein, welcher die britische Biopolitik mit beeinflusst, ist jedoch schwer empirisch nachzuweisen. In der Praxis ist es durch die Herangehensweise in England nicht zu einer deutlichen Ausweitung der PID gekommen; faktisch unterscheiden sich die Praxen in den drei vorgestellten europäischen Ländern nicht wesentlich voneinander. Insgesamt stiegen die Behandlungszahlen zwar an, liegen jedoch ähnlich hoch wie in Frankreich. Im Zeitraum 2002/2003 wurden in England 140 Patienten behandelt, es kam zu zwanzig Geburten nach PID. PGS ist, anders als in Frankreich zulässig, jedoch wurden im Vergleich zu anderen Ländern, wie Belgien, eher weniger PGS durchgeführt. In allen drei Ländern ist ebenfalls in begrenztem Umfang die Forschung an überzähligen Embryonen aus der IVF, sowie die Herstellung von embryonalen Stammzellen möglich. In Belgien und England ist zudem in einzelnen Fällen die Herstellung von menschlichen Embryonen zu Forschungszwecken genehmigt worden.

In allen hier und im zitierten Gutachten der Friedrich-Ebert-Stiftung vorgestellten Ländern wird die PID für genetisch bedingte Erkrankungen und Chromosomenfehlverteilungen in den Keimzellen zu 100 % von den Krankenkassen getragen, die PGS nur in Einzelfällen. Paare aus dem Ausland zahlen zwischen 1.500 und 4.000 Euro für eine PID Behandlung zuzüglich der IVF-/Medikamentenkosten.

In außereuropäischen Ländern, die hier nicht aufgeführt sind, wird die PID ebenfalls durchgeführt, wie in manchen Ländern in Südostasien, den USA, Iran und Israel. Weder im Islam noch im Buddhismus oder im Judentum existiert eine fundamental ablehnende Haltung gegenüber neueren Entwicklungen der Reproduktionsmedizin und der Reprogenetik. Der Islam ist hinsichtlich der Interpretation der Reproduktionsmedizin, anders als vielleicht aus europäischer Sicht zu erwarten, plural und pragmatisch. Im Iran sind Abtreibungen zwar prinzipiell verboten, wird jedoch ein eher symbolischer Blutzoll bezahlt, werden Abtreibungen durchgeführt. In Teheran befindet sich ein großes Zentrum für IVF, PID und Embryonenforschung, das Royan Institute. In der Türkei wird die PID an verschiedenen Zentren, u. a. in Ankara und Istanbul angeboten. Im Bereich etablierter Religionen steht die katholische Kirche mit ihrer grundsätzlich ablehnenden Haltung allein dar. In Israel sind die Ansichten zur PND, PID und

Embryonenforschung international gesehen sehr liberal.[49] Dies ist insbesondere hinsichtlich derjenigen Argumentation in Deutschland interessant, die eugenisches Gedankengut sowie nationalsozialistische Wurzeln im Denken und in den Praktiken der Reprogenetik erblickt.

In den USA findet sich die international recht einmalige Situation, dass eine strikte Trennung von privatem und öffentlichen Sektor sowie die weitgehend autonome Legislative in den einzelnen Bundesstaaten dazu führt, dass beispielsweise die Herstellung von Stammzellen aus überzähligen Embryonen mit öffentlichen Geldern verboten ist, die Nutzung von Stammzellen unter strengen Bedingungen jedoch möglich ist; im privaten Sektor ist fast alles erlaubt, beispielsweise auch die PID und Microsort-Techniken zum social sexing. Die PID war in den USA kein sehr großes Thema, wird jedoch von konservativen Abgeordneten und in einzelnen Staaten sehr unterschiedlich gesehen und teils vehement abgelehnt. Diese sogenannte use-derivation distinction im Bezug auf die (erlaubte) Forschung und (verbotene) Herstellung von embryonalen Stammzellen, sowie die prinzipielle Ablehnung des Schwangerschaftsabbruchs und der PID, die durch pragmatische Regelungen durchbrochen wird, ähnelt in mancher Hinsicht der deutschen Situation im Bereich der Reprogenetik, die in den nun folgenden Abschnitten beschrieben wird.

3.2 Die deutsche Situation

Die PID ist nach Mehrheitsmeinung des Parlamentes in Deutschland aufgrund des 1991 in Kraft getretenen Embryonenschutzgesetzes verboten und wird bisher in Deutschland nicht durchgeführt. So konstatiert der Schlussbericht der damaligen Enquetekommission „Recht und Ethik der modernen Medizin" zum damaligen Hauptthemenfeld PID der Kommission in der 14. Wahlperiode: „Während die PID in den USA schon seit 1990 angewandt und inzwischen auch in den meisten europäischen Ländern durchgeführt wird, ist sie in Deutschland durch das Embryonenschutzgesetz verboten."[50] Dieses Gesetz nennt zwar nicht die PID als Handlungsmöglichkeit und stellt diese unter Strafe, die Strafnorm ergibt sich gemäß dieser Meinung jedoch aus der Auslegung des Gesetzes. Es gibt hierzu allerdings unter den Verfassungsrechtlern sehr unterschiedliche Auffassungen, einige Autoren konstatieren ferner, dass unter Verfassungsrechtlern

---

[49] Vgl. zur Debatte in Israel gegenüber der Debatte in Deutschland auch Yael Hashiloni-Dolev: A life (un)worthy of living. Reproductive genetics in Israel and Germany, Dordrecht 2007

[50] Deutscher Bundestag, Schlussbericht der Enquetekommission „Recht und Ethik der Modernen Medizin", Berlin 2002, S. 27

die Mehrheitsmeinung nicht von einem Verbot der PID durch das Embryonen-schutzgesetz ausgeht.[51]

Der Geltungsbereich des Embryonenschutzgesetzes bezieht sich allein auf in vitro erzeugte Embryonen, die sich außerhalb des Körpers der Frau befinden. Embryonen im gleichen Stadium innerhalb des Körpers der Frau haben keinen solchen Schutz, der u. a. bedeuten würde, Verhütungsmethoden wie die „Pille danach" oder die Spirale zu verbieten, bei welchen es zur Befruchtung von Ei-zellen kommen kann, diese sich aufgrund der eingesetzten Verhütungsmethode jedoch nicht einnisten können. Das Strafgesetzbuch greift hier erst wieder nach Implantation, d. h. nach Einnistung des Embryos in die Gebärmutter der Frau; ab diesem Zeitpunkt gilt der §218 StGB („Abtreibungsparagraph").

Wie es genau zum Embryonenschutzgesetz kam, wird im nächsten Abschnitt geschildert. Die Intention des historischen Gesetzgebers war jedoch unstrittiger Weise teleologisch; die Herstellung von Embryonen außerhalb des Körpers soll-te allein darauf ausgerichtet sein, bei der Frau, von der die Eizellen stammen, eine Schwangerschaft herbeizuführen und die Embryonen vor anderen fremd-nützigen Eingriffen oder Verwendungen zu schützen. Das Gesetz entsprach der damaligen international etablierten Praxis der IVF, nach welcher man ungeprüft, eher mehrere, aber maximal drei frühe Embryonen unter Inkaufnahme eines er-höhten, aber als noch vertretbar erachteten Mehrlingsrisikos einsetzte, um so die Schwangerschaftsrate zu erhöhen. Das Verbot der PID wird nun aus mehreren Formulierungen des Gesetzes herausgelesen. Als Embryo gilt per Gesetz zum einen eine befruchtete Eizelle „vom Zeitpunkt der Kernverschmelzung an". Kurz nach dem Eindringen der Spermie entstehen in der Eizelle mikroskopisch zwei sichtbare „Ringe", die das jeweilige Erbgut des Mannes und der Frau enthalten. Dieses Stadium, welches nach 16-24 Stunden erreicht ist, wird auch als Vorkernstadium bezeichnet, dessen Produkt gilt gemäß der Definition des EschG noch nicht als Embryo, sondern als „befruchtete Eizelle". Sobald die bei-den Ringe jedoch sichtbar miteinander verbunden sind („Kernverschmelzung") gilt die befruchtete Eizelle als Embryo und steht damit unter dem vollen Schutz des Gesetzes. Mit diesem Embryo darf nun - nach der verbreiteten „substanzon-tologisch-deontologischen" Auslegung - nichts anderes getan werden, als diesen in die Gebärmutter der Frau zurückzusetzen, es sei denn, die Frau verweigert die Übertragung. Mit dem Begriff substanzontologisch-deontologisch fasse ich die Ansicht zusammen, nach welcher die Hauptintention des Embryonenschutzge-setzes nicht intentional teleologisch in der Motivation der Herbeiführung einer

---

[51]   Am explizitesten hierzu Monika Frommel: Auslegungsspielräume des Embryonenschutzgeset-zes, in: Journal für Reproduktionsmedizin und Endokrinologie 2/2004, S. 104-111

Schwangerschaft, sondern vorrangig oder ausschließlich in der Zuschreibung grundgesetzlich verbürgter Rechte an die biologische Substanz des Embryos besteht.[52] Folgt man dieser Auslegung, so ist der Beginn des menschlichen Lebens nicht auch in Relation zur Frau zu interpretieren.

Strittig ist innerhalb dieser Auffassung lediglich, ob bereits die Menschenwürde (Artikel 1) oder das Recht auf Leben (Artikel 2) und damit verbundene Schutzrechte und -pflichten auf den frühen Embryo nach Kernverschmelzung anzuwenden sind. Gilt Artikel 1 des Grundgesetzes sind die Schutzrechte absolut, da die Menschenwürde nicht abwägbar ist; gilt „nur" Artikel 2 („Recht auf Leben"), ist dieses in Ausnahmesituationen gegen andere Schutzgüter (u. a. in Notwehrsituationen) abwägbar. Nach dieser Auffassung ist die PID bereits deswegen verboten, weil mehrere nach § 8 definierte Embryonen entstehen, die nicht alle eingesetzt werden können, da das Risiko für höhergradige Mehrlinge immens hoch wäre. Nach strenger substanzontologisch-deontologischer Auslegung, an die sich vermutlich die deutschen reproduktionsmedizinischen Zentren bis heute halten, gilt die sogenannte „Dreierregel" auch in der Routine IVF, nach welcher, obgleich immer versucht wird alle abpunktierten Eizellen zu befruchten, maximal dreien gestattet wird, sich nach dem Vorkernstadium weiterzuentwickeln, und diese dann eingesetzt werden. Die befruchteten Eizellen im Vorkernstadium werden eingefroren oder verworfen.

Definition des Embryos (§ 8)
(1) Als Embryo im Sinne dieses Gesetzes gilt bereits die befruchtete, entwicklungsfähige menschliche Eizelle vom Zeitpunkt der Kernverschmelzung an, ferner jede einem Embryo entnommene totipotente Zelle, die sich bei Vorliegen der dafür erforderlichen weiteren Voraussetzungen zu teilen und zu einem Individuum zu entwickeln vermag.
(2) In den ersten vierundzwanzig Stunden nach der Kernverschmelzung gilt die befruchtete menschliche Eizelle als entwicklungsfähig, es sei denn, dass schon vor Ablauf dieses Zeitraums festgestellt wird, dass sich diese nicht über das Einzellstadium hinaus zu entwickeln vermag.
Generelle Strafbarkeitsfestlegung (§ 2)
(1) Wer einen extrakorporal erzeugten oder einer Frau vor Abschluss seiner Einnistung in der Gebärmutter entnommenen menschlichen Embryo veräußert oder zu einem nicht seiner Erhaltung dienenden Zweck abgibt, erwirbt oder verwendet, wird mit Freiheitsstrafe bis zu drei Jahren oder mit Geldstrafe bestraft.
(2) Ebenso wird bestraft, wer zu einem anderen Zweck als der Herbeiführung einer Schwangerschaft bewirkt, dass sich ein menschlicher Embryo extrakorporal weiterentwickelt.
(3) Der Versuch ist strafbar.

---

[52] Vgl. zu der Diskussion um die substanzontologische versus relationsontologische Auslegung weiter unten sowie auch Claudia Wiesemann: Von der Verantwortung, ein Kind zu bekommen. Eine Ethik der Elternschaft, München 2006, sowie Peter Dabrock, Lars Klinnert, Stefanie Schardien: Menschenwürde und Lebensschutz. Herausforderungen theologischer Bioethik, Gütersloh 2004

Strafbarkeitsdefinitionen in der Fortpflanzung (§§ 1, 3, 4, 5, 6, 7)
Strafbar sind: Übertragung von fremden Eizellen, Eizellspende, Befruchtung (Kernverschmelzung) von mehr als drei Eizellen, Befruchtung aus anderen Gründen als den der Herbeiführung
einer Schwangerschaft, Leihmutterschaft, Herstellung oder Übertragung von Embryonen gegen
den Willen der Frau oder des Mannes, Befruchtung durch den Samen eines bereits gestorbenen
Mannes, Übertragung auf Frauen von Embryonen, die künstlich manipuliert wurden, die Chimären (Mischwesen aus Mensch/Tier) darstellen oder die geklont wurden, Geschlechtswahl aus
nicht-medizinischen Gründen, Übertragung von menschlichen Embryonen auf Tiere

---

Abbildung 2: Zusammenfassung Embryonenschutzgesetz (EschG)

Die sogenannte Blastozystenkultivierung, die Beobachtung der Weiterentwicklung früher Embryonen nach morphologischen Kriterien und das Einsetzen allein des Embryo, der sich am besten weiterentwickelt, was international, wie bereits beschrieben, zum Goldstandard der IVF-Behandlung avanciert, ist demnach ebenfalls nicht möglich. Ein zweiter Grund für die Verbotsauffassung liegt
ebenfalls in der substanzontologisch-deontologischen Interpretation des Embryonenschutzgesetzes. Da auch jede einzelne einem Embryo entnommene totipotente Zelle[53] als Embryo „im Sinne dieses Gesetzes" gilt und die bei PID entnommenen Zellen – möglicherweise - noch diese Potenz besitzen, würde allein
auch durch die Vernutzung dieser Zelle zur Diagnostik ein Grundrechtsträger
getötet.
Aufgrund der hohen Rechtsunsicherheit wird die PID nicht durchgeführt; darüberhinaus gilt das deutsche Strafrecht prinzipiell auch für Deutsche, die an
Handlungen beteiligt sind, die im (europäischen und außereuropäischen) Ausland nach dort geltendem Recht straffrei sind. Eine dezidierte Kritikerin der
Gentechnik, Bioethik und Biomedizin, Erika Feyerabend, die bereits in den 80er
und 90er Jahren eine Protagonistin der Debatten um das Humangenomprojekt
und die Bioethikkonvention des Europarates war, hat 2001 auf der Basis der
Auslegung des deutschen Strafgesetzbuchs, bestärkt durch eine dementspre-
chende Äußerung der damaligen Justizministerin Herta Däubler-Gmelin[54],
Strafanzeige gegen Klaus Diedrich gestellt, die jedoch nach der Feststellung des
Anfangsverdachts nicht weiter verfolgt wurde. Diedrich ist Vorsitzender der
Deutschen Gesellschaft für Gynäkologie und Geburtshilfe sowie Direktor der
Lübecker Universitätsfrauenklinik und hatte bereits 1996 angekündigt, für ein
Paar mit Mukoviszidose den Antrag auf PID bei der lokalen Ethikkommission

---

[53] D. h. eine Zelle, die aus sich heraus nach Einnistung in die Gebärmutter zu einem Individuum
     heranwachsen kann
[54] Vergleiche dazu die Pressemitteilung von BioSkop e.V, online unter:
     www.bioskop-forum.de/pressemitteilungen/pid_wird_fall_fuer_justiz.htm

Lübeck zu stellen sowie in diesem Zusammenhang offen von einer Kooperation mit dem belgischen PID-Zentrum in Brüssel gesprochen. Diedrich war auch einer derjenigen, die im Jahr 2000 maßgeblich den Diskussionsentwurf der Bundesärztekammer zur Präimplantationsdiagnostik formuliert hatten, der mittlerweile zurückgezogen wurde. Dass in den letzten Jahren zunehmend deutsche Reproduktionsmediziner, Pädiater und Humangenetiker Informationen über belgische, spanische, tschechische, englische, türkische oder niederländische Zentren an Paare weitergeben und teilweise noch enger kooperieren, indem Paare in Deutschland die Stimulationsbehandlung bekommen, und dann zur PID in eines unserer europäischen Nachbarländer fahren, ist mittlerweile ein „offenes Geheimnis". Die PID wird hier zwar nicht durchgeführt, in Deutschland lebende Paare haben, wenn sie über genügend Kapital verfügen, jedoch verschiedene Möglichkeiten, eine PID-Behandlung zu bekommen, verbunden allerdings mit den zusätzlichen Strapazen der Anreise möglicherweise sogar unter Stimulationsbehandlung, was sich im Begriff „Reproduktionstourismus", der nach Sonne, Strand und Meer klingt, nicht wirklich abbildet. Mittlerweile dürften aber einige hundert Paare aus Deutschland die PID im Ausland in Anspruch genommen haben ungeachtet der mittlerweile etwas abgeschwächten, aber dennoch immer wieder aufflackernden Debatte um die PID und die Lage der Fortpflanzungsmedizin in Deutschland, deren historische Entwicklung und Hintergründe im nun folgenden Abschnitt beschrieben werden.

4 Argumentationslinien der deutschen Debatte um die PID

Der Anstoß zur aktuellen und erstmals zentralen Debatte um die PID wurde im März 2000 durch den „Diskussionsentwurf zu einer Richtlinie zur Präimplantationsdiagnostik" durch die Bundesärztekammer gelegt. In diesem Diskussionsentwurf wurde, eng am französischen Modell angelehnt, empfohlen, die PID für Paare mit einem hohen Risiko für die Vererbung schwerer genetisch bedingter Erkrankungen in einem einzelfallbezogenen, hochregulierten Verfahren zuzulassen. Nach diesem Diskussionsentwurf entbrannte um die Frage der Zulassung der PID eine heftige Debatte, die in parlamentarischen Gremien, einigen außerparlamentarischen Großveranstaltungen, wie dem von der damaligen Gesundheitsministerin Andrea Fischer veranstalteten Symposium zur Fortpflanzungsmedizin im Mai 2000 und dem IPPNW Ärztekongress in Erlangen 2001, im Deutschen Ärzteblatt und in den Feuilletons aller großen Tages- und Wochenzeitungen geführt wurde. In einem Forschungsseminar am Zentrum für Kon-

fliktforschung an der Universität Marburg haben wir die Debatte um die PID in
fünf deutschen Tageszeitungen inhaltsanalytisch untersucht. In fünf Tageszeitungen (FAZ, Die WELT, Süddeutsche Zeitung, TAZ und Oberhessische Presse) erschienen zur Thematik im Jahr 2000 insgesamt 94 Artikel, im Jahr 2001
bereits 666 Artikel.
Die Ergebnisse des Gesamttenors der jeweiligen Artikel sowie das Vorhandensein und die Tendenz rechtlicher Forderungen getrennt nach den Jahren 2000
und 2001 gibt Abbildung 3 wieder.

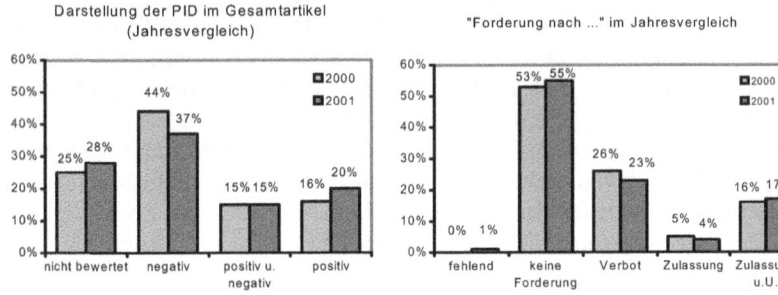

Abbildung 3: Analyse von fünf Tageszeitungen

Die Auffassung in allen Zeitungen des politischen Spektrums war demnach
recht ambivalent, wobei eine negative Konnotierung in der Darstellung der PID
und eine Forderung nach Verbot überwogen.
In dieser Zeit beschäftigten sich auch die bereits erwähnte Enquetekommission
„Recht und Ethik der Modernen Medizin" unter Vorsitz der SPD-Abgeordneten,
Familienrichterin und „Mutter" des Kompromisses der geltenden Regelungen
zum Schwangerschaftsabbruch, Margot von Renesse, wie auch der 2001 durch
Gerhard Schröder eingesetzte Nationale Ethikrat mit der Thematik. Die Debatte
um die PID wurde jedoch, wie die Inhaltsanalysen der Tageszeitungen ebenfalls
gezeigt haben, relativ bald von der Diskussion um die Zulässigkeit der embryonalen Stammzellforschung verdrängt, obgleich sie bis heute nicht völlig abebb-
te.
Während die embryonale Stammzellforschung mittlerweile jedoch in Deutschland nach Inkrafttreten des Stammzellgesetzes im Januar 2002 in engen Grenzen
möglich ist, ist die PID bis heute in Deutschland verboten. Böse Zungen behaupteten damals, der Nationale Ethikrat sei allein eingesetzt worden, um einer

forschungsfreundlicheren Politik hinsichtlich der Stammzellforschung die Türen zu öffnen. Tatsächlich waren die Voten, die hinsichtlich der PID von beiden Gremien ausgesprochen wurden, konträr: Die Enquetekommission sprach sich in ihrem Schlussbericht mit 16 zu 3 Stimmen gegen die Zulassung der PID aus. Die Mindermeinung, vertreten von der Vorsitzenden Margot von Renesse, dem ehemaligen Bundesjustizminister, FDP-Abgeordneten und Juraprofessor Edzard Schmidt-Jortzig und dem evangelischen Theologen Prof. Klaus Tanner, empfahl eine Regelung, die vorschlug, die PID im Strafgesetzbuch grundsätzlich zu ver- bieten, von diesem Verbot aber in bestimmten Einzelfällen abzusehen und nicht unter Strafe zu stellen. Dies entspricht der Formel „rechtswidrig aber straffrei", unter welcher auch die derzeitig gültige Regelung von Schwangerschafts- abbrüchen mittels § 218 steht. Die Vertreter dieses Votums gehören eher zu der- jenigen Generation, die bereits in den 70er Jahren in den Debatten um den Schwangerschaftsabbruch involviert war. Die vorgeschlagene praktische Rege- lung der PID lehnte sich sowohl an das englische, als auch an das französische Modell an. Es sollten nur schwere genetische Erkrankungen und Einzelfälle in Notlagen zur PID zugelassen werden; eine zentrale Stelle beim Bundesministe- rium für Gesundheit sollte, ähnlich der HFEA, Lizensierungen von PID-Zentren vornehmen und Überwachungsfunktionen wahrnehmen; lokal sollten Ethik- kommissionen und Fortpflanzungsmedizinzentren eng zusammenarbeiten und regelmäßig Berichte vorlegen, um in zwei Jahren nach Inkrafttreten der Rege- lung dem Deutschen Bundestag erneut eine Entscheidung über das Fortführen der PID auf der Basis bisheriger Erfahrungen zu überlassen. Die Mehrheitsmei- nung, vertreten von vier Abgeordneten und drei Sachverständigen der SPD, al- len Abgeordneten und Sachverständigen der CDU und Bündnis 90/Die Grünen und der PDS sprachen sich gegen eine Zulassung der PID aus. In den Reihen der Politiker und Sachverständigen im Mehrheitsvotum fanden sich viele Protago- nisten der Debatten um das Humangenomprojekt und die Bioethikkonvention der 80er Jahre.

Der Nationale Ethikrat, der sich nicht berechtigt sieht, Regelungen vorzuschrei- ben, favorisierte mehrheitlich eine Zulassung der PID, die für schwere geneti- sche Erkrankungen und auch für das PGS (Aneuploidiescreening) gelten soll, wenn sich wissenschaftlich ein Benefit beweisen ließe und ging damit über das eingegrenztere positive Minderheitenvotum der Enquetekommission hinaus[55],

---

[55] Die Unterzeichner des positiven Mehrheitsvotums waren Natur- und Geisteswissenschaftler, Mediziner, alle Juristen des Rates, Philosophen, Medizinethiker, ein aus der DDR stammender ökumenischer Theologe und ein Gewerkschaftsvertreter: Wolfgang van den Daele, Horst Dreier, Eve-Marie Engels, Detlev Ganten, Volker Gerhardt, Christiane Nüsslein-Vollhardt, Pe-

wogegen sich die Minderheit des Nationalen Ethikrates bei Existenz personaler Überschneidungen der Auffassung der Mehrheit der Enquetekommission weitgehend anschloss.[56]
Wie die Zusammensetzung der beiden zentralen biopolitischen Gremien bereits zeigt, kommen Befürworter und Gegner der PID aus ganz unterschiedlichen gesellschaftlichen Gruppierungen, was bereits viel über die Hintergründe und die Argumentationslinien der deutschen bioethisch-biopolitischen Debatte sagt, die nun umrissen werden sollen. „Grenzen der Gentechnik: Die Volksparteien sind zerrissen" kommentierte die Marburger Lokalzeitung Oberhessische Presse, mit Verweis auf die Bundestagsdebatte um die PID in 2001. Fast geschlossen gegen PID und embryonale Stammzellforschung trat in der Debatte Bündnis 90/Die Grünen auf. In der CDU fanden sich mehrheitlich kritische Stimmen und auch einige der fundamentalsten Gegner der PID und Stammzellforschung, wie der Bundestagsabgeordnete Hubert Hüppe, damaliger stellvertretender Vorsitzender der Enquetekommission und Vater eines Kindes mit Spina bifida, einer Fehlbildung des Rückenmarks mit sehr unterschiedlichen Schweregraden, die mittels PID nicht festgestellt werden kann. Eine gewichtige Minderheit der CDU, wie Angela Merkel, Peter Hinze und Wolfgang Schäuble sprachen sich gegen ein Verbot der PID und der Stammzellforschung und für eine vorsichtige Anwendungsregulierung aus. Die PDS war ebenfalls gespalten, jedoch mehrheitlich gegen die Einführung. Grundsätzlich für die Anwendung von PID und Stammzellforschung plädierte lediglich die FDP. Die Lage in der SPD war zum damaligen Zeitpunkt, als Volkspartei in Regierungsverantwortung, am schwierigsten. Die Wochenzeitung DIE ZEIT[57] titelte nach der Bundestagsdebatte und der Berliner Grundsatzrede vom 18. Mai 2001 des damaligen Bundespräsidenten Johannes Rau zur Gentechnologie und des gerade installierten Nationalen Ethikrats durch Gerhard Schröder: „Die Schlacht am Rubikon", „links (Verweis Bild Johannes Rau) die Moral, rechts (Verweis Bild Gerhard Schröder) der Profit" und sprach von einem möglicherweise heraufziehenden „moralischen Bürgerkrieg". Dazu ist es im Verlauf retrospektiv allerdings bisher nicht gekommen. Es wurde in den Jahren 2000 und 2001, dem bisherigen Höhepunkt der Intensi-

---

      ter Propping, Heinz Putzhammer, Bettina Schöne-Seifert, Richard Schröder, Spiros Simitis, Jochen Taupitz, Kristiane Weber-Hassemer, Ernst Ludwig Winnacker, Christiane Woopen.

[56]   Die Unterzeichner des negativen Mindervotums waren alle katholischen Theologen des Rates, der Ratsvorsitzende der Evangelischen Kirche, Vertreter aus der Behindertenbewegung, eine Professorin für Technikfolgenabschätzung, die bereits in der Enquetekommission Chancen und Risiken der Gentechnologien in den 80er Jahren mitgearbeitet hatte, sowie der ehemalige Justizminister und Vorsitzende der SPD: Gebhard Fürst, Wolfgang Huber, Regine Kollek, Christiane Lohkamp, Therese Neuer-Miebach, Eberhardt Schockenhoff, Hans Jochen Vogel.

[57]   Zeit Nr. 22/2001

tät des Diskurses um PID und Stammzellforschung zwar tatsächlich mit harten Bandagen gekämpft, mit einer Vielzahl von Argumenten auf unterschiedlichen Ebenen, Theoriegebäuden und Folgenabschätzungen. Margot von Renesse kommentierte dazu in der Bundestagsdebatte zur Gentechnik im Juni 2001, dass die in Deutschland häufig strapazierte Menschenwürde „kein Knüppel" sei, „mit dem man aufeinander einschlagen kann." Die Lager der Gegner und Befürworter, die sich im Jahr 2000 um die Themen PID und embryonale Stammzellforschung sammelten, waren jedoch bereits in den 80er Jahren entstanden, in denen in Deutschland die (post)-moderne Bioethik- und Biopolitikdebatte - im Vergleich zu den angloamerikanischen Ländern mit Verzögerung von zwei Jahrzehnten - mit der Diskussion um Chancen und Risiken der Gentechnologie[58] begann. Der Blick auf die Historie lohnt sich, da so die Wurzel mancher heutiger Argumentationslinien und vermeintlich fraglosen Gegebenheiten sichtbar wird. Eine wesentliche Rolle spielt hierbei die feministische Debatte und die neuen sozialen Bewegungen mit ihrem parlamentarischen Flügel, der Partei Bündnis 90/Die Grünen.

Für die feministische Debatte[59] insgesamt und die feministische Bioethik war der Umgang mit erwünschter und unerwünschter Kinderlosigkeit, mit natürlicher und medizinisch assistierter Fortpflanzung der erste Anstoß zu ihrer Konstitution als wissenschaftliche Disziplin in den Debatten um die Zulässigkeit zum Schwangerschaftsabbruch Anfang der 70er Jahre des 20. Jahrhunderts. „Ich habe abgetrieben" - so lautete der Slogan auf der Titelseite des Stern vom 2. Juni 1971. Durch die Kampagne, die durch die „Frauenaktion 70" unter dem Motto „Mein Bauch gehört mir" initiiert wurde, rückte die feministische Forderung nach reproduktiver Selbstbestimmung, nach Befreiung vom „Gebärzwang" vom Rand der bis dato marginalisierten feministischen Bewegung erstmals in die Mitte der Gesellschaft. Die Debatte um den Schwangerschaftsabbruch wurde ausgehend von US-amerikanischen Feministinnen wie Judith Thompson anfäng-

---

[58] So auch der Arbeitstitel der damaligen Enquetekommission

[59] Vgl. auch Tanja Krones: Fortpflanzungsentscheidungen zwischen Schwangerschaftsabbruch und assistierter Reproduktion - eine kritische Evaluation der deutschen feministischen bioethischen Debatte, in: Feministische Studien 1/2005, S. 24-39; Zur Debatte innerhalb der feministischen Bewegung und dem Bruch, welcher in der Debatte um Abtreibungen in der feministischen Bewegung durch die Kontroverse zwischen Feministinnen mit und ohne Behinderungen ausging vgl. Anne Waldschmidt: Normierung oder Normalisierung. Behinderte Frauen, der Wille zum „Normkind" und die Debatte um die Pränataldiagnostik, in: Sigrid Graumann, Ingrid Schneider: Verkörperte Technik - Entkörperte Frau. Biopolitik und Geschlecht, Frankfurt a. M. 2003, S. 95-109. Zur feministischen Debatte in Deutschland und den angloamerikanischen Ländern vgl. Heidi Hofmann: Die feministischen Diskurse über Reproduktionstechnologien. Positionen und Kontroversen in der BRD und den USA, Frankfurt a. M. 1999

lich im Kontext von Autonomie und Rechten der Frau thematisiert. Feministinnen verwehrten sich strikt gegen jedwede moralische Verurteilung und staatliche Bevormundung im Hinblick auf Entscheidungen von Frauen zum Schwangerschaftsabbruch. Ausgangspunkt ethischer Überlegungen war damit prinzipiell immer die Frau als zentrale moralische Agentin. Feministinnen sprachen Seit an Seit mit PolitikerInnen des liberalen und linken Spektrums allen Frauen grundsätzlich die Kompetenz und das Recht zu, sich hinsichtlich ihrer Fortpflanzungsentscheidungen in ihrem eigenen Sinne moralisch und situativ angemessen für oder gegen eine Schwangerschaft und für oder gegen die Austragung eines Kindes zu entscheiden. Die damalige Regierungskoalition aus SPD und FDP hatte in den 70er Jahren die Position vertreten, den § 218 gänzlich aus dem Strafgesetzbuch zu nehmen, wurde aber von einer durch die CDU eingereichten Klage vor dem Bundesverfassungsgericht davon abgehalten. Weder in der feministischen Debatte, noch in der Argumentation von SPD und FDP fand sich die Auffassung eines von der Frau unabhängigem Lebensrechts des Embryos, das gegen das fundamentale, grundgesetzlich geschützte Recht einer Frau, selbstbestimmt über ihren Körper zu entscheiden, in Anschlag gebracht werden könnte. Dieses Argument wurde auch aufgrund des dem Embryo intuitiv inhärenten „Nicht- oder noch nicht- Personenstatus" verworfen. Gefordert wurde damals unisono von SPD, FDP und aus feministischer Perspektive die ersatzlose Streichung des Paragraphen § 218. Demgegenüber legten die damaligen Kontrahenten der Frauenbewegung, die konservativen Kräfte in Parlament, Justiz und in der katholischen Kirche den Fokus auf den Embryo als dem vulnerablen Hauptakteur, für den Lebensschützer einzutreten hätten und dessen Leben auch gegen den Willen der schwangeren und im Falle eines Abbruchs unmoralisch handelnden Frau zu schützen sei. Der kategoriale Status des Embryos als Mensch von Anfang an wurde deduktiv aus religiösen oder universellen humanistischen Idealen hergeleitet.

In den 80er Jahren kam es im Zuge der Debatten um Gen- und Reproduktionstechnologien jedoch zu einem Umschwung, der schließlich, so treffend von Andreas Kuhlmann[60] formuliert, zu einer Allianz bisheriger fundamentaler Gegner/innen aus den Debatten um die Abtreibung der 70er Jahre führte: „In Deutschland sind es nicht selten ein im Kern christlicher Wertkonservativismus und eine linksalternative Herrschafts- und Ideologiekritik, die gemeinsam Front

---

[60] Andreas Kuhlmann, Journalist, Politologe und Philosoph, ist eine der wenigen liberalen Stimmen in der deutschen Behindertenbewegung, der in mehreren Veröffentlichungen die Ambivalenz der Gen- und Reproduktionstechniken und der Biomedizin betont und sich vehement gegen pauschalisierende Verschwörungstheorien wendet.

gegen die Biomedizin machen. Damit gehen ausgerechnet jene Ränder des etablierten politischen Spektrums nicht eigens deklarierte Koalitionen ein, die sich
in der Abtreibungsdebatte noch unversöhnlich gegenüberstanden."[61]
Den Kern dieser Kritik bildet eine gesellschaftspolitische Gesamtanalyse, die
am dezidiertesten von der Politologin Kathrin Braun, Expertin der Enquetekommission „Recht und Ethik der Modernen Medizin", in ihrer Habilitationsschrift
„Menschenwürde und Biomedizin" vertreten wird.[62] Diese Gesamtanalyse
nahm in den 80er Jahren im Zuge der sogenannten „Singer-Debatte" um die
international heftig diskutierten Thesen des von deutschen Juden abstammenden
australischen Bioethikers Peter Singer zur Euthanasie von schwerstbehinderten
Neugeborenen [63], der Debatte um die embryopathische Indikation des § 218 innerhalb feministischer Kreise sowie der Debatte um das Humangenomprojekt
und die Bioethikkonvention des Europarates insbesondere in der Partei Die
Grünen weiter Gestalt an. Die Argumentation beruht auf mehreren zentralen
Prämissen und Theorien.

Erstens: Es besteht zwischen der nationalsozialistischen Ermordung von Millionen von Menschen, u. a. von Menschen mit Behinderungen und psychischen
Krankheiten und den heutigen Praktiken der Biomedizin und Bioethik im Allgemeinen, sowie der Reprogenetik im speziellen ein direkter Zusammenhang.

Zweitens: Der Link wird in den Frühschriften von Michel Foucault gefunden.
Eine wichtige Reflexion aus seinen beinahe sämtlich auch ins Deutsche über-
setzten Frühschriften bezieht sich auf die Entstehung rationalen, humanisti-

---

[61]   Andreas Kuhlmann: Politik des Lebens, Politik des Sterbens, Berlin 2000, S. 8
[62]   Kathrin Braun: Menschenwürde und Biomedizin, Frankfurt a. M. 2000. In vielen Punkten ana-
       log stellen sich Argumentationen von weiteren Experten der damaligen Enquetekommission,
       Michael Wunder, Therese Neuer-Miebach und Sigrid Graumann dar.
[63]   Peter Singer vertritt in der philosophischen Ethik den sogenannten Präferenzutilitarismus, wel-
       cher sich dezidiert gegen christlich fundierte Ethikvorstellungen vom Menschen als Krone der
       Schöpfung und gegen die Vorstellung von der Heiligkeit der Schöpfung wendet. Zentral ist
       hierbei die These, dass sich praktische Ethik um das größte Glück der größten Zahl von Wesen
       bemühen müsse, die in der Lage sind, Präferenzen (Interessen) zu haben. Seine Theorie hatte
       weltweit vor allem im Bereich der Tierethik einen großen Einfluss. Singer ist ein Protagonist
       der internationalen Tierschutzbewegung, die sich u. a. gegen die Nutzung von Primaten in der
       pharmazeutischen Industrie wendet. Da Singer jedoch auch konsequent davon ausgeht, dass das
       Personsein von der Möglichkeit abhängt, Präferenzen zu haben, und die Vermeidung von
       Schmerz im Vordergrund steht, spricht aus der Sicht des Präferenzutilitarismus nichts dagegen,
       beispielsweise Neugeborene, die schwerste Behinderungen haben, und - so Singer - noch kein
       Eigeninteresse haben, unter Gabe wirksamer Schmerzmittel zu töten. Bei einem Deutschlandbe-
       such 1989 wurde Peter Singer u. a. von der Bundesvereinigung Lebenshilfe zu einer Podiums-
       diskussion eingeladen, die aufgrund massiver Proteste abgesagt wurde. Mehrfach wurde er von
       wütenden Demonstranten empfangen, die ihn als Nazi und Kindermörder beschimpften und ihn
       am Reden hinderten. Dies erscheint nicht nur aufgrund seiner Herkunft problematisch.

schen, modernen Denkens und die Historie von Machtverhältnissen. Foucault weist u. a. durch die Geschichte moderner Institutionen, insbesondere von Psychiatrie und Gefängnissen, als auch von privaten Sexualpraktiken nach, dass Rationalität, die moderne Medizin und die moderne Gesellschaft sich insgesamt dadurch etablieren konnten, indem abweichende Vorstellungen von Rationalität, Normalität und gutem Leben marginalisiert, institutionalisiert und therapiert wurden. Anders als die vormoderne Souveränitätsmacht und die öffentliche Strafe regiert nach Foucault in der Moderne eine Biomacht mittels verinnerlichter Normalitätsvorstellungen und Geständnispraktiken. Die Subjektformierung vollzieht sich unter den Prämissen dieser Machtbeziehungen, denen sich das Subjekt nicht (vollständig) entziehen kann. Auf dieser Matrix wird in den Entwicklungen der Humangenetik und Reproduktionsmedizin ein Wirken dieser Biomacht gesehen. Humangenetische Beratung, reproduktive Entscheidungen folgen den gesellschaftlichen Normvorstellungen eines „guten Lebens" ohne Krankheit oder Behinderung. Anders als die (vor-) moderne Eugenik der öffentlich gesteuerten Tötung von Menschen ist die „neue Eugenik", unter anderem im Rahmen der sich etablierenden Pränatal- und Präimplantationsdiagnostik subtiler. Durch „Einzelentscheidungen" gegen die Implantation oder Geburt eines Kindes mit der Veranlagung für die Entstehung einer Behinderung oder Erkrankung wird das gesamtgesellschaftliche Ziel der Biomacht erreicht, eine den Normalitätsvorstellungen genügende zukünftige Generation zu (re-)produzieren.

Drittens: Das Recht, fundamentale Verbote auszusprechen, wird auf der Basis der „Heuristik der Furcht", des „Vorrangs der schlechten vor der guten Prognose" und des „Rechts auf Nicht-Wissen" gemäß der Verantwortungs- und Zukünftigkeitsethik des Philosophen Hans Jonas eingefordert. Hans Jonas hat mit seinen Werken „Das Prinzip Verantwortung" (1979) und des 1985 in Deutschland erschienenen Sammelbandes „Technik, Medizin und Ethik" nicht nur die bioethische Debatte in den USA, sondern auch die deutsche Diskussion um die Begrenzung von Techniken mit begründet und insbesondere die Politik der neuen sozialen Bewegungen nachhaltig beeinflusst. Unter dem Eindruck der atomaren Bedrohung und den Forschritten der Medizintechnik sieht Jonas die Heiligkeit der Schöpfung und den Bestand der Menschheit bedroht und fordert mittels eines neuen Kategorischen Imperativs ein, die eigenen Voraussetzungen zu sichern: „Handle so, dass die Wirkungen deiner Handlungen verträglich sind mit der Permanenz echten menschlichen Lebens auf Erden."[64] Daher sind diejenigen, die sich in der paradigmatisch als staatsmännischen oder als elterliche Ver-

---

[64] Hans Jonas: Das Prinzip Verantwortung. Versuch einer Ethik für die technologische Zivilisation, Frankfurt a. M., S. 36

antwortung beschriebenen Haltung und Position sehen, berechtigt, in dubio pro malo[65] zu handeln, d. h. diejenigen zu stoppen, die Techniken in die Welt setzen, welche ein solches Potential der Zerstörung möglicherweise besitzen. Dazu gehört nach Auffassung von Hans Jonas die Gen- und Reproduktionstechnologie ebenso wie die Atomenergie.

Viertens: Eng mit der Jonasschen Verantwortungs- bzw. Zukunftsethik verbunden sind sogenannte Dammbruchargumente. Diese beziehen sich auf negative Folgenabschätzungen im Hinblick auf die Auswirkungen der Implementierung von Techniken durch Gebrauch und Missbrauch sowie auf die Veränderung des gesellschaftlichen Grundgerüstes und damit auf drei mögliche Schadensebenen[66] a) ein primärer, direkter, mittels jeder, als unmoralisch verstandener Einzelhandlung zugefügter Schaden durch den Gebrauch der Praktiken b) ein sekundärer Schaden, indem die Praxis missbraucht wird sowie c) ein tertiärer Schaden, indem die Gesellschaft durch die in Frage stehenden Praktiken hin zu unmoralischeren Haltungen sozialisiert wird. Der Gebrauch dieser Argumente im Rahmen der PID wird weiter unten geschildert.

Fünftens: Am dezidiertesten in der ökofeministischen Theorie, jedoch auch häufig in christlich-naturrechtlichen Auffassungen findet sich die Interpretation eines Dualismus von (schlechter, männlicher, zerstörerischer) Technik und (guter, weiblicher, erhaltender) Natur. Besonders im Bereich der Reproduktionsmedizin und Schwangerschaft wird die Argumentation vorgebracht, dass Kinder kriegen vor Technisierung des Fortpflanzungsgeschehens, der Technisierung der Zeugung (IVF, PID), der Schwangerschaft (PND) und Geburt (Einleitung, Überwachung, Kaiserschnitt) allein von „guter Hoffnung" getragen war. Betont wird das ethisch veritablere schicksalhafte Annehmen von behinderten, kranken und gesunden Kindern als Geschenk, der Verzicht auf Kinder oder die Adoption. Die IVF wird in diesem Rahmen vor allem als Schaden und Ausnutzung von Frauen interpretiert. Da der Schaden den Nutzen überwiege, sind gemäß diesem Argument weder IVF noch PID zu rechtfertigen.

Nun nehmen aber viele Frauen die PND und die IVF sowie mehrere hundert Paare mit einem Risiko für die Vererbung genetischer Erkrankungen die PID in Anspruch. Die Nutzung der PND und die Durchführung von Schwangerschafts-

---

[65]   Angesichts potentieller Fern- und Spätwirkungen stellt das Prinzip „in dubio pro malo" bei Hans Jonas eine Art Entscheidungsregel für den Umgang mit den verbleibenden Ungewissheiten dar: „Wenn im Zweifel, gib der schlimmeren Prognose vor der besseren Gehör, denn die Einsätze sind zu groß geworden für das Spiel." Hans Jonas: Das Prinzip Verantwortung, a.a.O., S. 74

[66]   Vgl. Bettina Schöne-Seifert: Medizinethik, in: Julian Nida-Rümelin (Hrsg.): Angewandte Ethik, Stuttgart 1996, S. 552-648

abbrüchen führten in den 80er Jahren zu Kontroversen zwischen Feministinnen mit Behinderungen und Feministinnen ohne Behinderungen.[67] Hier war es vor allem Swantje Köbsell die gemeinsam mit Theresia Degener die Debatte aus Sicht von Feministinnen mit Behinderungen hinsichtlich der sogenannten embryopathischen Indikation des Schwangerschaftsabbruchs in die Fraktion der Grünen und die politische Debatte einbrachte, und die Frauen damit nicht nur zu Opfern, sondern erstmals auch zu Mittäterinnen machte. Allerdings, so sieht dies auch Kathrin Braun[68], reichen die bisherigen Argumente trotz der möglicherweise geltenden „Heuristik der Furcht" nicht aus, um die PID in einem liberalen säkularen Staat wie Deutschland zu verbieten: „Eine Rechtfertigung von Verboten muss daher zeigen, dass mit der umstrittenen Praxis (PID, Embryonenforschung) direkt die Rechte anderer verletzt werden. Das aber setzt einen Rechtsträger voraus. Sofern die Frau der Nutzung dieser Praktiken formell zustimmt, kann dieser Rechtsträger nur der Embryo sein."[69]

So treffen sich nun die bisherigen Kontrahenten der Abtreibungsdebatte, Intellektuelle und Politikerinnen feministischer, linksalternativer und christlichkonservativer Provenienz bei der Beurteilung von Embryonenschutz, Pränatal- und Präimplantationsdiagnostik seit den 80er Jahren im absoluten Schutz des präimplantativen Embryos. Die Grünen waren Ende der 80er Jahr längst nicht mehr in der Fundamentalopposition, sondern beeinflussten als parlamentarische Opposition bereits die Politik. Nicht mehr allein von der CDU, sondern auch von den Grünen und von einigen SPD-Abgeordneten, wie etwa Herta Däubler Gmelin bereits im Zuge der Implementierung des Embryonenschutzgesetzes vertreten, dezidierter noch in der Debatte um die PID, wurde von einem Kreis mittlerweile einflussreicher, sich mit Bioethik und Biopolitik befassender feministisch orientierter Sachverständiger eine Argumentationsstrategie entwickelt, die in der internationalen feministischen Landschaft einzigartig ist:

Erstens: Dem Embryo an sich wird nun vom Zeitpunkt der Zeugung an ein Recht auf Leben und die Menschenwürde (im Sinne der Artikel 1 und 2 des GG) zugesprochen. Diese Zuschreibung erfolgt primär aufgrund dessen, dass es pragmatisch gesehen, auch entgegen der Intuition und ohne Rekurs auf univer-

---

[67]   Vgl. wie bereits weiter oben zitiert dazu Anne Waldschmidt: Normierung oder Normalisierung: Behinderte Frauen, der Wille zum „Normkind" und die Debatte um die Pränataldiagnostik, a.a.O.

[68]   Kathrin Braun: Eine feministische Verteidigung des Menschenwürdeschutzes für menschliche Embryonen, in: Sigrid Graumann, Ingrid Schneider (Hrsg.): Verkörperte Technik - Entkörperte Frau, Frankfurt a. M. 2003, S. 152-164

[69]   Kathrin Braun: Eine feministische Verteidigung des Menschenwürdeschutzes für menschliche Embryonen, a.a.O., S. 155

salistische Prinzipien „gute Gründe" gibt, den präimplantierten Embryonen „diesen Schutz zuzusprechen - im eigenen Interesse wie im Interesse aller geborenen Menschen."[70] Kathrin Braun greift jedoch zur stärkeren deduktiv-universalistischen Argumentation analog vieler katholischer Moraltheologen, einiger evangelischer Theologen, wie dem Ratsvorsitzenden der Evangelischen Kirche Deutschlands, Wolfgang Huber, und Philosophen, die sich in einem christlich-kantianischen Kontinuum stehen sehen. Dem Embryo wird ein absoluter Schutz, aufbauend auf dem Argument der Gattungsethik Kants, welche in die jüdisch-christliche Tradition der Gottesebenbildlichkeit des Menschen gestellt wird, zugesprochen.[71]

Zweitens: Die insbesondere von Regine Kollek, Sigrid Graumann, Therese Neuer-Miebach, Hille Haker und Ingrid Schneider vertretenen guten Gründe sind konsequenzialistische, sozialethische Erwägungen zu möglichen gesellschaftlichen Auswirkungen von PND, PID und Embryonenforschung, welche man durch den Rekurs auf den mit Individualrechten ausgestatteten „Bürger Embryo" verhindern will. Postuliert wird ein Dammbruch auf allen möglichen Schadensebenen: a) ein *primärer*, direkter Schaden durch den Gebrauch der Praktiken in Gestalt einer als unmoralisch bewerteten Einzelhandlung (als Schäden genannt werden hier die Tötung eines Menschenwürdeträgers durch Nicht-Implantation bei IVF oder durch den Abbruch einer Schwangerschaft sowie ferner die direkte Verletzung des Selbstwertgefühls von Menschen mit Behinderungen); b) ein *sekundärer* Schaden, indem die Praxis missbraucht wird (als Schäden genannt werden hier der Einsatz der PID/PND zur Geschlechtsselektion aus Präferenzgründen oder aus einer generellen Abwehr gegenüber Menschen mit Behinderungen), sowie c) ein *tertiärer* Schaden, indem die Gesellschaft durch die in frage stehenden Praktiken hin zu unmoralischeren Haltungen sozialisiert wird (als Schäden genannt werden hier die Entstehung eines sozialen Drucks auf Frauen, PND und PID gegen ihren Willen anzuwenden, sowie eine mittelbar stärkere Diskriminierung behinderter Menschen in der Gesellschaft, deren Geburt durch PND/PID als verhinderbar erfahren wird). Während bei der Annahme eines tertiären Schadens die Frauen selbst nicht zu Mittäterinnen werden müssen, führt die zusätzliche Annahme eines primären und sekundären Schadens zur Verurteilung derjenigen Frauen, die diese Praktiken durchführen, als unmoralisch handelnde Akteurinnen, gegen die der nun primäre Hauptakteur Embryo zu schützen ist.

---

[70] Hilla Haker: Ein in jeder Hinsicht gefährliches Verfahren, in: Christian Geyer (Hrsg.): Biopolitik - Die Positionen, Frankfurt a. M. 2001, S. 149
[71] Kathrin Braun: Menschenwürde und Biomedizin, a.a.O., S. 69

Drittens: Lediglich eine Ausnahme wird in dieser Argumentationsfigur noch als ethisch zulässig betrachtet: Die Entscheidung einer Frau zum Schwangerschaftsabbruch, wenn sie aufgrund eines jedweden Grundes kein Kind bekommen möchte, da Frauen ansonsten einem Gebärzwang unterlägen, der aus feministischer Sicht unhaltbar sei. Die Schwangerschaft wird als gemeinsame körperlich verbundene Zeitspanne zweier Menschenwürdeträger, der Abbruch als Selbstverteidigung analog zur Tötung in Notwehrsituationen konstruiert. Das Motiv, einen Fötus aufgrund einer vorgeburtlich diagnostizierten Erkrankung oder Behinderung abzutreiben, oder bei der IVF nur die Embryonen einzusetzen, die eine durch PID diagnostizierte Erkrankung oder Chromosomenfehlverteilung nicht aufweisen, wird dagegen aus unterschiedlichen Argumentationen heraus zu einer unethischen Handlung erklärt. Wenn eine Frau mit einem bekannten genetischen Risiko schwanger wird und diese nach PND einen Abbruch durchführt, erklärt Hille Haker die Entscheidung der Frau insgesamt für unmoralisch: „Für eine Schwangerschaft, die wissentlich willentlich mit dem Ziel herbeigeführt wird, sie abzubrechen, wenn die Pränataldiagnostik einen Krankheitsbefund ergibt, gilt das gleiche wie für die PID: Diese Haltung und das entsprechende Handeln ist ethisch unzulässig."[72]

Die Entscheidung für oder gegen die Austragung eines Kindes mit einer Behinderung oder chronischen Erkrankung wird in dieser Argumentation jedoch zumindest als Entscheidung der Frau akzeptiert, die Autonomie jedoch grundsätzlich in Frage gestellt. Dabei wird unterstellt, dass eine Frau, die sich für eine PID oder einen Schwangerschaftsabbruch aufgrund des Ergebnisses eines genetischen Tests entscheidet, dem Entscheidungsdruck vonseiten der Ärzteschaft und Gesellschaft unterliegt, ein solches Kind nicht zu bekommen. Oder es wird argumentiert, dass die Vielzahl der Frauen, welche diese Technik nutzen, gemäß der Foucault'schen Theorie von der neuzeitlichen Disziplinierung der Körper die macht- und staatspolitisch vorgegebenen, ethisch fragwürdigen Normierungen von Gesundheit und Krankheit verinnerlicht haben. Sie handeln daher unbewusst unethisch und betreiben eine „Eugenik von unten".[73] Ähnlich wird die Entscheidung von sterilen Frauen (oder Frauen mit einem sterilen Partner) für die Inanspruchnahme einer IVF als verstehbar, der zugrundeliegende Kinderwunsch jedoch als vorwiegend gesellschaftlich auf der Basis des patriarchalen

---

[72]   Hille Haker: Stellungnahme zur PID, PID Anhörung am 13.11.2000 in der Enquetekommission des Deutschen Bundestages, Berlin 2000, S. 2

[73]   Sigrid Graumann: Selektion im Reagenzglas. Versuch einer ethischen Bewertung der Präimplantationsdiagnostik, in: Michael Emmerich (Hrsg.): Im Zeitalter der Bio-Macht, Frankfurt a. M. 1999, S. 105-123. Anne Waldschmidt, a.a.O.; Kathrin Braun: Menschenwürde und Biomedizin, a.a.O

Frauen/Mutterbildes konstruiert und damit ebenfalls als nicht wahrhaft autonom gewertet.[74] Zudem sei die Erzeugung von Embryonen unter dem Vorbehalt, diese bei Vorliegen einer genetisch bedingten Erkrankung oder Chromosomenfehlverteilung nicht zu implantieren, aufgrund des Lebensrechts des Embryos an sich problematisch. Es stelle eine „Pervertierung der Intention" dar, unter deren Annahmen die künstliche Befruchtung entwickelt wurde, wenn Embryonen zur „Disposition ihrer Eltern" stünden.[75]

Die Trennung von Frau und Embryo, die sich im Zuge der Sichtbarmachung des Embryos im und außerhalb des Körpers der Frau in den letzten Jahrzehnten vollzogen hat, wie unter anderem die Körperhistorikern Barbara Duden eindrucksvoll geschildert hat, wird so zum Hauptargument der feministischen Debatte, die den Frauen selber nicht mehr über den Weg traut. Gemeinsam mit den damaligen Kontrahenten aus dem konservativen Lager wurden nun auf der Basis dieser Argumentation gemeinsame Voten für den Schutz des Embryos zur ethischen Einhegung bewusst oder unbewusst unverantwortlich handelnder Paare und gegen einen neuen gemeinsamen politischen Feind, den „liberalen Eugeniker" formuliert. Hierbei seien unsere europäischen Nachbarn auf dem falschen Weg. Da gerade in Deutschland aufgrund unserer Vergangenheit eine hohe Sensibilität gegenüber eugenischen, rassistischen Tendenzen und der Diskriminierung von Menschen mit Behinderungen vorherrsche, sollte man eher dafür werben, dass sich unsere europäischen Nachbarn wieder der strikten Verbotsreglementierung annähern, die im deutschen Sprachraum, Polen und Irland bestünde. Diese Haltung kommt am stärksten im Sondervotum der Grünen-Abgeordneten und Gesundheitsexpertin Monika Knoche im bereits zitierten Schlussbericht der Enquetekommission zu Ausdruck.[76]

Die Pro-Argumentation findet sich im Parlament selten in einer Form, welche allein die Vorteile der Techniken hervorhebt. Eine solche Argumentation findet sich neben einigen Äußerungen von FDP-Abgeordneten eher in Thesen naturwissenschaftlicher Grundlagenforscher, Reproduktionsmediziner, Philosophen und Bioethiker. In der aktuellen politischen Diskussion heben insbesondere viele Juristen im Parlament, sowie in bioethisch-biopolitischen Gremien hervor, dass unser Staat auf säkularen, toleranten, liberalen Wurzeln beruht, die es auch

---

[74] Hille Haker: Ein in jeder Hinsicht gefährliches Verfahren, a.a.O.; Sigrid Graumann: Präimplantationsdiagnostik - ein in jeder Hinsicht fragwürdiges Verfahren, in: Elmar Brähler u. a. (Hrsg.): Vom Stammbaum zur Stammzelle, Giessen 2002, S. 205-221

[75] Regine Kollek: Nähe und Distanz - komplementäre Perspektiven einer ethischen Urteilsbildung, in: Marcus Düwell, Klaus Steigleder: Bioethik - Eine Einführung, Frankfurt a. M. 2003, S. 232, 234

[76] Deutscher Bundestag: Schlussbericht der Enquetekommission, a.a.O., S. 210-216

und gerade im intimsten Bereich menschlichen Lebens, der Frage, wie und warum Menschen sich fortpflanzen, unbedingt zu schützen gilt. In der politischen Philosophie wird bereits seit Immanuel Kants „Grundlegung zur Metaphysik der Sitten" zwischen negativer und positive Freiheit unterschieden, was durch Isaiah Berlin in seinem berühmten Aufsatz „Two Concepts of Liberty" von 1958 weiter ausformuliert, und durch heutige Philosophen, wie Herlinde Pauer-Studer oder Charles Taylor aufgegriffen und einer Kritik unterzogen wird. Negative Freiheit bezeichnet hierbei den unbedingten Schutz der Autonomie vor äußeren, insbesondere staatlichen Eingriffen. Die Grenze der Freiheit liegt dabei im Schaden, der anderen durch freiheitlich begangene Handlungen entsteht. Positive Freiheit meint die zusätzliche Bereitstellung von Ressourcen, Freiräumen, Unterstützung, um die gegebenen Möglichkeiten tatsächlich leben zu können.

Das Mindervotum der Enquetekommission von Margot von Renesse, Edzard Schmidt-Jortzig und Klaus Tanner beginnt so auch mit der Frage, ob auf dem Boden unserer Rechtsordnung ein gesetzliches, strafrechtlich bewehrtes Verbot der PID legitimierbar ist, ob Paare mit einem hohen genetischen Risiko demnach Adressaten strafbewehrter Verbote sein können, und hebt damit auf das Moment der negativen Freiheit in Reproduktionsentscheidungen ab. Diese Auffassung der Stärkung negativer Freiheit im Fortpflanzungsgeschehen wird auch in Bezug auf die grundgesetzlich geschützte Elternschaft vertreten. Zwar hätten Menschen die Freiheit zur Familiengründung und -erweiterung, so dass ein Verzicht auf leibliche Kinder staatlich (und ethisch) nicht eingefordert werden könne. Es gebe jedoch keinen Anspruch auf ein leibliches Kind - noch weniger auf ein gesundes Kind, so dass von einer Interpretation einer positiven Freiheit im Fortpflanzungsprozess abgesehen wird.

Da das Strafrecht die schärfste Waffe des Staates sei, könne es nur dann gegen Handlungen eingesetzt werden, wenn höherrangige Rechtsgüter gefährdet sind. Hierbei sieht das Mindervotum im Rahmen der PID den primären Konflikt zwischen der Zulassung der PID und dem Schutz des Embryos als höchstrangigem Rechtsgut, dem auch nach Auffassung des Mindervotums verfassungsrechtlich der Schutz nach Artikel 2, Absatz 2 GG, das Recht auf Leben und eventuell sogar Art. 1 GG, die Menschenwürde zuzusprechen ist. Auch im Mindervotum wird davon ausgegangen, dass bei der PID ein Grundrechtsträger getötet wird, wobei nach dieser Auffassung nicht jeder Eingriff ins Lebensrecht einen Eingriff in die Menschenwürde bedeute. Im Weiteren wird die Konfliktsituation der Paare hervorgehoben, die sich einer PID unterziehen. Hierbei wird der sogenannte Wertungswiderspruch zwischen bisher etablierten Praxen, der invasiven PND und der IVF und dem Verbot der PID diskutiert, der auch bei der Argumentation für ein absolutes Verbot der PID als wichtiges Moment gesehen wird. Wertungswiderspruch meint das Bestehen eines Konfliktes in der Auslegung von grundlegenden Rechtsnormen und daraus folgenden widersprechenden Rechtspraxen. Ein Wertungswiderspruch ist dann gegeben, wenn zwei Handlungen mit ähnlichen Intentionen, Motiven und Folgen vom Gesetzgeber unterschiedlich gewertet werden. Im Rahmen eines Verbotes der PID ist zu fragen, ob hier ein Wertungswiderspruch vorliegt, wenn IVF und PND mit möglichen Spätabbrüchen geduldet, die PID aber grundsätzlich verboten wird. Befürworter der PID gehen häufig davon aus, dass dieser Wertungswiderspruch ohne Einschränkung gegeben ist; im Mindervotum ist dies nicht der Fall. Der Konflikt eines Paares, welches sich zu einer PID entschlösse, sei nicht direkt mit der Situation im Schwangerschaftskonfliktfall vergleichbar, da es hier um einen Konflikt zwischen zwei Grundrechtsträgern gehe, der nur in Ausnahmefällen zuungunsten des ungeborenen Kindes durch Abbruch der Schwangerschaft aufgelöst werden könne. Anders als in der Argumentation der Gegner der PID wird jedoch nicht davon ausgegangen, dass kein Konflikt bestünde, oder der Konflikt, so die Gegenargumentation, durch die Erzeugung von Embryonen erst herbeigeführt werde.[77] Es bestehe nach Auffassung der Mindermeinung in der weiteren Lebensplanung dennoch ein Konflikt, der ernst genommen werden müsse. Dem Gesetzgeber stehe es nicht zu, ein Urteil darüber zu fällen, ob sogenannten genetischen Hochrisikopaaren mit Kinderwunsch, die unbedingt die Geburt eines (weiteren) Kindes mit der familiär bedingten Erkrankung vermeiden wollen, jedoch keinen (weiteren) Schwangerschaftsabbruch mehr durchleben wollen, zuzumuten ist, auf weitere Kinder zu verzichten. Die bereits weiter oben dargestellte Lösung bestünde in einer Regelung analog §218, bei der die PID grundsätzlich verboten werden solle, in Ausnahmefällen jedoch straffrei bleiben könne. Auch auf die bereits oben dargestellten Dammbruchargumente wird im Minderheitenvotum Bezug genommen. Insbesondere die Befürchtung, die Einführung der PID könne zu einer verstärkten Diskriminierung von Menschen mit Behinderungen und zu einem verstärkten sozialen Druck auf Frauen/Paare führen, die Techniken zu nutzen, seien ernst zu nehmen. Sie könnten aber nicht - wie Hans Jonas fordere - zu einem Verbot von Techniken führen, die durchaus einen Nutzen für die Paare erwiesen hätten. Solchen Tendenzen sei mit anderen politischen Mitteln entgegenzuwirken. Dem Argument wird jedoch eher wenig Gewicht beigemessen. Hinsichtlich des Links zur nationalsozialistischen Vergangenheit, dem Faktum des bestehenden „Fortpflanzungstourismus" und der Argumentation, im Ausland werde unmoralisch gehandelt, unsere europäischen

---

[77] Siehe zum Wertungswiderspruch Abschnitt 6

Nachbarstaaten sollten sich daher an der deutschen Herangehensweise orientieren und deutsche Reproduktionsmediziner seien strafrechtlich zu verfolgen, äußert sich Margot von Renesse an anderer Stelle wie folgt: „Neben den verfassungsrechtlichen Überlegungen kommt noch etwas anderes hinzu: die Tatsache, dass die PID in vielen unserer Nachbarländer praktiziert wird. Die Hoffnung und Erwartung, unsere Partner in der EU würden sich unseren Vorstellungen anschließen, sind nicht sehr real. Vor allem werden sie dann nicht auf uns zu hören bereit sein, wenn wir uns als moralischen Leuchtturm hinstellen. Und dann noch mit dem Argument, unsere Moral sei deshalb so erhaben, weil sie vor 60 Jahren einen extremen Tiefpunkt erreicht hatte." [78]

Die Folgen und die Belastung der IVF-Behandlung sind gemäß dem Mindervotum der Enquetekommission ebenfalls zu bedenken. Hier sei es aber allein die Aufgabe, Paare umfassend über mögliche Risiken, Schäden und Nutzen der Behandlung aufzuklären, die Entscheidung liege jedoch bei den betroffenen Paaren, die informiert zustimmen können müssten, ohne dass der Gesetzgeber hier berechtigt sei, Vorschriften zu machen.

Demgegenüber gehen viele Argumentationen der Befürworter der PID außerhalb der parlamentarischen Diskussion nicht davon aus, dass der Embryo ein Rechtsträger sei, dem ein hochrangiger Schutz zukomme. So haben gemäß dem bereits weiter oben umrissenen Präferenzutilitarismus nur Wesen einen hohen Schutzanspruch, die Interessen haben können. Intendierte, ethisch vertretbare und erwünschte Handlungsfolgen sind bei der PID nach dieser Argumentation allein das „größte Glück der größten Zahl". Würden statt Kinder mit angeborenen Behinderungen oder Erkrankungen gesunde Kinder geboren, würde dieser Gesamtsummennutzen erhöht, was dem höchsten ethischen Prinzip des Utilitarismus entspreche. Dabei wird gemäß dieser Argumentation nicht nur umstandslos davon ausgegangen, dass ein Leben mit Behinderungen oder Erkrankungen prinzipiell ein weniger glückliches Leben ist, sowie auch, dass Behinderung und Erkrankung objektiv festlegbare und nicht (auch) sozial konstruierte Entitäten sind, was in der Medizinsoziologie, der Kulturanthropologie und insbesondere in der feministischen Wissenschaft und den disability studies bereits seit langem und gründlich widerlegt wird. Darüber hinaus werden die unintendierten Handlungsfolgen, die in den Dammbruchargumenten zum Ausdruck kommen, und die in den Theorien der späten Moderne eine herausragende Rolle einnehmen, meist komplett negiert. Wichtig erscheint mir jedoch die nicht nur im Präferenzutilitarismus, sondern auch in der (feministischen) Sozialanthropologie analysierte Wurzel in den Debatten um den Beginn menschlichen Lebens, die „Hei-

---

[78] Zuerst in: Die Woche vom 11.5.2001, wieder abgedruckt in: Christian Geyer, a.a.O.

ligsprechung der Biologie" und der westliche biologische Reproduktionsmythos, welcher in der substanzontologisch-deontologischen Auffassung sowohl
im Mehrheits- als auch im Mindervotum der Enquetekommission und in vielen
weiteren publizierten Statements in der bioethischen Literatur zum Tragen
kommt. Dass die Biologie auch ein kulturelles System ist, ist eines der zentralen
Erkenntnisse der Sozialanthropologie seit Beginn des letzten Jahrhunderts, die
u. a. von Sarah Franklin in ihrem Buch „Embodied progress"[79] hervorragend
analysiert und auf die heutige Praxis der IVF und später auch auf die PID bezogen werden, und die hier kurz zusammengefasst werden sollen.
Unser heutiges westlich-modernes, fraglos gegebenes Menschenbild ist insgesamt das einer rein biologisch begründeten Blutsverwandtschaft, der Darwinschen Genealogie einer (Bluts-) Einheit der Menschheit. Diese ist nach dem
archetypischen Bild des jüdisch-christlichen Stammbaumes temporär konstruiert. In diesem Stammbaum wird der einzelne Mensch, der biographisch nach
der katholischen Lehre seit dem Pontifikat Papst Pius IX mit der Befruchtung
beginnt, in einer rein biologisch blutsverwandtschaftlich interpretierten stamm-
baumartigen Ahnentafel als ein Punkt abgebildet.[80] Im 19. Jhdt. wurde durch die
Entdeckung der menschlichen Eizelle von Karl Ernst von Baer, die Forschungen
von Charles Darwin und die Reaktionen der katholischen Kirche auf diese Entdeckungen ein biologischer und normativer Essentialismus substanzontologi-
scher Prämissen der menschlichen Reproduktion etabliert, der letztlich Gott
durch die Natur, zuletzt im Humangenomprojekt durch die DNA ersetzt hat. Die
Biologie wurde in religiöse Glaubenssysteme übersetzt und damit bereits auf
Zellebene heilig gesprochen. Diese Vorstellung von biologisch-moralisch-reli-
giöser Verwandtschaft und Menschwerdung ist aber beileibe nicht universell,
sondern ist ein vor allem europäisch geprägtes knapp 200 Jahre altes Bild des
Menschen. Die Geschichte dieser Entdeckung der Sozialanthropologie ist auch
die Geschichte des westlichen Wissenschaftssystems, welches langsam erkann-
te, dass gerade das fraglos Gegebene in der eigenen Gesellschaft das am wenigsten Eindeutige, sondern das am meisten Verdrängte ist. Die Biologie ist in der
westlichen Sichtweise das, was Humanität ausmacht. Aus der Sicht vieler anderer Völker und auch bei uns vor der Darwinschen Revolution ist dies jedoch ein
grober Reduktionismus, indem davon ausgegangen wird, dass allein die Biologie einen Menschen zum Menschen mache und Verwandtschaft, Relation, Stammesgeschichte, wie bei Schweinen und anderen Tieren, vornehmlich auf der

---

[79] Sarah Franklin: Embodied progress. A cultural account of assisted conception, London 1997
[80] Vgl. dazu auch Sigrid Weigel: Genealogie und Genetik. Schnittstellen zwischen Biologie und
Kulturgeschichte, Berlin 2002

biologischen Verbindung, der Blutsverwandtschaft beruhe. Die Zeugung und Geburt eines Menschen, die Etablierung der Verwandtschaftsbeziehungen ist dagegen aus der Sicht vieler anderer Völker mehr als biologische Reproduktion - es ist die Verbindung zu den Ahnen, dem Clan und den Eltern. Der Mensch wird in einem transgenerationalen sozialen Kontext interpretiert. Es gibt noch andere, über die reine Biologie und individuelle Biographie fundamental transzendierte, eher kulturell als biologisch geprägte Menschenbilder und einen dementsprechend kulturell-geistlich interpretierten Reproduktionsmythos. Dagegen wird die Verwandtschaft und der „Sinn und die Heiligkeit des Lebens" im Westen seit dem 19. Jhdt. allein als biologische Blutsverwandtschaft interpretiert.

Vor Darwin war auch im Westen die Biologie und die Natur nicht der Kern von Verwandtschaftsbeziehungen des Menschen. Wie historische Untersuchungen zeigen, wäre noch in der Viktorianischen Zeit die Vorstellung, die Familienordnung beruhe auf natürlich-biologischen Faktoren, auf dem Geschlechtsverkehr zwischen Mann und Frau als moralisch völlig inakzeptabel angesehen worden. Die Familie beruhte damals fundamental auf moralischen Werten, nicht auf „biologisch-tierähnlichen Verhaltensweisen". Dagegen ist seit dem 19. Jhdt. die Biologie nun der moralisch entscheidende Kern des Reproduktionsmythos westlicher Gesellschaften geworden. Wie ambivalent die Beurteilung des Verhältnisses von Natur und Kultur ist, zeigt sich in den ethisch moralischen Wertungen normaler und abnormaler Sexualität und Verwandtschaftsbeziehungen sowie den Unsicherheiten, die durch die neuen reproduktionsmedizinischen Techniken entstanden sind. Im Westen werden Natur und Kultur in der Moderne als Dichotomie gedacht. Die Biologie wird dabei als natürlich gegeben betrachtet und die kulturellen Überformungen strukturalistisch oder funktionalistisch als Überbau interpretiert. Die natürliche Ordnung, die Rollen von Mann und Frau und die biologischen Verwandtschaftsverhältnisse werden so in einigen moralphilosophischen und den meisten moraltheologischen Argumentationen auch als moralische Ordnung interpretiert. Während das Verhältnis zwischen „Mann und Natur" in der Moderne als ein aktiv veränderbares Eingreifen interpretiert, und dieses als positiv, als Fortschritt gesehen wurde, gilt bis heute alles, was in der Familie zuhause „gegen die Natur ist" tendenziell als moralisch verwerflich. „Draußen" kann und soll der Mensch (Mann) in die Natur eingreifen und diese zu seinen eigenen Zwecken nutzen, „drinnen" gilt der heterosexuelle, „natürliche" Geschlechtsverkehr und die natürliche Zeugung, Schwangerschaft und Geburt als kulturell-moralisch höchstes Gut. Diesem moralisch aufgeladenen biologischen Menschwerdungs- und Verwandtschaftsmodell kommt die Reproduktionsmedizin in die Quere. Die „natürlichen" Verwandtschaftsverhältnisse der biologischen, reproduktiven, sozialen Vaterschaft und Mutterschaft fallen durch die Möglichkeit der Eizellspende, Samenspende und die Leihmutterschaft auseinander. Ebenso fällt durch die Erfahrungen mit der IVF der Mythos, wir hätten durch die Entdeckung der Eizellen und Samenzellen die „biologischen Fakten des Lebens" verstanden, wüssten tatsächlich, wie sich die Konzeption, Nidation (Einnistung) und die biologische Menschwerdung vollzieht. Nur wenige Eizellen lassen sich befruchten, noch weniger wachsen zu einem Kind heran. Erste Versuche verschiedener Stammzellforscher[81] zeigen die Möglichkeit auf, dass sich aus embryonalen Stammzellen wieder Ei- und Samenzellen entwickeln. Wenn diese sich irgendwann miteinander befruchten können, und von einer Frau ausgetragen werden - wer sind dann die Eltern? Zellen aus der Petrischale? Was bedeutet dies für unseren (rein biologischen) Reproduktionsmythos? Was ist dann der Mensch? Der Aufschrei ist dementsprechend groß: Die westlichen Basissicherheiten über das Wesen des Menschen, der westliche, im 19. Jhdt. entstandene „universell gegebene" biologische Reproduktionsmythos steht auf dem Spiel. Verschärft wird dieses Problem noch durch die kulturelle Hegemonie der katholischen Kirche und ihrem religiösen Reproduktionsmythos, der nach Papst Pius IX die vormalige Vorstellung der Sukzessivbeseelung, die in der jüdischen und muslimischen Tradition weiterbesteht, durch die Heiligsprechung der befruchteten Eizelle ersetzt hatte. Die Probleme, die wir nun in den vermeintlich biopolitischen Debatten um den moralischen Status des präimplantativen Embryos in Deutschland haben, sind damit wesentlich gegründet auf einer Mischung aus katholischem und biologisch-naturwissenschaftlichem Reproduktionsmythos, der biologisch (substanzontologisch)-religiös interpretierten Gottesebenbildlichkeit des westlich (christlichen) Menschen. Das Leben beginnt in unserer Vorstellung individuell vereinzelt mit der Befruchtung und endet mit dem biologisch individuellen Tod, zumindest solange, bis die Seele dieses Individuums in einer gleichen oder veränderten körperlichen Form wieder aufersteht. Der westlich-christliche Mensch ist weder transgenerational noch kulturell kontextuell in eine „Geistgemeinschaft" eingebunden, wie dies in den meisten anderen Kulturen dieser Welt der Fall ist.

Soweit zu den sozialanthropologischen Wurzeln der Debatte um die PID, die sowohl, wie gezeigt, bei Gegnern, als auch bei (vorsichtigen) Befürwortern im Deutschen Bundestag erkennbar werden. Starke Befürworter der PID, darunter einige Reproduktionsmediziner, Philosophen, Naturwissenschaftler, Rechtsphilosophen und Bioethiker betonen neben der Auffassung, der Embryo sei kein

---

[81] Unter anderem Versuche der Arbeitsgruppe von Hans Schöler aus Münster; vgl. den Beitrag von Ferdinand Hucho zur Stammzellforschung in diesem Buch

Grundrechtsträger, das Moment der Reproduktionsfreiheit.[82] In Deutschland vertreten vor allem der Philosoph Edgar Dahl und der Rechtsphilosoph Reinhard Merkel diese These einer starken, absoluten Freiheit von Paaren, die berechtigt seien, Reproduktionsentscheidungen in ihrem eigenen Sinne ohne Einschränkungen zu treffen, wenn dies nicht zum Schaden des zukünftigen Kindes sei. Hierbei wird auch in der Geschlechtswahl bei der PID oder durch die Befruchtung von mittels Microsort-Technik separierten Spermien nichts Negatives gesehen. Seit jeher, so die Argumentation, hätten Menschen vieles getan, um ein Mädchen oder einen Jungen zu bekommen. Niemand sähe in einem Tanz bei Mondenschein um Eichen oder Ulmen zur Herbeiführung oder Transformation einer Schwangerschaft mit dem Ziel, ein Kind des gewünschten Geschlechts zu bekommen, ein Vergehen. Wo läge, gesetzt den Fall, wie hier ebenfalls gleichzeitig angenommen, der präimplantative Embryo sei kein sehr schützenswertes Gut, also das Problem? Zwei wesentliche Einwände, die gegen diese These vorgebracht werden, werden argumentativ und empirisch zurückgewiesen. Zum einen wird aus einem sozialethischen Blickwinkel vorgebracht, die Möglichkeit der Auswahl des Geschlechts würde dazu führen, dass es zur Geschlechterimbalance käme, wie dies heute schon in China und Indien aufgrund der Erkennungsmöglichkeiten der PND und darauf folgender selektiver Abtreibungen[83] der Fall sei. Hier legen Dahl und Kollegen empirische Umfragen in Deutschland, den USA und Großbritannien vor[84], nach denen keine deutliche Geschlechtspräferenz besteht und die Nachfrage nach einer Wahl des Geschlechts durch präkonzeptionelle oder präimplantative Auswahl unter 10% läge. In Pakistan[85] zeigte sich allerdings eine messbare Präferenz für Jungen bei schwangeren Frauen. In Europa und den USA käme es, so die Schlussfolgerung, vermutlich bei Freigabe der präkonzeptionellen oder präimplantativen Geschlechtswahl nicht zu einer dramatischen Veränderung des natürlichen Geschlechterverhältnisses. Dem zweiten gegen die „sex selection" vorgebrachten Argument, die Geschlechtswahl wäre die erste „Indikation" für die PID, die einer positiven Form von Eugenik entspreche, so dass der Dammbruch hin zur Auswahl anderer Merkmale, wie Intelligenz, Musikalität o.ä. vollzogen werde und auch ein En-

[82] Englisch: procreative liberty
[83] Ferner die PID für betuchte Paare in Indien, was epidemiologisch (noch) nicht ins Gewicht fallen dürfte.
[84] Vgl. Edgar Dahl u. a.: Social sex selection and the balance of the sexes: empirical evidence from Germany, the UK, and the US, in: Journal of Assisted reproductive Genetics 23/2006, S. 311-318
[85] Vgl. Fabian Zubair u. a.: Gender preferences and demand for preconception sex selection: a survey among pregnant women in Pakistan, in: Human Reproduction 2/2007, S. 605-609

hancement am Horizont als Möglichkeit erscheine, wird nicht bestritten, sondern als durchaus denkbare Möglichkeit in Erwägung gezogen, da dies nicht zum Schaden des Kindes wäre und Eltern ja auch sonst alles tun würden, um durch verschiedenste erzieherische Maßnahmen die Fähigkeiten von Kindern zu fördern.

Eine sehr ähnliche Argumentation wird von ganz anderer Seite hinsichtlich der Auswahl von Kindern vorgebracht und bereits in die Praxis umgesetzt. Da durch die Behindertenbewegung die soziale Konstruktion von Behinderung betont wird, der damit nichts Objektives mehr an Leiden oder Schaden anzuhaften sei, was dezidiert von der Gemeinde gehörloser Menschen vertreten wird, von denen sehr viele ihre Gehörlosigkeit nicht als Behinderung, sondern schlicht als andere Kultur empfinden, wurde die gezielte Befruchtung mit einem gehörlosen Spender durchgeführt, und die Auswahl von Embryonen gefordert, die vermutlich gehörlos sein werden. Dies hat bereits zur Geburt von gehörlosen Kindern in den USA und zu breiten Diskussionen geführt.

All dies zeigt: bei der PID geht es tatsächlich ums Ganze. Es zeigt sich aber auch, dass über unmittelbar und mittelbar Betroffene viel geredet wurde, diese aber kaum in die politischen Entscheidungen und Fachdebatten direkt mit einbezogen werden. In Expertenkreisen werden zudem sehr unterschiedliche Diskurse geführt, die sich immer noch kaum miteinander austauschen. In verschiedenen Argumentationen werden Annahmen zum Zusammenhang von Theorie und Empirie und von lebensweltlich gültigen Auffassungen[86] zugrundegelegt, die eher selten empirisch überprüft wurden. Einige dieser Probleme aufzugreifen und möglicherweise zu lebensweltlich akzeptablen Lösungen beizutragen, haben wir in der AG Bioethik, Klinische Ethik/Zentrum für Konfliktforschung an der Universität Marburg in den letzten Jahren verfolgt. Zentrale theoretische Annahmen und empirische Ergebnisse aus mehreren Studien werden in den nächsten beiden Abschnitten geschildert, bevor ich zum Schluss die Frage im Lichte dieser Ergebnisse erwäge, ob die PID in Deutschland zugelassen werden sollte.

5 Kontextsensitive Ethik

In diesem Kapitel soll das den Erhebungen und Analysen zugrundegelegte theoretisch-methodische Konzept der empirischen, kontextsensitiven Ethik darge-

---

[86] Unter anderem hinsichtlich der Dammbruchargumentation, des sozialen Drucks, der Auffassungen vom Beginn menschlichen Lebens und zur Legitimität der PID

stellt sowie die Anwendung des Konzeptes im Bereich der Reprogenetik umrissen werden.

5.1 Das transdisziplinäre Modell

Was meint der Begriff kontextsensitive Ethik? Was ist demnach eine nicht kontextsensitive Ethik? Ethik ist, so der deutsche Philosoph Dieter Birnbacher „nach üblichem Verständnis die Gesamtheit der theoretischen Beschäftigungen mit den Phänomenen der Moral und der moralischen Normen, soweit diese nicht den Charakter empirischer Theorien haben."[87] Diese Auffassung von Ethik, obgleich im obigen Zitat von einem Vertreter eines gemäßigten Utilitarismus formuliert, geht im Wesentlichen auf Immanuel Kant zurück. Kants kopernikanische Revolution teilte das Weltgebäude in zwei Teile. Zum einen wendete er sich in seiner 1781 erschienenen Schrift „Kritik der reinen Vernunft" gegen den kontinental-deutschen Rationalismus. Dieser ging davon aus, dass der Vernunft der Beweis nicht nur irdischer, sondern auch überirdischer (a-empirischer, metaphysischer) Erkenntnisse allein durch die Logik des Verstandes möglich sei, und man zur Lösung von naturwissenschaftlichen oder theologischen Problemen der Wahrnehmung, der sinnlichen Anschauung nicht bedürfe. Im Bereich der sinnlich erfahrbaren Welt setzte Kant nun die Struktur der Welt der Struktur des Verstandes gleich, und den Verstand als Richter über sich selbst ein. Die Bedingung der Möglichkeit von Erkenntnis als neue Aufgabe der Philosophie in Kants erster „Kritik" geht davon aus, dass man zur realen Welterkenntnis, die bei Kant in der Sprache der Mathematik und Naturwissenschaft geschrieben ist, sowohl Sinnlichkeit und Verstand benötigt; Gedanken ohne Inhalt sind leer; Anschauung ohne Begriffe ist blind. Hierdurch ist echte Welterkenntnis und Wissenschaft im Bereich der sinnlich erfahrbaren Welt möglich, da dem Verstand a priorische Bedingungen (Transzendentalien) gegeben sind, die eine Erkenntnis der Welt ermöglichen und die Philosophen aufdecken können. Hierauf war Kant durch den großen Skeptizisten Hume gekommen, der ihn aus seinem rationalistisch-dogmatischen Schlummer geweckt hatte, in den ihn seine deutschen philosophischen Lehrer versetzt hatten.

In der Ethik jedoch geht Kant einen anderen Weg, wendet sich gegen Hume und den englischen Empirismus. Die nicht sinnlich erfahrbare intelligible Welt der Moral, des Glaubens, konstruiert Kant als ein strikt von der sinnlichen Welt getrenntes Reich der Freiheit, in welchem die empirischen Determinanten, Ursache-Wirkungbeziehungen nicht gelten und sich der Mensch daher selbst Geset-

---

[87]   Dieter Birnbacher: Bioethik zwischen Natur und Interesse, Frankfurt a. M. 2006, S. 29

ze auferlegen müsse, wie er in Freiheit ein gutes Handeln bestimmen und ver-
antworten könne. In genau diesem Gedanken liegt die Auffassung der philosophischen Ethik bis heute verborgen, dass Fakten zur Frage danach, wie wir uns
ein gutes Handeln und Leben vorstellen und leben sollen, in letzter Instanz
nichts Essentielles beizutragen hätten, die Sozialwissenschaften somit so etwas
wie Juniorpartner der philosophischen Ethik seien. Die Sozialwissenschaft hat
auf der anderen Seite der fact-value-distinction im Prozess ihrer Loslösung von
der Philosophie und ihrer Etablierung als „echte Wissenschaft" zu dieser Abgrenzung ebenfalls beigetragen. Wissenschaft als Beruf habe sich innerhalb ihres Bereiches Werturteilen zu enthalten, so die Auffassung Max Webers gegenüber „Kathedersozialisten" der damaligen soziologisch-sozialpolitischen Zunft.
Demnach habe die soziale Wissenschaft zur Aufklärung von Fakten, den Durk-
heimschen „sozialen Dingen der Welt" beizutragen und sich dabei Wertungen
zu enthalten. Freilich war Max Weber immer auch Politiker, und hat vieles getan, um zu einer gerechteren, ethisch vertretbaren Gesellschaftspolitik beizutragen. Allerdings, so seine Auffassung, müsse man dies als Privatperson außerhalb der Wissenschaft tun. Diese Gedanken waren ganz im Sinne der positivisti-
schen Wissenschaftstheorie des logischen Empirismus des Wiener Kreises, der
annahm, man müsse Erkenntnistheorie mit naturwissenschaftlicher Erkenntnistheorie gleichsetzen. Anfang des letzten Jahrhunderts hatte die Ethik so einen
recht schweren Stand. Seit den 20er Jahren begann sich jedoch allmählich sowohl in den Naturwissenschaften nach Einstein und Heisenberg, in den Sozialwissenschaften seit dem Positivismusstreit, als auch in der philosophischen
Wissenschaftstheorie, im Pragmatismus und Konstruktivismus eine Auffassung
von Wissenschaft und Welt zu entwickeln, die an das Bild eines unabhängigen,
neutralen Beobachters nicht mehr glaubte, sondern davon ausging, dass Erkenntnis immer positional, von einem Standpunkt aus stattfindet. Hierdurch
wird sowohl ein naiver wissenschaftlicher Realismus, der von der grundsätzlichen Möglichkeit einer objektiven Erkenntnis ausgeht, als auch das Vorhandensein ewiger, universeller, allgemeingültiger Sätze und Theoriegebäude in der
ethischen Theorie hinterfragt. So wird auch die seit Descartes Trennung von
Materie und Geist gezogene Grenze zwischen Fakten und Werten brüchig. Damit wird Ethik in Gesellschaftstheorie verwickelt und die Gesellschaftstheorie in
Fragen von Subjektivität und ethisch veritablem Handeln.[88]
Die Sozialwissenschaften werden damit zu einer nicht nur deskriptiv-
analytischen, sondern auch pragmatisch-politischen Disziplin, wie beispielswei-

---

[88] Diese Erkenntnis ist auch in Foucaults Spätschriften, die in der deutschen Rezeption bisher
      kaum eine Rolle gespielt haben, enthalten.

se die Entwicklung der sozialwissenschaftlichen Konfliktforschung zeigt, die zu Lösungsmöglichkeiten explizit beitragen möchte. „Ethics", so schreiben denn auch die US-amerikanischen Philosophen, Theologen und Bioethiker John Fletcher, Franklin Miller und Edward Spencer, „is a practical discipline that deals with „real world" problems and practices."[89]

Zentrales Merkmal einer interdisziplinär sozialwissenschaftlich-philosophischen, kontextsensitiven Analyse und Praxis (siehe Abbildung 4) ist der reflexive Bezug einer empirischen Betrachtung der Lebenswelt zum philosophisch-gesellschaftstheoretischen, kulturellen „Überbau" im Hinblick auf gesellschaftlich-technische Koproduktionen, die das Normgefüge der gesellschaftlichen Subsegmente oder der Gesamtgesellschaft berühren und aus einem relativen Gleichgewicht bringen könnten. Dies ist getragen vom oben geschilderten erkenntnistheoretischen Eingeständnis, dass philosophisch-ethische und theologische Theorien, geltende Rechtsnormen und Moralvorstellungen, wie auch naturwissenschaftliche Erkenntnisse in ihrer Auslegung von Realität und Wahrheit eingebettet sind in ihren sozialen, lokalen und historischen Kontext. Die „Alltagsethik", das konkrete Handeln und Empfinden von Akteuren, und die theoretische Reflexion der Ethik als Hermeneutik kultureller Selbstverständnisse müssen daher direkt aufeinander bezogen werden. Dazu gehört die gleichermaßen geförderte Einbeziehung verschiedener Bereiche der Lebenswelt und Öffentlichkeit in bioethisch-biopolitische Streitfragen, sowohl der „informelle(n) Meinung von Privatleuten ohne Publikum" und den „formellen Meinungen der publizistisch wirksamen Institutionen."[90]

---

[89] John Fletcher u. a.: Introduction to Clinical Ethics, Fredrick 1995, S. 1
[90] Jürgen Habermas: Strukturwandel der Öffentlichkeit, Frankfurt a. M. 1990, S. 356

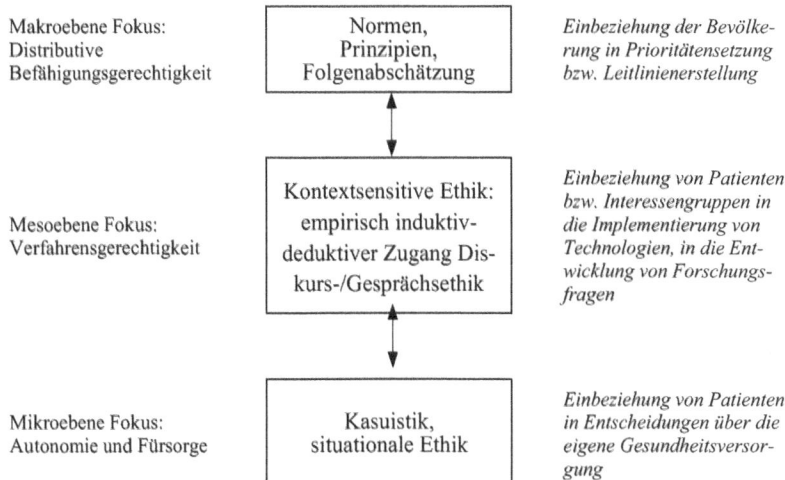

Makroebene Fokus: Distributive Befähigungsgerechtigkeit	Normen, Prinzipien, Folgenabschätzung	*Einbeziehung der Bevölkerung in Prioritätensetzung bzw. Leitlinienerstellung*
Mesoebene Fokus: Verfahrensgerechtigkeit	Kontextsensitive Ethik: empirisch induktiv-deduktiver Zugang Diskurs-/Gesprächsethik	*Einbeziehung von Patienten bzw. Interessengruppen in die Implementierung von Technologien, in die Entwicklung von Forschungsfragen*
Mikroebene Fokus: Autonomie und Fürsorge	Kasuistik, situationale Ethik	*Einbeziehung von Patienten in Entscheidungen über die eigene Gesundheitsversorgung*

Abbildung 4: Kontextsensitive Bioethik

Handlungen, deren zugrundliegende Normen sowie Prinzipien und Wertvorstellungen sowie deren mögliche Folgen, können nicht ohne empirische Anschauung der Praxis allein aus einer Theorie top down, deduktiv aus der Vogel-(Halbgott)-Perspektive bewertet werden und die Theorie von der Praxis damit gänzlich unaffiziert bleiben. Theoretische Konzepte sind zwar hochrelevant, insofern gesellschafts-philosophische Reflexionen zu den kulturell wertvollsten Gütern gehören, die wir zur Bewältigung der komplexen Wirklichkeit besitzen; sie müssen sich jedoch hinsichtlich der konzeptionellen Adäquatheit einer kritischen empirischen Analyse stellen. Dabei kann das, was wir als sozial- und naturwissenschaftliche Fakten erheben, ebenfalls in einem transdisziplinären Ethikmodell nicht allein handlungsleitend sein. Wenn man sich in politischen oder persönlichen Entscheidungen, ethisch gesprochen bei Sollensforderungen, allein darauf stützen oder logisch begründen wollte, wie wir zu handeln hätten, je nachdem wie sich die Fakten (Erkenntnisse, Ansichten, Praxen) darstellen, würde man das Moment der Freiheit zugunsten eines Determinismus verabschieden, und unterläge damit logischen Fehlschlüssen: dem Argumentum ad populum (zu tun ist, was die Mehrheit glaubt), dem naturalistischen Fehlschluss (zu tun ist, was uns die objektive Faktizität der natürlichen Welt vorschreibt) oder normativistischen Fehlschlüssen, dem argumentum ad verecundiam (zu tun ist, was uns Expertenmeinungen verkünden). Lösungen sind grundsätzlich fehlbar, können einen Dissens beinhalten, und müssen sich kontinuierlich Überprüfungen induktiver und deduktiver Art stellen, was schon John Stuart Mill in „On Liberty"[91] formulierte.

Wie wir dieses Desiderat hinsichtlich der Bewertung der PID versucht haben, zu erfüllen, wird im nun folgenden Abschnitt geschildert.

5.2 Anwendung kontextsensitiver Ethik im Bereich der Reprogenetik

Neben der Durchführung einer extensiven Literaturrecherche wurden zu Beginn alle Projektbeteiligten interviewt. Dabei fanden sich unter den Medizinern, Sozialwissenschaftlern und Ethikern unserer Arbeitsgruppe keine Positionen, die den fundamentalen Gegnern oder Befürwortern der Reprogenetik entsprochen hätten, sondern ambivalente, eher skeptische oder eher befürwortende Ansichten.[92] Unser initial empirisches Vorgehen war primär induktiv (siehe Abbildung 5). Zunächst haben wir einige offene, narrative Interviews durchgeführt, gefolgt von leitfadengestützten Interviews von „Laien", direkt Betroffenen und „Experten".[93] Parallel wurde in einem Forschungsseminar am Zentrum für Konfliktforschung die bereits oben zitierte Printmedienanalyse durchgeführt. Es folgten für die untersuchten Gruppen (betroffene Paare, Experten, Gesamtbevölkerung) repräsentative standardisierte Befragungen. Seitdem befinden wir uns im Interpretationsprozess, einer Kohärenz-Konfliktanalyse der empirischen Ergebnisse im Licht der vorherrschenden bioethisch-biopolitisch gesellschaftstheoretischen Argumentationen, theologischen Anschauungen und juristischen Aspekten, um so zur biopolitischen Diskussion und zu Lösungen beizutragen, die, so hoffen wir, kontextsensitiver sind als viele bisherigen Argumentationen und Entscheidungen.

---

[91] John Stuart Mill (1978, zuerst 1885), zitiert nach: Hugh La Folette: The Blackwell Guide to Ethical Theory, Oxford 2000, S. 417ff.

[92] Tanja Krones, Gerd Richter: Präimplantationsdiagnostik zwischen Keimbahngentransfer und selektivem Abort: Befragung von Hochrisikofamilien zu ihren Präferenzen bezüglich frühstmöglicher vorgeburtlicher Diagnostik, a.a.O.

[93] Eine ausführliche Beschreibung der Methodik findet sich in Tanja Krones u. a.: What is the preimplantation embryo? In: Social Science and Medicine 63/2006, S. 1-20

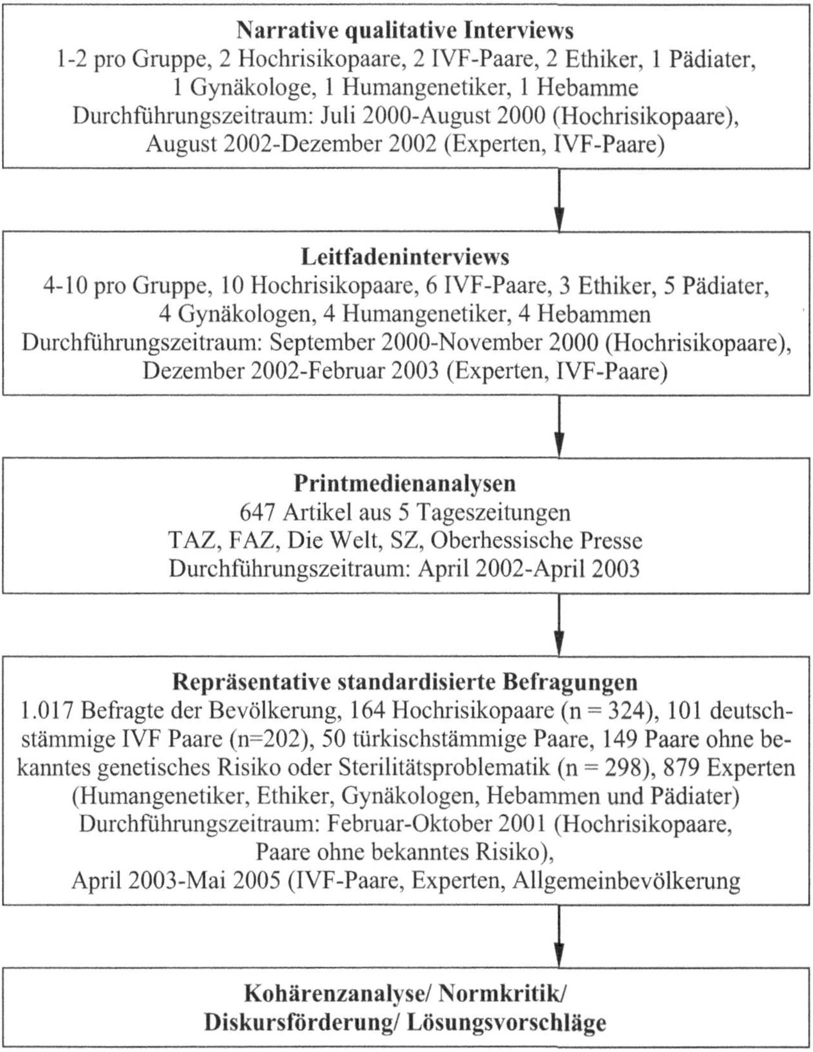

Narrative qualitative Interviews
1-2 pro Gruppe, 2 Hochrisikopaare, 2 IVF-Paare, 2 Ethiker, 1 Pädiater,
1 Gynäkologe, 1 Humangenetiker, 1 Hebamme
Durchführungszeitraum: Juli 2000-August 2000 (Hochrisikopaare),
August 2002-Dezember 2002 (Experten, IVF-Paare)

Leitfadeninterviews
4-10 pro Gruppe, 10 Hochrisikopaare, 6 IVF-Paare, 3 Ethiker, 5 Pädiater,
4 Gynäkologen, 4 Humangenetiker, 4 Hebammen
Durchführungszeitraum: September 2000-November 2000 (Hochrisikopaare),
Dezember 2002-Februar 2003 (Experten, IVF-Paare)

Printmedienanalysen
647 Artikel aus 5 Tageszeitungen
TAZ, FAZ, Die Welt, SZ, Oberhessische Presse
Durchführungszeitraum: April 2002-April 2003

Repräsentative standardisierte Befragungen
1.017 Befragte der Bevölkerung, 164 Hochrisikopaare (n = 324), 101 deutsch-
stämmige IVF Paare (n=202), 50 türkischstämmige Paare, 149 Paare ohne be-
kanntes genetisches Risiko oder Sterilitätsproblematik (n = 298), 879 Experten
(Humangenetiker, Ethiker, Gynäkologen, Hebammen und Pädiater)
Durchführungszeitraum: Februar-Oktober 2001 (Hochrisikopaare,
Paare ohne bekanntes Risiko),
April 2003-Mai 2005 (IVF-Paare, Experten, Allgemeinbevölkerung

---

**Kohärenzanalyse/ Normkritik/
Diskursförderung/ Lösungsvorschläge**

Abbildung 5: Studien der AG Bioethik-Klinische Ethik am Zentrum für Konfliktforschung, Universität Marburg 2000-2005, in Kooperation mit den Universitäten Giessen, Heidelberg, Berlin und
Leipzig

Unsere eigene Auslegung der Ergebnisse kann die Überlegungen hierzu nur anstoßen. Der Gesellschaft insgesamt bleibt es nach unserer Auffassung überlassen, wie die weitere Regulierung der Reprogenetik in Deutschland aussehen soll. Wir hoffen aber, dass diejenigen, die nachweislich im deutschen biopolitischen Diskurs bisher zu kurz gekommen sind (Paare mit einem bekannten genetischen Risiko, Pädiater, Vertreter von Behindertenverbänden und die Bevölkerung insgesamt) zukünftig stärker real zu Wort kommen und dass die Auffassungen von Betroffenen und der Bevölkerung auch in der biopolitischen Gesetzgebung - wie beispielsweise in England praktiziert - adäquat mit berücksichtigt werden, was in einem demokratisch verfassten Staat eigentlich auch und gerade in Fragen der Moral, des guten Lebens, selbstverständlich sein sollte.

6 Ansichten zur PID

In diesem Abschnitt werden die zentralen Ergebnisse unserer Studie zusammengefasst. Im ersten Teil schildere ich die wesentlichen Ergebnisse der Literaturrecherche und der qualitativen Interviews. Im zweiten Teil werden die Ergebnisse der standardisierten Befragungen zusammengefasst; zunächst die Ansichten über den Beginn menschlichen Lebens, die Ansichten zur PID im Verhältnis zur PND, die Zusammenhänge zwischen der Einstellung und (potentiellen) Nutzung der PND und der PID sowie der Einstellung gegenüber Menschen mit Behinderungen, schließlich werden die Ergebnisse der Debattenanalyse und der Technikfolgenabschätzung der Experten erläutert.

6.1 Ergebnisse der qualitativen Phase

In der ersten Literaturrecherche haben wir zunächst eine Übersicht über die international publizierten Ansichten und direkten Erfahrungen von Paaren mit einem bekannten genetischen Risiko und von IVF-Paaren erstellt. Die Ergebnisse sind in Tabelle 5 wiedergegeben. Danach sehen Paare, die Erfahrungen mit invasiver Pränataldiagnostik mit oder ohne Abbruch einer Schwangerschaft durchgemacht haben, die PID tendenziell als bessere Alternative; diejenigen, die bereits einen Schwangerschaftsabbruch hinter sich haben, bewerten die PID positiver und sehen einen deutlichen Unterschied zwischen einer Nicht-Implantation eines Embryos und einem Schwangerschaftsabbruch. Paare mit (zusätzlicher) Sterilitätsproblematik stehen der PID ebenfalls eher positiver gegenüber als Paare, die noch auf natürlichem Wege schwanger werden könnten. Bisher wurde nur eine Studie und zwar in England publiziert, die Paare befragt hat, welche sowohl mit der invasiven PND, als auch mit der PID Erfahrungen gesammelt haben. In dieser naturgemäß kleinen Studie bewerteten die Paare zu einem Drittel die PID als belastender, zu 40 % die PND, ein Viertel konnte keine Aussage über den Vergleich treffen. Die PID-Zyklen wurden zu 40 % als extrem belastend bewertet, der wichtigste Nachteil war für die Befragten die geringe „Baby take home Rate" nach erfolgter PID. Danach gefragt, welche Option sie in Zukunft wählen würden, gaben 56 % die PID als beste Möglichkeit an, 12 % die invasive PND, 6 % würden ein Kind ohne invasive PND und auf natürlichem Weg bekommen wollen, und 26 % auf weitere Kinder verzichten.

Zu Beginn unserer Untersuchungen, als induktiven Zugang zum Feld und zur Vorbereitung der repräsentativen, standardisierten Befragungen, haben wir daraufhin ausführliche qualitative Interviews geführt. Für unsere erste Studie wurden neben Adoptionsberatungsstellen und einigen Experten insgesamt zwölf Interviews mit Betroffenen geführt, davon zehn mit Paaren, die ein bekanntes Risiko für verschiedene leichtere und schwerere Erkrankungen und Behinderungen haben, sowie zwei Interviews mit Vertretern zweier Behindertenverbände. Das erste wesentliche Ergebnis dieser Interviews im Hinblick auf Entscheidungen zur PND und PID bei bekanntem genetischen Risiko, welches sich auch in allen weiteren, insgesamt 46 qualitativen Interviews mit Hebammen, Ethikern, Humangenetikern, Pädiatern, Gynäkologen bzw. Reproduktionsmedizinern und IVF-Paaren zeigte, war die Ablehnung einer moralischen Verurteilung von Paaren, welche die Diagnostiken nutzen wollen, um die Geburt eines weiteren erkrankten oder behinderten Kindes zu vermeiden, wie in diesem Auszug beispielhaft gezeigt wird. Die Interviewte ist Mutter eines Kindes mit lebensbedrohlicher Stoffwechselstörung, die selbst eine PND, jedoch keinen Abbruch bei einer zweiten Schwangerschaft durchführen lassen möchte:

D: „Ich find es ist grundsätzlich wichtig, dass man so ne Entscheidung jeder Frau überlässt, und ich würde auch niemals eine andere Frau verurteilen, die des für sich sagt, ich will des Kind net haben, weil ich denk ein Kind, was geboren wird und wird net geliebt, also des isch für a Kind sehr schlimm, und man kann, find ich, man kann ne Frau nicht zwingen, ein Kind zu kriegen, wenn sie des nicht, absolut nicht will."

Diese Ansicht wurde von allen Interviewten, auch von den Vertretern der Behindertenverbände geteilt, die zudem von dem heftigen Streit innerhalb der Behindertenverbände zwischen Eltern mit einem bekannten Risiko und Erwachsenen mit Behinderungen berichteten:

Interviewer: „Wird denn diese neue Technik, die PID, bei Ihnen auch im Verband diskutiert? Sagen die Leute was dazu, wie äußern die sich dazu?"

M: „Klar, also momentan haben wir da andere, größere Sorgen, aber wir haben nen ganz heftigen Streit gehabt, der hauptsächlich zwischen Eltern und Betroffenen ging und dann irgendwo standen die Ärzte dazwischen, haben unterstützt auf der einen oder der anderen Seite. Man kann schon sagen, dass die Betroffenen in der Regel die Selektionsmechanismen ablehnen, und dass Eltern sagen, wir wollen aber Kinder und wir wollen keine behinderten Kinder und deshalb brauchen wir diese Untersuchungsmethoden (...). Eigentlich ist das immer, wenn Diskussionsveranstaltungen mit humangenetischem Hintergrund geführt werden, und wenn dann Eltern und Betroffene da sind, kommt dann meistens ein Streitgespräch auf."

Als zweites wesentliches Ergebnis wurde die Ambivalenz in der Bewertung von PND und PID sehr deutlich. So wurde sowohl von dem sozialen Druck berichtet, PND und PID anzuwenden, als auch, diese nicht anzuwenden:

F: „Das haben wir schon gesagt gekriegt, ja hätte man das denn nicht verhindern können, das haben wir gesagt gekriegt. Von einer Frau eines katholischen Religionslehrers, möchte ich jetzt zu Protokoll geben, ja, ähm…"
M: „Also es wird auch öfter schon gefragt, ja, hätte man denn nichts sehen können?"
F: „Das ist witzig, ne genau…"
M: „Das ist nur son bisschen andeutungsweise gefragt, und jetzt, als ich mal so ne Kollegin reden hörte, die hatte dann ein Kind was bis zum dritten Lebensjahr Probleme hatte mit einseitiger Spastik und so was, ähm, die fing dann auch an mit dem zweiten Kind die ganzen Untersuchungen zu machen, und dann wäre alles klar, und so, dann dachte ich, na, ich lass sie mal in dem Glauben, dass, wenn man da dann nichts sieht, dass dann alles klar ist, denn so viel kann man gar nicht. Also man kann nicht alles sehen, in diesen Voruntersuchungen, dass man sagen kann, ich hab nen gesundes Kind."
F: „Also was du gesagt hast, dieses Subtile, das steht immer hinter der Frage, wenn jemand, irgendwelche Bekannte fragen, konnte man das denn eigentlich in der Schwangerschaft schon sehen. Und dann sag ich, ja, man konnte das dann schon in der zwanzigsten Woche sehen und so und die fragen dann nicht weiter. Aber das ist für mich spürbar, dass das dahinter steht, das dieser Gedanke mit im Raum ist, hätte man das denn nicht verhindern können."

Vom sozialen Druck, die Techniken nicht anzuwenden, wurde jedoch ebenfalls berichtet. Der folgende Auszug stammt aus einem Interview mit einer Frau, die Trägerin eines x-chromosomal vererblichen Immundefekts ist. Deren erstes Kind war schwer erkrankt. Sie hatte Jahre im Krankenhaus verbracht, in der ständigen Angst, es würde sterben. Durch eine experimentelle Knochenmarkstransplantation konnte das Kind im Alter von fünf Jahren geheilt werden. Sie hat die zweite Schwangerschaft abgebrochen und danach die Durchführung einer PID im Ausland erwogen, sich jedoch aufgrund der finanziellen und organisatorischen Umstände gegen eine PID und für eine weitere Schwangerschaft entschieden, die zur Geburt eines gesunden Kindes führte, ein Mädchen welches allerdings Trägerin (Konduktorin) der Erkrankung ist:

F: „ Also ich mein, wenn man ethisch denkt, ist das natürlich grundsätzlich besser, wenn man das Kind kriegt, und dann versucht, das Kind gesund zu bekommen. Ich hab von einer Frau gelesen, die

wusste genau, dass ihr Kind stirbt, das es nur eine Stunde hat. Die hats ausgetragen und hat das in ihrer Familie im kleinen Kreis beerdigt, find ich ganz toll, find ich super, das man dem Kind die Chance gegeben hat. Ich könnte das nicht, wenn man das von der Seite betrachtet, dann müsste man alle Kinder bekommen, und wenn der liebe Gott meint, dass er sie zu sich nimmt, dann soll er sie holen. Aber wenn man, wenn man, damit muss man auch klarkommen, ne..."
Interviewer: „Für Sie wär das nichts gewesen?"
F: „Ne. Ich bin damit sehr gut klar gekommen, ich hab das zweite Kind abgetrieben, das war nicht schön, aber ich wusste genau, das ist die richtige Entscheidung. Ganz schlimm wars für mich, ähm, die Einleitung war da gewesen, meine Schwägerin und meine Schwiegermutter kamen ans Krankenbett, und haben mir die größten Vorhaltungen - die Wehen fingen an, wirklich, ich wollte auch meinen Mann nicht dabeihaben, ich wollte keinen dabei haben, ich habs keinem gesagt, ich hab gesagt, bitte, erzähl keinem was, ich will jetzt einfach nur mein Kind, ich will ins Krankenhaus, ich will darüber nicht nachdenken, und ja – wie's so kam, irgendwie haben sie's erfahren, sie kamen nach X gefahren und haben mir die - ich kann das nicht beschreiben, die größten Vorhaltungen gemacht, ich habe zwei Jahre nicht mit ihnen gesprochen."

Ähnliches berichtete eine weitere Betroffene, die eine erbliche Translokation (Chromosomenfehlverteilung) hat, deren Mann in einer Einrichtung für Menschen mit Behinderungen arbeitet, deren Nichte die familiär bedingte Erkrankung hat, schwerstbehindert ist und in der Großfamilie gemeinsam gepflegt wird. Die Interviewte ist Mutter einer gesunden Tochter und hat bisher vier Schwangerschaftsabbrüche aufgrund des Vorliegens der familiär bedingten Translokation hinter sich:

K: „Ich sprech da auch nicht ... also das weiß meine Familie oder so, aber ich ... Im Bekanntenkreis, das weiß keiner, die wissen zwar, das wir die erbliche, das ich die erbliche Anlage habe. Also die wissen da ist etwas aber hm die wissen nicht, dass ich die Schwangerschaften nicht mehr weitergemacht habe. Weil das versteht auch keiner. Ich kann damit besser umgehen, weil ich weiß, es weiß keiner, also das kann ich, äh, das ist unser Problem und wir müssen jetzt Entscheidungen treffen. Auf dem Dorf ist es sowieso nur so, das geredet wird, da wird jeder sagen, ach wie kann man nur und klar, man muss das nehmen was kommt."

Auch nahm die Schilderung der Ambivalenz in der Beurteilung von genetischen Erkrankungen oder Behinderungen in den Interviews einen großen Raum ein. Dabei wurde sehr deutlich, wie unangemessen es ist, objektivierend Behinderungen und Erkrankungen, wie in polarisierenden Diskussionen um PND und PID u. a. auf dem oben genannten IPPNW Kongress geschehen, grundsätzlich als belastend oder nicht belastend zu klassifizieren. Es ist auch nicht richtig, dass Ärzte hier gegenüber den Betroffenen immer zur Aggravation[94] neigen. Bei der Beurteilung der Erkrankung bzw. Behinderung durch die selbst Betroffenen spielen die eigenen Erfahrungen eine zentrale Rolle. Am deutlichsten

---

[94] Als Aggravation wird das bewusst übertriebene Betonen von vorhandenen Krankheitssymptomen bezeichnet.

wurde dies bei der Beurteilung der Mukoviszidose, welche ebenso wie das Downsyndrom und viele genetisch mitbedingte Erkrankungen die unterschiedlichsten Ausprägungen haben kann. Wenn man ein Kind, das an Mukoviszidose erkrankt ist, im Alter von acht Jahren verliert, wird man die Mukoviszidose als schwere Erkrankung empfinden. Wenn man mit der Erkrankung erwachsen geworden ist, was z. B. bei dem Vorsitzenden der Selbsthilfegruppe Mukoviszidose e. V. der Fall ist, erscheint die Krankheit, wie es ein Arzt, der viele Kinder und Erwachsene mit Mukoviszidose behandelt, ausdrückte, als „Normalität auf anderem Niveau". Eltern mit schwerstbehinderten oder lebensbedrohlich kranken Kindern berichten jedoch gegenüber der These von der Aggravation von der starken Verharmlosung von Erkrankungen und Behinderungen, die sehr einsam mache, wie dieser Auszug zeigt:

F: „Das ist auch ne Frage der Ebene, auf der man's betrachtet, also vordergründig, oder jetzt so im ganz normalen Kontakt. So gehören wir völlig dazu und jeder ist freundlich und jeder ist nett und so was alles, und im Stück liegt genau darin auch das Problem. Das eben jeder halt freundlich so tut als wenn alles selbstverständlich wär und als wär überhaupt nichts anderes. Also hier ist meine kleine S. und hier ist deine kleine I. und wir haben alle kleine Kinder und die Sonne scheint. Und, äh, und das macht gerade auch dieses isoliert sein aus, ja…"

Interviewer: „Meinen Sie, das ist nicht ehrlich?"

M: „ Ja, so wir habens alle schwer, ja, und dass das mit der I. anders ist, ganz anders, das kann man vielleicht einmal sagen, aber ein zweites Mal will das dann niemand hören. Man kanns sich ja auch nicht vorstellen, dass dadurch also der Tag, das Planen von Urlaub und von irgendwelchen Besuchen anders läuft."

Interviewer: „Hm, ja…"

M: „Das ist halt eben so."

Interviewer: „Sie haben von sich aus so das Gefühl, wenn Sie das ansprechen, empfinden die anderen das so als Belastung, und wollen lieber, dass das vordergründig so ist, dass das alles Ok ist? Gehen Sie zum Beispiel nie zum Nachbarn rüber und erzählen, wie dreckig es ihnen geht?"

F: „Das kann man nicht - das kann man nicht. Das will niemand hören und man spürt das auch sehr schnell, wer das aushält und wer nicht, so, das spürt man in zwei, drei Sekunden oder so. Und dann ändert man sich. Dann redet man nur noch über die Sonne und fertig. Und, wie mein Mann grad gesagt hat, am Anfang, so langs noch, hua, das ist neu und das ist nen Schock und Mensch, wie schlimm, und ach, so ein zwei drei Mal da kann man das erzählen, und dann ist das auch Ok, dann mal erschüttert zu sein und dann ist s aber auch gut, wir wissens dann ja jetzt."

M: „Und dann kommen so Sachen, wie ist I. und macht sie Fortschritte und wird auch ganz klar vorgegeben, was man hören will."

F: „Ja, genau, das haben wir in ganz starkem Ausmaß erfahren, wie massiv die Abwehr von Schmerz ist in jeder Hinsicht, dass das nicht gehört werden will und ähm, dass es keinen Raum hat. Das macht eben dieses Stück Einsamkeit aus. Das man - ich hab manchmal son Bild für mich, das man immer mit so nem unsichtbaren Rucksack geht, und man geht und geht, und man ist halt froh, dass man nicht fällt, und das einzige Signal ist, Mensch, geh doch grade."

Diese Eltern, die sich aufopferungsvoll um ihr schwerbehindertes Kind kümmern, haben nach der Geburt dieses Kindes aufgrund der gleichen Behinderung zweimal eine Fehlgeburt durchlitten und wünschen sich dennoch sehnlichst noch ein weiteres Kind. Wenn dieses dieselbe Erkrankung hätte, würden sie möglicherweise einen Abbruch erwägen, da sie befürchten, dass die Familie an einer weiteren Fehlgeburt oder an einem weiteren Kind mit einer solchen Behinderung zerbrechen könnte.

Der Status des Embryos nahm, konträr zu den öffentlichen Debatten um die PID, in den qualitativen Interviews mit Betroffenen, aber auch mit fast allen Experten, eine eher nebensächliche Rolle in den ersten narrativen Interviews ein. In den leitfadengestützten Interviews war der Status des Embryos eine Kategorie, die in aller Regel angesprochen wurde. Hinsichtlich des Status des Embryos zeichnete sich bei den qualitativen Interviews deutlich ab, dass es etwas anderes ist, nach dem Status des Embryos im allgemeinen gemäß bioethisch definierten Kategorien zu fragen, oder nach der antizipierten bzw. bei IVF-Paaren empfundenen Beziehung zu eigenen präimplantiven Embryonen. Auch alle qualitativ befragten Ethiker nahmen diese Trennung zwischen lebensweltlicher und bioethisch-deduktiver Perspektive vor. Besonders deutlich wurde in den meisten qualitativen Interviews der Intersubjektivitätsaspekt in der Betrachtung des Embryos. Den Embryo allein, „an sich", ohne dessen immer bestehender Beziehung zu den Eltern bzw. zur Frau zu betrachten, wie dies in vielen bioethischen und biopolitischen Reflexionen der Fall ist, wie z. B. im Embryonenschutzgesetz, das von der Frau allein als „weitere notwendige Voraussetzung" zur Menschwerdung spricht (Embryonenschutzgesetz § 8) - und auch im bundesdeutschen feministisch-bioethischen Diskurs, wie weiter oben geschildert, geschieht, erscheint lebensweltlich nicht angemessen zu sein, was am deutlichsten in zwei Interviews mit einer Ethikerin (E) und einer Hebamme (H) zum Ausdruck kommt:

E: „Es ist eine populäre Vorgehensweise den Embryo so darzustellen, als sei er eine für sich existierende, individuelle Person, deren Rechte abgehoben werden müssten gegen die der Frau. Das ist eine verzerrte Darstellung, denn es geht ja um Prozesse, die sich im Körper einer Frau abspielen und die irgendwann dazu führen, dass ein Individuum zur Welt kommt. Diese Prozesse führen zu einem sehr engen Verhältnis zwischen der Frau und dem Kind, was wiederum ein Verantwortungsverhältnis der Frau zu diesem Kind erzeugt. Wenn man die körperliche Verbundenheit einerseits und das Verantwortungsverhältnis andererseits nicht mit bedenkt, ist diese Rechtssprache inädaquat."

H: „Das Menschsein fängt im Mutterleib an, wenn die Mutter mit Schwangerschaftszeichen reagiert. In dem Moment, in dem bei der Frau körperliche und psychische Veränderungen eintreten, ist eine Schwangerschaft vorhanden und ein kleiner Mensch, der wächst. Der Zeitpunkt Befruchtung, vier oder sechs Wochen ist nicht der entscheidende Punkt."

In allen qualitativen Interviews wurde ferner der sogenannte Wertungswiderspruch zwischen der hierzulande bestehenden Abtreibungsregelung und der PID als gegeben betrachtet, unabhängig von einer eher kritischen oder eher befürwortenden Haltung zur PID. Dies führte in sehr wenigen Fällen dazu, dass die Befragten darüber reflektierten, ob man beides wieder einschränken sollte. Die Mehrheit der Befragten ging davon aus, dass eine Legalisierung der PID als nicht vermeidbar oder sogar als unabdingbar erscheint.

Ein großes Unverständnis zur ablehnenden Haltung im Hinblick auf den Umgang mit Embryonen, Pränatal- und Präimplantationsdiagnostik wurde von den interviewten türkischstämmigen Paaren geäußert.

Autor, Land	Stichprobe(n)	Zentrale Ergebnisse hinsichtlich PID
Snowden & Green (1997) Großbritannien	Paare Carrier autosomal rezessiv vererbbarer, meist schwerer Erkrankungen (n = 245)	PID insgesamt zweitbeste Option für 28 % der Frauen, 23 % der Männer nach PND (46 % Frauen, 50 % Männer); Vorteile der PID überwiegen deutlich die Nachteile; Frauen bewerten medizinische Risiken und ethische Probleme im Umgang mit dem Embryo bei der PID höher als Männer; Akzeptanz eines Schwangerschaftsabbruchs korreliert mit PND als erster Option; Reproduktionsgeschichte hat keinen Einfluss auf die Wahl.
Wah Hui u. a. (2002) Hong Kong	Frauen Carrier von α oder β-Thalassämie (n = 141)	PID wird gegenüber der PND von 51,8 % als gleichwertige, von 30,5 % als bessere und von 17,7 % als schlechtere Alternative bewertet; wichtigster Nachteil: Schaden am Embryo durch Biopsie; wichtigster Vorteil: Vermeidung eines Schwangerschaftsabbruchs; Betroffenheit eines Kindes und begleitende Subfertilität führen zu höherer Akzeptanz der PID; stattgefundene Schwangerschaftsabbrüche haben keinen Einfluss.
Katz u. a. (2002) Australien	Paare (1) Carrier monogenetischer Erkrankungen (n = 41); (2) IVF-Paare im Aneuploidie-Screening (n = 48); (3) IVF Paare vor erstem Zyklus (n = 32)	Signifikante Gruppendifferenzen: Verwerfen des Embryos bei positivem Befund für (3) zu 25 %, für (1) und (2) zu 4 % problematisch; antizipierter Schwangerschaftsabbruch nach konfirmatorischer PND und positivem Befund in (1) 51 %, in (2) 29 % und (3) 25 %; Akzeptanz der Implantation eines „gesunden" Carrier-Embryos in (1) 63 %, in (2) 8 % und (3) 22 %; Zustimmung zu Restriktionen bei der Zulassung von Paaren zur PID in (1) 2 % versus (2) 10 % und (3) 25 %
Pergament (1991) USA	Frauen Carrier monogenetischer Erkrankungen bzw. Translokationen, Zustand nach PND (n = 53)	Für 78 % ist die PID gegenüber der PND die bessere Alternative; jedoch nur 55 % würden mindestens einen Zyklus durchführen (16 % einen, 26 % zwei, 10 % drei, 3 % mehr als drei); wichtigster Nachteil: Schaden am Embryo durch Biopsie; wichtigster Vorteil: weniger Schwangerschaftsabbrüche; bei Zustand nach selektivem Abort oder nach Geburt eines kranken Kindes ist Akzeptanz von PID versus PND signifikant höher.

Palomba u. a. (1994) Italien	Frauen Schwangere, Carrier von β-Thalassämie vor PND (1) Zustand nach PND, Abbruch (n = 60); (2) Zustand nach PND, kein Abbruch (n = 60); (3) keine PND, kein Abbruch (n = 60)	Gruppendifferenzen (Signifikanzen nicht angegeben): Anteil derer, die PID durchführen würden in (1) 100 %, (2) 30 %, (3) 25 %; positive Bewertung der Zuverlässigkeit der Methode in (1) 94 %, (2) 50 %, (3) 58 %; der Aussage, Nichtimplantation ist ethisch dasselbe wie Abbruch stimmen 10 % von (1), 45 % von (2) und 60 % von (3) zu.
Chamayou u.a. (1998) Italien	Paare, Schwangere und Partner, Carrier für β-Thalassämie vor PND (1) vor 1. PND (n = 108); (2) Zustand nach PND, kein Abbruch (n = 102); (3) Zustand nach PND und Abbruch; (4) IVF- Paare (n = 148)	PID bessere Alternative als PND für alle Gruppen, (1) 79,6 %, (2) 76,4 %, (3) 92 %, (4) 96 %; wichtigster Vorteil (= Nachteil PND): Tod des Fötus bei Abbruch nach PND; wichtigster Nachteil: geringe Erfolgsquote; Anteil derer, die PID durchführen würde (1) 44 %, (2) 47 %, (3) 72 %, (4) 96 %.
Lavery u. a. (2002) Großbritannien	Frauen (Paare) nach PID in den letzten 10 Jahren Carrier von verschiedenen genetisch bedingten Erkrankungen (n = 36)	Erfahrung mit PID im Vergleich zur PND: belastender (35 %), weniger belastend (40 %), keine Aussage (25 %); Belastung durch PID-Zyklus: extrem belastend (41 %), mäßig belastend (35 %), etwas belastend (23 %) nicht belastend (6 %); wichtigster Vorteil: keine betroffenen Embryonen; wichtigster Nachteil: geringe Erfolgsquote; Zükünftige Kinderwunschoptionen: 56 % PID, 12 % PND, 6 % kein Test, 26 % Verzicht auf weitere Kinder.

Tabelle 5: Einstellungen bzw. Erfahrungen von direkt Betroffenen hinsichtlich der PID[95]

Viele dieser teils sehr religiösen türkischstämmigen Paare waren sich unsicher über die Haltung der eigenen Religion in diesen Fragen, viele waren der Auffassung, ihre Religion sehe dieses eher kritisch, aber dennoch, konträr zur offiziellen Herangehensweise beider christlichen Kirchen in Deutschland, letztlich pragmatisch. Ein großes Maß an Verständnis für die spezifische Problematik genetischer Hochrisikopaare und auch für Paare in Dilemmasituationen bei der IVF kam in allen Interviews zum tragen. Daraus folgte in allen bis auf drei Interviews (eine Ethikerin, ein Humangenetiker, eine Freundin eines Aktivisten der Behindertenbewegung) die Auffassung, eine gewisse Liberalität müsse die Grundlage für Entscheidungen im Bereich der Reproduktionsmedizin bilden. Die Etablierung der embryonalen Stammzellforschung und die Forschung und

---

[95] Tanja Krones u. a.: Einstellungen und Erfahrungen von genetischen Hochrisikopaaren hinsichtlich der Präimplantationsdiagnostik (PID) - Nationale und internationale Ergebnisse, a.a.O., S. 115

Manipulation an Embryonen wurde dagegen von den meisten Befragten deutlich kritischer betrachtet. Die Problematik wurde jedoch vornehmlich nicht in der Zerstörung des frühen Embryos, sondern in dessen möglicher Weiterentwicklung zum Menschen ohne Beziehung zu seinen Vorfahren und Geschwistern, der Verwendung als Ersatzteillager oder der Entstehung eines „Monsters" oder „willigen Soldaten" gesehen.

Die Auffassung zum Verhältnis von Pränatal- und Präimplantationsdiagnostik und der Einstellung zu Menschen mit Behinderungen wurde differenziert beurteilt. Einerseits wurde eine Verbindung zwischen pränataler und präimplantiver Diagnostik sowie der Entstehung eines sozialen Drucks auf Eltern, ein Kind mit einer Behinderung nicht zu bekommen, durchaus von vielen Interviewten gesehen; andererseits wurde die Auffassung und Position der Behindertenverbände in Deutschland auch kritisch betrachtet, insofern, als dass angenommen wurde, dass eine direkte Verbindung zwischen der Etablierung der PND und der PID sowie einer verstärkten Diskriminierung behinderter Menschen nicht bestünde und Vertreter von Behindertenverbänden in dieser Debatte sich nicht durch genügend differenzierte Betrachtungsweisen hervortäten. Die Kategorien und Aussagen der qualitativen Interviews bildeten im Weiteren die Grundlage für die standardisierten Befragungen, von denen einige zentrale Ergebnisse im Folgenden zusammengefasst werden.

6.2 Ergebnisse der standardisierten Befragungen

In den Jahren 2001-2005 haben wir insgesamt knapp 900 Experten aus fünf Gruppen (Pädiater, Hebammen, Humangenetiker, Ethiker und Reproduktionsmediziner) mittels einer postalischen Befragung basierend aus einer Zufallsauswahl aus den vorliegenden Adresslisten der Fachgesellschaften repräsentativ zu Wort kommen lassen. In Kooperation mit der Arbeitsgruppe von Elmar Brähler, die eine parallele Befragung der Bevölkerung mit einer etwas anders gewichteten Thematik durchführte[96], haben wir 1.000 Personen aus der Bevölkerung in face-to-face Interviews durch das Meinungsforschungsinstitut Marplan befragen lassen. Die Paare wurden von geschulten Interviewern in der Regel zuhause aufgesucht, nachdem sie die Informationen über die Studie erhalten haben, und getrennt voneinander befragt.

---

[96] Siehe u. a. Ulrike Meister u. a.: Knowledge and attitudes towards preimplantation genetic diagnosis in Germany, in: Human Reproduction 20/2005, S. 9-17

6.2.1 Beginn menschlichen Lebens und Status des Embryos

Im Hinblick auf das Bild des Menschen in der Reproduktion haben wir zunächst die Frage nach dem entscheidenden Beginn menschlichen Lebens gestellt, dessen Kategorien wir mit Hilfe der qualitativen Interviews ermittelt hatten. Die prozentualen Angaben fasst Tabelle 6 zusammen.[97]

Die Befragten der Bevölkerung, sowie Gynäkologen, Pädiater und insbesondere deutsche IVF-Paare, die Erfahrungen mit der assistierten Reproduktion und deren Scheitern haben, sehen als Beginn menschlichen Lebens mehrheitlich den Zeitpunkt der Einnistung des befruchteten Eies in die Gebärmutter (die Nidation) an. Türkischstämmige Hochrisikopaare geben zu gleichen Teilen den Zeitpunkt der Einnistung und den „4. Monat der Schwangerschaft" als häufigste Nennung an. Lediglich Humangenetiker, Hebammen und Ethiker vertreten mehrheitlich die Auffassung des Embryonenschutzgesetzes, in welchem der entscheidende Zeitpunkt menschlichen Lebens mit der Zeugung, der Verschmelzung des Spermiums mit der Eizelle (genauer: Verschmelzung der Genome) definiert wird. Bei ersterer Auffassung wird demnach die Verbindung mit der Mutter, bei der zweiten der individualisierte, entkontextualisierte Embryo als Beginn menschlichen Lebens gesetzt.

Befragte	Zeitpunkt der Entstehung des menschlichen Lebens			
	Zeugung	Nidation	4. Monat	Geburt
Bevölkerung	20.8	46.7	20.2	5.9
Deutsche IVF-Paare	14.4	64.4	18.8	2.5
türkische Hochrisikopaare	28.0	30.0	30.0	4.0
Pädiater	34.9	46.4	11.4	4.8
Gynäkologen	32.7	54.4	6.1	3.4
Humangenetiker	45.2	37.5	6.7	3.8
Hebammen	62.9	32.0	1.7	1.4
Ethiker	65.5	23.8	3.0	4.2

Tabelle 6: Beginn menschlichen Lebens

Da sich, wie beschrieben, aus den qualitativen Interviews mit Laien und Experten, IVF-Paaren und Hochrisikopaaren herauskristallisiert hatte, dass es etwas anderes ist, nach dem Status des Embryos allgemein oder nach dem Status des Embryos in der eigenen Reproduktion zu fragen, wurden zwei Fragen zum Status des präimplantativen Embryos gestellt. Folgende mögliche Beschreibungen

---

[97]   Siehe Tanja Krones u. a.: What is the preimplantation embryo? A.a.O.

des präimplantiven Embryos im Allgemeinen[98] wurden den Befragten in den standardisierten Befragungen vorgelegt: „Zellhaufen ohne speziellen Schutzanspruch", „Zellhaufen mit speziellem Schutzanspruch", „potentieller Mensch", „menschliches Wesen mit Recht auf Leben", „Mensch mit vollem Würdestatus" und „kein unabhängiger Status von der Mutter". Die relativ häufigste Angabe in der Bevölkerung, bei deutschen IVF-Paaren und Gynäkologen fiel auf die Kategorie „Zellhaufen mit speziellem Schutzanspruch" (zwischen 32 % und 40 %). Hebammen, Humangenetiker, Pädiater, türkische Hochrisikopaare und Ethiker sind mehrheitlich der Auffassung, der Embryo sei am ehesten als ein „potentieller Mensch" zu kategorisieren (37 % - 45 %). Die Kategorien, die dem Embryonenschutzgesetz zugrunde liegen (Artikel 2 GG, Recht auf Leben, und Artikel 1 GG, Würde des Menschen) spielen quantitativ lediglich eine untergeordnete Rolle, ebenso die Auffassung, nach welcher der Embryo keinerlei unabhängigen Status von der Mutter besäße - dies gaben aber immerhin 15 % der Humangenetiker und Gynäkologen an. Wenn jedoch nach dem präimplantiven Embryo innerhalb der eigenen Reproduktion gefragt wird, führt dies dazu, dass dieser insbesondere bei Befragten mit Kinderwunsch eher als „Kind" denn als „Zellhaufen" klassifiziert wird. Interessanterweise stieg in fast allen Stichproben bei der Frage nach dem erlebten (IVF-Paare) oder antizipierten eigenen Embryo der Grad der Personifizierung an. Bei allen befragten Paaren lag der Anteil, der den eigenen Embryo als „(eher) mein Kind" klassifizierte, (61 % deutschstämmige IVF-Paare, 77 % deutschstämmige Hochrisikopaare, 80 % türkischstämmige Hochrisikopaare und deutschstämmige Kontrollpaare) deutlich über dem Prozentsatz in der Allgemeinbevölkerung mit 39 %. Viele der Befragten (36,5 %) der Bevölkerung konnten zu dieser Frage nicht Stellung nehmen. Der Status des Embryos ist in der Allgemeinbevölkerung, in der viele Menschen keinen Partner und/oder keinen Kinderwunsch haben, anscheinend eher ein „non-issue". Auch in den meisten Expertengruppen - außer in der Gruppe der Humangenetiker - stieg gegenüber der Frage nach dem Status des extrakorporalen Embryos im Allgemeinen (potentieller Mensch, menschliches Wesen mit Recht auf Leben, Mensch, voller Würdestatus) in der eigenen Reproduktion der Anteil der Befragten an, die den Embryo als Kind oder eher mein Kind personifizierte - in der Gruppe der Gynäkologen von 32 % auf 40 %, in der Gruppe der Hebammen von 57 % auf 76 % und in der Gruppe der Mitglieder der Akademie für Ethik in der Medizin von 63 % auf 70 %. Lediglich Humangenetiker depersonalisierten den Embryo in der eigenen Reproduktion.

---

[98] Basierend auf der Literatur und den qualitativen Interviews

Der moralische Status des Embryos wird daher in keiner Weise gering einge-schätzt. Die Verbindung zu den „prospektiven Eltern" und „Erzeugern" scheint jedoch real entscheidend zu sein und nicht der Status des präimplantiven Em-bryos an sich.

Der Status des Embryos spielt in der Beurteilung der PID als Argument eine eher untergeordnete Rolle. Um zu untersuchen, welche Aspekte bei der Bewertung neuerer reproduktionsmedizinischer Technologien bei direkt Betroffenen und Experten entscheidend sind, haben wir auf der Basis der qualitativen Interviews, der Analyse zentraler Argumente in der Literatur und der Printmedienanalyse eine Bewertungsanalyse durchgeführt. Hochrisiko- und Kontrollpaare wurden gebeten, die Vor- und Nachteile der PID (neben anderen reproduktiven Optio-nen) zu gewichten. Den Experten wurde eine Liste von Bewertungskriterien vor-gelegt und danach gefragt, welcher der Aspekte das wichtigste, und welcher das zweitwichtigste Kriterium für die Bewertung der PID darstellt, um damit eine re-präsentative Priorisierung zu erhalten. Dieses Vorgehen hat in den Kommentaren der Ethikexperten zum Fragebogen Kritik hervorgerufen, die sich auf den Um-stand bezog, dass hier insbesondere nicht von der Majoritätsauffassung auf die Richtigkeit der Argumente geschlossen werden kann. Dies ist selbstverständlich richtig. Dennoch ist es unseres Erachtens für die Debatte und für die Reflexion im Sinne einer kontextsensitiven Ethik förderlich, zu wissen, welche Argumente bei Betroffenen, sowie bei Gegnern und Befürwortern einer Technik eine gewichtige Rolle spielen, um sich gegebenenfalls mit differenten Einschätzungen konstruk-tiv auseinander zu setzen. Das Ergebnis ist in Tabelle 7 und Tabelle 8 festgehalten.

Vorteile bzw. Nachteile der PID	Rangnummer
Embryo wird meist nicht beeinträchtigt	1(1)
Kind hat Erkrankung nicht geerbt	2(2)
Eltern bleibt Abbruch erspart	3(3)
Kind ist leibliches Kind	4(4)
Medizin kann durch PID eventuell Fortschritte erzielen	5(5)
Embryo bei Diagnostik nicht so weit entwickelt	6(6)
Bestimmte Erbkrankheiten könnten seltener werden	7(7)
Mehrlingsquote hoch	1(3)
Gesundheitliches Risiko für Frauen	2(1)
Keine Garantie für gesundes Kind	3(7)
Dilemma, was mit übrigen Embryonen passiert	4(4)
Geburtenrate niedrig	5(6)
Technik schwer eingrenzbar	6(2)
Mögliche Diskriminierung Behinderter	7(5)
Technik greift ins natürliche Schicksal ein	8(8)
Erwartungen an das Kind möglicherweise hoch	9(9)

Tabelle 7: Vor- und Nachteile der PID, Bewertung von Hochrisikopaaren und Kontrollpaaren

In Tabelle 7 ist die Rangfolge der Mittelwerte der Bewertung von Vor- und Nachteilen der PID in der Hochrisikogruppe (völlig unwichtig = 1, sehr wichtig = 5) und die Rangnummer der Kontrollpaare ohne bekanntes genetisches Risiko dargestellt. Die Gewichtung der Vor- und Nachteile der PID zeigt für die Vorteile, dass insgesamt die Rangfolge der Hochrisikogruppe und der Kontrollgruppe dieselbe ist. Alle Vorteile werden jedoch in der Hochrisikogruppe als hochsignifikant wichtiger klassifiziert.[99] An erster Stelle steht der Vorteil, dass der Embryo in seiner weiteren Entwicklung nicht beeinträchtigt wird, das zukünftige Kind durch die Diagnostik also keinen Schaden nimmt. Es folgt der Vorteil, dass das zukünftige Kind die Erkrankung nicht geerbt hat, vor dem Umstand, dass den Eltern in aller Regel der Abbruch der Schwangerschaft erspart bleibt. Bei den erfragten Nachteilen unterscheiden sich Hochrisikogruppe und Kontrollgruppe in der Rangfolge erheblich. Während bei der Hochrisikogruppe die medizinischen Nachteile (Mehrlingsquote, gesundheitliches Risiko für die Frau etc.) im Vordergrund stehen, gewichtet die Kontrollgruppe die sozial-ethischen Nachteile höher, wie auch insgesamt die meisten Nachteile durch die Paare ohne genetisches Risiko höher gewertet werden als durch die befragten Hochrisikopaare. Die Ergebnisse lassen sich vielschichtig interpretieren. Wir greifen hier den Umstand heraus, dass der Status des Embryos einen hohen Stellenwert besitzt, jedoch auf das Ziel zukünftiges Kind bezogen wird. Die damit verbundene Einordnung des Problems „Status des Embryos" in die Familiengeschichte, in den Bereich der „Familienethik" zeigte sich in vielfältiger Weise sowohl in unseren qualitativen Interviews und weiteren Ergebnissen, wie auch in internationalen ethnographischen Studien, wie u. a. in der Studie von Sarah Franklin.[100] Der moralische Status des Embryos an sich spielt im Gegensatz zur antizipierten Beziehung des zukünftigen Kindes mit der Familie, sowie zum antizipierten Einfluss der Geburt dieses Kindes für die Beziehung der anderen Familienmitglieder eine untergeordnete Rolle.

Welche Bewertungskriterien für die befragten Expertengruppen quantitativ entscheidend sind, zeigt Tabelle 8. Das Ergebnis der Bewertungsanalyse der Experten zeigt zunächst die absolute Priorisierung vernunftethischer Prinzipien sowohl für Gegner wie Befürworter der PID, als auch für alle Expertengruppen gleichermaßen. Wie oben bereits ausgeführt, führte dies zu Beginn der Debatte im schlimmsten Fall dazu, dass das Argument der Menschenwürde als Diskursstopper verwendet wird.

---

[99]   Hier nicht dargestellt, vgl. Tanja Krones u. a., a.a.O.
[100]   Sarah Franklin: Embodied Progress, a.a.O.

Man kann dieses Ergebnis jedoch auch positiv interpretieren, wenn beide Seiten sich gegenseitig Vertrauen schenken würden. Der auch in der Bioethik-Debatte zentral hervorgehobene Aspekt der Menschenwürde spielt unabhängig von Befürwortung oder Gegnerschaft in der Bewertung der PID eine zentrale Rolle. Die Bemühung aller, die Menschenwürde im Hinblick auf die Entwicklungen der Reproduktionsmedizin zu achten, scheint demnach intendiert zu sein. In der Beurteilung des Wunsches der Eltern nach einem gesunden Kind scheiden sich jedoch die Geister. Ebenso wie für die direkt Betroffenen hat dieser Aspekt für die befragten Ärzte und für die Befürworter der PID eine zentrale Bedeutung.

Bewertungsaspekt	Wichtigster Aspekt	Gegner	Befürworter	Differenz zwischen Expertengruppen
Vernunftethische Prinzipien (Menschenwürde, Instrumentalisierungsverbot)	45.0	49.3	40.5	nicht signifikant
Wunsch der Eltern nach einem gesunden Kind	14.4	5.3	25.4*	Hebammen, Ethiker⇓ Humangenetiker, Pädiater, Gynäkologen⇑
Moralischer Status des Embryos	6.6	8.4	3.9	Humangenetiker⇓
Veränderung im Umgang mit Zeugung, Schwangerschaft und Geburt	6.4	8.1	3.9	Hebammen⇑ Gynäkologen⇓
Veränderungen im Status behinderter Menschen	5.4	7.8	2.6*	Hebammen⇑
Reproduktionsfreiheit	3.4	0.8	6.8*	nicht signifikant
Religiöse Verbote bzw. Gebote	3.0	4.8	0.7*	Hebammen⇑

⇑,⇓, * $p < 0.05$ zwischen den Gruppen, Angaben in %

Tabelle 8: Wichtigste Bewertungsaspekte zur Beurteilung der PID, Experten

Gegner der PID, unter denen viele Hebammen und Ethiker zu finden sind, messen diesem Aspekt nur eine geringe Wertigkeit zu. Der moralische Status des Embryos ist, völlig anders als von uns erwartet, nur für 8 % der Gegner und 4 % der Befürworter der wichtigste Bewertungsaspekt, beide Gruppen unterscheiden sich statistisch nicht signifikant voneinander. Bei denjenigen Ethikern, die sich als christliche Ethiker definieren, ist die Verteilung im Bezug auf den moralischen Status des Embryos ebenfalls nicht wesentlich anders. Dieser Befund mag ein Grund dafür sein, dass, wie die folgenden Ergebnisse zeigen, die PID, bei der es zum Verlust von Embryonen durch Verwerfung kommt, mehrheitlich nicht prinzipiell abgelehnt wird, wie wir eigentlich erwartet hatten.

6.2.2 Auffassung zur PID versus PND

Die Auffassungen zur PID wurden durch verschiedene Instrumente erhoben. Neben der Rezeptions-, der Debatten- und der Argumentationsanalyse zur PID wurde eine genaue Bewertung der PID vorgenommen. Unter anderem haben wir bereits in der ersten Studie an Hochrisikopaaren auf der Basis weiterer internationaler Studien einen Erkrankungs- bzw. Eigenschaftskatalog entwickelt. Dieser wurde für die Expertengruppe erweitert und für die Bevölkerungsstichprobe gemeinsam mit der mit unserer Arbeitsgruppe kooperierenden Forschergruppe am Institut für Medizinische Psychologie und Soziologie der Universität Leipzig noch leicht modifiziert.[101] Dabei wurde in der Experten- und Bevölkerungsstichprobe abgefragt, für welche der Erkrankungen bzw. Eigenschaften eine PID sowie eine PND und ein Schwangerschaftsabbruch zulässig sein sollte, und inwiefern die Befragten selbst über eine Nutzung nachdenken würden. Die Kategorien wurden in der Expertengruppe durch Beispielerkrankungen erfragt (z. B. früher Tod: Werdnig-Hoffmannsche Muskelatrophie, chronische Krankheit, die früher zum Tod führt: Mukoviszidose). Der Ursprungskatalog der ersten Studie an Hochrisikopaaren kam bei den weiteren befragten Paaren zum Einsatz. Die moralische Bedenklichkeit der PID für verschiedene weitere Indikationen (u. a. Aneuploidiescreening, Enhancement) wurde sowohl in der Experten- als auch in den Paar-Stichproben erhoben. Geschlechtsselektion und Enhancement wurden in der Expertengruppe nicht in den Indikationskatalog aufgenommen, sondern ausschließlich deren moralische Bedenklichkeit erfragt, da in den Pretests deutlich wurde, dass die Erfragung von Geschlechtsauswahl und Eigenschaften als mögliche PID-Indikation zu stärkerem non-response bei einigen Experten führt. Die PID als reale Kinderwunschoption wurde analog zur ersten Paarstudie bei den deutsch- und türkischstämmigen IVF-Paaren und Hochrisiko-Paaren erfragt. Experten wurden zudem um eine Folgenabschätzung nach Einführung der PID und um die Bewertung der PID im Rahmen eugenischen Gedankengutes gebeten. Schließlich haben wir alle Befragten gebeten, sich festzulegen ob und wenn ja in welcher Form die PID legalisiert werden sollte.

Bezüglich zulässiger Indikationen zur PID im Verhältnis zur PND und zum Schwangerschaftsabbruch bestätigte sich in allen Stichproben das Ergebnis der ersten Studie, dass die PID für alle Indikationen als zulässiger angesehen wird, als ein Schwangerschaftsabbruch. Abbildung 5 zeigt die Ergebnisse für die Bevölkerung in graphischer Form. Die Säulen stellen prozentuale Angaben der Ge-

---

[101] Vgl. Ulrike Meister u. a.: Knowledge and attitudes towards preimplantation genetic diagnosis in Germany, a.a.O.

samtbevölkerung dar.[102] Zwar sind geringfügig weniger Befragte der Bevölkerung für eine allgemeine Verfügbarkeit der PID im Verhältnis zur PND für alle Indikationen (untere zwei Balken), selbst würden jedoch mehr Befragte bei Antizipation der Situation eine PID als einen Schwangerschaftsabbruch durchführen lassen (obere zwei Balken). Experten halten die PID ebenfalls in allen Fällen für zulässiger als einen Schwangerschaftsabbruch, insbesondere für spätmanifestierende Erkrankungen, wie weiter unten Tabelle 9 zeigt.

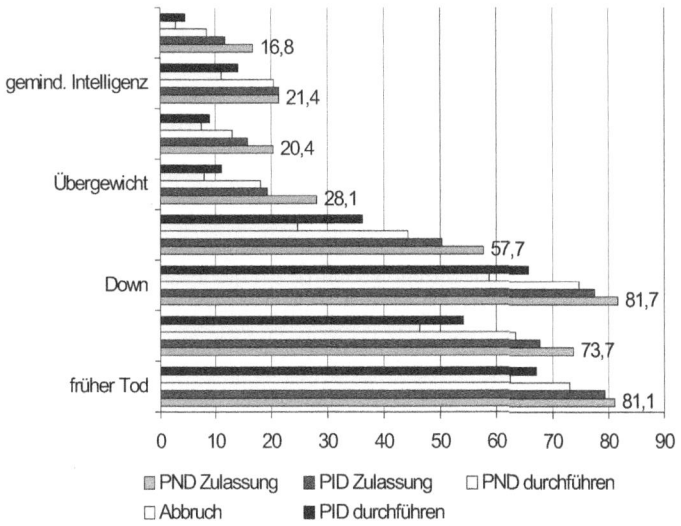

Abbildung 6: Abbruchsindikationen bei PID und PND: Ansichten der Bevölkerung (n=1017) in %

Eine Ausnahme bildet die Beurteilung der Trisomie 21 durch Humangenetiker, die bei Vorliegen eines Downsyndroms eher eine PND mit möglichem Abbruch als eine PID für angemessen erachten. Dies resultiert vermutlich aus dem humangenetisch-medizinischen Wissen, dass in der Regel das Downsyndrom nicht aufgrund einer Translokation des Chromosoms 21 vererbt wird, für die eine PID möglich ist, sondern durch die nicht erbliche Ursache entsteht, dass sich die Chromosomen nicht voneinander trennen, was zufällig - mit steigendem Alter jedoch häufiger - passiert, und so nur mittels PND bzw. im Aneuploidiescree-

---

[102]   Vgl. auch Tanja Krones u. a.: Public, expert and patients opinions on preimplantation genetic diagnosis (PGD) in Germany, in: Reproductive Biomedicine online 1/2005, S. 116-123

ning ermittelt werden kann. Vergleicht man die Ansichten der Bevölkerung (Abbildung 5) mit derjenigen der Experten (Tabelle 9), so zeigt sich, dass diese bei schweren Erkrankungen sowie beim Downsyndrom nicht sehr stark differieren. Die Gruppe der Hebammen und der Ethiker lehnt jedoch auch bei schweren Erkrankungen sowohl Schwangerschaftsabbruch als auch PID häufiger ab und würde nach eigenen Angaben signifikant weniger häufig selbst einen Schwangerschaftsabbruch in diesen Situationen vornehmen lassen. Für spät manifestierende Erkrankungen, wie Krebserkrankungen, oder möglicherweise unerwünschte Eigenschaften, die analog zu internationalen Studien ermittelt wurden, war sich der Großteil aller Experten darin einig, dass diese weder eine Indikation für einen Schwangerschaftsabbruch noch für eine PID darstellen sollten. Geschlechtsselektion und Enhancement wurden zudem von allen Experten als extrem moralisch bedenklich eingestuft. Die Bevölkerung ist in diesen Fällen bereiter, eine PID oder einen Abbruch für zulässig zu erachten. Die moralische Bedenklichkeit verschiedener weiterer Möglichkeiten, die PID zukünftig zu nutzen, auch wenn deren Wirksamkeit, beispielsweise eine höhere Schwangerschaftsrate durch das Aneuploidiescreening zu erzielen, mittlerweile für die „Altersindikation" in der IVF widerlegt ist, wurde bei den Paaren und bei Experten in einer sechsstufigen Likertskala (1 = „moralisch überhaupt nicht bedenklich" bis 6 = „moralisch extrem bedenklich") erfragt. Der Einsatz der PID bei bekannter genetischer Erkrankung in der Familie wurde von allen Gruppen als eher wenig bedenklich eingestuft (Mittelwerte unter oder gleich 3). Auch die Möglichkeit, eventuell durch die PID habituelle Aborte durch eine Chromosomenanalyse vermeiden zu können, halten die meisten Befragten für eher wenig bedenklich. Das Aneuploidiescreening wird sowohl von deutschstämmigen IVF-Paaren, als auch von den meisten Expertengruppen (bis auf Hebammen und Ethiker) als eher wenig bedenklich eingestuft (mit Mittelwerten unter 3). 67 % der befragten IVF-Paare konnten sich zum Zeitpunkt der Befragung 2003/2004 vorstellen, eine PID als Screeningmethode zu nutzen, wenn diese in Deutschland angeboten und sich dadurch eine erhöhte Erfolgsrate der IVF einstellen würde.

Krankheiten/Behinderungen/ Eigenschaften	Spätabbruch ethisch zulässig	PID ethisch zulässig	Würde selbst Abbruch durchführen
Früher Tod im Kleinkindalter			
Gesamt	57.2	67.6	53.6
Humangenetiker	87.5	89.4	79.8
Gynäkologen	79.6	87.8	74.1
Pädiater	65.1	79.5	66.9
Hebammen	40.5	51.4	31.6
Ethiker	40.5	53.0	44.6
Schwere chron. Erkrankung, Tod in frühem Erwachsenenalter			
Gesamt	32.1	55.4	28.7
Humangenetiker	72.1	80.8	55.8
Gynäkologen	50.3	80.3	44.9
Pädiater	34.3	68.1	37.3
Hebammen	13.6	35.7	8.8
Ethiker	21.4	39.9	23.8
Downsyndrom			
Gesamt	41.0	52.1	35.5
Humangenetiker	84.6	71.2	59.6
Gynäkologen	68.7	83.0	63.9
Pädiater	42.2	65.1	41.0
Hebammen	22.4	35.1	15.6
Ethiker	20.8	29.8	25.0
Hohe Disposition für Krebs im Erwachsenenalter			
Gesamt	12.7	35.7*	13.1
Humangenetiker	15.4	34.6	11.5
Gynäkologen	12.9	46.3	16.3
Pädiater	11.4	44.0	17.5
Hebammen	10.9	29.3	8.8
Ethiker	15.4	30.4	14.3
Übergewicht			
Gesamt	0.6	4.2	0.7
Humangenetiker	n = 1	3.8	n = 0
Gynäkologen	n = 2	8.2	n = 2
Pädiater	n = 1	3.6	n = 1
Hebammen	n = 0	3.1	n = 1
Ethiker	n = 1	3.6	n = 2

Tabelle 9: Zulässige Indikationen für Schwangerschaftsabbruch und PID, Beurteilung durch Experten

Auch zur Vermeidung von wiederholten Fehlgeburten würden an die 70 % der IVF-Paare eine PID erwägen. Diese Indikation wird auch von Ethikern und Hebammen als mittelmäßig bedenklich (Mittelwerte zwischen 3 und 4) bewertet. Hinsichtlich genetischem Enhancement und Geschlechtswahl aus Präferenzgründen tendieren die befragten Patientengruppen wie auch die Gesamtbevölkerung dazu, diese als weniger bedenklich einzustufen als Experten, bzw. zu einem nicht unerheblichen Anteil zuzulassen. Während die Beurteilung der moralischen Bedenklichkeit jedoch in der befragten deutschstämmigen IVF-Stichprobe nur um lediglich 0,6 Punkte im Mittel von der Beurteilung der Experten abweicht, bewerten die von uns befragten türkischstämmigen Paare die Geschlechtswahl aus Vorliebe und die Auswahl erwünschter Eigenschaften nur als mittelmäßig bedenklich (Mittelwert 3,7). 14 % könnte sich vorstellen die PID als Geschlechtswahl aus Vorliebe zu nutzen, 16 % zur Auswahl erwünschter Eigenschaften. Die Zahlen für eine umfassende Interpretation sind hierbei jedoch in dieser Gruppe sehr klein, zudem haben 26 % der türkischstämmigen Paare diese Frage nicht beantwortet. Ein Bildungseffekt ist hier ebenfalls denkbar, da auch in der Bevölkerung Menschen mit eher niedrigem Bildungsstatus mehreren Indikationen zur PID zustimmten. Es bestehen jedoch, wie auch in weiteren internationalen Studien gezeigt, zumindest Anhaltspunkte für die Bestätigung der Hypothese, dass Geschlechtswahl und Enhancement in kulturell von der westlich-christlichen Kultur differenten Kontexten, wie islamisch beeinflussten Kulturen, positiver bewertet werden. Dagegen sind sich alle befragten Experten in ihrer extremen Ablehnung bezüglich Geschlechtswahl und Enhancement einig. Hier zeigt sich auch kaum Varianz. Die größte Streubreite findet sich in der Gruppe der Ethiker, in der einige Vertreter demnach im Unterschied zu den anderen Gruppen deutlicher positiv abweichende Ansichten zu beiden Möglichkeiten der Anwendung der PID haben. Insgesamt könnte eine Ablehnung jedoch mit Mittelwerten um 5,8 bzw. 5,9 bei insgesamt geringer Varianz über alle Expertengruppen kaum deutlicher sein.

Die Nutzung der PID für die HLA Typisierung, um eventuell eine Stammzelltransplantation aus dem Nabelschnurblut durchzuführen, wurde allein durch Experten beurteilt. Danach wird dies eher als bedenklich eingeschätzt, Pädiater und Humangenetiker, welche die Problematik dieser Erkrankung vermutlich aus eigener Anschauung kennen, bewerten diese Möglichkeit mit einem Mittelwert von 3,5 (Pädiater) sowie 3,6 (Humangenetiker) eher als mittelmäßig bedenklich. Danach gefragt, was sie als wahrscheinlichste Möglichkeit nach einem Scheitern der angestrebten IVF-Versuche tun werden, antworteten 9 % der IVF-Paare, sie strebten gegebenenfalls eine PID im Ausland an. 30 % gehen davon aus, dass sie in diesem Fall auf Kinder verzichten werden, 18 % favorisieren eine Adoption, weitere 11 % meinen, sie würden zunächst eine psychologische Beratung in Anspruch nehmen. 13 % der Paare wollten sich zu dieser Frage nicht äußern oder konnten nicht angeben, was sie tun werden, sollten alle IVF-Versuche scheitern. Türkische Hochrisikopaare haben ähnlich wie die in unserer ersten Studie befragten deutschen Hochrisikopaare meist keinen Kinderwunsch mehr (60 %). Diejenigen, die noch einen Kinderwunsch angeben, wollen zu 24 % am ehesten auf weitere Kinder verzichten, 64 % wollen eine PND durchführen lassen, jeweils zwei Befragte geben Adoption und IVF als wahrscheinlichste Möglichkeit an, nur ein Befragter will in der nächsten Schwangerschaft auf eine PND verzichten. Die PID ist nur für ein Paar mit Kinderwunsch eine denkbare, jedoch lediglich die zweitwahrscheinlichste Möglichkeit. Dagegen war für die deutschen Hochrisikopaare zu 17 % die PID im Ausland die wahrscheinlichste Möglichkeit, mit Kinderwunsch umzugehen. Viele dieser Paare hatten sich bereits durch Selbsthilfegruppen informiert und im Ausland erste Kontakte geknüpft.

Die Ansichten zur Legalisierung der PID wurde ordinalskaliert in verschiedenen Kategorien erfragt. In Abbildung 6 dargestellt ist der Anteil aller Befragten der verschiedenen Gruppen, welcher die PID mehr oder weniger eingeschränkt legalisiert sehen möchte. Dass die Zustimmung zu einer Legalisierung der PID bei Hochrisikopaaren (89 % der deutschstämmigen Hochrisikopaare), aufgrund der unmittelbaren Betroffenheit eher hoch sein würde, war als Ergebnis unserer ersten Studie nicht unwahrscheinlich und erklärbar. Mit einer ähnlich hohen oder noch höheren Zustimmung hatten wir denn auch bei deutschstämmigen IVF-Paaren und türkischstämmigen Paaren gerechnet. Dass sich jedoch in allen Gruppen, sowohl in der repräsentativ befragten Bevölkerung, als auch in den repräsentativ befragten Expertengruppen keine Mehrheit für ein Verbot der PID finden würde, sondern im Gegenteil eine derart überwältigende Zustimmung zu einer Legalisierung der PID in Deutschland existiert, hatten wir nicht erwartet.

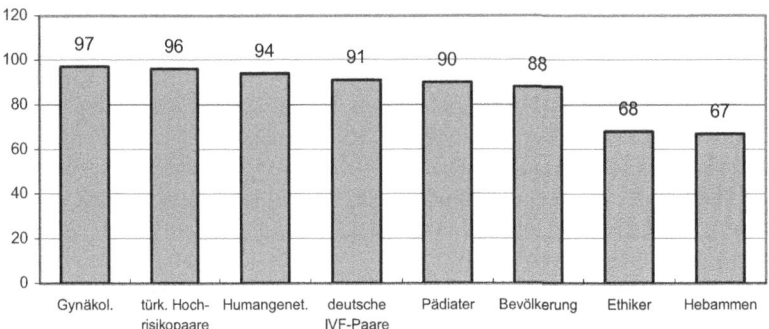

Abbildung 7: Zustimmung zur Legalisierung der PID in allen Stichproben, Angaben in %

Interessant hierbei ist die Tatsache, dass über 10 % der Hebammen und Ethiker, die eine PID selbst bei frühem Tod des Kindes wie bei der Werdnig-Hoffmannschen Muskelatrophie nicht für moralisch gerechtfertigt halten, dennoch einer Legalisierung zustimmten (siehe Tabelle 9). Wir gehen davon aus, dass beide Gruppen hoch differenziert urteilen und daher diejenigen Ethiker und Hebammen, die der PID sehr skeptisch gegenüber stehen, dennoch nicht der Auffassung sind, ihre persönlichen Werte sollten sich in allgemeinen Normen niederschlagen und die PID verboten bleiben. Die meisten Befragten der Bevölkerung und der genetischen Hochrisikopaare waren der Ansicht, die PID solle für alle genetischen Erkrankungen zugelassen werden und die Paare sollten über die Rechtmäßigkeit entscheiden. Die relative Mehrheit der Experten (bis auf die Gynäkologen) war der Ansicht, die PID solle eher nur für schwere genetische Erkrankungen zulässig sein. Gynäkologen meinten, die PID solle regelhaft auch in der IVF zur Verfügung stehen und IVF-Paare meinten mehrheitlich, die PID solle allen zur Verfügung stehen, welche die Diagnostik nutzen möchten. Die Experten wurden darüber hinaus gefragt, wie denn - falls sie einer Legalisierung zustimmen würden - die rechtliche Regelung real am besten aussehen solle. Die relative Mehrheit aller Expertengruppen war der Auffassung, die PID sollte analog zu § 218 geregelt werden. Sie solle verbunden sein mit einer verpflichtenden Beratung, die Paare sollten aber selbst darüber entscheiden, ob in ihrem Fall eine PID angemessen wäre. Wie die Subanalysen in der Bevölkerung zeigten, spielte beispielsweise die Parteienpräferenz in der Gesamtbevölkerung für die Bewertung der Legalisierung der PID kaum eine Rolle. Wählerinnen und Wähler der Grünen hingegen stimmen einer Legalisierung der PID ohne jegliche Beschränkungen z. B. eher zu als Befragte mit anderen Parteipräferenzen. Im Bundestag macht sich die Fraktion der Grünen, wie geschildert, insgesamt für ein Verbot der PID stark.

Ein spezieller Bewertungsaspekt, wie oben geschildert, ist in der bundesdeutschen Debatte zur PID die Annahme, dass es sich bei der Praktik der PID letztlich um eine eugenische Maßnahme handelt. In der starken Form dieses Arguments wird angenommen, dass die PID im Kern dem gleichen Gedankengut folge wie die Ermordung von Menschen mit Behinderungen während der Nazizeit. Das schwächere, wie geschildert nicht nur in Deutschland, sondern auch in England und Frankreich vorgebrachte Argument sieht die PID als Form einer neuen Eugenik, der „Eugenik von unten".

Ob die PID in diesem Licht von den befragten Experten gesehen wird, haben wir mittels folgender Formulierungen zu klären versucht:

Erstens: Die PID ist ein Instrument der modernen Eugenik[103] (stimme voll und ganz zu, stimme eher zu, stimme eher nicht zu, stimme überhaupt nicht zu).

Zweitens: Die PID ist im Kern ein nahtloser Anschluss an das eugenische Gedankengut und die eugenischen Maßnahmen der NS-Zeit (stimme voll und ganz zu, stimme eher zu, stimme eher nicht zu, stimme überhaupt nicht zu).

Drittens: Die PID ist ein unangemessener Eingriff in natürliche Vorgänge, an denen der Mensch nicht manipulieren sollte (stimme voll und ganz zu, stimme eher zu, stimme eher nicht zu, stimme überhaupt nicht zu).

Die letzte Frage untersucht dabei speziell das Argument, dass der Mensch durch die Anwendung der PID „Gott" spiele, d. h. eine „Rubikon"-Überschreitung begehe und einen Bereich betrete, der für menschliche Eingriffe Tabu bleiben sollte.

Die Ergebnisse dieser Items zeigt Tabelle 10, wobei die zwei Kategorien der Zustimmung und Ablehnung dabei jeweils zusammengefasst wurden. Wie die wiedergegebenen Prozentzahlen verdeutlichen, ist die Bewertung dieser Aussagen sehr unterschiedlich. Die standardisierten Residuen einzelner Zellen, die angeben, inwieweit die einzelne Zelle (beispielsweise die Beurteilung der PID als Instrument der modernen Eugenik durch Ethiker im Vergleich zu den anderen Expertengruppen) abweicht, liegen bei den Hebammen teilweise über oder unter zehn, was nahe ans statistisch normalerweise beobachtbare Maximum heranreicht. Hebammen, Humangenetiker und Reproduktionsmediziner vertraten in Bezug auf die Aussagen sehr konträre Ansichten, Ethiker und Pädiater lagen bei der Bewertung der Aussagen nahe am Gesamtschnitt. Bezüglich der Annahme, die PID sei ein Instrument „moderner" Eugenik, weichen die Auffassungen der verschiedenen Expertengruppen noch am wenigsten voneinander ab. Insgesamt stimmte die Mehrheit der Experten dieser Aussage zu. Sehr stark abgelehnt wurde diese Aussage von den repräsentativ befragten Humangenetikern aus Deutschland. Gynäkologen lehnten diese Aussage ebenfalls mehrheitlich ab, jedoch ist der Anteil, der dieser Aussage zustimmt, nicht wesentlich geringer als derjenige der Gynäkologen und Reproduktionsmediziner, der die Aussage für falsch hält.

---

[103] Siehe hierzu den Beitrag von Achim Bühl „Von der Eugenik zur Gattaca-Gesellschaft?" in diesem Buch.

	Ethi-ker	Heb-ammen	Pädi-ater	Human-genetiker	Gyn./Reprod.	Gegner PID	Befür-worter PID	Ge-samt
PID ist Instrument moderner Eugenik	66,3	82,0*	69,1	16,0*	40,7*	80,7*	39,4*	61,8
PID ist nahtloser Anschluss an NS-Gedankengut	16,2	47,3*	17,3	1,0*	6,2*	40,0*	3,2*	23,2
PID ist unangemessener Eingriff ins Schicksal	38,9	71,0*	33,3	7,0*	8,3*	69,7*	4,2*	39,8

* standardisierte Residuen + /- 2, Angaben in gültigen %, chi^2 aller Kreuztabellen p <.0001

Tabelle 10: Zustimmung zu Aussagen der PID als alte oder neue eugenische Maßnahme oder unangemessener Eingriff ins Schicksal

Alle anderen Gruppen stimmten der Annahme, dass die PID ein Instrument moderner Eugenik sei, mehrheitlich zu. Die Aussage, dass die PID sich direkt an die eugenischen Maßnahmen der Nazizeit anschließe, wurde von der Gesamtheit der Experten abgelehnt. Auch diejenigen, die eher eine ablehnende Haltung zur PID hatten, waren mehrheitlich der Auffassung, dieser Analogieschluss sei nicht zutreffend. Die Hebammen stechen hier jedoch mit ihrer nur knappen Ablehnung von 53 % deutlich hervor. Beinahe 50 % der Hebammen meinen demnach, die PID sei mit der Ermordung von Menschen mit Behinderungen während der Nazizeit vergleichbar.

Das Statement, dass die PID einen unangemessenen Eingriff in das Schicksal darstelle, wird ebenfalls bis auf die Gruppe der Hebammen, die diesem mit deutlicher Mehrheit zustimmen, von allen Experten mehrheitlich abgelehnt.

6.2.3 Zusammenhang zur Behindertenfeindlichkeit

Wie geschildert ist ein entscheidendes Argument für ein Verbot der PID in Deutschland und - zuletzt des öfteren ebenfalls gefordert - eine Einschränkung der PND, die Befürchtung, durch eine Zulassung der PID könne die Diskriminierung von Menschen mit Behinderungen zunehmen, deren Geburt durch PND und PID als verhinderbar erfahren wird. Neben diesem Argument, was einer Form des ethischen Dammbruchs durch Einführung der PID mit konsekutivem tertiären, nicht intendierten Schaden (Sozialisierung der Gesellschaft zu unmoralischeren Haltungen) entspricht, werden jedoch auch primäre (Tötung des Embryos als Menschenwürdeträger, direkte Verletzung von Menschen mit Behinderungen) und sekundäre Schäden (Missbrauch der Praxis der PND und PID aus unlauteren Motiven, z. B. aus Intoleranz gegenüber Menschen mit Behinderungen) durch die Nutzung von PID und PND postuliert. Hinter dem in diesem Zusammenhang des Öfteren angeführten Begriff der „Eugenik von unten" steht nicht zuletzt die Vermutung, Nutzerinnen und Nutzer der PND und PID hätten eher intolerantere Einstellungen gegenüber Menschen mit Behinderungen. Daher haben wir als eine der zentralen Fragestellungen den Zusammenhang von tatsächlicher und antizipierter Nutzung von PND und PID, sowie von Einstellungen zur PND/PID und der Distanz zu Menschen mit Behinderungen bereits lungen zur PND bzw. PID und der Distanz zu Menschen mit Behinderungen bereits in unserer ersten Studie und auch in allen weiteren Stichproben erhoben. Als Instrumente kamen zwei validierte Skalen von Seifert & Bergman, sowie von Heitmeyer zum Einsatz.

Signifikante Differenzen ließen sich diesbezüglich nicht feststellen; auch hinsichtlich des Zusammenhangs zum Status des präimplantiven Embryos konnten wir in der ersten Studie keine Zusammenhänge auffinden. Einen deutlichen Zusammenhang zur Einstellung gegenüber Menschen mit Behinderungen fanden wir jedoch zwischen den antizipierten Belastungen bei Geburt eines Kindes mit Gesichtsveränderungen, Gehbehinderungen oder geistiger Behinderung, sowie einer antizipierten Nutzung der PID und PND mit Abbruch bei verschiedenen Indikationen in der Gruppe der Paare ohne bekanntes Risiko und ohne Sterilitätsproblematik. Diejenigen, welche der Auffassung waren, die Legalisierung der PID solle jedem offen stehen, hatten zudem in dieser Gruppe signifikant distanziertere Einstellungen zu Menschen mit Behinderungen; in der Hochrisikogruppe fand sich kein Effekt zwischen der Einstellung zur Legalisierung der PID und der Einstellung zu Menschen mit Behinderungen.

Bezüglich derselben Zusammenhänge fanden sich in den untersuchten Stichproben der Experten und der Gesamtbevölkerung folgende Befunde: In der Bevölkerungsstichprobe zeigte sich kein signifikanter Zusammenhang zwischen einer bisher durchgeführten Pränataldiagnostik (nach eigenen Angaben 9,2 % der Bevölkerung) und der Einstellung zu Menschen mit Behinderungen, es besteht sogar ein Trend dahingehend, dass diejenigen, die Kinder haben und eine PND durchgeführt haben, signifikant positivere Einstellungen haben als diejenigen, die Kinder haben und keine PND durchführten. Diejenigen, die der Auffassung sind, die PID sollte verboten bleiben, haben signifikant positivere Einstellungen als alle anderen Befragten. Deutliche Zusammenhänge bestehen zwischen der Antizipation einer Belastung durch die Geburt eines Kindes mit verschiedenen Formen von Behinderungen und einer negativen Einstellung gegenüber Menschen mit Behinderungen insgesamt. Hinsichtlich der antizipierten Abbruch-PID- und PND-Indikationen fand sich zwischen dem Summenwert der Indikationen und der Einstellung zu Menschen mit Behinderungen nur für die Summe der befürworteten PID-Indikationen und der Einstellung zu Menschen mit Be-

hinderungen ein schwacher Zusammenhang (.07, sig .03). Die Betrachtung des Embryos als Mensch, die Setzung des Beginns menschlichen Lebens zum Zeitpunkt der Zeugung und die Klassifizierung des präimplantiven Embryos als eigenes Kind ist mit einer positiveren Einstellung zu Menschen mit Behinderungen in der Bevölkerung verbunden. Im Expertensample fanden sich teilweise Zusammenhänge zwischen der Einstellung zu verschiedenen PND- und PID-Indikationen sowie der Einstellung zu Menschen mit Behinderungen. Über alle Professionen gerechnet, besteht ein positiver Zusammenhang (.12 bis .14, sig .000) zwischen einer negativen Einstellung zu Menschen mit Behinderungen und der Summe befürworteter PND bzw. PID-Indikationen, sowie der Antizipation der eigenen Nutzung von PND mit konsekutivem Schwangerschaftsabbruch. Getrennt nach Professionen gerechnet fand sich jedoch nur bei Ethikern für die Summe der als zulässig erachteten PID-Indikationen und bei Hebammen für die Summe der als zulässig erachteten PND-Indikationen sowie der Antizipation eines Abbruchs bei Vorliegen verschiedener Indikationen ein signifikanter Zusammenhang. Wiederum über alle Professionen gerechnet findet sich hinsichtlich der Einstellung zur Legalisierung der PID ein signifikanter Mittelwertunterschied zwischen denjenigen, welche die PID verbieten möchten und denjenigen, welche die PID auch bei fehlgeschlagenen IVF-Versuchen zulassen wollen, noch deutlicher zwischen denjenigen, welche die PID in Einzelfällen erlaubt sehen möchten und denjenigen, welche die PID aus Altersindikation und in der IVF zulassen möchten. Letztere haben eine höhere Distanz zu Menschen mit Behinderungen. Nach Professionen getrennt zeigten sich keine Unterschiede.
Als gesicherter Befund kann damit zusammenfassend gelten, dass diejenigen, welche eine hohe Belastung durch die Geburt eines behinderten Kindes bei verschiedenen nicht selbst erlebten Erkrankungen oder Behinderungen antizipieren, eher eine negativere Einstellung gegenüber Menschen mit Behinderungen haben. Die tatsächliche Nutzung der PND oder PID korreliert nicht signifikant mit einer negativeren Einstellung, sondern im Gegenteil eher mit einer positiven Einstellung. Sehr positive Ansichten zur PID und PND sind jedoch mit einer größeren Distanz gegenüber Menschen mit Behinderungen vergesellschaftet. Auch bestehen in der Allgemeinbevölkerung Zusammenhänge zwischen einer Terminierung des Beginns menschlichen Lebens auf einen späteren Zeitpunkt, der Klassifizierung des Embryos als Objekt und einer negativeren Einstellung gegenüber Menschen mit Behinderungen, welche noch näher zu untersuchen sind. Bezüglich der Relevanz des Einflusses auf den Status von Menschen mit Behinderungen und der Beurteilung der PID ist schließlich zu bemerken, dass nur von insgesamt 5,4 % der befragten Experten der Einfluss einer PID-Ein-

führung auf den Status behinderter Menschen als wichtigstes Argument in der
PID-Debatte angesehen wurde. Hinsichtlich der Folgenabschätzung sind die Experten mehrheitlich jedoch der Auffassung, die Einführung der PID werde negative Auswirkungen auf den Status von Menschen mit Behinderungen haben.

6.2.4 Debattenanalyse

Die Debatte um die PID wurde, wie bereits erwähnt, teilweise sehr emotional
und vorwiegend als Stellvertreterdebatte von Mitgliedern von Fachgesellschaften und Expertengremien auf höchster politischer Ebene geführt. Massenmedien
haben sich an dieser Debatte in den Jahren 2000 und 2001 stark beteiligt. Eine
prominente Rolle haben auch die Repräsentanten der christlichen Kirchen in der
Diskussion um PID und PND gespielt. Wie diese Debatte von der Bevölkerung
und von den Expertengruppen selbst wahrgenommen wurde, bildete einen weiteren zentralen Analyseschwerpunkt unserer Studien. Hierdurch sollte insbesondere aus kontextsensitiver Sicht diskursanalytisch beantwortet werden, in wie
weit dem Prinzip der Verfahrensgerechtigkeit in der Diskussion um die PID
Rechnung getragen wurde.

Die Bevölkerung, die bereits einmal etwas von der PID gehört hatte (31,8 %)
wurde zunächst danach gefragt, von welchen Akteuren in den Medien berichtet
worden ist (1 = „überhaupt nichts berichtet worden" bis 6 = „sehr viel berichtet
worden"). Demnach liegen als Akteure, die wir als für die Debatte besonders relevant angesehen haben und von deren Auffassung die Bevölkerung in Deutschland so gut wie gar nichts mitbekommen hat, die Vertreter von Behindertenverbänden mit 47,2 % an der Spitze, gefolgt von Politikern (46,5 %) und Vertretern
der beiden christlichen Kirchen (44,2 %). Am meisten wurde insgesamt die Auffassung von Medizinern und Wissenschaftlern in den Massenmedien durch die
Bevölkerung wahrgenommen. Die Bevölkerung wurde hiernach gefragt, ob die
PID für sie selbst ein wichtiges Thema darstellt. Auf die Gesamtbevölkerung
bezogen war die PID nur für insgesamt 15,6 % ein sehr wichtiges oder wichtiges
Thema, für 84,4 % war die PID ein eher unwichtiges Thema, oder die PID wurde als Thema überhaupt nicht wahrgenommen. In der Expertengruppe haben wir
mehrere Fragen zur Rezeption der Debatte gestellt. Wir haben die Experten zunächst gebeten, die Repräsentanz (unterrepräsentiert, angemessen repräsentiert
oder überrepräsentiert) und die Sachkompetenz (1 = „gar nicht kompetent" bis
6 = „sehr kompetent") unterschiedlichster Gruppierungen zu bewerten. Ferner
wurde erfragt, ob die Stellungnahmen der eigenen Fachgesellschaften bekannt
sind, und ob die Befragten diesen zustimmen. Die Stellungnahmen der evangelischen und katholischen Kirchen wurden gesondert mit mehreren Items und Sta-

tements, die wir aus den qualitativen Interviews heraus konstruiert haben, bewertet. Schließlich wurde die eigene Position innerhalb des Fachverbandes bzw. der Fachgesellschaften eingeschätzt und die Kenntnis, Relevanz und Art der Debatte insgesamt evaluiert. Die diesbezüglichen Ergebnisse werden hier auszugsweise dargestellt. Über alle Experten gerechnet wurden die meisten der beurteilten Gruppierungen mehrheitlich als angemessen repräsentiert wahrgenommen. Als unterrepräsentiert wurden an erster Stelle betroffene Paare, gefolgt von der Allgemeinbevölkerung, Pädiatern, Hebammen und Vertretern von Behindertenverbänden klassifiziert. Als überrepräsentiert wurden kirchliche Repräsentanten klassifiziert, tendenziell auch Gentechnikforscher. Bezüglich der eingeschätzten Sachkompetenz zeigte sich insbesondere eine Kluft zwischen der recht hoch eingeschätzten Kompetenz von betroffenen Paaren und Vertretern von Behindertenverbänden bei wahrgenommener Unterrepräsentierung einerseits, und der eher als niedrig eingeschätzten Kompetenz der kirchlichen Repräsentanten bei Überrepräsentierung andererseits. Als besonders kompetent wurde die Gruppe der Humangenetiker von allen Experten beurteilt, gefolgt von Gynäkologen bzw. Reproduktionsmedizinern, Pädiatern, und schließlich Hebammen. Die Expertengruppen haben sich auch untereinander bewertet. Dabei bestanden in der Beurteilung der Expertengruppen untereinander hinsichtlich ihrer Sachkompetenz und auch im Hinblick auf ihre Repräsentanz einige Differenzen, am deutlichsten in der Gruppe der Hebammen. Diese hielt sich selbst für eher kompetent, diese Auffassung wurde von keiner anderen Gruppe geteilt. Hebammen hielten sich auch als einzige für unterrepräsentiert. Auch bei der Beurteilung der Gynäkologen bzw. Reproduktionsmediziner ergaben sich Differenzen. Zwar hielten alle Gruppen diese Experten für eher sehr kompetent, jedoch nicht für so kompetent wie diese Gruppe selbst. Bei den Humangenetikern ergaben sich die wenigsten signifikanten Differenzen zwischen der Selbst- und der Fremdbeurteilung. Recht differenziert wurden als Akteure in der Debatte um die PID die christlichen Kirchen bewertet. Zunächst wurden alle Experten danach gefragt, ob sie die Stellungnahmen der kirchlichen Repräsentanten kennen. Danach wurden die Experten gebeten, auf einer Skala von 1 („finde ich überhaupt nicht angemessen") bis 6 („finde ich voll und ganz angemessen") die öffentlich vertretenen Auffassungen beider christlicher Kirchen zu beurteilen. Es zeigte sich, dass die katholische Auffassung insgesamt bekannter ist als die evangelischen Stellungnahmen zur PID. Ethikern sind die Stellungnahmen am geläufigsten, gefolgt von Humangenetikern und Gynäkologen. Interessanterweise haben sich die Befürworter der PID mit den kirchlichen Stellungnahmen häufiger befasst als deren Gegner. Ethiker und Gegner der PID bewerteten die Stellungnahmen am angemessensten, der Mittelwert liegt bei Ethikern und bei Gegnern der PID insgesamt auf bzw. über dem Mittel von 3,5, was so zu interpretieren ist, dass die Stellungnahmen dieser Gruppen als eher angemessen klassifiziert wurden. Insgesamt sowie in allen anderen Gruppen wurden die Stellungnahmen mit Mittelwerten zwischen 1,9 und 3,1 eher als nicht angemessen klassifiziert. Die Haltung der evangelischen Kirche wird in allen Gruppen als angemessener beurteilt als die Haltung der katholischen Kirche. In den qualitativen Interviews hatten sich zudem mehrere spezifische Fragen hinsichtlich der Haltung der Kirchen zur PID ergeben. Einmal haben sich einige Ethiker und auch Pädiater und Gynäkologen darüber verwundert gezeigt, dass die evangelische Kirche ihre Haltung in der Frage des Embryonenschutzes der katholischen Kirche angeglichen hat; wobei hier die Diskrepanz zu den Debatten der 70er Jahre um den Schwangerschaftsabbruch thematisiert wurde, in denen die evangelische Kirche eine deutlich liberalere Haltung eingenommen hatte. Zum zweiten wurde die Wichtigkeit der moralischen Instanz der Kirchen in den Diskussionen debattiert, und schließlich bewerteten einige Interviewpartner die Funktion der Kirchen in der PID-Debatte als Strategie, um ihre gesellschaftliche Position zu stärken. Dazu wurden folgende drei Aussagen formuliert, die diese Punkte aufgreifen sollten[104]:

Erstens: Die Angleichung der evangelischen Haltung zur PID an die katholische ist unverständlich, gerade im Vergleich zur unterschiedlichen Haltung der beiden Kirchen in der Abtreibungsdebatte

Zweitens: Die beiden Kirchen nehmen mit ihren Stellungnahmen zur PID eine wichtige Aufgabe als moralische Instanz in der Gesellschaft wahr.

Drittens: Die beiden Kirchen engagieren sich in der Debatte um die PID vorrangig auch deshalb, um ihre Position als moralische Instanz in der Gesellschaft wieder mehr in den Vordergrund zu rücken.

Die Zustimmung zu allen Aussagen war insgesamt sehr groß. Etwas weniger als die Hälfte der Gegner der PID empfand die Angleichung der evangelischen an die katholische Haltung als unverständlich, Gynäkologen waren nur zu 48 % der Auffassung, die Kirchen nähmen mit ihrer Haltung eine wichtige Aufgabe als moralische Instanz in der Gesellschaft wahr. Allen anderen Aussagen stimmte die Mehrheit aller Experten mehr oder weniger stark zu. Die Befragten gingen davon aus, dass die Kirchen zwar eine wichtige Instanz sind, die in der PID-Debatte ihren Platz hat, sie diese jedoch auch vorrangig benutzen, um ihre eigene Position zu stärken. Die Angleichung der evangelischen Haltung an die Hal-

---

[104] Antwortvorgaben jeweils: stimme voll und ganz zu, stimme eher zu, stimme eher nicht zu, stimme gar nicht zu

tung der katholischen Kirche wurde mehrheitlich als unverständlich bewertet. Abschließend wurde von den Experten noch in drei Statements die gesamte Debatte um die PID in Deutschland evaluiert. Die drei Statements lauten wie folgt:
Erstens: Über die Debatte bin ich gut informiert.
Zweitens: Der Stellenwert der Diskussion um die PID entspricht der realen gesellschaftlichen Relevanz der PID.
Drittens: Die Art, wie die Debatte um die PID geführt wird, empfinde ich als angemessen.
Zunächst zeigte sich wiederum die unterschiedliche Kenntnis des Diskussionsstandes in den Expertengruppen, der sich auch im unterschiedlichen Wissen der Experten über die PID wiederspiegelte. Humangenetiker lagen hier wiederum an erster Stelle. Befürworter der PID in den Gruppen der Ethiker, Gynäkologen und Humangenetiker sind nach eigenen Angaben besser über die Debatte informiert. Bei Pädiatern und Hebammen, die insgesamt eher schlecht über die Debatte informiert sind, fanden sich keine diesbezüglichen Differenzen. Hinsichtlich der Art und des gesamten Stellenwerts der Debatte waren sich fast alle Professionen und ihre Subgruppen einig, dass der Stellenwert der PID-Debatte eher nicht der realen gesellschaftlichen Relevanz entspricht, die Art der Debatte wurde als eher nicht angemessen empfunden. Gegner der PID sahen die Debatte als eher angemessen, insbesondere deutlich in der Gruppe der Humangenetiker. Wie auch einige Ergebnisse unserer Printmedienanalyse zeigen, gilt demnach, dass die öffentlich geführte Debatte um die PID eher ihren Gegnern entsprach. Insgesamt wurde dem Thema, betrachtet man auch die Ansichten der Bevölkerung dazu, ein zu großer Stellenwert im Verhältnis zur realen gesellschaftlichen Relevanz beigemessen.

6.2.5 Folgenabschätzung

In der Debatte um die PID wurde schließlich eine Vielzahl möglicher Folgen diskutiert. Wir haben eine Liste von Bereichen, Gruppen und Sachlagen den Experten zur Beurteilung vorgelegt und nach der Einschätzung der Experten bezüglich der möglichen Auswirkungen auf diese Gruppen bzw. Sachlagen bei Einführung der PID gefragt. Zuvor wurden die Experten gebeten, anzugeben, ob und wenn ja wann die PID in Deutschland eingeführt werden wird. Die Ergebnisse finden sich in der folgenden Tabelle.

	in dieser Legislaturperiode	in den nächsten Jahren	in ferner Zukunft	nie	keine Antwort
Gesamt	3,3	68,9	19,3	4,4	4,0
Gegner	2,7	65,3	21,2	6,5	4,3
Befürworter	4,5	73,8	17,1	1,8	2,9
Ethiker	3,0	69,6	15,5	6,5	5,4
Hebammen	3,1	63,9	23,8	5,4	3,7
Humangenetiker	4,8	80,8	10,6	1,0	2,9
Gynäkologen	4,1	63,9	25,9	3,4	2,7
Pädiater	2,4	74,1	15,1	3,6	4,8

Angaben in %

Tabelle 11: Einführung der PID in Deutschland, Befragung 2003/2004

Wie die Tabelle zeigt, waren alle Experten mit deutlicher Mehrheit der Auffassung, die PID werde in den nächsten Jahren eingeführt werden. Gegner der PID terminierten den Zeitpunkt etwas häufiger in die ferne Zukunft, waren aber ebenfalls der Auffassung, die PID werde in den nächsten Jahren in Deutschland legalisiert. Welche Auswirkungen nach Ansicht der Experten die möglicherweise kommende Legalisierung der PID zeitigen wird, ist in Tabelle 12 dargestellt. Zunächst lässt sich aus der Bewertung der Gesamtheit der Experten sagen, dass im Hinblick auf sozialethische Konsequenzen der PID eher negative als positive Auswirkungen attestiert werden, am stärksten in Bezug auf den Status von Menschen mit Behinderungen, das gesamte gesellschaftliche Moralempfinden, den Umgang mit Zeugung, Schwangerschaft und Geburt und mit Gesundheit und Krankheit. Positive Auswirkungen werden für die Wissenschaft und Forschung, sowie auf die Reproduktionsfreiheit gesehen. Bei der Gesamtbewertung muss allerdings beachtet werden, dass wir die Stichprobe nicht nach Professionen gewichtet haben, die Hebammen mit insgesamt 294 Befragten den größten Anteil bildeten und extrem negative Folgenabschätzungen vorgenommen haben, wie die Auswertung nach Professionen zeigte. Hebammen gehen, anders als alle anderen Gruppen insgesamt davon aus, dass die PID die Potenz hat, signifikante Auswirkungen in allen Bereichen, seien sie positiv[105] oder negativ[106] zu zeitigen. Humangenetiker dagegen glauben, ähnlich wie die Gruppe der Gynäkologen, die Einführung der PID werde eher wenige und wenn dann

---

[105] Reproduktionsfreiheit, Fortschritte in der Genforschung, Forschungsstandort, abnehmende Häufigkeit von Erbkrankheiten

[106] Status von Behinderten, Frauen, Umgang mit Schwangerschaft und Geburt, Gesundheit und Krankheit, Ressourcenverteilung und natürlicher Selektionsprozess

positive Auswirkungen[107] haben. Die Position der Ethiker erscheint am meisten differenziert im Hinblick auf die Folgen: Negative Folgen werden für Menschen mit Behinderungen, den Umgang mit Gesundheit und Krankheit, den Umgang mit Schwangerschaft und Geburt und gesellschaftliche Moralvorstellungen antizipiert, keine Auswirkungen auf die Situation von Frauen, den Forschungsstandort, die Ressourcenverteilung und den „natürlichen" Selektionsprozess, positive Auswirkungen schließlich auf die Reproduktionsfreiheit, die Genforschung und die Häufigkeit bestimmter Erkrankungen in der Bevölkerung.

	Auswirkungen der PID auf...	Keine Auswirkung	Positive Auswirkung	Negative Auswirkung	Keine Antwort
Gesamt	Status von Menschen mit Behinderungen	34,5	5,5	58,7	1,7
	Situation von Frauen	43,9	20,1	33,0	3,0
	Reproduktionsfreiheit	25,4	49,5	20,4	4,8
	Umgang mit Gesundheit und Krankheit	25,5	19,2	52,1	3,2
	Umgang mit Zeugung, Schwangerschaft und Geburt	25,8	17,4	53,4	3,4
	Gesellschaftliche Moralvorstellungen	33,4	6,8	56,0	3,8
	Forschungsstandort Deutschland	26,8	67,2	3,5	2,4
	Fortschritt in der Genforschung	19,9	73,9	3,5	2,6
	Ressourcenverteilung im Gesundheitswesen	39,1	15,1	41,1	4,7
	Natürlichen Selektionsprozess	40,7	12,1	42,1	5,1
	Häufigkeit bestimmter Erbkrankheiten in der Bevölkerung	31,2	57,6	6,5	4,8

---

[107] Reproduktionsfreiheit, Fortschritte in der Forschung, Effekte auf den Forschungsstandort

	Auswirkungen der PID auf...	Keine Auswirkung	Positive Auswirkung	Negative Auswirkung	Keine Antwort
Gegner	Status von Menschen mit Behinderungen	12,4	3,2	84,0	0,5
	Situation von Frauen	31,5	9,7	56,8	2,0
	Reproduktionsfreiheit	23,6	39,2	31,8	5,4
	Umgang mit Gesundheit und Krankheit	11,3	7,4	80,4	0,9
	Umgang mit Zeugung, Schwangerschaft und Geburt	9,9	7,2	80,9	2,0
	Gesellschaftliche Moralvorstellungen	13,5	1,4	82,9	2,3
	Forschungsstandort Deutschland	31,1	61,0	6,1	1,8
	Fortschritt in der Genforschung	22,1	69,8	5,6	2,5
	Ressourcenverteilung im Gesundheitswesen	34,9	10,6	51,1	3,4
	Natürlichen Selektionsprozess	31,1	7,2	57,9	3,8
	Häufigkeit bestimmter Erbkrankheiten in der Bevölkerung	30,6	57,0	7,4	5,0

	Auswirkungen der PID auf...	Keine Auswirkung	Positive Auswirkung	Negative Auswirkung	Keine Antwort
Befürworter	Status von Menschen mit Behinderungen	61,9	6,8	29,1	2,1
	Situation von Frauen	58,5	32,5	6,3	2,6
	Reproduktionsfreiheit	28,3	62,5	6,0	3,1
	Umgang mit Gesundheit und Krankheit	40,9	33,1	21,0	5,0
	Umgang mit Zeugung, Schwangerschaft und Geburt	44,6	29,9	21,3	4,2
	Gesellschaftliche Moralvorstellungen	57,2	13,4	24,9	4,5
	Forschungsstandort Deutschland	23,4	74,0	0,8	1,8
	Fortschritt in der Genforschung	18,6	78,5	1,0	1,8
	Ressourcenverteilung im Gesundheitswesen	44,6	19,7	31,0	4,7
	Natürlichen Selektionsprozess	53,3	15,7	25,5	5,5
	Häufigkeit bestimmter Erbkrankheiten in der Bevölkerung	32,8	57,5	6,3	3,4

Tabelle 12: Ansichten zu Auswirkungen einer Einführung der PID

Die Interpretation des letzteren Ergebnisses ist allerdings schwierig und führte insbesondere bei Ethikern zur Nichtbeantwortung und Kommentaren bei der

Beurteilung des Fragebogens. Positiv kann hier im Sinne von „tatsächlich messbare" Auswirkungen verstanden werden, was man moralisch unterschiedlich bewerten kann, oder aber man sieht die Bewertung sowohl im moralischen Sinne wie im tatsächlichen Sinne als positiv, d. h. sie wird als solche auftreten und wird positiv bewertet. Die Angaben sind hierzu folglich nicht schlüssig zu interpretieren.

7 Sollte die PID in Deutschland zugelassen werden?

Nach der empirischen Phase, in der sowohl induktiv Ansichten von Gruppen und Individuen erhoben, als auch Theorien (Prinzipien, Normen, Konzepte) deduktiv getestet wurden, ist es die Aufgabe einer kontextsensitiven, pragmatischen Bioethik, eine Kohärenzanalyse durchzuführen, d. h. die empirischen Ergebnisse mit den ethischen Argumentationen, geltenden Rechtsnormen, ideengeschichtlichen Zugängen und interkulturellen Auffassungen zu vergleichen, und hieraus Lösungsvorschläge zu erarbeiten, die wiederum zur Diskussion gestellt werden. Dabei ist die Betrachtung aller Elemente des Handelns, der Handlungsbedingungen, der Handlung selbst und der Handlungsfolgen gleichermaßen wichtig, um zu einer möglichst umfassenden Bewertung und zu adäquaten Vorschlägen zur Bearbeitung des ethischen Dilemmas zu kommen. Daher diskutiere ich unsere Ergebnisse zur Bewertung von bioethischen Konflikten am Beginn menschlichen Lebens, speziell im Hinblick auf die Bewertung der PID, im Folgenden getrennt nach diesen Bereichen, und sage abschließend noch etwas zur diskursethisch relevanten Verfahrensgerechtigkeit in der bisherigen bundesdeutschen Bioethikdebatte und warum nach meiner Auffassung die PID in Deutschland zugelassen werden sollte.

7.1 Handlungsbedingungen

Bei der PID sowie bei Schwangerschaftsabbrüchen und bei der Herstellung von Stammzellen werden befruchtete Eizellen, Embryonen im Sinne des Embryonenschutzgesetzes, oder Embryonen und Feten, die sich bereits im Bauch der Mutter weiter entwickelt haben, getötet. Die Fragen „Darf man dies tun? „Wenn ja, warum?" und „Wenn ja, unter welchen Bedingungen?" führten, wie dargestellt, in der bioethischen Debatte in Deutschland zur breiten Erörterung der Frage, wie der Beginn menschlichen Lebens und der Status des Embryos an sich zu definieren sei. Nach der deutschen Gesetzgebung beginnt der Mensch mit der Befruchtung. Nach substanzontologisch-deontologischer Auslegung des Embryonenschutzgesetzes sollte daher mindestens Artikel 2 GG „Recht auf Leben" oder schon Artikel 1 GG, die Menschenwürde auf den Embryo und jede von ihm abstammende totipotente Zelle angewendet werden. Aufgrund unserer Ergebnisse und der Ergebnisse internationaler Studien zur Problematik denken wir, dass hier eine fundamentale Normkritik im Hinblick auf die deutsche Gesetzgebung zum Embryonenschutz und die hegemoniale, hier in aller Kürze skizzierte deutsche philosophisch-bioethische Debatte zum Status des Embryos angebracht ist. Das Problem liegt in der Entkontextualisierung des Embryos und der biologisch-normativ-essentialistischen Sicht auf den Beginn menschlichen Lebens im Embryonenschutzgesetz und im Bioethikdiskurs. Vorherrschende Argumentationen und Reflexionen philosophischer und auch biomedizinischer Hermeneutik weisen hinsichtlich der zentralen bioethischen Konflikte zu biomedizinischen Eingriffsmöglichkeiten am Beginn menschlichen Lebens ein Muster auf, welches Irma van der Ploog[108] treffend als „deletion & purification pattern" beschrieben hat. Mit der medizinischen und medialen Sichtbarmachung des Embryos in seinen frühesten Stadien wurde in medizinischen, ethischen und juristischen Expertendiskursen immer unsichtbarer, was lebensweltlich fraglos gegeben ist. Embryonen sind immer Embryonen von jemandem und zwar von realen, erwachsenen Menschen. Nur in körperlich untrennbarer Verbundenheit mit einer Frau - im deutschen Embryonenschutzgesetz allein gefasst als „weitere notwendige Voraussetzung" - werden sie zum Kind und seine Erzeuger zu Eltern. Im deutschen Kontext hat sich insbesondere Claudia Wiesemann[109] mit der einseitigen Ausrichtung des Diskurses befasst. Sie nimmt diesen blinden Fleck zum Ausgangspunkt fundamentalethischer Überlegungen zu Konflikten am Beginn menschlichen Lebens und füllt die Leerstelle, die Ignoranz der Perspektive der Eltern im Diskurs um Konflikte am Lebensbeginn mit einer anderen Perspektive: einer Beziehungs- und Verantwortungsethik der Elternschaft, die sie bisherigen individualethischen, sozialethischen und auch diskursethischen Überlegungen, vornehmlich beruhend auf der „Ethik des Fremden", die sich mit „losgelösten, entkörperlichten, verallgemeinerten Anderen" als Akteuren befasst, gegenüberstellt. Dabei geht es Wiesemann nicht darum, durch ihren Ansatz vorherrschende Konzepte komplett zu ersetzen. Nach der Geburt des Kindes tritt „die individualrechtliche Perspektive zu der beziehungsethischen Perspektive hinzu, muss sie ergänzen und in manchen Fällen sogar ersetzen, wenn

---

[108] Irma van der Ploeg: Only Angels Can Do without Skin. On reproductive Technologies hybrids and the politics of body boundaries, in: Body & Society 2-3/2004, S. 153-181
[109] Claudia Wiesemann: Von der Verantwortung ein Kind zu bekommen, a.a.O.

die elterliche Sorge vernachlässigt wird."[110] Zuvor, d. h. von der Befruchtung inner- und außerhalb des Körpers bis zur Geburt, betont sie den Vorrang der beziehungsethischen Perspektive vor individual- und sozialethischen Ansätzen. Diese neigen ihrer wie meiner Auffassung und unseren Ergebnissen nach zu einer lebenswelt- und leibfernen Betrachtung der Konflikte um Elternschaft und werdendes Leben und sprechen in abstrakter Sprache unter Verwendung teils neologistischer Terminologie von den fundamentalsten, (leib)-nächsten Beziehungen des Menschen. Vollzieht man die ihrer Ansicht nach notwendige „leibliche Wende in der Medizinethik"[111] kommt man im Bezug auf Konflikte am Beginn menschlichen Lebens zu plausibleren Schlüssen als durch Ethiktheorien, die an sich konsistent und formallogisch einwandfrei sind, jedoch häufiger zu „bizarren Konsequenzen"[112] führen. Diese bedienen sich in ihren Argumentationen zu Konflikten der Fortpflanzungsmedizin u. a. szientistisch konstruierten, künstlichen Beispielen und vermeintlich eindeutigen moralischen Intuitionen, um dem Vollzugsdefizit lebensweltlich ferner Theoriekonstruktionen begründungstheoretisch zu begegnen. Den zwei konträren, prominenten philosophisch-bioethischen Hauptargumentationssträngen, dem christlich-sozialethisch-substanzontologischen Ansatz des uneingeschränkten, wie dem liberalistisch-utilitaristischen Ansatz des abgestuften Lebensschutzes ist gemeinsam, dass sie diese relationale Ontologie nicht beachten. Beide folgen entweder biologischen Fakten der Embryogenese oder ziehen embryo-immanente Eigenschaften heran, um sich einer angemessenen Betrachtung des Status des präimplantativen Embryos und den bioethischen Konflikten am Beginn menschlichen Lebens zu nähern. Beide blenden aus unterschiedlichen Gründen das zentrale leibnahe und emotionale Beziehungsverhältnis zur Mutter bzw. zu den Eltern aus. Die Position des uneingeschränkten Lebensschutzes vermeidet diesen Bezug, um den Embryo auch gegen den Willen der Mutter schützen zu können. Der Bezug zur Lebenswelt wird insbesondere hier als gefährliche „Kontamination" der reinen ethischen Lehre aufgefasst, häufig verbunden mit dem Argument des naturalistischen Fehlschlusses und der Behauptung, stelle man den Embryo in seine Beziehung zur Mutter[113] habe man das (Vernichtungs-) Urteil über den Embryo bereits gesprochen. Die Position des abgestuften Lebensschutzes vermeidet die Begriffe Kind und Mutter bzw. Eltern aus ähnlichen Gründen mit anderen Vor-

---

[110] Claudia Wiesemann, a.a.O., S. 96
[111] Claudia Wiesemann, a.a.O., S. 10
[112] Claudia Wiesemann, a.a.O., S. 61
[113] Gefasst als einen „externen Parameter", vgl. Giovanni Maio: Zur Begründung der Schutzwürdigkeit des Embryos e contrario, in: Giovanni Maio, Hansjörg Just (Hrsg.): Die Forschung an embryonalen Stammzellen in ethischer und rechtlicher Perspektive, Baden-Baden 2003, S. 174

zeichen. Auch hier möchte man von der „sozialen Konnotation" der Begriffe absehen, um unvoreingenommener, d. h. emotional problemloser die Konflikte am Beginn menschlichen Lebens zu diskutieren und auf diese Weise einen abgestuften Lebensschutz verteidigen. Indem beide Positionen das Erleben der embryonal-kindlichen Entwicklung durch die Eltern ausblenden, statt selbiges zentral einzubeziehen, kommen sie zu hochproblematischen Schlüssen. Während erstere Position z. B. die geringere Trauer um abgegangene Eizellen (hier = gestorbene Kinder) in der IVF-Behandlung im Verhältnis zu einer späteren Fehlgeburt nicht erklären kann, sondern die geringere Trauer im Grunde moralisch verurteilen muss, kommt letztere bei konsequenter Anwendung ihrer eigenen Bewertungskriterien zu Schlüssen, die lebensweltlich ebenso unhaltbar sind, wenn beispielsweise objektive Schutzwürdigkeit erst dann angenommen wird, wenn ein Ich-Bewusstsein beim Kind im zweiten Lebensjahr entsteht. Beide Positionen sind, so Wiesemann „Kopfgeburten", entsprechen einer „intellektuellen Einsicht ohne leibliche Erfahrung" in denen der „Mensch sich als Mensch, und das heißt als Mutter, Vater oder Kind, nicht mehr wiedererkennt."[114] So gibt es durchaus gute Gründe, die Geburt nicht als eine, wie von vielen utilitaristischen als auch christlichen Ethiken behauptet, pragmatische, sondern reale und entscheidende leibliche und soziale Zäsur zu sehen, ebenso wie den Moment der Einnistung des befruchteten Eies in die Gebärmutter, nach welcher auch der Schwangerschaftstest positiv wird, und auch den Moment, da die Bewegungen des Kindes zuerst körperlich gespürt werden, was meist Ende des vierten Monats passiert. Durch die Geburt treten neben die beziehungsethische Betrachtung individualrechtliche und -ethische Perspektiven. Letztere sind eben erst dann anwendbar, wenn das Kind vollständig leiblich individuiert ist, d. h. nach der Geburt. Das Kind wird bei der Geburt erst wirklich zum Du. Auch der Moment, in dem die Schwangere (und dann etwas später der Vater), beginnt, die Bewegungen des Kindes tatsächlich zu spüren, ist aus Sicht der Lebenswelt - bis heute - ein ganz entscheidender Zeitpunkt. Jede, die einmal schwanger gewesen ist, weiß um den Sprung der Beziehung zum werdenden Kind in dem Moment, da die Bewegungen des Kindes real zu spüren sind. Spätabbrüche sind aus Sicht der Schwangeren auch deswegen so problematisch, weil diese nach Erspüren des Kindes stattfinden. Immerhin für ein Fünftel der heutigen bundesdeutschen Bevölkerung (24 % der Männer, 17 % der Frauen) beginnt nach unseren Daten erst im vierten Monat richtig das menschliche Leben. Der Annahme, dass der entscheidende Beginn menschlichen Lebens die Zeugung darstelle, was der substanzontologischen Auffassung entspricht, folgten mehrheitlich auch die von

---

[114] Claudia Wiesemann, a.a.O., S. 38

uns befragten Ethiker und die Humangenetiker, sowie die Hebammen in unserer standardisierten Umfrage und dies, wie wir auf der Basis unserer empirischen, historischen und ethischen Analyse vermuten, aufgrund unterschiedlicher Determinanten. Die Verbindung von biologischem und normativem Essentialismus[115] mag eine der Ursachen dafür sein, dass Humangenetiker und Ethiker, welche ansonsten völlig differente Einstellungen zum Embryo und zur PID haben, beide die Zeugung als Beginn menschlichen Lebens definierten. Die Religiosität hatte, nach unseren Analysen auch bei Ethikern, ebenso wie in der Bevölkerung, einen sehr großen Einfluss auf die Definition menschlichen Lebens, ebenso bei Gynäkologen und Pädiatern. Je stärker die Religiosität, desto wahrscheinlicher wird die Zeugung als Beginn menschlichen Lebens definiert. Bei Hebammen und Humangenetikern hat dieser Prädiktor jedoch keinerlei Einfluss.[116] Während wir dieses bei Humangenetikern durch biologisch essentialistische Ansichten erklären[117], vermuten wir bei Hebammen einen anderen Zusammenhang, der weiter unten dargestellt wird. Alle anderen Gruppen definieren den entscheidenden Beginn menschlichen Lebens mit dem Zeitpunkt der Einnistung des befruchteten Eies in die Gebärmutter, dem Zeitpunkt also, an dem der Embryo mit der Mutter in direkte körperliche Verbindung tritt. Damit ist die Verbindung zur Mutter der entscheidende Vorgang, der das Biologicum Embryo zum Menschen macht - und nicht ein biologisch spezifisches Entwicklungsstadium des Embryos an sich. Dieser Intersubjektivitätsaspekt der Anthropologie menschlichen Werdens entspricht konstruktivistisch-sozialwissenschaftlichen, wie auch beziehungsethischen Ansätzen, nach denen die Entwicklung des Menschen, seine Anthropologie und sein gesellschaftliches Werden sich immer intersubjektiv in Beziehungen gestaltet und ohne diese nicht gedacht werden kann. Die Mutter wurde dagegen im Zuge der Sichtbarmachung des Embryos innerhalb und außerhalb der Gebärmutter zum fötalen Umfeld, zu einer „weiteren Voraussetzung" degradiert. Auch die zur Zeit in Deutschland dominante feministische Debatte hat sich dieser „fötistischen" Auffassung angeschlossen. In dieser spezifischen feministisch-sozialethisch-konsequentialistischen Argumentationsfigur kam es meines Erachtens zu einer vorwiegend pragmatischen, weniger religiösen Umdefinition des Embryos als Würdeträger und zur Festlegung des Beginns menschlichen Lebens zum Zeitpunkt der Zeugung. Da Hebammen, wie auch die Ethiker in unserer Expertenbefragung

---

[115]   Verschmelzung menschlicher Genome = eindeutiger biologischer und so auch normativer Beginn menschlichen Lebens

[116]   Vgl. Tanja Krones u. a.: What is the preimplantation embryo? A.a.O.

[117]   Aus humangenetisch-biologischer Sicht ist klar, dass der Mensch mit der Verschmelzung der Genome beginnt, die Religiosität beeinflusst hier diese Definition nicht.

diejenigen waren, die sich am stärksten als feministisch orientiert beschrieben, ist der Einfluss der zur Zeit hierzulande dominanten feministischen Argumentationsstrategie zu Gen- und Reproduktionstechniken möglicherweise die Ursache für die in der standardisierten Befragung zur Pränatal- und Präimplantationsdiagnostik geäußerte Ansicht der Hebammen, der Mensch beginne mit der Zeugung, während die Hebammen, völlig konträr dazu, in unseren offenen qualitativen Interviews den Intersubjektivitätsaspekt des Beginns menschlichen Lebens hervorgehoben haben. Die Ansichten zum Status des Embryos belegen ebenfalls das zentrale Moment der Intersubjektivität, welches sich auch in verschiedenen weiteren ethnographischen Studien[118] zeigte, in denen das medizinethische Problem „Status des Embryos" als familienethisches Problem definiert wurde. Zunächst wurde der Entität „früher Embryo an sich" mehrheitlich nicht wie im Embryonenschutzgesetz intrinsisch eine Grundrechtssubjektivität, ein Recht auf Leben oder die Menschenwürde zuerkannt. Diese Auffassung teilen lediglich 20 % der Bevölkerung, Ethiker und Hebammen und nur 6 % der Humangenetiker und Gynäkologen. Die Mehrheit der Bevölkerung sieht den Embryo als Zellhaufen mit einem speziellen Schutzanspruch, alle anderen Experten, sowie türkischstämmige Hochrisikopaare definieren den frühen Embryo im Sinne des Potenzialitätsarguments: der Embryo ist gemäß dieser Definition ein potentiell menschliches Wesen, welches zum Menschen werden kann und welchem demnach personale Schutzansprüche zugesprochen werden können aber nicht müssen. Dass die Polkörperchendiagnostik ethisch mehrheitlich nicht different zur PID bewertet wurde, spricht ebenfalls für die artifizielle Definition des frühen Embryos als Grundrechtsträger.
In der Vorstellung fast aller befragten Gruppen wird der Embryo in der eigenen Reproduktion jedoch eher zum eigenen Kind. Ethisch können wir uns hier wieder an die von Claudia Wiesemann vertretene Position anlehnen, nach der die Definition des Embryos in den bioethischen Debatten, in denen viele Ethiker „auf die Befruchtung gestarrt haben wie das Kaninchen auf die Schlange" und den Embryo nach der Befruchtung als entscheidenden Akteur betrachten, lebensweltlich unangemessen ist. Entscheidendere Zeitpunkte, legt man eine Ethik der Beziehung zugrunde, sind die Momente der Eizellentnahme und der Reimplantation. Die Beziehung der in der spezifischen Situation Beteiligten

---

[118] Raina Rapp: Testing Women, Testing the Fetus. The Social Impact of Amniocentesis in America, New York 2000; Sarah Franklin, a.a.O.; Erica Haimes: What can the social sciences contribute to Bioethics? Theoretical, empirical and substantive considerations, in: Bioethics 16/2000, S. 89-113; Jeanette Edwards: Explicit connections: Ethnographic enquiry in North West England, in: Jeanette Edwards u. a. (Hrsg.): Technologies of procreation: Kinship in the age of asisted conception, Manchester 1993

sollten insgesamt bei der Bewertung neuerer Reproduktionstechnologien im Vordergrund stehen, was auch in der von den Experten mehrheitlich vorgeschlagenen Gesetzgebung zur PID analog zum § 218 zum Ausdruck kommt. Zu den eigenen präimplantiven Embryonen besteht nach unseren Ergebnissen erkennbar eine Beziehung, die sich affektiv auf das Wohl eines zukünftigen Kindes richtet. Es macht daher nach unseren Ergebnissen mehr Sinn, die reproduktive Einheit von Mutter und Kind, wie Wiesemann formuliert, im Rahmen einer Fortpflanzungsgesetzgebung zu schützen, die sich auf die realen lebensweltlichen Beziehungen zwischen prospektiven Eltern, Spendern und den von ihnen abstammenden Gameten und Embryonen stützt, statt den „Bürger Embryo", verstanden als jede totipotente Zelle, die das Telos, Kind zu werden nicht (mehr) erfüllen kann, oder, wie dies bereits für Klonembryonen nach § 6 des Embryonenschutzgesetzes gilt, auch nicht erfüllen soll. Ebenso wie Blastozysten, die aus embryonalen Stammzellen entstehen, haben einzelne totipotente Zellen keine „Eltern" und ihre mögliche Weiterentwicklung stellt das eigentliche moralische Problem dar. Diese Überlegungen führen schließlich zur Transposition auf die universelle Ebene der Ergebnisse unserer Untersuchung. Im Rahmen einer kontextsensitiven Ethik ist zu fragen, ob die Auffassung, die im Embryonenschutzgesetz, sowie auch im Stammzellgesetz vom Beginn menschlichen Lebens vertreten wird, als universal gültig gelten kann. Falls eine universelle Gültigkeit nicht gegeben ist, wie ein Blick auf die internationale bioethische Debatte und die empirischen Ergebnisse insgesamt nahe legen, müssen die Fragen, woher die zur Zeit in Deutschland orthodoxe, legitim juridisch durchgesetzte Auffassung des biologischen frei flottierenden Bürgers Embryo stammt, und welche Auswirkungen diese Auffassung auf unser Bild vom Menschen haben könnte, verschärft gestellt werden, wie hier versucht wurde.

Als weitere wesentliche Handlungsbedingung, die auch eng mit den Folgenabschätzungen verbunden ist, ist das Argument des sozialen Drucks, die PID anzuwenden und die Bestärkung und Entstehung von Vorurteilen gegenüber Menschen mit Behinderungen. Die empirische Überprüfung der zugrundeliegenden Annahmen ist, um deren Richtigkeit zu überprüfen, aus kontextsensitiv ethischer Sicht absolut notwendig. Insbesondere müssen sich Dammbruchargumente, welche nach Hans Jonas Postulat der Heuristik der Furcht ihre Verfechter mit größerer Macht ausstatten, als diejenigen, die von der Technik profitieren würden, einer - wenn auch schwierigen empirischen - Überprüfung stellen.

Wie unsere Ergebnisse der ersten Studie gezeigt haben, existiert durchaus ein sozialer Druck in Richtung einer Inanspruchnahme von PND und PID, um die

Geburt eines behinderten Kindes zu vermeiden, welcher von Frauen mit alters-
gemäßem Durchschnittsrisiko als gewichtiger bewertet wird als von Frauen, die
ein hohes genetisches Risiko haben. Dies kann verschiedene Ursachen haben,
z. B. eine Negierung des tatsächlich bestehenden sozialen Drucks von direkt betroffenen Menschen. Andererseits ergab die Auswertung der qualitativen Interviews, dass der soziale Druck für Hochrisikopaare zumindest in Deutschland
auch dahingehend besteht, die Techniken nicht anzuwenden. Insgesamt wurde
der soziale Druck, die Techniken anzuwenden, sowohl von den 162 befragten
Hochrisikopaaren, als auch den 149 Kontrollpaaren als der am wenigsten gewichtige Nachteil der PND und PID klassifiziert.

7.2 Bewertung der Handlungen

Die Bewertung der PID selbst wurde in den verschiedenen Stichproben durch
eine Vielzahl von Indikatoren vorgenommen. Neben Gesamtbeurteilungen der
moralischen Bedenklichkeit wurden die Einstellungen zu verschiedenen Szenarien und Anwendungsmöglichkeiten erhoben.
Insgesamt wird im direkten Vergleich die PND moralisch als weniger bedenklich eingestuft als die PID. Dagegen halten alle befragten Gruppen eine PID für
alle Indikationen (bis auf die Indikation Downsyndrom, bewertet durch die Humangenetiker), insbesondere bei leichteren Erkrankungen für gerechtfertigter als
einen Schwangerschaftsabbruch - ein Befund, der sich auch schon in der ersten
Studie zeigte und der zunächst kontraintuitiv zur moralischen Gesamtbewertung
steht. Dieser scheinbare Widerspruch ist jedoch leicht erklärbar. Zum einen bedeutet die Nutzung der PND nicht gleich die Durchführung eines Schwangerschaftsabbruchs; die Technik hat sich in der Gesellschaft etabliert, setzt keine
künstliche Befruchtung und keine Schaffung, Verwerfung und Selektion mehrerer Embryonen voraus - insgesamt Faktoren, welche die Bewertung der PND
moralisch als weniger bedenklich erscheinen lassen. Bei der direkten Bewertung
eines Schwangerschaftsabbruchs in der Spätschwangerschaft und der Durchführung einer PID kommt jedoch zum Tragen, dass es in der Tat nach der moralischen Intuition etwas anderes zu sein scheint, einen weitentwickelten Fetus im
fünften Schwangerschaftsmonat - zudem aus möglicherweise nichtigeren Gründen wie der Vermeidung spätmanifestierender Erkrankungen - zu töten, als
mehrere Embryonen im 8-Zellstadium nicht zu implantieren und absterben zu
lassen. Dies zeigen die von uns erhobenen Einstellungen zum Embryo in diesem
Stadium. Die Probleme, die mit einer IVF verbunden sind, welche in der Bevölkerung nicht so bekannt sein dürften wie die Problematik von Spätabbrüchen,
werden real jedoch sicher weniger zur Nutzung der PID führen, als dies von den

Befragten der Bevölkerung angenommen wurde. Dieses zeigte auch die Befragung von deutsch- und türkischstämmigen Hochrisikopaaren zur antizipierten und realen Nutzung der PID. Die Paare geben zwar zu 70 % an, sie würden im Falle einer familiär genetischen Erkrankung (was bei ihnen vorliegt) eine PID erwägen, real nutzen möchte die PID als wahrscheinlichste Möglichkeit aber kein einziges türkischstämmiges Paar und nur ein Fünftel der befragten deutschstämmigen Hochrisikopaare mit Kinderwunsch. Die Akzeptanz der Legalisierung der PID in so hohem Ausmaß zeigt jedoch insgesamt, dass die Praktik sowohl der PID wie der PND als akzeptabel eingestuft wird. Dieser Befund bedeutet aus ethischer Sicht nicht, dass die PID zugelassen werden müsste. Allerdings wird ein Verbot bei einem solchen Ausmaß an Zustimmung zur Legalisierung in allen befragten Gruppen aus kontextsensitiver Sicht stärker rechtfertigungspflichtig und muss sehr gut begründet werden. Zu fragen ist hier insbesondere auch, wie es dazu kommen konnte, dass real eine so große Zustimmung zur Legalisierung der PID besteht, die Legalisierung der PID in der zuständigen Enquetekommission Recht und Ethik der Modernen Medizin jedoch mit einer sehr deutlichen Mehrheit abgelehnt wurde und auch die PID - befürwortende Position eine sehr enge Regelung empfahl. Aus sozialpsychologischer Sicht sind in Kommissionen - insbesondere mit hohem Arbeitsdruck - Gruppenphänomene am Werk, die zu einer starken Polarisierung der Auffassungen statt zu einem Aufeinander zu bewegen führen können. Es ist wahrscheinlich, dass diese Phänomene auch eine Rolle bei der Entscheidungsfindung der Enquetekommission gespielt haben. Hier wäre eine genaue Evaluation der Entscheidungsprozesse in Ethikräten insgesamt aus kontextsensitiver Sicht - wie auch aus politologisch-demokratietheoretischer - von höchstem Interesse.

7.3 Folgenabschätzung

In Bezug auf die antizipierten Folgen zeigte sich eine stark divergente Einschätzung. Einig sind sich die Experten, sowie Gegner und Befürworter darin, dass die PID hinsichtlich der Reproduktionsfreiheit und der Fortschritte in der Genforschung positive Auswirkungen haben werde. In sozialethischer Hinsicht werden seitens der Gegner der PID häufiger negative Folgen antizipiert, während Befürworter keine sozialethischen Folgen durch die Einführung der PID prognostizieren. Die stärksten negativen Folgen werden dabei von den Gegnern der PID, sowie von Ethikern, Hebammen und Pädiatern für den Status von Menschen mit Behinderungen prognostiziert, ebenfalls negative Auswirkungen sehen dieselben Gruppen im Hinblick auf den Umgang mit Gesundheit und Krankheit, mit Schwangerschaft und Geburt, sowie insgesamt im Hinblick auf gesellschaftliche Moralvorstellungen, was einem Dammbruch mit tertiärem Schaden entspräche. Gynäkologen und Humangenetiker antizipieren keine oder sogar positive Folgen im Hinblick auf gesellschaftliche Praktiken und Wertvorstellungen durch die Einführung der PID. Insgesamt divergieren die Folgenabschätzungen zwischen den Expertengruppen und zwischen Gegnern und Befürwortern der PID extrem, was auf die kontroverse Einschätzung der PID einen sehr großen Einfluss haben dürfte. Hier wäre eine weitere Expertenbefragung im Sinne eines Delphiverfahrens fruchtbar, um eine validere Folgenabschätzung und eventuell einen größeren Konsens zu erhalten. Dabei gilt es zu Bedenken, dass nichts schwieriger ist, als die Erstellung guter Prognosen, welche die komplexen Handlungsgefüge der Gesellschaft betreffen, so dass trotz der Wichtigkeit einer Technologiefolgenabschätzung deren Wertigkeit immer relativ zu sehen ist. Unabhängig von der Befürwortung oder Ablehnung der PID sind die meisten Befragten der Ansicht, dass die PID in den kommenden Jahren zugelassen werden wird. Wie die Ansichten in der Bevölkerung, aber auch die Auffassungen der Experten hinsichtlich zulässiger Indikationen zeigen, ist davon auszugehen, dass die PID nicht auf die wenigen Fälle schwerer Erbkrankheiten begrenzt bleiben wird, sondern sehr wahrscheinlich über kurz oder lang auch für leichtere Erkrankungen und bei habituellen Aborten verwendet werden wird. Dabei ist auch zu beachten, dass in anderen als christlich und westlich geprägten Kontexten die Ausweitung auf Geschlechtswahl und Enhancement, wie nicht nur unsere Ergebnisse nahe legen, möglicherweise leichter auf Akzeptanz stoßen wird. Die reale Nutzung der PID wird sich jedoch bei nicht sterilen Paaren durch die notwendige Inkaufnahme der von vielen IVF-Paaren als sehr belastend empfundenen, künstlichen Befruchtung vermutlich in Grenzen halten. Als bestmögliche Regelung einer Zulassung und Begrenzung der PID, beispielsweise im Rahmen eines Fortpflanzungsmedizingesetzes, wurde mit großer Mehrheit eine Regelung analog zum § 218 mit verpflichtender Beratung aber letztendlicher Entscheidungsträgerschaft durch die Paare befürwortet. Diese stellt die PID in den Zusammenhang, in den sie nach unserer Analyse gehört: nicht in ein Embryonenschutz- oder Stammzellgesetz, welches die biologische Entität des Embryos allein auf Zellebene betrachtet, sondern in den Rahmen eines Gesetzes zur Fortpflanzungsmedizin, das den Kontext, in dem Embryonen entstehen berücksichtigt und die Frauen bzw. Paare sowie die von ihnen abstammenden Gameten bzw. Embryonen gemeinsam im Hinblick auf den Schutz der reproduktiven Einheit von Mutter und Kind und das Wohl des zukünftigen Kindes und der Eltern betrachtet. Bevor es jedoch zu einem solchen Gesetz allein auf der Basis von Expertendiskursen kommt, sollte die Debatte unter Beteiligung aller gesellschaftlich relevanten Gruppen nochmals breit geführt werden, da insbesondere hinsichtlich der Folgenabschätzung und hinsichtlich der Zulässigkeit der Embryonenforschung starke Divergenzen bestehen, womit wir zur Diskussion unseres letzten Aspektes, der Interpretation der Ergebnisse der Debattenanalyse im Rahmen der kontextsensitiven Ethik kommen.

7.4 Debattenanalyse

Ein zentrales Moment kontextsensitiv ethischer Lösungsfindung in ethisch uneindeutigen Dilemmasituationen ist es, zusätzlich zur empirischen Evaluation eine bestmögliche Partizipation aller relevanten gesellschaftlichen Gruppen in der Entscheidungsfindung zu erreichen. Bei Fragen wie der Zulassung der PID sollte, da fundamentale Grundwerte tangiert sind, die gesamte Bevölkerung einbezogen werden, um die Frage der Zulässigkeit der PID unter Berücksichtigung von ethischen Theorien, medizinischen und ökonomischen Expertisen zu klären. Unserem Eindruck nach, der sich auch in der Printmedienanalyse bestätigte, wurde die Debatte um die PID vorwiegend als Stellvertreterdebatte einiger weniger Mitglieder von Fachgesellschaften auf höchster politischer Ebene geführt. Eine Expertenmeinung muss jedoch ebenso wenig richtig sein wie die Auffassung ethischer Laien. Die Auffassung der Gesamtheit der in der Praxis tätigen Experten der verschiedenen Fachgesellschaften, die von der Auffassung der Repräsentanten der Fachgesellschaften abweichen kann, sollte daher als weitere Entscheidungsgrundlage einer kontextsensitiven Ethik bei gesellschaftlich-ethisch hochrelevanten Fragestellungen vorliegen.

Dabei kann es im Sinne einer kontextsensitiv interpretierten Verfahrensgerechtigkeit nicht nur darum gehen, dass alle Auffassungen gleichermaßen Berücksichtigung finden, wie dies im diskursethischen Konstrukt verlangt wird. Dieses stützt sich auf im idealen Diskurs ausgehandelte allgemein gültige Regeln, die im Bezug auf den verallgemeinerten Anderen und nach vernunftmäßig logischen Prinzipien festgelegt werden. Im Sinne der feministischen Kritik an der Diskursethik sollte auch eine Gesprächsethik, das Element der „kommunikativen Ethik der Bedürfnisinterpretation", welches den Beziehungen der direkt Beteiligten und auch unterschiedlichen „Logiken" Rechnung trägt, für die Mediation konfligierender Interessen angemessen berücksichtigt werden.[119] Die in der Situation direkt Beteiligten bis hin zur ganzen Gesellschaft entscheiden demnach gemeinsam mit den Experten auf der Basis der normativen Analyse und empirischen Prüfung relevanter Urteilsheuristiken über mögliche Lösungsansät-

---

[119]   Seyla Benhabib: Selbst im Kontext, Frankfurt a. M. 1995

ze, die den Kontext der direkt Betroffenen besonders berücksichtigen sollten.[120] Bezüglich der angemessenen Repräsentanz relevanter Akteure fällt in der durch die Experten wahrgenommenen Debatte um die PID vor allem die Diskrepanz zwischen der zugeschriebenen hohen Entscheidungs- bzw. Sachkompetenz von betroffenen Paaren und Vertretern von Behindertenverbänden bei gleichzeitig wahrgenommener Unterrepräsentanz auf. Auch Pädiater mit hoher zugeschriebener Kompetenz, sowie die gesamte Bevölkerung mit niedriger Kompetenz erschienen den Experten in den Diskussionen um die PID bisher unterrepräsentiert. Auf der Partizipation dieser Gruppen sollte daher in zukünftigen Debatten ein besonderes Augenmerk liegen. Die von uns erhobenen Daten zu Auffassungen von betroffenen Paaren, Pädiatern und der Bevölkerung können hier bereits wertvolle Hinweise liefern. Auf der anderen Seite steht die von den Experten wahrgenommene Überrepräsentanz von Forschern im Bereich der Gentechnologien, denen eher eine hohe Kompetenz und von kirchlichen Repräsentanten, denen eher eine geringe Kompetenz zugesprochen wurde. Im Expertendiskurs sind, wie unsere Analysen gezeigt haben, die Stellungnahmen insbesondere der katholischen aber auch der evangelischen Kirche bekannter und somit einflussreicher als die Stellungnahmen der eigenen Fachgesellschaften. Die von uns befragten Experten bewerten die Haltung der Kirchen in der Debatte um die PID mehrheitlich als eher nicht angemessen, monieren die Angleichung der Haltung der evangelischen Kirche an die katholische Lehrmeinung und sehen die kirchliche Position auch als Strategie, um die eigene gesellschaftliche Position allgemein zu stärken. Religiöse Verbote und Gebote spielen für die von uns befragten Experten auch eher eine geringe Rolle in der Bewertung der PID. Dennoch konzedieren fast alle Expertengruppen, dass die christlichen Kirchen durch ihre Position eine wichtige moralische Instanz in der Gesellschaft in diesen Fragen innehaben. In der Bevölkerung wurde die Situation der Paare jedoch durchaus wahrgenommen, wie die Rezeptionsanalyse zeigt. In unserer Printmedienanalyse zeigte sich ebenfalls, dass die Situation betroffener Paare häufig geschildert wird. Dabei wurde in den Artikeln jedoch weniger deren Auffassung zur PID wiedergegeben. Die Situation der Paare wurde vielmehr als Aufhänger für die Argumentation von Medizinern, Wissenschaftlern oder Ethikexperten zur PID und Stammzellforschung gebraucht bzw. missbraucht. Die Auffassung von Medizinern und Wissenschaftlern wurde in der Bevölkerung am häufigsten wahrgenommen, die Auffassung der Vertreter von Behindertenverbänden, von Politikern, aber auch von Repräsentanten christlicher Kirchen eher weniger, so dass

---

[120] Armin Grunwald: The normative basis of (health) technology assessment and the role of ethical expertise, in: Poiesis & Praxis 2/2004, S. 175-193

die Wahrnehmung der Dominanz kirchlicher Repräsentanten in der Debatte um PID und Stammzellforschung durch die befragten Expertengruppen nicht der Wahrnehmung der Bevölkerung entspricht. Kontextsensitiv-partizipatorisch gesehen zeigt unsere Analyse insgesamt deutliche Defizite hinsichtlich der Beteiligung bestimmter Gruppen, insbesondere mittelbar und unmittelbar Betroffener im Hinblick auf die Entscheidungsfindung zur PID. Wie unsere türkischstämmigen Interviewpartner geäußert haben, fanden auch islamische Auffassungen kaum Eingang in die Debatte; u. a. sitzt kein Repräsentant der islamischen Bevölkerung im Nationalen Ethikrat, ebenso auch kein Vertreter der zahlenmäßig sicher geringen, aber dennoch politisch hoch relevanten jüdischen Gemeinden. Insgesamt ist ein inner- wie zwischenstaatlicher interkultureller Diskurs über die ethischen Problematiken, die mit der PID und auch der Stammzellforschung verbunden sind, bisher kaum geführt worden, obwohl durch mehrere Forschungsprojekte, u.a. dem DFG-Projekt „Kulturübergreifende Bioethik" an der Ruhr-Universität Bochum, einiges in Bewegung gekommen ist.[121] Die türkischstämmige deutsche Bevölkerungsgruppe war insgesamt über die Debatte um die PID und die islamische Lehrmeinung dazu, wie die qualitativen Interviews zeigten, kaum informiert und über die Haltung zur PID in ihrem (zweiten) Heimatland Deutschland erstaunt. Die Herangehensweise an ethische Probleme im Bereich der Fortpflanzungsmedizin scheint nach unseren Experten im islamischen Kontext teilweise pluraler und pragmatischer zu sein, als dies im Kultur- und Gesellschaftsraum, welcher durch die katholische Kirche dominiert wird, der Fall ist. Auch ist, wie die sehr geringe Rezeption und das geringe Wissen zur PID zeigt, die Bevölkerung insgesamt in den Diskurs - trotz Bürgerkonferenzen und Medienrepräsentanz der Thematik - noch zu wenig eingebunden.

8 Fazit

Die kaum stattgefundene Einbeziehung von Laien und von empirischen Untersuchungen in philosophische Überlegungen und bisherige biopolitische Entscheidungen stellt unseres Erachtens insgesamt im bundesdeutschen Bioethikdiskurs das wesentliche Problem dar. Dieser Umstand beruht, wie in dieser Abhandlung geschildert, auch auf den Rechtskulturen und ideengeschichtlichen Traditionen, wie dem deutschen Verfassungsrecht und sicher auch auf dem immer noch starken Einfluss des Idealismus in der deutschen Philosophie. Die

---

[121] Vgl. für einen Überblick: Silke Schicktanz u. a.: Kulturelle Aspekte der Biomedizin. Bioethik, Religionen und Alltagsperspektiven, Frankfurt a. M. 2003

Unwilligkeit, Biopolitik weniger expertokratisch und mehr partizipatorisch-demokratisch zu gestalten, rührt sicher auch aus den Schrecken der Naziherr-schaft her, während derer „das Volk" nicht als kritische sondern unkritische Masse den Genozid „lebensunwerten" Lebens organisiert und/oder nicht ver-hindert hat. Der Analogieschluss, dass daher (Ethik-) Experten, Juristen oder die kirchlichen Lehrmeinungen[122] uneindeutige ethische Fragen für die heutige Ge-sellschaft allein aufgrund ethisch-philosophischer, rechtlicher oder christlich-religiöser Normen und Prinzipien oder durch empirisch schlecht belegbare Fol-genabschätzungen akzeptabler, universell und autoritativ zu lösen in der Lage sind, ist jedoch zu bezweifeln. Die bisherige Debatte um die PID wurde von den Experten insgesamt eher als unangemessen und als der Relevanz der Thematik nicht entsprechend charakterisiert, wobei der Diskurs nach unseren Analysen eher den Gegnern der PID als deren Befürworten entsprochen hat.

Meine eigene Auffassung zur PID hat sich im Verlauf der Jahre, in denen die Untersuchungen durchgeführt wurden, gewandelt. Während ich der PID anfangs eher skeptisch gegenübergestanden habe, bin ich nun der Auffassung, dass wir in unserem demokratischen, säkularen Rechtstaat nicht berechtigt sind, die PID weiter unter ein Verbot zu stellen. Ich empfinde es heute als hochproblematisch, wenn Frauen und Paare, und teilweise auch die gesamte Gesellschaft sowie un-sere bezüglich der Biopolitik liberaleren europäischen Nachbarländer unter den Generalverdacht unmoralischer Handlungen und der Mittäterschaft durch ihre Reproduktionsentscheidungen geraten. Die komplexen Dilemmatasituationen lösen wir nicht, wenn wir nicht auch technische Lösungen, begleitet von guter, breit gefächerter psychosozialer Beratung zulassen, und Technik und Gesell-schaft als Antagonismen, und nicht als Ko-Produktionen sehen. Es kann nicht sein, dass viele der Gegner einer „Technisierung der Zeugung" in anderen Be-reichen, u. a. der Frühgeborenenintensivmedizin, die Technik preisen und der Ansicht sind, hier würden grundsätzlich Chancen eröffnet statt nicht (auch) gro-ßer Schaden produziert. Missbrauch ist immer möglich, wie auch eine Ver-schlechterung des Klimas für Menschen mit Behinderungen möglich ist. Die Befunde sprechen jedoch zum einen nicht wirklich für eine direkte Verbindung, zum anderen muss einer solchen Entwicklung mit pädagogischen und politi-schen Mitteln und nicht mit einem strafrechtlich bewehrten Verbot nachge-kommen werden. Invasive PND und PID sind sicher hochambivalente Diagnos-

---

[122] Die immer Teil der Gesellschaft und Geltungsmacht sind und dies auch während der Naziherr-schaft waren.

tiken, sind „riskante Chancen", wie Elisabeth Beck-Gernsheim[123] formulierte - aber es sind Chancen, die in bestimmtem prekären Lebenssituationen Sinn machen. Ich traue unserer Gesellschaft und unseren politischen Institutionen zu, mit der Möglichkeit der PID in verantwortbarer Weise umzugehen.

---

[123] Elisabeth Beck-Gernsheim: Technik, Markt und Moral. Über Reproduktionsmedizin und Gentechnologie, Frankfurt a. M. 1990

Probleme der Stammzellforschung

Ferdinand Hucho

Einen vernünftigen Ausgleich zwischen Chancen und Risiken zu schaffen fällt dem Menschen nirgends so schwer wie bei seiner Gesundheit. Jeder medizinische Eingriff, jede Operation, jedes Medikament, ja bereits jede Präventivmaßnahme bedeutet eine Störung des natürlichen Systems. Der Impfstoff, der Röntgenstrahl, selbst die Umstellung der Ernährung auf eine bestimmte Diät enthält ein Restrisiko. Im Einzelfall ist es durch Forschung und klinische Studien auf ein Minimum reduziert. Vielleicht ist es sogar berechenbar, wenn auch nur im statistischen Sinn, und Zulassungsverfahren sowie die Erfahrung des Arztes schützen vor negativen Überraschungen. Dennoch bleibt ein Restrisiko bestehen, das jeder Mensch für sich persönlich abwägen und berücksichtigen muss. Das Risiko des Schadensfalls ist, ebenso wie die Chance des hilfreichen Nutzens, eine statistische Größe, die für den Einzelnen zu einem Hundertprozentereignis werden kann.[1]

Die biotechnologischen Verfahren - Gentechnik, Zellbiologie und Molekulare Medizin - stellen diesbezüglich keine Ausnahmen dar. Durch die Komplexität biologischer Systeme ist die Situation jedoch noch unübersichtlicher, nicht nur in Bezug auf die Anwendung auf den Menschen, dem vielleicht komplexesten „System" auf Erden, sondern bereits in Hinblick auf die Verfahren selbst. Reden wir von Genen, Zellen, Molekülen - entwickelt als Werkzeuge im Forschungslabor - hält sich der verantwortungsbewusste Forscher mit starken, eindeutigen Aussagen zurück. Qualität und Potential einer neuen Therapie lassen sich qualitativ beschreiben, aber nur selten für den Einzelfall quantitativ errechnen. Es bleibt also letztlich stets dem Patienten überlassen, den erwarteten Nutzeffekt einer Behandlung gegen die möglichen Risiken und Nebenwirkungen in die Waagschale zu werfen. Wohin sich die Waage dann neigt, zu Befürwortung und

---

[1] Um Chancen und Risiken der Gentechnologie präziser erfassen zu können, setzte die Berlin-Brandenburgische Akademie der Wissenschaften eine interdisziplinäre Arbeitsgruppe ein, welche die Bedeutung und Entwicklung der Gentechnologie in Deutschland im Sinne eines wissenschaftlichen Monitoring beobachten und beschreiben sollte. Im Jahr 2005 erschien der Erste Deutsche Gentechnologiebericht, siehe: Ferdinand Hucho, Klaus Brockhoff, Wolfgang van den Daele (Hrsg.): Gentechnologiebericht. Analyse einer Hochtechnologie in Deutschland, München 2005

Anwendung oder zu Ablehnung eines Therapeutikums, hängt jedoch nicht nur von ihm als Einzelperson ab. Die Risikobereitschaft ist nicht zuletzt eine Eigenschaft der Gesellschaft, der Kultur, in der das Individuum lebt.

Diese Gedanken seien vorausgeschickt, wenn wir uns einem der großen Hoffnungsträger der Medizin zuwenden, der Stammzelltherapie. Von einem Anwendungsrisiko sind wir hier, wie wir im Folgenden sehen werden, allerdings noch weit entfernt. Es geht bei unserem Thema zur Zeit vor allem um prinzipielle Risiken, um die Bedrohung unseres Rechtssystems und der Menschenwürde.

Die Belastung der Menschheit mit einer Reihe gravierender Massenkrankheiten gebietet es meines Erachtens jedoch, auch dieser Chance wirkungsvoller Therapie nachzugehen. Ein zweiter nicht minder wichtiger Grund für eine Befürwortung der Stammzellforschung und der Lockerung der ihr auferlegten Restriktionen besteht in der urmenschlichen Eigenschaft sich selbst verstehen zu wollen. Die detaillierte Beschreibung der Vorgänge auf dem Weg von einer einzelnen Zelle zum vielzelligen denkenden und fühlenden sozialen Wesen wird dem Menschen dabei entscheidend helfen. Die ersten Schritte auf diesem Weg beschreitet hierbei die Stammzellforschung. Das Gebot der Hilfe für Kranke und Leidende und der Erkenntnisdrang des Menschen sind gleichwertige Grundlagen für eine Befürwortung der Forschung an Stammzellen, womit der Autor gleich zu Beginn seine eigene Position klarstellt, um für den Leser ein möglichst transparenter Partner zu sein.[2]

Zunächst werden wir dabei der Frage nachgehen: „Was sind Stammzellen?" wobei wir uns nicht mit kurzen Definitionen begnügen können, da elementare biologische Grundtatsachen bekannt sein müssen, um den rechtlichen und ethischen Diskurs zu verstehen. Die politische Diskussion zur Stammzellforschung kreist um die Frage, ob embryonale oder die weniger kontroversen adulten Stammzellen vorzuziehen sind. Stammzellforschung soll dabei ausschließlich unter dem Aspekt der Grundlagenforschung und der medizinischen Anwendung, dem sogenannten therapeutischen Klonieren behandelt werden. Nicht eingehen werden wir auf das reproduktive Klonieren, da sich diesem Thema ein gesonderter Beitrag widmet.[3] Betont werden muss, dass der aktuelle Stand der Stammzellforschung Gegenstand dieser Abhandlung ist. Der Begriff „aktueller Stand" ist per definitionem dynamisch, flüchtig.[4]

---

[2] Der Autor, welcher bis zum Jahr 2007 Sprecher und Initiator des Gentechnologieberichts der Berlin-Brandenburgischen Akademie der Wissenschaften war, stützt sich dabei u. a. auf die im Kontext des Projektes erschienene Publikationen.

[3] Folglich der Beitrag von Achim Bühl: „Reproduktives Klonen in ‚real life' und in der Science Fiction" in diesem Buch

[4] Gemeint ist hier der Stand vom Herbst 2008.

Immer wieder ist man versucht, dem ethischen Dilemma auszuweichen. Die Kernfrage, die immer wieder zu stellen sein wird, ist die nach Alternativen. Muss man wirklich Embryonen töten, um Stammzellen, insbesondere embryonale Stammzellen (ES-Zellen, s. u.) zu erforschen? Wir werden die intensiven Bemühungen der Zellbiologen um alternative Ansätze kurz schildern. Die Klagen über die Bedrohung des Forschungs- und Wirtschaftsstandortes Deutschland durch restriktive Gesetze und konservative ethische Normen werden immer lauter und dies trotz der Neuregelung des Stichtags. Wir werden der Frage nachgehen, worin die Restriktionen bestehen, vor allem aber, ob die Klagen berechtigt sind.

Am Schluss wird sich der Autor der Diskussion seiner bereits geäußerten Befürwortung der Stammzellforschung stellen, indem er die wichtigsten Tatsachen und Argumente zusammenfasst und im Sinne seiner Position interpretiert.

1 Die Zelle, die Stammzelle

Beim Thema Stammzellen ist die Forderung der Interdisziplinarität nicht einfach nur eine der aktuell so häufig missbrauchten Worthülsen. Notwendigerweise sind hier Biologie und Medizin mit Ethik, Recht und Ökonomie verknüpft. Ohne eine genaue Kenntnis bestimmter Tatsachen der Zellbiologie lässt sich nicht nur das medizinische Potential der Stammzellen nicht begreifen, auch das ethische Dilemma des Grundlagenforschers im Spannungsfeld zwischen Forschungsfreiheit und Menschenwürde lässt sich ohne sie nicht diskursiv lösen. Das ökonomische Potential der Stammzellen kann ohne Kenntnis einiger medizinischer Grundtatsachen nicht abgeschätzt werden. Im Mittelpunkt von allem steht immer wieder die Zelle, und es wird daher nicht vermeidbar sein, auszuholen und mit einem biologischen Exkurs zu beginnen. Es geht dabei nicht immer nur (manchmal aber auch) um bestimmte wissenschaftliche Details, die man für den großen Diskurs für marginal halten mag. Es geht vor allem um eine Denkmethodik, die heute mehr oder minder unbewusst auch von Nicht-Naturwissenschaftlern übernommen oder eben abgelehnt wird. Die naturalistische Denkart steht im Kern der Debatte. Dies stellt den Inhalt dieses Kapitels dar.

1.1 Aufbau der Zelle

Der Mensch besteht aus 100 Trillionen (10^{14}) Zellen, jede davon ein Individuum, jede in mitunter winzigen, häufig aber auch in ganz wesentlichen Merkmalen von den anderen unterscheidbar. Eine Zelle des Auges ist ganz offensichtlich sehr verschieden von einer der Leber, des Herzens oder des Immunsystems. Gemeinsam sind allen Zellen allerdings bestimmte Prinzipien des Aufbaus: Sie bestehen aus einer dünnen Membran, die ein Gewirr von „Innereien" umhüllt. Im Innern einer jeden Zelle befinden sich ein Zellkern (mit den Chromosomen und den Genen, der Erbsubstanz), die Mitochondrien genannten „Kraftwerke der Zelle" (die Energielieferanten), eine Reihe weiterer mikroskopisch kleiner Organellen mit verschiedenen Spezialaufgaben, ein Skelett aus zu Fäden angeordneten Molekülen und ein Plasma, d. h. eine gallertartige Flüssigkeit von Molekülen, die in Wasser aufgelöst sind. Die Unterschiede zwischen den Zelltypen sind meist bereits unter dem Mikroskop zu erkennen - wie z. B. bei Muskel- und Nervenzelle -, mitunter aber auch erst auf einer submikroskopischen molekularen Ebene mithilfe komplizierter analytischer Verfahren.

1.2 Zelle, Zellkern, Phänotyp

Für unser Thema wichtigste Grundtatsache ist diese: Alle Zellen eines Lebewesens mit Zellkern besitzen die gleichen Chromosomen und Gene, d. h. die gleiche Erbanlage. Jede Zelle besitzt das gesamte Potential der in der DNA niedergelegten Information für den Bauplan des Gesamtorganismus. Genau genommen besitzt sie sogar zwei Sätze von Chromosomen, einen vom Vater und einen von der Mutter. Der phänotypische und funktionelle Unterschied zwischen den diversen Zelltypen besteht darin, dass unterschiedliche Teile des Genoms aktiv sind. In der Nervenzelle sind nur wenige Tausend der etwa 25.000 Gene des menschlichen Genoms aktiv, genau jene, die für den typischen Bau eben jener Nervenzelle erforderlich sind und für die allgemeinen Grundfunktionen einer jeden Zelle, den Grundstoffwechsel, den Energiestoffwechsel, die Transkription, die Translation etc. Die für die Muskel- oder die Augenzelle charakteristischen Gene sind bei der Nervenzelle abgeschaltet, ebenso wie das Duplikat des jeweiligen Gens, das aus dem väterlichen bzw. mütterlichen Genom stammt. Dieses Abschalten geschieht über noch wenig verstandene Mechanismen, die man als Epigenetik bezeichnet. Die Epigenetik ist ein Schlüsselbegriff der Stammzellproblematik. Ich komme darauf weiter unten noch zu sprechen.

2 Definitionen

Wir wollen in diesem Kapitel die wichtigsten Fachtermini klären. Es sind dies die folgenden Sachverhalte:
• der biologische Entwicklungsbegriff

- adulte und embryonale Stammzellen
- reproduktives und therapeutisches Klonieren
- Totipotenz, Pluripotenz, Multipotenz
- Stammzellmarker

Es handelt sich hierbei um Grundbegriffe, ohne deren Kenntnis die Stammzellproblematik nicht zu verstehen ist.

2.1 Entwicklung

Jede Zelle ist aus einem Vorläufer entstanden. Entwicklung bedeutet für den Zellbiologen Differenzierung der Zelle, quasi von einem Allgemeinzustand hin zu einem Endzustand. Unsere Haut zum Beispiel besteht aus mehreren Zellschichten, die von innen nach außen immer „hautähnlicher", d. h. fester, ledriger, schützender werden. Die einzelne Hautzelle bewegt sich in ihrem Lebenszyklus von innen nach außen, bis sie an der Oberfläche die dortigen Funktionen übernimmt, dort abstirbt und z. B. durch Schuppenbildung und Abrieb entfernt wird. Auch das Absterben von Zellen ist im Genom ein programmierter Teil der Entwicklung. Der programmierte Zelltod heißt in der Fachsprache Apoptose.[5]
Die Entwicklung der Hautzelle beginnt natürlich nicht erst in der untersten Schicht der Haut sondern wesentlich früher, im Grunde bereits mit den ersten Teilungen der befruchteten Eizelle. Halten wir diese Tatsache fest: Entwicklung bedeutet Aktivierung und Inaktivierung von Genen einer Zelle zur speziellen Ausprägung der Merkmale und Funktionen der reifen Zelle. Sie ist also eine wohlkoordinierte Abfolge von Veränderungen, die parallel mit der Vermehrung durch Zellteilung abläuft. Eine gewisse Sonderstellung nehmen die Nervenzellen ein. Auch sie entwickeln sich aus weniger spezialisierten Vorläuferzellen, teilen und vermehren sich - jedoch von einem bestimmten als postmitotisch bezeichneten Entwicklungsstadium an kaum noch. Früher nahm man an, dass sich postmitotische Nervenzellen überhaupt nicht teilen können. Inzwischen kennt man jedoch mehrere Orte im Hirn auch höherer Wirbeltiere, wo Zellteilung und Vermehrung auch von Nervenzellen stattfindet. Eine für die Thematik der Stammzellforschung wichtige Tatsache.
Jede Körperzelle kann also durch Zellteilung und/oder durch Entwicklung aus Vorläuferzellen gebildet, bzw. bei Verlust ersetzt werden (Nervenzellen mit den oben genannten Einschränkungen). Jedes Gewebe besitzt derartige Vorläuferzellen, auch Stammzellen genannt. Stammzellen sind undifferenzierte Zellen ei-

---

[5] Die Apoptose ist eine Form des programmierten Zelltods, eine Art „Selbstmordprogramm" biologischer Zellen.

nes Gewebes, die sich zu spezialisierten Zellen ausdifferenzieren können. Sie dienen dem Wachstum, vor allem aber der Reparatur eines Gewebes nach Verletzung. Wachstum und Differenzierung werden durch Wachstumshormone, meist Proteine (Eiweißmoleküle), ausgelöst und gesteuert. Unkontrolliertes Wachstum, meist einhergehend mit einer Entspezialisierung der beteiligten Zellen, ist die Grundlage von Krebs. Beispiele hierfür sind jedem von uns geläufig, zum Beispiel dem Blutspender, der sich immer wieder einen halben Liter Blut abnehmen lassen kann, ohne dass sein Blut dabei dauerhaft weniger wird. Innerhalb weniger Wochen wird die entnommene Menge durch Teilung und Differenzierung von Blutstammzellen (sogenannten hämatotopoietischen Stammzellen) aus dem Knochenmark ersetzt. Auch das hieran beteiligte Wachstumshormon, das Epo[6], wird den meisten zumindest aus der Dopingdebatte, geläufig sein.

2.2 Adulte und embryonale Stammzellen

Stammzellen und Reparatur verletzten Gewebes sind also natürlich und überall vorhanden. Warum ist ihr medizinischer Gebrauch dann nicht weiter verbreitet? Warum ist die Zelltherapie mit derartigen Stammzellen, auch adulte Stammzellen genannt, weil sie aus „erwachsenem" ausdifferenziertem Gewebe stammen, nicht alltägliche Routine? Die Antwort: sie ist bereits Routine, allerdings nur bei sehr wenigen Krankheiten, wie bestimmten Arten von Leukämie (Blutkrebs), die man durch Transplantation von Knochenmarkzellen heilen kann. Für die meisten Indikationen, die weiter unten besprochen werden sollen, scheinen adulte Stammzellen derzeit noch ungeeignet. Sie vermehren sich zu langsam, sind genetisch nicht hinreichend stabil, und sie scheinen auch nur das Gewebe „reparieren" zu können, aus dem sie stammen. Trotz zahlreicher anderslautender Berichte scheint eine Transdifferenzierung, also etwa die Generierung einer Herzmuskelzelle aus Knochenmark- oder Nabelschnurblutzellen, nicht zu gelingen. Die langsame Vermehrung in Kulturschalen wird darauf zurückgeführt, dass Stammzellen in situ, also in ihrem Ursprungsgewebe, nur in bestimmten Nischen gedeihen, deren Milieu man nicht hinreichend kennt, um es in der Petrischale simulieren zu können.
Hoffnungsträger der Grundlagen- und der angewandten (medizinischen) Forschung sind daher derzeit die embryonalen Stammzellen (ES-Zellen). Embryonale Stammzellen sind Zellen eines frühen embryonalen Entwicklungsstadiums.

---

[6]   EPO ist die Abkürzung für Erythropoetin, ein Glykoprotein-Hormon, welches vor allem als Dopingmittel bei Radfahrern bekannt ist.

Sie werden aus der inneren Zellmasse von Blastocysten gewonnen (siehe Abbildung 1).

2.3 Reproduktives und therapeutisches Klonieren

Der Ursprung der embryonalen Stammzellen ist letztlich die befruchtete Eizelle. Die Gewinnung und Vermehrung der ES-Zellen ist methodisch und rechtlich sowie ethisch ein Kloniervorgang[7]. Dennoch soll in diesem Kapitel nicht auf die wesentlich umfassendere Problematik des Reproduktiven Klonierens eingegangen werden, d. h. auf die Herstellung von Embryonen in vitro (im „Reagenzglas"), mit anschließender Übertragung in den Uterus, mit dem Ziel, einen vollständigen Organismus zu produzieren. Medizinisch und für diese Abhandlung relevant ist jedoch das therapeutische Klonieren. Unter therapeutischem Klonieren versteht man die Gewinnung von Stammzellen aus Embryonen, die durch Kerntransfer von einer ausdifferenzierten Körperzelle in eine entkernte Eizelle („somatic cell nuclear transfer", SCNT) und anschließende Weiterzüchtung bis zur Blastocyste in vitro produziert werden, mit dem Ziel, Stammzellen für den therapeutischen Einsatz zu erhalten. Zweck dieses Verfahrens ist die Züchtung spezifischer Zellen und Gewebe zur Transplantation in Patienten. Der Zellkern kann hierbei aus einer adulten Zelle des Patienten entnommen werden. Die erhaltenen Stammzellen und das gezüchtete Gewebe wären dann autolog, d. h. von dem Patienten selbst stammend. Der therapeutische Vorteil wäre hierbei die Vermeidung von Immunantworten und Abstoßungsreaktionen nach Transplantationen.

Beides, reproduktives und therapeutisches Klonieren geht von SCNT aus, also von einem Kerntransfer in eine entkernte Eizelle, d. h. von demselben Verfahren, durch welches das Klonschaf Dolly entstand. Beide Verfahren unterscheiden sich also nicht in der Anfangssituation, sondern in dem späteren experimentellen Vorgehen (in utero versus in vitro) und in der Zielsetzung. Auch das therapeutische Klonieren benötigt als „Ausgangsmaterial" eine menschliche Eizelle. Nach Kerntransfer erhält man einen der Zygote ähnlichen Embryo, eine totipotente (s. u.) Zelle. Die aus der Blastocyste[8] für die in vitro-Differenzierung zu

---

[7]   Unter einem Klon versteht man eine Gruppe genetisch identischer Organismen. Eineiige Zwillinge/Drillinge/Mehrlinge sind ein menschlicher Klon (entstanden in utero durch Spaltung eines frühen Embryos). Bakterien- (Pilz-, Hefe-)kolonien sind Klone, wenn sie von ein- und derselben Zelle abstammen. Tiere bis hinauf zu Amphibien und Pflanzen kann man schon seit langem klonieren, sogar einfach aus einzelnen adulten Zellen generieren. Seit Ende der neunziger Jahre kann man Säugetiere (Schafe, Hunde, Affen, etc.) klonieren. Mäuseklone zählten schon vorher zu den Standardmodellen der Molekular- und Zellbiologen.

[8]   Die Blastocyste stellt in der menschlichen Embryogenese das Entwicklungsstadium dar, welches der Bildung der Morula, (der „Maulbeere") folgt.

dem gewünschten Gewebe entnommenen ES-Zellen sind nach dem derzeitigen Stand unseres Wissens[9] weder in Gewebekultur noch nach Transfer in einen Uterus totipotent, sondern pluripotent (s. u.).

2.4 Totipotenz, Pluripotenz, Multipotenz

Kehren wir also zu den embryonalen Stammzellen zurück. Ihre Gewinnung mit dem Ziel des therapeutischen Klonierens geht vom Embryo aus (siehe Abbildung 1).

Potential embryonaler und adulter Stammzellen

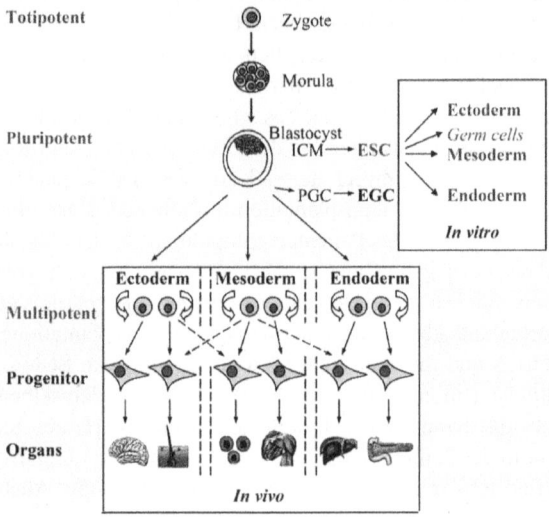

Abbildung 1: Hierarchie der Stammzellen[10]

Ein Embryo ist zunächst eine Zelle mit einem diploiden (zwei Chromosomensätze enthaltenden) Kern, gewonnen durch Verschmelzung einer Eizelle mit einer Samenzelle, oder durch Transfer eines diploiden Kerns aus einer adulten Körperzelle in eine entkernte Eizelle („Dolly-Experiment"). Der einzellige Em-

---

[9] Niemand hat dies allerdings beim Menschen bislang untersucht.
[10] Die gestrichelten Pfeile geben ‚Transdifferenzierungen' an, die immer wieder postuliert wurden, wahrscheinlich aber nicht stattfinden. Die Abbildung wurde uns freundlicherweise von Anna M. Wobus zur Verfügung gestellt.

bryo wird als Zygote bezeichnet. Er ist totipotent, d. h. er besitzt das Potential, einen gesamten Organismus mit seinen zahlreichen verschiedenen Gewebearten zu bilden. Seine Entwicklung beginnt mit Zellteilungen: Es entstehen zwei, vier, acht, sechzehn usw. Zellen. Bis zum Vierzellstadium, vielleicht auch noch eine Zellteilung weiter, sind alle Zellen gleichwertig und totipotent. Danach beginnt die Differenzierung, mit dem Ergebnis ungleichartiger Zellen. Da sie noch immer verschiedene aber sicher nicht alle Gewebearten eines erwachsenen Organismus bilden können, bezeichnet man sie als pluripotent. Die Zellteilungen setzen sich fort, und es entsteht ein Zellhaufen, der einer mikroskopischen Beere ähnelt; daher ihr Name: Morula.[11] Nach weiteren Zellteilungen stülpt sie sich ein. Es entsteht ein Hohlkörper, die Gastrula und schließlich die Blastocyste. Blastocysten bestehen aus einer äußeren Zellschicht, die zona pelucida, aus der sich später die Plazenta entwickelt, und einer „Inneren Zellmasse" (ICM). Die Zellen der ICM sind das eigentliche Thema der Stammzellforschung. Sie differenzieren sich in das, was die Entwicklungsbiologen die drei Keimblätter nennen: in das Ektoderm, das äußere Keimblatt, Vorläufer von u. a. Nervensystem, Haut- und Haarzellen, das Endoderm, Vorläufer z. B. von Leber und Bauchspeicheldrüse, und das Mesoderm, Vorläufer von Blut- und Skelettmuskelzellen. Ihre Spezialisierung ist soweit fortgeschritten, dass sie nun nur noch multipotent sind, d. h. sie können noch immer mehrere verschiedene Gewebearten bilden, jedoch wahrscheinlich nur noch diejenigen „ihres" Keimblattes (siehe Abbildung 2).

---

[11] Die Morula (von lateinisch morum = Maulbeere) stellt in der Embryogenese des Menschen ein Entwicklungsstadium dar, das aus der Zygote hervorgeht. Von Morula spricht man beim Menschen ab dem 16-Zell-Stadium und ca. vier Tage nach der Befruchtung.

Hohe Entwicklungsfähigkeit hES-Zellen *in vitro*

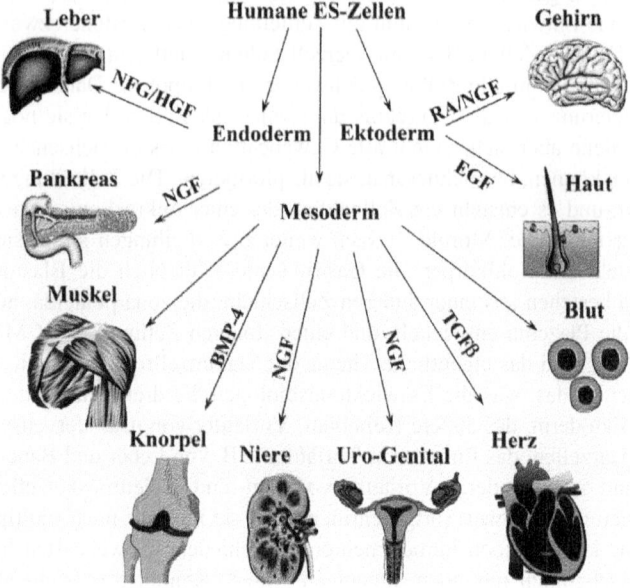

Abbildung 2: Pluripotenz von Stammzellen der drei Keimblätter[12]

Die Transdifferenzierung in Gewebe anderer Keimblätter (siehe Abbildung 1, gestrichelte Pfeile) wurde auch hier wie bei den adulten Stammzellen von einzelnen Forschern immer wieder behauptet, bisher aber nie überzeugend nachgewiesen.

2.5 Stammzellmarker

Woran erkennt man, dass eine Zelle eine Stammzelle ist, eine wenig differenzierte pluripotente Zelle? Welches sind die Charakteristika ihrer Stammzelleigenschaften? Hierfür lassen sich Proteine heranziehen, die mit Antikörpern nachweisbar sind und die nur exprimiert werden, wenn eine Zelle noch pluripotent ist. Derartige molekulare Marker sind das Protein Oct 3/4, ein Transkrip-

---

[12] Die Abkürzungen auf den Pfeilen geben Wachstumsfaktoren an, welche die Differenzierung in das betreffende Gewebe auslösen. Die Abbildung wurde freundlicherweise von Anna M. Wobus zur Verfügung gestellt.

tionsfaktor, ferner die Oberflächenantigene SOX-2 und Nanog und andere. ES-Zellen besitzen darüber hinaus eine erhöhte Aktivität bestimmter Enzyme (Telomerase, Alkalische Phosphatase). Die Erzeugung embryonaler Stammzellen erfordert ein subtiles Gleichgewicht der Expression charakteristischer Gene, und ihre Weiterentwicklung (Differenzierung) wird durch Signale aufgehalten, die von außen herangetragen werden. Wichtigstes bekanntes Signalprotein dieser Art ist der „leukemia inducing factor" (LIF), ein Protein, das aus dem Zellrasen („feeder layer") aus Fremdzellen stammt, auf dem embryonale Stammzellen in der Petrischale wachsen. Dieser Faktor reicht jedoch vor allem bei menschlichen ES-Zellen allein nicht aus, weitere extrazelluläre für die Aufrechterhaltung der Pluripotenz notwendige Signalmoleküle wurden bereits entdeckt (z. B. BMP). Wichtig ist der Hinweis, dass Marker und Signale für ES-Zellen der Maus (mES-Zellen) und des Menschen (hES-Zellen) durchaus verschieden sein können. Die Übertragbarkeit von Forschungsergebnissen vom Tiermodell auf den Menschen ist auch hier begrenzt. Gemeinsam ist ES-Zellen verschiedenen Ursprungs ihre „Klonalität", d. h. ihre Entstehung aus nur einer Zelle und damit ihre genetische Identität. Unterschiedlich ist dann wiederum die Generationszeit, d. h. die Teilungsrate. Sie beträgt für mES-Zellen 12-15 Stunden; für hES-Zellen ist sie mit 30-35 Stunden wesentlich langsamer. Auch für adulte Stammzellen ist eine Reihe von Markermolekülen bekannt, die sie mehr oder weniger eindeutig als Stammzellen definieren. Hierzu sei auf die Spezialliteratur verwiesen.

Hier noch einmal das zum Entwicklungspotential embryonaler Zellen Gesagte im Überblick:

Entwicklungsstadium	Potential	Weiterentwicklung
Zygote (befruchtete Eizelle)	totipotent	vollständiger Organismus
2-, 4-, evtl. 8-Zellstadium	totipotent	vollständiger Organismus
Morula, Gastrula	pluripotent	differenzierte Zellen und Gewebe
Blastocyste (innere Zellmasse, ICM)	pluripotent	Ectoderm, Mesoderm, Endoderm
Ectoderm, Mesoderm, Endoderm	multipotent	Zellen und Gewebe des jeweiligen Keimblattes

Tabelle 1: Entwicklungspotential embryonaler Zellen im Überblick

Die Forschung, die zu diesen Erkenntnissen führte, wurde überwiegend mit tierischen Organismen, z. B. mit der Maus, durchgeführt. Erst als James Thomson 1998 erstmals die Etablierung einer menschlichen ES-Zelle in Zellkultur gelang, rückte die medizinische Anwendung in den Bereich der Möglichkeiten, und erst dann wurde das Gebiet aufregend und problematisch zugleich. Wichtig ist die

Tatsache, dass die grundlegenden entwicklungsbiologischen Prinzipien bei Maus und Mensch ähnlich sind, aber ebenso wichtige molekulare Details sehr unterschiedlich sein können. Die Erforschung der menschlichen Entwicklung und die medizinischen Anwendungen sind dem zufolge nicht ausschließlich an Mausmodellen möglich. Klonierung (reproduktive und „therapeutische"), Kerntransfer, genetische Manipulationen sind am murinen[13] Modell in vielen Labors Routine. Am Menschen bzw. seinen Zellen ist all dies vorläufig unmöglich.

Hier noch einmal im Überblick wichtige Eigenschaften von embryonalen und adulten Stammzellen:

Embryonale Stammzellen (ES)	Adulte Stammzellen
Pluripotenz	Multipotenz
Hohes Entwicklungspotential	Eingeschränktes Entwicklungspotential
Gute Teilungsrate	Schlechte Teilungsrate
Verbrauch von Embryonen	Kein Verbrauch von Embryonen

Tabelle 2: Eigenschaften von embryonalen und adulten Stammzellen im Vergleich

Um das Thema nicht unnötig zu komplizieren, wird hier nicht auf weitere Quellen von ES-Zellen eingegangen, ebenso nicht auf fetales Gewebe, aus dem man embryonale Keimzellen (EG-Zellen) gewinnen kann, auf Keimdrüsentumore (Teratocarcinome), die embryonale Carcinomzellen (EC-Zellen) liefern, und auf Fruchtwasserzellen, die kürzlich für Aufregung sorgten. Laborversuche mit tierischen pluripotenten Zellen haben gezeigt, dass man neuronale Vorläuferzellen reprogrammieren (s. u.) und zur Expression des ES-Markers Oct 4 bringen kann. Auf den Menschen übertragen wäre dies ein Verfahren zur Gewinnung pluripotenter Zellen ohne den ethisch höchst fragwürdigen Verbrauch von Eizellen. Weiter unten sind diese und andere „Alternativen" aufgelistet. All dies wurde entweder als nicht besonders nützlich erkannt, oder es ist zu neu, als dass man schon solide Erkenntnisse daraus gewinnen könnte.

3 Epigenetik

Die Entwicklung einer Zygote zum vielzelligen Organismus verläuft unter Differenzierung und Spezialisierung der einzelnen Zelle mit jedem Teilungsprozess, Mitose genannt. Sie bekommt dabei zunehmend eine spezielle Aufgabe im

---

[13]   Sich auf Mäuse bzw. Ratten beziehend

„erwachsenen" Lebewesen. Die Entwicklung schreitet voran von der Totipotenz über die Pluripotenz und Multipotenz letztlich zur „Monopotenz" der adulten ausdifferenzierten Zelle.

Wie funktioniert dies? Die Summe der Protein- und Nukleinsäuremoleküle, welche die charakteristischen Eigenschaften einer Zelle bestimmen, leitet sich von den Genen ab. Jede Zelle besitzt, wie oben ausgeführt, zwei vollständige Sätze von ca. je 25.000 Genen, einen väterlichen und einen mütterlichen. Nach Regeln und über Regulationsmechanismen, die noch weitgehend unbekannt sind, werden Gene des einen oder anderen Satzes „abgeschaltet", d. h. sie verursachen keine Nukleinsäure- oder Proteinsynthese mehr. Darüber hinaus werden einzelne Gene, die für eine in bestimmter Weise differenzierte (spezialisierte) Zelle benötigt (bzw. nicht benötigt) werden, abgeschaltet (bzw. angeschaltet). Dieses An- bzw. Abschalten bezeichnet man als Epigenetik. Es geschieht über bestimmte enzymatisch katalysierte chemische Reaktionen, Methylierung bzw. Demethylierung genannt, an den Proteinen der Chromosomen und an der DNA, wobei die Grundstruktur der DNA, d. h. die Sequenz der Nukleotidbausteine, welche die eigentliche Erbinformation enthält, nicht verändert wird. Die chemischen Veränderungen werden mitotisch, und eventuell sogar meiotisch von Zellteilung zu Zellteilung vererbt.

Man kann hierin eine „Programmierung" sehen: Durch An- und Abschalten eines bestimmten Satzes von Genen wird das biochemische Programm festgeschrieben, nach dem eine Zelle eine Leberzelle wird, eine andere eine Nervenzelle. Im Dolly-Experiment wurde die Programmierung der adulten Zelle (Mamma-Zelle), aus welcher der Zellkern für den Transfer in die entkernte Eizelle entnommen wurde, durch unbekannte Enzyme aus dem Plasma der Eizelle entfernt, so dass eine totipotente Zygote entstand. Betonen muss man immer wieder, dass die Forschung über die elementaren und so prinzipiellen Mechanismen der epigenetischen Programmierung fast gar nichts weiß, weniger als über die meisten anderen molekularen Vorgänge in der Zelle.[14] Ein Ausweg aus dem ethischen Dilemma, dass Forschung an der Embryonalentwicklung des Menschen mit menschlichen ES-Zellen nicht ohne die Manipulation und die

---

[14] Der Begriff Epigenetik wird hier in der exakten Bedeutung der Molekulargenetik verwendet. In neuerer Zeit setzt sich eine breitere Verwendung des Begriffs, vor allem in den Geisteswissenschaften, durch. Sie umfasst alles das „was nach den Genen kommt", also die Modifizierung des Lebewesens durch Umwelt, Lernen, Kultur und Tradition. Nach dieser erweiterten Definition ist sie die Grundlage der „kulturellen Evolution" und kann als erworbene Eigenschaft im übertragenen Sinn eines Lamarckismus vererbt, d. h. an folgende Generationen weiter gegeben werden. Auch hierfür lassen sich molekulare Mechanismen im Sinne einer Naturalisierung des Menschen finden.

letztendliche Tötung menschlicher Embryonen sowie nicht ohne menschliche Eizellen durchgeführt werden kann, wird in der Erforschung der Programmierung und Reprogrammierung unproblematischer adulter Zellen gesehen. Darauf wird weiter unten noch detaillierter eingegangen.

4 Ziele der Stammzellforschung

In diesem Kapitel sollen die mit der Stammzellforschung verbundenen medizinischen Ziele beschrieben sowie ihre potentiellen medizinischen Anwendungen kritisch analysiert werden.

4.1 Grundlagenforschung

Sinn und Zweck der Forschung mit menschlichen Stammzellen (hES-Zellen) ist ein zweifacher:
Erstens: Die Grundlagenforschung möchte die Entwicklungsbiologie des Menschen verstehen.
Zweitens: Die angewandte (medizinische) Forschung möchte neue Wege der Therapie schwerer Krankheiten entwickeln.
Beginnen wir mit dem ersten Ziel, das der Grundlagenforschung, welches in der öffentlichen Debatte vernachlässigt wird. Es geht hier um nichts weniger als um die Beantwortung der grundlegenden Frage „Was ist der Mensch?" aus biologischer Sicht.
Der Mensch beginnt als Zygote, d. h. als eine Zelle mit zwei verschmolzenen Zellkernen. Die Rechtsprechung sieht in der Zygote ein menschliches Wesen, das den Schutz des Grundgesetzes genießt. Naturwissenschaftlich betrachtet ist sie ein hochkomplexes System aus ca. 67 Trillionen Atomen mit dem Potential, ein sprechendes, intelligent denkendes, fühlendes, liebendes, lachendes, kreatives, planendes, vorwärts strebendes, moralisches, soziales Wesen zu bilden (bzw. einem Wesen mit dem Gegenteil dieser positiven menschlichen Charakteristika).
Der Bauplan für die Anatomie und für wesentliche Merkmale dieses Lebewesens und seiner Ontogenese ist in den ca. 25.000 Genen des menschlichen Genoms auf noch nicht entschlüsselte Weise niedergelegt. Dies sind genauso viele Gene wie sie die Maus, die Ratte, der Affe, kaum mehr als der Fadenwurm Cenorhabditis elegans (ca. 19.000 Gene) und deutlich weniger als die Reispflanze (37.544 Gene) besitzt.

Die Feinstruktur, die Nukleotidsequenz, ist bei Schimpanse und Mensch mit 98,7 % Ähnlichkeit nahezu identisch. Mann und Frau unterscheiden sich dabei stärker als Schimpanse und Mensch. Offenbar haben wir noch nicht einmal die Prinzipien der Rolle der Gene für die Entstehung eines „Wesens" hinreichend verstanden. Der naturalistische Ansatz hat verschiedene mitunter komplementäre Wege, um mit experimentellen Methoden Antworten auf die sich aufdrängenden Fragen zu suchen. Ein besonders vielversprechender Weg ist es zweifellos, die Entwicklung vom einzelligen zum vielzelligen Embryo, zum Foetus[15] und weiter zum Neugeborenen, Kleinkind, Heranwachsenden und Erwachsenen zu verfolgen. Die Entwicklungsbiologie nicht zuletzt der frühen Stadien wird helfen, Mechanismen und Weichenstellungen der Menschwerdung und letztendlich die menschliche Natur selbst, vor allem auch die Wechselwirkung zwischen nature und nurture zu verstehen.

Zunächst einmal ist dies alles „nutzlos". Es zu erforschen dient nichts anderem als der Neugier. Doch diese Neugier ist konstitutioneller Teil der Natur des Menschen (weshalb ja auch die Forschungsfreiheit ein Verfassungsgut des Grundgesetzes ist). Grundlagenforschung, auch dort wo sie völlig zweckfrei ist, braucht keine andere Begründung als sich selbst. Und die Entwicklungsbiologie des Menschen, die Menschwerdung von Anfang an, ist eine der vornehmsten Aufgaben der Grundlagenforschung.

4.2 Medizinische Anwendungen

Ist dies schon Rechtfertigung genug für die Stammzellforschung, liefern auch die potentiellen Anwendungen, vor allem in der Medizin, starke Argumente. Hier sind es vor allem zwei Gebiete, für die Stammzellen potentiell nützlich sind:

Erstens: Für pharmakologische und toxikologische Untersuchungen, z. B. für die Prüfung von Chemikalien und Arzneimitteln sind hES-Zellen zweifellos günstiger als Tierversuche.

Zweitens: Das eigentliche Ziel sind jedoch Stammzelltherapien, ist die Regenerative Medizin.

„Es kann davon ausgegangen werden, dass die Forschung an humanen Stammzellen Millionen von Menschen helfen würde, die an derzeit nicht oder nur begrenzt heilbaren Krankheiten leiden."[16] Ganz oben auf der langen Liste stehen

---

[15] Als Foetus bezeichnet man das Entwicklungsstadium nach Abschluss der Entwicklung der Organe, ca. neun Schwangerschaftswochen vor der Geburt.

[16] Anna M. Wobus, Ferdinand Hucho u. a.: Stammzellforschung und Zelltherapie, München 2006, S. 108

die neurodegenerativen Krankheiten: Morbus Parkinson, Multiple Sklerose, Morbus Alzheimer und die Rückenmarksverletzungen (Querschnittslähmungen). Aber auch für den Diabetes mellitus, für Knochen- und Hauterkrankungen, für die Behandlung von Herzinfarkten und für hämatologische Indikationen sind Stammzellen - embryonale oder adulte - Hoffnungsträger. Eine wichtige Rolle kann hierbei die Gentechnologie spielen: Man könnte Stammzellen im „Reagenzglas" gentechnisch so manipulieren, dass nach der Transplantation der modifizierten Zellen in das betroffene Organ genetische Defekte eines Patienten korrigiert werden. Es muss aber betont werden, dass - mit Ausnahme der Hämatologie[17] - noch auf keinem Gebiet der Medizin Stammzellen therapeutischen Nutzen aufzuweisen haben. Klinische Anwendungen liegen noch immer in einer nicht absehbaren Zukunft und wichtige Probleme sind nicht gelöst. Stammzellen entarten z. B. im Tierversuch nach der Transplantation häufig und entwickeln sich zu Tumoren. Noch weiß man nicht, wie man dem begegnen kann.

Vielleicht werden es auch gar nicht immer die Zellen selbst sein, die zum Einsatz am Patienten kommen. Wenn man erst einmal die Moleküle und Faktoren genau kennt, die Wachstum und Differenzierung von Stammzellen aktivieren, wird man evtl. diese Faktoren gentechnisch produzieren und als Medikament zur Aktivierung und Differenzierung körpereigener Stammzellen in situ einsetzen können. Auch hier treffen sich wieder einmal Grundlagen- und angewandte Forschung. Kardiologen berichten bereits von erstaunlichen Erfolgen, die sie mit Injektionen von Stammzellen in das Infarktgewebe erzielten. Hierbei ist allerdings zweifelhaft, ob die injizierten Zellen selbst zu Kardiozyten differenzierten. Wahrscheinlich sonderten sie eher Wachstums- und Differenzierungsfaktoren ab, welche die Regeneration des Herzmuskels förderten.

5 Rechtliche Rahmenbedingungen

In diesem Kapitel sollen der rechtliche Rahmen der Stammzellforschung beschrieben werden, kritische Stimmen bezüglich der juristischen Reglementierung zu Wort kommen sowie die sich daraus ergebenden Probleme für den Forschungsalltag beleuchtet werden.

---

[17] Die Hämatologie ist die Lehre von der Physiologie, der Pathophysiologie und den Krankheiten des Blutes sowie der blutbildenden Organe.

5.1 Grundgesetz, Embryonenschutzgesetz, Stammzellgesetz

Den rechtlichen Rahmen für die Arbeit mit menschlichen ES-Zellen geben zum einen das Grundgesetz (GG), zum anderen das Embryonenschutzgesetz (ESchG) vom 1. 1. 1991 und das Stammzellgesetz (StZG) vom 28. Juni 2002, geändert im Frühjahr 2008.[18]

Das Grundgesetz schützt mit seinem Artikel 1, Absatz 1 die Würde des Menschen und mit Artikel 2, Absatz 2 das Recht auf Leben und körperliche Unversehrtheit. Artikel 5, Absatz 3 des Grundgesetzes garantiert die Freiheit von Forschung und Wissenschaft. Die Wissenschaftsfreiheit kann nur durch Rechte anderer mit Verfassungsrang eingeschränkt werden. Ein derartiges Recht sieht die deutsche Rechtsprechung im Recht auf Leben des Embryos, der „von Anfang an" als menschliches Wesen gesehen wird. Andere Kulturen und Länder definieren den Beginn menschlichen Lebens anders. Nach deutschem Recht beginnt es mit der Befruchtung der Eizelle durch eine Samenzelle, sobald die beiden Zellkerne verschmolzen und die Chromosomensätze zusammengetreten sind. Da die Entwicklung von hier aus kontinuierlich und ohne erkennbare Sprünge verlaufe, wäre die Wahl eines anderen Zeitpunktes willkürlich, so die Begründung. Im Widerspruch hierzu steht allerdings der § 218, der die Tötung eines Embryos, ja sogar eines Fötus, unter bestimmten Bedingungen bis unmittelbar vor der Geburt, zwar verbietet aber straffrei lässt. Der Embryonenschutz wird allerdings im Grundgesetz nicht ausdrücklich angesprochen; das Bundesverfassungsgericht hat sich zu der Frage des Beginns des menschlichen Lebens bislang nicht geäußert.

Das Embryonenschutzgesetz dagegen ist in diesen Fragen konkret und schützt nicht nur die Zygote von Anfang an, sondern impliziert jede totipotente Zelle als Embryo, unabhängig von ihrer Entstehungsweise. Auch die durch SCNT (oder in Zukunft durch Reprogrammierung oder durch welches Verfahren auch immer) hergestellte totipotente menschliche Zelle steht demzufolge unter dem Schutz des Artikel 1 des GG und ist der Forschung und jeder Form der Manipulation, die nicht dem Zweck einer Schwangerschaft dient, entzogen. Allerdings sind die Meinungen einschlägiger Juristen hierzu geteilt.[19] Eine höchstrichterliche Entscheidung gibt es auch hierzu noch nicht.

---

[18]   Der Deutsche Bundestag beschloss am 11. April 2008 mehrheitlich eine Verschiebung des Stichtags. Stammzellen müssen nunmehr nicht mehr vor dem 1. Januar 2002, sondern vor dem 1. Mai 2007 erzeugt worden sein.

[19]   Jochen Taupitz: Rechtliche Rahmenbedingungen der Forschung mit menschlichen Embryonen und embryonalen Stammzellen, in: Anna M. Wobus, Ferdinand Hucho u. a.: Stammzellforschung und Zelltherapie, München 2006, S. 167/168

Der Sinn dieses Gesetzes ist zweifach: zum einen soll es in Zeiten der IVF den Missbrauch der künstlichen Befruchtung verhindern. Missbrauch wäre es z. B., eine IVF nicht zum Zwecke der Schwangerschaft und Geburt eines Kindes, sondern zur Generierung von Stammzellen für Forschungs- und andere Zwecke durchzuführen. Missbrauch wäre natürlich auch die Durchführung einer IVF für eine Leihmutterschaft.

Zum anderen soll das Gesetz den Zugriff auf den Embryo verhindern. Ein Embryo darf nur zum Zwecke einer Schwangerschaft erzeugt und verwendet werden. Handlungen, die nicht ausschließlich seiner Erhaltung dienen, sind verboten. Das schließt übrigens die Entnahme von Zellen aus der ICM der menschlichen Blastocyste ebenso ein wie die Verwendung „überzähliger Embryonen", die bei der In-vitro-Fertilisation anfallen. In Deutschland dürfen bei der IVF nur so viele Embryonen erzeugt werden, wie anschließend in den Uterus implantiert werden. „Überzählige" und somit zu tötende Embryonen fallen bei uns demnach theoretisch nicht an; in der Praxis könnten durchaus auch in Deutschland Embryonen „überzählig" sein, d. h. nicht für eine Schwangerschaft verwendet werden, z. B. wenn eine Frau die IVF - aus welchen Gründen auch immer - abbricht.

Das Verbot schließt auch die Präimplantationsdiagnostik (PID) ein, also die Untersuchung von Embryonen, die durch IVF hergestellt wurden, auf genetische und zelluläre Gesundheit. Abgabe oder Erwerb eines Embryos - auch aus dem Ausland - sind durch das Embryonenschutzgesetz verboten. Das Gesetz ist rigider als in anderen Ländern der westlichen Welt und wird daher von Vielen als zu restriktiv empfunden. Eine Novellierung wird immer wieder gefordert, kontrovers diskutiert, aber derzeit vom Gesetzgeber nicht vorbereitet.

Das andere Gesetz, das Stammzellgesetz, regelt den Umgang mit menschlichen embryonalen Stammzellen[20]. Stammzellen sind, wie oben ausgeführt, nicht totipotent und unterliegen daher nicht dem Embryonenschutzgesetz. Dennoch verbietet es Einfuhr und Verwendung von embryonalen Stammzellen grundsätzlich (§ 1 Nr. 1 StZG). Es soll dadurch vermieden werden, dass von Deutschland aus die Herstellung embryonaler Stammzellen oder gar eine Erzeugung von Embryonen zu deren Gewinnung veranlasst wird. Gleichzeitig soll jedoch das Grundrecht der Forschungsfreiheit und das Interesse kranker Menschen an der Entwicklung neuer Therapien sichergestellt werden. Deshalb führt das Stammzellgesetz die sogenannte Stichtagsregelung ein, nach der Import und die Verwendung von Stammzellen in Deutschland erlaubt sind, wenn sie vor dem 1. Mai 2007 hergestellt wurden (zuvor: 1. Januar 2002). Zugleich werden Bedingungen für Import und Verwendung definiert:

---

[20]   Das heißt hES-Zellen, während adulte Stammzellen vom Stammzellgesetz nicht betroffen sind.

- Für die Gewinnung der importierten Stammzellen dürfen nur sogenannte „überzählige Embryonen" verwendet worden sein, d. h. Embryonen, die auf dem Weg künstlicher Befruchtung erzeugt und für die Implantation in den Uterus zur Herbeiführung einer Schwangerschaft nicht benötigt wurden. Die Embryonen dürfen also nicht speziell zur Stammzellgewinnung hergestellt worden sein.
- Es darf kein Entgelt für die Überlassung der Embryonen zur Stammzellgewinnung gezahlt worden sein.
- Einfuhr und Verwendung sind nur zu Forschungszwecken zulässig, nicht also z. B. zur kommerziellen Herstellung eines Diagnostikums oder Therapeutikums.

Auch für die Verwendung importierter Stammzellen nach der Stichtagsregelung gibt es klare Regeln:

- Sie ist genehmigungspflichtig. Genehmigungsbehörde ist das Berliner Robert Koch-Institut.
- Das Forschungsprojekt, für das die Genehmigung zur Verwendung embryonaler Stammzellen beantragt wird, muss „hochrangig" sein; d. h. nicht nur die Qualität der Forschung, sondern auch die Ziele müssen ihren Einsatz rechtfertigen.
- Es muss die „Alternativlosigkeit" des Einsatzes humaner embryonaler Stammzellen für das beantragte Forschungsvorhaben plausibel dargestellt werden.

Ob diese Kriterien erfüllt werden, d. h. ob ein Forschungsvorhaben genehmigt werden kann, muss von der interdisziplinär besetzten Zentralen Ethikkommission für Stammzellenforschung (ZES) geprüft werden. Sie ist am Robert Koch-Institut (Berlin) angesiedelt und besteht aus vier Sachverständigen der Fachrichtung Ethik und Theologie und fünf Biologen und Medizinern. Bis heute (Stichtag 16. Juli 2008) wurden 33 Forschungsanträge unter Mitwirkung der ZES genehmigt, zwei wurden abgelehnt.

5.2 Kritik

Es scheint also alles aufs Beste geregelt, und die ethischen Prinzipien insbesondere der Menschenwürde scheinen gewahrt. Dennoch sind zahlreiche Mängel nicht zu übersehen und begründen die immer lauter werdenden Rufe nach Novellierung des Stammzellgesetzes (aber auch des Embryonenschutzgesetzes). Im Brennpunkt der Kritik steht die Stichtagsregelung: Stammzellforschung ist international eines der spannendsten und dynamischsten Gebiete der Zellbiologie. Allein im Jahr 2006 wurden 70 hES-Zelllinien neu etabliert (siehe Abbildung 3). Die „alten" Stammzellen, welche vor dem 1. Januar 2002 erzeugt wurden, sind längst überholt und weitgehend nutzlos. Sie wurden nicht nach standardisierten Bedingungen hergestellt, haben sich inzwischen irreversibel verändert und sind vor allem mit tierischen Genen und Genprodukten „verunreinigt". Denn Zellen werden in Petrischalen kultiviert und brauchen als Unterlage sogenannte feeder cells, d. h. einen Zellrasen, der bestimmte Hormone und Wachstumsfaktoren in das Kulturmedium abgibt und damit z. B. verhindert, dass die Stammzellen sich ungebremst weiter entwickeln und differenzieren. Vor dem Stichtag wurden als feeder cells überwiegend Fibroblasten von Mäusen verwendet, so dass die „alten" Stammzellen heute für die meisten Experimente unbrauchbar sind.

Neue hES-Zellinien, die 2006 etabliert wurden, n= 70

Recherchedatum: 22.01.2007

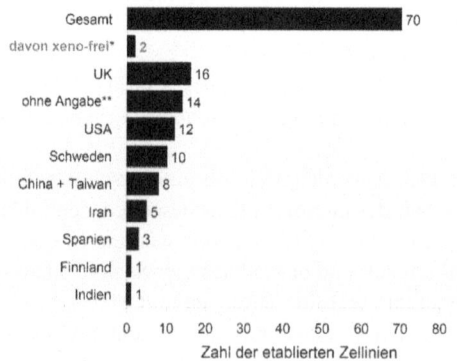

* Herstellung und Kultivierung ohne Immunsurgery, tierisches Serum, tierische Feederzellen u.a. Proteine

Abbildung 3: Neue menschliche embryonale Stammzelllinien eines einzigen Jahres (2006)[21]

Eine vernünftige Forderung der Kritiker richtet sich daher gegen den Stichtag; dieser sollte, wenn schon nicht ganz aufgehoben, so doch durch einen gleitenden

---

[21]　Deutschland kommt in dieser Tabelle nicht mehr vor. „Xeno-frei" bedeutet Zelllinien, die ohne tierische feeder-Zellen und ohne tierisches Kulturmedium etabliert wurden. Quelle: Peter Löser, Anna M. Wobus: Aktuelle Entwicklungen in der Forschung mit humanen embryonalen Stammzellen, in: Naturwissenschaftliche Rundschau 60/2007, S. 229-237

oder nachlaufenden Stichtag ersetzt werden. Man könnte einen Stichtag setzen, der z. B. jeweils drei oder sechs Monate vor dem geplanten Projekt liegt. Ein solcher könnte verhindern, dass auf ethisch nicht akzeptable Weise im Ausland hES-Zellen für Projekte in Deutschland quasi ad hoc auf Bestellung hergestellt werden. Er würde deutschen Forschern dennoch, wenn auch mit zeitlicher Verzögerung, Zugang zu moderneren Zelllinien ermöglichen, wohl gemerkt: Zugang durch Import. Die Herstellung von embryonalen Stammzellen verbietet in Deutschland das Embryonenschutzgesetz. Statt der ca. 70 beim National Institute of Health (NIH) registrierten vor dem 1. Januar 2002 etablierten Zelllinien könnte mit den mehr als 500 Zelllinien geforscht werden, die weltweit zur Verfügung stehen (siehe Abbildung 4). Diese Situation wurde mit der Änderung des Stammzellgesetzes vom April 2008, die den Stichtag auf den 1.5.2007 festsetzte, deutlich aber nicht endgültig verbessert.

Weltweit existierende hES-Zell-Linien (1998-2006) n = 507

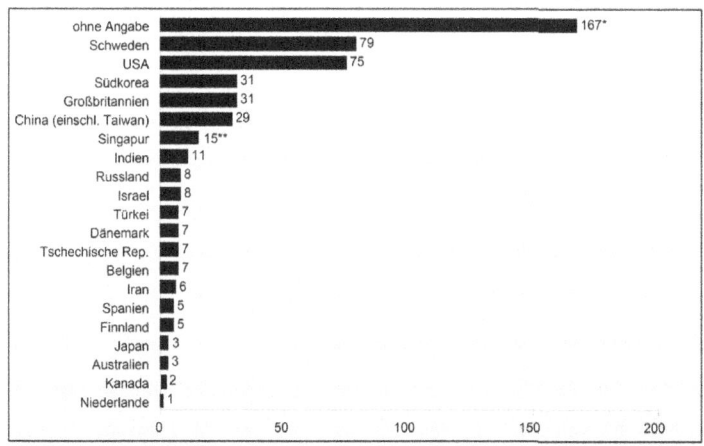

* ohne Angabe = die regionale Herkunft der Embryonen, aus denen die Zellinien erzeugt wurden, konnte nicht aus den Angaben der Hersteller entnommen werden
** Die Zellinien der Firma ES Cell International wurden Singapur zugerechnet.   Recherchedatum: 22.1.2007

Guhr et al.. Stem Cells 24:2187 (2006). Löser & Wobus (2007. im Druck)

Abbildung 4: Zur Verfügung stehende hES-Linien (Ende 2006)[22]

---

[22]   Die Tabelle zeigt, welche Länder in der Stammzellforschung besonders aktiv sind. Quelle: Peter Löser, Anna M. Wobus: Aktuelle Entwicklungen in der Forschung mit humanen embryonalen Stammzellen, in: Naturwissenschaftliche Rundschau 60/2007, S. 229-237

Ein weiterer Kritikpunkt am Stammzellgesetz ist die ausdrückliche Beschränkung der Genehmigung auf Anwendungen in der Forschung. Dies erscheint absurd, denn das offensichtliche Ziel der Stammzellenforschung ist die medizinische Anwendung. Sollte sich tatsächlich einmal eine aussichtsreiche Therapie abzeichnen, wäre sie in unserem Land verboten.

Dies betrifft nicht zuletzt einen der wichtigen Hoffnungsträger der Stammzellenforschung, das therapeutische Klonieren. Die gegenwärtige Rechtslage verbietet dieses Forschungsgebiet, da hierfür wie oben erläutert ein Zellkern in eine entkernte Eizelle übertragen wird und dadurch eine totipotente Zelle, im rechtlichen Sinn also ein Embryo, entstehen kann, wie das Dolly-Experiment gezeigt hat. Die Verwendung menschlicher Eizellen, für welche Experimente auch immer, ist aus ethischen Gründen prinzipiell und kategorisch abzulehnen. Es wird aber weltweit intensiv an Alternativen gearbeitet, so dass abzusehen ist, dass man eines Tages durch Kerntransfer ohne Verwendung menschlicher Eizellen zu totipotenten oder zumindest pluripotenten Zellen kommen wird. Da man dabei die Totipotenz, also das Embryostadium, nicht prinzipiell ausschließen kann, auch wenn eine pluripotente Zelllinie mit dem Ziel der Gewinnung eines speziellen Gewebes angestrebt war, sind auch diese Experimente bei uns verboten.

Ein weiteres Postulat besteht daher darin, auch das Embryonenschutzgesetz zu lockern. Die Festsetzung, jede totipotente Zelle ist ein menschlicher Embryo, dem der Schutz der Menschenwürde und des Rechts auf Leben durch das Grundgesetz garantiert ist, wird nicht zu halten sein. Sie ist ja auch im § 1 des Grundgesetzes nicht unmittelbar enthalten. Wir werden darauf weiter unten, wenn wir die ethischen Probleme der Stammzellforschung diskutieren, noch einmal zu sprechen kommen.

5.3 Rechtliche Probleme für den Forschungsalltag

Spitzenforschung unserer Tage ist international. Zunehmend werden insbesondere auf europäischer Ebene Zusammenarbeiten über Landesgrenzen hinaus durch die EU mit erheblichen Geldmitteln gefördert. Die Rechtslage ist bei internationalen Kooperationen für deutsche Forscher schwierig, und selbst dort, wo sie tatsächlich unproblematischer ist als vom juristischen Laien befürchtet, werden deutsche Forscher von ausländischen Kollegen mitunter als „schwierige" Partner gesehen und aus internationalen Projekten ausgeschlossen. Hier einige Gesichtspunkte zur rechtlichen Situation[23]: Grundsätzlich gilt deutsches

---

[23]   Die in diesem Abschnitt zusammengefassten Gesichtspunkte referieren ein nichtöffentliches Zusammentreffen von Juristen und Stammzellforschern, das im März 2006 von der Scheringstiftung organisiert wurde. Sie sind als persönliche Ansichten ohne rechtliche Relevanz zu werten.

Strafrecht nur für Inlandstaaten. Allerdings können unter bestimmten Bedingungen auch im Ausland begangene Taten in Deutschland strafrechtlich relevant sein. Dies mag für Verstöße gegen das Embryonenschutzgesetz (ESchG), nicht aber gegen das Stammzellgesetz (StZG) zutreffen. Aber auch bei Verstößen gegen das EschG müssen zusätzliche Voraussetzungen für die Strafbarkeit von im Ausland begangenen Handlungen vorliegen: Eine im Ausland begangene Tat ist in Deutschland grundsätzlich nur strafbar, wenn die Tat auch im Ausland strafbar ist und der Täter oder das Opfer Deutscher ist. Dies gilt allerdings nicht für Amtsträger, z. B. für beamtete Professoren. Bei diesen ist das deutsche Strafrecht immer anwendbar. Ein beamteter Forscher, der im Ausland an der Herstellung von Embryonen zu Forschungszwecken oder von hES-Zellen mitwirkt, kann sich in Deutschland strafbar machen. Selbst Unterstützung dieser Taten durch Geldmittel oder Rat kann in unserem Land strafbar sein.

Konkret bedeutet dies:

- Die Mitarbeit deutscher Forscher an Projekten zur Gewinnung von hES-Zellen im Ausland, sei es aus Embryonen oder durch Kerntransfer (therapeutisches Klonieren), ist nur strafbar, wenn der Forscher Amtsträger ist und in seiner Funktion als Amtsträger handelt.
- Die Nutzung der im Ausland gewonnenen Forschungsergebnisse anderer Personen durch deutsche Forscher ist nicht strafbar.
- Das Gleiche (Punkt 1 und 2) gilt, wenn deutsche Forscher an Kooperationen ausländischer Institutionen mit Laboren teilnehmen, in deren Rahmen hES-Zellen gewonnen werden.
- Die Mitarbeit deutscher Forscher in einem deutschen Institut, das mit einem ausländischen hES-Zellen herstellenden Labor kooperiert, kann „strafbare Beihilfe" sein.
- Die Nutzung von Ergebnissen einer internationalen Kooperation, z. B. für den Umgang mit nach der Stichtagsregelung genehmigten Stammzellen, ist nicht strafbar.
- Die Arbeit mit vorhandenen hES-Zellen im Ausland, auch mit nach dem 1. 5. 2007 gewonnenen, ist straffrei, wenn von dem deutschen Forscher auf die Herstellung der hES-Zellen kein Einfluss genommen wurde.
- Für Mitarbeiter von Industrieunternehmen gilt Entsprechendes: Strafbarkeit der Herstellung von neuen hES-Zellen im Ausland; Strafbarkeit der Beihilfe durch Finanzmittel; strafloser Umgang im Ausland mit im Ausland vorhandenen hES-Zellen, unabhängig vom „Stichtag". Allerdings kann auch die Zusage eines deutschen Unternehmens, im Rahmen eines Konsortialprojekts im Ausland gewonnene Ergebnisse mit neuen hES-Linien zu nut-

zen, eine „strafbare Beihilfe" sein. Dasselbe gilt für Stammzellforschung von ausländischen Tochtergesellschaften deutscher Unternehmen: Wird die Gewinnung neuer hES-Zellen von Deutschland aus veranlasst, kann dies „Beihilfe" oder „Anstiftung" zu einer Straftat sein. Arbeiten mit vorhandenen Stammzellen in ausländischen Tochterunternehmen ist unabhängig von der Stichtagsregelung straffrei.

Man muss allerdings hinzufügen, dass die hier angesprochenen Strafgesetze (ESchG[24] und StZG[25]) in mancher Hinsicht widersprüchlich sind und Interpretationen ermöglichen. Wie so oft im Rechtswesen, werden diese Interpretationen häufig erst im Rechtsstreit von Gerichten gegeben. Relevante Urteile gibt es jedoch noch nicht, da es keinen gerichtsrelevanten Verstoß gab. Das Ergebnis dieser Situation ist eine beträchtliche Verunsicherung der deutschen Stammzellforscher, welche die Forschung behindert. Sie drückt sich auch in der eher bescheidenen Publikationstätigkeit deutscher hES-Forscher aus (siehe Abbildung 5).

[24] Zur primär rechtlichen Seite des Embryonenschutzgesetzes siehe vor allem: Peter Kaiser, Hans Ludwig Günther, Jochen Taupitz: Embryonenschutzgesetz. Juristischer Kommentar mit medizinisch-naturwissenschaftlichen Einführungen, Stuttgart 2008; Romano Minwegen: Mögliche Probleme im Zusammenhang mit dem Stammzellgesetz und dem Emryonenschutzgesetz, in: Rechtstheorie. Zeitschrift für Logik und Juristische Methodenlehre 37/2006, S. 513-531; Rudolf Neidert: Das überschätzte Embryonenschutzgesetz - was es verbietet und nicht verbietet, in: ZRP 11/2002, S. 467-471. Der Text des Embryonenschutzgesetzes ist online verfügbar auf den Seiten des Bundesministeriums der Justiz: www.gesetze-im-internet.de/eschg/index.html. Ferner auch unter: www.bmj.bund.de/files/-/1148/ESchG.pdf

[25] Zur primär rechtlichen Seite des Stammzellgesetzes siehe vor allem: Martin Berger: Embryonenschutzgesetz und Klonen beim Menschen. Neuartige Therapiekonzepte zwischen Ethik und Recht, Frankfurt a. M. 2007; Hans-Georg Dederer: Verfassungskonkretisierung und Verfassungsneuland: Das Stammzellgesetz, in: JZ 20/2003, S. 986-994; Markus Gehrlein: Das Stammzellgesetz im Überblick, in: NJW 10/2002, S. 3680-3682; Karsten Klopfer: Verfassungsrechtliche Probleme der Forschung an humanen pluripotenten embryonalen Stammzellen und ihre Würdigung im Stammzellgesetz, Berlin 2006; Kyrill-A. Schwarz: Strafrechtliche Grenzen der Stammzellforschung, in: MedR 3/2003, S. 158-163; Ralf Röger: Hochrangigkeit, Alternativlosigkeit und ethische Vertretbarkeit der Forschung mit humanen embryonalen Stammzellen aus verfassungsrechtlicher Sicht, in: Jahrbuch für Wissenschaft und Ethik 2003, S. 313-333; Jochen Taupitz: Erfahrungen mit dem Stammzellgesetz, in: JZ 3/2007, S. 113-122. Der Text des Stammzellgesetzes ist online verfügbar auf den Seiten des Bundesministeriums der Justiz: www.gesetze-im-internet.de/stzg/index.html.

Anzahl der Publikationen zu hES-Zellen (2006) n=185

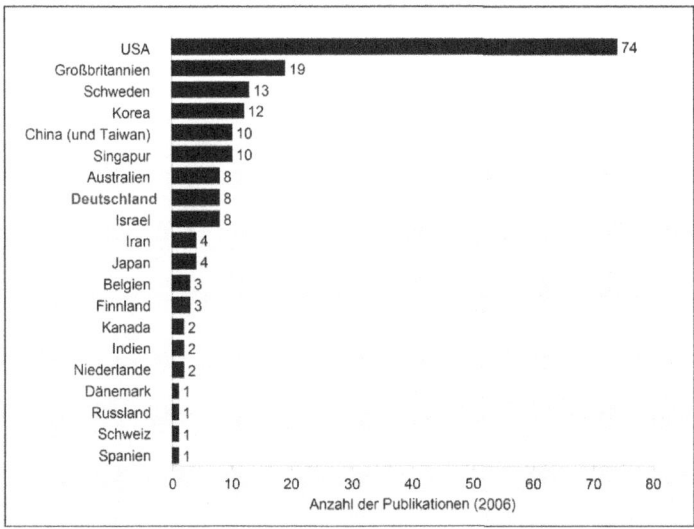

Abbildung 5: Deutsche Stammzellforschung international im Mittelfeld[26]

Beunruhigend ist der Blick auf die Entwicklung der Veröffentlichungsaktivi-
täten in der Tat: Immer zahlreicher werden die Publikationen von Forschungsergebnissen unter Verwendung „neuer" (d. h. nach dem ursprünglichen Stichtag
1. Januar 2002 hergestellter) hES-Linien, während die Verwendung der „alten",
beim NIH registrierten Zellinien stetig abnimmt (siehe Abbildung 6). Es ist also
abzusehen, dass die Forschung in unserem Land zunehmend vom internationalen Geschehen abgekoppelt wird. Dies hat nicht nur Folgen für die noch kaum
absehbaren Nutzanwendungen der Stammzellforschung, sondern auch für den
wissenschaftlichen Nachwuchs: Welcher begabte und ehrgeizige Nachwuchs-
forscher wird sich angesichts dieser Situation nicht anderen weniger problematischen Forschungsgebieten zuwenden oder zumindest seine wissenschaftliche
Zukunft im Ausland suchen.

---

[26] Quelle: Peter Löser, Anna M. Wobus: Aktuelle Entwicklungen in der Forschung mit humanen
embryonalen Stammzellen, in: Naturwissenschaftliche Rundschau 60/2007, S. 229-237

Verwendung von NIH-registrierten und neuen hES-Zell-Linien in Publikationen (2000-2006)

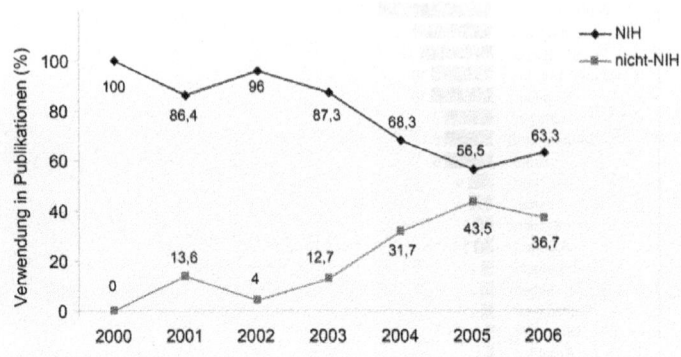

Abbildung 6: Zunahme der Bedeutung der „neuen" hES-Linien bei gleichzeitiger Abnahme der „alten", NIH-registrierten (vor dem neuen Stichtag 1. Januar 2002 etablierte Linien)[27]

Selbst wenn per Beschluss des Bundestages vom 11. April 2008 das Stichdatum auf nunmehr den 1. Mai 2007 verschoben wurde, ist es fraglich, ob sich die oben geschilderte Problematik nicht in Kürze bereits wieder genauso darstellen wird.

6 Ethische Probleme

Die ethische Debatte in Deutschland konzentriert sich auf die drei Bereiche:
- Schutz der Menschenwürde
- Gefahr des Missbrauchs
- Dilemma zwischen dem Gebot zur Hilfe für Leidende und dem Verbot unethischen Handelns.

---

[27]   Quelle: Peter Löser, Anna M. Wobus: Aktuelle Entwicklungen in der Forschung mit humanen embryonalen Stammzellen, in: Naturwissenschaftliche Rundschau 60/2007, S. 229-237

Die Debatte wird auf hohem Niveau in den verschiedensten Gruppierungen der Bevölkerung geführt und kann hier nur skizziert werden. Beim Stichwort „Menschenwürde" geht es vor allem um zwei Problemkreise, um die Frage nach dem Beginn des vom Grundgesetz geschützten menschlichen Lebens sowie um die „Instrumentalisierung des Menschen".

Das Grundgesetz selbst sagt zur Frage nach dem Beginn menschlichen Lebens explizit nichts aus. Verschiedene Länder und Kulturkreise geben auf diese Frage unterschiedliche Antworten.

In Deutschland geht man davon aus, dass mit der Befruchtung einer Eizelle, genauer mit dem Verschmelzen der Zellkerne von Ei- und Samenzelle, menschliches Leben beginnt, und zwar unabhängig davon, ob dies innerhalb oder außerhalb des Mutterleibs (in utero oder in vitro) erfolgt. Während hierüber kaum Uneinigkeit herrscht, sind die Meinungen über den Zeitpunkt und die Absolutheit der Schutzwürdigkeit sehr unterschiedlich. In Deutschland tritt diese „von Anfang an" ein, und zwar in vollem Maße. Eine abgestuft oder graduell zunehmende Menschenwürde ist bei uns nicht denkbar (aus verschiedenen, z. T. sehr ernst zu nehmenden Gründen, auf die hier nicht eingegangen werden kann), in England z. B. erst nach 14 Tagen. In Deutschland bleiben nach § 218 Schwangerschaftsabbrüche, also Tötungen von Embryonen oder Foeten, unter bestimmten Bedingungen bis unmittelbar vor der Geburt straffrei. In anderen Ländern sind Schwangerschaftsabbrüche prinzipiell nicht erlaubt. Mancher fordert die Nidation, die Einnistung des Embryos in die Gebärmutter als Beginn schutzwürdigen Lebens, andere machen darauf aufmerksam, dass kein biologisch vorgegebener und daher eindeutiger Zeitpunkt erkennbar ist. Feststellbar ist eine bemerkenswerte Unlogik der Argumente, denn „von Anfang an" bedeutet, dass die vielen befruchteten Eizellen, die nicht zur Einnistung und erfolgreichen Schwangerschaft reifen, tasächlich unbemerkt und ohne gesetzlichen Schutz sterben. Aber auch die Nidation ist keine einleuchtende Schwelle für die Menschwerdung, da auch ein Großteil der eingenisteten Embryonen spontan abgeht und vor der Zeit stirbt. Niemand würde daran denken diese Embryonen zu „schützen". Und die ganz große Inkonsequenz in der Argumentation betrifft den § 218. Schwangerschaftsabbruch ist zwar verboten, wird jedoch nicht strafverfolgt. Lebensfähige Foeten bis in den neunten Schwangerschaftsmonat hinein werden getötet, weil der Schutz der Mutter als höheres Gut eingeschätzt wird als das des Kindes. Der Rubicon wurde so betrachtet mit der Verabschiedung des § 218 überschritten, nicht mit dem Beginn der Stammzellforschung. Es wäre ehrlich, nun generell zu einem verantwortungsvollen Pragmatismus zu kommen. Die englische Position könnte hierfür als Vorbild dienen.

Der wesentliche Gedanke, der hinter dieser restriktiven Haltung steht, ist das Verbot der Verletzung der Menschenwürde durch Instrumentalisierung des Menschen. Menschliches Leben ist ein Zweck in sich selbst. Es darf daher nicht zu anderen Zwecken (Forschung, Medizin, Kommerz etc.) erzeugt werden. Um den Begriff der Instrumentalisierung rankt sich eine komplizierte philosophisch/ethische Debatte, die hier nicht einmal angedeutet werden kann.

Die „Überschreitung des Rubicon", die man in der Verabschiedung des § 218 sehen kann (und die wohl kaum jemand vernünftigerweise rückgängig machen möchte), weist auf das neben dem Schutz des menschlichen Lebens zweite ethische Dilemma hin, auf die Gefahr, immer tiefer in etwas hineinzugeraten, das man nicht mehr bremsen und unter Kontrolle halten kann. Als „slippery slope" wird unsere Situation am Rande eines unethischen Abgrunds bezeichnet: Wir gleiten vom festen Boden ethischer Prinzipien auf einer glitschigen abschüssigen Fläche der Kompromisse und Pragmatismen haltlos hinab und öffnen unwillentlich Entwicklungen Tür und Tor, die uns immer neue ethische Dilemmata bescheren. Vor allem bereiten wir den Weg für die verschiedensten Formen von Missbrauch. Wer will verhindern, wenn außerhalb des Wirkungsbereichs „guter Gesetze" oder in deren schwer zu definierenden Grauzonen skrupelloser Geschäftstrieb oder ungezügelter Wissenschaftlerehrgeiz Experimente und Therapien betreibt, die wir heute noch weit von uns und in den Bereich der Science-Fiction verweisen würden. Schon heute sieht man in amerikanischen Zeitungen Anzeigen, über die Studentinnen, möglichst weiß, gesund, sportlich, intelligent, mit fünfstelligen Dollar-Honoraren zur Eispende angeworben werden. Zu welchem ethisch einwandfreiem Zweck? In Deutschland sind sämtliche denkbare „Zwecke" strafbar. In den USA z. B. sind sie nur in staatlichen und mit öffentlichen Mitteln geförderten Institutionen verboten. Der freien Wirtschaft ist die Realisierung derartiger Zwecke hingegen gestattet. Andere Länder sind noch großzügiger.

Doch ist ein grundsätzliches Verbot von Stammzellforschung mit hES-Zellen überhaupt eine Lösung? Ist die fundamentalistische Position der Ablehnung, wie sie z. B. von den christlichen Kirchen, insbesondere der katholischen Kirche, vertreten wird, ethisch haltbar? Hier muss man das immense Leiden unzähliger Menschen in die Waagschale werfen. Leben zu erhalten und Leid zu mindern ist die vornehmste Pflicht der Medizin, und kein Mittel, keine Möglichkeit hierzu darf von vornherein ausgeschlossen werden. Es führt kein einfacher Weg aus diesem Dilemma. Keine wissenschaftliche Ethik bietet Lösungsmöglichkeiten. Und wie sieht es mit wissenschaftlichen Alternativen aus? Ist die Wissenschaft wirklich auf menschliche embryonale Stammzellen angewiesen? Ohne in die biologischen Details einzudringen, seien im Folgenden Alternativen aufgelistet, mit denen versucht werden könnte, um die ethischen Probleme der hES-Zellen herumzukommen.

7 Alternativen zu hES-Zellen?

Die Alternative „adulte versus embryonale Stammzellen" hatten wir bereits diskutiert und der Meinung der Mehrheit der Stammzellforscher folgend verworfen. Immer wieder werden Nabelschnurblutzellen angepriesen und bereits kommerziell eingefroren und aufbewahrt. Doch derzeit sieht es nicht so aus, als wären diese multipotenter als andere Blutzell-Vorläufer. Foetale Zellen, z. B. des Zwischenhirns, werden von einem schwedischen Team erfolgreich experimentell in der Parkinsontherapie eingesetzt. Das Verfahren ist jedoch für die therapeutische Routine für die Hunderttausende von Parkinsonpatienten zu kompliziert und wegen des Bedarfs von acht Foeten (gewonnen aus Abtreibungen) pro Therapieansatz keineswegs unproblematisch. Diese im eigentlichen Sinn nicht zur Stammzellforschung gehörenden Versuche werden hier erwähnt, nicht weil sie evtl. zu Therapien unmittelbar durch transplantierte Zellen führen können. Es sieht vielmehr so aus, dass die transplantierten Zellen nach dem „Anwachsen" im Hirn des Patienten nicht selbst die Funktion der abgestorbenen Hirngewebe übernehmen, sondern eher Moleküle, d. h. Hormone und Wachstumsfaktoren, absondern, die das abgestorbene Gewebe zur Regeneration anregen. Therapien mit derartigen „kleinen Molekülen" könnten ein Ergebnis der Stammzellforschung sein und den Verbrauch von Embryonen für die Therapie umgehen.

Es wurde vorgeschlagen, die hES-Zellen genetisch so zu verändern, dass sie über das gewünschte Stammzellexperiment hinaus nicht mehr lebensfähig sind. Mit diesem experimentellen „Trick" hoffte man, das Totipotenzargument zu umgehen. Der Vorschlag stieß indes auf wenig Zustimmung, wohl weil es sich eben doch nur um einen „Trick", nicht jedoch um eine wirkliche ethische Alternative handelt.

In Kap 2.5 hatten wir Stammzellmarker aufgelistet, Gene, die nur in pluripotenten Zellen aktiviert und exprimiert werden. Diese Markergene scheinen das zelluläre „Programm" der Pluripotenz zu repräsentieren. Entsprechend hat man Mäusefibroblasten - unproblematische ubiquitäre Bindegewebszellen - mit aktivierten Markergenen versehen, und in der Tat eine Reprogrammierung der Fibroblasten zu pluripotenten Stammzellen beobachtet. Das Verfahren wurde auch

auf menschliche Zellen übertragen, und derzeit sind die resultierenden sogenannten iPS (induzierte pluripotente Stammzellen) der „heißeste" Hoffnungsträger der Stammzellforscher.

Aufsehen erregte ein Bericht über die Isolierung von Zelllinien aus dem Fruchtwasser von Mäusen und Menschen. Derartige aus der amniotischen Flüssigkeit
stammende Stammzellen (AFS cells) exprimierten die charakteristischen
Stammzellmarker. Man wird die Reproduktion der Experimente durch andere
Gruppen und die therapeutische Anwendbarkeit dieser Zellen abwarten müssen.

Ebenso vielversprechend sehen Experimente einer Göttinger Forschergruppe
aus, die pluripotente Zellen aus männlichen Keimdrüsen von Mäusen mit einigen, wenn auch nicht allen, Eigenschaften von ES-Zellen, isolierten. Auch diese
Experimente müssen zunächst mit menschlichen Geweben wiederholt und dann
auf ihre therapeutische Anwendung hin überprüft werden.

Noch weitgehend unverstanden sind mehrere Berichte über „Parthenogenese",
d. h. über ‚spontane' Reprogrammierung bestimmter differenzierter Zellen zu
embryonalen Stammzellen. Das „spontane" Auftreten von männlichen oder
weiblichen Keimzellen in bestimmten Zellkulturen war zuvor bereits von einer
amerikanischen bzw. einer deutschen Forschergruppe berichtet worden.

Die Liste der z. T. exotischen Alternativen zu den problematischen ES-Zellen ist
lang und wissenschaftlich kompliziert. Es bleibt abzuwarten, was davon übrig-
bleibt. Nicht nur der Laie sieht das aufgeregte Treiben mit einer gewissen Skepsis. In der Hektik unter dem Konkurrenzdruck eines so sehr umkämpften Gebie-
tes ist alles möglich sowohl große Entdeckungen als auch Fehler, Überinterpre-
tationen, ja sogar Betrug.[28]

8 Schlussfolgerungen

In der öffentlichen Wahrnehmung vereinigen sich Stammzellforschung, Reproduktionsmedizin, Transplantationsmedizin, Klonierthematik, Mensch-Tier-Chi-
märenproblematik und Gentechnologie im Allgemeinen zu einem Problemfeld
moderner Biotechnologie, das aufgrund seiner Komplexität vom Laien nicht zu
überblicken ist und daher häufig auf prinzipielle Ablehnung stößt. Hinzu kommen die historische Erfahrung und das Entsetzen über Wissenschaft und Medizin des Nationalsozialismus, als unter der Fahne der „Wissenschaftlichkeit"
Dinge erlaubt waren, welche die Forscher und ihre Wissenschaft nachhaltig ver-
dächtig machen. Deutschland hat es daher schwer, zu einem rationalen Diskurs

---

[28] Folglich den Forschungsskandal um den südkoreanischen Stammzellforscher Hwang Woo Suk.

und zu praktikablen Einstellungen und Gesetzen für den Umgang mit dem bio-wissenschaftlichen und medizinischen Fortschritt zu kommen.

Keinesfalls darf mit wissenschaftlicher „Besserwisserei" über diese ablehnende Grundhaltung der sogenannten Laien hinweggegangen werden. Häufig findet man innerhalb der Gemeinschaft der Bio- und Medizinwissenschaftler eine eher befürwortende, außerhalb dieser Gemeinschaft eine mehrheitlich ablehnende Position, was als Argument für die „Unwissenheit der Laien" und zum Druck auf den Gesetzgeber verwendet wird, sich über die öffentliche Meinung im Interesse des Wirtschafts- und Wissenschaftsstandortes Deutschland hinwegzu-setzen. Er möge deshalb innovationsfreundlichere Gesetze beschließen. Es ist jedoch unbedingt zu fordern, einen Bruch zwischen öffentlicher Meinung und Wissenschaft zu vermeiden. Wenn es den Wissenschaftlern nicht gelingt, die Laienwelt durch Information und Überzeugungsarbeit „mitzunehmen", müssen sie wohl oder übel auf öffentliche, d. h. gesetzgeberische und damit finanzielle Unterstützung verzichten. Für diesen Fall sei der Wissenschaft empfohlen, nicht trotzig die Flinte ins Korn zu werfen, zu emigrieren oder den Beruf zu wechseln, sondern dem wissenschaftlichen Fortschritt durch Ausweichen auf ethisch und juristisch unproblematische Themen der aktuellen Zellbiologie zu dienen. Zwei Bereiche seien hierfür genannt:

- Noch ist z. B. die Forschung auf dem Gebiet der Entwicklungsbiologie von Tieren keineswegs ausgeschöpft. Und es ist einfach unredlich zu behaup-ten, beim Tier sei alles ganz anders; ohne menschliche ES-Zellen ginge es nicht. Es gibt zweifellos noch unzählige Moleküle und Mechanismen der Differenzierung zu entdecken, die bei Mensch und Tier gleich oder ähnlich sind. Unser ganzes Zulassungssystem für Pharmaka beruht auf dieser Grundannahme. Man muss nicht unbedingt den letzten Schritt vor dem ers-ten tun. Irgendwann muss man allerdings an menschliche Zellen und Ge-webe heran und die am Tier gewonnenen Erkenntnisse in Nutzen für den Menschen umsetzen.
- Ein zweiter Bereich, in dem Stammzellforschung unproblematisch und dennoch wissenschaftlich und wirtschaftlich hoch profitabel sein kann, ist die Epigenetik. Differenzierung von Zellen bedeutet Programmierung; Plu-ri- oder Multipotenz heißt De- oder Re-Programmierung. Kaum ein Werk-zeug dieser Programmierung bzw. Deprogrammierung ist bekannt. Der oben erwähnte Ansatz, die Verwendung von Genen, die für Stammzell-marker codieren, ist vielversprechend und zunächst ethisch unproblema-tisch. Leider stammt er aus Japan und den USA, die deutsche Forschung verpasste hier eine Chance. Auch die japanischen Forscher reprogrammier-

ten anfangs „nur" Mäusezellen. Aber auch den programmierten Zelltod (die Apoptose) hat man an Tieren, dem Fadenwurm Cenorhabditis elegans erforscht (und mit einem Nobelpreis belohnt), bevor man zum Menschen überging. Unzählig sind die Beispiele der molekularen Lebenswissenschaften für Entdeckungen bei Tieren, deren Homologe man beim Menschen schnell auffand und in humanbiologischen Erkenntnisgewinn umwandelte. Dennoch besteht Handlungsbedarf, bestimmte Forschungshemmnisse zu beseitigen. Wir erwähnten schon die Stichtagsregelung des Stamzellgesetzes, die ja nunmehr wenigstens teilweise gelockert wurde. Sie ist weder ethisch noch wissenschaftlich sinnvoll. Ebenso muss eine (evtl. höchstrichterliche) Entscheidung herbeigeführt werden, den Status des Embryos in seinen ersten Stunden und Tagen in Bezug auf den Lebensschutz und den Schutz der Menschenwürde durch das Grundgesetz zu definieren. Das darauf beruhende Embryonenschutzgesetz gibt den wissenschaftlichen Erkenntnisstand nicht wieder.

Den Beginn menschlichen Lebens „von Anfang an", d. h. mit der Verschmelzung der Zellkerne in der befruchteten Eizelle, zu schützen, geht auch darüber hinweg, dass der Mensch nur zum Teil von den im Zellkern vorhandenen Genen geprägt wird. Das menschliche Genom unterscheidet sich eben nur marginal von dem des Schimpansen, der sich wiederum doch wohl deutlich vom Menschen unterscheidet. Wesentliche Merkmale des Menschseins werden dadurch geformt, „was nach der Genetik kommt", also von der Epigenetik im weiteren Sinn. Nichts davon ist „von Anfang an" vorhanden.

Vor allem muss die nahezu sakrale Bedeutung der Totipotenz relativiert werden. Jede Zelle eines Menschen trägt in seinem Zellkern die gleichen (doppelten) Chromosomensätze (nur die Keimzellen sind haploid, besitzen also nur einen einfachen Chromosomensatz). Jede trägt also dieselben ca. 25.000 Gene, die Blaupause, das Potential, für einen ganzen Menschen; jede ist somit „totipotent". Bei höheren Organismen ist die Totipotenz durch epigenetische Programmierung im Laufe der Entwicklung und Differenzierung abgeschaltet worden. Der Unterschied zwischen einer embryonalen Stammzelle und einer Zelle z. B. der Haut beruht ausschließlich auf ein paar chemischen Modifikationen. Kann diese Molekularchemie Grundlage einer ethischen Sonderstellung sein?

Soviel wir wissen - und Dolly hat es bewiesen - ist diese Abschaltung der Totipotenz vorübergehend, reversibel. Gelingt es, die Schalter zu betätigen, können wir jede Zelle reprogrammieren, sie gewissermaßen auf Null stellen. Die ethische Unterscheidung zwischen pluripotenter hES-Zelle und reprogrammierter adulter Zelle und das resultierende ethische Dilemma würden dann nicht mehr sinnvoll sein.

Reproduktives Klonen in „real life"
und in der Science Fiction

Achim Bühl

Wir wollen uns in diesem Beitrag mit dem reproduktiven Klonen sowohl bei Tieren als auch bei Menschen beschäftigen. Im Vordergrund steht dabei die ethische Debatte, d. h. die Analyse der jeweiligen Argumente, die für oder gegen das reproduktive Klonen sprechen. Wir werden dabei sehen, dass sowohl die Protagonisten als auch die Antagonisten des reproduktiven Klonens argumentativ dem Paradigma des genetischen Determinismus folgen, insofern sie den Menschen auf die Summe seiner Gene reduzieren.

In den letzten Jahren sind Klone[1] zu einem der beliebtesten Motive in Science-Fiction-Filmen und SF-Romanen geworden. Unsere Vorstellung vom Klonen ist nicht zuletzt durch die filmische Unterhaltungskultur geprägt, welche tiefenpsychologische Ängste des Menschen dystopisch in Szene setzt. Eine Analyse von Science-Fiction-Filmen kann daher helfen potentielle Gefahren des Klonens zu eruieren sowie zu einem tieferen Verständnis unserer medial geprägten „Technikbilder" beitragen.

1 Begriffsklärung des reproduktiven Klonens

Der Begriff Klonen bezeichnet in der Reproduktionsmedizin und der Biotechnologie „die künstliche Erzeugung eines vollständigen Organismus oder wesentlicher Teile davon, ausgehend von genetischer Information, die einem bereits bestehenden Organismus entnommen wurde."[2] Die genetisch betrachtet identische Kopie des Organismus wird als Klon bezeichnet, der gewissermaßen das künstliche Pendant eines eineiigen Zwillings darstellt. Die natürlichen Vorgänge der Befruchtung bzw. der geschlechtlichen Fortpflanzung entfallen beim Klonieren.

---

[1]   (Alt)Griechisch: κλών: Zweig, Schössling
[2]   Wikipedia: Stichwort „Klonen", www.wikipedia.org/wiki/Klonen

Im Unterschied zum therapeutischen Klonen[3] wird beim reproduktiven Klonen „der Embryo in eine Leihmutter eingepflanzt und die natürliche Entwicklung zum vollständigen Organismus abgewartet."[4]

Reproduktives Klonen liegt somit dann vor, „wenn die Klontechnologie mit dem Ziel eingesetzt wird, ein Kind zu zeugen. Von therapeutischem Klonen wird gesprochen, wenn aus dem geklonten Embryo eine embryonale Stammzelllinie gezüchtet werden soll."[5]

Die semantische Aufteilung zwischen dem reproduktiven und dem therapeutischen Klonen ist insofern zu problematisieren, „als sich lediglich Handlungsabsicht und spätere Verwendung des geklonten Embryos unterscheiden."[6] Der Terminus therapeutisches Klonen wird von Kritikern als irreführend bezeichnet, da es sich aktuell noch um Grundlagenforschung handelt und Therapien - wenn überhaupt - erst perspektivisch in Sicht sind.

2 Die technologische Seite des reproduktiven Klonens

Unterschieden wird zwischen zwei verschiedenen Klontechniken, dem Klonen durch Embryosplitting[7] sowie dem Klonen durch Zell- bzw. Zellkerntransfer.

Als einfachste Form des Klonierens wird in der Literatur auch die Herstellung von Kopien einzelner Gene oder Genabschnitte genannt, d. h. die Produktion von DNA-Kopien auf molekularbiologischer Basis. Wir wollen den Vorgang des Klonierens jedoch nicht als bloßes genetisches Duplizieren verstanden wissen - „ein in den molekularbiologischen Laboratorien dieser Welt alltäglich hunderttausendfach exerziertes Verfahren"[8] - sondern bewusst auf die Reproduktion vollständiger Organismen beschränken.

---

[3]   Zum therapeutischen Klonen folglich Ferdinand Hucho: „Probleme der Stammzellforschung" in diesem Buch

[4]   Wikipedia: Stichwort „Klonen", a.a.O.

[5]   www.1000fragen.de/hintergruende/lexikon

[6]   Ingrid Schneider: Reproduktives und therapeutisches Klonen, in: Marcus Düwell, Klaus Steigleder: Bioethik. Eine Einführung, Frankfurt a.M. 2003, S. 269

[7]   Häufig auch „Klonen über eineiige Mehrlingsbildung" oder „künstliche Mehrlingsspaltung" genannt

[8]   Henning M. Beier: Klonieren, in: Wilhelm Korff u. a. (Hrsg.): Lexikon der Bioethik, Gütersloh 2000, S. 401

2.1 Embryosplitting

Beim Klonen durch Embryosplitting werden totipotente Zellen im frühen Embryonalstadium oder zu einem späteren Zeitpunkt durch ein mikrochirurgisches Teilungsverfahren abgetrennt. Die Vorteile dieses Verfahrens bestehen in der relativ leichten Handhabung sowie der hohen Erfolgsrate. Die Nachteile liegen darin, dass die genetischen Anlagen des Embryos vorher nicht bekannt sind, „sie sind eine Mischung der elterlichen Anlagen. Außerdem ist die natürliche Altersgrenze der geeigneten Embryozellen schnell erreicht."[9] Es ist davon auszugehen, „dass sich beim Menschen bis zum 8-Zell-Stadium jede entnommene Zelle selbständig zu einem Embryo entwickeln kann."[10]

Das Embryosplitting führt somit zur Herstellung identischer Mehrlinge. Die Methode ist u. a. für die Spezies „Maus, Kaninchen, Schaf, Rind, Schwein, Ratte und Rhesusaffe etabliert."[11] Es lassen sich beim Embryosplitting zwei Methoden voneinander unterschieden:

Erstens: Die Zwillinge entstehen entlang einer Mittelachse durch Spaltung von Morulae und Blastozysten, wobei die innere Zellmasse gleichmäßig aufgeteilt wird.

Zweitens: Mehrlinge entstehen durch die Isolierung der Blastomeren und ihre Einsetzung in Gruppen in leere Eihüllen.[12]

Das Embryosplitting verändert somit weder das Alter noch die Totipotenz der verwendeten Zellen. „Die aus der Teilung hervorgehenden Embryonen befinden sich im selben Entwicklungsstadium, sind also genauso alt, wie es der ungeteilte Embryo nun wäre."[13]

2.2 Zell- bzw. Zellkerntransfer

Beim Klonen durch Zell- bzw. Zellkerntransfer wird ein Zellkern auf eine zuvor entkernte Eizelle übertragen. Die auf diese Weise entstandene Zelle kann sich zu einem vollständigen Organismus entwickeln und wird folglich als Embryo bezeichnet. „Nach einer künstlichen Aktivierung der Eizelle beginnt mit den ersten Teilungen die Embryonalentwicklung. Der Embryo kann dann in einen

---

[9]   www.quarks.de/klonen3/01.htm
[10] Ingo Hildebrand, Dirk Lanzerath: Klonen. Stand der Forschung, ethische Diskussion, rechtliche Aspekte, online unter: www.elib.uni-stuttgart.de/opus/volltexte/2004/1826/pdf/zKlonen.pdf
[11] Regine Schreiner: Klonen durch Zellkerntransfer. Stand der Forschung, Berlin 2005, S. 12
[12] Regine Schreiner: Klonen durch Zellkerntransfer, a.a.O., S. 12
[13] www.tab.fzk.de/de/projekt/zusammenfassung/ab65.htm

weiblichen Organismus übertragen werden und sich dort in den Uterus einnisten."[14]

Als reproduktives Klonen bezeichnet man die Anwendung der Kerntransfer-Technik zum Zweck der ungeschlechtlichen Vermehrung von Organismen, wobei im Wesentlichen drei Möglichkeiten zu differenzieren sind:

Erstens: Der somatische Zellkerntransfer

Beim somatischen Zellkerntransfer „durchlaufen fetale oder adulte Spenderzellkerne nach dem Einsetzen in die Empfängerzelle eine Reprogrammierung der Genexpression. Der funktionelle Status des Zellkerns wird mit dem Transfer in eine entkernte Eizelle oder Zygote neu definiert."[15]

Zweitens: Der embryonale Zellkerntransfer

Hierbei werden Zellen aus Embryonen verwendet, deren Zellkerne noch pluripotent sind. Es handelt sich hierbei im Wesentlichen um ein Verfahren, welches als Wegbereiter für den somatischen Zellkerntransfer diente.

Drittens: Der transgene Zellkerntransfer

Transferiert werden beim transgenen Zellkerntransfer embryonale oder somatische Zellkerne, die genetisch modifiziert wurden. Diese Variante eröffnet die Möglichkeit einer gezielten Veränderung tierischer Genome.

Der Zellkerntransfer bietet vor allem Vorteile für die Gewinnung individualspezifischer embryonaler Stammzellen, der Nachteil besteht darin, dass Eizelle und Spenderzelle in genau festgelegten Zellzyklen sein müssen, „um zusammen ein neues Lebewesen bilden zu können. Das erfordert gegebenenfalls die Verjüngung der spezialisierten Zellen in einem Diätmedium. Die technischen Rahmenbedingungen sind aber bei jeder Tierart unterschiedlich und zum Teil noch nicht bekannt."[16]

Im Unterschied zu andersartigen Verlautbarungen ist ein durch Zell- bzw. Zellkerntransfer geklonter Embryo genetisch nicht zu 100 % mit dem Ursprungsorganismus identisch. Dies liegt daran, dass das Erbmaterial zwar zum überwiegenden Teil im Zellkern liegt, aber zu einem geringen Teil auch in den sogenannten Mitochondrien, die sich außerhalb des Zellkerns befinden und mit dem Cytoplasma der Eizelle vererbt werden. „Die genetische Information der Mitochondrien des geklonten Embryos stammt je nach Verfahren überwiegend von der für die Zellkernübertragung benutzten, entkernten Eizelle."[17]

---

[14] Ingo Hildebrand, Dirk Lanzerath: Klonen, a.a.O.
[15] Regine Schreiner: Klonen durch Zellkerntransfer, a.a.O., S. 15
[16] www.quarks.de/klonen3/01.htm
[17] Ingo Hildebrand, Dirk Lanzerath: Klonen, a.a.O.

2.3 Mitochondriale DNA

Bei den Mitochondrien handelt es sich um Organellen, welche von einer Doppelmembran umgeben sind. Sie verfügen über ein eigenes Genom in Form einer ringförmigen DNA und dienen in fast allen Zellen zur Energiegewinnung, zur Regulation einer Form des Zelltodes sowie zur Synthese von Vorstufen von DNA und RNA. Darüber hinaus nehmen Mitochondrien Zell- bzw. gewebsspezifische Funktionen wahr.[18] Laut aktuellen Schätzungen enthält das menschliche Genom ca. 25.000 Gene, wovon sich genau 37 in den Mitochondrien befinden. Der Anteil der Mitochondrien an der Gesamtzahl der menschlichen Gene beträgt somit ca. 0,15 %. „In ‚genetischen Buchstaben' ausgedrückt beträgt der mitochondriale Informationsanteil 0,005 % (16.600 von ca. 3,2 Milliarden). Im Vergleich dazu beträgt der Unterschied zwischen zwei nicht verwandten Personen gleichen Geschlechts ca. 0,1 % (ca. 3 Millionen von 3,2 Milliarden Buchstaben).[19] Spricht man bei Klonen von genetisch identischen bzw. erbgleichen Organismen, so wird der mitochondriale Anteil sträflich vernachlässigt, zumal eine rein quantitative Betrachtung über die Relevanz der Mitochondrien hinwegtäuscht. Die Bedeutung der Mitochondrien liegt zum einen in ihrer funktionalen Wichtigkeit, zum anderen darin, dass sie relevante genetisch bedingte Krankheiten vererben. „Hierzu zählen z. B. das Leber-Syndrom, das zu einer Degeneration des Sehnervs führt, sowie eine Reihe von degenerativen Muskelerkrankungen, die aufgrund von Basenaustauschmutationen entstehen."[20] Jüngere Studien vermuten ferner, dass das Erbgut in den Zellkraftwerken auch das Diabetesrisiko beeinflusst.[21]
Darüber hinaus ist der Informationsgehalt der mitochondrialen DNA extrem hoch. Es gibt weder Introns noch nicht-codierende DNA. „Die mitochondriale DNA hat eine etwa zehnmal höhere Mutationsrate als die DNA im Zellkern, wohl vor allem weil das Mutations-Reparatursystem in Mitochondrien weniger effektiv ist."[22]

2.4 Effizienz des reproduktiven Klonens

Beim Klonen von Tieren wurden zumeist hunderte von Fehlversuchen produziert, bevor ein lebensfähiger Embryo zustande kam. So gingen etwa der Geburt des Klonschafs Dolly 276 „Fehlversuche" voraus. „Momentan liegt die Klonie-

---

[18]   www.meb.uni-bonn.de/anatomie/cellbio/teaching/mitochondrien
[19]   Ingo Hildebrand, Dirk Lanzerath: Klonen, a.a.O., Fußnote 33
[20]   www.wissenschaft-online.de/abo/lexikon/biok/10720
[21]   www.wissenschaft.de/wissenschaft/news/281554.html
[22]   www.meb.uni-bonn.de/anatomie/cellbio/teaching/mitochondrien

rungseffizienz, also der Prozentsatz der Organismen, die nach einem Kerntransfer lebend geboren werden, bei einigen Tierarten bei etwa 3-5 %, bei den meisten deutlich darunter."[23]

So wurden bei einem Klonierungsexperiment mit Mäusen von 2.000 eingebrachten Blastocysten sogar nur 5 lebend geboren. Je nach Experiment beträgt die Effizienz von Klonierungen bei Kühen 0,0 bis 5 %, bei Schafen 0,4 bis 4,3 %, bei Gänsen 0,7 bis 7,2 %, bei Schweinen 0,1 bis 0,9 % und bei Mäusen zwischen 0,2 bis 5,8 %. Berücksichtigt man diverse Experimente bei unterschiedlichen Tierarten, so liegt die Erfolgsquote bei Klonierungsversuchen allgemein betrachtet bei unter 1 %.[24] In Abhängigkeit u. a. vom jeweiligen Parameter, der zur Messung der Effizienz des Klonens benutzt wird, werden diesbezüglich in der Literatur stark abweichende Werte genannt.[25]

Technische Fortschritte machen sich bereits bei der Klonierungseffizienz bemerkbar, so dass hier mit Verbesserungen zu rechnen ist. „Doch auch dann dürfte es unmöglich sein, den Tod von Embryonen und Föten zu verhindern oder einzuschätzen, ob der transferierte Kern genetische Defekte trägt oder nicht."[26]

Eine Form gezielter Akzeptanzsteuerung der öffentlichen Meinung für das reproduktive Klonen besteht darin, dass Bilder der „Fehlversuche" nicht zur Verfügung stehen. Diese Form der „sauberen Wissenschaft" wird im Science-Fiction-Film „Alien - Die Wiedergeburt"[27] enttarnt. Von skrupellosen Militär-Wissenschaftlern wird Ellen Ripley an Bord eines terranischen Raumschiffes 200 Jahre nach ihrem Tod wieder zum Leben erweckt. In einer Schlüsselszene des Films bricht sie mit dem über die „Fehlversuche" verhängten Tabu und betritt einen Raum, der die zu ihrem Klonen erforderlichen „missglückten Versuche" beherbergt. Die in „real life" medial nicht existenten „Fehlversuche" werden in „virtual life" so erstmals „sichtbar" gemacht.

---

[23] Hans R. Schöler: Das Potential von Stammzellen. Eine Bestandsaufnahme, in: Bundesgesundheitsblatt 6/2004, S. 572

[24] Quelle: Susan M. Rhind, Jane E. Taylor, Paul A. De Sousa, Tim J. King, Michelle McGarry, Ian Wilmut: Human Cloning: Can it be made safe? Nature Review Genetics, 11/2003, S. 855-864. Angabe nach:
      www.zum.de/Faecher/Materialien/hupfeld/Genetik/klonen/klonen-mensch-gefahren.html

[25] Regine Schreiner: Klonen durch Zellkerntransfer, a.a.O., S. 22 sowie Tabellen im Anhang

[26] Hans R. Schöler: Das Potential von Stammzellen. Eine Bestandsaufnahme, in: Bundesgesundheitsblatt 6/2004, S. 572

[27] Alien - Die Wiedergeburt (Teil IV der Reihe), USA 1997, Regie: Jean-Pierre Jeunet

	Zell-fusio-nen	Rekon-struierte Embry-onen	Transfe-rierbare Blasto-zysten	Schwanger-schaften	Lebend-geburten	Nach der Geburt gestorben	Eingesetzte Leihmutter-tiere	Klonie-rungs-quote
Schaf „Dolly" 1997	277	247	29	1	1	0	13	0,36 %
Mäuse 1998	2.468	k. A.	1.385	k. A.	31	9	88	0,89 %
Rinder 1998	249	141	38	k. A.	8	4	5	1,6 %
Rinder 2001	k. A.	k. A.	496	110	30	6	247	1,0 %-4,8 %
gent.-modif. Schafe 2000	417	393	80	30	14	11	42	0,72 %
Schweine 2000	2.101	1.545	586	2	5	k. A.	10	0,2 %
gent.-modif. Schweine 2002	11.129	8.184	3.104	11	7	3	28	0,04 %-0,1 %
gent.-mo-dif. Schweine 2003	801	718	685	6	4	1	9	0,37 %
Katze „CC" 2002	k. A.	k. A.	87	2	1	0	8	1,2 %
Kaninchen 2002	775	612	371	10	6	2	27	0,5 %
Pferd 2003	k. A.	841	22	4	1	0	k. A.	0,1 %
Hund 2005	1.460	1.095	1.095	3	2	1	123	0,1 %
Grauer Wolf 2007	289	251	251	4	2	0	12	0,7 %

Tabelle 1: Klonierungseffizienz bei unterschiedlichen Tierarten[28]

---

[28] Zugrunde liegende Experimente/Publikationen: Schaf „Dolly" 1997: Wilmut, I; Campbell, K. H. S. u. a.; Mäuse 1998: Wakayama, T. u. a.; Rinder 1998: Kato, Y; Tsunoda, Y. u. a.; Rinder 2001: Lanza, R. P.; Cibelli, J. B.; Faber, D.; gent.- modif. Schafe 2000: Mccreath, K. J.; Campbell, K. H. S.; Schnieke, A. E. u. a.; Schweine 2000: Polejaeva, I; Campbell, K. H. S. u. a.; gent.-modif. Schweine 2002: Lai, L.; Kolber, D.; Parther, R. S. u. a.; gent.-modif. Schweine 2003: Won, L. J.; Xiangzhong, Y. u. a.; Katze „CC" 2002: Shin, T.; Westhusin, M. u.a.; Kanin-

Die Tabelle 1 dürfte die geringe Effizienz des reproduktiven Klonens anhand bislang erfolgreicher Klonierungsversuche verdeutlichen. Sie zeigt, dass man je nach Tierart differierend über 100 rekonstruierter Embryonen benötigt, um eine Lebendgeburt zu erhalten.

2.5 Epigenetik und Klonen

Die Daten zur niedrigen Effizienz des reproduktiven Klonens verweisen darauf, dass sich das Klonen in der Praxis in keiner Weise als so leicht darstellt, wie die Theorie des genetischen Reduktionismus dies suggeriert. Probleme des reproduktiven Klonens liegen dabei vor allem auf dem Gebiet der Epigenetik, deren Bedeutung bislang gänzlich unterschätzt wurde.

Im Kontext der epigenetischen Reprogrammierung spielen u. a. die DNA-Methylierung, die Modifizierung der Histone sowie die RNS-Interferenz eine relevante Rolle, nachdem der Spenderzellkern in die entkernte Eizelle eingesetzt wurde. Wir wollen diese drei Mechanismen beispielhaft erläutern, um die Relevanz der Epigenetik beim reproduktiven Klonen zu verdeutlichen.

2.5.1 Die DNA-Methylierung

Zwar mag die Besonderheit einer Zelle durch ihre Gene festgelegt sein, da aber de facto in jeder Zelle die gleichen Gene enthalten sind, „muss die Unterschiedlichkeit der Zellen epigenetischer Natur sein, d. h. neben dem genetischen Code gibt es Markierungen, die dafür sorgen, dass in einem Gewebe auch die richtigen, gewebetypischen Gene aktiv sind."[29]

Epigenetische Prägungen geschehen beim Menschen u. a. durch chemische Veränderungen der Base Cytosin.[30] Dieser Grundbaustein der DNA kann mit einer Methylgruppe ausgestattet werden. „Methylierte Gene können (in der Regel) nicht mehr eingeschaltet werden, denn die Methylgruppen wirken für die Genaktivierungsmaschinerie der Zelle wie unüberwindliche Hindernisse. Sie weisen den Zellen den Weg. Die Methylmarkierungen sind wichtig dafür, welche Gene aktiv und welche inaktiv sind. So ist jeder Zelltyp und jedes Entwicklungssta-

---

chen 2002: Chesné, P.; Adenot, P. G. u. a.; Pferd 2003: Galli, C.; Lazzari, G.; Hund 2005: Lee, B. C.; Hwang, G. S.; grauer Wolf: Min, K. K.; Beyeong, C. L. Quelle: www.cloning.ch/cloning/reproduktiv.html

[29]   Sascha Karberg: Schussfahrt der Stammzellen, Berliner Zeitung, 21.11.2002

[30]   Die chemische Markierung der Base Cytosin nennt man Methylierung. „Etwa fünf Prozent der Base Cytosin sind im Erbgut so markiert. Die Folge: Das Ablese-Enzym, die Polymerase, kann nicht mehr an die DNA andocken, und das Gen ablesen. Durch die Markierung wird das gesamte Gen, das mehrere solcher gekennzeichneter Cytosin-Moleküle enthält, stillgelegt." Quelle: www.wdr.de/tv/quarks/sendungsbeitraege/2004/0511/007_klonen.jsp

dium der Zellen an seinem unverwechselbaren Methylierungsmuster zu erkennen."[31]
Genau hier könnte die Ursache dafür liegen, warum so viele Klonexperimente
misslingen. Die epigenetischen Muster werden nämlich bei der Klonierung
„nicht mit kopiert". So weist denn auch die überwiegende Mehrheit geklonter
Mausembryonen schwerwiegende Defekte im epigenetischen Muster auf. „Nur
bei etwa fünf Prozent ähneln die Methylierungsmuster denen von normalen
Embryonen"[32]
Bei natürlicher Zeugung findet eine Neuprogrammierung der Methylierungsmuster der mütterlichen sowie der väterlichen DNA kurz nach der Befruchtung
der Eizelle statt. Doch dieser Vorgang ist zur Zeit noch weitgehend unverstanden. Wie wichtig die Methylierungsmuster indes sind, zeigt sich nicht zuletzt
daran, dass „fehlende oder falsch gesetzte Methylgruppen die Aktivierung von
Krebsgenen verursachen können."[33]
Ein Beispiel für die Methylierung stellen Mäuse mit unterschiedlicher Fellfarbe
dar. „Eine Gruppe Mäusemütter erhielt zur normalen Kost eine Zusatzdiät von
Folsäure und Vitamin B-12, eine zweite Gruppe erhielt nur normale Kost. Die
Nachkommen der ersten Gruppe waren meistens dunkelbraun, die Nachkommen
der zweiten Gruppe viel häufiger gelblich bis ockerfarben."[34] Die direkte Aus-
wirkung der Diät auf die Vererbung wird darauf zurückgeführt, dass „die Diät
der trächtigen Mütter bei den Eizellen und frühen Embryonen das sogenannte
Aguti-Gen beeinflusst hat. Dieses Gen ist für die Fellfarbe mitverantwortlich.
Offenbar haben sich durch den Zusatz von Extrastoffen vermehrt chemische
Methylgruppen an das Aguti-Gen angehängt und das Gen auf diese Weise stillgelegt. Ein abgeschaltetes Aguti-Gen führt zu dunkelbraunen Mäusekindern."[35]
Vermutungen gehen davon aus, dass derartige Gen-Methylierungen zu einem
relevanten Teil von Transponsons[36] bestimmt werden. „Transponsons sind mobile Gen-Sequenzen, die im ganzen Erbgut verteilt sind. Sie machen beim Menschen etwa 30 Prozent des Erbguts aus. Die meistens Transponsons sind ihrerseits durch Methylierungen stillgelegt; einige jedoch sind nicht ganz stabil und
diese metastabilen Transponsons könnten anfällig sein auf Diät oder Umwelt-
stress. Sie könnten dann Methylmarker an Gene anhängen oder entfernen, und

---

[31] Sascha Karberg: Schussfahrt der Stammzellen, a.a.O.
[32] So der Klonforscher der Universität Cambridge, Reik, zitiert nach: Sascha Karberg: Schussfahrt
      der Stammzellen, a.a.O.
[33] Sascha Karberg: Schussfahrt der Stammzellen, a.a.O.
[34] Florianne Koechlin: Lange Hälse und gelbe Mäuse, WoZ, 4.12.2003
[35] Florianne Koechlin: Lange Hälse und gelbe Mäuse, a.a.O.
[36] Bei Transponsons handelt es sich um sogenannte „springende Gene"

dieses geänderte Methylierungsmuster könnte auch an die Nachkommen weiter-vererbt werden."[37]

Die Methylierung ist maßgeblich verantwortlich für die epigentische Prägung[38], die wechselseitige Beeinflussung der Chromosomen mütterlicher und väterlicher Herkunft. Das Imprinting stellt eine Art elternspezifische Regulationsform der Genexpression dar und beschränkt sich dabei keineswegs nur auf die Geschlechtschromosomen. „So können die Zellen eines Kindes unterscheiden, welches der beiden Exemplare dieser Gene sie vom Vater und welches sie von der Mutter geerbt haben. Die Zellen nehmen nur eines der beiden in Betrieb, das andere, durch einen Elternteil ,geprägte' Gen, bleibt ungenutzt."[39] Die Anzahl der Gene, welche auf diese Weise geprägt werden können, schätzt man beim Menschen zur Zeit auf 100 bis 200. Ihre individuelle Prägung entscheidet in einem relevanten Maße mit über „Entwicklung, Wachstum und Verhalten eines Lebewesens. Prägungsfehler können zu einem vollständigen Funktionsverlust geprägter Gene und dadurch zu charakteristischen Krankheitsbildern führen."[40]

2.5.2 Modifizierung der Histone

Neben der Methylierung gibt es noch weitere Mechanismen, welche die Informationen des Erbguts verändern und für die Anzahl der Fehlversuche beim Klonen verantwortlich sein können. So ist die Information an sich auch von ihrer „Verpackung" abhängig. Im Zellkern liegt das DNS-Molekül nicht nackt vor. Histone verpacken und organisieren die DNA, die sich um diese Eiweiße, anfärbbare basische Zellkernproteine, wickelt. „Wenn nun die Information der DNA abgelesen werden soll, muss sich der Erbgutfaden zunächst von den Histonen abwickeln. Doch es gibt einen Mechanismus, der das Ablesen unterbinden kann. Das Histon, das die DNA trägt, ist dann blockiert und damit das Abwickeln des Erbgutfadens verhindert. Die Gene, die auf diesem Stück des Erbguts sitzen, können dann nicht abgelesen werden. Sie sind blockiert."[41] Auch hierbei handelt es sich um einen Mechanismus, der „das Arsenal regulativer Einflussnahme auf den genetischen ,Basiscode' enorm erhöht und die Vielfalt der molekularen Expressionsmuster erweitert."[42]

---

[37] Florianne Koechlin: Lange Hälse und gelbe Mäuse, a.a.O.
[38] Auch genomic oder epigenetic imprinting genannt
[39] www.meine-molekuele.de/epigentik
[40] www.meine-molekuele.de/epigentik
[41] www.wdr.de/tv/quarks/sendungsbeitraege/2004/0511/007_klonen.jsp
[42] www.meine-molekuele.de/epigentik

2.5.3 RNS-Interferenz

Die Realisierung des Bauplans eines Gens kann schließlich auch außerhalb des Zellkerns unterbunden werden. Im Zellinnern können sogenannte Abfangjäger die Gen-Kopie, welche durch die Polymerase bereits erzeugt wurde, zerstören. Die Abfangjäger „tragen kurze Stücke der Ribonukleinsäure (RNA), die zur Genkopie aus dem Zellkern passen. Ausgestattet mit diesem Steckbrief können die Abfangjäger die gesuchte Genkopie gezielt aufstöbern. Anschließend zerlegen sie die Kopie. Auf diese Weise kann die Information des Gens nicht weiter geleitet werden. Das zugehörige Eiweiß wird nicht hergestellt."[43] Evolutionsbiologisch betrachtet ist dieser Mechanismus bereits uralt und spielt bei vielen sogenannten niederen Organismen eine wichtige Rolle. „Durch ihn schützen sich z. B. manche Pflanzen vor RNS-Viren."[44]

2.6 Schäden durch das Klonen

Auf der Basis der von uns geschilderten Prozesse existieren beim Klonen eines Organismus vielfältige Probleme, die zu unmittelbaren Schäden führen können. Es lassen sich u. a. folgende Beeinträchtigungen benennen:

Erstens: Störungen der Plazentafunktion. Diese werden häufig beim Klonieren festgestellt und treten z. B. beim Klonen von Kühen, Schafen und Mäusen auf.

Zweitens: Verkürzte Telomere. Da beim Klonieren somatische Zellen verwendet werden und diese über kürzere Telomere als die Chromosomen in Zygoten verfügen, könnte dies eine kürzere Lebensspanne der Klone zur Folge haben.

Drittens: Gewichtsprobleme. Geklonte Tiere scheinen zunächst im Uterus ein vergleichsweise geringeres Körpergewicht zu haben, nach der Geburt verfügen sie dann jedoch sehr rasch über ein größeres Gewicht. Eine Tendenz zur Fettleibigkeit scheint tendenziell vorhanden zu sein.

Viertens: Organschäden. Bei erwachsenen geklonten Tieren sind häufiger Leber-, Lungen- sowie Herzschäden registriert worden. Auch Schädigungen weiterer Organsysteme erst im Erwachsenalter treten öfters in Erscheinung (siehe Tabelle 2).

---

[43]   www.wdr.de/tv/quarks/sendungsbeitraege/2004/0511/007_klonen.jsp
[44]   www.meine-molekuele.de/epigentik

	Plazenta	Körpergewicht	Herz	Lunge	Nieren	Leber
Kühe	Entwicklung gestört	erhöht	rechter Ventrikel vergrößert	erhöhte Spannung	verschiedene Schäden	Fibrose, Fettleber
Schafe	Vaskularisierung reduziert	k. B.	hypertroph	erhöhte Spannung, Gefäßschäden	verschiedene Schäden	Fibrosis vergrößert
Gänse	k. B.	k. B.	k. B.	Pneumonie	k. B.	Pneumonie
Schweine	k. B.	verringert	rechter Ventrikel vergrößert	k. B.	k. B.	k. B.
Mäuse	vergrößerte Plazenta	k. B.	k. B.	Pneumonie	k. B.	nekrotisch

Tabelle 2: Festgestellte Körperschäden bei geklonten Tieren[45]

Die in Tabelle 2 aufgeführten Schäden lassen sich vermutlich alle auf immanente Risiken bzw. Fehler beim Klonieren zurückführen, wie die bereits benannten Probleme der DNA-Methylierung bzw. der falschen genetischen Prägung geklonter Tiere.

2.7 Zusammenfassung der technischen Seite

Die Anzahl der Fehlversuche beim Klonieren verweist mit aller Deutlichkeit auf die Gefahren des Klonens. Doch es ist nicht nur die geringe Erfolgsquote bei Klonierungsversuchen, die Anlass zur kritischen Reflexion gibt. „Besonders bedenklich ist, dass geklonte Säugetiere zu jedem Zeitpunkt der Austragung sterben können. Die meisten sterben schon kurz nach der Einbringng in die Gebärmutter, andere aber auch erst im Verlaufe der Austragung und einige werden zwar noch lebend geboren, weisen aber so starke Schäden auf, dass sie kurz nach der Geburt daran sterben."[46]

Da das gentechnische Klonen in Gestalt des Kerntransfers dem Prozess der natürlichen Zeugung in vielerlei Hinsicht nicht vergleichbar ist, kann es selbst bei den geborenen Klon-Tieren noch zu schweren Schäden bis in das Erwachsenenalter hinein kommen.

---

[45]   Legende: k. B. bedeutet kein Befund; Fibrose bezeichnet eine krankhafte Vermehrung des Bindegewebes in Geweben und Organen; Pneumonie bezeichnet eine akute oder chronische Entzündung des Lungengewebes; Vaskularisierung reduziert bedeutet eine verminderte Versorgung mit Blutgefäßen; mit Ventrikel bezeichnet man den Hohlraum bzw. die Kammer eines Organs. Quelle:
www.zum.de/Faecher/Materialien/hupfeld/Genetik/klonen/klonen-mensch-gefahren.html

[46]   a.a.O.

3 Die Historie des reproduktiven Klonens

Das Klonen an sich kann bereits auf eine längere Traditionslinie zurückblicken. Die Faszination der Grenzüberschreitung mag dabei eine gewisse Rolle gespielt haben, vor allem jedoch das Interesse an der Embryonalentwicklung als solche. Bereits Anfang des 20. Jahrhunderts zerteilte der deutsche Zoologe Hans Driesch[47] „einen vierzelligen Seeigel-Embryo in vier einzelne Zellen, und jede davon wuchs zu einem Seeigel heran."[48] Nach seiner Promotion bei Ernst Haeckel im Jahre 1889 und Studienreisen u. a. nach Indien war Driesch ab 1891 an der Zoologischen Station Neapel tätig, wo ihm durch „Schüttelversuche" die Trennung der ersten Furchungszellen und ihre Weiterentwicklung zu ganzen Individuen gelang. Driesch gilt damit als Erfinder des künstlichen Klonens mit Hilfe der Methode des Embryosplitting. Seine Versuche mit Fröschen scheiterten jedoch.

Im Jahre 1901 führte der deutsche Entwicklungsbiologe Hans Spemann[49] Kerntransferexperimente mit Froscheiern durch. 1902 gelang ihm das Klonen eines Molchs durch Embryonen-Teilung.[50] Mit Hilfe eines Babyhaares, das er seinem kleinen Sohn ausgerissen hatte, teilte Spemann einen zweiteiligen Salamanderembryo „Beide Zellen entwickeln sich zu vollständigen, genetisch identischen Tieren, zu Klonen."[51] Spemanns Experimente wiesen nach, dass die Furchungszellen eines Embryos in frühen Entwicklungsstadien noch totipotent sind, also noch sämtliche Erbinformationen für ein vollständiges Lebewesen enthalten.

Für seine Forschungen auf dem Gebiet der Embryonalentwicklung erhielt Spemann im Jahr 1935 den Nobelpreis für Physiologie und Medizin.[52] Auf der Basis seiner Experimente mit Molchen und Salamandern äußerte er im Jahr 1938 „als erster den Gedanken, dass ein entwickelter Zellkern durch eine junge Umgebung, wie das Zellplasma einer Eizelle, alte Fähigkeiten zurückgewinnen könnte."[53] Das Verfahren des Kerntransfers stellte für Spemann bereits hypothetisch ein Verfahren dar, um das Entwicklungspotential von Kernen aus adulten Zellen zu beurteilen.

---

[47] Hans Driesch, geb. 1867, gest. 1941, deutscher Biologe und Naturphilosoph
[48] www.wdr5.de/sendungen/leonardo/dossiers/dossier_klonens/geschichte_des_klonens/ 297039.phtmlbgb
[49] Hans Spemann, geb. 1869, gest. 1941, deutscher Biologe
[50] www.aerztezeitung.de
[51] Andreas Sentker: Die Chronik des Klonens, Zeit 12/2001, S. 41
[52] www.wdr5.de/sendungen/leonardo/dossiers/dossier_klonens/geschichte_des_klonens/ 297039.phtmlbgb
[53] www.wdr5.de/sendungen/leonardo/dossiers/dossier_klonens/geschichte_des_klonens/ 297039.phtmlbgb

Ein solcher echter Kerntransfer gelang erstmals im Jahre 1952 Robert Briggs und Thomas King. „Sie saugten mit einer Glaspipette einen Kern aus einer frühen embryonalen Zelle und injizierten ihn in eine zuvor entkernte befruchtete Eizelle."[54] Die von uns bereits kritisch thematisierte Effizienz des Klonens wird bereits bei diesen frühen Versuchen deutlich: „Bei 104 Experimenten entstehen 35 Embryonen und 27 Kaulquappen. Wegen gravierender Schädigungen entwickelt sich jedoch kein Klon zum lebensfähigen Frosch."[55] Es wird noch sechs Jahre dauern, bis es mit dieser Methode gelingt, geschlechtsreife Frösche zu klonen.[56]

Jahr	Ereignis	Forscher/Institut/Land
1901	Kerntransferexperimente mit Froscheiern	Hans Spemann, deutscher Zellbiologe (Nobelpreis 1935)
1902	Klonierung eines Molches durch embryonale Teilung	Hans Spemann
1952	Echter Kerntransfer bei Fröschen; Klonen von Kaulquappen aus Froschembryo-Kernen unterschiedlichen Alters	Robert Briggs, Thomas König
1958	Geschlechtsreifer Frosch aus einer Eizelle gezeugt, in die ein fremder Kern eingepflanzt worden war	University of Oxford, Großbritannien
1962	Klonierung von Zellen aus dem Darmtrakt von Fröschen (umstritten)	Jerry Hall, USA
1966	Klonen von Kaulquappen aus Darmwandzellen erwachsener Krallenfrösche	John Gurdon
1972	Erste Totalsynthese einer rekombinierten DNA in vitro	Paul Berg
1978	Erstmalige Klonierung eines Hüllproteins des Hepatitis-B-Virus	William J. Rutter, kalifornische Universität San Francisco
1979	Klonen des Gens für das menschliche Wachstumshormon	John Baxter
1981	Genetisch identische Kälber durch das Teilen von jungen Kälber-Embryonen. Erstes geklontes Säugetier durch Emryosplitting	USA
1986	Erstmaliges Klonen von Lämmern mittels der Kerntransfertechnologie aus Acht-Zell-Embryonen	Steen Willadsen, Dänemark
1993	Klonierung menschlicher Embryonen durch Teilung, die für mehrere Tage in einer Petrischale am Leben bleiben	Jerry Hall, Robert Stillmann, George Washington Universität USA
1995	Zwillings-Schafe (Kerntransfer-Methode)	Forscher um Ian Wilmuth, Schottland
1996	Geburt des Klonschafs „Dolly", das erste Säugetier, das aus einer erwachsenen Körperzelle entstanden ist	Ian Wilmuth u. a., Roslin Institut, Schottland
1997	Transgenes Schaf „Polly"	Ian Wilmuth u. a., Roslin Institut, Schottland

---

[54] www.zeit.de/2001/12/200112_klon-chronik.xml
[55] www.images.zeit.de/text/2001/12/Die_Chronik_des_Klonens
[56] www.aerztezeitung.de

1998	Erstes Klonkalb	James Robl, University of Massachusetts, USA
2000	Erste geklonte Ferkel	PPL Therapeutics, Schottland
2001	Erste geklonte Katze „CC" (Carbon Copy)	Texas A&M University, USA
2003	Maultier „Idaho Gem" (erster Klon eines pferdeartigen Wesens)	Gordon L. Woods, Universität von Idaho, USA
	Pferdeklon Promothea	Labor für reproduktive Technologien Cremona, Italien
	Klonhirsch	
	Klon-Ratte „Ralph"	Texas A&M University, USA
	Klonkalb „Futti"	Französische und chinesische Forscher Südafrika
2005	Hund „Snuppy"	Hwang-Labor, Südkorea
2006	Klon-Ferkel	China
2007	Herstellung der ersten Primatenklone. Injizierung des Zellkerns von Bindegewebszellen erwachsener Makaken in entkernte Eizellen zwecks Gewinnung embryonaler Stammzellen	Shoukhrat M. Mitalipov, Oregon Health & Science University, USA

Tabelle 3: Historische Daten des Klonens

Die Geschichte des reproduktiven Klonens (siehe Tabelle 3) ist dabei zugleich eine Geschichte von strittigen Ergebnissen wie von Fälschungen. So behauptete 1962 „John Gurdon von der Universität Oxford, er habe voll ausdifferenzierte Zellen aus dem Darmtrakt von südafrikanischen Fröschen geklont."[57] Experten zweifelten und wiesen darauf hin, dass im Verdauungstrakt dieser Froschart undifferenzierte Geschlechtszellen existieren. Seine Versuche gelten bis heute als umstritten.

Im Jahr 1981 wird das erste Säugetier, eine Kuh, durch Embryosplitting geklont. In Deutschland wird die Methode des Embryosplitting in der Veterinärmedizin seit 1986 routinemäßig durchgeführt.

Im Jahr 1993 teilen die US-amerikanischen Fortpflanzungsmediziner Jerry Hall und Robert Stillmann auf einem Kongress mit, „dass ihnen zum ersten Mal das Klonen menschlicher Embryonen gelungen sei. Sie hatten mit mikrochirurgischen Methoden mehrere Embryonen im zwei- bis achtzelligen Stadium gespalten. Die Forscher umgaben die im Fachjargon ‚Blastomere' genannten Zellklümpchen mit einer neuen schützenden Hülle. Die Zellen mit den identischen

---

[57]   www.images.zeit.de/text/2001/12/Die_Chronik_des_Klonens

Genen teilten sich erneut, wuchsen also weiter."[58] Hall und Stillmann ließen sie bis zu einem Alter heranwachsen, welches die Einpflanzung in die Gebärmutter ermöglicht und brachen das Experiment, das ethisch stark kritisiert wurde, an dieser Stelle ab.

Im Juli 1995 kommen die Zwillings-Schafe „Morag" und „Megan" zur Welt. Schottische Forscher um Ian Wilmut klonten die walisischen Bergschafe mit der Kerntransfer-Methode aus neun Tage alten embryonalen Zellen. Während man bei „Morag" und „Megan" ein Embryo geklont hatte, bei dem die Zellen noch totipotent waren, war es nunmehr das Ziel der Forscher auch erwachsene Lebewesen mit differenzierten Zellen zu klonen. Im Juli 1996 wird schließlich das Klon-Schaf „Dolly", das aus einer Euterzelle eines erwachsenen Tieres geklont wurde, geboren.[59] Im August 1997 erzeugt die Forschergruppe um Ian Wilmut das transgene Schaf „Polly" aus einer embryonalen Zelle, in die das menschliche Gen für den Blutgerinnungsfaktor IX gentechnisch übertragen wurde. Das Schaf gibt das Medikament mit der Milch ab.

Mitteilungen der Firma, dass es gelungen sei aus einer ausdifferenzierten Bindegewebszelle ein Schaf zu klonen, hatten zunächst für großes Aufsehen gesorgt, insofern „Polly" der Beweis für das erneute Gelingen des bei „Dolly" stark angezweifelten Versuchs gewesen wäre, aus einer adulten Körperzelle eine Kopie eines Lebewesens herzustellen. Die Erschaffer des transgenen Schafs „Polly" mussten indes einräumen, „dass das Tier mit einem menschlichen Gen doch nicht aus einer erwachsenen Schafszelle entstanden ist."[60] Ein Firmensprecher gab bekannt: „Es handelte sich bei der Spenderzelle um eine embryonale Zelle, die noch nicht völlig ausdifferenziert war."[61]

Zu Beginn des 21. Jahrhunderts existiert schließlich bereits ein ganzer „Klon-Zoo" u. a. aus Schafen, Pferden, Rindern, Schweinen, Katzen, Hunden, Rehen und Ratten.

Im Jahr 2007 gaben Forscher aus den USA bekannt, dass es ihnen erstmals gelungen sei, einen Affen-Embryo zu klonen und daraus Stammzellen zu gewinnen. Forscher um den Wissenschaftler Shoukrat Mitalipov von der Oregon Health & Science University klonten hierfür das Erbgut eines zehnjährigen Rhesus-Affen mit derselben Methode, mit der auch das Klonschaf Dolly erzeugt wurde.[62]

---

[58] www.st-lukas-muenchen.de/docs/Gene.doc
[59] Das Ereignis wurde von Ian Wilmuth im Jahre 1997 bekannt gegeben, so dass man öfters fälschlicherweise auch die Jahreszahl 1997 liest.
[60] Rhein-Zeitung, 26.07.1997
[61] Zitiert nach: Rhein-Zeitung, 26.07.2007
[62] Die Welt, 14.11.2007

4 Anwendungen des reproduktiven Klonens bei Tieren

Wir wollen uns nunmehr mit den Eisatzgebieten des reproduktiven Klonens bei Tieren beschäftigen. In die Betrachtung sollen sowohl aktuelle als auch zukünftig denkbare Anwendungen einbezogen werden.
Hinsichtlich der Einsatzgebiete des reproduktiven Klonens bei Tieren lassen sich vier große Bereiche unterscheiden: Das Anwendungsfeld im Bereich der Biomedizin, das Anwendungsfeld auf dem Gebiet der Nutztierzucht, der potentielle Einsatz des Klonens bei der Arterhaltung sowie das Klonen von Haustieren.

4.1 Anwendungsfeld Biomedizin

Im Bereich der Biomedizin können im Wesentlichen drei verschiedene medizinische Zwecke unterschieden werden: Die Arzneimittelproduktion, die Verwendung als Tiermodelle und die Xenotransplantation.[63]

4.1.1 Tiere als Arzneimittelproduzenten

Eines der wichtigsten Anwendungsgebiete des Klonens auf der Basis des Kerntransfers ist das Gene Pharming, der Einsatz transgener Tiere zur Produktion therapeutisch nutzbarer humaner Proteine. Dabei handelt es sich derzeit vor allem um Wirkstoffe wie Insulin oder Blutfaktoren.
Tiere werden bereits seit längerem zur Erzeugung von Arzneimitteln eingesetzt. „Bis in die 1940er Jahre gewann man Kortison aus den Nebennieren von Rindern. Insulin für Diabetiker wurde bis Mitte der 1980er aus tierischem Gewebe isoliert. Der Gerinnungshemmer Heparin stammt bis heute aus Schweinedarm oder Rinderlunge."[64] Transgene Tiere können auf diesem Sektor gezielt als Produktionslieferanten eingesetzt werden, wobei zumeist die Milchdrüse als natürlicher Bioreaktor verwendet wird. Das reproduktive Klonen von Tieren im Kontext des Gene bzw. Molecular Pharming könnte den Aufbau stabiler Herden erleichtern und damit den Kostenfaktor senken.
Bei solchen Herden dürfte es sich vor allem um transgene Schafe und Kühe handeln, deren Milch menschliche Eiweiße ausscheidet. So ließen sich z. B. aus der Milch menschliche Bluteiweiße gewinnen, um Thrombosen oder Blutungen

---

[63] TAB-Arbeitsbericht: Klonen von Tieren, online unter:
www.tab.fzk.de/de/projekt/zusammenfassung/ab65.htm
[64] www.transgen.de

zu behandeln, aber auch vielfältige weitere nützliche Proteine etwa zur Behandlung von Erbkrankheiten beim Menschen wären denkbar.

4.1.2 Geklonte Tiere als Tiermodelle

Transgene Tiere können als Modelle für menschliche Krankheiten zum Einsatz gelangen, damit diese besser verstanden und therapiert werden können. „Das Klonen mit Hilfe des Kerntransfers eröffnet die Möglichkeit, bei verschiedenen Spezies gezielt genetische Veränderungen zu induzieren (Gene Targeting und Gene Knock-Out)."[65]

4.1.3 Xenotransplantation

Unter Xenotransplantation versteht man die Übertragung von Zellen, Zellverbänden, ganzen Organen oder Körperteilen zwischen verschiedenen Arten. Klinische Xenotransplantationen, die bereits in den 60-er Jahren stattfanden, waren jedoch nicht erfolgreich.[66] Die Xenotransplantation von Organen ist beim Menschen de facto nicht möglich, da das Immunsystem das fremde Organ abstößt. Die Antikörper des menschlichen Immunsystems „erkennen winzige Zuckermoleküle auf der Oberfläche der Zellen des verpflanzten Tieres und binden sich fest an diese. Die Erkennung der Zuckermoleküle ist der Beginn der Vernichtung des fremden Organs."[67]

Mit Hilfe der Gentechnik in Kombination mit der Technik des Klonens hofft man solche „Organabstoßungen zu vermeiden, indem z. B. Schweine mit genetischem Material des Menschen ergänzt werden. Organe, die von derart veränderten Schweinen in einen Menschen transplantiert werden, sollen vom Immunsystem nicht mehr abgestoßen werden."[68]

Im Jahr 2002 gaben zwei Forschergruppen nahezu gleichzeitig bekannt, es sei ihnen gelungen, das Erbgut von Schweinen so zu verändern, dass die sonst übliche Immunabwehr beim Menschen umgangen werden könne.

---

[65] TAB-Arbeitsbericht: Klonen von Tieren, online unter:
www.tab.fzk.de/de/projekt/zusammenfassung/ab65.htm
[66] „Am 5.11.1963 transplantierte Prof. K. Reemtsma in Toulane/USA sechs Schimpansennieren auf Patienten mit Nierenversagen. Die längste Überlebenszeit betrug neun Monate. 1985 transplantierte Prof. L. Baily in Loma Linda/ USA ein Pavianherz auf ein Neugeborenes. Das Kind überlebte drei Wochen und starb an Multiorganversagen. 1992 wurde in Pittsburgh/USA durch Prof. T. Starzl Pavianlebern auf zwei Patienten bei Hepatitis B transplantiert. Die Patienten verstarben nach 28 und 71 Tagen." Quelle: www.dober.de/ethik-organspende/xeno1.html
[67] www.learn-line.nrw.de
[68] Wikipedia: Xenotransplantation, www.wikipedia.org/wiki/Xenotransplantation

„Beiden Forschergruppen gelang es, in den Schweinen die Erbanlage für jenes Protein auszuschalten, das für die Produktion der Zuckergruppen zuständig ist."[69]

Selbst wenn man davon ausgeht, dass mit Hilfe transgener Schweine-Herzen und Schweine-Nieren die Abstoßungsreaktion beim Menschen unterbleibt und sich das Problem des Organmangels so quantitativ lösen ließe, bleibt doch die große Gefahr bestehen, dass durch die Transplantation tierischen Gewebes unbekannte Viren übertragen werden, die zur Entstehung gänzlich neuer Krankheiten führen könnten.

Die Ursache der Problematik besteht darin, dass alle Säugetiere „die genetische Information für Retroviren in ihrem Erbgut tragen, also Viren, deren Genom aus RNS besteht"[70] und folglich die Gefahr einer artenübergreifenden Übertragung groß ist; so kann sich z.B. das endogene Schweine-Retrovirus[71] in vitro in humanen Zelllinien vermehren. „Nach der Infektion einer Zelle wird das Viruserbgut irgendwo in die zelluläre DNA eingebaut und kann Krebs auslösen."[72]

Die Möglichkeit neuer Viruskrankheiten stellt jedoch nicht nur eine unmittelbare Gefahr für die Gesundheit des Patienten dar. Befürchtet wird die Entstehung neuer Seuchen. „Da das Immunsystem von transplantierten Patienten mit Medikamenten gedämpft werden muss, um die Abstoßung des Organs zu verhindern, bieten gerade diese Patienten günstige Bedingungen für die Übertragung eines Krankheitserregers. Im schlimmsten Fall könnten Organempfänger die eingeschmuggelten Krankheitserreger an Mitmenschen weitergeben."[73] Als Worst Case Szenario wäre die Entstehung von Seuchen denkbar, die sich ähnlich wie AIDS über den ganzen Globus verbreiten. In Erwägung dieser Risiken haben Forschergruppen ihre Arbeiten bereits eingestellt.[74]

4.2 Anwendungsfeld Nutztierzucht

Ziele des reproduktiven Klonens in der Nutztierzucht[75] sind die Leistungs- sowie die Qualitätssteigerung, veränderte Eigenschaften, die Steigerung der Krankheitsresistenz von Tieren sowie die Kostenreduktion. Dabei stellt das Klonieren

---

[69] www.learn-line.nrw.de
[70] www.aerztezeitung.de
[71] Neben den Porcinen Endogenen Retroviren (PERV) gehen Gefahren auch noch von weiteren Virusgruppen aus, wie u. a. Adeno-, Papova-, Reo- und Herpesviren.
[72] www.aerztezeitung.de
[73] www.unipublic.unizh.ch/magazin/gesundheit/2003/07266.html
[74] www.science.orf.at/science/news/xenotransplantation2
[75] Das Gene Pharming und die Xenotransplantation stellen zwar auch Ziele der Klonierung in der Nutztierzucht dar, werden aber hier dem Anwendungsfeld Biomedizin zugerechnet.

an sich kein Züchtungsverfahren dar, sondern den Versuch, Tiere mit hohem Zuchtwert oder Tiere mit transgenen Eigenschaften gezielt zu vermehren. Klonierungstechniken werden bei transgenen Tieren benötigt, weil diese häufig „ihre Fremd-Gene nicht auf die nachfolgende Generation übertragen, da bei ihnen kein stabiler Einbau der Gene in das Genom erfolgte."[76] Wurden die Fremdgene erfolgreich eingebaut, so ergeben sich ebenfalls Probleme. „Durch die zufällige Aufteilung der mütterlichen und väterlichen Gene bei der sexuellen Vermehrung können bestimmte Eigenschaften verloren gehen und neue entstehen. Aus diesem Grund wird oftmals überlegt, das Klonen als zusätzliche Technik bei der Herstellung transgener Tiere zu verwenden."[77]
Wir unterscheiden im Folgenden beim reproduktiven Klonieren zwischen der Vervielfältigung natürlicher sowie der Duplizierung transgener Tiere.

4.2.1 Klonierung von Tieren mit natürlichen Eigenschaften

Die Klonierung von Tieren mit natürlichen Eigenschaften wird bei der Nutztierzucht zur Zeit vor allem bei Rennpferden diskutiert und praktiziert.
Im Jahr 2003 wurde weltweit das erste Klon-Pferd in Italien geboren.[78] Die Stute mit dem Namen Prometea ist die genetische Zwillingsschwester ihrer Mutter, von der das Erbmaterial stammte und die das Fohlen auch ausgetragen hat. Angesichts der Tatsache, dass Rennpferde oft Hunderttausende Euro kosten, rechnet man auf diesem Gebiet mit kommerziellem Bedarf. Dieser könnte auch dadurch vorhanden sein, dass Renn- und Sportpferde häufig kastriert werden und durch Klonierung ihre Gene für die Zucht trotzdem weitergeben könnten.
Im Jahr 2005 meldete bereits das Pariser Genlabor Cryozootech, dass ein kastriertes Weltmeister-Pferd erfolgreich geklont zu haben. Die Gene seien „identisch mit denen des Schimmelwallachs Pieraz, der 1994 und 1996 Weltmeister im Distanzrennen war."[79] Im Jahr 2006 gab die Firma einen weiteren Erfolg bekannt - ein geklontes Fohlen, welches die genetisch identische Kopie seines „Vaters" E.T. sein soll, der als eines der erfolgreichsten Springpferde der Welt im Alter von drei Jahren kastriert wurde.
Bislang wurden weltweit über ein Dutzend geklonter Pferde zur Welt gebracht.[80]

---

[76]   www.oeko.de/gen/s013_de.pdf, S. 6
[77]   www.oeko.de/gen/s013_de.pdf, a.a.O.
[78]   C. Galli u. a.: A Cloned Horse Born To Its Dam Twin, in: Nature 424/2003, S. 635
[79]   www.3sat.de
[80]   Tagesspiegel, 24.10.2006

4.2.2 Klonierung von Tieren mit transgenen Eigenschaften

Deutlich relevanter als das Klonen von Tieren mit natürlichen Eigenschaften dürfte in Zukunft das Klonen von transgenen Tieren sein. Die Leistungssteigerung mittels Klonierung betraf bislang vor allem die Fleisch- sowie die Milchleistung. Bezüglich dieser Ziele hat sich aber mittlerweile die Erkenntnis durchgesetzt, dass es sich hierbei um „komplexe, multigene Merkmale handelt, die nur schwer zugänglich sind. Außerdem lassen sie sich mit konventioneller Züchtung ausreichend bearbeiten."[81] Versuche werden indes noch bezüglich der Optimierung der Futterverwertung durchgeführt.[82]

Forschungen zwecks Erhöhung der Produktivität von Nutztieren durch gentechnische Veränderungen finden zur Zeit vor allem bei diversen Fischarten statt, wie u. a. bei Lachsen, Karpfen, Forellen und Barschen. „Zumeist werden arteigene oder artfremde Gene, welche für Wachstumshormone kodieren, übertragen. Durch das beschleunigte Wachstum der Tiere sollen sie schneller die gewünschte Schachtreife erlangen."[83]

Interessant ist in unserem Kontext auch die Entstehungsgeschichte der transgenen Fische. Sie beginnt in Neufundland, wo vor zwanzig Jahren ein Tank mit Flundern unbeabsichtigt gefror. Die Fische überlebten die Prozedur. „Später entdeckte man ein Anti-Frost-Protein, das die Anpassung an eiskaltes Wasser bewirkt und bestimmte Fische vor dem Erfrieren schützt."[84] Das codierende Gen des Anti-Frost-Proteins übertrug man in Lachse, wo es eine gänzlich andere als die beabsichtigte Wirkung entfaltete. „Die transgenen Lachse bilden ihr Wachstumshormon nun nicht mehr allein in der Leber, sondern zusätzlich in der Hirnanhangdrüse. Infolge dieser hormonellen Überproduktion wachsen die Lachse doppelt so schnell wie ihre nicht transgenen Artgenossen.[85]

Projekte im Kontext der Qualitätsverbesserung beschäftigen sich vor allem mit „funktionellen Lebensmitteln" wie z. B. der Milchzusammensetzung. „So wird u. a. an der Erhöhung des Proteingehalts, insbesondere des Kaseins, bzw. der Reduzierung oder völligen Ausschaltung von Milchzucker (Lactose) gearbeitet. Durch eine erfolgreiche Spaltung der Lactose in Glucose und Galactose kann

---

[81] Deutscher Bundestag (Hrsg,): Technikfolgenabschätzung. TA-Projekt „Klonen von Tieren", Drucksache 14/3968, 2.08.2000, S. 48

[82] Als züchterischer Fortschritt gilt eine Verringerung des Nahrungsenergieeinsatzes in Relation zur erzeugten Produktmenge.

[83] Öko-Institut e. V. (Hrsg.): Transgene Nutztiere, Gentechnik-Nachrichten Spezial Nr. 13, Juli 2003, online unter: www.oeko.de/gen/s013_de.pdf

[84] www.transgen.de/lebensmittel/tiere/145.doku.html

[85] www.transgen.de/lebensmittel/tiere/145.doku.html

solche Milch auch von Menschen verzehrt werden, die eine Lactose-Intoleranz besitzen."[86]

Im Jahr 2006 meldeten US-Forscher das erfolgreiche Klonen transgener Schweine mit genetisch verändertem Fettpolster. „Die Schweine tragen ein zusätzliches Gen in ihrem Erbgut, das Omega-3-Fettsäuren produziert. Das von dem Gen ‚Fat-1' produzierte Eiweiß wandelt Fettsäuren aus dem Bauchspeck der Ferkel in mehrfach ungesättigte Omega-3-Fettsäuren um. Diese kommen vor allem in Fischen und Meerestieren vor. Omega-3-Fettsäuren haben sich als vorteilhaft für Menschen mit chronischen Entzündungen und Herzleiden, Diabetes sowie Athritis erwiesen."[87] Die Wissenschaftler versprechen den Konsumenten einen „Speckgenuss ohne Reue".

Forschungen auf dem Gebiet der Steigerung der Krankheitsresistenz von Tieren befassen sich u. a. damit Rinder vor der Mastitis zu schützen, einer Euterentzündigung, welche die weitverbreitetste Kuh-Krankheit ist. Trotz Einsatz von Antibiotika verursacht diese Krankheit immense Kosten. Im Jahr 2005 meldete eine Forschergruppe zum ersten Mal transgene Jersey-Rinder gezüchtet zu haben, die gegen einen bestimmten Erreger der Mastitis resistent sind.[88] In Rinder-Fibroblasten[89] wurde ein bakterielles Gen eingebaut, welches das Eiweiß Lysostaphin bildet. Lysostaphin ist ein Enzym, welches die Zellwände des Mastitis-Erregers beschädigt. „Durch Kerntransfer wurden transgene Blastocysten hergestellt, die in 330 Rinder transplantiert wurden. Acht lebende Kälber wurden geboren, von denen fünf zu Rindern aufwuchsen."[90]

4.3 Anwendungsfeld Arterhaltung

Beim Anwendungsfeld Arterhaltung ist zu unterscheiden zwischen dem reproduktiven Klonen bedrohter Tierarten sowie dem Versuch ausgestorbene Tiere „wieder auferstehen" zu lassen.

Von einer bedrohten Tierart, wie z. B. dem Pandabär, reicht prinzipiell eine Zelle aus, um über das genetische Material zu verfügen, das sich beliebig vervielfältigen und einfrieren ließe, um es bei Bedarf zu verwenden.

Der genetische Reduktionismus zeigt sich jedoch auch hier: Die Annahme, dass Verfahren, die bislang bei Haustieren zum Einsatz gelangen, so ohne weiteres

---

[86] Deutscher Bundestag (Hrsg,): Technikfolgenabschätzung. TA-Projekt „Klonen von Tieren", a.a.O.

[87] www.spiegel.de/wissenschaft/natur/0,1518,408108,00.html, 27. März 2006

[88] Robert J. Wall u. a.: Genetically enhanced cows resist intramammary Staphylococcus aureus infection, in: Nature Biotechnology, 23/2005, S. 445-451

[89] Fibroblasten sind im Bindegewebe vorkommende Zellen.

[90] Richard Braun: Transgene Rinder, www.internutrition.ch/in-news/point/mai05.html, 2005

auf Wildtiere übertragbar sind, ist ein Trugschluss. Einen immens hohen finanziellen Aufwand unterstellt, besteht allerdings Grund zur Annahme, dass dies rein technisch betrachtet gelingen könnte.

Lassen sich jedoch auf diese Weise Pandabären vor dem Aussterben retten? Das Problem der Pandabären wie aller vor dem Aussterben bedrohter Tierarten besteht ja gerade darin, dass die Populationszahlen sehr gering sind, so dass die genetische Vielfalt der Art darunter leidet. Diese wird indes durch das Klonen in keiner Weise erhöht, sondern weiter reduziert. Das Paradigma des genetischen Reduktionismus zeigt sich auch daran, dass die Arterhaltung nur rein genetisch gedacht wird. Zur Arterhaltung gehört jedoch auch die Erhaltung der natürlichen Umwelt, deren Einschränkung und Vernichtung durch den Menschen die primäre Ursache für das Aussterben bedrohter Tierarten ist. Auch Tiere sind nicht die Summe ihrer Gene wie der genetische Determinismus suggeriert, sondern soziale Lebewesen, für die ein funktionierender Sozialverband in der Freiheit essentiell ist.[91]

Zwar mag die Vorstellung eines „Jurassic Park"[92] ausgestorbener Tierarten aus denselben Gründen eine absurde Idee sein, dies führt jedoch keineswegs dazu, dass von derartigen Plänen Abstand genommen wird, was Diskussionen um die Wiederbelebung des Mammuts sowie des tasmanischen Beutelwolfs zeigen.

Der tasmanische Beutelwolf ist seit über 70 Jahren ausgestorben. Im Jahre 1936 starb das letzte Exemplar in einem australischen Zoo. Molekularbiologen versuchen den Beutelwolf nunmehr auf der Basis des genetischen Materials eines in Alkohol eingelegten vier Monate alten Weibchens zu klonen. Die Forscher bedienen sich hierfür eines Gewebestücks vom Bauch des Beutelwolf-Präparats, um auf diese Weise DNA-Bruchstücke zu gewinnen. Die so erhaltenen DNA-Fragmente werden „mit dem Erbgut heute lebender verwandter Tiere verglichen und nach dieser Vorlage zusammengebaut. Diese künstlichen Chromosomen werden dann mit denen eines verwandten lebenden Tieres verschmolzen, das auch die Leihmutter für das Beutelwolf-Baby sein soll. Das Erbgut des Beutelwolfes soll wie beim Klonschaf Dolly in die Eizelle einer Ersatzmutter gepflanzt werden, die das Baby austrägt."[93] Kritiker bemängeln die immensen Kosten des Projekts, die sich zum Schutz bedrohter Tierarten nutzen ließen. Die Groteske des Beutelwolf-Experiments zeigt sich nicht zuletzt daran. dass zu Beginn des Projekts der tasmanische Teufel als Leimutter für den Klonwolf anvisiert wurde. Dieser gilt im Jahre 2008 mittlerweile als vom Aussterben bedroht.

---

[91] www.3sat.de/nano/astuecke/07170/index.html
[92] Jurassic Park - Trilogy, USA 2005, Regie: Steven Spielberg, Joe Johnston
[93] www.3sat.de/nano/bstuecke/07578/index.html

4.4 Klonen von Haustieren

Das Klonen von Haustieren als ein mögliches Anwendungsfeld thematisiert u. a. der Science-Fiction-Film „The 6th day".[94] Als der Familie Gibson das Haustier stirbt, entschließt sich die Frau des Hauses den von der Tochter als schmerzlichen Verlust wahrgenommenen Tod des Hundes durch einen Hunde-Klon der Firma „Repet" auszugleichen. Der Familienvater erhebt den Einwand, dass der Tod zum Leben gehöre und das Kind dies auch lernen müsse, doch er gibt schließlich nach. So wird der Klon zum besten Freund des Menschen.

Die nahe Zukunft, in welcher die Handlung des SF-Films aus dem Jahre 2000 spielen soll, ist acht Jahre später bereits eingeholt. Die US-Amerikanerin Bernann McKinney ist die erste kommerzielle Kundin, welche einen Hund - ihren verstorbenen Pitbull „Booger" - klonen ließ. Für die Reproduktion wurde Gewebe aus dem Ohr des verstorbenen Pitbulls benutzt. Nachdem bereits im Jahre 2005 der erste Hunde-Klon geboren wurde, konkurrieren nunmehr zwei Firmen um kommerzielle Aufträge. Das südkoreanische Unternehmen „RNL Bio" stellte für die fünf Klone des Pitbulls „Booger" 50.000 Dollar (ca. 32.000 Euro) in Rechnung. Angesichts der komplizierten Prozedur des Klonens von Hunden dürfte es sich dabei eher um einen „Werbe-" bzw. „Einführungspreis" gehandelt haben, zumal die Firma selber erst 150.000 Dollar (ca. 100.000 Euro) pro Klon verlangen wollte.[95]

Ob sich das Hunde-Klonen indes zu einem rentablen Geschäft entwickelt, ist mehr als fraglich, zumal es sich bei den fünf Welpen nicht um die ersten kommerziell geklonten Haustiere handelt. Nachdem im Jahre 1997 der erste Versuch einen Hund zu klonen gescheitert war, verlegten sich Firmen auf das Klonen von Katzen. Bereits im Jahre 2001 - ein Jahr nach „The 6th day" - gelang es dem kalifornischen Unternehmen „Genetic Savings and Clone" die Geburt der ersten Klon-Katze überhaupt zu verkünden.[96] Die beteiligten Forscher tauften das Kätzchen auf den Namen „CC" - für Carbon copy, „Durchschlag".

---

[94] The 6th day, Regie: Roger Spottiswoode, Darst.: Arnold Schwarzenegger, Tony Goldwin u. a., USA 2000

[95] www.stern.de/wissenschaft/mensch/:Kopierte-Haustiere-Die-Klon-Kriege/633910.html

[96] Die Forscher hatten zunächst die Bindegewebszelle einer männlichen Katze mit einer entkernten Eizelle verschmolzen. „Aus 188 solchen Verschmelzungen resultierten 82 Embryonen, die in sieben Leihmütter implantiert wurden. Lediglich einer dieser Embryonen nistete sich in die Gebärmutter ein, starb jedoch nach 44 Tagen." Beim zweiten Versuch benutzten die Forscher Genmaterial aus Cumulus-Zellen sowie aus Fibroblasten einer weiblichen Katze. Die fünf dergestalt gewonnenen Embryonen übertrugen sie einer einzigen Leihmutter. „Nach 66 Tagen Tragzeit konnte ein Kätzchen per Kaiserschnitt auf die Welt geholt werden." Quelle: www.vistaverde.de/news/Wissenschaft/0202/14_klonkatze.htm

Im Jahre 2004 verkaufte dieselbe Genfirma erstmals ein auf Bestellung geklontes Heimtier. Für den Klon der Katze „Nicky", die im Alter von 17 Jahren verstorben war, berechnete das Unternehmen 50.000 Dollar (zum damaligen Zeitpunkt ca. 37.400 Euro). Die Klon-Katze mit dem Namen „Little Nicky" wurde der Auftraggeberin übergeben.[97] Wenige Monate später freute sich ein US-amerikanischer Geschäftsmann über seine geklonte Siamkatze „Little Gizmo", die noch 32.000 Dollar kostete.

Doch der Erfolg der Firma „Genetic Savings and Clone" hielt nicht lange an. Im Jahre 2006 musste die Firma schließen und erklärte, dass die Nachfrage die gestellten Erwartungen nicht erfüllt habe. Aufgrund der Schwierigkeiten und des finanziellen Aufwands des Klonens sei es nicht gelungen eine Technik zu entwickeln, die Kosten und Rentabilität in Einklang bringe. Im Jahre 2001 hatte Mark Westhusin von der Texas A&M University für das Klonen der ersten Katze „CC" weltweit 3 Mio. Dollar finanziert.

Gescheitert ist die Firma „Genetic Savings and Clone" letztlich an der geringen Klonierungseffizienz. Da diese bei Hunden noch niedriger liegt bzw. sich hier das Klonen deutlich schwieriger gestaltet, dürften trotz des größeren Nachfragepotentials bei Hunden die Erfolgschancen der neuen „start-up-Firmen" nicht groß sein.

Die Grenzen des Klonens von Haustieren sind auch durch epigenetische Effekte bedingt. So dürften sich vor allem veränderte Fellfarben bei Katzen nicht gerade günstig für die Vermarktung auswirken, versprechen doch die Firmen eine 1:1-Kopie. Diese Legende des genetischen Reduktionismus reproduzierten auch „die Schöpfer" der ersten Klonkatze, als sie ihr den Namen „Carbon copy" gaben. Doch die Klon-Katze hat weder die Größe noch das Alter des „Originals", sie ist ein Kätzchen, das sich auch charakterlich unterschiedlich entwickeln wird, selbst dann, wenn die überglücklichen Empfänger - wegen des schmerzlichen Verlustes und vielleicht auch wegen der hohen investierten Summe - zunächst nur Ähnlichkeiten wahrnehmen wollen.

Denkbar wäre es, dass sich beim Klonen von Haustieren - deutliche Steigerungen der Effizienzrate und relevante gentechnische Fortschritte unterstellt - eine wirtschaftlich erfolgreichere Variante abzeichnen könnte: Die Züchtung transgener Haustiere, z. B. allergienfreier Katzen. Klonierungstechniken könnten hier eingesetzt werden, um transgene Eigenschaften zu replizieren, wie z. B. die Einfügung von Leucht-Genen bei „Designer-Tieren".

---

[97] taz, 24.12.2004

5 Anwendungen des reproduktiven Klonens beim Menschen

Bezüglich der Anwendungen des reproduktiven Klonens beim Menschen existieren drei Bereiche: Das Anwendungsfeld der Reproduktionsmedizin, der medizinische Sektor sowie „Brave-New-World-" bzw. „SF-Szenarien".

5.1 Anwendungsfeld Reproduktionsmedizin

Das wohl wichtigste Anwendungsfeld des reproduktiven Klonens beim Menschen ist die Fortpflanzungsmedizin. In der Regel wird hierbei vor allem an die klinische Unfruchtbarkeitsbehandlung gedacht. Unfruchtbarkeit kann sowohl beim Mann als auch bei der Frau vorliegen. Beim Mann handelt es sich z. B. um eine unfallverursachte oder krankheitsbedingte Totalkastration, bei der Frau um Personen, die über keine oder keine gesunde Eierstöcke verfügen und folglich bei Kinderwunsch eine Eizellspende[98] benötigen würden.

Bezüglich des Anwendungsfelds Reproduktionsmedizin unterscheiden wir zwischen zehn potentiellen Fällen:

1.   Das Klonen gestorbener Kinder bei Sterilität
2.   Das Klonen gestorbener Kinder bei Fertilität
3.   Das Klonen eines Erstgeborenen bei Sterilität
4.   Das Klonen eines Erstgeborenen bei Fertilität
5.   Die Kinderwunscherfüllung lesbischer Paare
6.   Die Kinderwunscherfüllung homosexueller Paare
7.   Das Klonen eines Elternteils bei Sterilität
8.   Das Klonen eines Elternteils bei Fertilität
9.   Das Klonen eines weiblichen Single
10.   Das Klonen eines männlichen Single.

Da diese möglichen Anwendungsfälle ethisch differenziert zu betrachten sind, wollen wir sie im Folgenden auch einzeln behandeln.

5.1.1 Das Klonen gestorbener Kinder bei Sterilität

Das Klonen gestorbener Kinder bei Sterilität einer der beiden oder beider Eltern wird im Spielfilm „Cloned"[99] thematisiert. Skye ist Mitarbeiterin des Biotech-Unternehmens „Norwestern". Ihr achtjähriger Sohn Chris, der durch künstliche Befruchtung zur Welt kam, ist vor einem Jahr bei einem Bootsunfall verstorben. Skye bittet ihren Chef Dr. Wesley Kozak darum, ihr erneut bei einer künstlichen

---

[98]   Während eine Samenspende in Deutschland erlaubt ist, ist hingegen eine Eizellspende verboten.
[99]   Cloned (dtsch: Die Menschnmacher), Reg.: Douglas Barr, EMS GmbH, 1997

Befruchtung zu helfen. Doch der Arzt muss ihr nach eingehenden Untersuchungen mitteilen, dass auch mittels IVF keine Chance mehr existiert, ein weiteres Kind zu bekommen. Als Skye entdeckt, dass der Arzt unerlaubte Klon-Experimente durchgeführt hat und dabei das genetische Material ihres Sohnes als Wirt missbraucht hat, versucht der Arzt sich zu retten, indem er Skye vorschlägt, ihren Sohn Chris wiederzubeschaffen, da noch eine Kopie im Labor vorhanden sei. Eine solche Kopie - was im Film nicht weiter ausgeführt wird - könnte technisch betrachtet durch Embryosplitting erzeugt und dann kryokonserviert worden sein (vgl. Kap. 2.1). Klonen durch identische Mehrlingsbildung würde in diesem Fall also zu einem nachgeborenen eineiigen Zwilling führen.

Es ließe sich an dieser Stelle zunächst einmal fragen, wer jenseits von Science-Fiction-Szenarien Interesse am Klonen durch Embryosplitting hätte. Das Interesse ist unseres Erachtens in zweierlei Richtung zu verorten. Es könnten Eltern auf den Gedanken kommen, eine Art Rückversicherung abzuschließen, für den Fall eines möglichen Todes ihres Kindes. Wären sie zu diesem Zeitpunkt aus welchen Gründen auch immer unfruchtbar, stünde noch „eine Kopie" zur Verfügung. Paare könnten also der Meinung sein, „der Fall Skye" sei gar nicht so unwahrscheinlich und dass das Vorhandensein einer Kopie eine Art Schutz vor dann ungewollter Kinderlosigkeit böte. Dieses Interesse dürfte sich jedoch in Grenzen halten, zumal das Verfahren des Embryosplitting ja nur dann relevant ist, wenn man ein genetisch identisches Kind haben möchte. In allen anderen Fällen ließen sich Eizellen und Samenzellen oder befruchtete Eizellen bzw. Embryonen einfrieren. Dies müsste im zeitlichen Vorfeld geschehen sein, was allerdings häufig nicht der Fall sein dürfte.

Desweiteren ist es - rein hypothetisch betrachtet - schließlich auch denkbar, dass Paare durch identische Mehrlingsbildung erzeugte Embryonen anderen Paaren, die an Unfruchtbarkeit leiden, eventuell auch kommerziell anbieten. In diesem Falle könnten sie bereits Photos ihres achtjährigen Kindes zeigen und darauf verweisen, dass er oder sie sich prächtig entwickelt haben.

Aber auch dieser Fall dürfte wohl eher unwahrscheinlich sein, da wir es gewöhnt sind nicht zuletzt im künstlerischen Bereich zwischen Original und Kopie zu unterscheiden. Und die Frage „Wieviel gibt es denn von ihm bzw. ihr weltweit?" von besorgten Nachbarn und Verwandten dürfte Eltern psychisch nicht gerade stabilisieren.

Doch kehren wir zurück zum Filmbeispiel. Hätte der Arzt Wesley Kozak keine genetische Kopie des beim Unfall ums Leben gekommenen Chris angefertigt, so könnte er Skye bzw. den Eltern vorschlagen, einen Versuch zu wagen ihren Sohn Chris durch Zellkerntransfer (vgl. Kap. 2.2) zu klonen. Würde Skye noch

Eizellen produzieren, so könnten ihre eigenen genommen und entkernt werden, bei Unfruchtbarkeit beider Elternteile müsste eine Eizellspende hinzugezogen werden.

Die Eizelle würde mit einer reprogrammierten Körperzelle des gestorbenen Sohnes befruchtet. Die Annahme zugrundegelegt, dass das Verfahren des Zellkerntransfers sich überhaupt so weiterentwickeln lässt, dass es beim Menschen erfolgreich anwendbar ist, scheint es durchaus vorstellbar zu sein, dass sich verzweifelte Eltern darauf einlassen.

Festzuhalten bleibt zunächst einmal, dass es vom rein medizinischen Standpunkt aus einen relevanten Unterschied darstellt, ob wir beim Klonen von Menschen das Verfahren der identischen Mehrlingsbildung oder den Zell- bzw. Zellkerntransfer zu Grunde legen, da die Risiken bei beiden Verfahren gänzlich unterschiedlich zu bewerten sind. Während sich beim Embryosplitting das Risiko eher in Grenzen hält, dürfte es beim Zellkerntransfer auch zukünftig noch nahezu unkalkulierbar sein.

5.1.2 Das Klonen gestorbener Kinder bei Fertilität

Das Klonen gestorbener Kinder bei Fertilität, also Fruchtbarkeit der Eltern, könnte in solchen Fällen als Wunsch geäußert werden, wo Eltern eine genetisch identische Kopie des gestorbenen Kindes zeugen möchten, z. B. weil sie auf diese Weise meinen, leichter über den Schmerz des Todes hinwegzukommen oder die Ansicht vertreten, sie könnten ihr Kind auf diese Weise wieder erhalten. Da es bereits bei Haustieren derartige Interessenlagen gibt, ist durchaus davon auszugehen, dass auch beim Menschen ähnliche Anliegen geäußert werden könnten.

5.1.3 Das Klonen eines Erstgeborenen bei Sterilität

Das Klonen eines Erstgeborenen bei Sterilität stellt eine technologisch-indizierte Möglichkeit dar einen nachgeborenen Zwilling zu zeugen. Der Wunsch könnte in solchen Fällen geäußert werden, wenn praktizierte Verfahren der Reproduktionsmedizin eine Realisierung des Wunsches ein weiteres Kind zu zeugen, nicht mehr ermöglichen. Da es bereits Paare gibt, die alle Verfahren der Fortpflanzungsmedizin ausschöpfen, auch wenn bereits Kinder existieren, ist ein solcher Fall als durchaus realistisch zu betrachten.

5.1.4 Das Klonen eines Erstgeborenen bei Fertilität

Es lassen sich beim Klonen eines Erstgeborenen bei Fertilität zwei Anwendungen unterscheiden. Es könnte erstens der Wunsch bestehen einen nachgeborenen Zwilling zu zeugen. Dieser Zwilling ließe sich mit Hilfe der Körperzelle des Erstgeborenen zeugen. Sollte der Wunsch bereits bei der Zeugung des Kindes vorhanden sein, so wäre auch denkbar, dass das Verfahren des Embryosplitting, die künstliche Mehrlingsbildung, zum Einsatz gelangt. Während der Wunsch der Zeugung eines nachgeborenen Zwillings bei Fertilität der Eltern als wenig wahrscheinlich einzustufen ist, dürfte es für den Einsatz der identischen Mehrlingsbildung durchaus eine Nachfrage geben.

Das zweite Szenario für das Klonen eines Erstgeborenen bei Fertilität setzt das Stück „Kopien"[100] der britischen Autorin Caryl Churchill[101] in Szene. In nicht allzu ferner Zukunft hat dort ein Mann namens Salter, ca. 60 Jahre alt, vor 35 Jahren seinen fünfjährigen Sohn Bernard in ein Pflegeheim abgegeben, da er nicht mehr mit ihm fertig wurde. Zuvor ließ er ihn jedoch Klonen, um in einer Art zweiten Chance einen wohlgeratenen Sohn aufzuziehen.

5.1.5 Die Kinderwunscherfüllung lesbischer Paare

Prinzipiell ist es denkbar, dass Klontechniken zur Erfüllung des Kinderwunsches lesbischer Paare zum Einsatz gelangen könnten. In diesem Falle würde eine Körperzelle der einen Frau in die entkernte Eizelle der anderen Frau eingesetzt. Das Kind ließe sich von der einen oder der anderen Frau zur Welt bringen. Die DNA des Kindes wäre weitgehend identisch mit der Spenderin der Körperzelle. Die mitochondriale DNA würde von der Frau vererbt, welche die Eizelle zur Verfügung stellt, so dass, wenn auch in unterschiedlichen Anteilen, das Kind sowohl über genetisches Material der einen als auch der anderen Frau verfügt.

Sicherlich wird es - rein hypothetisch gedacht – noch eine längere Zeit dauern bis sich Klontechniken beim Tier erfolgreich auf den Menschen übertragen lassen. In diesem Zeitraum wird es parallel auch Fortschritte bei der sogenannten „Lesbenzeugung" geben, so dass sich die Frage stellt, ob Klontechniken in diesem Bereich überhaupt auf Interesse stoßen.

---

[100] Caryl Churchill: A Number (Deutsch von Falk Richter: Die Kopien)
[101] Caryl Churchill, geb. 1938, britische Autorin von Dramen u.a. über Technologien und Feminismus

Mit dem Terminus „Lesbenzeugung" bezeichnet man eine gleichgeschlechtliche Fortpflanzung. In Anlehnung an die ICSI, die intrazytoplasmatische Spermieninjektion[102], wäre es prinzipiell denkbar, eine Eizelle unter dem Mikroskop mit einer Glaskanüle zu fixieren und statt des Spermiums einen weiteren Eizellkern einzupflanzen. Zwar steckt die gleichgeschlechtliche Fortpflanzung noch in den Kinderschuhen, Gynäkologen halten es aber durchaus für möglich, „dass in zehn Jahren Frauen Kinder auch von Frauen bekommen können."[103]

Ganz so einfach ist das Verfahren jedoch nicht. Damit eine Eizelle sich entwickelt, muss sie erst einmal befruchtet werden. Setzt man lediglich eine zweite Eizelle ein, so fehlt das Kommando zur Teilung. Erst danach kann „das männliche Erbmaterial herausgenommen und das von einer weiteren Frau eingepflanzt werden."[104] Rein theoretisch ließe sich jedoch eine Eizelle auch elektrisch oder mit Hilfe von chemischen Substanzen zur Teilung anregen.

Ganz so abwegig ist dies nicht, zumal japanischen Forschern bereits die Fortpflanzung einer weiblichen Maus ohne männliches Zutun gelungen ist.[105] Die Maus mit dem Namen Kaguya wuchs nach Angaben der Forscher normal heran und zeugte auf natürlichem Wege Nachwuchs. Bislang ging man davon aus, dass es bei Säugern nicht möglich ist auf diese Weise ein gesundes Lebewesen heranwachsen zu lassen. Es handelt sich dabei jedoch nicht um eine Jungfernzeugung oder Parthenogenese wie die japanischen Forscher selber behaupten, da das Genmaterial von zwei Mäusen genommen wurde. Korrekter wäre also der von uns verwendete Terminus der „Lesbenzeugung".

Interessant ist indes der Vergleich zur Parthogenese, die es als eine Art Wahloption bei vielen Nichtsäugern wie z. B. Strudelwürmern, Korallen, Blattläusen, Schnecken und Rüsselkäfern[106] gibt.[107] Dass der Mensch nicht über eine freie Wahl der Fortpflanzungsmethode verfügt liegt wahrscheinlich am Prozess des Imprinting (siehe auch Kap. 2.5.1), „eine Art Prägestempel auf dem Erbgut. Bei der geschlechtlichen Fortpflanzung sind die meisten Gene in zwei Kopien vor-

---

[102] ICSI bezeichnet eine Methode der künstlichen Befruchtung, bei der die Samenzelle direkt in das Zytoplasma einer Eizelle eingespritzt wird.

[103] So etwa Johannes Huber, Vorstand der Abteilung für gynäkologische Endokrinologie und Sterilitätsbehandlung am Allgemeinen Krankenhaus Wien, online unter:
www.falter.at/web/heureka/archiv/01_2/02.php

[104] Nina Horaczek: Die Lesbenzeugung, online unter:
www.falter.at/web/heureka/archiv/01_2/02.php

[105] www.ariva.de/Wie_die_Jungfrau_zum_Kinde_kommt_t194278

[106] a.a.O.

[107] Bislang war man davon ausgegangen, dass sich Haie nur geschlechtlich fortpflanzen, doch in einem Zoo in Omaha, Nebraska wurde eines der Hammerhaiweibchen schwanger, Frankfurter Rundschau, 27.09.2007

handen: eine Kopie von der Mutter und eine vom Vater. Bei den meisten Genen sind beide Kopien aktiv. Bei den Genen mit dieser Prägung, die u. a. für das embryonale Wachstum verantwortlich sind, ist es so, dass entweder nur die Kopie von der Mutter oder vom Vater aktiv ist. Mit einer Art Stempel wird festgelegt, welche Kopie aktiv ist. Wenn beide aktiv sind, kommt es zu Störungen in der Embryonalentwicklung. Ebenso wenn keine der beiden Kopien aktiv ist. Zwar enthält nur eine kleine Gruppe von Genen diese Prägung, ein Ausfall des Imprinting zieht jedoch schwere Schäden nach sich."[108]

Das Genomic Imprinting verweist auch hier noch einmal auf die Relevanz epigentischer Prozesse bei der menschlichen Embryonalentwicklung. Bei den Mäusen gelang es den japanischen Forschern nicht das Imprinting zu umgehen. Sie haben es jedoch gewissermaßen ausgetrickst, indem sie eine weibliche Mausmutante mit einem aktiven Igf2-Gen nahmen, welches normalerweise vom Vater vererbt wird. Die genetische Manipulation löste den Prozess des Imprinting scheinbar fehlerfrei aus.

Doch selbst wenn Jungfernzeugungen an sich in der Natur als Schlüssel zur Erhaltung bedrohter Arten nichts Neues sind, so gilt, dass „nur gerade 0,1 Prozent aller Wirbeltierarten sich für eine nicht geschlechtliche Fortpflanzung entschieden haben."[109] Die sexuelle Fortpflanzung, die Durchmischung des genetischen Materials von Vater und Mutter scheint zumindest für Säugetiere ein gravierender Evolutionsvorteil zu sein. Die Natur hat demzufolge auch einen deutlichen Riegel vorgeschoben und eine Wahlfreiheit zwischen sexueller und asexueller Fortpflanzung unterbunden. Diese stabile Sperre etwa beim Menschen zu verstehen und sie zu durchbrechen, so dass ein gesundes Kind mit durchmischtem genetischen Material von zwei Müttern geboren werden kann, dürfte deutlich komplizierter sein als der Prozess des Klonens. Zwar würde es sich bei der „Lesbenzeugung" nicht um Parthogenese bzw. Jungfernzeugung handeln, die Komplexität des Sperr-Mechanismus ist jedoch vergleichbar. Da die Durchmischung zweier gleichgeschlechtlicher Genome zwecks Fortpflanzung - wenn überhaupt - in zeitlich weiter Ferne liegt, ist das Klonen vergleichsweise weniger schwierig.

5.1.6 Die Kinderwunscherfüllung homosexueller Paare

Im Zuge der Gleichbehandlung mit heterosexuellen Paaren könnten auch homosexuelle Paare Kinderwünsche anmelden. Bei der Methode des Zellkerntransfers wären sie auf eine Eizellspenderin angewiesen. Da Eizellspende in Deutschland

---

[108]   www.ariva.de/Wie_die_Jungfrau_zum_Kinde_kommt_t194278
[109]   Frankfurter Rundschau, 27.09.2007

rechtlich verboten ist, wäre zumindest auf legalem Wege eine Kinderwunscher-füllung nicht möglich. Homosexuelle Paare würden in absehbarer Zeit zusätz-lich auch noch die Hilfe einer Leihmutter benötigen. In Deutschland ist eine Leihmutterschaft ebenfalls gesetzlich untersagt. Die Behauptung von Reproduk-tionsmedizinern, dass sie einen Weg für eine Männer-Schwangerschaft gefun-den hätten, stellt zumindest derzeit eher ein Science-Fiction-Szenario dar. So soll nach den Vorstellungen des britischen Fortpflanzungsmediziners Lord Ro-bert Winston der Fötus „nach der im Reagenzglas erfolgten Befruchtung in die Bauchhöhle eines Mannes verpflanzt werden. Die Plazenta würde an ein belie-biges Organ angekoppelt und von diesem über den Blutkreislauf ernährt. Nach neun Monaten würde das Baby per Kaiserschnitt entbunden werden."[110]

Derartige Konzepte offenbaren eher die reduktionistische Sichtweise des Au-tors, der die Fülle epigenetischer Dimensionen bei Zeugung und Schwanger-schaft noch nicht einmal zur Kenntnis genommen hat, als das sie ein zur Zeit - wenn auch nur theoretisch - ernst zunehmendes Szenario beinhalten würden.

5.1.7 Das Klonen eines Elternteils bei Sterilität

Beim Klonen eines Elternteils bei Sterilität sind zwei Fälle voneinander zu un-terscheiden. *Erstens:* Ist die Frau fertil, der Mann steril, so ließe sich eine Kör-perzelle des Mannes nehmen, so dass dieser geklont würde. Der mitochondriale DNA-Anteil käme von der Mutter, so dass das Kind zu einem geringen Anteil auch DNA der Mutter vererbt bekäme. Dieser Fall ist „auf der Nachfrageseite" als durchaus realistisch zu betrachten, da bei vorhandenem Reproduktions-wunsch auf eine Samenspende verzichtet werden könnte. *Zweitens:* Sind die Frau und der Mann steril, so wäre eine Eizellspende erforderlich.

5.1.8 Das Klonen eines Elternteils bei Fertilität

Beim Klonen eines Elternteils bei Fertilität sind wiederum zwei Fälle zu diffe-renzieren. *Erstens:* Es ließe sich eine Körperzelle des fertilen Mannes nehmen und in eine entkernte Eizelle der Frau implantieren. *Zweitens:* Es ließe sich eine Körperzelle der Frau nehmen und in eine entkernte Eizelle implantieren. Die Frau würde das Kind austragen, welches mit der Mutter genetisch betrachtet identisch ist. Aus genetischer Sichtweise wäre das Kind somit eine Zwillings-schwester ihrer leiblichen Mutter (vgl. auch Kap. 5.1.9).

---

[110] Nina Horaczek: Die Lesbenzeugung, online unter: www.falter.at/web/heureka/archiv/01_2/02.php

Während der zweite Fall als eher unwahrscheinlich zu betrachten ist, könnte man sich im ersten Fall im Kontext patriarchaler Herrschaftsstrukturen durchaus Bedarf vorstellen. Schließlich wurde jahrtausendelang die Frau lediglich als ein passives Gefäß betrachtet, das den Nachwuchs des Mannes austrägt. Würde diese Vorstellung nicht nur einen Mangel an naturwissenschaftlich-medizinischen Kenntnissen offenbaren, sondern eine Art männlicher Wunschtraum sein, so ließe sich dieser mit Hilfe der Klontechnik patriarchal gedacht realisieren.

5.1.9 Das Klonen eines weiblichen Single

Das Klonen eines weiblichen Single steht im Mittelpunkt des Films Blueprint.[111] Die Klaviervirtuosin Iris Selin, gespielt von Franka Potente, ist unheilbar an Multipler Sklerose erkrankt. Damit nicht zuletzt ihr musikalisches Talent erhalten bleibt, bittet sie einen Mediziner darum, sie zu klonen. Auf diese Weise wird ihre Tochter Siri geboren.

Das Klonen mittels Zellkerntransfer würde alleinstehenden Frauen ihren Kinderwunsch realisieren helfen. Es muss sich dabei durchaus nicht, wie im Film dargestellt, immer um narzistische Persönlichkeiten handeln. In der Realität dürfte es eine Nachfrage bei weiblichen Single geben, die ein technologisches Verfahren, das ihr eigenes biologisches Material verwendet, einem One-Night-Stand mit einem Unbekannten zwecks Kinderzeugung oder der Inanspruchnahme eines Samenspenders sei er aus dem Bekanntenkreis oder eine anonyme Person, vorziehen.

5.1.10 Das Klonen eines männlichen Single

Ein männlicher Single mit Kinderwunsch würde im Unterschied zum weiblichen Single eine Eizellspenderin sowie eine Leihmutter benötigen. Auch für ihn käme wie beim weiblichen Single auch grundsätzlich eine Adoption in Frage. Wie beim weiblichen Single wird es aber eine Anzahl Personen geben, die den Wunsch hegen, dass das Kind auch ihr biologisches Kind ist und dieses Faktum höher gewichten als die soziale Seite.

5.2 Anwendungsfeld Medizin

Hinsichtlich des Anwendungsfeldes Medizin existieren zwei denkbare Einsätze des reproduktiven Klonens. Zum einen könnte das Klonen via Kerntransfer zum Einsatz gelangen, um insbesondere bei vorbelasteten Paaren eine genetisch-

---

[111] Blueprint, Regie: Rolf Schübel, USA 2003

bedingte Erbkrankheit zu verhindern, zum anderen könnte das Klonen eingesetzt werden, um eine Organspende für das erstgeborene Kind zu ermöglichen.

5.2.1 Klonen zwecks Vermeidung einer Erbkrankheit

Das reproduktive Klonen könnte eingesetzt werden bei Eltern mit genetischer
Vorbelastung zur Vermeidung einer Erbkrankheit. Wenn bei diesen z. B. ein
hohes Risiko vorliegt, das erste Kind aber bereits gesund geboren wurde, könnte
dieses geklont werden. Wenn es sich um rezessiv-dominante Erbgänge handelt,
wäre auch das Klonen eines Elternteils denkbar. Die Anwendung des Klonens
auf diesem Gebiet ist jedoch nicht sinnvoll, „da höchstwahrscheinlich das Risiko, gerade durch das Klonen ein geschädigtes Kind zu bekommen, das Risiko
übersteigt, dass ein Kind mit der entsprechenden Erbkrankheit geboren wird."[112]
Zumal mit der Präimplantationsdiagnostik (PID) ja eine Methode zur Verfügung
steht, die deutlich risikoloser Erbkrankheiten erkennen kann.[113] Zwar sind sowohl die PID als auch das reproduktive Klonen in Deutschland verboten, bei einer Abwägung zwischen den beiden Verfahren dürfte sicherlich aber eher die
PID zugelassen werden.

5.2.2 Klonen zwecks Organ- bzw. Gewebespende

Es ist denkbar, dass Eltern auf den Gedanken kommen könnten, ihr Kind klonen
zu lassen, da das nachgeborene Kind ein idealer Organspender für das Erstgeborene im akuten Krankheitsfalle wäre, etwa im Kontext von Bluttransfusionen
oder einer Knochenmarkspende. Allein diese Anwendung ist wegen der pers-
pektivischen Möglichkeiten des therapeutischen Klonens als nicht sehr wahrscheinlich anzusehen.

5.3 Science-Fiction-Szenarien

Analysiert man die verschiedensten SF-Filme und SF-Romane zum Thema reproduktives Klonen[114], so lassen sich vier weitere fiktionale Klon-Motive beim
Menschen eruieren:

---

[112] www.dioezese-linz.at/pastoralamt/theoleb/klonen.asp
[113] Zur PID sowie zur Debatte über die in Deutschland verbotene PID folglich den Beitrag von
       Tanja Krones in diesem Buch.
[114] Klonen stellt am Ende des 20. sowie zu Beginn des 21. Jahrhunderts ein weitverbreitetes Motiv
       in der Science Fiction bis hin zum Comic dar. So hält auch das Klonen bei den „Simpsons" Ein-

Erstens: Das Klonen von Lebewesen als menschliche Ersatzteillager,
Zweitens: Das Klonen von Menschen als Arbeitssklaven oder Klonkrieger,
Drittens: Das Klonen verstorbener Persönlichkeiten,
Viertens: Das widerrechtliche Klonen lebender Menschen. Wir wollen im Folgenden diese vier fiktionalen Anwendungsfälle einer näheren Betrachtung unterziehen.

5.3.1 Das Klonen von Menschen als organische Ersatzteillager

Das Klonen von Menschen als organische Ersatzteillager ist Gegenstand des SF-Films „Die Insel".[115] Vermögende Menschen können sich Mitte des 21. Jahrhunderts klonen lassen. Die Klone leben in einer von der Außenwelt hermetisch abgeschirmten futuristischen Enklave. Sie sind sich ihres Status als Klone nicht bewusst, werden rund um die Uhr bewacht und sind strengen Regeln bezüglich ihres Lebensstils unterworfen. Sexueller Kontakt zwischen Männern und Frauen ist verboten. Um die Klone gefügig zu machen, hat man ihnen eingeredet, dass die Erde radioaktiv verseucht sei und sie die letzten Überlebenden seien. Das Verlassen der Anlage sei daher tödlich. Die Erde verfüge jedoch noch über eine einzige nicht verseuchte, natürliche Insel. „Angeblich hat jeder der Bewohner die Möglichkeit, an einer Lotterie teilzunehmen und als Gewinner dorthin zu gelangen. Die Hoffnung, selbst bald die Reise auf die Insel zu gewinnen, ist der Lebensinhalt der Klone. Tatsächlich ist die Lotterieziehung jedoch fingiert, so dass immer genau diejenigen Klone die ,Reise' antreten dürfen, deren Organe gerade von ihrem Original gebraucht werden."[116]
Neben der Verwendung der Klone als „lebende Ersatzteillager" werden die weiblichen Klone auch als Leihmütter missbraucht.
Die Gefahr eines Missbrauch des Klonens im Sinne der Schaffung lebendiger Ersatzteillager ist als nicht wahrscheinlich anzusehen. Die Begründung liegt darin, dass der Einsatz der Klontechnik zwecks Produktion perfekter Klonorgane nicht des reproduktiven Klonens bedarf. Klonorgane im Sinne des Film-Szenarios ließen sich rein technologisch betrachtet in Zukunft auch durch das therapeutische Klonen bzw. die Stammzellforschung[117] erzeugen, die „Kreation" lebender genetischer Kopien bedarf es hierfür nicht. Der Einsatz „weiblicher Klone" als Leihmütter stellt ebenfalls kein realistisches Risikoszenario dar,

---

zug: Homer kauft sich eine magische Hängematte, die ihn klonen kann. Sie erzeugt eine Armee von Homer-Klonen, die Chaos in Springfield anrichten.
[115] Die Insel, Regie: Michael Bay, Darsteller: Sean Bean, Scarlett Johansson u. a., USA 2005
[116] www.de.wikipedia.org/wiki/Die_Insel_(Film)
[117] Vgl. der Artikel von Ferdinand Hucho: „Probleme der Stammzellforschung" in diesem Buch.

da sich Eizellen im Vorkernstadium[118] heute bereits kryokonservieren lassen. Jenseits des Bedarfs von Eizellen ist es nicht einsichtig, warum die Leihmutter ein Klon sein sollte, da die Austragung eines Kindes auch von anderen Frauen erfolgen könnte.

Ein ähnliches Szenario wie der Film „Die Insel" entwirft der bereits deutlich ältere Film „Die Saat des Wahnsinns"[119]. Auch hier werden künstliche Menschen hergestellt, die im Bedarfsfall als Organspender für berühmte Politiker und Wissenschaftler herhalten sollen. Beide Filme bedienen damit neben dem reproduktiven Klonen an sich das in der Technikphilosophie bzw. Technikkritik weit verbreitete Argument des „technological divide"[120]: Klone werden keinesfalls von allen Menschen hergestellt, sondern nur von der „High Society". Postmoderne Rettungsboote stehen nur den Mitgliedern der ersten Klasse zur Verfügung.

Zwar ist das Argument einer „Zweiklassengesellschaft" entlang eines möglichen technologischen Splits, d. h. der individuellen wie der klassenspezifischen Verfügbarkeit einer Schlüsseltechnologie durchaus seitens einer wissenschaftlichen Technikfolgenabschätzung ernst zu nehmen, da wir jedoch das Klonen von Menschen als menschliche Ersatzteillager an sich für unwahrscheinlich erachten, ist dieses Argument eher im Kontext der Stammzellforschung zu thematisieren bzw. des therapeutischen Klonens.

5.3.2 Das Klonen von Menschen als Arbeitssklaven oder Klonkrieger

Klonen in Gestalt von Klonkriegern stellt bei Star Wars ein zentrales SF-Motiv dar. Bei den Klonkriegern handelt es sich um Soldaten, die für die Galaktische Republik gezüchtet wurden. Angeführt von Jedi-Rittern kommen sie in den Klonkriegen zum Einsatz. „Aufgrund des strikten militärischen Trainingsprogramms, dem sie von Beginn an unterworfen waren, unterstützt durch genetische Veränderungen an ihrem Erbgut, zeichneten sich die Klone durch bedingungslose Treue zur Republik aus."[121]

---

[118] Zur Zeit lassen sich unbefruchtete Eizellen de facto nicht einfrieren. Die Überlebensrate ist in diesem Falle nach dem Auftauchen zu gering. Ein Einfrieren befruchteter Eizellen im Vorkernstadium, was in Deutschland erlaubt ist, ist jedoch möglich. Zwar mag es gegenwärtig bei der Kryokonservierung noch zahlreiche ungelöste Probleme geben, es ist jedoch kaum vorstellbar, dass sich diese von der technologischen Seite her nicht deutlich früher bewältigen lassen als das reproduktive Klonen von Menschen.

[119] Die Saat des Wahnsinns (englischer Originaltitel: The Clonus Horror), Regie: Robert S. Fiveson, Darsteller: Peter Graves, Paulette Breen u. a., USA 1978

[120] Im Kontext moderner IuK-Technologien häufig als „digitale Kluft" oder „digitale Spaltung" bezeichnet (englisch: digital gap).

[121] www.jedipedia.de/wiki/index.php/Klonkrieger

Den Auftrag zur Produktion einer Klonarmee erhalten die Kaminoaner, eine Ethnie, die im Star Wars Universum als Experten im Klonen von Soldaten und Arbeitssklaven gilt. Geklont wird ein Söldner, der neben einer großen Summe einen unveränderten Klon als Sohn für sich selbst erhält. Das genetische Spendermaterial des Söldners wird dahingehend verändert, dass der Alterungsprozess der Klone beschleunigt wird. Zweck der doppelten Alterungsgeschwindigkeit ist die Vermeidung zu langer Ausbildungszeiten. Die Klonkrieger sollen bereits nach zehn Jahren einsatz- bzw. kampfbereit sein. Das genetische Material des Söldners wird ferner so verändert, dass Intelligenz und körperliche Leistungsfähigkeit erhöht werden.

Der erste Testlauf geht indes schief. „Von den zwölf hergestellten Prototypen verstarben sechs bereits im Embryonalstadium."[122] Die übrigen Klone weisen Verhaltensauffälligkeiten auf und lassen sich nicht kommandieren.

Beim zweiten Testlauf verzichtet man zwar auf weitere genetische Veränderungen jenseits der Wachstumsbeschleunigung, doch auch dieser Versuch gilt als nicht zufriedenstellend, da die Klone erneut nur äußerst schwer zu kommandieren sind.

Da die beiden ersten „Versuchsreihen" nicht die gewünschten Resultate zeitigen, entschließt man sich dazu, das genetische Material des Spenders deutlich stärker zu manipulieren. Wünschenswerte Eigenschaften werden verstärkt, unerwünschte Eigenschaften hingegen entfernt. „Im Endresultat waren die neuen Klone in höchstem Maße diszipliniert, bereit und willig, Befehle zu befolgen - wichtige Grundelemente für jede funktionierende Armee."[123] Da die Klone kreativ denken können und Befehle sinngemäß und nicht wörtlich interpretieren, erweisen sie sich Kampfrobotern bzw. Droiden[124] als deutlich überlegen.

Eine Auswertung des Klonmotivs im Star-Wars-Universums führt unseres Erachtens zu folgenden Ergebnissen:

Erstens: Das Klonen von Menschen als Klonkrieger verabsolutiert die Bedeutung der Infanterie, der mit „Handwaffen" (oder „Laserwaffen") bewaffneten Soldaten der Bodenstreitkräfte. Im Laufe des 21. Jahrhunderts wird die Infanterie weiter an Relevanz verlieren. Die in der Vision von Klonkriegern replizierte

---

122 www.jedipedia.de/wiki/index.php/Klonkrieger
123 www.jedipedia.de/wiki/index.php/Klonkrieger
124 Der Begriff Droide ist in der Science-Fiction-Literatur ungewöhnlich und existiert so nur bei Star Wars. Er bezeichnet jede Art von Roboter, unabhängig davon, ob dieser ein Android, also menschenähnlich ist, oder nicht. Auch der SF-Film „Blade Runner" wird öfters zitiert, wenn es um Arbeitssklaven bzw. Sexsklaven geht. Bei „Blade Runner" handelt es sich jedoch nicht um Klone, sondern um menschenähnliche Roboter (Androiden), um künstliche Intelligenzen (hier bezeichnet als Replikanten), die von „Genetik-Ingenieuren" konstruiert werden.

Vorstellung von der Infanterie als Basis der Streitkräfte ist im 21. Jahrhundert nicht mehr zeitgemäß.

Zweitens: Die Vorstellung von geklonten Menschen als Arbeitssklaven löst sich nicht vom Denken in den Kategorien des Fordismus. Das Ende des Taylorismus ist zugleich auch das Ende der tayloristischen Massenarbeit bzw. des Einsatzes von geklonten Arbeitssklaven.

Drittens: Die Relevanz des Klonens von Menschen wird zum Zeitpunkt der Machbarkeit mit anderen Technologie wie z. B. der Robotik und der Nanotechnologie konkurrieren, die auf dem militärischen wie industriellen Sektor zu wesentlich effizienteren Lösungen beitragen dürften; die Vorstellung einer Überlegenheit von Klonen gegenüber Robotern wird sich angesichts zukünftiger Entwicklungen in der Künstlichen Intelligenz als nicht realistisch erweisen.

Viertens: Selbst große Fortschritte in der Gen- und Biotechnologie unterstellt, dürfte es sich bei der Vision von Menschen als Arbeitssklaven oder Klonkrieger um eine Variante des genetischen Determinismus bzw. Reduktionismus handeln, den wir schon an anderer Stelle ausführlich kritisiert haben.

5.3.3 Das Klonen verstorbener Persönlichkeiten

Das Klonen verstorbener Persönlichkeiten thematisiert der Film „The Boys from Brazil"[125] aus dem Jahr 1978 anhand der historischen Figur Adolf Hitler.[126]

Der in Österreich lebende Esra Liebermann[127] versucht dem ehemaligen KZ-Arzt Dr. Josef Mengele[128] auf die Spur zu kommen, der in Paraguay aktiv ist, und gemeinsam mit einer Gruppe Exilnazis ein neues „Drittes Reich" plant. Hierfür hat er 94 Jungen aus den Genen Adolf Hitlers klonen lassen. Die Adoptiveltern wurden dabei von ihm sorgfältig ausgewählt, damit diese über einen ähnlichen soziokulturellen Kontext verfügen wie die Familie Hitler. Liebermann deckt die Zusammenhänge auf und kann am Ende des Films den Gesuchten stel-

---

[125]   The Boys from Brazil, Regie: Franklin J. Schaffner, Großbritannien, USA 1978
[126]   Der Film basiert auf dem gleichnamigen SF-Roman „The Boys from Brazil" aus dem Jahr 1976 von Ira Levin.
[127]   Eine offensichtliche Anspielung auf die Person Simon Wiesenthals, was auch dadurch unterstrichen wird, dass Szenen u. a. in dem Stadtviertel gedreht wurden, in dem Wiesenthal sein Büro unterhielt.
[128]   Als der Film gedreht wurde, lebte Josef Mengele im brasilianischen Sao Paulo, wo er kurz nach Veröffentlichung des Films 1979 verstarb. Nach der Verhaftung Adolf Eichmanns hatte er Paraguay verlassen, wo man ihn noch jahrelang vermutete. Erst 1985 wurde sein Grab von Ermittlern entdeckt. Seit 1992 gilt der Tod Josef Mengeles - durch einen DNA-Test - als zweifelsfrei bewiesen. Der KZ-Arzt Dr. Josef Mengele war verantwortlich für die Selektion von knapp 800.000 Menschen in die Gaskammern. Im Kontext seiner „Zwillingsforschung" ermordete er 1.500 Kinder.

len, der daraufhin von den Hunden eines seiner Klon-Schöpfungen zerfleischt wird. „Die von ihm gezüchteten Hitler-Klone leben weiter, obwohl eine Vereinigung junger Zionisten von Liebermann fordert, die Liste der ‚Reagenzglas-Führer' herauszugeben. Er aber weigert sich, unschuldige Kinder zu töten und verbrennt die Liste. Die Schlussszene zeigt den Klon mit den Hunden, wie er angesichts eines Fotos des zerfleischten Mengele psychopathisch grinst."[129]

Selbst dem Filmskript bzw. der zugrundeliegenden Romanhandlung fällt auf, dass das Klonen verstorbener Persönlichkeiten bereits vom Ansatz her nichts anderes darstellt als eine Reduktion des Menschen auf die Summe seiner Gene. So versuchen die Schergen Mengeles Adoptiveltern zu finden, deren soziobiografischer Hintergrund dem von Klara und Alois Hitler unter anderem bezüglich des Alters, der elterlichen Altersdifferenz, des Berufs, der Schulausbildung sowie dem Erziehungsstil entspricht. Die Absurdität eines solches Unterfangens führt zur Filmgroteske in Gestalt der Anordnung Mengeles, alle 94 Adoptivväter der Klone im Alter von 65 Jahren umzubringen und zwar möglichst an dem Tag, an dem auch Adolf Hitlers Vater starb.

Die Zeit ist eben seit 1945 nicht stehen geblieben, die Anzahl der „Exilnazis" dürfte kaum ausreichen, um bereits rein statistisch betrachtet die Kombinatorik der wichtigsten Sozialisationsvariablen bezüglich ihrer Alois und Klara Hitler gleichen Merkmalsausprägungen zu gewährleisten. Schließlich lässt sich der Klon auch nicht gänzlich abschirmen von Sekundärsozialisationseffekten und nicht zuletzt gilt die Frage: „Wer sollte bezüglich seiner Person 30 Jahre später überhaupt ein gesellschaftliches Interesse an seiner ‚Wiederkehr' anmelden?"

So bleibt das reproduktive Klonen historischer Persönlichkeiten das, was es ist: Eine nahezu ewiglich sprudelnde Quelle der Fiktion. Bezüglich des reproduktiven Klonens bietet sich eine ganze Reihe historischer Gestalten an. So möchte das „gute Österreich" Gegenakzente setzen und lässt in der aktuellen Kinderoper „Mozart? Mozart!" vorsichtshalber ihr musikalisches Genie klonen. Als unverdächtigere Persönlichkeiten bieten sich für weitere Drehbücher u. a. auch Albert Einstein, Mahatma Gandhi und Mutter Theresa an. Schließlich benötigt auch der Jurassic Park sein Pendant: So ließe sich mittels Klontechniken die Gletschermumie „Ötzi" wieder beleben.

Doch sind diese Visionen ernsthafte Schreckensvisionen, wie dies die Kritiker des reproduktiven Klonens meinen? Oder stellen sie nicht vielmehr kolossale Missverständnisse über das Wesen des Klons dar?

Wissenschaftlich betrachtet ließe sich darüber hinaus einwenden, dass bei Menschen „bisher nur lebende Zellen als Spenderzellen für ein Klon in Frage kom-

---

[129] www.de.wikipedia.org/wiki/The_Boys_from_Brazil

men."[130] Das Klonen von toten Menschen gilt indes auch in ferner Zukunft noch als technisch kaum realisierbar.

5.3.4 Das widerrechtliche Klonen lebender Menschen

Deutlich problematischer als das Klonen historischer Persönlichkeiten ist das widerrechtliche Klonen lebender Menschen, d. h. die Klonierung eines Menschen ohne dessen Kenntnis bzw. Einwilligung. Die Problematik liegt zum einen darin, dass das Genom eines Menschen auch ohne dessen Einwilligung relativ leicht zu erhalten ist. So heißt es etwa im SF-Film Gattaca diesbezüglich: „Es reicht schon ein Händedruck oder der Speichel vom Bewerbungsformular." In der Tat würde bereits eine stehen gelassene Kaffetasse ausreichen, um das Genom eines Menschen nach erfolgter PCR zu extrahieren. Jenseits der technologischen Seite liegt die ethische Problematik primär darin begründet, dass es sich um einen kriminellen Akt handeln würde, der das Recht auf genetische Selbstbestimmung der betroffenen Person tangiert. Doch zunächst einmal ließe sich die Frage stellen, wer ein Interesse daran haben könnte auf der Basis einer gestohlenen DNA die Klonierung eines Menschen vorzunehmen. Diesbezüglich ließen sich Fälle denken, die sicherlich keine Massenerscheinung darstellen dürften, aber durchaus über ein gewisses Realitätsmaß verfügen. So könnte etwa den pubertären Schreien begeisterter Robbie Williams Fans „Robbie ich will ein Kind von Dir" die klontechnische Realisierung ohne sexuelle Befriedigung des Entertainers folgen.

Sicherlich mögen dies Gedankenspiele sein, da selbige ja weiterhin voraussetzen, dass sich die reproduktive Klontechnik beim Menschen soweit entwickeln lässt, dass sich diese weitgehend risikofrei und von der Kostenseite her einer üblichen IVF-Zeugung vergleichbar einsetzen ließe.

Das Motiv des widerrechtlichen Klonens lebender Menschen findet sich u. a. in Science-Fiction-Filmen wie „The 6th day" und Star Trek. Im Star-Trek-Universum begegnet uns das Klonen vor allem in der Episode „Der Planet der Klone"[131] (TNG) sowie im zehnten Star-Trek-Kinofilm „Nemesis".[132]

Der „Planet der Klone" erzählt die Geschichte der Kolonie Mariposa. Das Schiff der Kolonisten zerbrach und stürzte auf den Planeten. Die fünf Überlebenden

---

[130] www.scinexx.de
[131] Der Planet der Klone, Serie TNG („The Next Generation"), Erstausstrahlung: 22.05.1989, USA, Drehbuch: Melinda M. Snodgrass
[132] Star Trek: Nemesis, USA 2002, Regie: Stuart Baird, Darsteller: Patrick Stewart, Jonathan Frakes, Brent Spiner u. a. Der Titel des Films leitet sich ab vom griechischen Wort Νέμεσις, welches in der griechischen Mythologie die Rachegöttin bezeichnet, welche die herzlos Liebenden bestraft.

der Katastrophe waren alle Wissenschaftler und entschlossen sich zum Klonen. „Damit sollte die Kolonie am Leben gehalten werden, weil man aus einer so kleinen Menge keine natürliche Gesellschaft hervorbringen kann. Nach 300 Jahren hat der replikative Schwund ein Fortfahren nach diesem Prinzip beinahe unmöglich gemacht - in zwei Generationen droht das Ende."[133] Die Kolonisten bitten die Offiziere der Enterprise um Proben ihrer DNA, um dergestalt das Weiterbestehen ihrer Zivilisation zu sichern. Da hierzu kein Mitglied der Besatzung bereit ist, werden die Offiziere Pulaski und Riker betäubt und verschleppt sowie ihre DNA entnommen. „Die beiden erinnern sich an nichts, aber die Ärztin kann später Spuren eines Eingriffs und eine Entnahme finden. Mit Geordi beamen sie ins Klonlabor und vernichten dort die heranreifenden Doppelgänger."[134] Eine Beratung an Bord des Schiffes erörtert die Frage, ob man das Überleben der Kolonisten sichern oder sich für die persönliche Einzigartigkeit in genetischer Hinsicht entscheiden soll. Captain Picard vertritt die Ansicht, dass nur ein natürlicher Reproduktionsprozess den Kolonisten noch helfen kann. Die Kolonisten der Mariposa stimmen am Schluss einer Integration mit einer verwandten Ethnie zu.

Die Episode ist insofern bemerkenswert, als die Tötung der „heranreifenden Doppelgänger" - die längst physische Gestalt angenommen haben - in einer Serie, die sich humanistischen Idealen verpflichtet fühlt, mit Laserwaffen vollzogen wird, ohne dass dieser Akt auch nur problematisiert würde. Das „Recht auf die eigene DNA" wird soweit interpretiert, dass die Tötung menschlicher Klone, die widerrechtlich entstanden sind, als eine Art Notwehr interpretiert wird. Der Tötungsakt erscheint zugleich als Racheakt wie als gewaltsame Befreiung von der tief verunsichernden Frage nach der eigenen Identität angesichts der Existenz von Doppelgängern. Die gewaltsame Lösung der Identitätskrise entzieht sich der ethischen Überprüfung, da sie als eine Art Selbstverteidigung unhinterfragt akzeptiert wird.

Der kritische Geist der Serie, der sich nicht zuletzt auch anhand ihrer Haltung zur Gen- und Biotechnologie zeigt, versagt an dieser Stelle, der genetische Determinismus hat sich der Verfasser der Episode bemächtigt. Der Mensch wird auf die Summe seiner Gene reduziert, die Einzigartigkeit des Menschen umfassend sozial entkleidet und genetisch reduziert. Die Entkleidung führt in ihrer letztendlichen Konsequenz zum „legalen Tötungsakt".

Vergleicht man die Star-Trek-Episode mit „The 6th day", so fällt vor allem eins auf: Zwar ist auch hier der Protagonist durch die Existenz eines Klons tief ver-

---

[133] www.memory-alpha.org/de/wiki/Der_Planet_der_Klone
[134] a.a.O.

unsichert, wobei verschärfend hinzu kommt, dass nicht sein Doppelgänger der Klon ist, sondern - wie sich herausstellt - er selber, die „genetischen Zwillinge" trennen sich jedoch trotz des Aktes des widerrechtlichen Klonens in Freundschaft voneinander, nachdem sie sich gemeinsam gegen ihren Widersacher erfolgreich zur Wehr gesetzt haben.

6 Rechtliche Seite des reproduktiven Klonens bei Tieren

Wir wollen in diesem Abschnitt klären, inwieweit das Klonen von Tieren in Deutschland als rechtlich zulässig bzw. als nicht zulässig zu betrachten ist. Die rechtliche Grundlage hierfür stellt das Tierschutzgesetz (TierSchG) dar, welches das Klonen von Tieren weder in Form des Embryosplitting noch in Gestalt des Zellkerntransfers explizit berücksichtigt.

Unterstellen wir eine artgerechte Ernährung, Pflege und Unterbringung der zu klonenden Tiere sowie deren Möglichkeit, sich artgemäß bewegen zu können, so kommt § 7 TierSchG in Frage, welcher Bestimmungen zu Tierversuchen enthält. Tierversuche im Sinne des TierSchG sind demzufolge „Eingriffe oder Behandlungen zu Versuchszwecken 1. an Tieren, wenn sie mit Schmerzen, Leiden oder Schäden für diese Tiere oder 2. am Erbgut von Tieren, wenn sie mit Schmerzen, Leiden oder Schäden für die erbgutveränderten Tiere oder deren Trägertiere verbunden sein können."[135]

Legt man das Tierschutzgesetz zugrunde, so gelangen wir auf der Basis unserer bisherigen Ausführungen insbesondere zur Klonierungseffizienz zum Ergebnis, dass das Klonen von Tieren unter die Bestimmungen des § 7 Abs. 1 Satz 2 fällt, da es sich a) bei Klonierungsversuchen um Tierversuche handelt, sowie b) diese in das Erbgut von Tieren eingreifen und c) mit Schmerzen, Leiden und Schäden sowohl für die erbgutveränderten Tiere als auch deren Trägertiere verbunden sind. Daher halten wir Klonierungsversuche mittels Kerntransfer für genehmigungspflichtig.

Neben dem § 7 kommt ferner der § 11b TierSchG infrage, der verbietet „Wirbeltiere zu züchten oder durch bio- oder gentechnische Maßnahmen zu verändern, wenn damit gerechnet werden muss, dass bei der Nachzucht, den bio- oder gentechnisch veränderten Tieren selbst oder deren Nachkommen erblich bedingte Körperteile oder Organe für den artgemäßen Gebrauch fehlen oder untauglich

---

[135] www.bundesrecht.juris.de/tierschg

oder umgestaltet sind und hierdurch Schmerzen, Leiden oder Schäden auftreten."[136]
Da auf der Basis unseres aktuellen Wissens nicht ausgeschlossen werden kann, dass die von uns aufgeführten Schäden (siehe Kap. 2.6) in der weiteren Züchtung Bestand haben, ließe sich unseres Erachtens das Klonen von Tieren auch durch den § 11b TierSchG einschränken. Da hier die sogenannte Nachzucht geregelt wird, träfe dieser dann zu, wenn die entsprechenden bio- oder gentechnischen Maßnahmen „Praxisreife erreicht haben und beispielsweise bei der Produktion und Züchtung landwirtschaftlicher Nutztiere eingesetzt würden."[137]
Es wäre nunmehr die Frage zu stellen, ob ein gemäß § 7 und/oder § 11b TierSchG erfolgtes Klonierungsverbot oder eine Klonierungseinschränkung bei Tieren als verfassungswidrig einzuschätzen ist. „Aus verfassungsrechtlicher Sicht würde ein Klonierungsverbot die Grundrechte des Forschenden und der Berufstätigen aus Art. 5 Abs 3 (Forschungsfreiheit) und Art. 12 Abs. 1 GG (Berufsfreiheit) verletzen. Ein Klonierungsverbot oder sonstige Beschränkungen des Klonens würden ebenso einen Eingriff in die verfassungsrechtlich garantierte Wissenschaftsfreiheit darstellen."[138]
Es ergibt sich somit die Frage, ob eine verfassungsimmanente Schranke existiert, die ein Klonierungsverbot bzw. eine Klonierungseinschränkung bei Tieren rechtfertigen könnte, da es sich ja sonst um eine Grundrechtsverletzung handeln würde. Eine solche verfassungsimmanente Schranke gibt es. „Am 26. Juli 2002 wurde im Plenum des Bundestages das Staatsziel Tierschutz im Grundgesetz verankert, nachdem dies 2000 noch abgelehnt worden war."[139] Artikel 20a Grundgesetz lautet: „Der Staat schützt auch in Verantwortung für die künftigen Generationen die natürlichen Lebensgrundlagen und die Tiere im Rahmen der verfassungsmäßigen Ordnung durch die Gesetzgebung und nach Maßgabe von Gesetz und Recht durch die vollziehende Gewalt und die Rechtsprechung."[140]
Zwar mag die Verankerung des Tierschutzes im Grundgesetz bislang ohne größere rechtspolitische Bedeutung geblieben sein, dem Tierschutz kommt dadurch jedoch Verfassungsrang zu und ist gemäß Art. 74 Abs. 1 Nr. 20 GG ein Rechtsbereich der konkurrierenden Gesetzgebung geworden, d. h. macht der Bund von seinem Gesetzgebungsrecht auf diesem Feld Gebrauch, können die Länder grundsätzlich keine Gesetze mehr erlassen.

---

[136]   www.bundesrecht.juris.de/tierschg
[137]   www.tab.fzk.de/de/projekt/zusammenfassung/ab65.htm
[138]   a.a.O.
[139]   www.de.wikipedia.org/wiki/Tierschutzgesetz
[140]   Zitiert nach: www.bundesrecht.juris.de/gg/art_20a.html

Fassen wir unsere Ergebnisse zusammen, so gelangen wir zu dem Schluss, dass ein Klonierungsverbot oder eine Klonierungseinschränkung bei Tieren auf Bundesebene auf der Basis von § 7 und/oder § 11b TierSchG grundsätzlich möglich wäre, da die Verankerung des Tierschutzes im Grundgesetz eine verfassungsimmanente Schranke für das Grundrecht der Forschungsfreiheit darstellt.

7 Rechtliche Seite des reproduktiven Klonens beim Menschen

Es besteht derzeit ein weltweiter Konsens dahingehend, dass das reproduktive Klonen von Menschen zu ächten ist und verboten werden sollte.

Eine UNO-Debatte über das Klonen von Menschen führte jedoch nicht zu einer entsprechenden Konvention, da der Antrag Costa Ricas, welcher zugleich ein Verbot des reproduktiven wie des therapeutischen Klonens vorsah, die erforderliche Zweidrittelmehrheit nicht erhielt. Der Vorschlag Belgiens, das reproduktive Klonen zu verbieten, die Regulierung des therapeutischen Klonens hingegen den einzelnen Staaten zu überlassen, fand indes ebenfalls keine Mehrheit.

Nach jahrelangen strittigen Debatten verabschiedete der Rechtsausschuss der UNO schließlich am 18. Februar 2005 eine Deklaration gegen das Klonen, die jedoch rechtlich nicht bindend ist. Die Deklaration lautet: „a) Die Mitgliedsstaaten sind aufgerufen, alle notwendigen Maßnahmen zu ergreifen, um das menschliche Leben in den Anwendungen der Lebenswissenschaften ausreichend zu schützen. b) Die Mitgliedsstaaten sind aufgerufen alle Formen des Klonens zu verbieten, weil sie unvereinbar mit der Menschenwürde und dem Schutz des menschlichen Lebens sind."[141]

Für die Deklaration stimmten in der finalen Abstimmung 71 Länder, dagegen votierten 35 Länder. Obwohl ein weltweiter Konsens gegen das reproduktive Klonen von Menschen existiert, scheitert das Zustandekommen einer rechtlich bindenden, über Sanktionsmaßnahmen verfügenden Konvention stets am Dissens bezüglich des therapeutischen Klonens. So erklärten Großbritannien, Belgien, China, Japan, Finnland und Schweden bereits unmittelbar nach der Abstimmung, „dass sie sich nicht an die Deklaration gebunden fühlen und gemäß den gesetzlichen Regelungen in ihren Ländern das sogenannte therapeutische Klonen fortsetzen."[142]

Bereits im Jahr 1997 hat die UNESCO eine Deklaration bezüglich des menschlichen Genoms und der Menschenwürde verabschiedet. Der Artikel 11 der

---

[141] Zitiert nach: www.cloning.ch
[142] www.cloning.ch/cloning/staatlich/eu.html

„Universal Declaration On The Human Genome And Human Rights" lautet: „Praktiken, die der Menschenwürde entgegenstehen, wie das reproduktive Klonen von menschlichen Lebewesen, sollen nicht erlaubt sein. Die Staaten und die kompetenten internationalen Organisationen sind zur Kooperation eingeladen, um solche Praktiken zu identifizieren und auf nationaler und internationaler Ebene Maßnahmen zu ergreifen, welche garantieren, dass die in der Deklaration aufgestellten Prinzipien respektiert werden."[143]

Auch die Charta der Grundrechte der Europäischen Union (CGREU) enthält ein eindeutiges Verbot des reproduktiven Klonens. Der Artikel 3 „Recht auf Unversehrtheit" der Charta lautet: „(1) Jede Person hat das Recht auf körperliche und geistige Unversehrtheit. (2) Im Rahmen der Medizin und der Biologie muss insbesondere Folgendes beachtet werden: - die freie Einwilligung der betroffenen Person nach vorheriger Aufklärung entsprechend den gesetzlich festgelegten Modalitäten; - das Verbot eugenischer Praktiken, insbesondere derjenigen, welche die Selektion von Personen zum Ziel haben; - das Verbot, den menschlichen Körper und Teile davon als solche zur Erzielung von Gewinnen zu nutzen; - das Verbot des reproduktiven Klonens von Menschen."[144]

Der Europarat mit Sitz in Straßburg verabschiedete im Jahr 1997 eine Bioethik-Konvention sowie im darauffolgenden Jahr ein Zusatzprotokoll über das sogenannte Klonverbot. Für die Unterzeichnerstaaten ist die Bioethik-Konvention sowie das Zusatzprotokoll völkerrechtlich bindend. Der Artikel 1 des Zusatzprotokolls zur Bioethik-Konvention lautet: „1. Verboten ist jede Intervention, die darauf gerichtet ist, ein menschliches Lebewesen zu zeugen, das mit einem anderen lebenden oder toten menschlichen Lebewesen identisch ist. 2. Im Sinne dieses Artikels bedeutet der Ausdruck ‚menschliches Lebewesen, das mit einem anderen menschlichen Lebewesen genetisch identisch ist' ein menschliches Lebewesen, das mit einem anderen menschlichen Lebewesen dasselbe Kerngenom hat."[145]

In Deutschland ist das reproduktive Klonen gemäß § 6 des Embryonenschutzgesetzes strafbar. Der § 6 lautet: „(1) Wer künstlich bewirkt, dass ein menschlicher Embryo mit der gleichen Erbinformation wie ein anderer Embryo, ein Foetus, ein Mensch oder ein Verstorbener entsteht, wird mit Freiheitsstrafe bis zu fünf Jahren oder mit Geldstrafe bestraft. (2) Ebenso wird bestraft, wer einen in Ab-

---

[143] Zitiert nach: www.cloning.ch/cloning/staatlich/eu.html
[144] Zitiert nach: Jens Kersten: Das Klonen von Menschen. Eine verfassungs-, europa- und völkerrechtliche Kritik, Tübingen 2004, S. 91
[145] Zitiert nach: www.cloning.ch/cloning/staatlich/eu.html

satz 1 bezeichneten Embryo auf eine Frau überträgt. (3) Der Versuch ist strafbar."[146]

8 Die ethische Diskussion des reproduktiven Klonens bei Tieren

Es werden im Wesentlichen folgende Argumente gegen das reproduktive Klonen von Tieren vorgebracht.

Erstens: Klonen verstärkt die Objektivierung der Tiere.
Primäres Ziel des Klonens ist die serienweise Produktion von Tieren, die über besondere Eigenschaften verfügen. Diese spezifischen Merkmale liegen nicht im Interesse der Tiere, sondern folgen zumeist wirtschaftlichen oder sonstigen Zwecken des Menschen. Der Grad der Ausnutzung von Tieren erhöht sich, da diese als reine „Proteinfabriken oder Ersatzteillager herhalten"[147] müssen.

Zweitens: Klonen bedeutet Schmerzen, Leiden und gesundheitliche Schäden bei Tieren.
Legt man die Anzahl der Fehlversuche zu Grunde, die derzeit für die Produktion eines geklonten Tieres erforderlich ist, so wird das Maß der Schmerzen und des Leidens der Tiere deutlich. Darüber hinaus scheinen geklonte Tiere gesundheitlich beeinträchtigt zu sein. So ist zumindest der Verdacht nicht entkräftet, dass diese krankheitsanfälliger sind, schneller altern sowie „generell unter einem geschwächten Immunsystem leiden".[148] Da geklonte Tiere in erhöhtem Maße keimfrei gehalten werden müssen, lässt sich ferner eine tiergerechte Haltung nicht realisieren.

Drittens: Klonen führt generell zu mehr genmanipulierten Tieren.
Lassen sich beliebige Tiere serienweise reproduzieren, so wird die Anzahl der genmanipulierten Tiere ansteigen. Gentechnik und Klonen sind dergestalt betrachtet bei der Tierzucht eng miteinander verkoppelt.

Viertens: Klonen verletzt die Würde der Kreatur sowie den Eigenwert des Tieres.
Das Klonen von Tieren ist mit traditioneller Züchtung nicht vergleichbar, da Tiere in einem Maße verändert werden können, wie dies mit herkömmlichen Methoden nicht realisierbar ist. Mit Hilfe des Klonens lässt sich die genetische Identität der Tiere derart gezielt verändern, dass der Eigenwert des Tieres als solcher und die Würde der Kreatur an sich verletzt ist.

---

[146] Zitiert nach: www.bundesrecht.juris.de/eschg
[147] Bundesverband der Tierversuchsgegner, a.a.O.
[148] Bundesverband der Tierversuchsgegner, a.a.O.

Fünftens: Klonen bewirkt den Verlust der genetischen Vielfalt.
Das Klonen von Tieren führt zu einer Einschränkung der genetischen Vielfalt. „Schon heute sind durch die weit verbreitete Anwendung der Reproduktionstechnologien bei Tieren etliche Haustierrassen ausgestorben oder vom Aussterben bedroht. Dieser Trend wird durch Klonen verstärkt."[149] Beschränkungen für den Handel mit Sperma, Eizellen und Embryonen geklonter Tiere existieren nicht. Das Erbgut von Bullen wird bereits massenhaft und weltweit gehandelt, so dass bereits „Bullen mit mehr als einer Million Nachkommen"[150] existieren. Gen- und Reproduktionstechnologien werden diesen Trend weiter forcieren. So ist z. B. der Spermienreichtum einiger Tiere bereits sehr begrenzt und instabil.[151]

Sechstens: Das Klonen von Tieren gefährdet die Lebensmittelversorgung und die Lebensmittelsicherheit.
Setzen sich Techniken zum Klonen von Tieren massenhaft durch, so bedeutet dies die Existenz großer Herden von Tieren mit geringer genetischer Variabilität. Solche Herden sind deutlich anfälliger für Krankheiten und Erreger, so dass sich Tierseuchen wesentlich schneller verbreiten können.
Milch und Fleisch geklonter Tiere werden, in dem Maße wie diese sich verbreiten, letztendlich auch in die Nahrungskette des Menschen gelangen, da Produktions- und Verarbeitungswege nicht hundertprozentig sicher zu trennen sind.

Siebtens: Das Klonen von Tieren führt unweigerlich zum Klonen des Menschen.
Insbesondere das Klonen von höheren Säugetieren bringt uns dem Klonen des Menschen einen deutlichen Schritt näher. Die Technologiegeschichte der Reproduktionstechnologien belegt mit Entwicklungen wie die der künstlichen Befruchtung und der In-vitro-Fertilisation, dass Anwendungen beim Tier häufig auf den Menschen übertragen werden.

9 Die ethische Diskussion des reproduktiven Klonens beim Menschen

Wir wollen im Folgenden die Risiken des reproduktiven Klonens beim Menschen aus bioethischer Sichtweise thematisieren sowie die Argumente, welche in der öffentlichen Debatte geäußert werden, einer kritischen Überprüfung unterziehen.[152]

---

[149] Bundesverband der Tierversuchsgegner, a.a.O.
[150] www.gen-ethisches-netzwerk.de/GID181_idel
[151] a.a.O.
[152] Zur folgenden Argumentation siehe vor allem: Bundesverband der Tierversuchsgegner - Menschen für Tierrechte e. V.: Stellungnahme zum Klonen von Tieren (Juli 1998), online unter: www.tierrechte.de

Voranschicken wollen wir, dass wir das reproduktive Klonen für nicht vertretbar und ethisch inakzeptabel halten, insofern es sich um Menschenversuche handelt, die nicht zu legitimieren sind. Die Begründung hierfür ergibt sich aus unseren bisherigen Ausführungen. Tierversuche alleine - auch wenn diese in den kommenden Jahren deutlich bessere Ergebnisse erzielen werden - reichen nicht aus, um reproduktive Verfahren sicher auf den Menschen zu übertragen. Bereits das Klonen verschiedener Tierarten hat gezeigt hat, dass „die Gefahren des Klonens für die embryonale und postnatale Entwicklung speziesabhängig, schlecht verstanden und nicht voraussagbar"[153] sind. Menschenversuche wären demnach erforderlich bis entsprechende Techniken auch nur ein gewisses Maß an Effizienz erreichen würden. In dieser Phase und auch noch weit darüber hinaus bestünden hohe Risiken für die Schwangere wie für das Kind. Das reproduktive Klonen des Menschen - so lässt sich vermuten - wäre mit einer großen Anzahl erfolgloser Schwangerschaften, mit Fehlgeburten sowie mit der Geburt von Kindern verbunden, die unter schweren Wachstumsstörungen und gravierenden Fehlbildungen leiden würden. Nicht auszuschließen ist ferner, dass derartige gesundheitliche Schäden an kommende Generationen weitervererbt werden.

Einer Position, wie sie etwa von Dan Brock geäußert wird, dass Klonen zum gegenwärtigen Zeitpunkt bzw. bis auf Weiteres abzulehnen sei, aber dass sich aus dem gesundheitlichen Risiko „kein dauerhaftes Verbot des reproduktiven Klonens"[154] ableiten ließe, können wir nicht zustimmen, da sie zum einen darauf hinausliefe die „Experimentierphase" still schweigend zu dulden, indem man die erforderlichen Menschenexperimente etwa an das Ausland delegiert und zum anderen verkennt, dass selbst bei einem deutlich verbesserten Stand der Technik die Gefahren für die Schwangere wie für das Kind enorm hoch sein werden. Dan Brock, der - wie wir noch sehen werden - den Kritikern des reproduktiven Klonens berechtigt genetischen Determinismus vorwirft, reproduziert seinerseits die Ansicht des genetischen Reduktionismus, da er die Komplexität des Prozesses aufgrund seiner immanenten Problemlagen verkennt. Auch bei einer qualitativ verbesserten Technik werden gravierende gesundheitliche Folgen für den Klon, die sich z. B. erst im weiteren Lebensverlauf zeigen, perspektivisch nicht auszuschließen sein.

In gewisser Hinsicht wäre damit bereits die ethische Bewertung des reproduktiven Klonens zum Abschluss gelangt; wir wollen uns jedoch jenseits des gesundheitlichen Sachverhalts, der ein zentraler Aspekt der Menschenwürde darstellt, mit weiteren Argumenten kritisch auseinandersetzen, die in der Debatte

---

[153] Beschluss der Bioethikkommission beim Bundeskanzleramt vom 12. Februar 2003
[154] Dan W. Brock: Auch ein Klon ist frei geboren, Die Zeit 19.08.2004

zur Sprache kommen. Unterschieden werden soll dabei zwischen Argumenten, die individuelle Schäden attestieren sowie Begründungen gegen das reproduktive Klonen, die auf gesellschaftliche Risiken fokussieren.

9.1 Individuelle Schäden für das geklonte Individuum

Hinsichtlich der individuellen Schäden für den Klon werden im Wesentlichen folgende Sachverhalte thematisiert:

* Die Verletzung der Menschenwürde des Klons
* Das Recht des Individuums auf (genetische) Identität
* Das Recht des Individuums auf Nichtwissen
* Das Recht des Individuums auf eine offene Zukunft.

Aus der Sichtweise der Antagonisten des reproduktiven Klonens von Menschen wird gegen diese drei elementaren Rechtspositionen auf fundamentale Weise verstoßen.

9.1.1 Das Recht des Individuums auf Menschenwürde

Die Idee der Menschenwürde gründet in der Vorstellung, „dass jeder Mensch aufgrund seiner bloßen Existenz einen schützenwerten Wert besitzt."[155] Die Menschenwürde hat ihre Wurzeln in der antiken Philosophie, im Christentum sowie in der Aufklärung. Zu den religiösen Ursprüngen zählt u. a. die Vorstellung von der Gottesebenbildlichkeit des Menschen - wie sie in der Genesis[156] formuliert wird - zu den Ursprüngen in der antiken Philosophie gehört der Gedanke der Brüderlichkeit, zu den Quellen in der Aufklärung die Konzeption von der Freiheit und Gleichheit jedes einzelnen Menschen. Die normative Ausgestaltung der Menschenwürde kann dabei je nach der zugrundegelegten weltanschaulichen Richtung höchst unterschiedlich ausfallen.

Folgt man der Tradition der Aufklärung, so ließe sich z. B. anführen, dass der Selbstwert bzw. der Selbstzweckcharakter des Menschen seine Instrumentalisierung verbietet. Das Klonen - so sehen es viele Kritiker - würde gegen dieses Verbot verstoßen, insofern „es einen Menschen sowohl hinsichtlich seines Daseins als auch seines Soseins Zwecken unterwirft, die von außen an ihn herangetragen werden."[157]

---

[155] www.de.wikipedia.org/wiki/Menschenwürde
[156] Genesis 1,27: „Und Gott schuf den Menschen zu seinem Bilde, zum Bilde Gottes schuf er ihn; und schuf sie als Mann und Frau."
[157] Beschluss der Bioethikkommission beim Bundeskanzleramt vom 12. Februar 2003

Eine derartige Kritik läuft auf die Gefahr hinaus, die Zeugung als solche zu verklären. Sie unterstellt unhinterfragt, dass Kinder, die „natürlich gezeugt" werden stets „aus Liebe gezeugt" sind. Ein Kind, welches geboren wird, weil es so sehr als eine Bereicherung für das eigene Leben gewünscht wird, ist dieses hinsichtlich seines Daseins etwa nicht instrumentalisiert worden? Ein Kind, welches gezeugt wird, weil daran die Hoffnung geknüpft wird, dass es der Ehe wieder einen Sinn gibt, ist dieses als Selbstzweck gezeugt worden? Es mag sehr viele Gründe geben ein Kind zu zeugen - z. B. damit es einen familiären „Stammhalter" gibt - sind diese Motive nicht alle Fremdsetzungen? Liefe eine solche Position nicht letztendlich darauf hinaus, dass nur ein Kind, welches gezeugt wurde, weil das Kondom geplatzt ist oder die Pille versagt hat ein nicht instrumentalisiertes Kind ist, da in diesem Fall eine vorherige Reflexion, ob überhaupt Kinder, warum Kinder und wann Kinder nicht stattgefunden hat?

Aus ethischer Sichtweise sind unseres Erachtens die jeweiligen Motive des Klonens - ob es sich z. B. um eine reproduktive oder um eine medizinische Anwendung handelt -sowie der jeweilige konkrete Fall (siehe Kap. 5.1 und Kap. 5.2) differenziert zu bewerten.

Betrachten wir z. B. den Fall des Klonens zwecks Organ- bzw. Gewebespende für das Erstgeborene (Kap. 5.2.2). Für die Kritiker des reproduktiven Klonens stellt dieser Fall einen eindeutigen Verstoß gegen die Menschenwürde dar, insofern hier das Instrumentalisierungsverbot bzw. das Gebot des menschlichen Selbstzweckcharakters verletzt wird. Zu prüfen wäre indes auch, ob ein konkreter Schaden für den Klon nachweisbar ist. Im Falle einer Nierenspende lege ein solcher gesundheitlicher Schaden vor, im Falle einer Knochenmark- bzw. Hautspende wäre der medizinische Eingriff nicht mit einem gravierenden bzw. irreparablen Schaden bezüglich der Gesundheit des Klons verbunden. Da zugleich mit einer solchen Spende Leben gerettet wird, müssten sich andere relevante Einwände finden lassen. Da im Sinne der Menschenwürde Gesundheit ein Zustand körperlichen, geistigen als auch sozialen Wohlbefindens ist, ließe sich einwenden, dass psychische Schäden nicht auszuschließen sind, wenn das Kind als Antwort auf die Frage, warum es geboren wurde, die Auskunft erhielte, „um deine ältere Schwester zu retten". Doch es ist bei sensibel vorgehenden Eltern kaum davon auszugehen, dass das Kind sich zurückgesetzt fühlen würde. Die Eltern könnten dem Kind z. B. verdeutlichen, wie wichtig er/sie für jemand anderen in seinem Leben bereits war und dass er/sie darauf stolz sein kann und dass sie den Nachgeborenen selbstverständlich genau so lieben.

Die Problematisierung der Gewebespende würde auch unterstellen, dass es in vielen anderen „natürlichen Fällen" keine Vermittlungsarbeit zu leisten gibt. So könnte es sich z. B. bei einem Kind um einen „Nachzügler" handeln. Die Eltern könnten auf seine Frage bezüglich seiner Geburt ehrlicherweise antworten: „Eigentlich wollten wir keine weiteren Kinder mehr. Wir sind nicht davon ausgegangen, dass wir noch welche bekommen." Auch in diesem Fall könnte das Kind erst erschreckt denken: „Was ihr wolltet mich nicht?" Entscheidend ist aber letztendlich, wie die Eltern darauf reagieren und nicht zuletzt, wie sehr sie bereits zuvor dem Kind ihre Liebe bewiesen haben, damit es nicht zu einer psychischen Störung kommt.

Bezüglich der Menschenwürde ließe sich ferner geltend machen, dass ein geklontes Kind Diskriminierungen ausgesetzt sein könnte. Der Diskriminierungsvorbehalt wird auch vom Spielfilm „Blueprint" drastisch in Szene gesetzt, als die Tochter Sirin sich am Ende eines Klavierkonzerts einen „Judenstern" mit der Aufschrift „Klon" ans Kleid heftet. Doch der konkrete argumentative Nachweis, dass Klone Menschen zweiter Klasse bzw. gesellschaftlichen Diskriminierungen ausgesetzt wären, gelingt den Antagonisten des reproduktiven Klonens nicht. Schließlich wurden die gleichen Argumente schon einmal gegen die Zeugung in vitro vorgetragen. Bislang gibt es aber keinerlei Belege dafür, dass sogenannte Retortenbabys diskriminiert würden. Seit Louise Brown am 25. Juli 1978 in Oldham bei Manchester als erstes Retortenbaby geboren wurde sind nicht nur 30 Jahre vergangen, es wurden weltweit bislang mehr als drei Millionen Kinder[158] künstlich gezeugt. Zwar mag Louise Brown als öffentlichkeitsscheu gelten, aber vielleicht liegt das nur daran, dass sie nicht gerne Interviews gibt. Am 4. September 2004 heiratete Louise Brown und bekam am 21. Dezember 2006 ein Kind auf „natürlichem" Wege nach „natürlicher" Befruchtung.

Das Recht auf Fortpflanzung müsste selbstverständlich auch dem Klon zustehen. Seine Fortpflanzungsmöglichkeit dürfte z. B. nicht dadurch beeinträchtigt sein, dass sein Genom von einer adulten Körperzelle abstammt, „deren genetische Qualität gegenüber Keimbahnzellen tendenziell schlechter ist"[159]. An dieser Stelle wären wir allerdings wieder bei gesundheitlichen Aspekten angelangt, den einzigen Gründen gegen das reproduktive Klonen von Menschen, denen wir bislang widerspruchslos zugestimmt haben.

Bezüglich der Menschenwürde ließe sich noch mit dem Sosein eines Menschen argumentieren, was im „1. Zusatzprotokoll zum Übereinkommen über Menschenrechte und Biomedizin"[160] des Europarates über das Verbot des Klonens von menschlichen Lebewesen geschieht. In der entsprechenden Passage heißt

[158] WAZ, 25.07.2008
[159] www.dieuniversitaet-online.at/dossiers/beitrag/news/angriff-auf-die-menschenwurde/81.html
[160] www.bmj.bund.de/media/archive/847.pdf

es, dass „die Instrumentalisierung menschlicher Lebewesen durch die bewusste Erzeugung genetisch identischer menschlicher Lebewesen gegen die Menschenrechte verstößt und somit einen Missbrauch von Biologie und Medizin darstellt."[161]

Analysiert man die Argumentation des Europarates, so folgt daraus, dass die Würde des Menschen in der Einmaligkeit seiner genetischen Ausstattung liegt. Diese Ansicht ist schon allein deshalb unhaltbar, da man auf diese Weise dem aus natürlicher Mehrlingsbildung entstandenen Menschen seine Menschenwürde absprechen würde. Sollte trotz aller Verbote des Klonens ein geklonter Mensch entstehen, so hätte dieser per definitionem schon die gleiche Würde wie jeder andere Mensch auch.[162]

9.1.2 Das Recht des Individuums auf (genetische) Identität

Selbst wenn - wie wir soeben festgestellt haben - eineiige Zwillinge nicht in das Recht kämen, über ein einmaliges Genom zu verfügen, wäre dennoch die Frage legitim, ob es ein individuelles Recht auf Identität gibt, das zumindest nicht absichtlich verletzt werden dürfte.

Akzeptiert man unsere bisherigen Ausführungen, dass die Kopie eines Menschen[163] überhaupt nicht möglich ist, insofern sich seine Persönlichkeit nicht kopieren lässt[164], dass Individualität und Identität des Menschen in keiner Weise in seiner genetischen Ausstattung aufgehen, dass Epigenetik, Sozialisationseffekte und Umweltwirkungen qualitativ deutlich größere Differenzen zwischen einem Menschen und seinem Klon als zwischen eineiigen Zwillingen bewirken würden, bleibt die Frage offen, was die Einmaligkeit eines Menschen bzw. seine Identität ausmachen soll. „Das gleiche Genom wie ein anderes Wesen zu besitzen, das könnte ja nur dann die Identität gefährden, wenn wir den rohesten genetischen Determinismus voraussetzten dem zufolge die Gene eines Individuums vollständig und wesentlich dessen Eigenschaften bestimmen würden, seine Biografie eingeschlossen."[165]

---

[161] Zitiert nach: www.bmj.bund.de/media/archive/847.pdf
[162] Albin Eser, Wolfgang Frühwald, Ludger Honnefelder, Hubert Markl u.a.: Klonierung beim Menschen. Biologische Grundlagen und ethisch-rechtliche Bewertung, Pressedokumentationen des Bundesministeriums für Bildung, Wissenschaft, Forschung und Technologie, Bonn 1997, S. 8
[163] Insofern vermitteln Filme wie „Blueprint" ein völlig falsches Bewusstsein, da dieser z. B. schon vom Titel her eine „Blaupausen-Kopie" des Menschen unterstellt.
[164] Filme wie „The 6th day" vermitteln einen solchen Eindruck und schüren damit unbewusst Ängste, dass mit dem Klonen ein Identitätsverlust einherginge, da von der (fiktiven) technologischen Seite her hier die Persönlichkeit mit kopiert werden kann.
[165] Dan W. Brock: Auch ein Klon ist frei geboren, Die Zeit 19.08.2004

Da mittlerweile auch die Antagonisten des reproduktiven Klonens erkannt haben, dass sie mit dem Argument des Rechts auf ein unwiederholbares Genom Opfer des genetischen Determinismus geworden sind und sich auf biologistischen Pfaden bewegen, haben sie ihr Argument modifiziert und sprechen nunmehr vom „Recht auf zweifache biologische Kindschaft". Der Akt der Zeugung in Gestalt des Zellkerntransfers verletze das Recht des Menschen „auf ein gegenüber demjenigen seiner Eltern neues Genom".[166] Hier läge auch der Unterschied zum eineiigen Zwilling, der zwar dasselbe Genom besitze wie seine Geschwister, bei dem aber das Recht auf doppelte Abstammung gewahrt bleibe. „Der Vater oder die Mutter eines Klons ist biologisch gesehen sein Bruder oder seine Schwester. Die biologischen Eltern des Klons sind, sieht man von dem genetischen Material im Körper der mütterlichen Eizelle ab, seine Großeltern väterlicher- oder mütterlicherseits."[167]

Das Argument ist zunächst einmal rein sachlich betrachtet falsch, insofern der Vater oder die Mutter eines Klons genetisch betrachtet keineswegs sein Bruder oder seine Schwester sein muss. Es zeigt sich an dieser Stelle erneut, wie stark unsere Argumentation in real life bereits durch Science-Fiction-Szenarien geprägt ist. Die von uns aufgeführten Fälle des Klonens (siehe Kap. 5.1.1, 5.1.2, 5.1.3, 5.1.4 und 5.2.2) bei denen zwar kein „unwiederholbares" Genom, aber ein neues Genom verglichen mit demjenigen der Eltern vorliegt, werden per definitionem erst gar nicht zum Klonen gezählt.

In der Postmoderne droht eine zweifache soziale Kindschaft, die eherne Gültigkeit zu besitzen schien, nahezu zur Randexistenz zu werden. Patchworkfamilien als Pendant brüchiger Biografien und unsicherer Lebenslagen sind zur Alltagsrealität von Kindern geworden. Eine derartige Entwicklung dürfte zwar mit hohen psychischen Belastungen für Kinder - insbesondere in elterlichen Trennungsphasen - einhergehen. Die Verteidigung eines „Rechtes auf zweifache biologische Kindschaft" erscheint angesichts dieser Tendenzen indes als ein Versuch Sicherheiten auf biologischem Boden wieder zu gewinnen oder zumindest nicht auch noch preisgeben zu wollen, die auf sozialem Terrain längst verloren sind.

Im Unterschied zur zweifachen sozialen Kindschaft, für die aus kindlicher Interessenssicht Vieles sprechen mag, gelingt es den Verfechtern der zweifachen biologischen Kindschaft nicht, hierfür zwingende Gründe geltend zu machen. Weder ist der mit der natürlichen Zeugung verbundene genetische Zufall ein ethischer Wert an sich, noch stellt das Verbot des Klonens den „größtmöglichen

---

[166] www.science.orf.at/science/koertner/144860
[167] www.dieuniversitaet-online.at/dossiers/beitrag/news/angriff-auf-die-menschenwurde/81.html

Schutz vor der Manipulation menschlicher Abstammung"[168] dar. Diese Position ist insofern nicht haltbar, da das Klonen ja gerade eine (weitgehende) genetische Duplizierung bedeutet und eben keinen genetisch-modifizierenden Eingriff im engeren Sinne. Das Argument des größtmöglichen Schutzes vor der Manipulation menschlicher Abstammung ließe sich gegen die IVF, die Reagenzglaszeugung, anführen, insofern sie Tür und Tor für eine potentielle genetische Manipulation in Gestalt etwa von „Designerbabies" geöffnet hat. Doch dieser mögliche „Dammbruch" ist nicht mit dem Klonen von Menschen verbunden und bereits längst zur Realität geworden.

Angeführt wird schließlich noch das Argument, dass die genetisch bedingte Natur eine konstitutive Bedingung der Entfaltung menschlichen Selbstseins ist. Dies trifft sicherlich zu - insofern ist selbige auch ein schützenswertes Gut - aber es beabsichtigt ja niemand einen Menschen zu zeugen, der „genomlos" ist.

9.1.3 Das Recht des Individuums auf Nichtwissen

Das Recht des Individuums auf Nichtwissen, so argumentiert Hans Jonas, wäre durch den Akt des Klonens tangiert, insofern dieser im Unterschied etwa zum „echten Zwilling" ein Vorgang der Nichtgleichzeitigkeit darstellt, welcher sich „gänzlich zum Nachteil des Klons"[169] auswirkt.

Im deutschen Recht bedeutet „informationelle Selbstbestimmung" das Recht des Einzelnen jederzeit über die Preisgabe und Verwendung seiner personenbezogenen Daten selber zu bestimmen. Dieses Recht auf informationelle Selbstbestimmung, welches natürlich auch dem geklonten Menschen zugestanden werden muss, werde dadurch verletzt - so ließe sich argumentieren -, dass der Klon durch den Vorausgeborenen zwangsweise Dinge über sich erfährt, die er eventuell gar nicht wissen will. Im extremsten Fall wäre dieser Tatbestand etwa bei spätmanifestierenden Krankheiten gegeben. Auch dieses Argument müsste indes fallbezogen überprüft werden, beim Klonen eines gestorbenen Kindes dürfte es z. B. wohl kaum zutreffen.

Im Unterschied zu den bisherigen Darlegungen, sehen wir indes nicht, wie sich dieses Argument entkräften ließe. Es wäre in diesem Falle zu fragen, ob diese Rechteverletzung für derart gravierend zu betrachten ist, dass sie als schwerwiegend genug erscheint, um ein generelles Verbot des reproduktiven Klonens beim Menschen zu rechtfertigen.

---

[168]   www.dieuniversitaet-online.at/dossiers/beitrag/news/angriff-auf-die-menschenwurde/81.html
[169]   Hans Jonas: Technik, Medizin und Ethik. Zur Praxis des Prinzips Verantwortung, Frankfurt a. M. 1985, S. 189

9.1.4 Das Recht des Individuums auf eine offene Zukunft

Betrachten wir die Problematik des Rechts auf eine offene Zukunft am Beispiel des Spielfilms „Blueprint", so wird deutlich, dass der Fall des „narzistischen Klonens" in der Tat die Frage aufwirft, ob hier nicht das Recht des Individuums auf eine offene Zukunft gravierend tangiert wird. Leider argumentiert auch Dan Brock nicht fallbezogen, so dass seine Gegenargumentation, der spätere Zwilling werde nicht an der freien Wahl seines Lebensweges gehindert, bei diesem Fall nicht zutrifft. Solange der geklonte Mensch bei diesem Fallbeispiel nicht volljährig ist, wäre von einer extremen Einschränkung seiner Autonomie auszugehen.

Betrachten wir indes alle weiteren von uns aufgeführten potentiellen Anwendungsfälle, so dürfte der Fall des Klonens mit der Zwecksetzung durch eine genetische Kopie der eigenen Person potentiell unsterblich zu werden einen pathologischen Ausnahmefall darstellen.

Spielfilme wie „Blueprint" haben indes mit dazu geführt, dass generell alle möglichen Wünsche vom Klonieren Gebrauch zu machen im Sinne eines pars pro toto Denkens dem Verdacht des Pathologischen ausgesetzt sind.

Beim Fall des „narzistischen Klonens" greift auch das Argument von Hans Jonas, welches Dan Brock sträflich ignoriert: Es mache keinen Jota aus, so der deutsche Philosoph, wie relevant der Genotyp wirklich ist, entscheidend sei, dass er Macht über das Schicksal habe „durch die Vorstellungen, die bei der Klonierung Pate standen, und die durch ihren Einfluss auf alle Beteiligten eine Macht für sich werden."[170]

Eine Kritik des genetischen Determinismus wie bei Dan Brock greift zu kurz, wenn diese lediglich darauf verweist, dass die Grundannahmen des Biologismus nicht haltbar sind, da sie übersieht, dass die Alltagsmächtigkeit des genetischen Reduktionismus - wie die Macht der Eugenik auch - nicht aus der Wissenschaftlichkeit resultiert und folglich auch nicht an Nichtwissenschaftlichkeit scheitert, sondern sich vielmehr aus ihrem Einfluss auf das individuelle wie gesellschaftliche Bewusstsein ergibt. Insofern ist die soziale Realität der Gen- und Biotechnologien auch ein Konstruktionsprozess.

Wie wichtig dieser Gedanke von Hans Jonas auch sein mag, die Nichtbereitschaft das eigene Denken in den Kategorien des genetischen Reduktionismus zu korrigieren, ist stets interessegeleitet und im Fall des „narzistischen Klonens" selbst Ausdruck der psychopathologischen Konstitution des machtbesessenen Klonpaten. Bei allen anderen Klonfällen mag das biologistische Denken anfangs

---

[170] Hans Jonas: Technik, Medizin und Ethik. Zur Praxis des Prinzips Verantwortung, Frankfurt a. M. 1985, S. 189

mit eine Rolle spielen. Es wird jedoch hier die Bereitschaft vorhanden sein, das eigene mechanische Denken zu korrigieren und den Klon in seiner individuellen Subjekthaftigkeit wahrzunehmen und demzufolge sein Recht auf eine offene Zukunft zu akzeptieren.[171] Man wird sich nicht nur schnell daran gewöhnen, dass er „anders" ist und dies beim eigenen Verhalten ihm gegenüber realisieren, sondern auch umfassend erkennen, dass er individuell ist und dass an dieser Tatsache ein nicht geteiltes Genom kein Jota ändert.

9.2 Gesellschaftliche Schäden durch das Klonen von Menschen

Bezüglich der gesellschaftlichen Schäden des Klonens von Menschen werden folgende Themengebiete angesprochen:
- Minimierung der Wertschätzung des Menschen
- Auflösung familialer und intergenerativer Beziehungen
- Einschränkung des menschlichen Genpools.

Aus der Sichtweise der Antagonisten des reproduktiven Klonens von Menschen zeichnen sich auf diesen sozialen Feldern derart negative Entwicklungen ab, dass Argumente, die für das reproduktive Klonen sprechen könnten, demgegenüber als belanglos erscheinen.

9.2.1 Minimierung der Wertschätzung des Menschen

Hinsichtlich der gesellschaftlichen Risiken wird die Befürchtung geäußert, das Klonen von Menschen könne mit einer geringeren Wertschätzung des Menschen einhergehen. So könnten Kinder, deren Erziehung missraten ist - wie im Stück „Kopien" von Caryl Churchill - durch eine jüngere genetische Kopie ausgetauscht werden. Der Verlust von Personen wäre eventuell nicht mehr so schmerzlich, da diese geklont werden könnten. Durchdenkt man derartige Einwände, so erweisen sie sich als nicht plausibel. Sie basieren letztendlich auf der durch SF-Filme genährten Vorstellung, dass der Klon wie in „The 6th day" eine 1:1-Kopie darstellt. Das geklonte Kind müsste indes unter Schmerzen neu geboren und aufgezogen werden bis es überhaupt erst das Alter des verstorbenen Kindes erreicht. Diese Zeitspanne wird alleine schon die Eltern von der Einmaligkeit einer Person überzeugen, selbst wenn sie zuvor den Positionen des genetischen Determinismus Glauben geschenkt haben.
Bezüglich der von uns bereits angesprochenen und als unrealistisch bewerteten Szenarien des Einsatzes von Klonen als menschliche Ersatzteillager, als Ar-

---

[171] Folglich auch unsere Kritik an Habermas im Beitrag „Von der Eugenik zu Gattaca-Gesellschaft?" in diesem Buch.

beitssklaven oder Klonkrieger gilt, dass ein derartiger Missbrauch wie das widerrechtliche Klonen lebender Menschen auch unter Strafe gestellt werden müsste.

9.2.2 Auflösung familialer und intergenerativer Beziehungen

Bei verschiedenen Fällen des Klonens wird die Generationenfolge übersprungen. Lässt sich z. B. eine Frau klonen, so ist der Klon ein zeitversetzter Zwilling[172] ihrer selbst. Damit wäre die soziale und austragende Mutter genetisch betrachtet die eineiige Zwillingsschwester. Die sozialen Großeltern hätten genetisch betrachtet ein weiteres Kind bekommen, eventuell ohne dafür ihre Einwilligung erteilt zu haben. Familiale und intergenerative Beziehungen stellen eine Basis menschlicher Identitätsbildung und eine gesellschaftliche Integrationskraft dar. Ob die mit dem Klonen verbundene Unterminierung dieser uns bislang geläufigen Verhältnisse ohne gesellschaftliche Brüche einherginge ist in der Tat fraglich.

Als Gegeneinwand ließe sich geltend machen, dass das reproduktive Klonen von Menschen auch in Zukunft eher eine Ausnahmeerscheinung bleiben dürfte, so dass es zwar zu einer Störung einzelner Verwandtschaftsbeziehungen kommen könnte, gesamtgesellschaftlich relevante Effekte wie die Auflösung zwischenmenschlicher Beziehungen indes nicht zu verzeichnen sein dürften.

Ein weiterer Gegeneinwand könnte darauf hinaus laufen die Blutsverwandtschaft[173] als solche, die Konsanguinität, hinsichtlich ihrer Wertigkeit innerhalb unserer Gesellschaft in Frage zu stellen. Verwiesen ließe sich dabei historisch sowie ethnologisch auf andere Vergesellschaftungsmodelle, auf Beispiele im Alten Testament sowie auf den Fakt, dass für das Staatsbürgerschaftsrecht in Deutschland lange Zeit die Blutsverwandtschaft, also die Abstammung einer Person (Ius sanguis) entscheidend war, während seit dem Jahr 2000 ein Umdenken stattgefunden hat und zusätzlich nunmehr auch der Wohnort (Ius soli) als Option zur Anwendung gelangt.[174]

9.2.3 Einschränkung des menschlichen Genpools

Bezüglich der gesellschaftlichen Risiken wird häufig der Gedanke geäußert, dass das reproduktive Klonen „zu einer Gefährdung des menschlichen Genpools führen"[175] könne und somit abzulehnen sei.[176]

---

[172]   Legt man bei der Definition das sogenannte Kerngenom zugrunde.
[173]   Blutsverwandtschaft ist die umgangssprachliche Bezeichnung für die genetische Verwandtschaft
[174]   www.de.wikipedia.org/wiki/Blutsverwandtschaft
[175]   Beschluss der Bioethikkommission beim Bundeskanzleramt vom 12. Februar 2003

Die Problematik des „schrumpfenden Genpools" wird im Science-Fiction-Film „Code 46"[177] des britischen Filmregisseurs Michael Winterbottom[178] aus dem Jahre 2003 thematisiert. Die weite Verbreitung der Klontechnik hat in der nahen Zukunft zum Verbot „genetisch inzestuöser Fortpflanzung" geführt, den soge-nannten Code 46, dessen Artikel 1 lautet: „Menschen, die zu 100 %, 50 % oder 25 % miteinander verwandt sind, dürfen zusammen keine Kinder haben. Wenn es trotzdem zu einer Schwangerschaft kommt, muss sie beendet werden. Wenn die Verwandtschaft nicht bekannt war, kann ein medizinischer Eingriff erfolgen, um weitere Verstöße gegen Code 46 zu verhindern. Wenn sie bekannt war, liegt ein Verbrechen vor."[179]

Die Hauptfigur des Films, William Geld, der Fällen von Versicherungsbetrug nachgeht, verliebt sich in eine Frau namens Maria, die als Angestellte einer Firma verdächtigt wird, Dokumente zu fälschen und zu schmuggeln. Die Affäre bleibt nicht ohne Folgen. Als William bei einem zweiten Aufenthalt in Shanghai Maria erneut trifft, entdeckt er, dass sie schwanger gewesen sein muss und die Behörden auf die Verletzung des Code 46 reagiert haben, indem sie ihre Erinne-rungen an ihn, der sie geschwängert hat, gelöscht haben. „Als sie schläft, nimmt William ein Haar von Maria, von dem er eine DNA-Analyse machen lässt. Er findet heraus, dass Maria zu 50 % genetisch mit ihm verwandt ist - sie ist ein Klon seiner Mutter, die ein Retortenbaby war."[180]

Im Unterschied zur Tierzucht, bei der wir bereits auf die Gefahr des Verlustes der genetischen Vielfalt hingewiesen haben (siehe Kap. 8), ist eine solche bezo-gen auf den Menschen als nicht wahrscheinlich anzusehen, da es sich bei den von uns aufgeführten Anwendungsfällen auch in Zukunft um Ausnahmefälle handeln dürfte, von denen keine relevanten Auswirkungen auf die Summe der individuellen Gene aller Menschen ausgehen dürfte. Bedenkt man zusätzlich noch, dass es im Kontext der Globalisierung zu hoher Gendrift kommt, so scheint die starke Betonung eines solchen Argumentes auf Gedankengut hinzu-weisen, das sich zumindest unbewusst auf eugenischen Pfaden bewegt.

---

[176] Unter dem menschlichen Genpool verstehen wir an dieser Stelle die Summe der individuellen Gene aller Menschen.

[177] Code 46, Großbritannien 2003, Regie: Michael Winterbottom, Darst.: Tim Robbins, Samantha Morton u. a.

[178] Michael Winterbottom, geb. 1961, britischer Filmregisseur, Filme u. a.: Welcome to Sarajewo, The Road to Guantanamo

[179] Zitiert nach: www.de.wikipedia.org/wiki/Code_46

[180] www.de.wikipedia.org/wiki/Code_46[180]

10 Resümee

Beim reproduktiven Klonen von Tieren und Menschen ist zwischen dem Embryosplitting und der Methode des Zellkerntransfers zu unterscheiden. Während es sich beim Embryosplitting um ein mikrochirurgisches Teilungsverfahren handelt, dient die Kerntransfer-Technik der ungeschlechtlichen Vermehrung. Die hohe Anzahl der Fehlversuche bei diesem Verfahren verweist mit aller Deutlichkeit auf die Relevanz der weitestgehend noch unverstandenen epigenetischen Phänomene der tierischen sowie der menschlichen Reproduktion. Angesichts der Komplexität des realen Prozesses erweist sich die alte Genetik, die davon ausgegangen ist, dass die Gene letztendlich alles seien, was sich in zahlreichen Metaphern für die DNA wie etwa „Buch des Lebens" ausdrückt, als gänzlich unhaltbar.

Das reproduktive Klonen mutet der Schwangeren wie dem Kind medizinische Risiken derzeit als auch zukünftig zu, die in ihrer Beurteilung darauf hinaus laufen, dass das Klonen von Menschen weltweit zum Schutz der Gesundheit der betroffenen Personen zu verbieten ist.

Angesichts vielfältiger Forschungsergebnisse u. a. auch auf dem Gebiet der Klonierung mag zwar der genetische Reduktionismus bereits seit längerem wissenschaftlich betrachtet unhaltbar sein, doch seine Alltagsmächtigkeit ergibt sich gerade nicht aus seiner Plausibilität. Die noch immer ungebrochene Macht des genetischen Determinismus über das individuelle wie kollektive Denken haben wir am Beispiel der Klon-Debatte in „real life" wie in „virtual life" zu zeigen versucht. Die erschreckende Bilanz der Analyse der Argumente, die gegen das Klonen in der Öffentlichkeit vorgetragen sowie filmisch inszeniert werden lautet, dass gerade die Antagonisten des Klonens sich umfassend der Denkmuster des genetischen Reduktionismus bedienen. Dabei zeigt sich die Alltagsmächtigkeit des deterministischen Denkens nicht zuletzt daran, dass sich die Diskutanten ihres Gefangenseins in biologistischen Denkmustern, die sie ja meist ablehnen, in keiner Weise bewusst werden.

So feiert die alte Genetik ihre Triumphe zu Beginn des 21. Jahrhunderts nicht mehr auf dem Feld der Wissenschaft - selbst wenn auch hier das deterministische Denken noch herrschen mag, sondern im Kreise ihrer einstigen und heutigen Gegner. Die Reduktion des Menschen auf die Summe seiner Gene wird uns so noch weit ins 21. Jahrhundert folgen.

Probleme der Gendiagnostik

Karl Sperling

„Die Genetik wird einen realen Einfluss auf unser aller Leben haben und noch stärker auf das Leben unserer Kinder. Sie wird die Diagnose, Prävention und Behandlung der meisten, wenn nicht aller, menschlichen Krankheiten revolutionieren", stellte Bill Clinton im Juni 2000 anlässlich des vorläufigen Abschlusses des Humangenomprojekts fest.[1] Für den Bereich der Diagnostik hat sich diese Aussage bereits weitgehend erfüllt, zumal es kaum eine Krankheit gibt, an der Erbanlagen nicht beteiligt sind. Selbstverständlich kann Krankheit nicht auf die Veränderung von Genen reduziert werden. Die Veränderung eines Gens ist ja nur eine Komponente in einem komplexen Systemprozess, wobei die jeweilige Reaktion auf genetische Veränderungen hierbei von Individuum zu Individuum sehr variabel sein kann. Die molekulare Diagnostik ist daher auch die Grundlage einer „individuellen" Medizin.

Vor diesem Hintergrund sollte man sich vor Augen halten, dass noch vor 50 Jahren in der Sowjetunion als auch in der DDR Folgendes gelehrt werden musste: „Das Gen ist ein Phantasiegebilde reinsten Wassers. Die Lehre vom Gen ist eine falsche Theorie, die die Entwicklung hemmt"[2]. Wer dieser Aussage widersprach, verlor - wenn er Glück hatte - nur seinen Arbeitsplatz, andere büßten in Lagern des Archipel GULAG[3] ihr Leben ein.[4] Nach dem sogenannten Lyssenkoismus[5] können erworbene Eigenschaften vererbt werden, eine Vorstellung, die sich nahtlos in das Menschenbild des Stalinismus einfügte. Der damalige

---

[1]   www.genome.gov/10001356
[2]   K. J. Kostrjukowa: Die Lage in der biologischen Wissenschaft, in: Stenografischer Bericht: Tagung der Lenin-Akademie der landwirtschaftlichen Wissenschaften, Moskau 1948, S. 403
[3]   In Anlehnung an Alexander Solschenizyn bezeichnet Archipel GULAG das über die ganze Sowjetunion verteilte stalinistische Justiz- und Lagerwesen.
[4]   Folglich hierzu: S. A. Medwedjew: Der Fall Lyssenko. Eine Wissenschaft kapituliert, München 1974
[5]   Trofim Denissowitsch Lyssenko, geb. 1898, gest. 1976, sowjetischer Agronom. Lyssenko war in der Stalinzeit der führende Biologe der Sowjetunion. Seine Theorie, dass Erbeigenschaften durch Veränderungen von Umweltbedingungen entstehen, war wissenschaftlich nicht haltbar, auch stellten sich einige seiner Forschungsergebnisse als gefälscht heraus. Kritiker Lyssenkos wurden durch den sowjetischen Geheimdienst NKWD verfolgt, verloren ihre Posten oder starben in Lagern. Vgl. auch das Werk des Schriftstellers Daniil Granin: Der Genetiker. Das Leben des Nikolai Timofejew-Ressowski, genant Ur, Köln 1988

Kultusminister in Ostberlin, Paul Wandel,[6] bestand darauf, dass dies auch in der DDR gelehrt werde. Dabei war nur wenige Jahre zuvor an gleicher Stelle die Utopie von der „Menschenzüchtung", gestützt auf eine pseudowissenschaftliche Rassentheorie, verkündet worden, ebenfalls in vollkommener Verkennung von Bedeutung und Wirkung der Erbanlagen.

Sind wir heute klüger geworden? Der tägliche Abdruck von Horoskopen basiert auf der mehr als dreitausend Jahre alten Überzeugung, dass das Schicksal des Menschen durch die Konstellation der Gestirne zum Zeitpunkt der Geburt, aber auch in jeder einzelnen Lebensphase, bestimmt wird. So unterschiedliche Politiker wie Ronald Reagan und François Mitterand sollen den Rat von Astrologen gesucht haben. Etwa so alt wie die Astrologie ist der Glaube an die Magie der Zahlen. So verzichtet die Deutsche Lufthansa auf die Sitzreihen Nr. 13 und Nr. 17 - beide sind angeblich Unglückszahlen. Wird die Magie der Zahlen durch die Magie der Gene ersetzt oder lernen wir die Bedeutung der Erbanlagen für das individuelle Schicksal der Menschen zu relativieren?

Die jeweiligen Vorstellungen von der Rolle der Erbanlagen wirken sich auf das Menschenbild aus und können daher grundsätzlich auch politische Entscheidungen beeinflussen. Dies berührt unmittelbar die hier diskutierte Frage nach der Bedeutung genetischer Tests und ob ein zusätzlicher Regelungsbedarf seitens des Gesetzgebers besteht. Um hierauf eine begründete Antwort geben zu können, sollen im Folgenden zunächst die wissenschaftlichen Grundlagen kurz dargelegt werden.

1 Genetische Grundlagen der Entwicklung

Bis zur Mitte des 18. Jahrhunderts bestimmten die Präformisten[7], ganz im Einklang mit der damaligen christlichen Lehre, das Bild von der menschlichen Entwicklung. Die zukünftigen Generationen waren danach bereits - ineinander geschachtelt - in den Keimzellen vorhanden und dies bereits seit Erschaffung des Lebens durch den Schöpfer. Unsicherheit bestand jedoch, ob die präformierten Menschen in den Spermien oder Eizellen angelegt sind. Noch heute ist nahezu die Hälfte der US-Amerikaner davon überzeugt, dass Gott den Menschen innerhalb der letzten 10.000 Jahre erschaffen hat.[8]

---

[6]   Paul Wandel, geb. 1905, gest. 1995, erster Minister für Volksbildung und Jugend der DDR.
[7]   www.wapedia.mobi/de/Epigenese
[8]   Der Spiegel, Heft 30/2001, S. 144-146

Seit mehr als 100 Jahren ist bekannt, dass das neue Individuum aus der Verschmelzung von Ei- und Samenzelle hervorgeht, genauer, aus der Verschmelzung der jeweiligen haploiden Zellkerne, in denen die genetische Information in Form der DNA-Doppelhelix gespeichert ist. Jedes Elternteil trägt damit praktisch gleich viel zum Vererbungsgeschehen bei (siehe Abbildung 1).

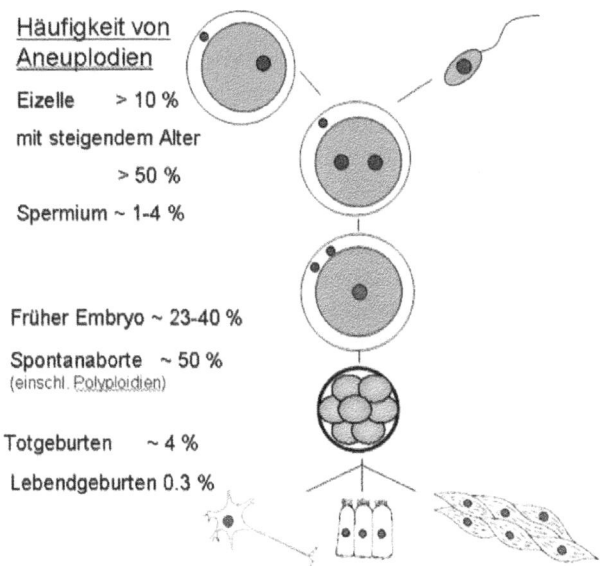

Häufigkeit von
Aneuplodien

Eizelle   > 10 %

mit steigendem Alter

             > 50 %

Spermium ~ 1-4 %

Früher Embryo ~ 23-40 %

Spontanaborte ~ 50 %
(einschl. Polyploidien)

Totgeburten   ~ 4 %

Lebendgeburten 0.3 %

Abbildung 1: Anteil von Aneuploidien[9] zu unterschiedlichen Zeiten der Entwicklung

Es handelt sich um potentielles menschliches Leben, da ein Großteil vor der Geburt zugrunde geht. So kommt es unter optimalen Voraussetzungen nur in etwa 25 – 30 % aller Menstruationszyklen zum Eintritt einer natürlichen Schwangerschaft. Die Zahl der befruchteten Eizellen liegt jedoch wesentlich höher. Ein Teil von ihnen geht vor, ein weiterer Teil bald nach der Implantation - also unbemerkt - zugrunde. 10 bis 15 % aller Schwangerschaften enden zudem

---

[9]   Die Aneuploidie ist eine numerische Chromosomenaberration, bei der einzelne Chromosomen zusätzlich zum üblichen Chromosomensatz vorhanden sind oder fehlen.

in einem Spontanabort. Wie viele Embryonen insgesamt absterben hängt zudem von dem mütterlichen Alter ab und kann 90 % übersteigen.[10]

Die Embryonalentwicklung selbst ist kein präformierter, sondern ein epigenetischer Prozess, der auf dem weitgehend unverstandenen Wechselspiel vieler tausend Erbanlagen mit exo- und endogenen Umweltfaktoren beruht und auch den Zufall einschließt. So trivial diese Feststellung ist, die Konsequenzen daraus werden häufig übersehen:

Erstens: Gene für sichtbare Merkmale oder bestimmte charakterliche Veranlagungen kann es folglich nicht geben, da es sich hierbei ja erst um Ergebnisse sehr komplexer Entwicklungsprozesse handelt. Ein Gen ist verantwortlich für die Bildung eines oder mehrerer Proteine, welche die eigentliche Funktion in der Zelle ausüben. Die sichtbaren Merkmale sind erst Ergebnis des Entwicklungsprozesses. Die Gleichsetzung eines Gens mit einem sichtbaren Merkmal (Phän) ist daher unzulässig. Da die Wortwahl jedoch unser Denken nachdrücklich beeinflusst, suggerieren Begriffe wie „Gene für Intelligenz und Charakter", dass man diese Eigenschaften durch Gentests genau vorhersagen und durch genetische Manipulation der Keimbahn gezielt beeinflussen könnte. Dies trifft angesichts der Komplexität des Entwicklungsgeschehens nicht zu.

Zweitens: Zugleich folgert aus dieser Darstellung, dass die genetische Information über die Keimzellen weitergegeben wird (Keimbahntheorie), während die Körperzellen zugrunde gehen. Daher können Eigenschaften, die während des individuellen Lebens erworben wurden, nicht vererbt werden. Diese Tatsache entzieht dem Lyssenkoismus[11] die Grundlage. Nicht im Widerspruch dazu steht, dass bestimmte epigenetische Veränderungen sehr wohl an die Nachkommen weitergegeben werden können.[12]

---

[10] Der Begriff „Embryo" wird hier, wie es im internationalen Schrifttum üblich ist, für die ersten Entwicklungsstadien bis hin zum Abschluss der Organogenese nach dem 2. Schwangerschaftsmonat verwandt. Danach spricht man von Fetus.

[11] Auf der Tagung der Akademie der Landwirtschaftswissenschaften der UdSSR trug Lyssenko im August 1948 u. a. vor: „1. Die Vererbung ist eine Eigenschaft des Organismus. Es existieren keine diskreten Erbanlagen oder Gene. 2. Durch veränderte Umwelt- und Lebensbedingungen können erbliche Veränderungen induziert werden. Der Charakter der Veränderungen ist dem Charakter der induzierenden Bedingung adäquat. 3. In der Auseinandersetzung mit den Umweltbedingungen erworbene Eigenschaften werden vererbt." (folglich „Lyssenkoismus"), www.de.wikipedia.org/wiki/Trofim_Denissowitsch_Lyssenko

[12] I. Roemer, W. Reik, W. Dean, J. Klose: Epigenetic inheritance in the mouse, in: Current Biology, Heft 7/1997, S. 277-280; N. C. Whitelaw, E. Whitelaw: How lifetimes shape epigenotype within and across generations, in: Hum Mol Genet, Heft 15/2006, S. 131-137; G. Kaati, L. O. Bygren, M. Pembrey, M. Sjöström: Transgenerational response to nutrition, early life circumstances and longevity, in: European Journal of Human Genetics, Heft 15/2007, S. 784-790

Drittens: Schließlich besagt die Keimbahntheorie, dass es eine lückenlose Verbindung von dem Erbgut des modernen Menschen bis hin zu den ersten Lebensformen auf der Erde gibt, was als eine moderne Version von Haeckels „biogenetischem Grundgesetz" angesehen werden kann. Zugleich bedeutet dies, dass Untersuchungen des Erbguts nicht nur Rückschlüsse auf nahe Verwandte zulassen (z. B. beim Vaterschaftsnachweis), sondern Einblick in die Stammesgeschichte des Menschen schlechthin geben.[13]

Die entscheidende Ursache für das Absterben der Embryonen sind Chromosomenanomalien, insbesondere Aneuploidien, worunter das Vorliegen einzelner zusätzlicher oder fehlender Chromosomen (Trisomien, Monosomien) verstanden wird. Die Mehrzahl entsteht während der Reifeteilungen der Eizelle. Ebenso sind die ersten Zellteilungen nach der Befruchtung sehr fehleranfällig. Dies zeigten zytogenetische Untersuchungen an 6-10 Zell-Embryonen normal fertiler Paare, von denen etwa 50 % eine chromosomale Mosaikkonstitution aufwiesen. Diese Befunde werden insgesamt so interpretiert, dass beim Menschen die sogenannte Checkpoint-Kontrolle auf Chromosomenanomalien bei der Eizellbildung und den ersten Zellteilungen noch nicht wirkungsvoll funktioniert, so dass als Folge davon in der frühen Embryogenese einzelne Zellen relativ häufig zugrunde gehen. Der eigentliche Embryo (Embryo proper) stammt von wenigen Zellen der inneren Zellmasse ab. Deren Chromosomenkonstitution ist daher für die weitere Entwicklung von zentraler Bedeutung.

Sämtliche Zellen des Körpers sind durch Zellteilung (Mitose) aus der Zygote hervorgegangen und weisen daher grundsätzlich auch die vollständige genetische Information auf. Eine molekulargenetische Diagnostik kann daher im Prinzip an jeder Zelle und zu jedem Zeitpunkt der Entwicklung vorgenommen werden (siehe Abbildung 2), also auch vor der Implantation oder an abgeschilferten Zellen der Haut zum Beispiel im Rahmen der forensischen Medizin (DNA-Fingerprinting).

---

[13] Karl Sperling: Das Humangenomprojekt: Medizin im Licht der Evolution, in: Deutsche medizinische Wochenschrift, Heft 125/2000, S. A15-A20

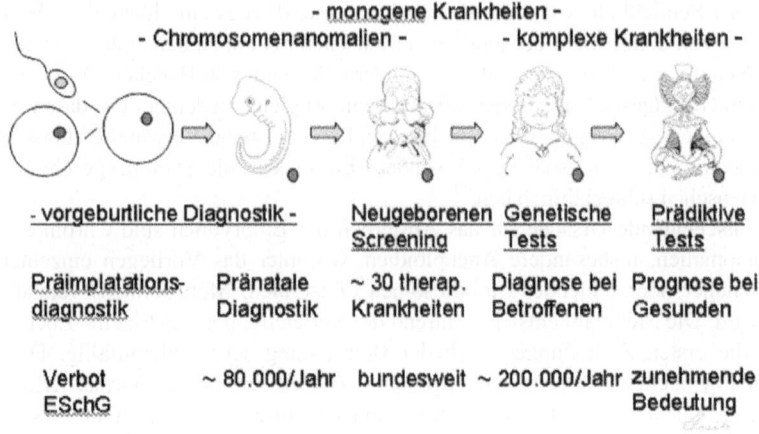

Abbildung 2: Anzahl genetischer Untersuchungen zu unterschiedlichen Zeiten[14]

Dass die Zellen unterschiedlicher Gewebe verschieden sind, beruht daher nicht auf Unterschieden in der Zahl der Erbanlagen sondern auf deren Aktivität.

Die entwicklungs- und gewebsspezifische Regulation der Genaktivität ist eine notwendige aber bei weitem nicht hinreichende Voraussetzung des komplexen, epigenetischen Entwicklungsgeschehens. Dies macht verständlich, dass es einen großen Unterschied macht, ob man bei einem erkrankten Kind eine molekular-genetische Diagnose stellt, oder im Rahmen der pränatalen Diagnostik zufällig eine genetische Veränderung findet und eine Prognose hinsichtlich der weiteren Entwicklung abzugeben hat (siehe Abbildung 3).

---

[14] Karl Sperling: Präimplantationsdiagnostik, in: J. Schmidtke u. a. (Hrsg): Gendiagnostik in Deutschland. Status quo und Problemerkundung, Limburg 2007

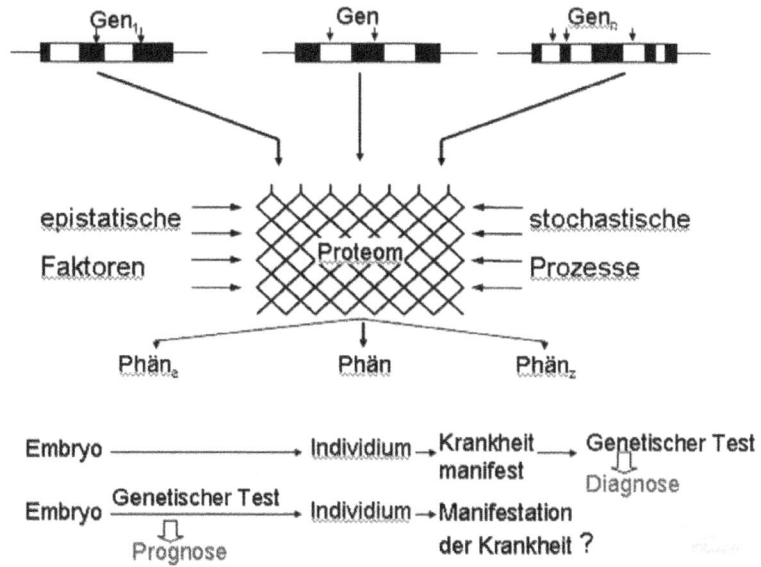

Abbildung 3: Schematische Darstellung der Genotyp-Phänotyp-Beziehung[15]

Ein einfacher, direkter Bezug zwischen einem veränderten Gen und einem daraus resultierenden Merkmal (Phän) wird den tatsächlichen Gegebenheiten nicht gerecht. Die Abbildung 3 zeigt, dass es bereits innerhalb eines Gens an verschiedenen Stellen Veränderungen geben kann, die sich klinisch unterschiedlich manifestieren. Auch können umgekehrt Veränderungen in unterschiedlichen Genen zu einem ähnlichen klinischen Phänotyp führen (Heterogenität). Die Genwirkung gleicht eher einem Netzwerk mit vielfachen Wechselwirkungen und Rückkopplungsprozessen, bei der auch Umweltfaktoren (epistatische Prozesse) und stochastische Vorgänge, also der Zufall, eine maßgebliche Rolle spielen. Es sind in der Regel zahlreiche Merkmale gleichzeitig betroffen (Pleiotropie), die jedes für sich noch eine erhebliche Variabilität aufweisen können. Durch DNA-Analyse kann heute in vielen Fällen eine Diagnose gestellt werden; prognostische Aussagen sind hingegen wesentlich schwieriger zu treffen. Insbe-

---

[15] Karl Sperling: Das Humangenomprojekt. Heutiger Stand und Zukunftsperspektiven, in: D. Ganten u. a. (Hrsg.): Gene, Neurone, Qubits & Co. Ges. Dtsch. Naturf. und Ärzte. Tagungsband 120, Stuttgart 1999, S. 207-215

sondere gilt das für solche Fälle, bei denen die Veränderungen keine Mutation sondern Polymorphismen oder Varianten betreffen.

Nicht selten kann die gleiche genetische Veränderung zu einem schwerkranken aber auch einem weitgehend gesunden Individuum führen. Noch schwieriger ist die Vorhersage sogenannter normaler Merkmale (Intelligenz, Charakter), da hier viele Erbanlagen, Umweltfaktoren sowie Zufallsprozesse in weitgehend unverstandener Weise zusammenwirken.

2 Die genetische Grundlage monogener und komplexer Krankheiten

Im Rahmen des Humangenomprojektes wurde die Basenabfolge (DNA) des menschlichen Genoms nahezu vollständig „entschlüsselt" und die Anzahl der Gene auf etwa 25.000 bestimmt. Veränderungen in diesen Genen, Mutationen, führen zu den sogenannten monogen bedingten Krankheiten. Mehr als 2.000 Gene mit Krankheitswert wurden inzwischen identifiziert, die etwa 3.500 unterschiedlichen monogenen Krankheiten zugrunde liegen. Damit ist die Voraussetzung für eine Diagnostik der die Krankheit verursachenden Mutationen gegeben.[16]

Die überwiegende Mehrzahl monogen bedingter Krankheiten manifestiert sich bis zur Pubertät. Ihre Zahl ist groß, die jeweilige Häufigkeit indes gering (siehe Tabelle 1).

Genetischer Typ	Häufigkeit pro 1.000 Neugeborene	Lebenszeitrisiko pro 1.000 Personen
monogen insgesamt	10,0	20,0
autosomal dominant	7,0	-
autosomal rezessiv	2,5	-
X-chromosomal	0,5	-
Chromosomenstörungen	1,8	3,8
komplexe Krankheiten	46,0	646,0

Tabelle 1: Krankheitshäufigkeiten und ihre jeweilige Bedingung[17]

---

[16] J. Schmidtke, Karl Sperling: Genetische Tests auf dem Prüfstand, in: Zeitschrift für Biopolitik, Heft 2/2003, S. 39-47; Ferdinand Hucho u. a. (Hrsg.): Anwendungen in der Medizin am Fallbeispiel molekulargenetischer Diagnostik, in: Gentechnologiebericht. Forschungsbericht der interdisziplinären Arbeitsgruppe der Berlin-Brandenburgischen Akademie der Wissenschaften, Stuttgart 2005, S. 159-275

[17] Häufigkeit genetisch (mit-)bedingter Erkrankungen unter Neugeborenen bzw. bezogen auf die gesamte Lebensphase. Unter Chromosomenstörungen sind nur die klinisch relevanten aufge-

Anders ist dies bei den multifaktoriell bedingten oder komplexen Krankheiten, zu denen die Zivilisationskrankheiten zählen. Sie manifestieren sich generell erst im späteren Alter und beruhen auf dem Zusammenwirken erblicher, umweltbedingter und zufälliger Faktoren. In genetischer Hinsicht liegen diesen Krankheiten weniger die seltenen Mutationen, sondern die wesentlich häufigeren genetischen Polymorphismen (Varianten) zugrunde. Diese tragen zur äußerlichen Verschiedenheit der Menschen bei, ebenso wie zu ihren physiologischen Unterschieden. Diese „biochemische Individualität" ist eine Erklärung für die individuell unterschiedliche Reaktion auf die Einnahme bestimmter Medikamente, aber auch die unterschiedliche Anfälligkeit gegenüber Infektionserregern oder die unterschiedliche Disposition für Zivilisationskrankheiten, wie Altersdiabetes, Herz-Kreislauf- und Krebserkrankungen. Dabei ist die genetische Disposition seit Anbeginn vorhanden, aber erst unter dem Einfluss spezieller Umweltfaktoren kommt es zur Manifestation der Erkrankung. In Kenntnis dieser Disposition kann oftmals durch geeignete präventive Maßnahmen eine Krankheitsmanifestation ganz vermieden werden. In diesem Falle wird nicht der Kranke, sondern der Gesunde untersucht (prädiktive Diagnostik).

Man kann davon ausgehen, dass jeder Mensch genetische Prädispositionen für mehrere dieser Krankheiten in seinem Erbgut aufweist. Schon lange ist bekannt, dass Geschwister von Betroffenen mit komplexen Krankheiten, wie Typ 1 Diabetes, Lippen-Kiefer-Gaumenspalte oder Schizophrenie ein 10- bis 40fach erhöhtes Erkrankungsrisiko aufweisen. Erst in den letzten Jahren hat die Zahl der identifizierten disponierenden Varianten deutlich zugenommen: Allerdings haben diese molekularen Marker in den meisten Fällen so geringe Auswirkungen auf das Wiederholungsrisiko, dass ihnen praktisch keine prognostische Bedeutung zukommt.[18]

Davon abgesehen, ist der wissenschaftliche Fortschritt auf dem Gebiet der molekularen Medizin außerordentlich und wird die Theorie und die Praxis der Medizin tiefgreifend verändern. Die Datenbank OMIM (Online Mendelian Inheritance in Man)[19], die täglich aktualisiert wird, vermittelt am Beispiel der neu identifizierten Gene mit Krankheitswert einen Eindruck von dem Erkenntnisfortschritt. Die Datenbank „Orphanet" ist die zentrale europäische Plattform sel-

---

führt, siehe: C. R. Bartram, J. P. Beckmann, F. Breyer, G. Fey, C. Fonatsch, B. Irrgang, J. Taupitz, K.-M. Seel, F. Thiele: Humangenetische Diagnostik. Wissenschaftliche Grundlagen und gesellschaftliche Konsequenzen, Berlin 2000

[18] H. H. Ropers: New perspectives for the elucidation of genetic disorders, in: Am J Hum Genet, Heft 81/2007, S. 199-207

[19] www3.ncbi.nlm.nih.gov/Omim

tener Erkrankungen und wendet sich primär an Betroffene und die betreuenden Ärzte.[20]

3 Wissenschaftliche Grundlagen von Gentests

Generell können genetische Untersuchungen auf der Ebene des Phänotyps, auf der Ebene biochemischer Funktionen und Genprodukte, auf der Ebene der Chromosomen oder auf der Ebene der Erbsubstanz (DNA) selbst erfolgen. Hier soll nur auf genetische Tests eingegangen werden, die Unterschiede zwischen Individuen auf der Ebene des Erbmaterials erfassen können.[21] Je nach Zweck unterscheidet man zwischen den folgenden Tests:

- Diagnostische Tests (bei manifester Erkrankung)
  - zur Absicherung von Verdachtsdiagnosen
  - zur Stellung einer individuellen Prognose
  - zur Durchführung einer individuellen Therapie
- Prädiktive Tests (zum Nachweis einer genetischen Disposition vor einer evtl. Erkrankung)
- Pränatale Tests (zum Ausschluss bzw. Nachweis einer genetisch bedingten Störung vor der Geburt)
- Genetische Screenings
  - an Neugeborenen zur Therapie
  - auf Anlageträger zur Beratung

Diese Einteilung kann der groben Klassifikation der Tests dienen. Ein Problem besteht jedoch darin, dass die Grenzen zwischen den einzelnen Kategorien fließend sind. Von daher ist zu bedenken, dass Regeln, die für die Anwendung prädiktiver Tests formuliert werden, grundsätzlich auch für Tests gelten sollten, die zu diagnostischen Zwecken eingesetzt werden.

Weitere Einsatzmöglichkeiten für genetische Tests in der Humanmedizin betreffen die Diagnostik von Infektionskrankheiten und Immunstörungen bis hin zu AIDS sowie von Tumorerkrankungen und der Verträglichkeit von Pharmaka.

Genetische Tests spielen auch außerhalb der Medizin eine wachsende Rolle. Neben der Spurenanalyse im Zusammenhang mit der Aufklärung von Straftaten ist

---

[20]   www.orpha.net
[21]   J. Schmidtke, Karl Sperling: Genetische Tests auf dem Prüfstand, in: Zeitschrift für Biopolitik, a.a.O.; Ferdinand Hucho u.a. (Hrsg.): Anwendungen in der Medizin am Fallbeispiel molekulargenetischer Diagnostik, a.a.O.

es der Bereich der Abstammungsbegutachtung, den sich Ärzte und Nicht-Ärzte teilen. Bei privat veranlassten Abstammungsuntersuchungen ist dieses Verfahren schon seit langem die Methode der Wahl. Bei der Verwendung dieser Methode ist ein ärztlicher Eingriff (Blutentnahme) nicht erforderlich, da sich ein DNA-Test problemlos auch anhand von Speichelproben durchführen lässt. In methodischer Hinsicht beruhen diese Tests in der Regel auf der Amplifikation einzelner DNA-Abschnitte mit Hilfe der sogenannten Polymerase-Kettenreaktion und der anschliessenden Sequenzierung der Fragmente. Seit Kurzem werden schnellere und wesentlich billigere Alternativen zu dem klassischen Sanger-Sequenzierverfahren kommerziell angeboten. Mithilfe dieser neuen Technologie ist die Resequenzierung des gesamten Genoms (ohne dessen repetitiven Anteil) schon jetzt für weniger als 100.000 $ möglich, d. h. über vier Größenordnungen weniger als der Betrag, der für die Erstsequenzierung des menschlichen Genoms erforderlich war.[22] Vermutlich werden in den kommenden zehn Jahren die Kosten so weit sinken, dass nur noch 1.000 $ hierfür aufgebracht werden müssen, also ein Betrag, der heute für die Sequenzierung eines Gens mittlerer Größe erforderlich ist. Diese aktuellen Entwicklungen zur Hochdurchsatz-Sequenzierung stellen den Beginn einer neuen Ära dar, welche für die Erforschung und Diagnose genetisch (mit-)bedingter Krankheiten weitreichende Konsequenzen haben wird.[23]
Parallel hierzu erfährt auch die Chromosomendiagnostik eine tiefgreifende Veränderung. Während die klassische Karyotypanalyse, d. h. die lichtmikroskopische Untersuchung von Chromosomen, eine Auflösung von etwa fünf bis zehn Millionen Basenpaaren zeigt, erlaubt die Chip-Diagnostik („Array-CGH") eine um das mehr als Hundertfache gesteigerte Auflösung, ohne dass die Zellen kultiviert werden müssen und mit der Option, das Verfahren weitgehend zu automatisieren.[24] Allerdings lassen sich mit dieser Methode keine balancierten Chromosomenveränderungen erkennen. In der durchschnittlichen Bevölkerung kommen diese bei etwa 1/2.000 Kindern vor[25], und gehen oft mit einem hohen Risiko für kranke (genetisch unbalancierte) Nachkommen einher; in seltenen Fällen führen sie auch selbst zu genetisch bedingten Krankheiten. Bei der über-

---

[22] H. H. Ropers, R. Ullmann: Neue Technologien für Genomforschung und Diagnostik, in: J. Schmidtke u. a.: Gendiagnostik in Deutschland. Status quo und Problemerkundung, Stuttgart 2007

[23] H. H. Ropers, R. Ullmann: Neue Technologien für Genomforschung und Diagnostik, a.a.O.; D. R. Bentley: Whole-genome re-sequencing, in: Current Opinion in Genetics and Development, Heft 16/2006, S. 545-552

[24] H. H. Ropers, R. Ullmann: Neue Technologien für Genomforschung und Diagnostik, a.a.O.

[25] D. Warburton: De novo balanced chromosome rearrangements, in: Am J Hum Genet 49/1991, S. 995-1013

großen Mehrheit aller anderen klinisch relevanten Chromosomenveränderungen liegen jedoch solche genomischen Imbalancen vor, die mittels hochauflösender Array-CGH diagnostiziert werden können. Inzwischen zeigte sich auch, dass mit diesen Chips bei monogenen und komplexen Krankheiten ebenfalls viele, offenbar klinisch relevante genomische Imbalancen gefunden werden, die nicht selten auf Neumutationen beruhen und die Bedeutung der Chips für die klinisch-genetische Diagnostik eindrucksvoll belegen. Bisher ist die Array-CGH jedoch noch deutlich teurer als die konventionelle Karyotypisierung. Es ist aber zu erwarten, dass in den kommenden Jahren diese Technologie die konventionelle Karyotypanalyse weitgehend ersetzen wird, wenn auch nicht vollständig.[26]

Diese Umstellung wird ein Schritt von großer wissenschaftlicher, medizinischer und ökonomischer Bedeutung sein. Hierfür muss jedoch eine entscheidende Voraussetzung gegeben sein: Die Verfügbarkeit großer Kohorten klinisch gut charakterisierter Patienten und Kontrollpersonen, sowie die Zusammenführung aller relevanten klinischen und molekularen Daten in einer gemeinsamen Datenbank (Biobank), um die medizinische Bedeutung der diagnostischen Befunde beurteilen zu können.

Im vorliegenden Kontext werden Biobanken als Sammlungen von Proben menschlicher Körpersubstanzen, wie Zellen, Gewebe, Blut oder DNA-Proben verstanden, die mit personenbezogenen Daten verknüpft sind bzw. verknüpft werden können. Ihnen kommt im Rahmen der medizinischen Genetik eine zentrale Rolle zu, wie die folgende Zusammenstellung einiger wichtiger Anwendungen illustrieren soll:[27]

- zur Identifizierung von Genen mit Krankheitswert
- zur Ermittlung der Prävalenz genetisch (mit) bedingter Krankheiten (als Grundlage für bestimmte Prioritätensetzungen in der Medizin)
- zur Unterscheidung zwischen pathogenetisch relevanten von neutralen DNA Sequenzvarianten der Keimbahn (als Entscheidungsgrundlage der Bestimmung von Validität und Nutzwert genetischer Tests für Priorisierung und Rationierung bzw. Finanzierung im Rahmen des Gesundheitssystems)
- zur Unterscheidung zwischen pathogenetisch relevanten und neutralen DNA Sequenzvarianten somatischer Zellen
- zur Differentialdiagnostik von Krebszellen und gegebenenfalls einer individuellen Therapie

---

[26] H. H. Roepers, R. Ullmann: Neue Technologien für Genomforschung und Diagnostik, a.a.O.

[27] Karl Sperling: Präimplantationsdiagnostik, in: J. Schmidtke u. a. (Hrsg.): Gendiagnostik in Deutschland. Status quo und Problemerkundung, Stuttgart 2007

- zur Untersuchung der Wirkung von Umweltnoxen[28] in Abhängigkeit vom jeweiligen Genotyp (dies betrifft die multifaktoriell bedingten, komplexen Krankheiten sowie Infektionskrankheiten und dient auch der Krankheitsprävention)
- zur Untersuchung der Wirkung von Pharmaka in Abhängigkeit vom jeweiligen Genotyp (dies betrifft die Testung „maßgeschneiderter" Pharmaka im Sinne einer individualisierten Therapie)
- zur Überprüfung des therapeutischen Erfolges einer Medikation in Abhängigkeit von der genetischen Konstitution (individuelle Medizin).

Gegenwärtig stehen Hunderte von Tests für monogene Krankheiten zur Verfügung. Allerdings hat man bisher trotz der Fortschritte in der Diagnostik nicht einmal für die Hälfte der Kinder mit angeborenen Fehlbildungen die Ursache identifizieren können. Diese Situation dürfte sich mit der Einführung der Chip-Diagnostik und den neuen Sequenzierungsverfahren entscheidend verändern. Hier sei nur darauf hingewiesen, dass auch die Tumor-Diagnostik von diesen neuen Verfahren erheblich profitieren wird.

Zusätzliche Möglichkeiten bieten Chips, mit denen festgestellt werden kann, welche Gene in welchen Geweben aktiv sind. Intensiv wird zudem daran gearbeitet, das gesamte Proteom der Gewebe, die primären Genprodukte, die Proteine und eigentlichen Funktionsträger zu bestimmen. Allerdings stellt die Zuordnung 1 Gen - 1 mRNA - 1 Protein hierbei eine starke Vereinfachung dar. In vielen Fällen wird durch differentielles Spleißen ein Gen in verschiedene reife RNAs überschrieben, die entsprechend in unterschiedliche Proteine übersetzt und durch posttranslationale Modifikation weiter abgewandelt werden. Erst diese modifizierten Proteine sind die biologisch aktiven Produkte. Man erkennt hieran die Zunahme an Komplexität, wenn man von der DNA (RNA)- Ebene zu jener der Proteine übergeht. Dabei sind quantitative Unterschiede noch nicht einmal berücksichtigt, geschweige denn die Wechselwirkungen verschiedener Proteine miteinander. Zukünftig wird es darum gehen, die komplexen genetischen Netzwerke besser zu verstehen. Dies erfordert ganz neue konzeptionelle Ansätze, die mit den Begriffen „Systemanalyse" und „theoretische Biologie" gekennzeichnet werden.

Die Komplexität der Ätiologie multifaktoriell bedingter Krankheiten macht zugleich verständlich, dass einem molekulargenetischen Befund (Diagnose) nur

---

[28] Eine Noxe (von lat. Noxa = Schaden) ist ein vor allem in der Medizin benutzter Begriff, der einen Stoff oder einen Sachverhalte bezeichnet, welcher eine schädigende bzw. pathogene, d. h. krankheitserregende Wirkung auf einen Organismus ausübt. Für den Menschen können z. B. chemische Substanzen wie Drogen, Toxine und Umweltgifte oder physikalische Sachverhalte wie z. B. UV- und Röntgenstrahlung noxisch sein.

eine begrenzte Vorhersagekraft (Prognose) zukommt. Daran dürfte auch der weitere wissenschaftliche Fortschritt nichts grundsätzlich ändern. Der Vergleich mit der Vorhersage des Wetters liegt nahe; trotz immer größeren Aufwandes ist auch aufgrund stochastischer Prozesse eine präzise Vorhersage nur eingeschränkt möglich.

Insgesamt wird der wissenschaftliche Fortschritt dazu führen, dass die bisherige phänomenologische Einteilung der Krankheiten in Abhängigkeit von Manifestationsalter, Geschlecht bzw. betroffenem Organsystem zunehmend durch eine ätiologisch orientierte Klassifikation ergänzt wird, die auf den molekulargenetischen Befunden basiert. Zugleich wird aber die Schere zwischen den diagnostischen Möglichkeiten und den therapeutischen Konsequenzen immer größer werden.

4 Gentests und genetische Beratung

Bei der Umsetzung des neuen Wissens in die Praxis kommt es entscheidend auf die Rahmenbedingungen an, damit der wissenschaftlich-medizinische Fortschritt auch die Grundlage für eine individuellere und damit bessere Medizin sein wird. Dies geht mit der Notwendigkeit einer angemessenen Vermittlung dieses Wissens an Patienten bzw. Ratsuchende einher. Eine fehlerhafte Befunderhebung, -interpretation oder -bewertung kann im Bereich der genetischen Diagnostik genauso schwerwiegende Probleme bereiten wie eine falsche Therapie. Andererseits kann ein eindeutiger klinisch-genetischer Befund den Betroffenen oftmals eine große Anzahl - zum Teil invasiver - weiterer diagnostischer Maßnahmen ersparen und als Grundlage für einen rationalen Therapieansatz dienen. Die Humangenetiker haben hierzu Leitlinien verfasst, die auf der Trias Beratung - Diagnostik - Beratung basieren, der Freiwilligkeit der Inanspruchnahme und der strikten Einhaltung des Datenschutzes sowie auf der ärztlichen Schweigepflicht. Damit soll jegliche Diskriminierung und Stigmatisierung vermieden werden.[29]

Wie eine prädiktive Diagnostik unter qualitätssichernden Kriterien in die medizinische Praxis eingeführt werden kann, zeigt beispielhaft die Deutsche Krebshilfe mit ihrem Verbundprojekt „Familiärer Brust- und Eierstockkrebs", in dem seit 1996 zwölf Zentren gefördert werden. Bis zum Jahr 2002 wurden dabei 5.000 Ratsuchende betreut. Die wichtigsten klinischen Ziele dieser Studie konn-

---

[29] Ferdinand Hucho u. a. (Hrsg.): Anwendungen in der Medizin am Fallbeispiel molekulargenetischer Diagnostik, a.a.O.

ten inzwischen erreicht werden. Dazu zählen die Etablierung einer standardisierten interdisziplinären Beratung vor der prädiktiven Gendiagnostik, die Durchführung einer qualitätsgesicherten molekulargenetischen Analyse der Brust-
krebsgene BRCA1 und BRCA2 und die Etablierung einer strukturierten Prävention des familiären Brust- und Eierstockkrebses.
Damit sind zugleich die Voraussetzungen für die Überführung der diagnostischen und klinischen Maßnahmen bei familiärer Belastung für Brust- und Eierstockkrebs in die Regelversorgung geschaffen. Es bleibt zu hoffen, dass die
Fortführung nur im Rahmen spezialisierter Zentren geschehen wird, da die Beratung und Betreuung dieser Frauen eine interdisziplinäre Zusammenarbeit zwischen Ärzten für Humangenetik, Gynäkologie, Radiologie, Pathologie und Psy-
chotherapie/Psychologie erfordert.
Grundlagen des Handelns sind Beratung und Aufklärung als Hilfe zur Eigenent-
scheidung, wobei nicht nur das Recht auf Wissen sondern auch auf Nicht-
Wissen zu berücksichtigen ist. Das leitende Prinzip dabei ist der Respekt vor der
Würde des einzelnen Menschen und damit verbunden die Respektierung seines
Selbstbestimmungsrechtes, des Gleichheitsgrundsatzes und der Vertraulichkeit.
Die genetische Beratung, wie sie in der Weiterbildung zum Facharzt für Hu-
mangenetik verankert ist, wird dabei von folgenden Grundprinzipien geleitet:

- Respektierung des Selbstbestimmungsrechts
- Respektierung des Gleichheitsgrundsatzes und der Vertraulichkeit
- Recht auf umfassende Aufklärung
- Wahrung des „informed consent", der Schweigepflicht und der Freiwillig-
  keit.
- Recht auf Nichtwissen
- Aktive Förderung der Autonomie der Ratsuchenden im Beratungsprozess

Genetischen Tests wird zukünftig eine steigende Bedeutung zukommen und dies
kann jeden Einzelnen betreffen. So, wie in der genetischen Beratung der „informed consent" grundsätzlich die Voraussetzung für eine molekulargenetische
Diagnostik ist, muss auch eine rechzeitige Aufklärung der Öffentlichkeit erfolgen, damit sie mitentscheiden kann, wie die Chancen der neuen diagnostischen
Möglichkeiten genutzt und missbräuchliche Anwendungen vermieden werden
können.

5 Pränatale Diagnostik

Eine Ausnahmestellung nimmt die vorgeburtliche Diagnostik ein, da hier auch der Abbruch der Schwangerschaft eine Handlungsoption sein kann. Deshalb soll darauf etwas ausführlicher eingegangen werden, auch im Hinblick auf die sehr kontroversen Diskussionen zur Präimplantationsdiagnostik (PID).[30] Seit mehr als drei Jahrzehnten wird die pränatale genetische Diagnostik (PND) angeboten und hat ein besonders hohes Maß an Zuverlässigkeit erlangt. Zunächst stand die Untersuchung von Amniozyten, die in der 15. - 17. Schwangerschaftswoche (SSW, Regelfall) gewonnen wurden, ganz im Vordergrund. Später kam die Chorionzottenbiopsie hinzu, die bereits in der 10. - 12. SSW durchgeführt werden kann.[31] Die Ehepaare, die früher aufgrund eines genetischen Risikos auf Kinder ganz verzichteten, entscheiden sich heute für ein Kind, Frauen, die früher aus Angst vor einem schwerkranken Kind eine Schwangerschaft abbrechen ließen, kann heute in den meisten Fällen diese Sorge genommen und daher die Schwangerschaft erhalten werden.[32]

1976 wurde angesichts der Möglichkeit zur PND der § 218 novelliert. Darin hieß es: „Der Abbruch der Schwangerschaft durch einen Arzt ist nicht nach § 218 strafbar, wenn dringende Gründe für die Annahme sprechen, dass das Kind infolge einer Erbanlage oder schädlicher Einflüsse vor der Geburt an einer nicht behebbaren Schädigung seines Gesundheitszustandes leiden würde, die so schwer wiegt, dass von der Schwangeren die Fortsetzung der Schwangerschaft nicht verlangt werden kann." Dies wurde fälschlicherweise als „eugenische Indikation" bezeichnet, allgemein als „embryopathische Indikation". Tatsächlich handelt es sich um eine erweiterte „mütterliche Indikation".[33]

In der seit 1995 gültigen Version dieses Gesetzes findet sich dieser Passus nicht mehr. Es gibt jetzt nur eine medizinische Indikation gemäß § 218a, Abs. 2: „Der mit Einwilligung der Schwangeren von einem Arzt vorgenommene Schwanger-

---

[30]   Folglich der Beitrag von Tanja Krones zur PID in diesem Buch.

[31]   Folglich der Beitrag von Rolf Becker und Achim Bühl zur Pränataldiagnostik in diesem Buch.

[32]   Die verbesserten Möglichkeiten der pränatalen Diagnostik und bessere Kenntnisse der Prognose vorgeburtlich erkennbarer Krankheiten haben zwischen 1977 und 1992 zu einer Abnahme der Schwangerschaftsabbrüche in der Bundesrepublik aus sogenannter embryopathischer Indikation (§ 218a 2;1 der alten Fassung) von 4,3 % auf 1,1 % bzw. 2.384 auf 837 pro Jahr geführt (U. Langenbeck, persönliche Mitteilung).

[33]   Karl Sperling: Das Humangenomprojekt: Heutiger Stand und Zukunftsperspektiven, in: D. Ganten u. a.: Gene, Neurone, Qubits & Co, in: Gesellschaft Deutscher Naturfreunde & Ärzte. Tagungsband 120, Stuttgart 1999, S. 207-215; Ferdinand Hucho u. a. (Hrsg.): Anwendungen in der Medizin am Fallbeispiel molekulargenetischer Diagnostik, in: Gentechnologiebericht, Stuttgart 2005, S. 159-275; Karl Sperling: Präimplantationsdiagnostik, in: J. Schmidtke u. a. (Hrsg.): Gendiagnostik in Deutschland. Status quo und Problemerkundung, Stuttgart 2007

schaftsabbruch ist nicht rechtswidrig, wenn der Abbruch der Schwangerschaft unter Berücksichtigung der gegenwärtigen und zukünftigen Lebensverhältnisse der Schwangeren nach ärztlicher Erkenntnis angezeigt ist, um eine Gefahr für das Leben oder die Gefahr einer schwerwiegenden Beeinträchtigung des körperlichen oder seelischen Gesundheitszustandes der Schwangeren abzuwenden und die Gefahr nicht auf eine andere für sie zumutbare Weise abgewendet werden kann."[34] Das geltende Strafrecht stellt jetzt eindeutig für die Rechtfertigung eines Schwangerschaftsabbruchs nicht auf die Gesundheit des zukünftigen Kindes ab, sondern auf die Gesundheit der schwangeren Frau. Damit soll zugleich der Eindruck vermieden werden, dass behindertem Leben weniger Lebensschutz zukommt als nichtbehindertem. Es wird hierbei auch nicht gesagt, dass der Abbruch „gestattet" ist, sondern dass er nicht rechtswidrig ist, wenn eine medizinische Indikation in der Person der Frau gegeben ist.

Anders liegt die Sache, wenn nicht die Entscheidungsfreiheit der Frau, sondern die Haftung des Arztes zur Diskussion steht. So heißt es in einem Urteil des Bundesgerichtshof von 1984 „Ein Arzt begeht einen Pflichtverstoß, wenn er eine Schwangere mit einem erhöhten Risiko nicht auf die Möglichkeit der pränatalen Diagnostik zum Ausschluss einer Trisomie 21 hinweist." In so einem Fall können die Eltern nach gültiger Rechtsprechung einen Schadensersatz für die Geburt eines behinderten Kindes verlangen, wenn sie infolge eines ärztlichen Fehlers das Kind nicht haben abtreiben lassen. Folglich zwingt das ärztliche Haftungsrecht, die Frauen über die Optionen vorgeburtlicher Diagnostik umfassend aufzuklären.[35]

Seit vielen Jahren wird an nicht-invasiven genetischen Tests gearbeitet, die auf kindlichen Zellen basieren, die im mütterlichen Blut vorhanden sind. Dies würde eine neue Situation hinsichtlich der Indikationsstellung zur vorgeburtlichen Diagnostik bedeuten, da der Eingriff selbst praktisch kein Risiko für die Frau und den Fötus darstellt. Es ist derzeit jedoch vollkommen offen, ob dieser Ansatz jemals die erforderliche diagnostische Zuverlässigkeit erlangt. Allerdings ist durch die Verankerung von drei Ultraschalluntersuchungen in den Mutterschaftsrichtlinien die nicht-invasive vorgeburtliche Diagnostik heute bereits bevölkerungsweiter Standard geworden. In Verbindung mit der Bestimmung des α-Fetoproteins und anderer biochemischer Marker aus dem mütterlichen Serum, die zur Risikospezifizierung, z. B. für die Trisomie 21, geführt haben, ist es da-

---

[34] www.gesetze-im-internet.de/stgb/__218a.html
[35] In dem Zeitraum, in dem das Verfahren durch die Instanzen lief, kam es zu einer Verdoppelung der durchgeführten PNDs, siehe: I. Nippert: Fortpflanzungsmedizin in Deutschland. Bd. 132 Schriftenreihe des BMG, Stuttgart 2001

bei in den vergangenen Jahren zu einem Rückgang der invasiven PND gekommen.

In Deutschland besonders umstritten ist die Präimplantationsdiagnostik (PID). Sie kann nur in Verbindung mit einer in vitro Fertilisation (IVF) vorgenommen werden und wurde erstmals 1990 in Großbritannien durchgeführt. Der Wunsch für eine PID geht dabei von Elternpaaren aus, die ein erhöhtes Risiko für ein Kind mit einer genetisch bedingten Krankheit haben, in der Regel bereits ein betroffenes Kind besitzen und einen Schwangerschaftsabbruch ablehnen bzw. den Abbruch einer bestehenden Schwangerschaft als außerordentlich belastend empfunden haben. Die Untersuchung erfolgt in der Regel an den Blastomeren des 8- bis 12-Zellstadiums am Tag 3 nach IVF oder an extraembryonalen Zellen der Blastozyste am Tag 5. In Deutschland ist nur eine PID an den Polkörperchen der Eizelle vor Verschmelzung der Vorkerne zulässig. Diese Untersuchungen stehen unter einem hohen Zeitdruck, um den Transfer noch im gleichen Zyklus vornehmen zu können (siehe Abbildung 4).

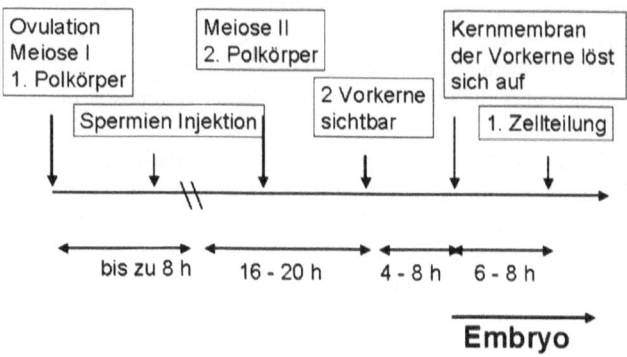

Abbildung 4: Zeitrahmen der Präimplantationsdiagnostik[36]

Die zugrunde liegenden juristischen Aspekte sollen hier kurz angesprochen werden. Nach dem Embryonenschutzgesetz (EschG) macht sich straffällig, wer es

---

[36]   Nach E. Schwinger: Präimplantationsdiagnostik: Medizinische Indikation oder unzulässige Selektion? Gutachten Bio- und Gentechnologie, Bonn 2003, S. 7

nach § 1, Abs. 2 EschG unternimmt „eine Eizelle zu einem anderen Zweck künstlich zu befruchten, als eine Schwangerschaft der Frau herbeizuführen, von der die Eizelle stammt"[37] und wer nach § 2, Abs. 2 „einen extracorporal erzeugten Embryo zu einem nicht seiner Erhaltung dienenden Zweck verwendet."[38] Als Embryo gilt gemäß § 8, Abs. 1 „bereits die befruchtete, entwicklungsfähige menschliche Eizelle vom Zeitpunkt der Kernverschmelzung an, ferner jede einem Embryo entnommene totipotente Zelle, die sich bei Vorliegen der dafür erforderlichen weiteren Voraussetzungen zu teilen und zu einem Individuum zu entwickeln vermag."[39]

Nach der geltenden Rechtslage ist eine PID in Deutschland an Blastomeren des 8-Zellstadiums verboten, da nicht auszuschließen ist, dass einige davon noch totipotent sind. Zudem dürfen innerhalb eines Zyklus nicht mehr als drei Embryonen erzeugt werden, die allesamt in die Gebärmutter übertragen werden müssen. Damit ist jedwede Auswahl unter den Embryonen mittels PID untersagt.

Nicht strafbar macht sich derjenige, der Eizellen, die durch zwei Spermien befruchtet wurden vor der Kernverschmelzung eliminiert. Geschieht dies hingegen danach, müsste er, dem Buchstaben des Gesetzes folgend, den triploiden Embryo transferieren, wohl wissend, dass dieser nicht entwicklungsfähig ist und als Spontanabort endet. Allerdings gibt es unter Juristen auch die Auffassung, dass hiervon das EschG nicht berührt wird, da das Ziel der Herbeiführung einer dauerhaften Schwangerschaft so nicht erreicht werden kann.

Durch die Verpflichtung, sämtliche Embryonen zu übertragen, ist zugleich die Wahrscheinlichkeit für Mehrlingsgeburten mit seinen medizinischen Risiken deutlich erhöht. Die gültigen Richtlinien der Bundesärztekammer sehen deshalb vor, dass bei einer IVF in der Regel nur noch zwei Embryonen transferiert werden. In etwa 1 von 10 Fällen kommt es dabei zur Geburt eines Kindes. In den meisten Fällen müssen sich die Frauen daher einer erneuten hormonellen Stimulation zur Gewinnung der Eizellen unterziehen, einer körperlich und seelisch belastenden Prozedur. Günstiger wäre es aus dieser Sicht, wenn pro Zyklus mehr Embryonen gewonnen und die nicht-transferierten Embryonen kryokonserviert würden, um für weitere Behandlungen zur Verfügung zu stehen. Dies untersagt jedoch das EschG.

Generell kann man sagen, dass eine Erkrankung, die mit genetischen Methoden pränatal diagnostizierbar ist, auch mittels PID nachgewiesen werden kann. Es gilt daher eine Abwägung zwischen beiden Optionen zu treffen. Einen Sonder-

---

[37] www.bundesrecht.juris.de/eschg/
[38] a.a.O.
[39] a.a.O.

fall stellen jene Frauen mit einem hohen genetischen Risiko dar, deren Eileiter nicht funktionstüchtig sind und denen nur mittels IVF zu einem eigenen Kind verholfen werden kann.

In den Ländern, in denen die PID zugelassen ist, spielt die Polkörperdiagnostik praktisch keine Rolle, da sie entscheidende Einschränkungen aufweist:

- es ist keine Aussage über das väterliche Erbgut möglich
- es ist nur eine beschränkte Aussage zum mütterlichen Erbgut gegeben
- im Falle einer rezessiven Erkrankung werden alle Eizellen mit Genmutationen verworfen, obwohl die Wahrscheinlichkeit 50 % beträgt, dass das Kind nicht betroffen sein wird
- die Diagnostik ist technisch schwieriger als die von Blastomeren
- der Zeitrahmen für die Analyse ist sehr begrenzt.

In biologischer Hinsicht gibt es mehrere Unterschiede zwischen der PND und der PID: So kann die PID nur in Verbindung mit einer in vitro Fertilisation (IVF) vorgenommen werden. Generell wird sie an Blastomeren des 8-12 Zell-Stadiums durchgeführt. Diese Zellen können auf numerische und strukturelle Chromosomenanomalien hin untersucht werden (s. u.). Zum molekulargenetischen Nachweis monogen bedingter Krankheiten müssen höchste Ansprüche an die Qualitätssicherung gestellt werden. Ein Problem ist, dass gelegentlich nur eines der beiden elterlichen Allele erfasst wird („allele drop out") und damit eine Aussage nicht möglich bzw. das Risiko einer Fehldiagnose gegeben ist. Der Befund sollte daher generell durch Analyse einer zweiten Blastomere und die Testung flankierender Marker abgesichert werden. Zudem muss jede Kontamination mit anderen Zellen ausgeschlossen werden. Nach normaler IVF könnten noch vorhandene Spermien das Ergebnis verfälschen, so dass derartige molekulargenetische Untersuchungen generell nach intrazytoplasmatischer Spermieninjektion (ICSI) durchgeführt werden. Für einige Erkrankungen, die auf einer sogenannten Triplettexpansion beruhen, bereitet die PID Schwierigkeiten, zum einen, weil in bestimmten Fällen die Vermehrung dieser DNA Sequenzen zu diesem Zeitpunkt noch nicht abgeschlossen ist und zum anderen, weil der Nachweis mittels PCR unsicher ist. Im Falle einer PND stellen sich diese diagnostischen Probleme praktisch nicht.

Bei der PID gibt es die Option, unter mehreren befruchteten Eizellen eine Auswahl zu treffen. Bei einer PND ist die Schwangerschaft in der Regel auf natürliche Weise zustande gekommen. Allerdings ist der diagnostische Eingriff selbst mit einem Abortrisiko verbunden, bei der Chorionzottenbiopsie von 1 - 2 %, bei der Amniozentese von 0,5 - 1 %. Generell geht es um eine konkrete Entscheidung im Einzelfall, wobei die Diagnoseverfahren gut etabliert und validiert sind. Im Falle eines pathologischen Befundes kann ein Schwangerschaftsabbruch nach PND für die betroffene Frau ein traumatisches Erlebnis sein, das im Falle einer PID vermieden werden kann. Allerdings ist auch die IVF in Verbindung mit einer PID eine körperlich und seelisch belastende Maßnahme, nicht zuletzt wegen ihrer relativ geringen Erfolgsrate. Wesentlich häufiger als nach normaler Konzeption sind zudem Mehrlingsschwangerschaften, die zugleich ein nicht unerhebliches gesundheitliches Risiko für die Feten darstellen.

Der häufigste Grund für die Inanspruchnahme einer PND ist ein erhöhtes mütterliches Alter und das damit verbundene Risiko eines Kindes mit einer Chromosomenanomalie. Die Gründe für eine PID sind in Tabelle 2 zusammengestellt. Dabei hat es gegenüber den Jahren 2000-2001 im Jahr 2002 eine starke Verschiebung gegeben: Während früher die Hauptindikation der Ausschluss einer schweren monogen bedingten Krankheit war, hat sich der Anteil der Untersuchungen zum Ausschluss einer Aneuploidie in der Erwartung, die Erfolgsrate der IVF dadurch erhöhen zu können, innerhalb kürzester Zeit von 33 % auf 62 % fast verdoppelt.

Gründe für die PND	2002
genetisches Risiko und vorhandener Schwangerschaftsabbruch	8 %
genetisches Risiko und Ablehnung eines Schwangerschaftsabbruchs	19 %
genetisches Risiko und Subfertilität	30 %
genetisches Risiko und Sterilität	1 %
erhöhtes Alter und Aneuploidie	62 % (33 % in 2000-2001)
sonstige Gründe für die PID	24 %

Tabelle 2: Gründe für die PID im Jahr 2002 (N = 2.306), Mehrfachantworten möglich[40]

Es gibt eine Reihe von Arbeiten zum Aneuploidie-Screening, die auf eine Verbesserung der Schwangerschafts- bzw. der Geburtenrate im Falle eines erhöhten Risikos für Aneuploidien hinweisen. Viele dieser Untersuchungen sind jedoch vorläufiger Art, mit geringen Fallzahlen und ungenügenden Kontrollen. Eine kritische Bewertung der vorliegenden Daten führte zu dem Schluss, dass ein überzeugender Beweis für einen derartigen Effekt noch aussteht.[41] Dies scheint zunächst überraschend, hängt aber vermutlich damit zusammen, dass mit der FISH-Technik nur ein Teil der Chromosomenanomalien erfasst wird und das

---

[40] Karl Sperling: Präimplantationsdiagnostik, a.a.O.
[41] L. K. Shahine, M. I. Cedars: Preimplantation genetic diagnosis does not increase pregnancy rates in patients at risk for aneuploidy, in: Fertility and Sterility, Heft 85/2006, S. 51-56

Vorliegen von Mosaizismus nicht ausgeschlossen werden kann. Vermutlich ist die Schwangerschaftsrate als Folge dieser Manipulation sogar niedriger und der Anteil Neugeborener mit niedrigem Geburtsgewicht höher als ohne diesen Eingriff.[42]

Möglicherweise gibt es aber einen wesentlich einfacheren Weg, indem man die Embryonen für fünf Tage kultiviert und dann nur morphologisch intakte Blastozysten transferiert. Dies ergab eine randomisierte Studie an infertilen Frauen, die jünger als 36 Jahre waren und denen nur jeweils ein morphologisch einwandfreier Embryo von Tag 3 bzw. Tag 5 übertragen wurde. Die Geburtenrate nach Übertrag von jeweils einem Tag 5 Embryo (Blastozyste) lag mit 32 % signifikant über der von Tag 3 Embryonen mit 21,6 % und damit auch über der normalen Schwangerschaftsrate. Die plausibelste Erklärung für diesen Effekt ist eine deutlich niedrigere Zahl von Chromosomenanomalien unter den späten, morphologisch unauffälligen Blastozysten.[43]

Eine besonders umstrittene Anwendung der PID betrifft jene sehr seltenen Familien mit einem Kind, das eine schwere genetisch bedingte Krankheit aufweist, für das eine Knochenmarkspende lebensrettend sein kann, aber kein Spender verfügbar ist. Ein Geschwisterkind, das mittels PID hinsichtlich der Übereinstimmung in den Histokompatibilitätsmerkmalen ausgewählt würde, käme als Spender in Frage, z. B. durch Isolation der Stammzellen aus dem Nabelschnurblut. Die Gewinnung des Transplantats ist dabei ethisch unbedenklich, hingegen ist die Auswahl des Geschwisterkindes anhand dieses Merkmals sehr umstritten. Es geht dabei um die Frage, ob das Geschwisterkind nur als Mittel zur Behandlung der Krankheit oder auch als „Zweck an sich selbst"[44] gezeugt wurde.[45]

Es zeigt sich zudem, dass der Anlass für eine PID zunehmend auch der Ausschluss monogen bedingter, spät-manifester Krankheiten ist. Dazu zählt z. B. die Chorea Huntington (HD), eine neurodegenerative Erkrankung, die meist im mittleren Lebensalter einsetzt, mit schwerwiegenden Wesensveränderungen und Demenz einhergeht und therapeutisch kaum zugängig ist. Im Rahmen der PND

---

[42] S. Mastenbroek u. a.: In vitro fertilization with preimplantation screening, in: New England Journal of Medicine, Heft 357/2007, S. 9-17

[43] E. G. Papanikolaou u. a.: In vitro fertilization with single blastocyst-stage versus single cleavage-stage embryos, in: New English Journal of Medicine, Heft 16/2006, S. 1139-1146

[44] Immanuel Kant: Grundlegung der Metaphysik der Sitten, Königsberg 1785. Jedes vernünftige Wesen ist für Kant Zweck an sich.

[45] Kürzlich entschied die britische Aufsichtsbehörde zur PID, die „Human Fertilisation and Embryology Authority", diese Anwendung der PID zuzulassen, ebenso wie die Testung auf Gene, die spät-manifesten Krebserkrankungen zugrunde liegen. Kritiker äußerten hierzu, dass Großbritannien damit der Entwicklung eugenischer Tendenzen Vorschub leiste (Der Tagesspiegel, 11. 5. 2006)

spielt sie eine ganz untergeordnete Rolle, dagegen ist es die zweithäufigste dominante Erkrankung, für die eine PID durchgeführt wird.

Die PID wurde auch bereits für solche spät-manifesten Krankheiten durchgeführt, bei denen die Erkrankung nur mit einer bestimmten Wahrscheinlichkeit
eintritt, z. B. im Falle einer Veranlagung für familiären Brustkrebs. Wo wird die
Entwicklung halt machen? Nach welchen Kriterien werden die Embryonen aus-
gelesen werden, wenn einmal mittels der Chip-Technologie eine Vielzahl genetischer Dispositionen erfasst werden kann? Sieht man von der Auswahl nach
dem Geschlecht ab, die nur in bestimmten Kulturkreisen eine Rolle spielt, gibt
es bisher aber keine Hinweise, dass sich Eltern ihr „genetisches Wunschkind"
aussuchen möchten. Wie bereits erwähnt, wird die Aussagekraft genetischer
Diagnostik auf normale Merkmale weit überschätzt.

Diese Ausführungen zeigen, wie wichtig eine umfassende Aufklärung und genetische Beratung vor PND und PID ist, in letzterem Fall gerade dann, wenn eine
Schwangerschaft auf normalem Wege eintreten kann und daher als Alternative
die PND besteht. In diesem Gespräch muss selbstverständlich auch auf die Risiken eingegangen werden, welche die Diagnostik in Verbindung mit einer IVF
bzw. ICSI für das werdende Kind darstellt.

Man wird der Praxis der vorgeburtlichen Diagnostik jedoch nicht gerecht, wenn
man sie allein unter der Perspektive eines möglichen Schwangerschaftsabbruchs
betrachtet. Bei der invasiven Diagnostik ergibt sich in über 95 % aller Fälle ein
normaler Befund, der die Frauen entlastet. Diese Entlastung mit der Aussicht
auf ein gesundes Kind ist das Ziel, das Frauen bei der vorgeburtlichen Diagnostik vor Augen haben, nicht den Schwangerschaftsabbruch. In der Logik der
Diagnostik liegt allerdings, dass man das eine nicht haben kann, ohne das andere zumindest bedingt in Betracht zu ziehen.

6 Soziale Auswirkungen pränataler Diagnostik

Es wurde bereits gesagt, dass die vorgeburtliche Diagnostik eine Sonderstellung
in der Medizin einnimmt und eine invasive pränatale Diagnostik nur ausnahms-
weise therapeutische Konsequenzen nach sich zieht. Zu berücksichtigen ist ferner, dass der diagnostische Eingriff selbst mit einem Abortrisiko verbunden ist.
Der Qualitätssicherung kommt deshalb eine zentrale Bedeutung zu, nicht nur im
Hinblick auf die Zuverlässigkeit der Befunde, sondern auch bezüglich des Kon-

textes, in dem diese Untersuchung durchgeführt wird.[46] Dabei setzt der Entschluss für oder gegen einen Schwangerschaftsabbruch stets eine Wertentscheidung voraus, die niemals wissenschaftlich begründet werden kann. Hierbei gilt zu respektieren, dass es in unserer pluralistischen Gesellschaft auch einen Pluralismus an Wertvorstellungen gibt. Wie E. Benda, der ehemalige Präsident des Bundesverfassungsgerichts aber betont hat, würde unsere Rechts- und Wertewelt umgekehrt, wenn es Schuld bedeuten sollte, wenn künftig „behindertes Leben" zur Welt kommt.

Die vorgeburtliche Diagnostik eröffnet schwangeren Frauen (und ihren Partnern) in einer schweren Konfliktsituation die Handlungsoption, die Geburt eines schwer kranken oder behinderten Kindes abzuwenden. Sie ist keine Strategie der öffentlichen Gesundheitspolitik, um die Zahl behinderter Menschen zu reduzieren oder Kosten zu senken. In Deutschland tritt keine politische Partei, kein Verband des Sozialwesens, keine ärztliche Standesorganisation und keine medizinische wissenschaftliche Gesellschaft für derartige Ziele ein. Die Ausrichtung an der Konfliktlage der schwangeren Frauen und an ihrer individuellen Entscheidungsfreiheit bestimmt die rechtliche Bewertung, und sie entspricht der Wahrnehmung der Betroffenen.

Die Frauen betonen ihre Entscheidungsfreiheit, geben aber zu erkennen, dass für sie die Entscheidung für oder gegen die PND nicht eine völlig offene Wahl zwischen gleichwertigen Alternativen ist. Sie haben in ihrer Mehrheit bei schwerwiegendem Befund nicht nur eine Präferenz für den Schwangerschaftsabbruch, sie fühlen sich zu dieser Wahl auch verpflichtet (siehe Tabelle 3).

Aussage	Befragte	Zustimmung		Ablehnung	
		absolut	%	absolut	%
„Es ist gegenüber einem Kind nicht fair, es mit einer Behinderung auf die Welt kommen zu lassen."	Schwangere (N = 88)	28	32,6	21	24,4
	Bevölkerung (N = 136)	52	38,6	50	37,1
	Humangenetiker (N = 140)	26	18,2	64	46,7

---

[46]   Ferdinand Hucho u. a. (Hrsg.): Anwendungen in der Medizin am Fallbeispiel molekulargenetischer Diagnostik, a.a.O.

„Personen, die ein hohes Risiko für schwere Fehlbildungen haben, sollten keine Kinder haben, es sei denn, sie lassen das ungeborene Kind untersuchen, um festzustellen, ob es normal ist."	Schwangere (N = 88)	57	65,5	9	10,3
	Bevölkerung (N = 136)	82	60,3	39	28,7
	Humangenetiker (N = 140)	17	12,2	108	79,7
„Eine Frau, die ein Kind mit einer schweren geistigen oder körperlichen Behinderung zur Welt bringt, weil sie die vorgeburtliche Untersuchung nicht durchführen lassen wollte, handelt unverantwortlich."	Schwangere (N = 1.135)	474	41,86	661	58,3

Tabelle 3: Zuschreibung von Verantwortung für die Geburt eines behinderten Kindes[47]

Die Daten in Tabelle 3 stützen ferner die Hypothese, dass es in der Gesellschaft eine Tendenz gibt, schwangeren Frauen die Verantwortung für die Geburt eines behinderten Kind zuzuschreiben - auch bei den schwangeren Frauen selbst. Allerdings kann man in Deutschland für derartige Versuche kaum auf die Unterstützung oder auch nur stillschweigende Duldung der Humangenetiker/innen rechnen. Diese lehnen jede Instrumentalisierung der vorgeburtlichen Diagnostik für gesundheitspolitische Ziele entschieden ab (siehe Tabelle 4).

Aussage	Befragte	Zustimmung		Ablehnung	
		absolut	%	absolut	%
„Es ist das Hauptanliegen der genetischen Beratung, die Zahl der genetischen Erkrankungen in der Bevölkerung zu verringern."	N = 140	17	12,3	116	82,9
„Ein Effekt der genetischen Beratung ist es, die Zahl der genetischen Erkrankungen in der Bevölkerung zu verringern."	N = 140	32	22,8	86	61,4
„In einer Zeit, in der es Pränatale Diagnose gibt, ist es unverantwortlich, wissentlich ein Kind mit einer genetischen Störung zur Welt zu bringen."	N = 140	11	7,8	116	82,9
„Es ist das vorrangige Ziel der Pränatalen Diagnose, Informationen zu liefern, um den Paaren zu helfen, ihre Entscheidungen gut zu treffen."	N = 140	133	95,0	3	2,1

Tabelle 4: Grad der Zustimmung unter deutschen Humangenetiker/innen zu ausgewählten Aussagen[48]

---

[47] Befragung von Schwangeren, Allgemeinbevölkerung und Humangenetiker/innen in Deutschland. Quellen: ESLA-Studie (Marteau/Nippert 1992; Ergänzungen zu 100 % = „unentschieden"); Münsteraner PND-Studie (Nippert 1999: S. 78)

[48] Quelle: ESLA-Studie (Marteau/Nippert 1992; Ergänzungen zu 100 % = „unentschieden")

Jede Regulierung des Diagnostikangebots, die an den existentiellen Interessen der Eltern vorbeigeht, ist dabei problematisch. Notfalls werden die Eltern ins Ausland ausweichen. Das Internet schafft hier heutzutage eine vollständige Transparenz über die Angebote der Diagnostik.

Eine nennenswerte Steuerung des Diagnostikangebots dürfte allein über den Finanzierungsmechanismus zu erreichen sein. So bewirkte das Gesundheits-Modernisierungsgesetz, wonach die Paare die Hälfte der Kosten für eine In vitro Fertilisation (IVF) selbst tragen müssen und sich die Kassen nur an drei Behandlungszyklen beteiligen, dass gemäß des nationalen IVF-Registers[49] die Zahl von ca. 108.000 Behandlungen im Jahr 2003 auf rund 67.000 im Jahr 2004 gesunken ist.

Umgekehrt zeigen die bisherigen Erfahrungen, dass die Diagnostik steil ansteigt, sobald die Krankenkassen die Kosten tragen. Als in den frühen 90er Jahren die Kassen die Kosten für nicht-invasive Untersuchungen (Ultraschall und Triple-Test) übernahmen, stieg die Zahl der invasiven vorgeburtlichen Diagnose-Eingriffe innerhalb von fünf Jahren um 50 % - von 40.000 auf 60.000. Ob man hier, etwa unter Verweis auf die Kostenexplosion im Gesundheitswesen, deutlich umsteuern kann, ist jedoch die Frage. Für einen großen (und wachsenden Bereich) „klarer" Indikationen, die ein erhöhtes Risiko bedeuten, wird man die Kassenfinanzierung kaum zurückziehen können.

Auf der Nachfrageseite kann man durch Beratung eingreifen. Bei der 47,XXY Konstitution (die Bezeichnung „Klinefelter Syndrom" hierfür im Rahmen der PND ist nicht korrekt, da die Feten generell klinisch unauffällig sind) etwa sind Schwankungen der Abbruchrate je nach Qualität der Beratung zwischen 35 % und 72 % beobachtet worden (siehe Tabelle 5). Dies unterstreicht zugleich die Notwendigkeit der genetischen Beratung durch speziell ausgebildete Fachärzte.

Beratung	Abbruch der Schwangerschaft	Fortsetzung der Schwangerschaft
Genetiker	35,5 %	64,5 %
Nicht genetisch qualifizierter Berater	71,7 %	28,1 %

Tabelle 5: Entscheidung nach dem pränatalen Befund Klinefelter-Syndrom[50]

Die Praxis der vorgeburtlichen Selektion wird von vielen behinderten Menschen als bedrohlich empfunden, da sie sich in ihrem Existenzrecht in Frage gestellt

---

[49] www.deutsches-ivf-register.de
[50] Durchgeführt in sieben europäischen Zentren, Quelle: Nippert, DADA BIOMED 2, 1996-1999

fühlen. Dabei sollte jedoch zwischen der Ablehnung der Behinderung und der Ablehnung der behinderten Menschen unterschieden werden. Den Beleg liefern die Behinderten selbst und ihre Eltern, da sie zu einem nicht unerheblichen Teil dafür eintreten, die Optionen der vorgeburtlichen Diagnostik zu nutzen, um die Geburt von (weiteren) Kindern abzuwenden, die von derselben Behinderung betroffen wären (siehe Tabelle 6).

Aussage	CF Patienten		Eltern mit einem Kind mit CF	
	Zustimmung in %	Ablehnung in %	Zustimmung in %	Ablehnung in %
„Für alle, die eine Schwangerschaft planen, sollte es ein Screening auf CF-Trägerschaft geben." (2001 und 1994)	19 50	60 15	19 82	56 8
„Sollte CF-Screening in der Frühphase der Schwangerschaft angeboten werden?" (1994)	88	5	90	6
„Personen mit einer CF-Familiengeschichte sollten sich auf CF-Trägerschaft testen lassen, wenn sie Kinder planen." (2001)	63	24	66	17
„Ist es vertretbar, Paaren, die schon ein Kind mit CF haben, PND anzubieten?" (1994)	89	5	92	3
„Ich halte Abtreibung bei CF-Befund für vertretbar." (1994)	68	21	84	11

Tabelle 6: Einstellung von erwachsenen CF-Patienten (Cystische Fibrose) und von Eltern mit einem betroffenen Kind zur PND und zum Schwangerschaftsabbruch[51]

Der deutsche Gesetzgeber hat mit der Abschaffung der sogenannten embryopathischen Indikation unterstrichen, dass nicht die Behinderung des Kindes die Rechtfertigung für einen Schwangerschaftsabbruch ist, sondern die Krise, in die Frauen (und Eltern) geraten können, wenn sie ein behindertes Kind bekommen würden.

---

[51] Quellen: L. Henneman, I. Bramsen: Attitudes towards reproductive issues and carrier testing among adult patients and parents of children with cystic fibrosis (CF), in: Prenatal Diagnosis 21/2001, S. 1-9. Befragt wurden erwachsene CF-Patienten (N = 287) sowie Eltern von Kindern mit CF (N = 288); S. Convay u. a.: Patient and parental attitudes towards genetic screening and its implications at an adult cystic fibrosis centre, in: Clinical Genetics 45/1994, S. 308-312. Befragt wurden Mütter von Kindern mit CF (N = 79) und CF-Patienten zwischen 15 und 30 Jahren (N = 80).

In dem Gentechnologiereport der Berlin Brandenburger Akademie der Wissenschaften[52], der sich zur Aufgabe gestellt hat, auch die Auswirkungen genetischer Diagnostik kritisch zu observieren, wird zu dieser Thematik abschliessend festgestellt: „Die verfügbaren Daten ergeben auch auf der Einstellungsebene keine Anhaltspunkte dafür, dass durch die Praxis der vorgeburtlichen Selektion die Solidarität mit behinderten Menschen untergraben und der Verbreitung von Behindertenfeindlichkeit Vorschub geleistet werden könnte."[53]

Würde das Gesagte aber auch im Falle der (begrenzten) Freigabe der PID gelten?

Geht man davon aus, dass die IVF eine anerkannte medizinische Maßnahme für solche Paare darstellt, die auf natürlichem Wege keine Kinder erwarten dürfen, dann unterbindet das EschG eine Behandlung, die heute internationalen Qualitätsstandards entspricht. Dies war bei der Verabschiedung dieses Gesetzes nicht abzusehen. Die Entscheidung darüber, was mit dem Embryo vor der Implantation geschieht, ist heute den Eltern genommen, danach aber in vollem Umfange zugestanden, bis hin zur Entscheidung für einen Abbruch der Schwangerschaft. Auf diesen Wertungswiderspruch ist vielfach hingewiesen worden. Die Konsequenz daraus ist die Abwanderung solcher Paare ins Ausland, die es sich finanziell leisten können. Dabei ist auch dies für die Frauen mit einer erheblichen zusätzlichen Belastung verbunden. Wenn man die Gesundheit der erhofften Kinder und das Wohl ihrer Mütter zum Maßstab wählt, dann sollten die Vorgaben des EschG gelockert werden, ganz im Sinne des Vorschlages der Bioethik-Kommission des Landes Rheinland-Pfalz.[54] Diese forderte, die Bestimmungen des EschG zu lockern und die PID unter bestimmten Voraussetzungen zuzulassen. Als eine Begründung wurde angeführt: Die werdenden Eltern haben einen durch Verfassung geschützten Anspruch, über medizinische und genetische Risiken für den Embryo aufgeklärt zu werden.

Bei der Umsetzung dieser Empfehlungen wird es entscheidend auf die Rahmenbedingungen ankommen: Kann vor einer PID eine unabhängige, kompetente Beratung sicher gestellt werden? Wird es gelingen, kommerzielle Interessen weitgehend auszugrenzen und die Anwendung auf eindeutig medizinisch-genetisch begründete Fälle zu beschränken? Unter welchen Bedingungen kann die

---

[52]   Ferdinand Hucho u. a. (Hrsg.): Anwendungen in der Medizin am Fallbeispiel molekulargenetischer Diagnostik, a.a.O.

[53]   Ferdinand Hucho u. a. (Hrsg.): Anwendungen in der Medizin am Fallbeispiel molekulargenetischer Diagnostik, a.a.O., S. 265

[54]   Ministerium der Justiz des Landes Rheinland-Pfalz (Hrsg.): Erster Bericht der Bioethik-Kommission des Landes Rheinland-Pfalz 2006: Fortpflanzungsmedizin und Embryonenschutz, www.justiz.de

aufwändige Prozessqualität gesichert werden? Kann die PID auf relativ wenige familiäre Fälle mit hohem genetischen Risiko, für die eine PND nicht infrage kommt, begrenzt werden? E. Schwinger geht in seiner Analyse von 300 Fällen pro Jahr aus.[55] Die PID zählt anderenorts bereits heute zur medizinischen Versorgung. Hierfür gibt es gute ethische Gründe, es gab auch gute Argumente für die Einführung des EschG, wobei damals die PID noch keine Rolle spielte. Es darf aber nicht sein, dass durch fundamentalistische Einstellungen oder der Angst vor apokalyptischen Visionen, die wenig mit der Realität zu tun haben, einer Minderheit die Hilfe versagt wird.

Unter der oben gemachten Annahme könnten die Untersuchungen mittels PID auf wenige Zentren beschränkt werden, die einer strengen Akkreditierung unterliegen müssten. Zugleich sollte die Arbeit dort transparent gemacht werden. Ein Vorbild dafür gibt es bereits: Vor Einführung des EschG hatte die Bundesärztekammer für diesen Bereich bereits restriktive standesrechtliche Regelungen erlassen. Deren Einhaltung wurde in vorbildlicher Weise durch eine zentrale, interdisziplinäre Kommission überprüft, die der Öffentlichkeit gegenüber zur Rechenschaft verpflichtet war. Mit Einführung des Gesetzes wurde deren Aufgabe hinfällig. Wenn es zu einer Lockerung des EschG kommt, sollte eine vergleichbare Kommission wieder eingesetzt werden, die für transparente Verhältnisse auf diesem Gebiet sorgt.

7 Gendiagnostikgesetz

„Derzeit besteht kein rechtlicher Handlungsbedarf". So lautete die Aussage der interministeriellen „Benda-Kommission" zur Genomanalyse im Jahr 1985. Seitdem haben sich zahlreiche Kommissionen in verantwortungsvoller Weise mit dieser Thematik beschäftigt.[56] Jetzt stellt die neue Bundesregierung in ihrem Koalitionsvertrag fest: „Genetische Untersuchungen bei Menschen werden in den Bereichen gesetzlich geregelt, die angesichts der Erkenntnismöglichkeiten der Humangenetik einen besonderen Schutzstandard erfordern. (...) Durch diese gesetzliche Regelung soll zugleich die Qualität der genetischen Diagnostik gewährleistet werden."[57] Die Frage stellt sich: Reicht der derzeitige Schutz nicht aus, muss die Qualität der Diagnostik verbessert werden? In einem liberalen

---

[55] E. Schwinger: Präimplantationsdiagnostik: Medizinische Indikation oder unzulässige Selektion? Gutachten Bio- und Gentechnologie, Bonn 2003

[56] Karl Sperling: Genetische Daten und Biobanken in der Forschung. Perspektiven und notwendige Rahmenbedingungen, FES-Konferenz Gendiagnostik 2007, www.fes.de/biotech

[57] www.cdu.de/doc/pdf/05_11_11_Koalitionsvertrag.pdf,§ 4229.

Rechtsstaat ist jeder Eingriff in die Freiheit des Einzelnen rechtfertigungsbe-
dürftig. Die genetische Diagnostik müsste daher mit ernst zu nehmenden Gefahren verbunden sein, vor denen der Einzelne durch das geltende Recht nicht ausreichend geschützt wird, um ein solches Gesetz zu begründen.[58] Die Fraktion
des Bündnisses90/Die Grünen hat einen Entwurf eines Gesetzes über genetische
Untersuchungen am Menschen (Gendiagnostikgesetz)[59] eingebracht, über den
bereits am 24. Mai 2007 im Deutschen Bundestag debattiert wurde. Vertreter aller Fraktionen haben sich dabei für eine zügige gesetzliche Regelung ausgesprochen.

Hierbei ist zu bedenken, dass es keine scharfe Abgrenzung genetischer und
nicht-genetischer Information gibt und man sich daher fragen muss, ob es einen
Sonderstatus für die genetische Diagnostik geben muss.[60] Bei gründlicher Aufklärung über die genetische Diagnostik ließe sich auch vermuten, dass es zu einem Umdenken in Richtung einer „Normalisierung" kommt. Bei jeder rechtlichen Regelung sollte berücksichtigt werden, dass man nicht von einem genetischen Exzeptionalismus sprechen kann. „Vielmehr ist das Diskriminierungspo-
tential nicht auf genetische Information im Sinne der DNA-Diagnostik begrenzt,
sondern auf jede Art sensitiver medizinischer und sozialer Information übertragbar."[61]

Wie sieht aber die bereits bestehende Qualitätssicherung aus? Drei Ebenen sind
bei der Qualitätssicherung zu unterscheiden, die hier kurz genannt werden sollen:

- Strukturqualität
  - Qualifikation des Untersuchers
  - Rahmenbedingungen
- Prozessqualität
  - interne Qualitätskontrolle
  - externe Qualitätskontrolle
- Ergebnisqualität

---

[58] W. van den Daele: Droht präventiver Zwang in Public Health Genetics? In: J. Schmidtke u. a.
      (Hrsg.): Gendiagnostik in Deutschland. Status quo und Problemerkundung, Stuttgart 2007
[59] Drucksache 16/3233 vom 3. 11. 2006, www.dip21.bundestag.de/dip21/btd/16/032/1603233.pdf
[60] Dies wird durch die Metaanalyse von Brändle, Resche & Wolff unterstrichen: C. Brändle, D.
      Reschke, G. Wolff: Metaanalyse der Diskussion um den genetischen Exzeptionalismus, in: J.
      Schmidtke u. a. (Hrsg.): Gendiagnostik in Deutschland. Status quo und Problemerkundung,
      Stuttgart 2007
[61] C. Brändle, D. Reschke, G. Wolff: Metaanalyse der Diskussion um den genetischen Exzeptio-
      nalismus, in: J. Schmidtke u. a. (Hrsg.): Gendiagnostik in Deutschland. Status quo und Pro-
      blemerkundung, Stuttgart 2007, S. 140

- medizinische Konsequenzen
- soziale Konsequenzen.

In der Bundesrepublik Deutschland bildet das jeweils gültige Sozialgesetzbuch V die gesetzliche Grundlage für den Auftrag zur Qualitätssicherung (QS) medizinischer Leistungen im weitesten Sinne.[62] Generell stützt sich die Sicherung einer qualitativ hochwertigen medizinischen Versorgung im Wesentlichen auf drei Säulen:

- die fachliche Kompetenz des Arztes,
- die Beachtung bestehender Leitlinien und
- die Durchführung spezifischer Qualitätssicherungsmaßnahmen.

Für das Fach Humangenetik und damit für die Durchführung genetischer Diagnostik wurden 1992 durch die Einführung der ärztlichen Gebietsbezeichnung „Humangenetik" und eine entsprechende Weiterbildung für Naturwissenschaftler zum „Fachhumangenetiker (GfH)" die Voraussetzungen für die hohe persönliche Qualifikation geschaffen. Die DFG hat sich hierzu geäußert, die Bundesärztekammer entsprechende Richtlinien erlassen und die primär zuständige Fachgesellschaft, GfH, eine Vielzahl von Stellungnahmen und Leitlinien herausgegeben.[63]

Für ein Gendiagnostikgesetz sprechen hingegen folgende Argumente:

Erstens: Mit der Entwicklung automatisierter Verfahren eröffnen sich neue Perspektiven für eine quantitative Ausweitung genetischer Diagnostik. Ein Ausdruck davon sind Angebote kaum validierter Gentests durch nicht-ärztliche Vertreiber, die von wirtschaftlichen Interessen geleitet werden und nicht den berufsrechtlichen Regelungen der Ärzte unterliegen.

Zweitens: Die prädiktive Diagnostik an gesunden Personen auf spät-manifeste Erkrankungen, die heute immer stärker an Gewicht gewinnt, stellt besonders hohe Anforderungen an den Schutz der Klienten. Im Interesse der Rechtseinheit sollte dieser Schutz durch Bundesgesetz und nicht durch landesrechtliche Regelungen gewährleistet werden.

Drittens: Es gibt bereits verbindliches EU-Recht für Gentests im Zusammenhang mit dem Abschluss von Lebensversicherungen und Arbeitsverträgen, die bundesgesetzgeberische Rahmenkompetenz erfordern.

---

[62] Eine ausführliche Übersicht zur bestehenden rechtlichen Regelung findet sich im Gentechnologiereport der Berlin-Brandenburgischen Akademie der Wissenschaften.
[63] www.gfhev.de

Eine molekulargenetische Diagnostik bei bestehender Krankheit unterscheidet sich nur unerheblich von konventionellen Untersuchungsmethoden, so dass sich eine rechtliche Regulierung nicht am Testverfahren sondern am Testergebnis orientieren muss. Die Durchführung prädiktiver Tests setzt die Sicherstellung eines ausreichenden Beratungsangebots voraus und den Arztvorbehalt hinsichtlich der Indikationsstellung. Dies wird in dem bereits vorliegenden Gesetzentwurf der Fraktion Bündnis90/Die Grünen vorbildlich geregelt. Ebenso wird dem Datenschutz ausführlich Rechnung getragen.

An dieser Stelle soll nur auf zwei kritische Punkte des vorliegenden Gesetzentwurfes der Fraktion Bündnis90/Die Grünen hingewiesen werden.

In § 31 (Aufbewahrung und Vernichtung genetischer Proben, Aufbewahrung und Löschung genetischer Daten) heißt es:

„Forscherinnen und Forscher dürfen personenbezogene genetische Proben, die zu Zwecken wissenschaftlicher Forschung verwendet worden sind und nicht nach § 26 Abs. 3 Satz 3 zu vernichten sind, zehn Jahre ab dem Zeitpunkt ihrer Entnahme, aufbewahren, sofern sie mit Einwilligung der betroffenen Person gewonnen wurden oder die Voraussetzungen des § 26 Abs. 4 Satz 1 und 2 vorliegen. Die personenbezogenen genetischen Proben sind nach Ablauf dieser Frist zu vernichten, wenn nicht eine erneute Einwilligung der betroffenen Person eingeholt wird oder die Voraussetzungen des § 26 Abs. 4 vorliegen."[64]

Laut Gesetzesentwurf der Fraktion Bündnis90/Die Grünen gilt die Zehnjahresfrist somit nicht für anonymisierte Proben, wohl aber für pseudonymisierte. Angesichts des langjährigen Charakters der Biobanken würde deren Wert dadurch weitgehend vernichtet. Es ist mit vertretbarem Aufwand schlechterdings nicht möglich, Tausende von Personen erneut zu kontaktieren. Durch einen solchen Paragraphen würde die Forschung in Deutschland auf diesem Gebiet massiv benachteiligt.

In § 27 (Aufklärung) wird ausgeführt: „Sind bei der betroffenen Person wesentliche Erkenntnisse zu erwarten, muss die Aufklärung durch eine Ärztin oder einen Arzt oder unter Hinzuziehung einer Ärztin oder eines Arztes erfolgen."[65]

Auch hier lässt sich unschwer der große bürokratische Aufwand erahnen, wenn in jedem Fall ein Arzt zugegen sein muss. Die Deutsche Gesellschaft für Humangenetik hat z. B. eine dem Facharzt für Humangenetik im Umfang nach vergleichbare Weiterbildung für Naturwissenschaftler zum Fachhumangenetiker eingeführt, die eine derartige Aufklärung in vielen Fällen leisten könnten. Auch an anderen Stellen des Gesetzentwurfes wird das Verfahren gegenüber dem Ist-

---

[64]   Drucksache 16/3233 vom 3. 11. 2006, www.dip21.bundestag.de/dip21/btd/16/032/1603233.pdf
[65]   Drucksache 16/3233, a.a.O.

Zustand weiter verkompliziert und dies bei einem Bürokratismus, der heute schon übermäßig viel Arbeitszeit bindet. Zweifellos kommt dem Schutz der Klienten höchste Priorität zu, eine derartige Erschwernis der Forschung durch bürokratische Hemmnisse würde sich allerdings auch zum Nachteil für die betroffenen Patienten auswirken.

In dem Gesetzentwurf der Fraktion Bündnis90/Die Grünen wird die Nutzung von DNA-Proben für Forschungszwecke geregelt, was unmittelbar auch für die medizinisch-genetische Nutzung der „Biobanken" von Bedeutung ist, obwohl diese in dem Entwurf nicht erwähnt werden.[66] Hierbei ist zu berücksichtigen, dass seit Jahrhunderten eine praktisch unüberschaubare Anzahl von Sammlungen menschlicher Körpermaterialien für medizinische Forschungszwecke existiert. Eine moderne „Pathologie" würde es ohne die gründliche Untersuchung derartiger Proben nicht geben. Zu bedenken ist auch, dass die bisherigen Regelungen eine missbräuchliche Verwendung in unserer heutigen Zeit bislang wirkungsvoll verhindert haben.

Unbestritten ist, dass der Zugang zu Proben menschlicher Körpersubstanzen, die mit personenbezogenen Daten verknüpft werden können, im Interesse des medizinischen Fortschritts und damit im unmittelbaren Interesse der Betroffenen unverzichtbar ist. In den meisten Fällen reichen pseudonymisierte Proben aus, um die Analyse erfolgreich durchzuführen. Die bisherigen datenschutzrechtlichen Regelungen haben sich bewährt. Welche Untersuchungen an den jahrelang aufbewahrten Tumorproben später einmal erforderlich sein können, lässt sich kaum

---

[66] Bezüglich der Problematik der Biobanken existieren über das Internet leicht zugängliche Dokumente. Hervorzuheben sind die Stellungnahmen und Diskussionsbeiträge des Nationalen Ethikrates, der Enquete-Kommission „Ethik und Recht der modernen Medizin" sowie der Zentralen Ethikkommission bei der Bundesärztekammer, hinzu kommen zahlreiche relevante Einzelstimmen:
www.ethikrat.org/themen/biobanken.html
www.ethikrat.org/themen/pdf/Stellungnahme_Biobanken.pdf
www.ethikrat.org/texte/pdf/Jahrestagung_2002_Wortprotokoll.pdf
www.ethikrat.org/veranstaltungen/sonstige/uk_2003-09-10.htm
www.ec.europa.eu/research/biosociety/pdf/german_statement_modern_medicine.pdf
www.zentrale-ethikkommission.de/10/30Koerpermat.html
www.datenschutzzentrum.de/medizin/genom/index.htm
www.esportal.fes.de/pls/portal30/docs/FOLDER/STABSABTEILUNG/BIOBANKENSCHNEIDER.PDF
www.rzpd.de/public/uploads/vO3eGt_x69tzuwo5nA9KEg/4AFUpSllXo6t7eWJPCcIeA/Cambon-_Ethics_Biobanks.pdf
www.rzpd.de/public/uploads/vO3eGt_x69tzuwo5nA9KEg/SSFpVoat7gMc81BFn7gTjQ/GATiB_RZPD_kick-off_06_Asslaber_neu.pdf
www.ethikrat.org/veranstaltungen/pdf/2003-09-10_Referat_Nagel.pdf

vorhersehen. Der Beitrag jeder einzelnen Probe zu dem Ergebnis ist in der Regel gering.

Bezüglich der Nutzung von Biobanken bestehen zur Zeit folgende rechtliche Regelungen:[67]

- Eine generelle Genehmigungspflicht ist beim Aufbau einer Datenbank nicht erforderlich.
- Das geltende Datenschutzrecht sieht vor, dass die Beaufsichtigung einer Biodatenbank durch einen unter Umständen speziell zu bestellenden Datenschutzbeauftragten zwingend ist.
- Anonymisierte Daten werden vom Datenschutzrecht nicht erfasst. Gegen den erklärten Willen des Spenders dürfen dessen Proben und Daten nicht genutzt werden. Wurden Proben im Rahmen einer Behandlung gewonnen, so ist die Rechtslage hinsichtlich der Nutzung nicht eindeutig. Auf jeden Fall können diese Proben für die Durchführung der Behandlung aufbewahrt und verwendet werden. Dabei sind persönlichkeits- und datenschutzrechtliche Regelungen zu beachten.
- Die Aufbewahrungsdauer richtet sich nach den Erforderlichkeiten des Einzelfalles. Eine längere Aufbewahrung und Nutzung für anfangs nicht bestimmte Forschungszwecke kommt zwar zum Beispiel in der Pathologie häufig vor, trifft aber auf eine rechtliche Grauzone. Persönlichkeits- und datenschutzrechtlich betrachtet ist festzustellen, dass dafür keine Rechtsgrundlage gegeben ist; diese müsste zukünftig erst geschaffen werden.
- Eine Einwilligung ist in Ausnahmefällen unter bestimmten Voraussetzungen nicht erforderlich, wenn die Proben im Rahmen einer bereits vorliegenden medizinischen Untersuchung erhoben worden sind sowie personenbezogen verwendet werden sollen, „aber das wissenschaftliche Interesse an der Durchführung des Forschungsvorhabens ein etwaiges Interesse des Spenders an dem Ausschluss der Verwendung erheblich überwiegt und der Zweck der Forschung auf andere Weise nicht oder nur mit unverhältnismäßigem Aufwand erreicht werden kann."[68]
- Zentraler Bezugspunkt für die rechtliche Beurteilung von Biobanken ist die Orientierung am Selbstbestimmungsrecht des Spenders im Sinne des Rechts auf Leben und körperliche Unversehrtheit nach Art. 2 Abs. 2

---

[67]   Gentechnologiebericht der Berlin-Brandenburgischen Akademie der Wissenschaften, Stuttgart 2007
[68]   Gentechnologiebericht der Berlin-Brandenburgischen Akademie der Wissenschaften, Stuttgart 2007

Grundgesetz (GG) und des Allgemeinen Persönlichkeitsrechts nach Art. 2 Abs. 1 in Verbindung mit Art. 1 GG (Menschenwürde).

- Da die Entnahme von Material aus dem menschlichen Körper einen Eingriff in dessen Integrität darstellt, besteht dafür auf der einfachgesetzlichen Ebene sowohl ein zivilrechtlicher Schutz nach § 823 Abs. 1 BGB wie ein strafrechtlicher nach §§ 223 ff. StGB. Für die Rechtfertigung des Eingriffs muss ein sogenannter informed consent vorliegen.

- Die Datenschutzgesetze wie auch die persönlichkeitsrechtlichen Regelungen und die entsprechende Rechtsprechung setzen voraus, dass Proben bzw. Daten nur mit der Einwilligung des Patienten und nur zweckgebunden, also für konkrete Forschungsvorhaben intern oder extern genutzt werden dürfen. Ohne Einwilligung des Patienten ist das in Ausnahmefällen möglich, allerdings auch dann nur für zeitlich und inhaltlich begrenzte Forschungsprojekte.

- Besonders interessant für die Forschung im Rahmen von Biobanken sind zeitlich unbefristete und nicht zweckgebundene Einwilligungen des Spenders, denn gerade dafür werden die Biobanken errichtet. Solche sogenannten Blankoeinwilligungen oder -vollmachten sind nach geltendem Recht eine Grauzone und insofern problematisch.

Der Nationale Ethikrat schlägt vor, eine klare Rechtsgrundlage für die Zukunft zu schaffen, die eine umfangreiche Nutzung für weitreichende, aber noch unbestimmte Forschungen ermöglicht. Dabei sollen nur anonymisierte bzw. codierte Proben und Daten weitergeleitet werden. Das bedeutet auch, dass keinesfalls personenbezogene Daten an möglicherweise unbekannte Dritte weitergegeben werden dürfen.

Dieses Votum des Ethikrates ist überzeugend, wobei angesichts des länderübergreifenden Charakters der Forschung eine Regelung auf EU-Ebene anzustreben wäre. Auf jeden Fall sollte vermieden werden, dass einzelne Bundesländer eigene Regelungen erlassen.

Bisher konnten die Grundrechte auf „Forschungsfreiheit" und „informationelle Selbstbestimmung" angemessen berücksichtigt werden. Eine liberale Regelung setzt zugleich von Forschungsseite Offenheit voraus und das Bewusstsein, dass ohne öffentliche Akzeptanz diese Forschung Schaden nimmt. Besondere Obacht sollte dabei auf Vernetzungsmöglichkeiten der Biodatenbanken mit anderen Datensätzen gelegt werden und den damit gegebenen Reidentifizierungsmöglichkeiten.[69]

---

[69] Zum Beispiel durch die Schaffung von „fire walls".

Wie kann man den gravierenden Nachteilen begegnen, die der bestehende Gesetzentwurf der Fraktion Bündnis90/Die Grünen für die Forschung auf diesem Gebiet bedeuten würde? Am besten, indem man die Forschung ganz aus dem geplanten Gesetz heraus nimmt. Der Vorstand der Deutschen Gesellschaft für Humangenetik e. V. (GfH) hat diesbezüglich plädiert.[70]

Offensichtlich hat die Diskussion darüber zu einem Umdenken geführt. So wurde in dem Referentenentwurf des Gesetzes vom 30. 6. 2008 der Bereich der Forschung herausgenommen. In der Anhörung zu diesem Entwurf am 30. Juli 2008 wies der Vorsitzende der GfH, André Reis, jedoch darauf hin, dass ein besonders kritischer Punkt des Gesetzes - paradoxerweise - der Arztvorbehalt darstellt. So begrüßenswert dies vom Grundsatz her ist, jetzt wird die Untersuchung genetisch bedingter Krankheiten allen Ärzten geöffnet, unabhängig von ihrer fachlichen Qualifikation. Es geht hierbei ja nicht um die reine technische Durchführung der Tests, sondern um die sachverständige Interpretation und Vermittlung der Befunde, die eine mehrjährige Ausbildung zum Facharzt für Humangenetik erfordert.[71]

Eine wichtige Rolle kommt bei der Umsetzung des Gesetzentwurfes der nach § 34 (Richtlinien) eingesetzten Gendiagnostik-Kommission aus Sachverständigen zu. Ihre Aufgabe sollte es sein, die Praktikabilität des Gendiagnostikgesetzes zu überprüfen und gegebenenfalls Änderungen vorzuschlagen. Es kann jedoch nicht in die Kompetenz dieser Kommision fallen, Richtlinien zu erlassen, die gemäß der bestehenden gesetzlichen Regelungen, z. B. der Weiterbildungsordnung der Ärzte (WBO), bereits vorgegeben sind. So soll die Kommission darüber entscheiden, welche Ärzte die genetische Beratung durchführen dürfen. Vermutlich handelt es sich dabei aber um ein Mißverständnis. In der Umgangssprache ist der Begriff „genetische Beratung" weit gefasst, in der WBO der Ärzte jedoch klar definiert und dem Facharzt für Humangenetik vorbehalten. Hier, wie auch an anderen Stellen des Referentenentwurfes, müssen die Begriffe klarer definiert werden. So wird, wie André Reis betont, nicht deutlich zwischen „Risikoabklärung", die auf vielerlei Weise erfolgen kann und „Diagnostik" unterschieden (§ 3 Abs.1b). An anderer Stelle wird eine proteinchemische Analyse, mit der genetische und nicht-genetische Veränderungen erfasst werden, genetischen Untersuchungen gleich gesetzt (§ 3, Nr 2c). Wenn in § 7 Abs. 1 davon gesprochen wird: „eine diagnostische genetische Untersuchung darf nur durch

---

[70] C. Brändle, D. Reschke, G. Wolff: Metaanalyse der Diskussion um den genetischen Exzeptionalismus, in: J. Schmidtke u. a.: Gendiagnostik in Deutschland, Stuttgart 2007

[71] Persönliche Mitteilung von André Reis

Ärztinnen oder Ärzte ... vorgenommen werden", müsste es richtig heißen „veranlasst" werden.

In § 7 Abs. 2 wird der wichtige Aspekt der Qualifikation der „beauftragten Personen oder Einrichtungen" behandelt. Wie seitens der GfH aber zutreffend erklärt wurde, wird dies nicht automatisch durch die Akkreditierungsvorschriften geregelt, sondern ist in den Leitlinien der GfH festgelegt. Es wäre daher am besten, diese direkt im Gesetz zu erwähnen: „Die genetische Analyse einer Probe darf nur im Rahmen einer genetischen Untersuchung von verantwortlichen ärztlichen Personen oder durch nichtärztliche Sachverständige mit abgeschlossener naturwissenschaftlicher Hochschulausbildung und mehrjähriger Weiterbildung in Humangenetik vorgenommen werden."

Es ist hier nicht der Platz, auf weitere Bedenken einzugehen, die bei der Anhörung des Referentenentwurfes geäußert wurden, sich zum Teil auch widersprechen. So wendet sich z. B. das Gen-ethische Netzwerk gegen die Ausklammerung der Forschung und möchte in die genetische Beratung bei prädiktiver Diagnostik auch andere Berufsgruppen, die soziale und psychologische Gesichtspunkte berücksichtigen, stärker einbeziehen[72], vermutlich in Unkenntnis der Aspekte, die in der Weiterbildungsordnung der Ärzte zum Fachhumangenetiker vermittelt werden.

Diese kritischen Anmerkungen ändern jedoch nichts an dem nachdrücklich unterstützenswerten Anspruch des Gesetzentwurfes, den Schutz der Menschenwürde und das Recht auf informationelle Selbstbestimmung bei genetischer Diagnostik zu sichern. Die offene Diskussion über die Einzelheiten seiner Umsetzung ist zugleich sichtbarer Ausdruck eines funktionierenden demokratischen Gemeinwesens.

8 Ausblick

Die Ausführungen sollten verdeutlichen, dass genetischen Tests zukünftig eine steigende Bedeutung zukommen wird und diese jeden Einzelnen betreffen können. So wie in der genetischen Beratung der „informed consent" grundsätzlich die Voraussetzung für eine molekulargenetische Diagnostik ist, muss auch eine rechtzeitige Aufklärung der Öffentlichkeit (beginnend in der Schule) über das Humangenomprojekt und seine hier behandelten Implikationen erfolgen. Dabei sollte man unbedingt die Erfahrung und den Rat von Patienten-Selbsthilfegrup-

---

[72]   www.gen-ethisches-netzwerk.de/gen/2008/stellungnahme-zum-gendiagnostikgesetz-referentenentwurf-bundesregierung

pen einbeziehen. Auf diese Weise soll die Gesellschaft sich ein Urteil bilden können und die verantwortlichen Politiker instand gesetzt werden, darüber zu entscheiden, wie die Chancen der neuen diagnostischen Möglichkeiten genutzt und missbräuchliche Anwendungen vermieden werden können. Hierbei gilt stets die Abwägung zwischen standesrechtlichen und gesetzlichen Regelungen. Es gilt aber auch hier im Sinne Kants, dass die Voraussetzungen der Erkenntnis nie so weit reichen, wie die Notwendigkeit des Entscheidens. Die intensive öffentliche Diskussion ist der beste Garant gegen eine Fehlentwicklung. Dann aber sollte man auch die Chancen ergreifen können, welche die neuen technologischen Möglichkeiten für die medizinische Grundlagenforschung sowie die Patientenversorgung eröffnen.

Risikoanalyse Grüne Gentechnik

Achim Bühl

Die Grüne Gentechnik ist die Anwendung gentechnischer Verfahren auf dem Gebiet der Pflanzenzucht sowie die Nutzung gentechnisch veränderter Pflanzen in der Landwirtschaft und der Lebensmittelindustrie. Im Folgenden beschreiben wir zunächst die verschiedenen Risiken, die mit der Grünen Gentechnik verbunden sind. Wir unterscheiden dabei vier Risikofelder:

Erstens: das technologische Risiko

Zweitens: das gesundheitliche Risiko

Drittens: das ökologische Risiko und

Viertens: das soziale Risiko.

Danach gehen wir auf die umstrittene Frage ein, ob es sich bei der Grünen Gentechnik um Züchtung im klassischen Sinne handelt oder nicht. Exemplarisch stellen wir sodann ausgewählte Unfälle der Grünen Gentechnik vor, um abschließend eine Gesamteinschätzung des Risikos vorzunehmen.

1 Die technologische Seite des Risikos

Die Risiken der Grünen Gentechnik basieren letztlich auf ihren technologischen Grundlagen. Das Einfügen des Fremdgens in den Organismus geschieht äußerst unpräzise und daran dürfte sich auch in absehbarer Zeit nichts Entscheidendes ändern.

Die Einschleusung des fremden Gens erfolgt u. a. mit Hilfe von Bakterien oder Viren, die als „Vektoren" eingesetzt werden. Hinzugefügt werden dem neuen Gen Promotoren, d. h. vorgeschaltete Basenfolgen, die als Startsignal für die Transskription dienen. Zwecks Erfolgskontrolle wird ein „Antibiotika resistentes Markersystem" benutzt. Für die Abschätzung des Risikos ist es von hoher Relevanz, dass eine Vorhersage unmöglich ist, wie sich dieses „Paket" bestehend aus Vektor, Fremdgen, Promotor und Markersystem auf die Pflanze auswirkt. So kann z. B. nach heutigem Kenntnisstand nicht ausgeschlossen werden, dass durch eine Rekombination des eingesetzten Promotors[1] ein neuer Super-pflanzenvirus geschaffen werden könnte. Hochproblematisch ist z. B. der im Rahmen der Grünen Gentechnologie häufig eingesetzte 35S Promoter des Pflan-zenvirus CaMV[2]. Eingesetzt wird dieser, weil er in jeder Pflanze in fast jedem Zelltyp aktiv ist und das jeweils neu eingeführte Gen konstant eingeschaltet hält. Die Parameter für eine Technikfolgenabschätzung haben sich diesbezüglich aber geändert, seit spätestens im Jahr 1990 bekannt ist, dass der CaMV 35S Promoter nicht nur in Pflanzen aktiv ist, sondern auch in Bakterien, Pilzen und menschlichen Zellen.[3]

Gelingt die Transformation mittels eines Vektors nicht, so gelangt häufig als mechanisches Verfahren der Partikelbeschuss zum Einsatz. Das genetische Fremdmaterial wird hier an Gold- oder Wolframkügelchen gebunden, die dann mittels einer „Genkanone" in Pflanzenzellen geschossen werden. Der Vorgang wird zigmal wiederholt, bis das intendierte Resultat erzielt wird. Bei diesem Verfahren ist nicht nur die Einbaustelle rein zufälliger Natur, es lässt sich auch die Anzahl der Kopien der Fremd-DNA, die in den Zellkern eindringt, nicht exakt bestimmen.

Unabhängig vom jeweiligen Verfahren[4], welches zum Einsatz gelangt, werden in der Regel weitere Gene als das nur gewünschte Gen transformiert. „Die bis heute entwickelten transgenen Pflanzen enthalten in der Regel immer ein syn-thetisch erzeugtes Konstrukt, das in dieser Zusammensetzung nicht natürlich

---

[1]   Der Promotor ist ein DNA-Abschnitt, an dem die RNA-Polymerase erkennt, wo der Startpunkt eines Genes liegt.

[2]   Das Cauliflower-Mosaic Virus (CaMV) stellt eine Art Prototyp eines Pflanzenvirus mit dop-pelsträngiger DNS dar. Es handelt sich im Sinne eines Sammelnamens um eine Gruppe eng verwandter Virusarten, die in der Regel durch Blattläuse übertragen werden.

[3]   Beim Menschen handelte es sich um einen Zellextrakt von HeLa Zellen (die HeLa-Zelle ist eine Zellinie von Epithelzellen, die einem Carcinom entspringen, wobei der Name von der Patientin Helene Lange stammt), vgl: R. Cooke, P. Penon: In vitro transcription from cauliflower mosaic virus promoters by a cell-free extract from tobacco cells, in: Plant Molecular Biology, 14/1990, S. 391-405, sowie: C. Burke u. a.: Transcription Factor IIA of wheat and human function simi-larly with plant and animal viral promoters, in: Nucleic Acid Research, 18/1990, S. 3611-3620

[4]   Um fremde DNA in Pflanzenzellen zu bekommen, lassen sich verschiedene Methoden unter-scheiden:
a) Der Einsatz von Bakterien und Viren, die als Genfähren bzw. Vektoren dienen
b) Partikelbeschuss: Die DNA wird auf Goldkügelchen direkt in die Zellen „geschossen"
c) Mikroinjektion: Der Gebrauch feinster Kanülen zwecks Injektion von DNA
d) Zellfusion durch Protoplastenbildung (Pflanzenzellen ohne Zellwand)
e) Elektroporation: Mittels elektrischer Entladungen (oder Laser) werden winzige Löcher in die Zellmembran von Protoplasten erzeugt, durch die DNA-Moleküle eindringen können
f) Liposomenfusion: Künstlich hergestellte mit DNA gefüllte Membranbläschen aus Doppelli-pidschichten, welche mit der Protoplastenmembran verschmelzen und ihre DNA ins Zellinnere entleeren.

vorkommt."[5] Das synthetische Genkonstrukt, welches die gewünschten Eigenschaften hervorbringen soll, besteht aus diversen Gensequenzen wie u. a. Promotoren, Enhancer[6] und Stop-Module[7], wozu in der Regel verschiedene Organismen verwendet werden. Wo das synthetische Genkonstrukt landet, bleibt beim heutigen Stand der Technik weitgehend dem Zufall überlassen. Die Integration der Fremd-DNA verursacht dabei Störungen im Genom, so führt der Beschuss z. B. zu Wunden. „Bei großen Wunden (es wurde ein lebenswichtiges Gen getroffen und zerstört) ist die Pflanze nicht lebensfähig. Bei mittleren Wunden kommt es zu Veränderungen in der Wuchsform beziehungsweise im Verhalten (z. B. verringerte Trocken-Stresstoleranz). Wenn das neue synthetische Gen ungünstig liegt, können auch Toxine oder allergene Inhaltsstoffe der Pflanze verstärkt gebildet werden."[8]

Es ließe sich an dieser Stelle fragen, warum man überhaupt auf den Gedanken gekommen ist, die Integration könne ohne nennenswerte Probleme stattfinden. Die Antwort diesbezüglich liegt beim Terminus der „Junk-DNA" bzw. der sogenannten „nichtkodierenden DNA". Unter der nichtkodierenden Desoxyribonukleinsäure versteht man diejenigen Teile der DNA, die keine Informationen für die Herstellung von Proteinen bereitstellen. Dies heißt jedoch keineswegs zwangsläufig, dass es sich hierbei nicht auch um Gene handeln kann, da zu einem Gen nicht nur die proteinkodierenden Abschnitte, sondern auch genregulatorische Bereiche wie Promotor- und Operatorsequenzen sowie weitere regulatorische Elemente zählen. Noch vor wenigen Jahren wurde die Position vertreten, dass die DNA aller Lebewesen einschließlich des Menschen überwiegend aus Müll besteht - folglich auch der englische Terminus Junk-DNA. „Nach dieser Theorie wäre viel Platz auf der DNA der Pflanze, wo man ein Gen hinschie-

---

[5]   Brigitte Zarzer: Einfach GENial. Die Grüne Gentechnologie: Chancen, Risiken und Profite, Hannover 2006, S. 8

[6]   Enhancer stellen Abschnitte mit charakteristischer Basenabfolge in der DNA dar. Sie beeinflussen die Anlagerung des Transkriptionskomplexes an den Promoter und verstärken dergestalt die Transkriptionsaktivität von Genen. Enhancer lassen sich somit als Verstärker, d. h. als Abschnitte auf der DNA mit verstärkender Funktion verstehen.

[7]   Während die Exons (coding regions) bei der Translation in ein Protein übersetzt werden, werden die Introns nicht translatiert, d. h. sie werden nicht zu einem Teil des entstehenden Proteins. Der Beginn der Translation stellt ein Startcodon dar; die Translation endet mit einem Stopcodon. Introns nehmen jedoch außerordentlich wichtige Funktionen war, so spielen sie z. B. eine große Rolle beim alternativen Spleißen eines Gens, so dass ein Gen unterschiedliche Proteine hervorbringen kann. Da in diesen Fällen erst das Spleißen als solches entscheidet, ob eine DNA-Sequenz als Intron oder Exon behandelt wird, darf die Aufteilung zwischen selbigen auch nicht als statisch verstanden werden. Außer beim alternativen Splicing spielen Introns möglicherweise auch bei der Genregulation, d. h. bei der Steuerung der Genexpression, eine bedeutende Rolle.

[8]   So der österreichische Risikoforscher Werner Müller, zitiert nach: Zarzer, a.a.O., S. 9

ßen kann, ohne damit Funktionen zu zerstören. Doch dieser Platz wird immer kleiner. Jeden Monat werden neue Daten veröffentlicht, über neue Funktionen im zuvor als Müll deklarierten Teil der DNA. Mittlerweile geht man davon aus, dass mindestens ein Drittel aller Gene beim Menschen von Bereichen der Müll-DNA gesteuert wird."[9] Den Terminus der „Junk- bzw. Müll- DNA" sollte man daher auf keinen Fall mehr gebrauchen.

Doch die Antwort auf die gestellte Frage liegt tiefer, sie liegt im genetischen Determinismus bzw. Reduktionismus, den wir Genoismus[10] nennen wollen.

1.1 Das deterministische Paradigma

Der Genoismus zeichnet sich durch ein lineares Denken aus, demzufolge „ein Gen ein Merkmal steuert und der Transfer des betreffenden Gens die Übertragung des entsprechenden Merkmals auf den genetischen Organismus zur Folge hat, der dann imstande sein soll, dieses Gen unbegrenzt an künftige Generationen weiterzureichen."[11] Eine derart reduktionistische Sichtweise lesen wir z. B. bei folgender Beschreibung: „Bei der gentechnischen Veränderung einer Pflanze kann exakt ein Gen und somit exakt ein gewünschtes Merkmal auf die Pflanze übertragen werden."[12] Deterministisches Denken wurde nicht zuletzt durch das Humangenomprojekt verbreitet, in dessen Kontext das Bild vom „Buch des Lebens", welches im Genom programmiert sei, Verbreitung fand. Die Entwicklung eines Organismus wäre demzufolge in der DNA kodiert. Das deterministische Paradigma der Gentechnik wurde u. a. dadurch gestützt, das einige Krankheiten wie die Muskeldystrophie[13] durch ein einziges Gen verursacht werden. Doch mittlerweile wissen wir, dass nur 2-3 % aller bekannten Krankheiten monogenetisch bedingt sind, während die meisten Krankheiten durch eine Vielzahl von Genen beeinflusst werden. Die Vorstellung, dass ein Gen eine Krankheit verursacht, ist eine extreme Simplifizierung, die in den allermeisten Fällen inkorrekt ist. „Das Verhältnis von Gesundheit und Krankheit wird vielmehr durch das Zusammenspiel vieler verschiedener ‚Mitspieler' bestimmt. Die Komplexi-

---

[9]   Werner Müller, zitiert nach: Zarzer, a.a.O., S. 9-10
[10] Unter Genoismus verstehen wir im Kontext der Erbe-Umwelt-Debatte eine Reduktion des Menschen auf die Summe seiner Gene und ihre „Qualität". Der Terminus Genoismus findet auch beim SF-Spielfilm Gattaca Verwendung.
[11] Mae-Wan Ho: Das Geschäft mit den Genen, München 1999, S. 73
[12] http://www.bionetonline.org/deutsch/Content/ff_tool.htm
[13] Muskeldystrophie stellt eine Sammelbezeichnung für degenerative, fortschreitende Muskelerkrankungen dar. Für viele Formen ist eine zugehörige Veränderung eines Genorts entdeckt worden. Beim Typ Duchenne werden zwei Drittel der Muskeldystrophie-Fälle von den Eltern direkt vererbt, ein Drittel der Fälle stellen Neumutationen dar.

tät dieser Systeme und der Interaktionen, die zwischen ihnen und der Umwelt stattfinden, ist enorm; und diese Komplexität begreifen wir noch nicht sehr gut."[14]

Wissenschaftliche Ergebnisse der letzten Jahre belegen, dass die Regulierung des Gens wesentlich komplexer ist, als dies das „Ein Gen - ein Effekt-Paradigma" unterstellt. Die Eindimensionalität einer solch reduktionistischen Sichtweise verkennt sowohl die Komplexität biotechnologischer Vorgänge als auch die Dimension genetischer Wechselwirkungen.

Wie wenig wir eigentlich derzeit wissen, belegt die Tatsache, dass noch im Jahr 2000 davon ausgegangen wurde, dass der Mensch über ca. 100.000 Gene verfügt. Als erstmals im Jahr 2001 eine Karte für das menschliche Genom veröffentlicht wurde, war das Erstaunlichste, das es nur etwa 25.000 Gene sind, die damit ganz offensichtlich nicht nur jeweils eine Funktion haben, sondern mehrere. Ein weltweites Projekt, welches in der Geschichte der Gentechnik am stärksten das deterministische Paradigma verbreitete, hat zugleich das Denken vom eindimensionalen Gen-Baukasten, dessen wir uns beliebig bedienen können, besiegelt. Wenn nur ca. 25.000 Gene einige hunderttausend verschiedene Proteine herstellen, dann ist die systemische Komplexität völlig neu zu taxieren.

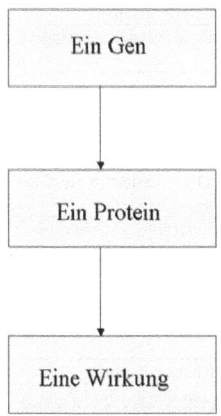

Abbildung 1: Das 1:1-Paradigma des genetischen Determinismus

---

[14] So Richard Strohman, der herausfand, dass die Muskeldystrophie eine Krankheit ist, die durch ein einziges Gen verursacht wird, in: Greenpeace (Hrsg.): Das unterschätzte Risiko. Interviews mit neun Wissenschaftlern zum Thema gentechnisch veränderte Pflanzen, Hamburg 2005, S. 17

Es bleibt einem wesentlichen Akteur des Humangenomprojekts, Craig Venter, vorbehalten, das Ende des deterministischen Paradigmas zu verkünden: „Die begrenzte Zahl menschlicher Gene verweist darauf, dass wir woanders suchen müssen, wenn es um die Mechanismen geht, welche die Komplexität generieren, die der menschlichen Entwicklung inhärent ist."[15]

Das Problem für eine wissenschaftliche Technikfolgenabschätzung besteht aber gerade darin, dass dieses „woanders suchen müssen" bislang nie in die Risikobewertung eingegangen ist.

Wir wollen abschließend die Maximen der alten und der neuen Genetik tabellarisch gegenüberstellen.[16]

Genetischer Determinismus	Systembiologische (Epi-)Genetik
Ein Gen codiert genau ein Protein	Ein Gen kann mehrere Proteine codieren
Ein Protein erzeugt eine Wirkung	Die Verursachung ist multidimensional
Ein Gen stellt eine lineare Kausalkette dar	Genfunktionen entfalten sich innerhalb eines hochkomplexen Netzwerkes
Gensequenzen lassen sich nur in einer Richtung lesen	Gensequenzen lassen sich vorwärts und rückwärts lesen
Es gibt keine Überschneidungen bei Gensequenzen	Gensequenzen können sich überschneiden
Es gibt keine unmittelbare Wirkung der Umwelt auf die Gene	Es existieren vielfältige Rückwirkungen der Umwelt auf Gene und Genom
Gene und Genom sind stabil	Gene und Genom sind dynamisch
Gene verbleiben an ihrer Position innerhalb des Genoms	Gene können innerhalb des Genoms springen
Gene sind ganzheitlich	Gene können in Stücken vorliegen
Gene können nicht auf artfremde Spezies horizontal überspringen	Horizontaler Gentransfer ist möglich
Die nicht-codierende DNA besitzt keine Gene	Die nicht-codierende DNA besitzt Gene
Die nicht-codierende DNA hat keine Funktion	Die nicht-codierende DNA steuert in vielfältiger Weise das Verhalten der Gene
Umweltbedingte Veränderungen von Eigenschaften können nicht vererbt werden	Umweltbedingte Veränderungen können vererbt werden
Die DNA der meisten Zellen bleibt im Laufe der Entwicklung unverändert	Die DNA verändert sich im Laufe der Entwicklung
Der genetische Code ist universell	Der genetische Code ist nicht universell (Mitochondriale DNA)
Basis aktueller Technikfolgenabschätzung (Wissensstand des 20. Jhdt.)	Kein Bestandteil der Risikobewertung (Wissensstand zu Beginn des 21. Jhdt.)

Tabelle 1: Maximen der Genetik in vergleichender Betrachtung

---

[15] J. Craig Venter u. a.: The sequence of the Human Genome, Science Volume 291/2001, S. 1304-1351

[16] Tabellarische Übersicht auf der Basis von: Mae-Wan Ho: Das Geschäft mit den Genen. Genetic Engineering oder Alptraum? München 1999, S. 79, S. 139 u. a.; Jeffrey M. Smith: Trojanische Saaten, München 2004; Katja Moch: Das überholte Paradigma der Gentechnik, Freiburg 2004

Die Gegenüberstellung verdeutlicht noch einmal, wie fundamental die Veränderungen bezüglich unseres Wissensstands auf dem Gebiet der Genetik sind.

1.2 Epigenetik als systembiologisches Paradigma

Im Verständnis zahlreicher Biotechnologen sowie in Schulbüchern gelten die Gene noch immer als die „Baupläne unseres Lebens", das Genom als das „Buch des Lebens" und die DNA als ihre Buchstaben. Damit wurde nicht zuletzt die „Macht der Gene"[17] beschrieben. All dies sind Bilder des vom wissenschaftlichen Standpunkt der neuen Genetik aus betrachtet längst überholten genetischen Determinismus. Das Wissen über die Gene hat sich verändert, die Regulation der Gene und die Eigenschaften eines Organismus werden nicht allein von der DNA festgelegt. Keineswegs bestimmen nur proteincodierende Gene organische Vorgänge.

Doch die Behauptung, dass das, was lange vermutet wurde, heute eine breit akzeptierte wissenschaftliche Erkenntnis sei[18], ist vorschnell. In der Grünen Gentechnik dominiert noch immer der genetische Determinismus und seine Doktrinen und nicht systembiologisches Denken.

Im Unterschied zum genetischen Determinismus geht das epigenetische Paradigma vereinfacht davon aus, dass die DNA kein „Buch des Lebens"[19] darstellt, „sondern lediglich eine zufällige Ansammlung von Worten aus der eine bedeutungsvolle Geschichte des Lebens zusammengestellt werden kann."[20] Hierfür nutzt das Zielsystem des Organismus ein weiteres dynamisches Informationssystem, welches Veränderungen in Produkten über die Zeit hinweg reguliert und auf der Organisationsebene über dem Genom steht. Das griechische Wort „epi" beutet soviel wie das deutsche Wort „über". Gemeint sind also „Vorgänge, die über der Genetik stehen und nicht direkt durch die DNA kodiert werden. Klassischerweise werden darunter zunächst Modifizierungen der DNA verstanden, wodurch Gene an- oder abgeschaltet oder in der Stärke der Expression hoch- oder runterreguliert werden. Epigenetik wird aber zunehmend auch als Beschreibung der Komplexität der Genregulierung verstanden. Es geht um den

---

[17] Debatte über die Epigenetik, folglich: www.biosicherheit.de
[18] So eine Aussage in einer Internet-Debatte über die Epigenetik, www.biosicherheit.de
[19] Bezüglich der Metapher „Buch des Lebens" vgl. auch Lily Ellen Kay: Das Buch des Lebens, München 2001
[20] So Florianne Koechlin, in: Greenpeace (Hrsg.): Das unterschätzte Risiko. Interviews mit neun Wissenschaftlern zum Thema gentechnisch veränderte Pflanzen, Hamburg 2005, S. 8

komplexen Prozess, wie aus einem Genotyp ein Phänotyp entsteht. Dabei spielen auch Signale von außen, also von der Umwelt eine Rolle."[21]

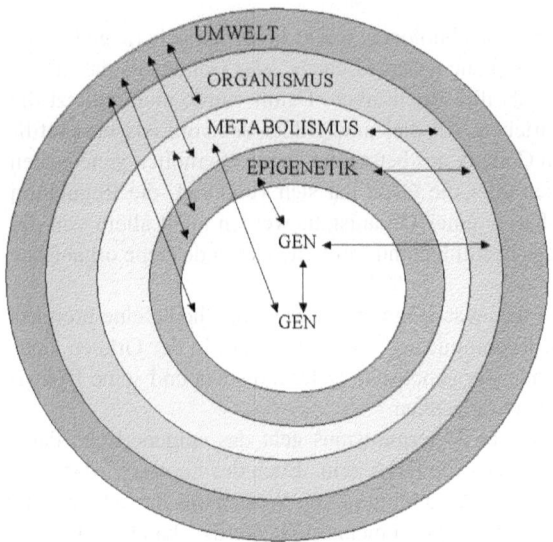

Abbildung 2: Wechselwirkungsmodell der Epigenetik[22]

Vielfältige Prozesse und Produkte wirken somit auf die DNA zurück und regulieren die Genexpression[23] Das Schlüsselkonzept hierbei ist, dass dynamisch-epigenetische Netzwerke ein Eigenleben für sich führen - sie folgen Netzwerkregeln, die nicht von der DNA spezifiziert werden. Die klassische Erbe-Umwelt-Debatte ist insofern überholt als es eine ganze Anzahl hochkomplexer Sys-

---

[21] Katja Moch vom Öko-Institut Freiburg im Interview mit „Biosicherheit", www.biosicherheit.de. Vgl. auch: Katja Moch: Epigenetische Effekte bei transgenen Pflanzen. Auswirkungen auf die Risikobewertung, BfN-Skripten 187, Bonn 2006

[22] Auf der Basis von: Mae-Wan Ho: Das Geschäft mit den Genen. Genetic Engineering oder Alptraum? München 1999, S. 75 u. a.

[23] Der Terminus Genexpression wird im engeren und weiteren Sinne verwendet. Im engeren Sinne bezeichnet der Terminus lediglich die Synthese von Proteinen aus der genetischen Information (Proteinbiosynthese). In unserem Beitrag legen wir die weitere Definition zugrunde. Genexpression verstehen wir als die Ausprägung des Genotyps zum Phänotyp eines Organismus oder einer Zelle.

teme zwischen dem Genom und dem Phänotyp gibt, welche die Muster der Genexpression regulieren. Das Erbe-Umwelt-Verhältnis ist somit weder ein entweder oder noch ein sowohl als auch, sondern ein dialektisches Verhältnis, welches dreierlei einschließt:

Erstens: Die Epigenetik stellt eine Art Brücke zwischen dem Genom und dem Phänotyp dar.

Zweitens: Verändert sich die Umwelt, so ändert sich auch die Expression der Gene und schließlich

Drittens: Die Epigenentik vermittelt auch zwischen dem Genom und der Umwelt, so dass Organismus und Umwelt nur als holistisches System zu denken und damit systembiologisch zu fassen sind.

Die Ambivalenz und Dynamik von Genen sowie die Relevanz epigenetischer Regulationsmechanismen lassen sich wie folgt verdeutlichen: „Ein Gen kann viele verschiedene Funktionen haben; die Zahl seiner Funktionen ist nach oben hin offen. Ein Gen kann auch immer wieder neue Funktionen erhalten. Das gilt für alle Gene, jene von Menschen, Tieren oder Pflanzen. Wenn ich Chinesisch lerne, dann werden Gene, die in meinem Sprachzentrum eine Rolle spielen, neue Funktionen erhalten. Wenn ich dann also frage: Welche Funktionen haben diese Gene? Dann muss ich fragen: Bevor ich Chinesisch gelernt habe oder nachdem ich Chinesisch gelernt habe? Mein Chinesischlernen verleiht bestimmten Genen in meinem Sprachzentrum neue Funktionen."[24]

1.3 Epigenetisches Paradigma und Risikobewertung

Folgt man dem epigentischen Paradigma und löst sich vom Genoismus, so ist davon auszugehen, dass pleiotrope[25] bzw. generell unerwartete Effekte der Grünen Gentechnik auf ihrem derzeitigen technologischen Stand immanent sind.

Da unsere Kenntnisse auf dem Gebiet der Epigenetik zur Zeit erst rudimentär sind, kann man die Risiken der Gentechnik durchaus treffend als „Phantomrisiken"[26] beschreiben, d. h. wir können die einem gentechnischen Transfer inhä-

---

[24] Interview mit Martin Heisenberg, in: Greenpeace (Hrsg.): Das unterschätzte Risiko. Interviews mit neun Wissenschaftlern zum Thema gentechnisch veränderte Pflanzen, Hamburg 2005, S. 13

[25] Unter Pleiotropie versteht man die Veränderung mehrerer phänotypischer Merkmale, die durch die Veränderung eines einzelnen Gens hervorgerufen werden.

[26] Der Begriff Phantomrisiko wurde Ende der 80-er Jahre von Philip Abelson, einem amerikanischen Wissenschaftsjournalisten, geprägt. Mit Phantomrisiken meint man Phänomene gesellschaftlicher Unsicherheit auf Grund eines unzureichenden Stands der Wissenschaften. Ob es einen generellen Zusammenhang zwischen Allergien und gentechnisch veränderten Lebensmitteln gibt, kann derzeit weder schlüssig bewiesen noch ausgeschlossen werden. Gemeint ist also im übertragenen Sinne das Sokratische Prinzip des „Ich weiß nichts", wodurch das Risiko als

renten Risiken auf der Basis unseres Wissens zur Zeit weder dimensionieren noch definieren. Wird ein Stück DNA in ein Pflanzengenom eingebaut, dann ist vollständig unklar, in welche komplexen Regulationszusammenhänge eingegriffen wird. So könnten z. B. zum aktuellen Zeitpunkt inaktive bzw. stillgelegte Gene mit unabsehbaren Folgen aktiviert werden.

Während eine Risikoabschätzung auf der Basis des Genoismus linear ist, d. h. ein Ablesen des Gens in eine Richtung unterstellt wird, schließt das epigenetische Paradigma die Existenz komplexer Interaktionen ein, die sowohl vorwärts als auch rückwärts verlaufen können.

Die Epigenetik verdeutlicht folgenden Sachverhalt: Da wir zur Zeit noch nicht einmal wissen, was wir alles nicht wissen, ist auf dieser Basis eine solide, fundierte Risikoabschätzung überhaupt nicht möglich, da uns die Grundlagen hierfür generell fehlen.

1.4 Pflanzenphysiologische Aspekte

Die Reihenfolge der Gene auf den Chromosomen folgt auch bei Pflanzen einer bestimmten Anordnung. Ein Eingriff in das Genom stellt jedoch bei Pflanzen ein besonderes Risiko dar, insofern sie über einen hochkomplexen sekundären Stoffwechsel verfügen. Während der primäre Stoffwechsel Funktionen wie Ernährung, Wachstum und Fortpflanzung reguliert, nutzen Pflanzen sekundäre Pflanzeninhaltsstoffe bzw. Sekundärmetabolite[27] zur Interaktion mit ihrer Umwelt. Die Produktion der Sekundärmetabolite, von denen viele hochgradig toxisch sind, ist folglich stark von Umweltfaktoren abhängig.[28]

Wie wenig Konkretes man auch auf diesem Gebiet weiß und wie stark das Paradigma des Genoismus auch in der Pflanzenphysiologie gewirkt hat, ist daran erkennbar, dass man lange Zeit annahm, „dass sekundäre Stoffwechselwege dazu dienten, unnütze oder toxische Stoffwechselneben- oder -endprodukte des primären Metabolismus unschädlich zu machen, weil man den Verbindungen keine direkte Rolle im Stoffwechsel zuordnen konnte."[29] Der genetische Reduktionismus hat dergestalt dazu geführt, dass man Pflanzen als geschlossene Systeme

---

solches nicht fassbar ist. Für die Versicherungsbranche werden solche Risiken, hier emerging risks genannt, allerdings immer wichtiger.

[27] Sekundärmetabolite bzw. sekundäre Pflanzenstoffe oder sekundäre Pflanzeninhaltsstoffe sind chemische Verbindungen, die von Pflanzen in speziellen Zelltypen produziert werden. Es handelt sich dabei häufig um biologische Wirkstoffe, wie z. B. Toxine, Insektizide oder Botenstoffe.

[28] Siehe hierzu u. a. Peter Schopfer, Axel Brennicke, Hans Mohr: Pflanzenphysiologe, Heidelberg 2005

[29] Stichwort „Sekundäre Pflanzenstoffe", WIKIPEDIA

wahrnahm und nicht als offene Systeme, die mit ihrer Umwelt interagieren und aktiv auf sie reagieren. Das epigenetische Paradigma öffnet uns erstmals für die Wahrnahme, dass der sekundäre Stoffwechsel zentrale ökologische Funktionen wahrnimmt, dass Pflanzen Sekundärmetabolite im Kontext ihrer intensiven Interaktion mit ihrer Umwelt und nicht zuletzt mit ihren Feinden entwickelt haben. Es lassen sich vermutlich acht Funktionen der sekundären Stoffwechselwege voneinander unterscheiden; so nutzen Pflanzen Sekundärmetabolite:

Erstens: Zur Abwehr von Pathogenen
Zweitens: Zur Abwehr von Herbivoren
Drittens: Zum Schutz vor UV-Strahlung und Starklicht
Viertens: Zur Anlockung von Bestäubern und Samenverteilern
Fünftens: Als Verdunstungsschutz
Sechstens: Als mechanische Festigung
Siebtens: Zur Signalfunktion für Aktivitäten anderer Zellen
Achtens: Zur Kommunikation von Pflanzen untereinander.[30]

Im Kontext der Sekundärmetabolite zeigt sich nicht zuletzt, dass die Interaktionsprozesse der Pflanze mit ihrer Umwelt deutlich komplexer sind als dies noch vor kurzem angenommen wurde.

1.5 Größe und Entschlüsselung des Pflanzengenoms

Die Pflanze Arabidopsis thaliana (dtsch.: Ackerschmalwand) ist eine kleine Blütenpflanze, welche auf Feldern und Wiesen wächst. Seit Jahrhunderten wurden Nutzpflanzen wie Kohl und Rettich aus dieser Pflanzenfamilie kultiviert. Arabidopsis thaliana findet als botanischer Modellorganismus in der Molekularbiologie und der Genetik Verwendung. Das Genom der Ackerschmalwand ist relativ klein[31] und wurde im Jahr 2000 als erstes Pflanzengenom vollständig entschlüsselt. Auch bei der Entschlüsselung der Pflanzengenome stellt der Jahrtausendwechsel eine Art Trennlinie zwischen der alten und der neuen Genetik dar. Wichtig ist auch die Feststellung, dass erst im Jahr 2000 ein Pflanzengenom entschlüsselt wurde. Während all die Jahre zuvor die Grüne Gentechnik Pflanzengenome mit Partikelkanonen beschoss und bereits Freisetzungen stattfanden, besitzen wir elementare Kenntnisse über ein einzelnes Pflanzengenom erst seit der Jahrtausendwende. Überraschend ist auch die Anzahl der Gene, die in den fünf Chromosomen von Arabidopsis thaliana ca. 26.000 beträgt. Erst seit dem Jahr

---

[30] Ulrich Kutschera: Prinzipien der Pflanzenphysiologie, Heidelberg 2002; Stichwort „Sekundäre Pflanzenstoffe", www.de.wikipedia.org/wiki/Sekundäre_Pflanzenstoffe
[31] 114.5 Mb/125 Mb total

2000 wissen wir, dass ein Pflanzengenom etwa 25.000 bis 30.000 Gene in mehreren Milliarden Basenpaaren enthält. Eine Anzahl, die nicht zuletzt belegt, dass die Grüne Gentechnik es mit hochkomplexen Strukturen zu tun hat, während sie selber zur Zeit lediglich über unterkomplexe Modelle und unpräzise Technologien verfügt. Wie die Komplexität des menschlichen Genoms, so wurde auch die Komplexität des pflanzlichen Genoms gänzlich unterschätzt.

1.6 Konkretion der technologischen Seite des Risikos

In einer Zelle gibt es die verschiedensten Moleküle und Prozesse, die dazu führen können, dass ein Fremdgen seine ursprünglichen Charakteristika verändert. Wir wollen im Folgenden derartige zelluläre Abläufe betrachten und beginnen dabei mit den Chiffriermolekülen.

1.6.1 Chiffriermoleküle

Bevor die RNA die Vorschriften der DNA bei der Bildung von Proteinen aus Aminosäuren umsetzt, gelangen häufig Spleiß-Enzyme zum Einsatz, eine Gruppe von Molekülen, welche die RNA zerschneiden, die Einzelteile neu sortieren und wieder zusammensetzen. Die Beziehung zwischen Genen und diesen sogenannten Chiffriergeräten hat sich im Laufe der Evolution über Jahrmilliarden entwickelt. Nach dem Spleißen „enthält die RNA eine völlig neue Bauanleitung und erzeugt folglich ein ganz anderes Protein. Die Chiffriergeräte können einen einzigen RNA-Code auf vielfältige Weise verändern und dabei aus einem einzigen Gen Hunderte oder sogar Tausende verschiedener Proteine erzeugen.“[32]

Das Zusammenwirken von Genen und Chiffriermolekülen verstehen wir derzeit kaum. „Noch viel weniger können wir vorhersagen, was geschehen wird, wenn ein Gen aus der einen Art auf ein Chiffriergerät aus einer anderen Art trifft. Werden die Chiffriergeräte das fremde Gen ignorieren? Oder werden sie versuchen, seine Bauanleitung zu verändern und dabei versehentlich ein Protein entstehen lassen, das giftig ist, Allergien auslöst oder zur Quelle einer neuen Krankheit wird?“[33]

Die Chiffriergeräte beobachten gewissermaßen als wandernde Moleküle die jeweilige RNA und gleichen sie mit Mustern ab, die ihnen zur Verfügung stehen. Bei vorhandener Übereinstimmung beginnen die Chiffriergeräte mit ihrer Arbeit des Zerschneidens der RNA. Was jedoch genau passiert, wenn eine artfremde RNA vorliegt, ist völlig unklar.

---

[32]   Jeffrey M. Smith: Trojanische Saaten, München 2004, S. 78
[33]   www.transgen.de/forum

Unsere Kritik am deterministischen Paradigma des Genoismus zeigt sich nicht zuletzt an dieser Stelle: Die Vorstellung, dass ein Fischgen, welches ein Frostresistenzgen kodiert, nach der Übertragung in eine Tomate exakt dieses Protein und nichts anderes produziert, entspricht dem genetischen Reduktionismus. Genau dieses Leitbild ist überholt, seitdem die Tatsache, dass ein Gen eine Vielzahl von Proteinen hervorbringen kann, das alte 1:1-Modell zerstört hat. Ein neues Modell, auf dessen Basis eine Technikfolgenabschätzung erfolgen könnte, ist indes noch nicht an seine Stelle getreten.

Festzuhalten bleibt, was Biotechnologen alles nicht wissen: Sie wissen nicht, was geschieht, wenn ein Gen aus einer Art auf ein Chiffriergerät einer anderen Art trifft und dergestalt ein Wechselspiel betroffen ist, das sich über einen Milliarden-Jahre-Zeitraum evolutionär entwickelt hat.

Die Annahme zu unterstellen, dass Fremdgene per se nicht mit den Chiffriergeräten des Wirtsorganismus in Berührung kommen, ist für eine fundierte Risikoabschätzung inakzeptabel.

Eine gewisse Einschränkung mag es bei Bakteriengenen geben, da diese gewöhnlich nicht von Chiffriergeräten zerlegt werden.[34]

1.6.2 Anhaltermoleküle

Die Wirkung eines Proteins auf einen Organismus kann sich verändern, falls Moleküle wie Phosphate, Sulfate, Zucker oder Lipide hinzukommen. Da jeder Organismus derartige Moleküle in divergenter Zusammensetzung enthält, ist bei einer Risikoabwägung davon auszugehen, dass sich die Wirkung der Fremdproteine auf unterschiedliche Weise verändern kann. „Ein- und dasselbe Protein kann beispielsweise in Leberzellen und im Gehirn ganz unterschiedliche Anhalter aufnehmen und folglich jeweils andere Auswirkungen auf den Körper haben."[35]

---

[34] Spleißen lässt sich ein Gen in der Regel nur, wenn es mit Introns ausgestattet ist. Während die meisten Pflanzen- und Tiergene über Introns verfügen, gilt dies für die meisten Bakteriengene nicht. Damit wären gentechnisch veränderte Bt-Pflanzen gegen das Spleißen immun. Bt-Gene werden jedoch häufig zusätzlich mit Introns ausgestattet, um die Proteinausbeute zu erhöhen. Introns nennt man die nicht codierenden Abschnitte einer DNA innerhalb eines Gens. Introns werden transkribiert, aber aus der RNA herausgespleißt. Die in der endgültigen RNA verbleibenden Teile des Gens stellen die Exons dar. Da ein Gen mehrere Proteine erzeugen kann, entscheidet beim alternativen Splicing eines Gens erst der Spleißprozess, ob eine DNA-Sequenz als Intron oder Exon behandelt wird. Introns stellen so betrachtet eine Teilmenge der Gesamtmenge aller nichtcodierenden DNA-Anteile dar. Zwar liegen sie außerhalb der Gene, spielen aber vermutlich eine große Rolle bei der Genexpression sowie beim Splicing.

[35] Jeffrey M. Smith: Trojanische Saaten, München 2004, S. 81

So könnte z. B. ein fremdes insektizides Protein in Wurzeln, Blättern oder Stängeln der Empfängerpflanze unterschiedliche Anhaltermoleküle aufnehmen, die jeweils zu spezifischen Wirkungen führen.

Festzuhalten bleibt wieder, was Biotechnologen derzeit alles nicht wissen: Sie können nicht zuverlässig sagen, ob Anhaltermoleküle aufgenommen werden oder nicht, noch wie sie sich auf die Empfängerpflanze auswirken.

1.6.3 Faltermoleküle

Auch die Form eines Proteins entscheidet über seine Wirkungen. Damit das Protein, welches zunächst langgestreckt ist, seine Funktion erfüllen kann, muss es zu einer exakt festgelegten Struktur zusammengefaltet werden. Hierfür sind wiederum spezielle Moleküle zuständig. Ein nicht korrekt gefaltetes Protein kann infektiöse neurologische Krankheiten auslösen.

Auch hier halten wir fest, was Biotechnologen zur Zeit nicht wissen: Sie wissen überhaupt nicht, was passiert, wenn ein fremdes (insektizides) Protein auf Faltermoleküle des Empfängerorganismus trifft, da der evolutionäre Kontext z. B. bei einer Pflanze ein ganz anderer ist als bei einem Bakteriengen.

Die Relevanz des sich evolutionär herausgebildeten Wechselspiels zwischen Genen, Chiffriermolekülen, Anhaltermolekülen und Faltermolekülen zeigt sich nicht zuletzt anhand der zahlreichen Fehlversuche, welche die erfolgreiche Genübertragung nahezu als Einzelfall erscheinen lassen.

1.6.4 Beeinflussung der Genexpression

Die Methode des Gentransfers mittels Partikelbeschuss kann zur Schädigung der DNA des Wirtsorganismus mit unkalkulierbaren Folgen führen. So kann z. B. der Gentransfer eine Neustrukturierung der DNA bewirken, wobei sich Gene falsch einfügen können; es ist auch möglich, dass mehrere Kopien im Genom des pflanzlichen Wirtsorganismus verankert werden. Die Fremd-DNA kann schließlich auch in andere Gene integriert werden, „deren Aktivität sie dann blockieren oder massiv erhöhen. Noch schlimmer ist, dass die gesamte genetische Ausstattung einer Pflanze instabil werden kann. Gene können sich unerwartet ein- oder ausschalten mit überraschenden oder nie da gewesenen Effekten. Gene können ohne erkennbaren Grund völlig willkürlich durch das Genom springen. Vielleicht bildet die Pflanze plötzlich neue Toxine, oder schon existierende Giftstoffe werden in sehr viel größeren Mengen hergestellt. Solche Pro-

bleme können auch noch Hunderte von Generationen nach dem ursprünglichen Gentransfer auftreten."[36]
Die Positionseffekte können vielfältiger Natur sein, sie entscheiden nicht nur über die Funktionsweise des Fremdgens selber, sondern auch über die Fähigkeit der Pflanze sich mit verwandten Arten zu kreuzen[37] sowie über potentielle Insertationsmutationen, die zu unvorhersehbaren Genexpressionen führen können, wie z. B. zum Verstummen von Genen des Wirtsorganismus. Findet der Einbau eines Fremdgens mitten in einer relevanten Gensequenz statt, so ist das arteigene Gen eventuell nicht mehr imstande, das entsprechende Protein herzustellen. Hat das arteigene Gen z. B. die Aufgabe gehabt, die Bildung eines bestimmten Toxins zu verhindern, wären toxische Wirkungen die Folge. Veränderungen der Genexpression sind auch insofern unkalkulierbar, da sie obendrein von Umweltveränderungen abhängig sein können.

1.6.5 Die Wirkung der Promotoren

Zellen verfügen gewissermaßen über Instruktionstabellen für alle Gene ihres Genoms, die festlegen, wann welche Gene jeweils aktiv sein sollen. Da die Molekularbiologen derzeit die Zellsprache nicht verstehen, geschieht die Aktivierung des Fremdgens nicht im Rahmen dieser zelleigenen Instruktionstabellen; das neue Gen wird vielmehr mit einem Lichtschalter versehen, „der permanent eingeschaltet ist und auf Maximum steht. Dadurch ist das neue Gen in allen Pflanzenzellen ununterbrochen aktiv. Der Lichtschalter, den man Promotor nennt, besteht aus genetischem Material, das vor dem Transfer an das Fremdgen angehängt wird."[38]
Als Lichtschalter verwendet die Gentechnik den so genannten Blumenkohl-Mosaik-Virus (CaMV), der imstande ist, die Abwehrmechanismen der pflanzlichen Wirtszelle zu überwinden. Jenseits der harmonischen Selbstregulation der Zelle existiert somit eine Art Fremdregulator, der dem Wirtsorganismus Energie und Ressourcen entzieht und der - ohne das darüber nur ungefähre Kenntnisse bestehen - wirtseigene Gene einschalten kann, „die weit entfernt von ihm auf dem DNA-Strang liegen. Er kann sogar Gene in einem anderen Chromosom einschalten."[39]

---

[36]   BBC-Sendung Tomorrow's World Magazine, zitiert nach: Jeffrey M. Smith: Trojanische Saaten, München 2004, S. 85
[37]   Diese Fähigkeit kann sich durch den Gentransfer ändern, d. h. es kann z. B. zu Auskreuzungen kommen, die zuvor nicht festgestellt wurden bzw. nicht vorlagen.
[38]   Jeffrey M. Smith, a.a.O., S. 91
[39]   Jeffrey M. Smith, a.a.O., S. 92

Auf diese Weise können veränderte Nährstoffe, Toxine, Allergien und Krebserreger entstehen.

Der Blumen-Kohl-Mosaik-Virus, der sich in fast allen kommerziell genutzten GV-Pflanzen befindet, führt darüber hinaus zur Instabilität vollständiger Chromosomen, so dass Sequenzbrüche oder Genaustauschprozesse mit anderen Chromosomen verursacht werden können.

Problematischer noch ist die Gefahr, dass durch das Einfügen eines Insektenvirusgens in eine Nutzpflanze hochvirulente neue Viren entstehen können. Am Beispiel des Blumen-Kohl-Mosaik-Virus zeigt sich so erneut das überholte Paradigma des genetischen Determinismus, der das Beschießen mit Fremdgenen für gänzlich ungefährlich hält, während die neue Gentechnik belegt, dass auf diese Weise schlafende Viren, die sich im Laufe der Evolution in die DNA eingeschlichen haben, leicht eingeschaltet werden können.

1.6.6 Synthetische Gene

Für die Einschätzung der technologischen Seite des Risikos ist es ferner wichtig, dass es sich bei den meisten Fremdgenen, die in Pflanzen eingebaut werden, nicht um natürliche, sondern um synthetische Gene handelt. Der Einsatz synthetischer Gene ist üblich, da die Sequenzen der Bakteriengene verändert werden müssen, damit sie die Pflanze überhaupt lesen kann. Für eine Folgenabschätzung ist diese Differenzierung keineswegs irrelevant, zumal die Bakteriengene, die zum Beispiel bei Roundup-Ready-Soja und im Bt-Mais Verwendung finden, beträchtlich verändert wurden.

1.6.7 Genpakete

Die Problematik der synthetischen Gene verstärkt sich noch, da häufig nicht nur ein Gen, sondern ein komplettes Genpaket eingebaut wird, um mehrere neue Eigenschaften zu erzielen. In diesem Falle können die einzelnen Elemente des Genpakets und die durch sie codierten Proteine in Wechselwirkung miteinander treten, was unter Umständen zu einer drastischen Erhöhung der Toxizität führen kann.

1.7 Zusammenfassung der technologischen Seite des Risikos

Die technologische Seite des Risikos lässt sich in zehn Punkten wie folgt zusammenfassen:

Erstens: Die Gentechnik ist imstande ein Fremdgen in einem Organismus einzubauen. Für eine Risikobewertung ist nicht nur relevant, dass dieser Vorgang äußerst unpräzise geschieht, sondern dass der heutige Kenntnisstand uns nicht dazu befähigt, ein synthetisches Gen auch wieder aus dem Pflanzengenom herauszubekommen. „Damit sind alle Fehler in der Risikoabschätzung unumkehrbar."[40] Die Unumkehrbarkeit macht es zwingend erforderlich, dass keine Fehler in der Risikoabschätzung passieren. Ein Blick in die Historie der Risikobewertung zeigt jedoch, wie viele Fehler es bei der Bewertung von Risiken bereits gegeben hat.[41]

Zweitens: Die Epigenetik sowie die moderne Pflanzenphysiologie haben u. a. gezeigt, dass die DNA keineswegs alles ist und die Genexpression bzw. -regulation wesentlich komplizierter ist als bislang angenommen. Entscheidend für eine aktuelle Technikfolgenabschätzung ist, dass die Erkenntnisse der neuen Genetik überhaupt noch nicht in die Risikobewertung von GV-Pflanzen eingeflossen sind.

Drittens: Hinsichtlich einer Risikoabwägung können bei der Biotechnologie keine Analogien zur sonstigen Technik insbesondere nicht zur Ingenieurswissenschaft gezogen werden, zumal es die bisherige Technik zumeist mit leblosen Stoffen zu tun hatte.[42] Biotechnologie ist hinsichtlich einer Technikfolgenabschätzung in vielfältiger Hinsicht verschieden von mechanischer Technologie. Die Biotechnologie ist keine Ingenieurswissenschaft, so dass Metaphern - wie z. B. „Bauplan des Lebens" - völlig verfehlt sind, zumal sie ein falsches Bewusstsein („homo faber") erzeugen, das verhaltensrelevant ist.

Viertens: Bei der Biotechnologie handelt es sich u. a. um eine artifizielle Veränderung eines „hochdeterminierten Systems innerer Wechselfunktionen"[43], welches als biologisches Leben multipel mit seiner Umwelt interagiert, und nicht um eine technologische De-novo-Planung.

Fünftens: Biotechnologische Technik ist im Unterschied zur klassischen Ingenieurswissenschaft stets auf die Zusammenarbeit des biologischen Systems angewiesen, dem z. B. ein DNA-Segment einverleibt werden soll. Das DNA-Segment wird dem Empfängerorganismus aufgenötigt, es ist ihm aber zugleich auch ausgeliefert. „Die Integrierung mit dem Ganzen ist bereits Sache des Systems selbst, das die Zutat annehmen oder ablehnen kann und selbst das erstere eben

---

[40] Werner Müller: Die GVO-Zulassungspraxis der EU widerspricht dem Vorsorgeprinzip, www.keine-gentechnik.de/ bibliothek/zulassungen/infos/eco_risk_vorsorgeprinzip_060414.pdf
[41] Es ließen sich hier viele Beispiele anführen, wie etwa „der Fall DDT" oder der Glaube an die risikofreie Beherrschbarkeit der AKW-Technologie (vgl. Tschernobyl).
[42] Zu den folgenden Gedanken siehe: Hans Jonas: Technik, Medizin und Ethik. Zur Praxis des Prinzips Verantwortung, Frankfurt am Main 1985
[43] Hans Jonas: Technik, Medizin und Ethik. Zur Praxis des Prinzips Verantwortung, Frankfurt a. M. 1985, S. 165

auf seine Art tun wird. Seine Autonomie wird als aktiver Partner für die Erzielung der gewünschten Modifikation in Anspruch genommen. Der technische Akt hat die Form der Intervention nicht des Bauens."[44]

Sechstens: Im Unterschied zum Ingenieur ist der Biotechnologe mit einem System von immenser Komplexität konfrontiert, die Zahl der Unbekannten ist überwältigend. Gleichzeitig existieren zahllose verborgene Determinanten, die gänzlich unbekannt sind. Im Unterschied zur Ingenieurswissenschaft handelt es sich bei der Biotechnologie nicht um einen Plan, sondern um ein Experiment, dessen Vorhersehbarkeit in keiner Weise gewährleistet ist.

Siebtens: Bei herkömmlichen Technologien sind Versuche meist unverbindlich und können wieder verworfen werden, Modelle können getestet und verschrottet werden, biogenetische Kunstfehler sind hingegen irreversibel, da der eigentlich gültige Versuch am Original selbst stattfinden muss. Fehlschläge biologischer Rekonstruktion können nicht „abgerissen" werden, wenn sie einmal freigesetzt wurden. Während für mechanische Prozesse das Prinzip der Reversibilität gilt, zeichnen sich organische Prozesse durch die Eigenschaft der Irreversibilität aus. Die Taten der biologischen Technik „sind unwiderruflich in jedem ihrer Schritte"[45].

Achtens: Das biotechnologische Risiko zeichnet sich gegenüber dem mechanischen Risiko dadurch aus, dass sich biotechnische Kunstfehler immer weiter ausbreiten als auch im genuinen Sinne des Wortes vererbbar sind. „Nichts der Fortpflanzung und Vererbung Vergleichbares gibt es bei Maschinen."[46]

Neuntens: Die Wirkung biotechnischer Kunstfehler kann unter Umständen erst nach mehreren Generationen in der Geschlechterfolge in Erscheinung treten. Die zeitliche Verzögerung zwischen Ursache und Erscheinung macht eine Risikobewertung gänzlich anfällig für Fehlurteile.

Zehntens: Wie ein transplantiertes Gen konkret wirkt ist nicht nur unbekannt und unvorhersehbar, die Wirkung kann sowohl intergenerativ als auch orts- und umweltabhängig schwanken. Nicht zuletzt die umfassende Umweltabhängigkeit der Genexpression kann zu gravierenden Fehlern bei der Risikobewertung führen.

Bezüglich der technologischen Seite des Risikos lässt sich somit folgende Schlussfolgerung ziehen: Die Wissensbasis der Gentechniker und Molekularbiologen ist für eine seriöse Technikfolgenabschätzung viel zu gering, um eine ernsthafte Risikobewertung vornehmen zu können. Es ist nicht nur so, dass Wis-

---

[44] Hans Jonas, a.a.O., S. 165
[45] Hans Jonas, a.a.O., S. 167
[46] Hans Jonas, a.a.O.

sen in ausreichendem Maße nicht vorhanden ist, es ist vielmehr so, dass die Fachwissenschaftler noch nicht einmal wissen, was sie alles nicht wissen. Das Risiko der Grünen Gentechnik lässt sich nicht angeben, da wir es derzeit gar nicht beurteilen können. Neuere Wissenschaftszweige wie die Epigenetik als auch generelle Vergleiche zwischen Biotechnologie und herkömmlichen Technologien belegen ferner, dass es sich bei der Grünen Gentechnik um eine Technologie mit gravierenden technologieimmanenten Risiken handelt.

2 Die gesundheitliche Seite des Risikos

Bei der gesundheitlichen Seite des Risikos lässt sich zunächst einmal fragen, was denn an einem einzelnen Gen überhaupt gefährlich sein kann. Wir essen ja täglich Unmengen von DNA, ja Tausende Gene, um satt zu werden. Das wichtigste Argument gegen diesen Einwand haben wir bereits bei der Betrachtung der technologischen Seite des Risikos kennen gelernt: Die DNA von Gentech-Pflanzen unterscheidet sich fundamental von der DNA von normalen Pflanzen. Es handelt sich um synthetische DNA, die neu für das menschliche Immunsystem ist. „Synthetische Gene sind menschengemachte Gene, sie kommen in keinem Organismus auf dem Planeten vor."[47]
Hinzu kommt, dass wir kaum etwas über die Wirkungen der DNA bzw. der RNA auf das menschliche Immunsystem wissen. Im Unterschied zu den Vorstellungen der alten Gentechnik weiß man jedoch, dass synthetische Gene unbekannte Nebeneffekte verursachen können und dass die Magen-Darmpassage keine gänzlich unpassierbare Schranke darstellt.
Laut EU-Verordnung 178/2002 Artikel 14 bezüglich der „Anforderungen an die Lebensmittelsicherheit" sind bei der Entscheidung der Frage, ob ein Lebensmittel gesundheitsschädlich ist, langfristige Auswirkungen des Lebensmittels nicht nur auf die Gesundheit des Verbrauchers, sondern auch auf nachfolgende Generationen zu berücksichtigen sowie die wahrscheinlichen kumulativen toxischen Auswirkungen. Alle drei EU-Anforderungen werden in der Praxis jedoch ignoriert, 730-Tage-Tests, die erforderlich wären, um Langzeitrisiken einzuschätzen, finden nicht statt.[48]

---

[47] Werner Müller: Die GVO-Zulassungspraxis der EU widerspricht dem Vorsorgeprinzip, www.keine-gentechnik.de/bibliothek/zulassungen/infos/eco_risk_vorsorgeprinzip_060414.pdf

[48] Werner Müller: Die GVO-Zulassungspraxis der EU widerspricht dem Vorsorgeprinzip, a.a.O.

2.1 Horizontal er Gentransfer

Als Gentransfer wird die Übertragung von Genen von einem Organismus auf einen anderen bezeichnet. Es wird dabei zwischen horizontalem und vertikalem Gentransfer unterschieden. Als horizontaler Gentransfer wird eine Übertragung von Genen außerhalb der geschlechtlichen Fortpflanzung und über Artengrenzen hinweg bezeichnet. Der vertikale Gentransfer meint die Übertragung eines Gens an einen Nachkommen des Individuums. Innerhalb einer Art ist dies bei der klassischen Züchtung der Fall, zwischen nah verwandten Wildpflanzen geschieht dies auf geschlechtlichem Wege.

Das Paradigma des genetischen Reduktionismus schloss stets ein, dass Gentechnik nicht zu einer Veränderung bei anderen, fremden Organismen führen kann, dass ein horizontaler Gentransfer somit ausgeschlossen ist. Als Grund hierfür wurde genannt, dass die Genome von Pflanzen und Bakterien so unterschiedlich seien, dass ein Transfer als gänzlich unwahrscheinlich zu gelten habe. Diese Annahme der alten Gentechnik wurde spätestens zum Jahrtausendwechsel durch zahlreiche Untersuchungen widerlegt.[49] Immer mehr Indizien weisen daraufhin, dass ein Übergang von Gensequenzen aus pflanzlichen Lebensmitteln auf die Mikroorganismen des Magen-Darm-Traktes möglich ist. Dadurch würde sich möglicherweise die Zusammensetzung der Mikroorganismen im Darmtrakt verändern, was „weit reichende gesundheitliche Auswirkungen haben kann."[50]

Bei der Problematik des horizontalen Gentransfers spielen erneut die in der Gentechnik eingesetzten Promotoren eine große Rolle. So könnte z. B. der Blumenkohl-Mosaik-Virus[51] nicht nur Viren in GV-Pflanzen wecken, sondern durch horizontalen Gentransfer auch Viren anderer Organismen und dies per Nahrungsaufnahme ebenso beim Menschen.[52]

In einem norwegischen Rattenexperiment wurde bereits die Existenz intakter CaMV-Promotoren im Gewebe nachgewiesen, nachdem transgenes Material in eine einzige Mahlzeit beigemischt wurde.[53]

---

[49] Zwar kamen alle Forschungsprojekte, die sich mit der Frage des horizontalen Gentransfers beschäftigten, zu dem Ergebnis, das dieser ein extrem seltenes Ereignis darstelle, bestätigten aber übereinstimmend, dass er prinzipiell möglich sei. Beispiele von Studien u. a.: www.biosicherheit.de

[50] Beatrix Trapeser vom Öko-Institut Freiburg, zitiert nach: www.netlink.de/gen/Zeitung/2000

[51] Der Virus findet sich zwar außer im Blumenkohl auch in anderen Gemüsearten; die Viren, die jedoch von Natur aus im Gemüse vorkommen sind von einem Proteinmantel umgeben, der das Eindringen in Säugetierzellen verhindert. Der CaMV-Promotor hingegen besteht aus nackter viraler DNA.

[52] Folglich hierzu der Artikel: Mae-Wan Ho, Angela Ryan, Joe Cummins: Cauliflower Mosaic Viral Promoter – A Recipe for Desaster, online unter: www.i-sis.org.uk/camvrecdis.php

[53] Jeffrey M. Smith, a.a.O., S. 96

Auch der ungarische Forscher Pusztai hatte bereits vermutet, dass die von seinem Team festgestellten Immundefekte und Organschäden bei den Versuchsratten auf die Wirkung des CaMV-Promotors zurückgehen könnten.[54]
Unklar ist auch, inwieweit Risiken durch das Einatmen genmanipulierter DNA vorliegen. Forschungsstudien warnen davor, das durch GVO-Pollen sogar Gene auf Menschen übertragen werden könnten.[55]

2.2 Allergien

Streng genommen müsste zwischen Unverträglichkeit von Nahrungsmitteln und Nahrungsmittelallergien[56] im engeren Sinne unterschieden werden. Wir wollen im Kontext unseres Themas jedoch im Folgenden auf diese Unterscheidung verzichten.

2.2.1 Allergiesymptome beim Gensoja

Gäbe es einen Zusammenhang negativer Art zwischen gentechnisch veränderter Nahrung und dem Auftreten von Allergien, dann müsste aus statistischer Sicht die Zahl der auf Soja zurückgeführten Allergien nach Einführung von Gensoja deutlich gestiegen sein. Hierfür wären allerdings detaillierte Statistiken über Nahrungsmittelallergien erforderlich, die es jedoch nur in wenigen Staaten gibt. Umfassende Tests werden jedoch in Großbritannien durchgeführt, wo im Jahr 1999 verglichen mit dem Vorjahr erstmals ein Anstieg der Sojaallergien um ca. 50 % festgestellt wurde. Bei den untersuchten Personen mit Allergiesymptomen ließ sich eine erhöhte Anzahl von Antikörpern gegen Soja im Blut nachweisen. Die in der Untersuchung getestete Soja enthielt eine signifikante Menge der Sorte Roundup Ready.[57]
Der englische Befund ist auch insofern bedenklich, da eine Vermeidung gentechnisch veränderter Soja äußerst schwierig ist, da Soja sich in mehr als 60 % aller verarbeiteten Nahrungsmittel befindet und der Anteil an transgener Soja auf dem Weltmarkt äußerst hoch ist.
Die Ursachen, warum Gensoja prozentual betrachtet mehr Allergien auslöst als natürliche Soja können vielfältiger Art sein. Neben der Möglichkeit, dass Gensoja völlig neue Allergien auslöst, ist es am wahrscheinlichsten, dass natürlich vorkommende Pflanzenallergien durch gentechnische Veränderungen erhöht

---

[54] Folglich hierzu u. a.: www.transgen.de/sicherheit/verfahren/337.doku.html
[55] Jeffrey M. Smith, a.a.O.
[56] Bei einer Allergie handelt es sich um eine heftige Abwehrreaktion des Immunsystems auf Umweltstoffe mit typischen Symptomen, die durch Entzündungen ausgelöst werden.
[57] Jeffrey M. Smith, a.a.O., S. 219

werden. In der Tat ließ sich in einer Studie nachweisen, dass der Gehalt an Trypsin Inhibitor[58] einem stark wirkenden Allergen, das auch in konventioneller Soja vorkommt, bei transgenen Sojabohnen um 27 % höher lag.[59]

Um den Nährwert von Sojabohnen für Kühe und Schweine zu erhöhen, bauten Gentechniker einer US-amerikanischen Saatgutfirma Anfang der 90-er Jahre ein einzelnes Paranuss-Gen in Sojapflanzen ein. Da bekannt war, dass Paranüsse tödliche Allergien auslösen können, wurde das neue Produkt getestet. Drei getrennte Tests ergaben, dass die neue Sojaart deutliche Reaktionen bei Nussallergikern auslöste. Ein derartiger Test war und ist in den USA jedoch überhaupt nicht vorgeschrieben. Das Beispiel belegt auch, dass Allergiker durch gentechnische Veränderungen überhaupt nicht mehr wissen können, welche Nahrungsmittel sie zu sich nehmen dürfen.

„Noch bedenklicher ist die Tatsache, dass die Gennahrung derzeit Erbgut aus Bakterien, Viren und anderen Organismen enthält. Niemand weiß, ob Menschen auf deren Proteine allergisch reagieren - sie waren bisher kein Bestandteil der menschlichen Nahrung."[60]

Das Problematische liegt auch darin begründet, dass es derzeit keine praktische, akzeptierte Methode gibt, um das allergene Potential derartiger Proteine überhaupt abschätzen zu können. Es gibt aktuell keine Testverfahren, da es sich um neuartige Nahrungsmittel handelt.

Als wichtigstes Argument gegen eine Zunahme von Allergien wurde stets das für das Paradigma der alten Gentechnik bedeutsame Argument angeführt, dass die im Nahrungsmittel vorhandenen neuen Proteine die Passage durch den Magen und den Dünndarm nicht intakt überstünden[61], eine Argumentation, die sich, wie bereits gesagt, durch neuere Forschungsergebnisse nicht mehr halten lässt.

In der aktuellen Tagespresse ist öfters zu lesen, dass Biotechnologen allergene Stoffe lahm gelegt und z. B. eine Tomate für Allergiker entwickelt hätten.[62] In der Regel wird von „Knock-out-Gemüse" gesprochen. In den Presseartikeln findet sich dabei stets die zentrale Leitmaxime des genetischen Determinismus:

---

[58] Trypsin-Inhibitoren können Pflanzen vor Schädlingen schützen. Es handelt sich um spezielle Eiweiße, welche die Verdauungsenzyme von Insekten hemmen. Trypsin-Inhibitoren wurden auch mit Hilfe der Gentechnik in verschiedene Pflanzen eingebracht. Vor allem Sojabohnen enthalten Trypsin-Inhibitoren, die das menschliche Verdauungssystem stören können.

[59] Jeffrey M. Smith, a.a.O., S. 220

[60] Jeffrey M. Smith, a.a.O., S. 223

[61] So z. B. Beda Stadler, in: Lebensmittelprodukte: Mehr Allergien durch die Gentechnik? Online unter: www.aerzteblatt.de, Ausgabe 13 vom 27.03.1998

[62] Jutta Beiner-Lehner: Eine Tomate für Allergiker, in: Die Welt, 23.05.2007

Das Tomatenallergen sei gefunden worden und damit die Tomatenallergie ausgeschaltet worden. Doch das 1:1-Denken des Genoismus entpuppt sich bei näherem Hinschauen
auch in diesen Fällen als eine reduktionistische Illusion. So heißt es im entsprechenden Artikel weiter: „Bei drei von fünf Spaniern, die unter einer Tomatenallergie litten, zeigte sich nach Genuss der ‚entschärften' Variante keinerlei allergische Reaktion."[63] Was heißt dies genau? Zum einen verrät das Adjektiv „ent-
schärft" zunächst einmal, dass wohl offensichtlich keinesfalls das allergene Potential in Gänze eliminiert wurde. Zum anderen gibt es ja noch zwei weitere
Testpersonen von insgesamt fünf, bei denen es zu allergischen Reaktionen kam.
Hätten sie die Tomate gekauft in der Hoffnung, dass allergische Reaktionen
ausgeschlossen sind, hätten sie sich getäuscht. Bei Nachfragen, warum es denn
bei Probanden zu schwachen Hautrötungen gekommen ist, gibt die Leiterin der
Forschungsgruppe zu, dass sie nur einen Teilerfolg zu verbuchen habe und erklärt: „In der Tomate stecken mehrere Allergene. Jeder Allergiker spricht auf
unterschiedliche Stoffe an."[64]
Recherchiert man weiter zur Studie[65], so erfährt man, dass die Arbeitsgruppe an
die Grenzen des Knock-out-Ansatzes gestoßen ist. Als das Gen für einen anderen allergie-auslösenden Stoff in der Tomate ausgeschaltet werden sollte, küm-
merte die Pflanze vor sich hin und trug weniger Früchte. So erkennt auch die
Projektleiterin den Irrweg des genetischen Reduktionismus zumindest ansatz-
weise: „Man kann nicht jedes Allergen aus Obst oder Gemüse entfernen. Manche Stoffe übernehmen lebenswichtige Funktionen oder steuern das Wachstum."[66] In der Tagespresse findet sich davon indes nichts.
Wir lernen, dass Allergie nicht immer gleich Allergie ist. Alleine beim Apfel
sind mittlerweile vier Proteine bekannt, an die Antikörper binden. „Unterschiedliche Sensibilisierungswege führen demnach zu der gleichen, aber nicht derselben Allergie."[67]

---

[63]   Die Welt, 23.05.2007
[64]   Yvonne Lorenz, zitiert nach: Susanne Donner: Gentechnik liefert verträgliche Tomaten für Al-
       lergiker, www.aerztezeitung.de/docs/2007/05/02/080a0301.asp?cat=/medizin/gentechnik
[65]   Näheres und Präziseres zur Studie als in der Tagespresse findet sich unter www.dge.de, Such-
       begriff Lorenz
[66]   Yvonne Lorenz, zitiert nach: Susanne Donner: Gentechnik liefert verträgliche Tomaten für Al-
       lergiker, a.a.O.
[67]   www.yamedo.de/krankheiten/allergie/nahrung-allergie.htm

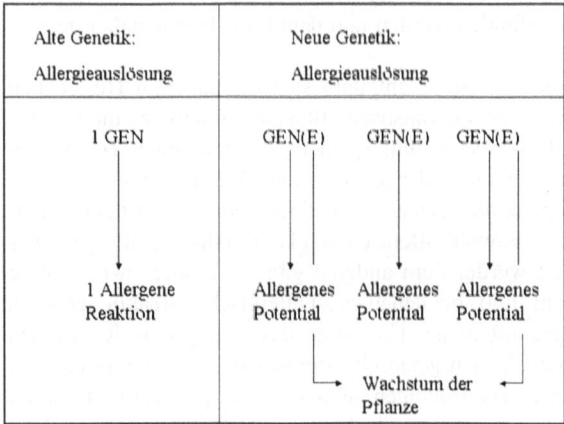

Abbildung 3: Allergieauslösung in vergleichender Betrachtung

Selbst wenn es im Einzelfall gelingen sollte, allergene Potentiale auszuschalten, so stellen sich für Allergiker die Fortschritte der Molekularbiologie primär als Bedrohung dar, da sie nicht mehr sicher sein können, was sie verzehren.

2.2.2 Allergieauslösung bei weiteren Bt-Pflanzen

Bei indischen Bauern, die mit Bt-Baumwolle in Berührung gelangen, kommt es immer wieder zu einem gehäuften Auftreten von Unverträglichkeitsreaktionen.[68] Indischen Ärzten zufolge ist der Auslöser der allergischen Reaktionen der Kontakt mit der Bt-Baumwollfaser, wobei die meisten Fälle beim Pflücken auftreten. Auch bei Baumwollspinnereien treten zunehmend Fälle allergischer Reaktionen unter den Arbeitern in Erscheinung. Die betroffenen Personen „hatten bis dahin schon jahrelang mit herkömmlicher Baumwolle zu tun gehabt, ohne dass allergische Reaktionen aufgetreten wären. Die Allergien waren erst aufgetreten, als Bt-Baumwolle eingeführt wurde."[69] Registrieren ließ sich ein Anstieg der Allergie-Fälle zwischen den Jahren 2004 und 2005 um 50 %.
Bereits eine von der EPA finanzierte Studie aus dem Jahr 1999 „bestätigte, dass bei Landarbeitern, die Bt-Insektensprays ausgesetzt gewesen waren, eine Sensibilisierung der Haut sowie die Anwesenheit von IgE- und IgG-Antikörpern nachgewiesen worden war."[70]

---

[68]   Pressemeldungen vom 27.02.2006, nach: www.naturkost.de
[69]   www.naturkost.de
[70]   Jeffrey M. Smith: Trojanische Saaten, a.a.O., S. 242

Im Unterschied zur Menge bei den Bt-Sprays liegt die reale Menge bei Bt-Pflanzen zehn- bis hundertmal höher. „Bei den Samen einiger dieser Pflanzen steigt die Menge erneut um das Zehn- bis Hundertfache. Wer in Getreidemühlen oder anderen verarbeitenden Betrieben tätig ist, dessen Risiko liegt vermutlich sogar noch höher."[71]
Untersuchungen an Mäusen mit dem Bt-Toxin Cry1Ac zeigten, dass das Protein eine Antikörperreaktion im Blut der untersuchten Mäuse auslöste.[72]

2.3 Symptome im Tierexperiment

Im Mai 2007 gab in Russland der Nationale Verband für Sicherheit in der Gentechnik (OAGB) auf einer Pressekonferenz bekannt, Fütterungsversuche russischer Wissenschaftler hätten ergeben, dass gentechnisch manipulierte Sojabohnen von Monsanto Mäuse krank machen. Über zwei Generationen wurden Mäuse mit Gen-Sojabohnen gefüttert. Im Unterschied zur Kontrollgruppe, die herkömmliches Soja erhielt, zeigten die Tiere Schädigungen an Leber und Nieren. Die mit Gen-Soja gefütterten Mäuse hatten ferner weniger Nachkommen, die außerdem noch signifikant häufiger starben. Bei den Jungtieren wurden des weiteren mehr Missbildungen beobachtet.[73]
Bereits im Jahr 2004 war es Wissenschaftlern der italienischen Universität Urbino gelungen, den Nachweis zu erbringen, dass gentechnisch veränderte Soja die Leberstruktur von Mäusen verändert.[74] Ultrastrukturelle morphometrische und immunzytochemische Analysen an Leberzellen von Mäusen, die GV-Soja-Futter bekommen hatten, wiesen unregelmäßig geformte Zellkerne auf. Die festgestellten Veränderungen, so die Forscher, seien ein deutliches Indiz für eine erhöhte Stoffwechselrate. Sie gelangten zu dem Schluss, dass die Einnahme von gentechnisch veränderten Sojabohnen die Leberzellkernmerkmale von jungen wie auch von adulten Mäusen verändern kann.
Im Jahr 2005 waren es erneut italienische Forschungsergebnisse, die bezüglich der Sicherheit gentechnisch veränderter Nahrung viele Frage aufwarfen.[75] Fütterungsversuche mit Schweinen wiesen Bruchstücke des synthetischen Gens der Gentech-Maissorte MON 810 in Blut, Leber, Milz und in den Nieren der Tiere nach. Durch eine Verfeinerung der Nachweisverfahren konnte das Wissenschaftlerteam von der Universität Piacenza zeigen, das die transgene DNA

---

[71] Jeffrey M. Smith, a.a.O., S. 242
[72] Jeffrey M. Smith, a.a.O.
[73] www.naturkost.de/meldungen/2007/070521genv1.htm
[74] www.uniurb.it, www.gmwatch.org, www.ngo-online.de, www.transgen.de
[75] Brigitte Zarzer: Was macht synthetische DNA im Blut? www.heise.de, 7.12.2005

Cry1A(b) der Monsanto-Maissorte MON 810 nicht vollständig im Magen- und Darmtrakt abgebaut wurde. Zwar ließen sich nur Fragmente und nicht die vollständige transgene DNA nachweisen, trotzdem reagieren Immunologen auf die Resultate mit Sorge. Den Nachweis von transgener DNA im Blut beurteilt auch die Organisation „Global 2000" kritisch. In einer Stellungnahme zur italienischen Studie heißt es: „Der Gedanke, dass nach dem Konsum eines Frühstücks mit Cornflakes, im Blut von Kindern und Erwachsenen synthetische genetische Sequenzen herumschwimmen und von dort aus in verschiedene Organe gelangen, ist keineswegs beruhigend. Handelt es sich doch bei diesen Sequenzen um menschengemachte künstliche (synthetische) Sequenzen, die in keinem einzigen Lebewesen der Erde vorkommen. So wie Pestizide im Blut nichts verloren haben, so haben auch künstliche Gene nichts im Blut verloren."[76]

2.4 Zusammenfassung der gesundheitlichen Seite des Risikos

Das Gesundheitsrisiko für Tiere als auch für Menschen durch den Verzehr von GV-Pflanzen ist noch weitgehend unklar. Kenntnisse über langfristige Auswirkungen einer Ernährung mit gentechnisch veränderten Lebensmitteln liegen nicht vor. Fütterungsversuche über einen längeren Zeitraum existieren nicht. Doch es gibt hinreichende Gründe zur Skepsis und Sorge, da zahlreiche Tierversuche, die sich über nur wenige Wochen erstreckten, krankhafte Veränderungen der Organe und des Blutbildes von Laborratten u. a. bei gentechnischveränderter Soja, bei GV-Mais und bei GV-Kartoffeln zeigten.

Seit der Jahrtausendwende liegen ferner Erkenntnisse vor, welche die Annahme, dass gentechnisch-verändertes Erbgut in den menschlichen Organismus gelangen und dort gesundheitsschädigende Effekte auslösen könnte, als nicht mehr unwahrscheinlich erscheinen lassen. Auch bezüglich der gesundheitlichen Seite des Risikos erweist sich die Jahrtausendwende als Trennungsdatum zwischen alter und neuer Genetik.

Im Folgenden stellen wir noch einmal die Aussagen bzw. Annahmen der alten und der neuen Genetik bezüglich der potentiellen Gesundheitsfolgen tabellarisch gegenüber.[77]

---

[76]   Stellungnahme von Global 2000, zitiert nach: Brigitte Zarzer: Was macht synthetische DNA im Blut? www.heise.de, 7.12.2005

[77]   Tabellarische Übersicht auf der Basis von: Mae-Wan Ho: Das Geschäft mit den Genen. Genetic Engineering oder Alptraum? München 1999; Jeffrey M. Smith: Trojanische Saaten, München 2004; Klaus Wöhrmann u. a.: Früchte der Zukunft? Grüne Gentechnik, Weinheim 1999

Genetischer Determinismus	Systembiologische (Epi-)Genetik
Nahrungs-DNA kann die Darmwand nicht passieren	Nahrungs-DNA kann die Darmwand passieren
Nahrungs-DNA wird im Laufe des Verdauungstrakts von Säugetieren abgebaut	Nahrungs-DNA findet sich in Lymphozyten, Blut, Niere, Leber, Milz und Muskeln (umstritten: Milch)
Synthetische DNA aus GV-Mais kann die Blutschranke nicht passieren	Synthetische DNA aus GV-Mais im Blut wurde in zahlreichen Studien nachgewiesen
Nahrungs-DNA hat keine Wirkungen auf das Immunsystem	Nahrungs-DNA hat nachgewiesene Wirkungen auf das Immunsystem
Synthetische DNA kann nicht direkt auf das menschliche Immunsystem einwirken	Die Wahrscheinlichkeit, dass synthetische DNA auf das menschliche Immunsystem einwirkt, ist sehr hoch
Durch den Einbau von Fremd-DNA können keine unbekannten Sequenzen entstehen	Unbekannte Sequenzen wurden in GV-Sojabohnen entdeckt; die Wirkungen auf das Immunsystem sind unbekannt
Durch den Einbau von Fremd-DNA können keine neuen toxischen Substanzen entstehen	Durch den Einbau von Fremd-DNA können neuen toxische Substanzen entstehen
Das Prinzip der substantiellen Äquivalenz[78] ist als Sicherheitskriterium ausreichend	Das Prinzip der substantiellen Äquivalenz ist als Sicherheitskriterium wissenschaftlich nicht haltbar

Tabelle 2: Medizinische Maximen der alten und der neuen Genetik[79]

Zwar dürfte eine Tomate mit dem Gift eines Fliegenpilzes als Lebensmittel kaum zugelassen werden, aber auch so bergen neue DNA-Fragmente in pflanzlichen Genomen hohe Risiken und zwar u. a. als Allergieauslöser, da es sich häufig auch um neue Eiweiße bzw. völlig neue Substanzen in der Pflanze handelt.

---

[78] Unter substanzieller Äquivalenz versteht man den Nachweis, dass ein neuartiges Lebensmittel bzw. eine neuartige Zutat dem traditionellen Lebensmittel gegenüber gleichwertig ist. Man unterscheidet zwischen vollständiger Äquivalenz und partieller substanzieller Äquivalenz. Unter vollständiger Äquivalenz versteht man, dass ein neuartiges Lebensmittel bzw. eine neuwertige Lebensmittelzutat in seiner bzw. ihrer stofflichen Zusammensetzung mit dem konventionellen Produkt übereinstimmt. Bei partieller substanzieller Äquivalenz stimmt das neuartige Lebensmittel bzw. die neuartige Lebensmittelzutat in allen wesentlichen Eigenschaften - bis auf das hinzugefügte Merkmal - mit dem traditionellen Produkt überein. Keine substanzielle Äquivalenz liegt vor, wenn das neuartige Lebensmittel bzw. die Zutat in wesentlichen Produkteigenschaften oder Inhaltsstoffen verändert ist. Das Konzept der substanziellen Äquivalenz kann insofern in keiner Weise garantieren, dass gentechnisch veränderte Lebensmittel genauso sicher sind, wie bestehende herkömmliche Erzeugnisse, da das Einfügen und die Expression eines Fremdgens den physiologischen Zustand des betreffenden Organismus gravierend verändert. Für eine Risikobewertung ist es daher meiner Ansicht nach gänzlich ungeeignet. Vgl.: www.ekah.admin.ch/uploads/media/d-GenEssen-Referat-Jotterand-2003.pdf; www.ekah.admin.ch/uploads/media/d-Studie-gtvLebens-Futtermittel-2003.pdf
[79] Tabellarische Übersicht auf der Basis von: W. Müller: Die GVO-Zulassungspraxis der EU widerspricht dem Vorsorgeprinzip, online unter: www.keine-gentechnik.de/bibliothek/zulassungen/infos/eco_risk_vorsorgeprinzip_060414.pdf; Mae-Wan Ho: Das Geschäft mit den Genen. Genetic Engineering oder Alptraum? München 1999

Zwar verzichten modernere biotechnologische Methoden auf Antibiotikaresistenzen als Marker, es bleibt jedoch festzuhalten, dass die derzeitigen zugelassenen GV-Pflanzen diese überwiegend enthalten. Resistenzgene können auf diese Weise an Mikroorganismen weitergegeben werden. Selbst wenn ein horizontaler Gentransfer eher selten sein mag, so scheint er doch durch die Aufnahme von Fremd-DNA via Nahrung jederzeit möglich zu sein.

3 Die ökologische Seite des Risikos

Die ökologische Seite des Risikos betrifft vor allem die Biodiversität, die drohende Resistenzgefahr, das Hybridisierungspotential sowie die Bienenzucht.

3.1 Die Biodiversität

Der Begriff Biodiversität umfasst drei voneinander zu unterscheidende Dimensionen, erstens die Vielfalt der Lebensräume (lokale, regionale bzw. globale Ökosysteme), zweitens die Artenvielfalt innerhalb der Lebensräume (Tiere, Pflanzen und Mikroorganismen) sowie drittens die genetische Vielfalt innerhalb der Arten.

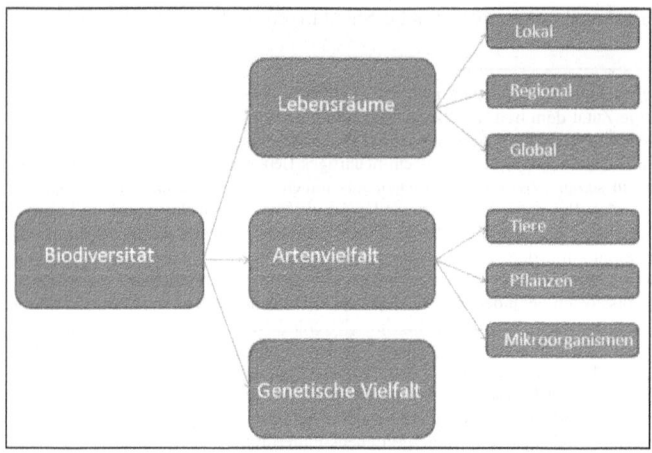

Abbildung 4: Die Trias der Biodiversität

Wir wollen kurz auf die Problematik der Lebensräume eingehen und sodann die Risiken bezüglich der Artenvielfalt und der genetischen Vielfalt behandeln.

3.1.1 Die Gefährdung der Lebensräume

Die Gefährdung der Vielfalt der Lebensräume ist eine Folge von Brandrodung, Kahlschlag, nicht nachhaltigen Formen der Wald- und Meeresnutzung sowie des Klimawandels.

Die Grüne Gentechnik stellt in diesem Kontext einen der stärksten Eingriffe des Menschen in das Ökosystem dar. Die Transformation gewachsener Lebensräume ist in relevantem Maße ein Resultat der mit der Grünen Gentechnik verbundenen Ausbreitung von Monokulturen sowie der großflächigen, industrialisierten Bewirtschaftungsform. Eine historisch gewachsene Vielfalt von Ackerkulturen, die in den Ländern der „Dritten Welt" zumeist kleinparzellig strukturiert und mit Fruchtwechselwirtschaft verbunden ist, wird durch eine monotone, großflächige Bewirtschaftungsweise abgelöst, welche für Rückzugs- und Ausgleichsflächen keinen Platz mehr lässt.

Die Brandrodung jahrtausendealter Urwälder in Asien und Amazonien ist zwar nicht einzig und allein der Grünen Gentechnik zuzuschreiben, doch die Nachfrage der Industriestaaten nach Soja sowie verstärkt im Kontext der Energieproblematik nach Biomasse heizt diese Entwicklung weiter an.

3.1.2 Die Gefährdung der Artenvielfalt

Kritiker der Grünen Gentechnik befürchten, dass gentechnisch veränderte Organismen natürliche Arten verdrängen könnten. Wenn Bauern in globalem Maßstab nur noch GVO-Produkte von Agrarkonzernen anbauen, würde die weltweite Nutzung einer breiten Vielfalt von natürlichen Pflanzen und Tieren drastisch reduziert.

Hinsichtlich der Artenvielfalt der Tiere liegen zahlreiche Studien vor, die Effekte auf Organismen konstatieren, die GV-Pflanzen konsumieren. So wurden Schäden z. B. festgestellt bei:

- „Raupen des Monarchfalters, die Blätter mit Bt-Toxin-haltigen Maispollen fraßen,
- Larven des Schwalbenschwanzes aufgrund der Fütterung von Bt-176 Pollen,
- Florfliegenlarven nach der Verfütterung von Maiszünslern, die durch den Genuss von Bt-Mais abgetötet worden waren,

- Marienkäfern, die Blattläuse fraßen, die auf Lektin-Kartoffeln überlebten.“[80]

Negative Effekte lassen sich auch bei Bodenorganismen feststellen. So wirkt der Bt-Mais Endotoxin in hoher Konzentration bei Laboruntersuchungen toxisch auf Springschwänze, die bei der Streuzersetzung des Bodens eine bedeutende Rolle spielen. In Laborstudien ließ sich ferner zeigen, dass das relative Gewicht von adulten Regenwürmern, die sich von Bt-Mais-Streu ernährten, im Vergleich zur Kontrollgruppe signifikant geringer war.

3.1.3 Die Gefährdung der globalen Genreserven

Im November 2001 veröffentlichten Forscher an der Universität von Kalifornien in Berkeley einen Artikel im Wissenschaftsmagazin „Nature“[81], der die Resultate ihrer Untersuchungen an mexikanischem Wildmais enthielt. „Demnach fanden sie in lokalen Wildmais-Formen in der mexikanischen Provinz Chapas Gene von illegal angebautem Gen-Mais. Der Befund erregte schnell großes Aufsehen, da dieses Gebiet und Teile des angrenzenden Guatemala als eines der sieben Zentren der genetischen Diversität gelten, in denen sich die Genreserven für die wichtigsten Nutzpflanzen der Erde befinden.“[82] Gen-Mais darf zwar nach Mexiko importiert, allerdings nicht angebaut werden. Angesichts der großen Menge an Gen-Mais in den benachbarten USA schien es zunächst einmal nicht unwahrscheinlich zu sein, dass transgener Mais bereits in Mexiko wuchs. Da der Genfluss des transgenen Maises aus den USA auf die mexikanischen Wildformen als lokales Ereignis bezüglich der Genreserven jedoch globale Auswirkungen hätte, wurde die Studie schnell zum Gegenstand eines erbitterten Wissenschaftsstreits.[83] Die mexikanische Regierung gab deshalb eine eigene Studie in Auftrag, welche die Ergebnisse der kalifornischen Studie bestätigte. Für etwa „95 % der Maisfelder in den mexikanischen Provinzen Oaxaca und Pueblo wurden Anzeichen einer Verunreinigung mit gentechnisch veränderten Maissorten gefunden.“[84] Die Verunreinigung der Mais-Wildsorten durch gentechnisch veränderte Maissorten ist ein äußerst relevanter Sachverhalt, da Mexiko als Heimat des Kulturmaises über die genetischen Reserven verfügt. Laut den Angaben des

---

[80] NABU (Hrsg.): Dokumentation der Tagung: Auswirkungen der Grünen Gentechnik auf die Biodiversität, Berlin 2004

[81] D. Quist, I. H. Chapella: Transgenic DNA introgressed into traditional maize landraces in Oaxaca Mexiko, in: Nature 414/2001, S. 541-543

[82] www.genfood.at

[83] J. Hodgson: Doubts over Mexican corn analysis, in: Nature Biotechnology 20/2002, S. 3-4; C. C. Mann: Has Gm Corn „invaded“ Mexico? In: Science 295/2002, S. 1617-1619

[84] www.genfood.at

mexikanischen Umweltministeriums „wurden im Durchschnitt bei etwa acht Prozent der untersuchten Maispflanzen Anzeichen einer gentechnischen Verunreinigung gefunden, in einzelnen Fällen sogar bei mehr als 10 Prozent."[85] Seit über 10.000 Jahren züchten Bauern Tausende von Varietäten, es gibt Tausende von Reissorten, über 3.000 Kartoffelarten, alleine auf Papua Neu-Guinea über 5.000 Sorten Süßkartoffeln.[86] „Von den 250.000 bis 300.000 derzeit existierenden Pflanzenarten sind mindestens 10.000 bis 50.000 essbar. Über 7.000 Arten werden angebaut und als Nahrungsmittel verwendet."[87] Industrielle Landwirtschaft, Monokulturen und Saatgutmonopole haben diese Sortenvielfalt bereits gefährdet. Die Grüne Gentechnik indes könnte - wie am mexikanischen Beispiel deutlich wird - das Ende der traditionellen Sortenvielfalt bedeuten.

3.2 Das Hybridisierungspotential

Bei der Gefahrenabschätzung von GV-Pflanzen ist deren Hybridisierungspotential bislang stets unterschätzt worden, was am Fall „Creeping Bentgrass" deutlich wird. Das Gen-Gras wurde u. a. von den US-Gentechfirmen Monsanto und Scotts Seeds für Golfplätze entwickelt. Es ist resistent gegen das Herbizid Roundup. Forscher der US-Umweltbehörde EPA fanden im Jahr 2004 Auskreuzungen des Gen-Grases bis zu 20 Kilometer vom Ursprungsfeld entfernt. Damit ist die Gefahr einer Art „Superunkraut" nicht von der Hand zu weisen. Kreuzt sich das Resistenz-Gen in Wildpflanzen ein, so ist deren Ausbreitung nicht zu stoppen. Der US Forest Service befürchtete damals bereits, „das Gras könne alle 175 nationalen Wälder und Grünlandgebiete beeinträchtigen."[88] Doch trotz der in einem anerkannten Fachjournal veröffentlichten Ergebnisse genehmigte die US-amerikanische Landwirtschaftsbehörde den Anbau des transgenen Straußgrases, so dass im Jahr 2006 im US-amerikanischen Bundesstaat Oregon alarmierende Ergebnisse vorlagen. Gegen Roundup resistente Gräser fanden sich jenseits der eingerichteten großen Pufferzone eines GV-Grasfeldes. Die Problematik des Sachverhalts liegt nicht zuletzt darin, dass es sich beim Straußgras um eine weitverbreitete, ausdauernde Pflanze handelt, die „wegen ihres Resistenzgens zumal bei einem entsprechenden Selektionsdruck so leicht nicht wieder auszumerzen"[89] ist.

---

[85]   www.genfood.at
[86]   Vandana Shiva: Geraubte Ernte. Biodiversität und Ernährungspolitik, Zürich 2004, S. 105
[87]   Vandana Shiva, a.a.O., S. 105
[88]   www.taz.net, 22.09.2004
[89]   www.faz.net, 4.09.2006

Das Beispiel „Creeping Bentgrass" zeigt, dass Gene sich schneller und weiter ausbreiten, als man bislang annahm und dass vom Winde verwehte Resistenzen eine ernste Gefahr darstellen. „Die Landwirte dürften das aggressiv wachsende Gras fürchten, weil es genau gegen dasselbe vergleichsweise umweltfreundliche Herbizid resistent ist, mit dem sie ihre Nutzpflanzen vor Unkräutern schützen wollen. Den Saatgutherstellern schließlich drohen empfindliche Verluste im Geschäft mit Grassamen, denn in vielen Ländern ist es verboten, transgenes Saatgut einzuführen. Nicht zuletzt könnte sich das Transgen des Straußgrases durch Kreuzung auch in den mehr als ein Dutzend anderen ausdauernden Agrostis-Gräsern[90] ausbreiten und damit die Unkrautbekämpfung immer schwieriger machen."[91]

3.3 Die Resistenzgefahr

Beim Bt-Mais steht das Kürzel Bt für „Bacillus thuringiensis", ein seit über 100 Jahren bekanntes Bodenbakterium, welches in der Lage ist ein spezielles Protein (Bt-Toxin) zu erzeugen, das „die Darmwand einiger Fressinsekten zerstören kann und sich daher als Pflanzenschutzmittel eignet. Bt-Präparate werden schon seit 1964 als biologische Pflanzenschutzmittel verwendet, sie sind folglich auch im Öko-Landbau zugelassen. Sie werden vor allem im Mais-, Kartoffel-, Obst- und Gemüseanbau eingesetzt. Mit Methoden der Gentechnik ist es gelungen, das spezielle Bt-Gen aus dem Bodenbakterium zu isolieren und in das Mais-Genom einzubauen. Der um das Bt-Gen erweiterte Mais wird als Bt-Mais bezeichnet."[92] Mit Hilfe des eingebauten Bt-Gens produziert der Bt-Mais von sich aus das Bt-Toxin.

Welche Argumente bzw. potentielle Gefahren sprechen gegen eine solche Art eingebauten Pflanzenschutz?

Eines der gravierendsten Gegenargumente ist die Resistenzgefahr, zumal das Bt-Gen auch in großem Maßstab in der Baumwolle gegen den Baumwollkapselkäfer und in der Kartoffel gegen den Kartoffelkäfer eingebaut wird. Bereits seit geraumer Zeit werden Bt-Pflanzen großflächig angebaut. Im Jahr 2002 wurden weltweit auf 58 Mio. Hektar Ackerfläche GV-Pflanzen angebaut, worunter sich 17 % Bt-Pflanzen befanden. „Durch diesen umfangreichen Anbau von Bt-Pflanzen wächst die Gefahr, dass sich Insekten-Resistenz gegen das Bt-Toxin stark ausbreiten kann. Damit würden sowohl Bt-Pflanzen wie auch klassische Bt-

---

[90] Agrostis ist der lateinische Name für das Straußgras (auf englisch Bentgrass)
[91] www.faz.net, 4.09.2006
[92] www.learnline.de/angebote/agenda21/lexikon/Bt-Mais.htm

Präparate unwirksam. Eines der wichtigsten biologischen Pflanzenschutzmittel z. B. im Öko-Landbau würde damit seine Wirksamkeit einbüßen."[93]

3.4 Die Bienenproblematik

Der Honig und seine Kennzeichnung kann als Schlüsselbeispiel für die Frage nach der Realisierbarkeit der Koexistenz zwischen gentechnischer und ökologischer Landwirtschaft betrachtet werden. Für die Imker stellen sich hier besondere Probleme, da der Flugradius der Bienen mehrere Kilometer beträgt und damit die festgelegten Mindestabstände bedeutungslos sind.

Das Dilemma besteht ferner darin, dass die EU-Kommission Honig als „tierisches Produkt" eingestuft hat. Honig wird damit prinzipiell z. B. mit der Milch oder dem Fleisch gleichgestellt. Entsprechend den Annahmen der alten Gentechnik ging man davon aus, dass genveränderte Sequenzen des Tierfutters nicht bei tierischen Produkten zu finden sind, da sie über den Verdauungstrakt abgebaut werden. Eine Mutmaßung, die nach heutigem Forschungsstand zumindest strittig ist. Die entsprechenden Lebensmittel und damit auch der Honig - unabhängig wie hoch der GVO-Pollenanteil wirklich ist - sind nicht kennzeichnungspflichtig. Nach der Sichtweise von Imkern und Verbraucherschützern hat damit weder der Erzeuger noch der Verbraucher Wahlfreiheit.

Sollte wiederum eine Kennzeichnungspflichtigkeit für Honig eingeführt werden, so könnten sich insbesondere kleinere Imkereien die Analysekosten, die damit anfallen, nicht leisten. Angesichts dieses Dilemmas argumentieren zuständige Behörden, dass Honig „normalerweise nie einen Pollengehalt von über 0,9 % an der Gesamtmasse des Honigs habe. Somit wäre er nie kennzeichnungspflichtig, auch wenn er nicht als tierisches Produkt eingestuft wäre."[94] Dagegen ist wiederum einzuwenden dass der Grundgedanke der Gentechnikverordnung darin besteht, einen gentechnisch-veränderten Bestandteil ins Verhältnis zu setzen zur nicht-gentechnisch veränderten Zutat, nicht jedoch zum ganzen Produkt.

Eine zusätzliche Schwierigkeit für Imker besteht darin, dass diese häufig auch getrocknete Blütenpollen als Nahrungsergänzung verkaufen. „Im Jahr 2006 hat ein Berufsimker seine Pollenernte untersuchen lassen und dabei einen Anteil von 4,4 % gentechnisch veränderten Maispollen feststellen müssen - und zwar durch eine relativ kleine Fläche im Rahmen des Erprobungsanbaus."[95]

Eine besondere Situation ergibt sich beim Mais MON 810, der über keine EU-Zulassung als Bestandteil von Lebensmitteln verfügt. Unabhängig von den Re-

---

[93]   www.learnline.de/angebote/agenda21/lexikon/Bt-Mais.htm
[94]   www.bienen-gentechnik.de
[95]   a.a.O.

geln für die Kennzeichnung von gentechnisch veränderten Organismen in tierischen Produkten wäre Honig, der Blütenpollen dieser Maissorte enthält, nicht verkäuflich. In einem Eilentscheid vom 4. Mai 2007 hat das Augsburger Verwaltungsgericht den Freistaat Bayern verpflichtet, Honig vor Pollen von gentechnisch verändertem Mais MON 810 zu schützen.[96] Der bereits ausgesäte Mais soll umgepflügt oder die Pollen von der Blüte unschädlich gemacht werden.

Jährlich werden in Deutschland pro Person 1,3 Kilogramm Honig gegessen. Lediglich 20 Prozent stammen aus einheimischer Produktion. Importiert wird Honig u. a. auch aus Kanada, wo bereits über 40 % des Rapses von GV-Pflanzen stammt. „Nach Untersuchungen des Chemischen- und Veterinäruntersuchungsamtes (CVUA) Freiburg in den Jahren 2002 und 2003 betrug der GVO-Pollenanteil in kanadischen Honigprodukten über 30 Prozent."[97] Insbesondere der Raps stellt für die Reinheit des Honigs ein großes Problem dar, da er seine Pollen über große Distanzen verbreitet und auskreuzt.

Keineswegs belegt ist, ob Albert Einstein je gesagt hat: „Wenn die Biene verschwindet, dann hat der Mensch nur noch vier Jahre zu leben", doch das in den USA im Laufe der letzten Monate 60 % bis 70 % der Bienenvölker verschwunden sind, gilt als sicher. Auch in Deutschland ist seit 1993 fast die Hälfte der Bienenpopulation verlustig. Wurden hierzulande vor 100 Jahren noch 2,8 Millionen Bienenvölker gezählt, sind es heute nur noch 700.000.[98] Das Verschwinden der Biene käme für den Menschen allemal einer Katastrophe gleich. 80 % der Bestäubung von Obstbäumen erledigen Bienen. Durch ihre Bestäubungseinsätze erwirtschaften sie jedes Jahr mehr als 123 Milliarden Euro, „mehr als ein Drittel aller menschlichen Nahrung basiert auf Pflanzen, die von Insekten bestäubt werden."[99]

Die Krankheit, welche ganze Kolonien dahinrafft, wird Colony Collapse Disorder (Kolonienzerfallsstörung) genant. Unzählige Bienen verlassen ihre offensichtlich vergifteten Stöcke und kehren nicht wieder zurück. Die Immunabwehr der noch verbleibenden Tiere ist so geschwächt, dass sich in den Insektenkörpern bis zu sechs verschiedene Viren finden.

Auch hier weiß man zur Zeit nichts Genaues. Verschiedene Ursachen können in Frage kommen. Für den Bienenschwund wurde meist die Varroa-Milbe verantwortlich gemacht. Die Weibchen der millimetergroßen Milbe übertragen beim

---

[96] a.a.O.
[97] www.innovations-report.de
[98] www.umwelt.zdf.de
[99] Friederike Schön: Wenn die Biene verschwindet, in: Welt der Wunder, 6/2007, S. 32

Blutzapfen der Bienenbrut Viren. Die aus Asien stammende Milbe hat man aber seit einigen Jahren durch optimierte Methoden erfolgreich bekämpft. „Inzwischen haben die Imker in Europa so viel über diesen Schädling gelernt, dass er inzwischen auch biologisch einfach zu bekämpfen ist."[100] Versuche haben ferner gezeigt, „dass noch vor zehn Jahren doppelt so viele Varroa-Milben nötig waren wie heute, um einen ganzen Stock zu vernichten."[101] Die Varroa-Milbe an sich begründet nicht, warum das Immunsystem der Tiere betroffen ist und sie deutlich stressanfälliger sind.

Als Ursache in Frage kommen kann auch die industrialisierte Landwirtschaft als solche und die mit ihr verbundenen Folgen wie die Ausbreitung von Monokulturen sowie der Großeinsatz von Pflanzenschutzmitteln. Insbesondere der exzessive Einsatz von Insektiziden könnte sich negativ auf das Nervensystem der Insekten auswirken. Im Visier sind hier vor allem neurotoxisch wirkende Pflanzenschutzgifte, die bereits in Frankreich als auch in Deutschland zu einem Bienensterben führten.

Monokulturell bedingt finden die Bienen außer Raps häufig fast gar nichts mehr. Feldraine, die als Strukturelemente an der Grenze zu Nachbarflächen liegen und eine großes Angebot an Blüten und Nektar boten, existieren meist nicht mehr.

Es könnte sich schließlich auch um die Wirkung von Gen-Pflanzen handeln. Auf der Liste der Verdächtigen steht hier vor allem der Gen-Mais. Studien ergaben, dass zwar keine toxische Wirkung des Bt-Mais auf Honigbienenvölker festzustellen ist, dass sich aber die mit hochkonzentriertem Bt-Mais-Müsli gefütterten Tiere signifikant stärker verringern. Als Erklärung käme in Frage, „dass das Bakteriengift im Genmais die Darmoberfläche der Bienen verändert und die Bienen dadurch so sehr geschwächt sind, dass der Weg für Parasiten frei ist."[102] Ob allerdings - wenn überhaupt - der Bt-Mais allein Schuld ist, scheint fraglich zu sein, da es sonst eine starke Korrelation zwischen dem Bienensterben und der Größe bzw. dem Anteil des Bt-Mais geben müsste.

Zum gegenwärtigen Zeitpunkt die Gentechnik indes als Verursacher auszuschließen, scheint mehr als fragwürdig zu sein, zumal sie auch indirekt beteiligt sein könnte, z. B. durch den Einsatz von Breitbandherbiziden bei GV-Raps. Zwar kann natürlich auch ohne GV-Pflanzen mehr gespritzt werden, die Grüne Gentechnik stellt in diesem Kontext aber die Spitze der industriellen Landwirtschaft dar.

---

[100] www.bienenwabe.de/bienensterben.htm
[101] Friederike Schön: Wenn die Biene verschwindet, in: Welt der Wunder, 6/2007, S. 35
[102] Friederike Schön, a.a.O., S. 35

Schließlich wird als mögliche Ursache auch der Klimawandel an sich genannt. Denkbar sind auch Auswirkungen der Globalisierung, z. B. in Form der transkontinentalen Verschickung von Zuchtbienen, eine häufiger werdende Praxis, die mit dazu beigetragen haben könnte, dass sich Parasiten aus anderen Kontinenten verbreiten. Diskutiert wird auch, ob es sich um langfristige, negative Effekte einer Art Überzüchtung handeln könnte, da die Wildbiene im Unterschied zur Honigbiene resistent zu sein scheint. Zu guter letzt existiert auch die Vermutung, dass es sich um eine Verhaltensänderung der Honigbiene ausgelöst durch afrikanische Bienen handelt.

Letztendlich wären auch mehrere Ursachen zugleich für den massiven Rückgang der Nutzinsekten denkbar, was derzeit als am wahrscheinlichsten gilt.

Insgesamt lässt sich festhalten: Wir wissen die Ursache des Bienensterbens derzeit nicht. Die Frage ist also berechtigt, ob angesichts zahlreicher Befunde die Grüne Gentechnik zumindest mit verantwortlich ist. Doch die gängige Praxis des genetischen Reduktionismus bietet bereits wieder eine Pseudo-Antwort: Die Aufgabe der Zukunft sei die Entzifferung des Honigbienen-Genoms. Da die Biene offensichtlich über eine ungenügende genetische Ausstattung verfüge, um Pestiziden zu widerstehen, müssten in Zukunft mit Hilfe der Gentechnik Bienen gezüchtet werden, die resistent gegen die Auslöser des Massensterbens sind: Zur GV-Pflanze das zugehörige Breitbandherbizid und der passende GV-Bienenstock - als Komplettpaket eines Herstellers.

3.5 Zusammenfassung der ökologischen Seite des Risikos

Die Grüne Gentechnik gefährdet traditionelle Lebensräume lokal, regional wie weltweit. Sie führt zu einer Reduktion der Artenvielfalt von Tieren, Pflanzen und Mikroorganismen. Gentechnikveränderte Organismen bedrohen die globale Genreserve, da sie zu einer Verunreinigung traditioneller Sorten führen und sich mit Wildformen auskreuzen können. Der Anbau herbizidresistenter GV-Pflanzen geht häufig mit einer Verringerung der Menge an Wildkräutern einher, was ein geringeres Nahrungsvolumen insbesondere für Bienen bedeutet. Wie wir anhand des Beispiels „Creeping Bentgrass" gezeigt haben, besteht Grund zur Annahme, dass GV-Pflanzen ihre Herbizidresistenz auf artverwandte Wildpflanzen übertragen, die dann zu unkontrollierbaren Superunkräutern würden.

Der umfangreiche Anbau von Bt-Pflanzen bedeutet wiederum ein hohes Risiko in Richtung einer sich ausbreitenden Insekten-Resistenz.

4 Die soziale Seite des Risikos

Die soziale Seite des Risikos der Grünen Gentechnik umfasst u. a. Fragestellungen bezüglich des „Nord-Süd-Gefälles", Konsequenzen der Transformation kleinbäuerlicher Strukturen zugunsten weltweiter monokultureller Agrarbetriebe sowie die Problematik der Koexistenz verschiedener Bewirtschaftungsformen.

4.1 Dritte Welt Länder

Wir wollen die sozialen Folgen der Grünen Gentechnik für die Länder der „Dritten Welt" anhand der Fallbeispiele Argentinien und Indien verdeutlichen. Die ökologischen Folgen werden dabei soweit wie möglich ausgeblendet, insofern wir sie bereits behandelt haben.

4.1.1 Argentinien

In der letzten Dekade wurde die argentinische Landwirtschaft nahezu gänzlich von der GV-Sojabohne „Roundup Ready" des Monsanto-Konzerns beherrscht. Nach den USA produziert Argentinien weltweit am meisten Gensoja. Über 80 % davon sind für die Tierfütterung bestimmt. Von 1996 bis 2003 hat sich der Anbau von Gen-Soja verdoppelt. Das argentinische Beispiel zeigt auch, dass GV-Pflanzen keinesfalls den Hunger in der Welt lösen. Das Vordringen der Grünen Gentechnik hat in Argentinien vielmehr zu einer deutlichen Verringerung der Nahrungssicherheit geführt. „Anbauflächen, auf denen einst Weizen, Mais, Sonnenblumen, Hirse, Reis, Bohnen oder das Viehfutter für den Eigenbedarf erwirtschaftet wurden, werden heute zur großindustriellen Produktion von Sojabohnen für den Export genutzt. 91 % der 2003/2004 produzierten Sojabohnen wurden auf dem Weltmarkt verkauft."[103] Im Zeitraum der größten Ausdehnung der Sojabohnen-Produktion von 1996 bis 2003 „hat die Zahl der Argentinier, denen der Zugriff auf Grundnahrungsmittel fehlt, von 3,7 auf 8,7 % zugenommen. Die Produktion von Fleisch, Milchprodukten und Eiern ist in Argentinien zurückgegangen."[104]

---

[103] Greenpeace: Anbau von Gen-Soja in Argentinien, online unter: www.greenpeace.de/themen/gentechnik/gefahren_risiken/artikel/folgen_des_gen_sojaanbaus_in _argentinien

[104] Greenpeace: Anbau von Gen-Soja in Argentiniena, a.a.O.

	1995/1996	2003/2004	Veränderung von 1995 bis 2003/2004	
			Hektar	Prozent
Sojabohnen	6.002.155	14.226.000	8.223.845	137 %
Weizen	5.087.800	6.036.000	948.200	19 %
Weißweizen	54.800	46.600	-8.200	-15 %
Hirse	670.680	544.000	-126.680	-19 %
Mais	3.414.550	2.860.000	-554.550	-16 %
Sonnenblumen	3.410.600	1.835.000	-1.575.600	-46 %
Reis	211.400	172.000	-39.400	-19 %
Hafer	1.847.915	1.344.030	-503.885	-27 %
Baumwolle	1.009.800	265.000	-744.800	-74 %
Bohnen	265.220	126.000	-139.220	-52 %
Gesamte Nutzfläche	21.974.920	27.454.630	5.479.710	25 %
Nutzfläche ohne Sojabohnen	15.972.765	13.228.630	-2.744.135	-17 %

Tabelle 3: Entwicklung des Nutzpflanzenanbaus in Argentinien (1995 bis 2004)[105]

Nach Schätzungen umfasst die Weltbevölkerung im Mai 2007 rund 6,6 Milliarden Menschen. Seriösen Studien zur Folge könnte die Erde heute bereits 12 Milliarden Menschen ernähren. Hunger resultiert also nicht aus dem Fehlen von Nahrung an sich, wie es das Argument, man brauche die Gentechnik, um den Welthunger zu bekämpfen, unterstellt. Der Hunger ist, wie nicht zuletzt das argentinische Beispiel verdeutlicht, ein umfassendes soziales Verteilungsproblem. Die Grüne Gentechnik ist in Argentinien mit einer Zerstörung der traditionellen Landwirtschaft einhergegangen, die aus einem Zusammenspiel von Nutztierhaltung und Fruchtwechselwirtschaft bestand. In den Jahren des Vordringens der Roundup Ready Technology hat das Tempo der Waldrodung drastisch zugenommen. 5,6 Millionen Hektar zuvor nicht landwirtschaftlich genutztes Land - überwiegend Urwaldbestand - wurden in Anbauflächen für Sojabohnen umgewandelt.

Da die Produkte der Grünen Gentechnik, d. h. in diesem Fall herbizid- und insektenresistentes Saatgut mit entsprechenden Pestiziden plus Patentgebühren, teurer sind als herkömmliches Saatgut, führen sie nicht nur in Argentinien zum Wegfall kleinerer landwirtschaftlicher Betriebe und stärken großagrarische Strukturen.

Im WWF-Bericht 2004 zur Situation in Argentinien heißt es: „Die Kombination aus ökonomischen Krisen und der Vertreibung von kleinen Bauern und Landar-

---

[105] Charles M. Benbrook: Rust, Resistance, Run Down Soils and Rising Costs. Problems Facing Soybean Producers in Argentina 2005, online unter: www.greenpeace.de/benbrook

beitern durch die zunehmende Mechanisierung des Sojaanbaus führte zu einem Verlust an Nahrungssouveränität und erhöhte Armut und Hunger."[106]

Das argentinische Beispiel zeigt ferner, dass sich durch die Grüne Gentechnik die ökonomische Abhängigkeit der Länder der Dritten Welt vergrößert, u. a. durch die Steuereinkünfte aus dem Export der GV-Pflanzen.

Ende 2001 verzeichnete Argentinien nahezu einen Wirtschaftskollaps und musste daraufhin Anfang 2002 seine Währung abwerten, der Peso brach nach Freigabe des Wechselkurses um 70 % ein. Dank des hohen Sojapreises in den darauf folgenden Jahren wurde die Landwirtschaft zum Wirtschaftsmotor. Im Jahr 2003 machte der Sojaexport bereits 40 % der gesamten argentinischen Exporterlöse aus.[107]

Ein nachhaltiges Wirtschaftsprogramm ist jedoch keineswegs erkennbar und so stützt sich alles auf den Sojaboom, was auch zur Konsequenz hat, dass die Erpressbarkeit der argentinischen Regierung wächst.

Kauft man zertifiziertes Saatgut beim Züchter, so fallen auch in Deutschland bei erneuter Aussaat Gebühren an. Da das argentinische Recht jedoch Patente auf Pflanzen verbietet, verzichtete der Konzern Monsanto auf die sogenannten „Nachbaugebühren" mit dem wohl offensichtlichen Ziel, Argentinien als Sprungbrett für den südamerikanischen Kontinent zu nutzen. Nachdem in den letzten Jahren die argentinische Ökonomie immer stärker von GV-Soja abhängig wurde, verkündete der Konzern im Jahr 2004 diese Praxis nicht länger akzeptieren zu wollen. Falls die Landwirte nicht endlich Abgaben bei erneuter Aussaat zahlen würden, drohte der Konzern der argentinischen Regierung damit, das Land zu verlassen. Die Abhängigkeit Argentiniens wird auch daran deutlich, dass in diesem Fall die Aussaat generell gefährdet wäre, da die meisten nationalen Saatgutfirmen angesichts der Monopolstellung von Monsanto bereits bankrott gemacht haben.[108] In Argentinien ist es nahezu unmöglich geworden, gentechnikfreies Saatgut zu erhalten.

4.1.2 Indien

Indien ist der drittgrößte Baumwollproduzent der Welt. Zwei Drittel (600 Millionen) der Gesamtbevölkerung (1,2 Milliarden) leben von der Agrarwirtschaft. Rund ein Drittel des Bruttoinlandsprodukts wird von den Bauern erwirtschaftet, womit die Landwirtschaft noch immer der größte Wirtschaftszweig des Landes

---

[106] Zitiert nach: www.loske.de/cms/files/dokbin/62/62307.gruene_gentechnik.pdf
[107] taz, 26.6.2004
[108] Quelle: Deutschlandradio, 25.11.2004, www.dradio.de/dlf/sendungen/umwelt/324772

ist. Ein ausbleibender Monsum hat für den Agrarsektor katastrophale Folgen, zumal 60 Prozent der indischen Ernte aus Getreide und Hülsenfrüchten besteht. Der Bundesstaat Andra Pradesh in Südindien gilt als Hochburg des Baumwollanbaus. Anfang der 80-er Jahre wurden hier traditionelle Anbaumethoden durch die „Grüne Revolution" verdrängt. Die Industrialisierung der Landwirtschaft führte zu steigenden Ernten bei wachsendem Einsatz von Düngemitteln und Pestiziden. Produkte für den Eigenkonsum wurden ersetzt durch Cash-Crops, d. h. landwirtschaftliche Erzeugnisse, welche für den Verkauf bestimmt sind. Monokulturen lösten die landwirtschaftliche Subsistenzwirtschaft ab.

Die krisenhaften Folgen der „Grünen Revolution" ließen jedoch nicht lange auf sich warten: Anbauflächen wurden durch zu viel Düngemittel und Pestizide chemisch verseucht und unbrauchbar, der hohe Wasserverbrauch der industriellen Landwirtschaft führte zu Wasserknappheit, Pflanzenschädlinge wurden resistent, Bauern gerieten durch neue und teurere Pestizide in die Schuldenfalle.

Bedingt durch den Beitritt Indiens zur Welthandelsorganisation (WTO) im Jahr 1995 verschlechterte sich für viele Bauern die wirtschaftliche Situation zunehmend, da billige Agrarprodukte wie vor allem Speiseöle den Inlandsmarkt weiter unter Druck setzten.

Im Jahr 2002 brachte Monsanto BT-Baumwollsaatgut auf den Markt mit dem Versprechen dieses sei gegen den Baumwollkapselwurm resistent. Insbesondere die Kleinbauern begannen wieder zu hoffen und waren nicht zuletzt wegen den Verlockungen einer breit angelegten Werbekampagne bereit, das teurere Saatgut zu bezahlen. Während in den ersten zwei Jahren die versprochenen hohen Zusatzraten zwar ausblieben, die Ernte aber zumeist ertragreich war, kam es bereits im Jahr 2004 zur Katastrophe. „Auf 25.000 Morgen Land, auf denen Kleinbauern die BT-Baumwolle gepflanzt hatten, gab es eine völlige Missernte."[109] Da Tausende Bauernfamilien vor dem Nichts standen, kam es zu anhaltenden Protesten, die schließlich zum Verkaufsverbot für Monsanto BT-Saatgut seitens der zentralen Zulassungsbehörde für Gentechnik in Neu Delhi führten.

Mit ausschlaggebend für die Entscheidung der Behörde waren auch die Ergebnisse der Studie „Bt Cotton in Andhra Pradesh: a three year assessment."[110] Der Zusammenhang zwischen dem Anbau von BT-Baumwolle, deutlich steigenden Produktionskosten, ausfallenden Erträgen und der Selbstmordrate unter indischen Bauern stellt sich auf der Basis dieser Erhebung deutlich dar. Die wich-

---

[109]   Gerhard Klas: Asiatischer Dämpfer für Grüne Gentechnologien, www.heise.de, 10.07.2005
[110]   Abdul Qayum, Kiran Sakkhari: Bt Cotton in Andhra Pradesh. A three-year assessment, Hyderabad 2006

tigsten Ergebnisse über das Abschneiden der Bt-Baumwolle in Andhra Pradesh
sind der Studie zur Folge:

- Der Einsatz von Pestiziden lässt sich durch Bt-Baumwolle nicht maßgeblich verringern. In den drei Untersuchungsjahren (2002-2003, 2003-2004,
  2004-2005) kauften und nutzten die Bt-Bauern Pestizide im Wert von
  6.428 Rupien (146 US-Dollar) pro Hektar, die Bauern, welche natürliche
  Baumwolle anbauten, gaben 6.915 Rupien (157 US-Dollar) aus.
- Bei den Schädlingsbekämpfungskosten beträgt der Unterschied 7 % zugunsten der Bt-Baumwolle, auf die Gesamtkosten des Baumwollanbaus
  bezogen jedoch lediglich 2 %.
- Höhere Erträge lassen sich durch die Bt-Baumwolle nicht erzielen. „Während der von den Kleinbauern in den drei Jahren durchschnittlich erzielte
  Ertrag von Bollgard-Baumwolle sich bei ungefähr 1.622 kg pro Hektar
  einpendelte, fiel der Ertrag von nicht Bt-Hybriden um 8,3 % höher aus. In
  schlechten Jahren ernteten die Bauern 35 % weniger Baumwolle als die
  Bauern, die nicht auf Bt-Baumwolle setzten."[111]
- Im Untersuchungszeitraum verdienten die Bt-Bauern insgesamt 60 % we-
  niger als ihre Kollegen.
- Für das BT-Baumwollsaatgut gaben die Bauern drei- bis viermal soviel
  Geld aus, wie für das traditionelle Saatgut.[112]
- Die Anbaukosten für Bt-Baumwolle lagen um 12 % höher als bei der natür-
  lichen Baumwolle.
- Die Bollgard-Baumwolle rief Wurzelfäulnis hervor, so dass es zu einer
  Bodenvergiftung kam und zu größeren Schwierigkeiten beim Anbau ande-
  rer Nutzpflanzen auf den befallenen Böden.

Bereits für das Ende des ersten Untersuchungsjahres stellt die indische Studie
fest, dass in einigen Regionen Bauern, die Bt-Baumwolle anbauten, „ungefähr
73,5 US-Dollar pro Hektar verloren, während die Bauern, die keine Bt-Baumwolle anpflanzten, Gewinne von ca. 305 US-Dollar pro Hektar erzielten."[113]

---

[111] P. V. Satheesh: Die Geschichte von Monsanto in Andhra Pradesh, online unter:
www.swissaid.ch/global/PDF/unsere_themen/satheesh_d.pdf
[112] Die Kosten für konventionelles Baumwollsaatgut beliefen sich im Untersuchungszeitraum auf
ca. 950 Rupien pro Hektar (ungefähr 18,50 Euro), während für Bt-Baumwollsaatgut ca. 4.000
Rupien (ungefähr 78 Euro) zu zahlen waren.
[113] P. V. Satheesh, a.a.O.

Es zeigte sich ferner, dass in Indien „die Selbstmordraten unter Bauern dort besonders hoch sind, wo die von Monsanto patentierte, gentechnisch modifizierte BT-Baumwolle angebaut wird."[114]

	2002-2003			2003-2004			2004-2005		
	Wirtschaftsdaten für Bt- und nicht Bt-Mais und Prozentangaben der jeweiligen Kosten bezogen auf die Gesamtanbaukosten								
	Bt	kein Bt	Gewinn durch Bt	Bt	kein Bt	Gewinn durch Bt	Bt	kein Bt	Gewinn durch Bt
Saatkosten (Rupien/Hektar)	1.600 (15 %)	450 (5 %)	-1.150	1.469 (12 %)	445 (4 %)	-1.024	1.602 (13 %)	505 (5 %)	-1.097
Pestizidkosten (Rupien/Hektar)	2.909 (27 %)	2.971 (31 %)	62	2.287 (19 %)	2.608 (23 %)	321	2.510 (21 %)	2.717 (26 %)	207
Gesamtanbaukosten (Rupien/Hektar)	10.655	9.653	-1.002	12.030	11.127	-903	12.081	10.298	-1.783
Nettoeinkünfte (Rupien/Hektar)	-1.295	5.368	-6.663	7.650	8.401	-751	-252	597	-849
Ertrag (Kg/Hektar)	450	690	-240	827	800	27	669	635	34

Tabelle 4: Jahrweiser Vergleich zwischen Bt-Baumwolle und natürlicher Baumwolle[115]

Die indischen Unionsstaaten Maharasthra, Andra Pradesh und Karnataka gelten als „Selbstmordgürtel" des Landes. Bauern, die ihre Kredite nicht mehr zurückzahlen konnten und denen der Verlust ihres Landes drohte, tranken Pestizide, das einstige Symbol des Fortschritts der „Grünen Revolution". Da eine Art genetischer Kopierschutz bei Bt-Baumwolle verhindert, dass ein Teil der Ernte, wie seit Jahrhunderten üblich, für die neue Aussaat zurückgehalten werden kann[116], sehen insbesondere Bt-Bauern, die nicht mehr genügend Geld für neues Saatgut besitzen, keinen anderen Ausweg mehr.

---

[114] Britta Petersen: Reise durch den Selbstmordgürtel, in: Das Parlament, August 2006, Ausgabe 32/33

[115] Abdul Qayum, Kiran Sakkhari: Bt Cotton in Andhra Pradesh. A three-year assessment, Hyderabad 2006, S. 10

[116] Stefan Dege: Gentechnik auch in Indien umstritten, Deutsche Welle vom 2.03.2005, www.dw-world.de

	2002-2003, 2003-2004, 2004-2005		
	Bt	Kein Bt	Gewinn durch Bt
Saatkosten (Rupien/Hektar)	1.557 (13,4 %)	466 (4,5 %)	-1.090 (-234 %)
Pestizidkosten (Rupien/Hektar)	2.571 (22 %)	2.766 (27 %)	195 (+ 7 %)
Gesamtanbaukosten (Rupien/Hektar)	11.594	10.336	-1.259 (-12 %)
Nettoeinkünfte (Rupien/Hektar)	2.032	4.787	-2.755 (-57 %)
Ertrag (Kg/Hektar)	649	708	-59 (-8,3 %)

Tabelle 5: Dreijahresmittelwerte zwischen Bt-Baumwolle und natürlicher Baumwolle[117]

Das indische Beispiel belegt u. a., dass Gentechnologie nicht die Lösung des Pestizid-Problems ist, da sich nach anfänglichen Erfolgen Resistenzen herausbilden, so dass neues Saatgut benötigt wird.[118] Das Fallbeispiel Indien illustriert präzise die Problematik des genetischen Reduktionismus, wobei es sich hier um die Annahme handelt, dass eine genetische Veränderung genau eine Wirkung und zwar unabhängig von den jeweiligen konkreten Standortverhältnissen, d. h. den jeweiligen Orts- und Umweltfaktoren, erzielt. Genau diese Annahme führte zur indischen Katastrophe.

Das reduktionistische 1:1-Denken ist in diesem Fall umso problematischer zu bewerten, da es bereits vor dem kommerziellen Anbau in Indien deutliche Warnsignale gab. So legte der Abschlussbericht des Central Cotton Research Institute (CICR) bereits im Frühjahr 2002 offen, dass alle Monsanto Bt-Sorten „im Vergleich zu lokalen Sorten anfälliger gegen Heuschrecken sind. Unter erhöhtem Stress wie Schädlingsbefall oder Wassermangel weist die Sorte Mech 12 ein reduziertes Pflanzenwachstum auf. Zudem sind Mech 12 und Mech 184 anfälliger für verschiedene Pflanzenkrankheiten."[119]

Die Studie des CICR bestätigt zwar, dass alle Bt-Sorten eine gute Toleranz gegenüber dem Hauptzielschädling, dem Baumwollkapselwurm, aufweisen, konstatiert aber zugleich u. a. bei Mech 162 eine nur ausreichende Toleranz gegenüber dem rosaroten Kapselwurm.

Das Fallbeispiel Indien demonstriert nicht zuletzt das ethnozentristische Denken vieler Naturwissenschaftler und multinationaler Konzerne der Ersten Welt. Ein Verständnis über die konkreten kulturellen, sozialen, ökologischen sowie anbau-

---

[117] Abdul Qayum, Kiran Sakkhari: Bt Cotton in Andhra Pradesh. A three-year assessment, Hyderabad 2006, S. 11
[118] So wirbt Monsanto bereits für die Sorte Bollgast II
[119] Folglich Informationen und Studien auf den Seiten des Central Institute for Cotton Research (Indian Council of Agricultural Research), www.cicr.gov.in

technischen Verhältnisse in anderen Ländern ist weder vorhanden noch wird es den eigenen Forschungen zu Grunde gelegt.

Untersuchungen in Form einer ökonomischen Modellierung ergaben für Südindien, dass sich das ökonomische Risiko des Bt-Anbaus für die indischen Bauern nur dann lohnt, wenn durch eine vergleichsweise höhere Bewässerung die standörtliche Variabilität der Bt-Sorten verringert wird.[120] Konkrete Kenntnisse der Verhältnisse in Südindien vorausgesetzt, hätte diese Untersuchung bereits verdeutlichen können, dass sich die Erträge der Bt-Baumwolle in Südindien nicht auf einem höheren Niveau stabilisieren lassen, da überhaupt nur 40 % der Bauern Baumwolle bewässern. Alle übrigen Bauern sind „von einem ausgesprochen großen Risiko betroffen, ökonomische Verluste durch den Anbau der Bt-Baumwolle zu erleiden. Umstellung auf Bewässerungsanbau ist aber eine signifikante Anbauveränderung, die entsprechende Kenntnisse voraussetzt und Investitionen mit sich bringt und daher zusätzliche agronomische und ökonomische Risiken birgt"[121], die von den dortigen Kleinbauern nicht aufzubringen sind.

Die indischen Daten belegen, dass der Anbau von Bt-Baumwolle für Kleinbauern außerordentlich problematisch ist.[122] „Solange die hohen Standortansprüche dieser Sorten befriedigt werden, können durch die höheren Erträge die hohen Saatgutkosten und die geringere Qualität ausgeglichen und Gewinne erzielt werden. Treten jedoch unvorhergesehene Ereignisse auf wie Trockenheit, Schädlingskalamitäten mit anderen Schädlingen, Pflanzenkrankheiten etc. so müssen zusätzlich zu den hohen Kosten des Bt-Saatguts weitere Kosten aufgewendet werden, um eine rentable Ernte zu gewährleisten."[123]

Die indische Katastrophe war in mehrfacher Hinsicht vorprogrammiert.

4.2 Verstärkung von Monokulturen

Die GV-Pflanzen der ersten Generation stellen primär eine Antwort auf Probleme dar, welche die hochindustrialisierte Landwirtschaft in Gestalt von Monokulturen hervorgebracht hat. In Monokulturen vermehren sich Unkräuter und Schadinsekten besonders stark. GV-Pflanzen, „die gegen ein spezifisches Pflanzenschutzmittel resistent sind, machen die Bewirtschaftung der Monokulturen

---

[120] Diemuth Pemsl, Jana Orphal: Bt Cotton-Productivity Considerations from India and China, Göttingen 2003

[121] EcoStrat Gmbh (Hrsg.): Anbau von gentechnisch veränderter Baumwolle in Entwicklungs- und Schwellenländern. Literaturstudie im Auftrag der Eidgenössischen Ethikkommission für die Gentechnik im ausserhumanen Bereich, Zürich 2004, S. 4

[122] Vergleichbare Ergebnisse liegen u. a. auch aus Indonesien vor.

[123] EcoStrat Gmbh (Hrsg.), a.a.O.

einfacher: Die herbizidresistenten Pflanzen können zu einem beliebigen Zeitpunkt mit dem jeweiligen Pflanzenschutzmittel besprüht werden. Sie überleben,
während Unkräuter und andere Pflanzen auf dem Acker absterben. Herbizidresistente Pflanzen machen mit über drei Vierteln den größten Teil der weltweit
angebauten gentechnisch veränderten Pflanzen aus."[124]
Nach der Herbizidresistenz ist die Insektenresistenz die zweithäufigste kommerziell genutzte Eigenschaft von GV-Pflanzen. Über das Merkmal der Insektenresistenz verfügen derzeit vor allem gentechnisch veränderte Mais- und Baumwollpflanzen. Wie die Herbizidresistenz, so richtet sich auch die gentechnisch
erzeugte Insektenresistenz primär gegen die im Kontext von Monokulturen erfolgte starke Vermehrung von Schädlingen.
Statt eine Agrarwende in Richtung einer ökologisch-nachhaltigen Landwirtschaft zu vollziehen, hält man fest an der industrialisierten Landwirtschaft, welche die Probleme erst hervorgebracht hat. Albert Einstein soll einmal gesagt haben: „Man kann ein Problem nicht mit derselben Denkweise lösen, durch die es
entstanden ist."[125] Die Grüne Gentechnik bleibt dergestalt betrachtet der immanenten Logik der industrialisierten Landwirtschaft verpflichtet, die primär hohe
Erträge erwirtschaften soll, ohne die Belange der Umwelt und der Nachhaltigkeit zu berücksichtigen. Die Grüne Gentechnik löst die so entstandenen Probleme nicht, sondern transformiert sie vielmehr auf eine höhere Ebene, da sie ihrerseits großflächige Monokulturen verstärkt fördert. Dies ist nicht zuletzt daran
ersichtlich, dass sich der kommerzielle Anbau gentechnisch veränderter Pflanzen, welcher im Jahr 2002 weltweit 58 Millionen Hektar betrug, hauptsächlich
auf vier Pflanzenarten konzentriert, „nämlich auf Soja, Baumwolle, Mais und
Raps und auf vier Länder: In den USA betrug die Anbaufläche 40 Millionen
Hektar (rund zwei Drittel der weltweiten Anbaufläche), in Argentinien wurden
gentechnisch veränderte Pflanzen auf 13 Millionen Hektar angebaut (rund ein
Viertel der weltweiten Anbaufläche), gefolgt von Kanada mit 3 und China mit 2
Millionen Hektar."[126]
Mit der Expansion von Monokulturen ist ein eklatantes „Bauernsterben" in der
„Dritten Welt" verbunden. Kleinbäuerliche Betriebe können schon von ihrer
Hektargröße her nicht effektiv auf Monokulturen umsteigen. Ein Schwanken der
Weltmarktpreise für „Cash Crops" führt unweigerlich zur Existenzvernichtung.

---

[124] www.gentechnikfreie-regionen.de
[125] Zitiert nach: umweltinstitut.org/gentechnik
[126] BUND (Hrsg.): Warum lehnen der BUND und der BN die Grüne Gentechnik ab? www.bund-
        naturschutz.de

4.3 Die Problematik der Koexistenz

Koexistenz bedeutet, dass Konsumenten, Landwirte und Lebensmittelproduzenten über eine Wahlfreiheit zwischen Produkten mit und Produkten ohne Gentechnik verfügen. Die zentrale Frage lautet, ob eine solche Entscheidungsfreiheit zu realisieren ist. Positiv beantwortet diese Frage TransGen[127] und nennt als essentielle Voraussetzungen hierfür die Sicherstellung, dass beide Wirtschaftsweisen auf Dauer nebeneinander bestehen können, die Verhinderung der Vermischung der jeweiligen Produkte sowie die Kennzeichnung am Produkt. Aber selbst TransGen muss einräumen, dass eine absolute Trennung kaum möglich ist. „Werden GV-Pflanzen angebaut", so heißt es, „dann ist eine völlige Abschottung kaum möglich: Ihr Pollen wird durch Wind oder Insekten verbreitet. Wenn auf einem Feld etwa GV-Mais wächst, kann es sein, dass sein Pollen konventionelle Maispflanzen in der Nachbarschaft befruchtet. Unter natürlichen Bedingungen sind solche Auskreuzungen kaum zu vermeiden."[128] Da die Natur ein offenes System darstelle, könnten zwei Welten eine mit und eine ohne Gentechnik unmöglich vollständig getrennt nebeneinander existieren. TransGen benennt die einzig logische Konsequenz hieraus: „Eine hundertprozentige GVO-Freiheit wäre nur dann erreichbar, wenn die Anwendung von GV-Pflanzen verboten würde."[129] Da dies aber ganz offensichtlich derzeit politisch nicht gewollt ist, beteiligt sich TransGen mit daran, wie das, was eigentlich unmöglich ist als „machbar" gestaltet werden könnte.

Die Behauptung einer potentiell möglichen bzw. machbaren Koexistenz missachtet indes die Komplexität der Materie, u. a. die gravierende Problematik, wie gentechnikfreie Sorten sicherzustellen sind. Mit dem kommerziellen Anbau von GV-Pflanzen verändert sich nämlich die Situation für die Saatzüchter qualitativ. „Nicht mehr die gentechnisch veränderten Pflanzen müssen unter strengen Sicherheitsvorkehrungen angebaut werden, sondern die vor Einkreuzung zu schützenden Kulturpflanzen."[130] Aufwand, Risiko und Folgekosten der Grünen Gentechnik werden denjenigen Züchtungsunternehmen aufgebürdet, die gentechnikfrei arbeiten wollen. Da diese die durch GV-Pflanzen entstehenden Mehrkosten, die u. a. durch erforderliche Gen-Screenings anfallen, an ihre Kunden weitergeben, steigt der ökonomische Druck auf ökologisch wirtschaftende bäuerliche

---

[127] www.transgen.de
[128] www.transgen.de/recht/koexistenz/234.doku.html
[129] www.transgen.de/recht/koexistenz/234.doku.html
[130] Stellungnahme der Interessengemeinschaft für gentechnikfreie Saatgutarbeit vom 29. März 2006

Betriebe. Aber auch die Züchtungsunternehmen selbst werden einer existentiellen Belastung ausgesetzt sein.

Lässt sich zukünftig überhaupt reines Saatgut realisieren? Der Kern der Problematik in der Saatgutproduktion besteht darin, dass Grenzwertregelungen im Bereich der Sortenerhaltung und der Züchtung keinen Sinn machen, da jede noch so niederschwellige Verunreinigung einen irreversiblen Schaden verursacht. Die Problematik der Koexistenz zeigt sich nicht zuletzt daran, dass Haftungsfragen im Bereich der Saatgutarbeit weitgehend ungeklärt sind.

Doch die Koexistenz als solche betrifft nicht nur Saatgutunternehmen. Weitere Bereiche sind bislang noch nicht einmal beachtet worden, die für eine ernsthafte Beantwortung der Frage, ob ein Nebeneinander möglich sein kann, essentiell sind. „Was passiert in den Maschinen, die vor, während und nach dem Anbau überbetrieblich zum Einsatz kommen, also auf Feldern mit und auf Feldern ohne Gentechnik: Sähmaschine, Mähdrescher, Häcksler, Anhänger, Pflanzenschutz-Spritzen? Wie groß ist das Risiko, dass es dabei zu Verschleppungen kommt, wie hoch ist der Aufwand, um Verschleppungen zu verhindern oder mindestens zu minimieren?"[131]

Bezüglich der Koexistenz müssen somit die Arbeitsvorgänge Aussaat, Pflanzenschutz, Ernte und Transport sowie Lagerung und Weiterverarbeitung getrennt betrachtet werden. Im Sinne von Effektivierung und Outsourcing-Strategie setzen immer mehr Bauern bei Aussaat, Pflege und Ernte landwirtschaftliche Maschinen von Dienstleistern ein. Diese stellen somit eine Quelle der Kontamination dar. Studien[132] haben ergeben, dass „die Kosten für eine angemessene Reinigung einer Erntemaschine die bisherigen Erntekosten um das Zehnfache übersteigen."[133] Die Grüne Gentechnik verteuert somit eine gemeinsame Landmaschinen-Nutzung. Auch diese Kosten wird der Gentechnik-Bauer nicht tragen, noch ist es wahrscheinlich, dass sie auf beide Landwirtschaftsarten aufgeteilt werden, zahlen wird wieder einzig und allein derjenige landwirtschaftliche Betrieb, der eine Verunreinigung ausschließen will.

Die Problematik der Koexistenz zeigt sich daran, dass deutlich mehr als nur Abstandregelungen erforderlich sind, wollte man den Schutz der gentechnikfreien Lebensmittelerzeugung sicherstellen. Studien zur Risikoanalyse und -bewertung

---

[131] www.keine-gentechnik.de/dossiers/koexistenz10.html
[132] Erdmute Schimpf: Exemplarische Analyse zu maschineller Verschleppung von gentechnisch verändertem Pflanzenmaterial beim überbetrieblichen Maschineneinsatz, Diplomarbeit für den Diplomstudiengang Ökologische Landwirtschaft im Fachgebiet Ökologischer Land- und Pflanzenbau, Universität Kassel, Kassel 2006
[133] So die Autorin der Studie Erdmute Schimpf, online unter: www.keine-gentechnik.de/dossiers/koexistenz10.html

der maschinellen Verschleppung weisen „darauf hin, dass alleine durch den gemeinsamen Mähdreschereinsatz Verunreinigungen von einem halben Prozent entstehen können."[134]

Für die soziale Seite des Risikos ist es wichtig darauf zu verweisen, dass der „Friede auf den Dörfern" extrem belastet wäre. Vielfältige Erfahrungen aus Kanada zeigen, dass sich das Klima zwischen Landwirten, die GVO einsetzen und solchen, die weiterhin gentechnikfrei produzieren möchten, gravierend verschlechtert. Die Ursache der Verschlechterung der nachbarschaftlichen Zusammenarbeit kann allein schon darin liegen, dass eine Koexistenz einen enormen Aufwand an präzisen Absprachen erfordert. Kommt es hier auch nur zu Missverständnissen, ist der Friede dahin.

Doch man muss nicht bis Kanada schauen, um die Nichtrealisierbarkeit der Koexistenz zu erkennen. In Europa stellt Spanien eine Gentechnik-Hochburg dar. 1998 wurde hier die erste gentechnisch veränderte Maissorte zugelassen, der Bt-Mais 176.[135] Seit 1998 steigt die Anbaufläche von gentechnisch veränderten Maispflanzen stetig. Besonders viel Gen-Mais wird in den Autonomen Regionen Aragonien und Katalonien angebaut.

Im Zeitraum von Juli 2005 bis Februar 2006 fanden in diesen beiden Regionen umfassende Feld- und Laboruntersuchungen sowie qualitative Interviews mit Bauern, Genossenschaftsleitern, Behörden und Experten statt. „Die Laboranalysen ergaben Verunreinigungen mit beiden gentechnisch veränderten Maislinien, die in Spanien zugelassen sind: MON 810 und Bt 176. Der Prozentsatz der Kontamination bewegte sich zwischen 0,07 % und 12,6 %."[136] Eine Untersuchung der Gentechnik-Versuchsfelder ergab, dass Sicherheitsvorkehrungen nicht eingehalten werden und Kontrollen de facto nicht oder nur gänzlich unzureichend stattfinden. So zeigte sich, dass Versuchsfelder nicht von menschlichen Siedlungen und kommerziellen Feldern in der näheren Umgebung isoliert waren, empfohlene Sicherheitsabstände nicht eingehalten wurden, Genehmigungen erst gar nicht vorlagen und Felder nicht ordnungsgemäß gekennzeichnet waren. Die Forschungsgruppe kam zu dem Ergebnis, dass in Spanien die Kontrolle und Überwachung der GVO vom Labor bis zum Teller ineffizient und in vielen Fällen erst gar nicht existent ist, dass das System der Trennung, Rückverfolgung und Kennzeichnung nicht funktioniert, die wirtschaftlichen Kosten der Verun-

---

[134]   Erdmute Schimpf: Koexistenz im landwirtschaftlichen Alltag. Bericht zur Verbreitung von gentechnisch verändertem Material durch Landmaschinen, online unter:
www.gentechnikfreie-regionen.de/hintergruende/studien/koexistenz.html
[135]   Ehemals Ciba Geigy, heute Syngenta
[136]   www.greenpeace.de/fileadmin/gpd/user_upload/themen/gentechnik/
La_imposible_coexistencia.pdf

reinigung hoch sind und meist von den Betroffenen selbst finanziert werden müssen.

Das spanische Beispiel belegt, dass Regierungen weder den illegalen Anbau und Verkauf noch die Nicht-Einhaltung geltender Vorschriften bezüglich der GVO verhindern können.

Für Deutschland darf schließlich auch nicht verkannt werden, dass der noch sehr geringe Anteil der Grünen Gentechnik für die Landwirtschaft hierzulande einen Standortvorteil darstellt. Durch die starke Ablehnung der Grünen Gentechnik durch den hiesigen Verbraucher bevorzugen Lebensmittelproduzenten heimische, gentechnikfreie Rohstoffe. „So verwendet Unilever für die Herstellung der Rama-Margarine statt billigem amerikanischem Sojaöl teureres deutsches Rapsöl."[137]

Fassen wir abschließend in sechs Punkten zusammen, warum wir eine Koexistenz weder für sinnvoll noch für möglich halten:

Erstens: Die Koexistenz ist mit deutlichen Mehrkosten verbunden, die letztendlich auf die Verbraucher abgewälzt würden. Da diese in Deutschland mit einer mehr als klaren Mehrheit Gentechnik nicht wollen, ist ein Anstieg der Lebensmittelpreise nicht vertretbar.

Zweitens: Die Möglichkeit einer Koexistenz ist zum gegenwärtigen Zeitpunkt rein organisatorisch nicht zu gewährleisten. Koexistenz erfordert u. a. einen hohen Kontrollaufwand, für den es derzeit weder einen institutionellen noch einen personellen Rahmen gibt. Neben vielfältigen ungeklärten Fragen der landwirtschaftlichen Praxis ist auch die Haftungsproblematik angesichts der Komplexität der Materie ungelöst.

Drittens: Die strikte Trennung landwirtschaftlicher Produktionsschienen stellt einen extrem hohen Aufwand dar, der unter wirtschaftlichen Gesichtspunkten in zahlreichen Bereichen wie u. a. auch der Lebensmittelverarbeitung nicht zu gewährleisten ist.

Viertens: Eine rechtliche Regulierung der Koexistenz ist mit einem immensen bürokratischen Aufwand verbunden. Derartige Gelder werden de facto der Förderung einer nachhaltigen Landwirtschaft entzogen.

Fünftens: Der hohe Aufwand, der durch die Koexistenz entsteht, wird letztendlich einseitig dem ökologischen Landbau aufgebürdet.

Sechstens: Gentechnikfreie Landwirtschaft stellt gerade angesichts der weltweiten Zunahme von GVO einen Standortvorteil dar, der durch Koexistenz verspielt wird.

---

[137] Peter Röhrig: Ist Koexistenz möglich? UGB-Forum 4/2005, S. 204-205, www.ugb.de

Fazit: Die praktische Umsetzung der Koexistenz ist in vielen Bereichen eine reine Fiktion. Sie erfordert darüber hinaus umfassende Analysen und behördliche Kontrollen und verursacht immense Kosten. Die Grüne Gentechnik ist aus dieser Sichtweise betrachtet eine sozial und wirtschaftlich nicht tragbare Technologie.

4.4 Zusammenfassung der sozialen Seite des Risikos

Bereits heute zählen Agrarindustrie und Lebensmittelindustrie zu den am stärksten globalisierten und konzentrierten Wirtschaftsbereichen. „Weniger als zehn Konzerne aus den Industrieländern dominieren den internationalen Agrarmarkt. Dadurch gerät die landwirtschaftliche Produktion weltweit, vor allem aber in den so genannten Entwicklungs- und Schwellenländern, in immer größere Abhängigkeit."[138]

In diesem Zusammenhang betrachtet stellt die Grüne Gentechnik eine Globalisierungstechnologie dar, welche das Risiko in sich birgt, dass die Nahrungsmittelproduktion unter die vollständige Kontrolle einer Handvoll Global Player gerät. Grüne Gentechnik lässt sich nicht diskutieren, ohne sie nicht zugleich als strategisches Mittel auf dem Weg zur Monopolisierung der Lebensmittelerzeugung zu betrachten.

Im Kontext der Problematik der Nahrungssicherheit stellt insbesondere die Patentierung von Pflanzen und Tieren eine Gefahr dar, welche mit der Grünen Gentechnik insofern Hand in Hand geht, da gentechnisch veränderte Pflanzen und Tiere im Allgemeinen patentiert sind.

Der Grad der Monopolisierung wird daran deutlich, dass im Jahr 2004 von den bereits mehr als 9.000 Patenten auf lebende Organismen sich 44 % in den Händen von nur vier multinationalen Konzernen befanden.[139] Mit der Grünen Gentechnik als Globalisierungstechnologie ist ein wachsendes Nord-Süd-Gefälle verbunden, insofern die Länder des Südens ihres natürlichen Reichtums in Gestalt der genetischen Vielfalt beraubt werden.

Die Enteignung bzw. „Kapitalisierung" des Agrarsektors der „Dritten Welt" bedient sich dabei vor allem der Strategie, das Saatgut weltweit zu kontrollieren. Hierfür werden nationale Saatgutfirmen insbesondere durch Gentechnikfirmen der Industrieländer aufgekauft. Im Jahr 2002 wurden weltweit 13 Milliarden US-Dollar mit Saatgut und weitere 29 Milliarden mit Pflanzenschutzmitteln verdient. Der Markt ist dabei hochgradig konzentriert. „Die sechs derzeit führenden

---

[138] Umweltinstitut München e.V. (Hrsg.): Gentechnik: Manipuliertes Leben, München 2005
[139] Umweltinstitut München e.V. (Hrsg.): Gentechnik, a.a.O., S. 13

Agrochemiekonzerne - Syngenta, Bayer Crop Science, Monsanto, DuPont, BASF und Dow - teilen ca. drei Viertel dieses Umsatzes unter sich auf."[140] Krisenhaften Entwicklungstendenzen der Branche um die Jahrtausendwende versuchten die führenden Unternehmen „mit neu entwickelten Kombiangeboten aus gentechnisch verändertem Saatgut und darauf abgestimmten Pflanzenschutzmitteln"[141] zu begegnen. Konzentrationsprozesse auf dem Markt für Saatgut weisen dabei eindeutige Tendenzen auf. „Die fünf größten Saatgutunternehmen bedienen mittlerweile über 40 % des gesamten kommerziellen und nahezu 100 Prozent des transgenen Saatgutmarktes, der überdies vom US-amerikanischen Konzern Monsanto dominiert wird."[142]
Die Kontrolle des Agrarsektors der Dritten Welt geschieht ferner über die mit Patentrechten verbundenen Lizenzgebühren. Die jahrhundertealte bäuerliche Praxis der Einlagerung eines Teils der Ernte für die Aussaat sowie der Tausch des Saatguts untereinander werden auf diese Weise zerstört bzw. kriminalisiert.[143] Der jährliche Neukauf des GV-Saatgutes geht insbesondere für die Kleinbauern der Dritten Welt, wie wir am indischen Beispiel illustriert haben, mit dem wirtschaftlichen Ruin einher.
Insbesondere die Terminator-Technologie offenbart die Logik der totalen Kontrolle des Ernährungssektors. Die Manipulation von Nutzpflanzen dergestalt, dass diese keine keimfähigen Samen mehr produzieren, „könnte das Ende für die gesamte bäuerliche Kultur bedeuten."[144]
Anhand des argentinischen Beispiels verdeutlichten wir, dass die Grüne Gentechnik den Hunger in der Welt nicht beseitigt, sondern vielmehr maßgeblich mit dazu beiträgt, die Nahrungssicherheit global zu gefährden.
In dem Maße, wie die Grüne Gentechnik an Boden gewinnt, ändern sich nicht nur die bäuerlichen bzw. agrarischen Strukturen der Länder der „Dritten Welt". In den Industriestaaten werden wachsende und sich verschärfende Konflikte zwischen Betrieben, die auf Gentechnik setzen, und Betrieben traditioneller bzw. ökologischer Art die dörfliche Nachbarschaft gefährden. Die alltägliche Erfahrung, dass eine Koexistenz nicht realisierbar ist, wird zum Ende des ökologischen Landbaus führen und die Wahlfreiheit des Verbrauchers als Farce erscheinen lassen.

---

[140] Ulrich Dolata: Die Grüne Gentechnik ist zur Zeit alles andere als sexy, in: Frankfurter Rundschau, 6.1.2003
[141] Ulrich Dolata: Die Grüne Gentechnik, a.a.O.
[142] Ulrich Dolata, a.a.O.
[143] Siehe hierzu: Vandana Shiva: Geraubte Ernte. Biodiversität und Ernährunspolitik, Zürich 2004
[144] Umweltinstitut München e.V. (Hrsg.): Gentechnik, a.a.O., S. 14

5 Ist Grüne Gentechnik Züchtung?

Welche Konsequenzen besitzen unsere bisherigen Ausführungen bezüglich der Streitfrage, ob es sich bei der Grünen Gentechnik um Züchtung handelt oder nicht?

Wir wollen im Folgenden sechs zentrale Argumente anführen, warum es sich unseres Erachtens bei der Grünen Gentechnik definitiv nicht um Züchtung[145] handelt.

Erstens: Bei der traditionellen Züchtung können Merkmale nur zwischen Organismen ausgetauscht werden, die nahe verwandt sind. Es entstehen neue Sorten. Mit Hilfe der Gentechnik können Merkmale von einer Gattung auf eine andere übertragen werden, dies gilt auch für den Gentransfer zwischen Pflanzen und Tieren oder Bakterien. Es entstehen so betrachtet gänzlich neue Arten.[146] Die Grüne Gentechnik überschreitet Artengrenzen und Reiche. Durch traditionelle Züchtungsmethoden ist es nicht möglich ein Fischgen in eine Tomate einzubauen.

Zweitens: Bei der Grünen Gentechnik sollte nicht von Transgenität gesprochen werden, da es sich bei den transferierten Gensequenzen, wie bereits ausgeführt, um synthetische Genkonstrukte handelt, die in dieser Konstellation nicht natürlich vorkommen. Das transferierte Fremdgen stellt ein Mix von Gensequenzen unterschiedlicher Organismen dar. Die Sequenz der Gene ist modifiziert worden, was für die Mehrzahl der zugelassenen GV-Pflanzen gilt, deren eingeführte Gene bakteriellen Ursprungs sind.

Synthetische Gene als neuartig zusammengesetzte Gene bestehen z. B. aus folgenden Bestandteilen: Virus-Promoter, Erbsen-Leitsequenz, Bakterien-Proteinsequenz und einer Arabidopsis-Endsequenz.[147]

---

[145]   Als Werkzeuge der Pflanzenzüchtung unterscheiden wir zwischen folgenden Verfahren:
a) die Auslese (z. B. früher aus Landsorten)
b) die Variation durch Kreuzung (Kreuzungszüchtung)
c) die Hybridkreuzung, d. h. die Variation durch neues Material (heute z. B. per Genbanken)
d) die Beschleunigung der Züchtung durch Biotechnologie (z. B. Zellkulturverfahren)
e) die Variation durch Mutation (z. B. durch radioaktive Bestrahlung, chemische Substanzen)
f) Smart Breeding
Im Unterschied zu den oberen Verfahren betrachten wir den Gentransfer (die Gentechnik im engeren Sinne) explizit als ein Verfahren der Pflanzenbildung. Durch Gentechnik entsteht explizit eine neue Pflanzenart und keine neue Pflanzensorte.

[146]   Wobei wir hier den speziellen Fall außen vor lassen, dass es zukünftig auch die Übertragung arteigener Gene geben könnte.

[147]   www.transgen.de/pdf/diskurs/Steinbrecher_folien.pdf

Drittens: GM Gene sind Kurzgene mit reiner Codesequenz.[148] Pflanzengene bei der Pflanzenzüchtung beinhalten intervenierende nichtcodierende Sequenzen. Die Konsequenzen diesbezüglich sind nicht umfassend bekannt.

Viertens: Im Unterschied zur Pflanzenzüchtung hat die Pflanze über Regulation und Expression der GM-Gene und deren Produkte aufgrund der Verwendung von Virus-Kontrollsequenzen wie z. B. dem CaMV 35S Promoter keine Kontrolle.

Fünftens: Wie wir bei der technologischen Seite des Risikos festgestellt haben, handelt es sich im Unterschied zur Pflanzenzüchtung beim Einfügen des Fremd-Gens um reine Zufallstreffer, um einen gänzlich unkontrollierten Einbau, der schwere Störungen im Pflanzengenom bewirken kann.

Sechstens: Die Grüne Gentechnik schaltet im Unterschied zur Züchtung das evolutionäre Prinzip von Variation, Selektion und Isolation aus, sie stellt eine rein technologisch induzierte Co-Evolution dar.

Siebtens: Im Unterschied zur Pflanzenzüchtung sind auch die Effekte unterschiedlich: GV-Pflanzen können noch nach Generationen hochgradig instabil sein, was erneute Probleme für die Risikoabschätzung mit sich bringt.

6 Ausgewählte Unfälle der Grünen Gentechnik

Die Skandale der Grünen Gentechnik sind zahlreich und vielfältiger Natur. Sie belegen, dass das Risikopotential existiert, unkalkulierbar, multidimensional und von neuer Qualität ist. Wir wollen hierfür im Folgenden Beispiele benennen und dergestalt das Risiko der Grünen Gentechnik illustrieren.

6.1 Der Reis-Skandal

Im Jahr 2006 untersuchte der europäische Verband der Reismühlen 162 Proben auf gentechnisch veränderten Reis aus den USA. In jeder fünften Probe wurden die Kontrolleure fündig. Es handelte sich um den nicht zugelassenen Gentech-Reis LL 601. Der Reis wurde von Bayer entwickelt und in den USA ausgesät. „Der Reis zählt zu den herbizidtoleranten Gentech-Sorten und ist unempfindlich gegenüber dem Unkrautvernichtungsmittel Liberty Link."[149] Beunruhigend an diesem Fall ist vor allem die Dimension der Verunreinigung, zumal der Reis nie

---

[148] Ricarda Steinbrecher: Unzulänglichkeiten bei der Risikoabschätzung und -bewertung, online unter: www.transgen.de/pdf/diskurs/Steinbrecher_folien.pdf (Arabidopsis thaliana, auch Schotenkresse genannt: Modellorganismus in der Biologie)

[149] Brigitte Zarzer: Der Reis, den keiner wollte, www.heise.de, 28.02.2007

kommerzialisiert wurde und nur im Feldversuch zwischen 1998 und 2001 getestet wurde. „Der US-Landwirtschaftsminister bestätigte allerdings, dass kontaminierter Reis in einer Ernte 2005 auftauchte. Grundsätzlich können Verunreinigungen sowohl durch Pollenflug, schlampiger Saatgutselektion, gemeinsamer Nutzung von Lanwirtschaftsmaschinen oder Lagerräumen entstehen."[150] Derartige Verunreinigungen würden durch strenge Kontrollen vermieden, so hieß es bislang, aber genau solche Überprüfungen scheinen in den USA gefehlt zu haben. Feldversuche mit neuen gentechnisch veränderten Pflanzen werden offensichtlich nicht mit wirksamen Auflagen zwecks Vermeidung unerwünschter Kontaminationen versehen. Der dergestalt entstandene wirtschaftliche Schaden fiel eindeutig aus: Betroffene Lebensmitteldiscounter wie ALDI räumten ihre Regale, an den Börsen fiel der Preis für US-Reis drastisch, US-amerikanische Geschäfte wurden auf großen Exportmärkten schwer gestört, US-Reisbauern müssen zukünftig zusätzliche Kosten für Zertifizierungs-Tests aufbringen.

Wie sieht es jedoch mit den gesundheitlichen Folgen aus? Auffallend ist hier, dass diverse nationale Stellen die Verbraucher sofort beruhigten und mitteilten, dass der Gentech-Reis keine Risiken für die Gesundheit berge. Das Bundesinstitut für Risikobewertung (BfR) musste indes einräumen, dass keine eigene Risikobewertung vorliegt. Man fragt sich jedoch, auf welcher Grundlage das BfR überhaupt eine derart weitgehende Aussage trifft, dass keine Gesundheitsgefährdung vorliegt, wenn gleichzeitig gesagt wird, dass der gentechnisch veränderte Reis LL 601 eine Vorläufersorte für einen weiteren Reis sei, „der weder geprüft noch zugelassen und daher verboten sei."[151] Befremdlich ist am Fall des genmanipulierten Langkornreises auch die Bekundung, dass eigene Tests schnell nachgeholt werden sollen. Nicht nur, dass man sich offensichtlich bei der Aussage der Unbedenklichkeit auf US-Stellen verlässt, die in der betreffenden Sache kläglich versagt haben, bei der Allergierisiko-Beurteilung und der Einschätzung der Toxität sollen Tests im „Ruck-Zuck-Verfahren" Klärung schaffen, wobei gerade bezüglich der Toxizitäts-Einschätzung Langzeitversuche über 24 Monate unverzichtbar sind. Hinsichtlich der Risiko-Abschätzung belegt der Reis-Skandal einen Kontrollverlust bei GV-Pflanzen. Der „in keinem Land der Welt zugelassene Genreis LL 601 wurde bis zum Jahr 2001 in den USA auf Testfeldern der Firma Aventis Crop Science gezüchtet."[152] Die US-amerikanische Firma wurde im Jahr 2002 von Bayer übernommen. Da nach Angaben von Bayer die amerikanischen Feldversuche kurz vor dem Kauf der Firma bereits beendet

---

[150] Zarzer, a.a.O.
[151] Die Zeit Online: Genreis satt, www.zeus.zeit.de, 28.02.2007
[152] Neuer Lebensmittelskandal zieht seine Spur auch durch NRW, www.wdr.de, 14.09.2006

wurden, da das Interesse seitens der US-Reisbauern am Produkt gering war, hätte die Reissorte gar nicht mehr existieren dürfen, zumal ja gar kein Reissaatgut vermarktet wurde. Festzuhalten bleibt, dass der Skandal jahrelang unbemerkt blieb, der Genreis folglich schon seit einigen Jahren angebaut wurde und somit auch als Lebensmittel bereits seit längerem im Umlauf gewesen sein muss. Wurden die Feldversuche, wie Bayer betont, nach gesetzlichen Vorschriften durchgeführt, so verhinderten diese offensichtlich nicht, dass der Reis auf den Versuchsfeldern sich vermutlich durch Pollenflug mit anderen Reissorten auf Nachbarfeldern mischte und so unbemerkt weiter gezüchtet wurde.

6.2 Der Raps-Skandal

Fraglich ist, ob man den Verlautbarungen der Firma Bayer überhaupt trauen kann, zumal diese bereits im Jahr 2002 in einen Gentechnik-Skandal verwickelt war. In einem Brief an das britische Umweltministerium musste die Firma einräumen, „seit drei Jahren gentechnisch veränderten Raps, der nicht zugelassene Antibiotika-Resistenzen enthielt, gepflanzt zu haben."[153] Das verwendete Saatgut war ursprünglich resistent gegen das von Bayer Cropscience hergestellte Herbizid „Basta". „An vierzehn verschiedenen Versuchs-Standorten in ganz England enthielt es jedoch zusätzlich Gene, welche die Pflanzen gegen die Antibiotika Neomycin und Kanamycin, die bei der Behandlung von Leberversagen verwendet werden, resistent machen. Die gefundene Genveränderung kann außerdem zu einer Resistenz gegen das Antibiotikum Gentamycin führen, welches gegen schwere Infektionen eingesetzt wird."[154] Resistenzen könnten auf Bakterien übertragen werden, so dass Antibiotika unbrauchbar würden. Gentechnisch veränderte Pollen könnten umliegende Felder und auch Raps-Wildkräuter kontaminieren. Wie das Beispiel aus den USA, so zeigt auch das englische Beispiel, wie mangelhaft die Kontrollen staatlicher Stellen sind. Schließlich konnte die Firma über einen Zeitraum von drei Jahren nicht zugelassenes GV-Saatgut verwenden.

6.3 Der Mais-Skandal

Im September 2000 löste eine gentechnisch veränderte Maissorte mit dem Namen StarLink schwerste Allergien aus, die bei etlichen Personen zum anaphylaktischen Schock[155] führten. Die Maissorte, welche ein potenzielles Allergen

---

[153] CBG: Pressemitteilung vom 9. September 2002, www.cbgnetwork.org, 9.09.2002
[154] CBG, a.a.O.
[155] Die Anaphylaxie ist eine Reaktionsweise des menschlichen und tierischen Immunsystems auf chemische Reize. Die Reaktionen reichen dabei von Hautrötungen und Organstörungen bis zum tödlichen Kreislaufversagen, dem anaphylaktischen Schock.

enthielt, war explizit nicht für den menschlichen Verzehr zugelassen. Sie wurde jedoch in Tacos, Tortillas und anderen Maisprodukten entdeckt. Daraufhin wurden mehr als 300 Artikel aus US-Supermärkten zurückgerufen. Das StarLink-Protein unterscheidet sich von anderen Bt-Maissorten durch die Version des Toxins. Die StarLink-Version heißt Cry9C und ist besonders widerstandsfähig gegen Hitze und verweilt länger im Verdauungstrakt des Menschen. Eine Zulassung von FDA[156] und EPA[157] lag als Futtermittel für Hunde, Kühe und andere Tiere vor und war mit der Auflage verbunden, Farmer darüber zu informieren, dass der Mais getrennt angebaut werden müsse. In US-amerikanischen Getreidesilos wurde die StarLink-Version jedoch mit anderen Sorten gemischt und fand sich in „22 % des vom amerikanischen Landwirtschaftsministerium getesteten Getreides. Ein Teil der StarLink-Ernte gelangte auf diese Weise in Tortillas, Tacos, Cornflakes und andere Produkte, die Mais enthalten. Mehr als 10 Millionen Packungen von Lebensmitteln wurden schließlich zurückgerufen."[158]
Der StarLink-Mais Skandal verdeutlicht folgende Probleme:

Erstens: Eine Trennung von menschlicher und tierischer Nahrung ist letztendlich nicht lückenlos zu gewährleisten. Probleme können im System der Getreideverarbeitung liegen, wie z. B. bei Mühlen, bei Lagerstätten, bei falscher Etikettierung und Weiterverarbeitung, bei unzureichender Informationspolitik, beim Löschen von Nahrungslieferungen in Häfen sowie generell beim menschlichen Versagen oder bei kriminellen Machenschaften.

Zweitens: Die Aufgabe, die menschliche Nahrung rein zu halten, würde sich beim reinen Industrieanbau von gentechnisch veränderten Pflanzen, wie z. B. Kartoffeln zur Stärkeproduktion oder Impfbananen, noch um ein Vielfaches verschärfen.

Drittens: Auf Grund der Komplexität der Nahrungsmittelverarbeitung sind Skandale nicht nur mit gesundheitlichen Risiken, sondern auch mit gigantischen Kosten verbunden, verursacht etwa durch Rückholaktionen, Preisverfall und Exporteinbußen sowie letztendlich mit Existenzvernichtungen.

Viertens: Es existiert derzeit keine wissenschaftlich abgesicherte Methode, um ein Protein auf allergene Wirkung zu testen.

Fünftens: Durch Kreuz-Pollination oder andere Faktoren bleiben für die menschliche Gesundheit gefährliche Sorten für immer in der Nahrungskette.

---

[156]   Food and Drug Administration (FDA), US-amerikanische Behörde
[157]   US-amerikanische Umweltschutzbehörde
[158]   Jeffrey M. Smith: Trojanische Saaten, a.a.O., S. 229

6.4 Die Gen-Erbse

Der gemeine Erbsenkäfer (Bruchus pisorum) richtet in Australien Millionen-schäden an. Ernteausfälle von bis zu 30 % sind keine Seltenheit. Nur mit teuren Insektiziden konnten die Bauern den Erbsenkäfer bislang bekämpfen. Unterstüt-zung versprach hier die Gentechnik. Seit 1996 beschäftigte sich die staatliche australische Forschungsorganisation CSIRO[159] mit der Aufgabe, Erbsen zu züchten, die resistent gegen den Käfer sind. Hierfür wurde den Erbsen ein Boh-nen-Gen eingebaut, welches die Bauanleitung für ein Eiweiß enthält, das die Bildung des Enzyms Alpha-Amylase blockiert. „Dadurch können die Larven des Erbsenkäfers Stärke nicht mehr verdauen."[160] Derartige Hemmstoffe bzw. Inhibitoren sind in herkömmlichen Bohnen wie z. B. Kidney-Bohnen, vorhan-den. Die GV-Erbsen wurden so zu 99 % gegen den Befall des Käfers resistent.

Bei der Verfütterung der gentechnisch-veränderten Erbsen an Mäuse ergab sich jedoch, dass diese eine Lungenentzündung bekamen. „Zusätzlich führte der Amylase-Hemmer dazu, dass das Immunsystem der Mäuse auch auf verschie-dene sonst harmlose Erbsen-Eiweiße empfindlich reagierte."[161]

Nach diesem alarmierenden Befund stellte die australische Forschungsorganisa-tion CSIRO aus Sicherheitsgründen ihre rund zehn Jahre dauernde Forschung an Gen-Erbsen ein.

Die deutsche Gentechnikbranche gewann dem Versuch trotzdem positive Seiten ab: „Wir können aus der wissenschaftlichen Arbeit in Australien lernen, dass dieses System der Risikoabschätzung tatsächlich funktioniert. Wir können im Einzelfall überprüfen, ob eine Veränderung, die wir mit Hilfe der Pflanzenbio-technologie vornehmen, gut ist oder schlecht."[162] Gegen diese Position lässt sich jedoch der Einwand erheben, dass Australien eines der Länder mit den streng-sten behördlichen Auflagen weltweit ist; Fütterungsversuche sind in Europa gar nicht zwingend vorgeschrieben, außerdem können Spätfolgen lange nach Ab-schluss einer Laborphase auftreten. Eine komplette Überprüfung der Zulas-sungsverfahren und ein Stop weiterer Zulassungen wäre eigentlich zwingend er-forderlich, da die Grundlage der Zulassungsverfahren wissenschaftlich nicht ak-zeptabel ist. Sicherheit scheint für den Verbraucher offensichtlich derzeit nicht gegeben zu sein.

---

[159] Commonwealth Scientific and Industrial Research Organisation
[160] www.bio-pro.de/de/life/magazine/01829/index.html
[161] www.sueddeutsche.de/wissen/artikel/778/64714/print.html
[162] Jens A. Katzek von BIO Deutschland, zitiert nach:
      www.bio-pro.de/de/life/magazine/01829/index.html

Das australische Beispiel belegt, dass Gen-Saaten große Risiken in sich bergen, da es zu ungewollten Effekten kommen kann. In diesem Fall hatten in den Erbsen die durch das Bohnen-Gen entstandenen Proteine ihre ganz eigene Struktur gebildet. Zuckerreste, die an den Enden der langen Eiweißkette hängen, veränderten sich durch den Gentransfer und lösten die allergischen Reaktionen bei den Feldmäusen aus. „Offenbar führt die gleiche genetische Bauanweisung in Erbsen und Bohnen zu unterschiedlichen Produkten."[163] Der Grund hierfür liegt in der Tatsache, dass DNA und Protein über eine extrem hohe Variabilität verfügen. „30.000 Gene kodieren 500.000 Proteine, da kann schon eine Menge schief gehen, bis hin zu neuen Proteinvarianten, deren Wirkungen man nicht kennt."[164] Das australische Beispiel verdeutlicht noch einmal den Terminus des „Phantomrisikos". Getestet werden bei den gängigen Zulassungsverfahren der EU nur bekannte Risiken, nicht aber mögliche Unwägbarkeiten. In einem Schnelldurchlauf von 28 Tagen wird in einem Fütterungstest das neue Protein untersucht. Zufällige Veränderungen in GV-Pflanzen bleiben auf dieser Grundlage zwangsläufig meist unbemerkt.

6.5 Verunreinigungen durch Grüne Gentechnik

Das Jahr 2006 war mit rund 24 Fällen das bisherige Negativ-Rekord-Jahr bei gentechnischen Verunreinigungen. Dies sind die meisten Fälle in einem einzigen Jahr seit 1996, wo der kommerzielle Anbau von Gen-Pflanzen begann. In den letzten zehn Jahren geriet die Gentechnik insgesamt 142 Mal außer Kontrolle.

Land	Anzahl
USA	22
England	10
Australien	9
Kanada	9
Deutschland	8
Frankreich	8
Neuseeland	6
Brasilien	6
Japan	5
Rumänien	4
China	3
Indien	3
Mexiko	3
Argentinien	2

---

[163] www.sueddeutsche.de/wissen/artikel/778/64714/print.html
[164] So die Warnung von Marcello Buiatti, Professor für Genetik an der Universität Florenz, zitiert nach: www.stern.de/wissenschaft/ernaehrung/553662.html

Bolivien	2
Dänemark	2
Uropa	2
Irland	2
Kroatien	2
Niederlande	2
Philippinen	2
Süd-Korea	2
Thailand	2

Tabelle 6: Länder mit mehr als einem GV-Verunreinigungsvorfall (1996-2006)[165]

Die Pflanze, welche die meisten Probleme verursacht, ist der Genmais. „Ein Drittel aller registrierten Verunreinigungseffekte der letzten zehn Jahre geht auf Gen-Mais zurück. Die Kontaminationen haben ihren Ursprung am häufigsten in den USA."[166]

6.6 Zusammenfassung bezüglich der Unfälle

Angesichts der von uns dargelegten Unfälle der Grünen Gentechnik ist es zunächst einmal völlig unverständlich, warum Publikationen[167] die Position vertreten, die Wogen bezüglich des Streits um die (Grüne) Gentechnik hätten sich geglättet, da es bislang ja zu keinen nennenswerten Problemfällen gekommen sei.

Die von uns dargelegten Beispiele belegen demgegenüber Folgendes:

Erstens: Die Dimension aktueller und potentieller gentechnischer Verunreinigung ist deutlich höher als bislang angenommen, da z. B. der Reis-Skandal illustriert, dass hierfür bereits begrenzte Feldversuche ausreichen.

Zweitens: Alle bisherigen Verunreinigungen weisen auf einen gänzlichen Kontrollverlust bei GV-Pflanzen hin.

Drittens: Die Kontrollen staatlicher Stellen erweisen sich weltweit als nicht ausreichend, um auch nur das Schlimmste zu verhüten.

Viertens: Eine lückenlose Trennung von traditioneller und gentechnisch-veränderter Nahrung ist angesichts der Komplexität der Nahrungsmittelproduktion und -verarbeitung nicht zu gewährleisten.

---

[165] Nach: www.contaminationregister.org. Gezählt wurden hier: Kontaminationen, illegale Pflanzen und negative ökologische Folgeneffekte.

[166] Quelle: www.greenpeace.de

[167] So heißt es u. a. bei Wildermuth: „Die Zeit der großen Worte in der Debatte um die genetisch modifizierten Pflanzen sollte vorübersein ... Es gibt Erfolge und es gibt Probleme, aber sie bewegen sich auf deutlich niedrigerem Niveau als 1996 erhofft oder befürchtet." In: Wildermuth: Biotechnologie zwischen wissenschaftlichem Fortschritt und ethischen Grenzen, Berlin 2006, S. 97

Fünftens: Beispiele wie etwa die Gen-Erbse demonstrieren, dass bei gentechnisch-veränderter Nahrung unkalkulierbare Risiken vorliegen, die im Vorfeld nicht analysierbar sind.

Sechstens: Angesichts der Anzahl der jetzt schon vorliegenden registrierten Verunreinigungen bei noch begrenztem Anbau von GV-Pflanzen weltweit ist ein sprunghafter Anstieg der Fälle bei einer weiteren Ausbreitung des GV-Anbaus zu erwarten.

Siebtens: In Hinblick auf die Tatsache, dass Langzeitstudien fehlen, lassen sich über langfristige Risiken erst gar keine Aussagen treffen.

7 Alternativen zur Gentechnik

Wir wollen in diesem Abschnitt zunächst der Frage nachgehen, ob Grüne Gentechnik und nachhaltige Landwirtschaft prinzipiell miteinander vereinbar sind, um dann im weiteren Verlauf alternative Methoden der modernen Pflanzenforschung jenseits von Grüner Gentechnik zu benennen.

7.1 Nachhaltige Landwirtschaft

Verlautbarungen der Gentechnik-Branche betonen des öfteren, dass die Grüne Gentechnik bei der Entwicklung einer nachhaltigen Wirtschaft eine zentrale Rolle spielen werde, ja dass sie geradezu das zentrale Kettenglied darstelle. Demgegenüber teilen wir die folgende Ansicht: „Die nachhaltige Landwirtschaft ist ein prinzipiell anderes Landwirtschaftssystem als die konventionelle Landwirtschaft und die Gentechnik ist ein integraler Teil letzterer. Es handelt sich um gegensätzliche Paradigmen, die nicht miteinander vereinbar sind."[168]
Die konventionelle Landwirtschaft agiert auf der Basis des Mini-Max-Prinzips.[169] Intendiert ist ein möglichst hoher Output bei Kostenreduktion. Folgt man ihren Maximen, so sind die Ziele der traditionellen Züchtung vorgegeben: Die „Schöpfung" von Hochertragspflanzen und Hochleistungstieren. Diesem neoliberalen Produktionsmodell entspricht das Paradigma des genetischen Reduktionismus sowie die darwinistische Biologie, welche darauf ausgerichtet ist „erwünschte Eigenschaften der Pflanzen und Tiere zu verstärken."[170] Es ist daher

---

[168] Thomas Lyson: Gewinn- oder lösungsorientiert? Grüne Gentechnik und nachhaltige Agroindustrie folgen unterschiedlichen Produktionsmodellen, Freitag, 31.5.2002

[169] Zur folgenden Argumentation siehe: Thomas Lyson: Gewinn- oder lösungsorientiert? A.a.O., englischer Originalbeitrag in: Trends in Biotechnology, Bd. 20, 5/2002, S. 193

[170] Thomas Lyson: Gewinn- oder lösungsorientiert? A.a.O

auch kein Wunder, dass viele Biotechnologen folgerichtig die Grüne Gentechnik in der Kontinuitätslinie zur traditionellen Züchtung sehen. Dies ist in der Tat so, allerdings nicht in technologischer und risikoanalytischer Hinsicht, wie wir ausgeführt haben, sondern in ideologischer Richtung.
Die Nachhaltigkeit als alternatives Produktionsmodell ersetzt das Prinzip der einseitigen Gewinnmaximierung durch den Versuch Ökonomie, Ökologie und Sozialverträglichkeit miteinander zu verkoppeln. Die nachhaltige Landwirtschaft verfolgt die Intention problemlösungsorientiert optimale Produktionsprozesse zu finden.

Abbildung 5: Grüne Gentechnik und nachhaltige Agroindustrie als Antagonismen

Sie „bezieht sich auf die Entstehung und das Wachsen einer lokal verankerten Landwirtschaft und bringt Produktions- und Konsumaktivitäten innerhalb von Gemeinden zusammen."[171]
Wir wie bereits am Beispiel der Monokulturen verdeutlicht haben, bezieht sich die Grüne Gentechnik primär auf die Lösung der Probleme der hochindustrialisierten Landwirtschaft im Sinne einer Stützung ihrer Maximen und Forcierung ihrer Methoden. Bei der Grünen Gentechnik und der nachhaltigen Agroindustrie handelt es sich folgerichtig um antagonistische Produktionsmodelle.

---

[171] Thomas Lyson: Gewinn- oder lösungsorientiert? A.a.O.

7.2 Analyse der Pflanzenkommunikation

Um widerstandsfähigere Pflanzen zu erhalten, so dass sich der Einsatz von Pestiziden minimieren lässt, kann auch die Pflanzenkommunikation als solche eingesetzt werden. Bei einem Angriff durch Schädlinge senden Pflanzen häufig Duftstoffe aus, um benachbarte Pflanzen über die Gefahr zu informieren. Die dergestalt informierten Pflanzen können dann ihrerseits die eigene Schädlingsabwehr aktivieren. Solche Warn-Duftstoffe lassen sich analysieren und isolieren. Forscher fanden z. B. heraus, dass Tomaten, die von einer Raupe angefressen werden, den Duftstoff Methyl-Jasmonat als Notsignal aussenden.[172] „Pflanzen können aber mit Duftstoffen nicht nur andere Pflanzen, sondern auch Insekten benachrichtigen. Wenn z. B. die Raupe Spodoptera exigua Maispflanzen befällt und an den Blättern zu fressen beginnt, kommt bald ein natürlicher Feind der Raupe angeflogen, angelockt durch einen Duftstoff, den die Pflanze bei Gefahr produziert."[173]

7.3 Stärkung des pflanzlichen Immunsystems

Diverse Stoffe wie u. a. auch Aspirin (Salizylsäure) regen das Immunsystem von Pflanzen an, so dass Abwehrstoffe gegen Schädlinge gebildet werden.[174] „Salizylsäure kann auch von außen zugegeben werden und versetzt die Pflanze in erhöhte Alarmbereitschaft, so dass sie bei Schädlingsbefall schneller reagiert. Dieser Vorgang wird induzierte Resistenz genant"[175] und lässt sich z. B. bei der Bekämpfung des Mehltauerregers nutzen, aber auch im Einsatz gegen Pilzschädlinge bei Tomaten, Kartoffeln und Reben. Die induzierte Resistenz beruht auf natürlichen Reizmechanismen der Pflanze, die bei Schädlingsbefall durch Botenstoffe aktiviert werden, die zur Verstärkung der Pflanzenzellwände oder zum gezielten Absterben befallener Pflanzenzellen führen, so dass die weitere Verbreitung des Erregers gestoppt wird.

---

[172] Methyl-Jasmonat wird sogar von verschiedenen Pflanzenarten als SOS-Signal verstanden und aufgenommen, so z. B. zwischen Beifuss und Tomate (Quelle: Katja Moch, Beatrix Tappeser: Forschungsvielfalt für die Agrarwende, Freiburg 2002)

[173] Florianne Köchlin: Innovative Pflanzenforschung ohne Genmanipulation, www.greenpeace.de, 13.04.2004

[174] Folglich auch der Trick, eine Aspirintablette ins Blumenwasser zu geben, damit Schnittblumen länger halten.

[175] Katja Moch, Beatrix Tappeser: Forschungsvielfalt für die Agrarwende, Freiburg 2002

7.4 Aktivierung natürlicher Biofeinde

Als Alternative zur Genmanipulation können auch natürliche Feinde von Schädlingen zum Einsatz gelangen. Der Gegenspieler des Maiszünslers z. B. ist die Schlupfwespe, die sich auch recht einfach züchten lässt. Die Schlupfwespe legt ihre Eier in die Eier des Maiszünslers, welche sich dort entwickeln.

Das Potenzial natürlicher Feinde ist nicht nur beim Rapsanbau bisher gänzlich ungenutzt, wo sich zahlreiche natürliche Gegenspieler in die Schädlingsbekämpfung einbinden ließen, wie z. B. parasitäre Schlupfwespen, räuberische Laufkäfer und Spinnen.[176]

Zu den Schädlingen des Maniok zählt die Maniok-Schmierlaus, welche sich in den 70er Jahren in weiten Teilen Afrikas ausbreitete. Das Insekt wurde aus Südamerika eingeschleppt, wo die Laus von zahlreichen natürlichen Feinden wie u. a. zwei Marienkäferarten in Schach gehalten wird. Nach einer Zeit in Quarantäne wurden die Insekten in Afrika eingeflogen und führten dazu, dass die Schmierlaus heute nur noch geringen Schaden anrichtet.

7.5 Entwicklung einer Push-Pull-Methode

Die Push-Pull-Methode ist nur eine von vielen biologischen Methoden der Schädlingsbekämpfung, mit der u. a. Maisfelder in Kenia geschützt werden, die vom Stängelbohrer befallen sind, der zusammen mit dem Unkraut Striga[177] ganze Ernten zerstören kann. „Rund um das Maisfeld wird ein Futtergras gepflanzt, dessen Duft den Stängelbohrer anzieht. Der Schleim des Napiergrases tötet einen Großteil der Stängelbohrerlarven ab. Zwischen den Maisreihen wächst die bohnenverwandte Pflanze Desmodium, deren Duft den Stängelbohrer aus dem Feld vertreibt. Zudem unterdrückt Desmodium das Unkraut Striga fast gänzlich. Napiergras zieht den Stängelbohrer aus dem Feld, Desmodium stösst ihn aus dem Feld"[178]; eine gut funktionierende Push-Pull-Methode.

7.6 Arten- und Sortenmischung

Der Anbau einer einzigen Kulturpflanze in großem Umfang, der aus wirtschaftlicher Sicht zunächst billiger ist, führt längerfristig zu großen Nachteilen. Mo-

---

[176] Wolfgang Büchs: Potenzial natürlicher Feinde von Rapsschädlingen bisher ungenutzt, www.innovations-report.de, 9.1.2007

[177] Striga ist eine Pflanzengattung aus der Familie der Braunwurzgewächse, welche auf Gräsern parasitiert, wie u. a. Mais, Reis und Hirse. Die Pflanze richtet in Teilen Afrikas und Asiens großen Schaden an, da es als sehr gefährliches Maisunkraut gilt, welches durch Herbizide kaum zu treffen ist.

[178] Wolfgang Büchs, a.a.O.

nokulturen begünstigen die Ausbreitung von Schädlingen wie Insekten und Krankheitserregern wie Keimen und Pilze. Sie führen zu Missernten, deren Bekämpfung hohe Kosten für Pestizide wie z. B. Insektizide und Fungizide verursacht. Der höhere Pflanzenschutzmittelverbrauch führt zu wachsenden Resistenzen und hoher Rückstandsbildung. Monokulturen bieten einen nur geringen Schutz gegen Wind, Regen und Hagel und bewirken eine starken Abnutzung der Erde durch Mineralienmangel. Um der Bodenverarmung zu begegnen wird künstlicher Dünger erforderlich. Monokulturen zerstören Biotope und damit die Lebensräume der natürlichen Fressfeinde von Schädlingen; sie führen längerfristig zu einer Zerstörung der Artenvielfalt und schaden somit dem gesamten Ökosystem.

Längerfristig betrachtet ist der Biomasse-Betrag höher, desto mehr unterschiedliche Pflanzen wachsen. In Europa scheint auf allen Testflächen die Regel zu gelten: „Jede Halbierung der Artenzahl führt zu Produktionsverlusten von 10 bis 20 Prozent."[179]

Die Arten- als auch die Sortenvielfalt werden vor allem beim Getreide mit großem Erfolg weltweit praktiziert. „In China z. B. richtete ein Pilz oft verheerende Epidemien beim Reis an. Nicht mehr: Die Bauern pflanzen nun verschiedene Reissorten an: drei Reihen Sorte A, eine Reihe Sorte B etc. Mit dem Ausnützen der Reisvielfalt konnte der Pilzbefall um 90 Prozent reduziert werden."[180] Aus dieser Perspektive betrachtet ist Gen-Reis nicht nur überflüssig, er begünstigt vielmehr die negativen Erscheinungen, welche mit Monokulturen verbunden sind.

7.7 Biotechnologische Züchtung per Gendiagnose

Bei „Smart Breeding" handelt es sich um eine Art „clevere Züchtung". So haben z. B. Wissenschaftler des Potsdamer Max-Planck-Instituts für Pflanzenphysiologie „ganz normale Tomaten im Labor veredelt."[181] Ihr Ziel war es süßere Tomaten für die Ketchup-Produktion zu züchten.[182] Gekreuzt wurden hierfür Wildtomaten mit Kulturtomaten. Mittels moderner Analyseverfahren suchten die Forscher in diesen Tomatensorten diejenigen „Gene, die im Erbgut der Tomaten für ‚viel Zucker' und ‚viele Vitamine' stehen".[183] Die auf diese Weise per Gentech-

---

[179] Florianne Köchlin: Innovative Pflanzenforschung ohne Genmanipulation, www.greenpeace.de, 13.04.2004
[180] Florianne Köchlin, a.a.O.
[181] Jörg Zschaubitz: Süße Tomaten dank neuer Zuchtmethode, www.zdf.de, 22.10.2006
[182] Ketchup besteht neben Tomaten aus einem hohen Anteil Zucker, so werden ca. „45 Stück Würfelzucker" pro Flasche beigemischt.
[183] Jörg Zschaubitz, a.a.O.

nik gefundenen Pflanzen mit den gewünschten Eigenschaften wurden dann klassisch miteinander gekreuzt. Die süßere und vitaminreichere Sorte ist dabei zu 100 % eine Tomate ohne Fremdgene. „Mögliche Umweltprobleme, wie bei gentechnisch veränderten Pflanzen, gibt es nicht. Ein weiterer Vorteil: Schon bei ganz jungen Pflanzen kann man feststellen, ob die neue Sorte tatsächlich auch alle gewünschten Eigenschaften hat."[184] Forschern aus Israel gelang es mit Hilfe des „Smart Breeding" eine Tomatensorte zu präsentieren, die 40 Prozent mehr Zucker als herkömmliche Kulturtomaten enthält.[185] Das Verfahren wurde auch beim US-amerikanischen Konzern Monsanto bereits erfolgreich erprobt. Gezüchtet wurde eine neue Sojasorte, die weniger Linolensäure[186] enthält. „Traditionelle Sojapflanzen haben einen Gehalt von rund acht Prozent Linolensäure; die Vistive-Variante[187] weist weniger als drei Prozent auf. Dadurch wird Vistive-Fett nicht so schnell ranzig, und bei der Verarbeitung bilden sich weniger Transfette, die als gesundheitsschädlich gelten."[188] Der Agro-Multi Monsanto beabsichtigt damit jedoch keineswegs die Grüne Gentechnik aufzugeben. Vielmehr kreuzt Monsanto bereits die Vistive-Sorte „mit der hauseigenen herbizidtoleranten Gentech-Linie Round up Ready Soja."[189] Daraus ergibt sich die paradoxe Situation, dass man zwar eine neue Sojasorte gezüchtet hat, aus der tatsächlich ‚gesündere' Lebensmittel hergestellt werden könnten, potentielle Gesundheitsrisiken aufgrund der gentechnischen Manipulation aber nicht ausgeschlossen werden können.[190] Neben der Möglichkeit „Smart Breeding" mit transgenen Techniken zu kombinieren gibt es noch eine weitere kritische Anmerkung: Auch Vistive „unterliegt nicht einfach dem Sortenschutz, sondern ist patentgeschützt."[191] Die Problematik von Gentech-Sorten wird diesbezüglich beim „Smart Breeding" fortgesetzt.

Für mehr als 3,5 Milliarden Menschen stellt Reis zur Zeit das Hauptnahrungsmittel dar. Angesichts des Klimawandels sind vor allem robustere Sorten gefragt. Es existieren jedoch nur wenige Reissorten, die vergleichsweise unemp-

[184] Jörg Zschaubitz, a.a.O.
[185] Lucian Haas: Ist die Grüne Gentechnik von gestern? www.echo-online.de, 27.02.2007
[186] Linolensäure ist eine Gruppe von dreifach ungesättigten Fettsäuren mit 18 Kohlenstoffatomen. Der Name leitet sich vom griechischen Wort linos für Flachs ab. Linolensäure ist ein chemischer Bestandteil vieler Triglyceride, die den Hauptanteil der natürlichen Fette und Öle ausmachen. Zahlreiche natürlich gewonnene pflanzliche Öle wie z. B. Rapsöl, Sojaöl, Walnussöl sind reich an Linolensäure.
[187] Die neu gezüchtete Sojasorte namens Vistive wurde von Monsanto im Jahr 2005 eingeführt.
[188] Lucian Haas: Ist die Grüne Gentechnik von gestern? A.a.O.
[189] Brigitte Zarzer: Auslaufmodell Grüne Genttechnik? www.heise.de, 31.10.2006
[190] Brigitte Zarzer: Auslaufmodell Grüne Genttechnik? A.a.O.
[191] Brigitte Zarzer, a.a.O.

findlich gegen eine Überflutung sind. Mit Hilfe des „Smart Breeding" gelang es kalifornischen und philippinischen Forschern Reissorten so zu verändern, „dass diese mehrere Wochen andauernde Überschwemmungen von Feldern überstehen können."[192] Die Forscher fügten eine Gensequenz, die zur Robustheit gegen Überflutung führt via Kreuzung in die Sorten eines Reises ein, der in Indien und Bangladesh weit verbreitet ist und normalerweise bei Überschwemmungen eingeht.

Im Jahr 2006 wurde in Deutschland auf mehr als 1,4 Mio. ha Wintergerste angebaut. Trotz Zuwachsraten ist der Gerstenanbau indes durch Viren bedroht, die charakteristische Vergilbungen auf den Blättern der Pflanzen hervorrufen, welche Pflanzen schwächen und zu schweren Ertragsverlusten führen. Einer Forschergruppe an der Bundesanstalt für Züchtungsforschung an Kulturpflanzen gelang es, eine Gerste zu entwickeln, „die widerstandsfähig gegen alle bislang bekannten Viren dieses Komplexes ist."[193] Mittels DNA-Marker gelang es zwei neue Resistenzgene aus einer Wildgerstenart in die Gerste zu überführen. „Jedes der beiden Gene ist wirksam gegen alle bislang bekannten Gelbmosaikviren, sie werden dominant vererbt und sie befinden sich an Orten des Gerstengenoms, wo bislang noch keine Resistenzgene gefunden wurden. Es handelt sich somit um völlig neuartige Gene für Virusresistenz."[194] Ohne gentechnische Veränderung konnte so durch Präzisionszüchtung eine gesunde Gerste erzeugt werden, von der sowohl der ökologische als auch der konventionelle Landbau gleichermaßen profitieren können.

„Smart Breeding" ist dabei keinesfalls auf Getreide beschränkt. So präsentierte z. B. ein neuseeländisches Unternehmen „eine neue Apfelsorte, deren gesamtes Fruchtfleisch rot ist. Sie basiert auf der Kreuzung eines bitteren, rotfleischigen Wildapfels mit süßen Kultursorten."[195] Um die passenden Farb- und Geschmacksgene unter Zehntausenden von Keimlingen zu finden, wurden Genmarker[196] benutzt.

Fassen wir abschließend unsere Erkenntnisse bezüglich des „Smart Breeding" zusammen:

Erstens: Bei „Smart Breeding" handelt es sich um eine Art Präzisionszucht. Die Züchter stützen sich dabei nicht mehr nur auf phänotypische Merkmale, sondern

---

[192] Niels Boeing: Robuster Reis für schlechtes Wetter, Technology Review 8/2006
[193] Bundesanstalt für Züchtungsforschung an Kulturpflanzen: Presseinformation vom 11. September 2006
[194] Bundesanstalt für Züchtungsforschung an Kulturpflanzen, a.a.O.
[195] Lucian Haas, a.a.O.
[196] Ein Genmarker ist ein kurzer, künstlich hergestellter DNA-Schnipsel, der sich an spezifische Genabschnitte im Erbgut anheftet.

analysieren das Erbgut nach gewünschten Eigenschaften, um danach passende Kreuzungspartner zu finden.

Zweitens: Zwar beruht die Präzisionszucht auf den gleichen Labortechniken wie die Grüne Gentechnik, den Pflanzen werden jedoch keine artfremden Gene in die DNA eingebaut, so dass keine transgenen Organismen entstehen.

Drittens: Bei der Selektion gelangen im Unterschied zur traditionellen Züchtung Genmarker[197] zum Einsatz, so dass sich schnell erkennen lässt, ob in einer Pflanze die gewünschten Eigenschaften vorhanden sind.

Viertens: „Smart Breeding" erleichtert das Einkreuzen von Merkmalen aus Wildpflanzen, deren genetische Vielfalt auf natürliche Weise genutzt wird.

Fünftens: Die bereits vorliegenden Erfolge des „Smart Breeding" u. a. bei Tomaten, Reis und Soja belegen, dass die natürliche Vielfalt der Pflanzen gänzlich ausreicht, um die wichtigsten Züchtungsziele wie höheren Ertrag oder Krankheitsresistenz zu erreichen. Eine gentechnische Manipulation im engeren Sinne mit hohen Risiken ist hierfür nicht erforderlich.

Sechstens: Auch beim „Smart Breeding" bedarf es der Regulierung sowie einer umfassenden Begleitforschung. Zulassungen ließen sich aber deutlich schneller erteilen.

Siebtens: Neu entstehende Sorten sollten dem Sortenschutz und nicht dem Patentschutz unterliegen.

Achtens: Zwar kann „Smart Breeding" in der Tat nicht alle Potentiale der Grünen Gentechnik ersetzen[198], aber angesichts der Potentiale dieses Verfahrens einerseits und der großen Gefahren durch transgene Organismen andererseits, sollte die Forschungskapazität und Wissenschaftsfinanzierung neben der primären Förderung nachhaltiger Praxen auf diesen Bereich konzentriert werden.

7.8 Zusammenfassung bzgl. der Alternativen zur Grünen Gentechnik

Die Grüne Gentechnik ist ein integraler Bestandteil der hochindustrialisierten Landwirtschaft, die einseitig auf Gewinnmaximierung zulasten der Ökologie

---

[197] Der Genmarkertest funktioniert bereits bei Keimlingen, so dass der Aufwuchs der Pflanze erst gar nicht abgewartet werden muss, um die gewünschten Exemplare zu selektieren.

[198] Es soll an dieser Stelle nicht bestritten werden, dass sich nicht alle Potentiale der Grünen Gentechnik durch Smart Breeding ersetzen lassen. So enthält z. B. der Bt-Mais ein Bakterien-Gen, mit dessen Hilfe Schädlingsbefall vermieden werden soll; er hätte z. B. nicht mit Smart Breeding gezüchtet werden können. Dies gilt auch hinsichtlich spezieller Wünsche der chemischen Industrie nach Pflanzenveränderungen zwecks Produktion spezieller verwertbarer Inhaltsstoffe. Neben den Gefahren transgener Organismen bleibt jedoch der Fakt bestehen, das zur Zeit überhaupt nur 1 % bis 5 % des genetischen Materials z. B. bei Weizen, Reis oder Kartoffeln genutzt werden, was das immense Potential für „Smart Breeding" unterstreicht.

und der Sozialverträglichkeit setzt. Eine langfristige Sicherung der Versorgung der Weltbevölkerung mit Nahrungsmitteln ist nur durch eine grundsätzliche Umorientierung in Landwirtschafts-, Umwelt- und Wirtschaftspolitik möglich. „Das übergeordnete Leitbild zu dieser Umorientierung heißt ‚nachhaltige Entwicklung‘, dessen Anwendung auf die Landwirtschaft ‚nachhaltige Landwirtschaft‘."[199] Die Grüne Gentechnik verhält sich antagonistisch hierzu.

Produktive Innovationen in der Pflanzenforschung benötigen darüber hinaus keine Gentechnik. Über Jahrhunderte hatte die Pflanzenforschung auch ohne Gentechnik große Erfolge vorzuweisen. Der modernen Pflanzenforschung stehen vielfältige Methoden zur Verfügung wie u. a. die Analyse der Pflanzenkommunikation, die Stärkung des pflanzlichen Immunsystems, die Aktivierung natürlicher Biofeinde, die Arten- und Sortenmischung, aber auch die moderne Biotechnologie selbst.

Da sich die Versprechen der Grünen Gentechnik in Richtung höherer Erträge und Gewinne für die Bauern einerseits und eines reduzierten Einsatzes von Pestiziden und Herbiziden andererseits, zumeist nicht erfüllt haben, stellt sich die Grüne Gentechnik darüber hinaus - insofern vielfältige, gefahrlosere Alternativen zur Verfügung stehen - als „sinnloses Risiko" dar.[200]

8 Resümee: Gesamteinschätzung des Risikos

Das Risiko der Grünen Gentechnik ist vierdimensional zu verorten. Den Ausgangspunkt der Technikfolgenabschätzung bildet die technologieimmanente Seite der Gefahren, gefolgt von der gesundheitlichen Dimension, dem ökologischen Bereich und dem Aspekt der Sozialverträglichkeit.

---

[199] Corinne Maeschli: Das Leitbild Nachhaltigkeit - Eine Einführung, online unter: www.bats.ch/bats/publikationen/nachhaltige_landwirtschaft/nachhaltige_landwirtschaft.php
[200] Umweltinstitut München e.V. (Hrsg.): Gentechnik: Manipuliertes Leben, München 2005, S. 15

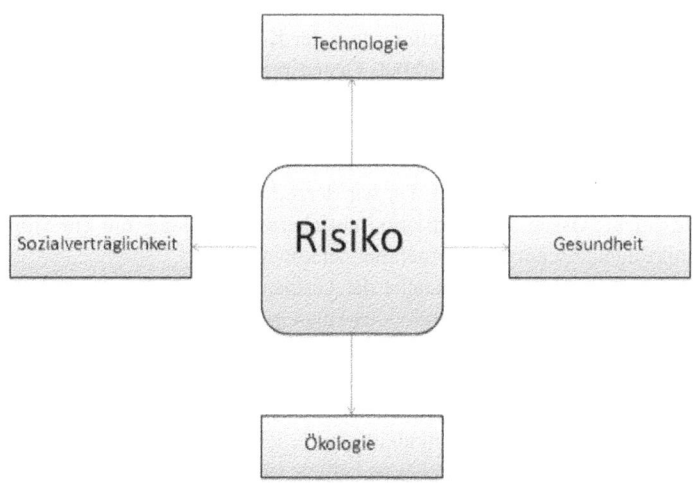

Abbildung 6: Mehrdimensionale Verortung des Risikos der Grünen Gentechnik

Die herrschende Sichtweise bezüglich der technologieimmanenten Risiken der Grünen Gentechnik ist inakzeptabel, da sie dem Paradigma der alten Genetik verpflichtet ist, dem genetischen Determinismus, dessen Erkenntnisse und Aussagen sich nach der Jahrtausendwende als überholt erwiesen haben.

Die aktuelle Gentechnik ist von der technologischen Seite her betrachtet in keiner Weise ausgereift. „Die heutigen Produkte der Grünen Gentechnik sind noch auf einem Niveau der Dinosauriertechnologie."[201] Es werden artfremde bzw. synthetische Gene benutzt, obwohl man noch nicht einmal weiß, wo diese Gene eingebaut werden und keinerlei oder nur wenige Sachkenntnisse über mögliche Auswirkungen zwischen Genen und ihrer Umgebung existieren. Wenn es um die Bewertung potentieller Risiken geht, erfahren Kenntnisse der modernen Molekularbiologie, der Epigenetik sowie der Pflanzenphysiologie keinerlei oder nur unzureichende Berücksichtigung. Substantielle, offene Fragen, die nicht zuletzt als Folge des Humangenomprojekts existieren, werden von der Grünen Gentechnik hinsichtlich ihrer technologieimmanenten Risiken ignoriert.

---

[201] Interview mit Cesare Gessler (ETH Zürich, Forschungsgebiet: Markergestützte Züchtung), in: Greenpeace (Hrsg.): Das unterschätzte Risiko, a.a.O., S. 21

Obwohl die Entschlüsselung eines Pflanzengenoms erstmals erst im Jahr 2000 gelang und man seitdem eine Vorstellung von der Komplexität eines Pflanzengenoms angesichts von 25.000 bis 30.000 Genen pro Genom besitzt, hält man am reduktionistischen 1:1-Modell, demzufolge ein Gen ein Protein codiert, bewusst oder unbewusst fest.

Genaue Kenntnisse, welche Effekte der Einbau eines Fremd-Gens im Wirtsorganismus auslöst, besitzen wir nicht. Da wir derzeit noch nicht einmal wissen, was wir alles nicht wissen, existiert keine gesicherte Grundlage, um eine fundierte Technikfolgenabschätzung vornehmen zu können.

Angesichts der zahlreichen Fehlversuche der Grünen Gentechnik ist allerdings bekannt, dass der Einbau eines Fremd-Gens einen gravierenden Eingriff in den Wirtsorganismus darstellt. Was mit dem Fremd-Gen im Wirtsorganismus geschieht, entzieht sich weitgehend der biotechnologischen Steuerung. Die Dialektik von Fremd-Gen, meist einem synthetischen Genkonstrukt, und dem Wirts-Genom stellt eine Quelle gänzlich unkalkulierbarer Risiken dar. „Bei jeder Genmanipulation können aktive Gene ‚ausgeschaltet‘, stumme Gene ‚angeschaltet‘ und Stoffwechselveränderungen ausgelöst werden."[202]

Derartige Stoffwechselveränderungen können gravierende gesundheitliche Risiken für Menschen und Tiere bedeuten. Das Beispiel der „gebohrten Erbse" verdeutlicht, dass Anhaltermoleküle des Wirtsorganismus zu toxischen Substanzen führen können, die schwerwiegende organische Veränderungen der Versuchstiere zur Folge haben und ihr Blutbild sowie ihre Zellkerne schädigen. Dabei handelt es sich um eklatante gesundheitliche Folgen, die sich bereits in empirischen Kurzzeitstudien zeigen. Umso unverständlicher ist es, dass Langzeitstudien nicht vorgeschrieben sind.

Neben der toxischen Wirkung stellt die Möglichkeit, dass gentechnische Veränderungen von Pflanzen allergische Reaktionen bis hin zum anaphylaktischen Schock bewirken können, eine Ursache zur Sorge dar. Durch die Grüne Gentechnik dürfte vor allem der Einkauf von Nahrungsmitteln für Allergiker immer schwieriger werden, insofern Allergene durch Gentransfer in ganz anderen Produkten auftreten können. „Die vorgeschriebene Kennzeichnung solcher Fremdgene verhindert nicht, dass die Palette der unproblematischen Lebensmittel für Allergiker immer mehr eingeschränkt wird."[203] Das Allergierisiko wird schließlich auch dadurch erhöht, dass in der Nahrungsmittelindustrie immer mehr gentechnisch veränderte Kleinstlebewesen, wie z. B. Milchsäurebakterien und He-

---

[202] Umweltinstitut München e.V. (Hrsg.): Gentechnik: Manipuliertes Leben, München 2005, S. 10
[203] www.vz-nrw.de (Verbraucherzentrale Nordrhein-Westfalen)

fen sowie gentechnisch veränderte Enzyme zum Einsatz gelangen. Auch bezüglich ihres Gesundheitsrisikos liegen keine Langzeitstudien vor.

Neben der toxischen sowie der allergenen Wirkung von GV-Pflanzen stellen ferner der horizontale Gentransfer sowie die Gefahr von Antibiotikaresistenzen weitere gravierende Risikopotentiale dar.

Wie bei den technologieimmanenten Risiken, so lässt sich auch für die gesundheitlichen Risiken festhalten, dass Kenntnis- und Forschungsstand in keiner Weise ausreichen, um gesicherte Aussagen hinsichtlich der Gesundheitsgefahren treffen zu können. Angesichts relevanter neuerer medizinischer Sachkenntnisse um die Jahrtausendwende, wie u. a. dem Nachweis, dass die Magen-Darmschranke keine gänzlich unpassierbare Grenze darstellt, ist das potentielle Risiko allerdings deutlich höher anzusetzen als dies zuvor der Fall war.

Hinsichtlich der ökologischen Risiken lässt sich festhalten, dass GV-Pflanzen in der freien Natur die biologische Vielfalt gefährden. Das Fallbeispiel Mexiko zeigt, dass innerhalb eines vergleichsweise nur kurzen Zeitraums GVO-Kontaminationen auftreten können, welche die globalen Genreserven bedrohen. Gentechnisch-veränderte Pflanzen richten einen direkten ökologischen Schaden durch Auskreuzung, Verwilderung und Durchwuchs an. In Kanada zeigt dies die Problematik des GV-Rapses überdeutlich. Durch Pollenflug und durch Insekten verbreitet sich der GV-Raps kilometerweit und tritt als Durchwuchs in Brachflächen auf. „Verwilderter Kulturraps findet sich an Wegrändern und Bahngleisen."[204] Es kommt zu Auskreuzungen mit nah verwandten Arten, wie dem schwarzen und dem weißen Senf. Konventioneller bzw. ökologisch angebauter Raps ist „unfreiwillig mit GVO-Eintrag über den zulässigen Grenzwert belastet. Der Durchwuchs muss bis zu zehn Jahre bekämpft werden, um eine ständige Kontamination mit GV-Raps zu verhindern. Raps lässt sich weder eingrenzen, noch regulieren."[205] GV-freies Raps-Saatgut ist in ganz Kanada so gut wie nicht mehr erhältlich.

„Bei den derzeit kommerziell genutzten gentechnisch veränderten Pflanzen ist Herbizidresistenz das bei weitem dominierende Merkmal."[206] GV-Pflanzen wie z.B. der GV-Raps sind via Gentransfer oder Deaktivierung eines vorhandenen Gens resistent gegen ein bestimmtes Herbizid.[207] Das entsprechende Unkrautbekämpfungsmittel zeigt bei GV-Pflanzen keinerlei Wirkung mehr. Am Beispiel

---

[204] NABU: Die wichtigsten und häufigsten Fragen zum Thema Gentechnik, online unter: www.nabu.de/imperia/md/content/nabude/gentechnik/faq-gentechnik.pdf
[205] NABU, a.a.O.
[206] www.biosicherheit.de/de/lexikon/151.herbizidresistenz.html
[207] In der Regel handelt es sich um das Spritzmittel Glyphosat (Roundup) der Firma Monsanto und das Mittel Glufosinat (Liberty) der Firma Bayer.

des Falls „Creeping Bentgrass" haben wir die Problematik der Herbizidresistenz verdeutlicht. Pflanzen, die mit einer Herbizidresistenz ausgestattet sind, können leicht selber zum Schädling werden, wenn sie sich z. B. auskreuzen oder unkontrolliert verbreiten. GV-Raps kann in den USA bereits als ein Superunkraut gelten, dem nur noch mit hochgiftigen Pestiziden beizukommen ist.

Da es sich bei den zum eingeführten Resistenz-Gen passenden Herbiziden um Breitbandherbizide handelt, die im Unterschied zu den zumeist in der konventionellen Landwirtschaft verwendeten Herbiziden nicht-selektiver Natur sind, d. h. sämtliche nicht GV-Pflanzen in den bearbeiteten Feldern vernichten sollen, ist eine ernste Schädigung der biologischen Vielfalt auf den Äckern nicht auszuschließen, was mit nachteiligen Effekten für die Bodenökologie einhergehen kann.

Neben der Herbizidresistenz stellt die Insektenresistenz die zweitwichtigste Eigenschaft von GV-Pflanzen dar. Eine der wichtigsten Fragen aus ökologischer Sicht bezieht sich bei Bt-Kulturpflanzen „darauf, ob das Bt-Toxin negative Auswirkungen für sogenannte Nicht-Zielorganismen haben könnte."[208] Schädigungen von Nicht-Zielorganismen betreffen bei Bt-Pflanzen vor allem seltene Schmetterlinge oder Nachtfalter und Nutzinsekten wie die Florfliege. Auch negative Entwicklungen auf Bodenorganismen sind nicht auszuschließen bzw. bereits festgestellt worden.[209]

Der Anbau von Bt-Pflanzen kann zur Bildung resistenter Schädlingsstämme führen, so dass eines der wichtigsten natürlichen Gifte der biologischen Landwirtschaft wirkungslos würde.

Wie die drei anderen Risikodimensionen der Grünen Gentechnik, so ist auch die vierte Dimension, die Sozialverträglichkeit, vielschichtiger Natur. Unter sozialen Aspekten stellt sich die Grüne Gentechnik vor allem als Globalisierungstechnologie im negativen Sinne dar, insofern sie lokale Strukturen zerstört und die Abhängigkeit der Länder der „Dritten Welt" von den Industriestaaten drastisch erhöht. Probleme, die mit der industriellen Landwirtschaft sowie dem monokulturellen Anbau von „Cash-Crops" verbunden sind, werden durch die Grüne Gentechnik weiter forciert. Die Grüne Gentechnik leistet keinen Beitrag zur Lösung des Hungers in der Dritten Welt, sondern gefährdet, wie wir anhand der Fallbeispiele Argentinien und Indien verdeutlicht haben, die Nahrungssicherheit weltweit.

---

[208]   Greenpeace: Verheimlichte Risiken, Juni 2006, online unter:
www.greenpeace.de/fileadmin/gpd/user_upload/themen/gentechnik/greenpeace_verheimlichte_risiken.pdf
[209]   Greenpeace: Verheimlichte Risiken, a.a.O.

Da eine Koexistenz zwischen ökologischem Landbau und Grüner Gentechnik nicht zu realisieren ist, werden sich in den Industriestaaten die Konflikte in bäuerlichen Gemeinschaften häufen und an Schärfe zunehmen. Zu befürchten ist ferner, dass die Nahrungsmittelproduktion der Erde unter die Kontrolle einer Handvoll „Global Players" gerät.

Da zahlreiche Alternativen zur Grünen Gentechnik zur Verfügung stehen, stellt sich diese darüber hinaus als ein „sinnloses Risiko" dar.

Das genetische Personenkennzeichen auf dem Vormarsch

Alexander Dix

Jeder Fernsehzuschauer kennt die Szenen, in denen Kommissare am Tatort Weingläser sicherstellen oder einen Verdächtigen zur Speichelprobe bitten. In aller Regel erscheint der Fall damit so gut wie gelöst. Auch in der Realität besteht in bestimmten Lebenszusammenhängen ein überragendes Interesse an der sicheren Identifikation einzelner Personen. Am augenfälligsten ist dies bei der Verbrechensbekämpfung, weil dort der personenbezogene Schuldnachweis geführt werden muss, bevor ein Täter verurteilt werden darf. Dafür kann die Zuordnung von Spuren zu Personen ein wesentliches Glied in der Indizienkette sein. Aber auch im Familienzusammenhang kann die sichere Feststellung der Abstammung wünschenswert oder notwendig sein, um Verwandtschaftsbeziehungen und damit zusammenhängende Unterhaltspflichten festzustellen oder auszuschließen. Schließlich können Staaten auch die Zuzugsberechtigung von Ausländern abhängig machen von gesicherten Verwandtschaftsverhältnissen zu bereits im Zielland lebenden Familienangehörigen.

1 Die „Entschlüsselung" des menschlichen Genoms

Dieses Bedürfnis nach sicherer Identifizierung kann heute sehr viel zuverlässiger befriedigt werden als noch vor zwanzig Jahren. Grund dafür ist die atemberaubende Entwicklung bei der Entschlüsselung des menschlichen Genoms. Weltweit wird ein erheblicher Forschungsaufwand getrieben, um das Genom des Menschen zu entziffern, und zwar in erster Linie für medizinische Zwecke (z. B. im Human-Genom Projekt der Human Genome Organization - HUGO). Man erhofft sich Erkenntnisse über die Entstehung und mögliche Heilung von seltenen Erbkrankheiten, aber auch von genetisch bedingten „Volkskrankheiten" wie z. B. Diabetes oder Brustkrebs. Eine verbesserte Gendiagnostik ist die Voraussetzung für eine eventuell in Zukunft mögliche Gentherapie, also den heilenden Eingriff in die Erbsubstanz des Menschen.

2 Sprechende und nicht-sprechende Teile der Erbsubstanz

Was hat dies aber mit der Identifizierung von Tatverdächtigen oder der Vaterschaftsfeststellung zu tun? Dazu muss man wissen, dass bei der Analyse des menschlichen Genoms bisher zwischen zwei Bereichen unterschieden wird: Die medizinische Forschung konzentriert sich auf den codierenden Bereich des Genoms, in dem Erbinformationen über Gendefekte und Krankheitsanlagen, aber auch über äußere Merkmale wie Haar- und Hautfarbe codiert sind. Dieser Bereich macht quantitativ nur einen geringen Teil (ca. 2 %) des Genoms aus und ist bei den meisten Menschen annähernd gleich. Auch Gendefekte oder Krankheitsanlagen können bei einer Vielzahl von Menschen auftreten. Dieser „sprechende" Teil des „menschlichen Bauplans" ist also zur sicheren Identifizierung ungeeignet. Andererseits enthält er äußerst sensitive Informationen über den betroffenen Menschen. Darunter können Informationen über seine voraussichtliche Lebenserwartung sein sowie Hinweise über die Wahrscheinlichkeit eines Ausbruchs einer unheilbaren, lebensbedrohlichen Krankheit in einem bestimmten Altersabschnitt.

Der größte Teil der menschlichen DNA ist hingegen nach dem gegenwärtigen Stand der molekulargenetischen Erkenntnis nicht-codierend. Er enthält keine Informationen über Krankheitsanlagen oder äußere Merkmale und wird deshalb auch als „nicht sprechend" bzw. als „stumm" bezeichnet. Teilweise wird er auch für „persönlichkeitsneutral" gehalten.[1] Andererseits enthält dieser nicht-codierende Bereich Muster, die bei (fast) jedem Menschen unterschiedlich sind und damit eine Identifikation mit hoher Treffsicherheit ermöglichen. Schon deshalb ist die früher gebräuchliche Bezeichnung dieses Teils der DNA als „Junk-DNA" („Müll"-DNA) irreführend, denn zumindest enthält er identifizierende Informationen (Identifikationsmuster). Man kann insoweit auch von einem „genetischen Personenkennzeichen" sprechen.

Zudem wird immer deutlicher, dass mit den Fortschritten der weltweiten Genomforschung auch die Grenzen zwischen den codierenden und nicht-codierenden Bereichen verschwimmen oder sich verschieben. Nach der inzwischen abgeschlossenen Kartierung des Genoms hat man erkannt, dass dies allenfalls ein erster Schritt zum Verständnis der Wirkungsweise von Erbinformationen ist. Viele Zusammenhänge sind nach wie vor unklar. Es liegt aber auf der Hand, dass die Genomforschung alles daran setzt, um festzustellen, ob die nicht-codierenden Bereiche nicht doch weitergehende Informationen enthalten als rei-

---

[1]   Vgl. die Nachweise bei Mund: Grundrechtsschutz und genetische Information, Basler Studien zur Rechtswissenschaft, Reihe B Öffentliches Recht, Bd. 71, Basel 2005, S. 24

ne Identifikationsdaten. Die „stumme" DNA soll zum Sprechen gebracht werden. Schon heute steht fest, dass auch in diesen Abschnitten der DNA genetische Informationen codiert werden und auf jeden Fall ein Zusammenhang zwischen Genen und nicht-codierenden Abschnitten besteht. Eine DNA-Analyse zu Identifizierungszwecken lässt außerdem Rückschlüsse auf die ethnische Abstammung der betroffenen Person zu.[2] Auch eine Diabetes-Veranlagung lässt sich bereits heute anhand der nicht-codierenden Abschnitte bestimmen.[3] Neueste Forschungsergebnisse deuten daraufhin, dass auch die 98 % der menschlichen DNA, die bisher als „Müllhaufen" angesehen wurden, insgesamt in Ribonukleinsäuren übersetzt werden und möglicherweise auch auf die Entstehung von Krebs und Herzinfarkt Einfluss haben.[4] Es scheint, als habe die „stumme" DNA bereits zu sprechen begonnen, als würden immer mehr „Oasen" mit Genen in der scheinbar leblosen „Wüste" der sogenannten Junk-DNA sichtbar.[5]

3 Der „genetische Fingerabdruck"

Deshalb ist es auch unzutreffend, irreführend und verharmlosend, wenn das DNA-Identifizierungsmuster in der öffentlichen Diskussion häufig als „genetischer Fingerabdruck" bezeichnet wird. Darauf haben die Datenschutzbeauftragten des Bundes und der Länder schon im Jahr 2005 hingewiesen.[6] Dennoch wird dieser unzulässige Vergleich in der öffentlichen Diskussion immer wieder verwendet, um einen ähnlich routinemäßigen Einsatz molekulargenetischer Identifizierungsmethoden wie beim konventionellen Fingerabdruck zu begründen. Zwar ist es richtig, dass dieses Muster in der Praxis wie ein herkömmlicher Fingerabdruck zum einen den Verdächtigen entweder belasten oder entlasten kann und zum anderen die Fahndung nach einem noch unbekannten Verdächtigen ermöglicht, dessen DNA-Spuren am Tatort sichergestellt worden sind. Das

---

[2] Vgl. Mund, a.a.O.
[3] Weichert, in: DuD 2002, S. 37
[4] Vgl. Süddeutsche Zeitung vom 4.10.2007; S. Karberg: Der Müll in uns, SZ Wissen, November 2007, S. 42
[5] Vgl. schon Alexander Dix: Der genetische Fingerabdruck vor Gericht - Wege aus der Wüste in die Oase, Datenschutz und Datensicherung 1993, S. 281
[6] Entschließung vom 15.2.2005 („Keine Gleichsetzung von DNA-Analyse und Fingerabdruck"), Berliner Beauftragter für Datenschutz und Informationsfreiheit / Landesbeauftragte für den Datenschutz und für das Recht auf Akteneinsicht, in: Brandenburg (Hrsg.): Dokumente zu Datenschutz und Informationsfreiheit 2005, S. 14; als „nicht wünschenswert" bezeichnet Rogall die „Gleichstellung des genetischen und des daktyloskopischen Fingerabdrucks", in: Rudolphi: Systematischer Kommentar zur Strafprozessordnung und zum Gerichtsverfassungsgesetz, Rdnr. 7 zu § 81 f. StPO

DNA-Identifizierungsmuster ist also zweifelsfrei ein wichtiges Instrument der modernen Kriminalistik, aber es ist etwas qualitativ grundlegend Anderes als der konventionelle Fingerabdruck. Denn das am Tatort gefundene Zellmaterial (ein Haar, eine Schuppe, Sperma- oder Speichelspuren) kann molekulargenetisch so analysiert werden, dass ein Einblick in den von unserer Verfassung absolut geschützten Persönlichkeitskern, den „Bauplan der menschlichen Zelle", zu gewinnen ist.

Aber selbst wenn die Untersuchung sich auf die Identifizierungsmuster beschränkt, ist nicht auszuschließen, dass diese Überschussinformationen enthalten, die für die Identifizierung des Spurenlegers nicht erforderlich sind, aber z. B. über weitere seiner Eigenschaften Auskunft geben.

Im Grunde ist die Debatte um den sogenannten „genetischen Fingerabdruck" eine populärwissenschaftliche Variante der in der Molekulargenetik geführten Diskussion um den „Exzeptionalismus" im Umgang mit genetischen Informationen.[7] Teilweise wird nämlich dort die Auffassung vertreten, genetische Informationen seien nicht schutzwürdiger als andere medizinische Informationen auch. Dabei werden aber mehrere Eigenschaften genetischer Informationen übersehen, die sie von anderen medizinischen Informationen unterscheiden[8] und insofern tatsächlich exzeptionell machen:

- Genetische Informationen geben Auskunft über die Disposition zu einer möglichen späteren Erkrankung von gesunden Personen;
- sie behalten ihre Aussagekraft lebenslang, sind also irreversibel;
- andererseits sind sie mit prognostischen Unsicherheiten behaftet, weil der Ausbruch von Erbkrankheiten auch von anderen (z. B. umweltbedingten) Faktoren abhängt; dies führt in der Regel zu besonderen psychischen Belastungen bei den Betroffenen, die bis zu suizidalen Tendenzen führen können;
- umgekehrt werden genetische Informationen von Laien häufig in ihrer determinierenden Aussagekraft überschätzt, was die Gefahr gesellschaftlicher Diskriminierung der Betroffenen erhöht;
- genetische Informationen betreffen stets mehr als eine Person, weil sie durch Vererbung an den Familienverband weitergegeben worden sind.

Diese Charakteristika beziehen sich zwar auf die codierenden Merkmale der menschlichen DNA und nicht auf deren identifizierende Struktur, die in aller Regel eineindeutig auf einen einzelnen Menschen verweist. Wegen der erwähnten fließenden Grenze und der ständig voranschreitenden Entschlüsselung auch

---

[7]   Vgl. dazu Mund, a.a.O., S. 91 ff.
[8]   Vgl. Mund, a.a.O., S. 92

der bisher nicht-sprechenden Teile des menschlichen Genoms lässt sich aber die DNA-Identitäts- oder Abstammungsfeststellung nicht isoliert betrachten.

4 DNA-Identifizierung nach deutschem Strafprozessrecht

Diese Zusammenhänge sind wichtig, um die rechtlichen Rahmenbedingungen zu verstehen, die der deutsche Gesetzgeber für die DNA-Identifikation im Strafverfahren formuliert hat und die deutlich restriktiver sind als beim herkömmlichen Fingerabdruck. Insoweit hat der Deutsche Bundestag den exzeptionellen Charakter genetischer Informationen - auch soweit sie nur zu Zwecken der Identifizierung erhoben werden - ausdrücklich anerkannt. Seitdem die molekulargenetische Untersuchungstechnik im Jahr 1997 erstmals in die Strafprozessordnung aufgenommen wurde,[9] gilt als grundlegende Rahmenbedingung - trotz der mehrfachen, fast im jährlichen Rhythmus vorgenommenen Erweiterung des Anwendungsbereichs dieser Methode - die Molekulargenetik darf ausschließlich zur Zuordnung von Spurenmaterial zum Spurenleger (oder zum Ausschluss dieser Zuordnung) genutzt werden.[10] Weitergehende Untersuchungen des Zellmaterials dürfen nicht vorgenommen werden, dennoch unvermeidlich anfallende Überschussinformationen unterliegen einem Verwertungsverbot und müssen vernichtet werden. Nur aufgrund dieser Grundbedingung hat das Bundesverfassungsgericht die Gewinnung von DNA-Identifizierungsmustern als verfassungskonform angesehen.[11] Insofern können die einschränkenden Regeln der Strafprozessordnung als konkretisiertes Verfassungsrecht angesehen werden. Der Gesetzgeber könnte sie nicht mit einfacher Mehrheit streichen.[12] Die vom niederländischen Gesetzgeber eröffnete Möglichkeit der Analyse des codierenden Teils der DNA, um etwa von Genen auf äußere Körpermerkmale (Haut- oder Augenfarbe bzw. äußerlich erkennbare Krankheiten) zu schließen, dürfte in Deutschland deshalb auf verfassungsrechtliche Grenzen stoßen.[13] Der Strafverfolgung darf nicht alles zugestanden werden, was technisch machbar ist. Vielmehr sind die Unantastbarkeit der Menschenwürde, die Unschuldsvermutung,

---

9   Strafverfahrensänderungsgesetz - DNA-Analyse - („Genetischer Fingerabdruck") vom 17.3.1997, BGBl. I, S. 534
10   Vgl. § 81g Abs. 1 und 2 StPO
11   BVerfGE 103, 21, 32
12   Zweifelnd insoweit Rogall a.a.O. (FN 6), Rdnr. 2 zu § 81e StPO
13   Vgl. Lütkes, Bäumler, in: ZRP 2004, 87, 89

das Recht, sich nicht selbst belasten zu müssen und die Garantie eines fairen Verfahrens in jedem Fall zu beachten.[14]

Darüberhinaus ist der Gesetzgeber nach der ständigen Rechtsprechung des Bundesverfassungsgerichts verpflichtet, den wissenschaftlichen Fortschritt in diesem Bereich zu beobachten und die bisherigen Regeln zu verschärfen, wenn dies erforderlich erscheint, um die Verwendung von Überschussinformationen hinreichend sicher auszuschließen.

Seit 1998 ist zudem auch die langfristige Speicherung von DNA-Identifizierungsmustern in einer zentralen Datenbank beim Bundeskriminalamt (DNA-Analysedatei) für Zwecke der Gefahrenabwehr zulässig.[15] Dies setzt voraus, dass ein Richter eine Prognoseentscheidung dahingehend fällt, dass ein Täter in Zukunft mit hoher Wahrscheinlichkeit erneut ein Kapital- oder Sexualverbrechen begehen wird[16] oder dass ihm mit Hilfe der DNA-Analyse eine bereits begangene Straftat von erheblicher Bedeutung nachgewiesen werden kann.[17] Im Jahr 1999 wurden die Anlasstaten erheblich ausgeweitet, im Jahr 2003 ließ der Gesetzgeber auch die Geschlechtsbestimmung durch molekulargenetische Untersuchung zum Zweck der Identifizierung zu und eine weitere Gesetzesänderung brachte im Jahr 2005 eine zusätzliche Ausweitung des Straftatenkatalogs sowie die Legalisierung des sogenannten Massenscreenings. Bis zu diesem Zeitpunkt hatten die Strafverfolgungsbehörden in mehreren spektakulären Fällen - z. B. die männliche Bevölkerung ganzer Ortschaften, eine Gruppe männlicher Porsche-Fahrer in München oder auch die weiblichen Bewohner eines Schwesternheimes im Falle einer Kindestötung in Berlin - auf freiwilliger Basis einem Speicheltest unterzogen, um so den Täter oder die Täterin zu überführen. Wer sich dem „freiwilligen" Test entzog, wurde umso intensiver verhört. Das Bundesverfassungsgericht sieht diese Vorgehensweise zwar als verfassungskonform an, hat aber stets betont, dass die bloße Weigerung, sich an einem solchen Massenscreening zu beteiligen, noch keinen Verdacht gegen die betreffende Person begründen kann.[18] Andernfalls bestünde die Gefahr, dass die Unschuldsvermutung und der Grundsatz, dass niemand sich selbst belasten muss, außer Kraft gesetzt würden.

---

[14]   So zu Recht Lütkes, Bäumler, a.a.O.
[15]   Vgl. jetzt § 81g Abs. 5 StPO
[16]   Insoweit besteht Einigkeit in Rechtsprechung und Literatur.
[17]   Vgl. die Nachweise bei Rogall, a.a.O., Rdnr. 29 ff. zu § 81g StPO. Die Länder Nordrhein-Westfalen und Hamburg haben darüber hinaus einen Gesetzesantrag in den Bundesrat eingebracht, wonach die DNA-Analyse auch als neues Beweismittel für die Wiederaufnahme bereits rechtskräftig abgeschlossener Strafverfahren herangezogen werden soll (Bundesrats-Drucksache 655/07 vom 25.9.2007); bisher ist dies nicht möglich.
[18]   BVerfG NJW 1996, 3071f.

Nach der jetzt geltenden Regelung der Strafprozessordnung dürfen die Ergebnisse von Massenscreenings auch nicht in die Datei beim BKA eingestellt werden, vielmehr müssen alle Datensätze von Personen, die als Verdächtige ausscheiden, sofort gelöscht werden. Mit der Einrichtung der DNA-Analysedatei beim Bundeskriminalamt im Jahr 1998 wurde die DNA-Identitätsfeststellung erstmals auch für Zwecke der Gefahrenabwehr zugelassen, auch wenn der Bundesgesetzgeber hier von seiner Gesetzgebungskompetenz zur vorbeugenden Verbrechensbekämpfung Gebrauch gemacht und diese Regelung in das bundeseinheitliche Strafprozessrecht aufgenommen hat. Die Speicherung von DNA-Identifizierungsmustern kann auch verurteilte Straftäter betreffen, deren Verurteilung nach dem Bundeszentralregistergesetz kurz vor der Tilgung steht. Damit gerät der Sicherungsgedanke, der in dieser Regelung Niederschlag gefunden hat, in Gegensatz zum Resozialisierungsprinzip, wie es dem Bundeszentralregistergesetz zugrunde liegt.[19]

5 Risiken in der Praxis

Gegenwärtig sieht das Gesetz kein Verwertungsverbot für solche Informationen vor, wenn sie - auf welche Weise auch immer - gewonnen worden sind. Ein derartiges gesetzliches Verwertungsverbot wäre aber notwendig, um den Ermittlern von vornherein zu verdeutlichen, welches Risiko sie bei einer Umgehung der gesetzlichen Rahmenbedingungen eingehen. Gerade erst hat der Bundesgerichtshof[20] das Vorgehen der Berliner Strafverfolgungsbehörden in einem besonders krassen Fall gerügt: Die Polizei hatte die Wohnung eines Drogenhändlers in dessen Abwesenheit und ohne richterliche Genehmigung durchsucht und dabei DNA-Spuren an Zigarettenkippen gesichert; anschließend lockte sie den Verdächtigen in eine Verkehrskontrolle und verglich die dabei gewonnen Spuren - erneut ohne richterliche Erlaubnis - mit den in der Wohnung gefundenen. In beiden Fällen berief sich die Polizei zu Unrecht auf die im Gesetz prinzipiell vorgesehene Eilkompetenz der Staatsanwaltschaft und ihrer „Ermittlungspersonen". Der Dealer musste wegen der rechtswidrigen Beweiserhebung freigesprochen werden und erhielt darüber hinaus noch Entschädigung für die Untersuchungshaft.

---

[19]   Vgl. Dembowski, in: Rossnagel (Hrsg.): Handbuch Datenschutzrecht, S. 1408
[20]   BGH 5StR 546/06; vgl. Berliner Morgenpost vom 31.5.2007

Selbst bei formaler Beachtung des Richtervorbehalts zeigt die Praxis, dass dieser nicht immer eine effektive rechtsstaatliche Sicherung bildet. Das Bundesverfassungsgericht hat in mehreren Fällen lediglich formelhaft begründete richterliche Prognoseentscheidungen für eine DNA-Identifizierung und der Speicherung ihres Ergebnisses in der DNA-Datenbank des Bundeskriminalamtes gerügt.[21] In dem Maße wie DNA-Analysen bei immer mehr Straftaten beantragt und angeordnet werden können, steigt das Risiko, dass richterliche Entscheidungen im Einzelfall nicht mehr sorgfältig genug begründet werden. Insofern wird der Richtervorbehalt zu einer ebenso brüchigen Sicherung wie bei der Telekommunikationsüberwachung.[22] Dies kann aber nicht bedeuten, dass der Richtervorbehalt verzichtbar ist. Ohne alternative verfahrensmäßige Sicherungen, wie etwa einer unabhängigen nachträglichen Evaluierung solcher Maßnahmen, bleibt der Richtervorbehalt eine notwendige Bedingung für die Verfassungsverträglichkeit der DNA-Identifizierung.[23]

Auch durch bloße Fahrlässigkeit oder Schlamperei kann die DNA-Analyse entwertet oder ihre Fehleranfälligkeit verdeutlicht werden. So wurden im Labor der Berliner Polizeitechnischen Untersuchungsstelle Speichelproben zum Trocknen offen stehen gelassen, die nach dem Fund eines toten Säuglings bei einem Musikfestival in Brandenburg den weiblichen Besuchern entnommen worden waren; eine Putzfrau stieß diese Proben im Polizeilabor versehentlich herunter, so dass neue Gewebeproben entnommen werden mussten.[24] Die Berliner Polizei deckte selbst einen Fall auf, in dem Ermittler am Tatort - wie allgemein üblich - mit einem Koffer Spuren gesichert hatten, in dem sich auch Tesafilm befand, das für solche Zwecke benutzt wird; allerdings hatten sich aufgrund der elektrostatischen Aufladung des Klebestreifens auf ihm die Hautpartikel einer unbeteiligten Person abgesetzt, die zufällig ebenfalls am Tatort gewesen war. Das Beispiel macht nicht nur deutlich, wie wichtig eine genaue und professionelle Anwendung der fehleranfälligen molekulargenetischen Methoden ist; es zeigt auch, dass die DNA-Analyse eben kein hieb- und stichfestes Beweismittel dafür ist, dass der „Spurenleger", dessen DNA am Tatort vorgefunden und analysiert wurde, mit dem gesuchten Täter identisch ist. Sie belegt nur, dass eine Spur von einem bestimmten Menschen stammt. In welcher Rolle dieser Mensch am Tatort war (als Täter, Opfer, Zeuge oder unbeteiligter Dritter), sagt die DNA-Analyse nicht. Dazu sind zusätzliche Ermittlungen und Beweise erforderlich.

---

[21]   BVerfGE 103, 21; NJW 2001, 882; NJW 2001, 2320; NJW 2008, 281; vgl. VerfG Brandenburg, Beschl. v. 15.11.2001, Neue Justiz 2002, 31

[22]   Lütkes, Bäumler: ZRP 2004, 87, 89

[23]   so auch Lütkes, Bäumler, a.a.O.

[24]   Berliner Beauftragter für Datenschutz und Informationsfreiheit, Jahresbericht 2004, 4.1.1

Ein grundsätzliches praktisches Problem ist in den Landeskriminalämtern dadurch entstanden, dass der Gesetzgeber mittlerweile die DNA-Analyse nicht nur in solchen Fällen zugelassen hat, in denen Grund zu der Annahme besteht, dass gegen den Betroffenen künftig Strafverfahren wegen einer Straftat von erheblicher Bedeutung zu führen sind. Vielmehr kann auch die wiederholte Begehung „sonstiger", also unerheblicher Straftaten einer Straftat von erheblicher Bedeutung im Unrechtsgehalt gleichstehen.[25] Zwar ist die entsprechende Prognose grundsätzlich einem Richter vorbehalten, aber die Zahl der Fälle, in denen DNA-Analysen wegen erwarteter anderer, minder schwerer Delikte angeordnet werden, nimmt ständig zu. Dies hat zur Folge, dass die Untersuchungskapazitäten der Landeskriminalämter wie auch der privaten Labore öffentlich bestellter Sachverständiger, die nach der Strafprozessordnung beauftragt werden können[26], nicht mehr ausreichen, um die Masse der Untersuchungen zeitnah durchführen zu können. Dadurch bilden sich große Rückstände zu untersuchender Fälle, die nur allmählich und unter Setzung entsprechender Prioritäten abgearbeitet werden können. Der hohe und zum Teil übertriebene Erwartungsdruck gegenüber dem Instrument der DNA-Analyse trifft auf knappe Ressourcen und nur langsam sinkende Kosten der Analyse bei den Strafverfolgungsbehörden.

6 Allmachtsphantasien von einer „kriminalitätsfreien Gesellschaft"

Andererseits zeigt die Erfahrung der vergangenen Jahre, dass die Erweiterung der gesetzlichen Befugnisse zum Einsatz molekulargenetischer Methoden gerade zur Verbrechensbekämpfung in der politischen Diskussion - vor allem nach spektakulären Verbrechen - immer wieder gefordert wird, und zwar auch dann, wenn es dafür keinen rationalen Grund gibt. Es ist auch bereits - nach Sexualverbrechen an Kindern - die Forderung nach einer pauschalen Speicherung der DNA-Identifizierungsmuster aller männlichen Säuglinge nach der Geburt erhoben worden, um später mögliche Vergewaltiger schneller identifizieren zu können. Diesen Generalverdacht könnte man auch auf die gesamte Bevölkerung erstrecken, denn mittlerweile wird die DNA-Analyse auch zur Aufklärung anderer, sogar unerheblicher Straftaten eingesetzt, wenn diese wiederholt begangen werden. In solchen eindeutig verfassungswidrigen Forderungen spiegeln sich „Allmachtsphantasien der Politiker von einer kriminalitätsfreien Gesell-

---

[25]   § 81g Abs. 1 StPO
[26]   § 81 f Abs. 2 StPO

schaft."[27] In Großbritannien ist bereits der Vorschlag gemacht worden, die gesamte Bevölkerung sollte mit ihrem DNA-Profil in der zentralen Datenbank der Polizei, die bereits jetzt fast fünfmal so groß ist wie die Datenbank des deutschen Bundeskriminalamtes, gespeichert werden, um die Polizei von dem Vorwurf zu entlasten, sie nehme in erster Linie DNA-Proben in diskriminierender Weise von Farbigen.[28] Noch steht die britische Regierung nach deutlicher Kritik des britischen Information Commissioners[29] diesem Vorschlag ablehnend gegenüber.[30] Insgesamt mehren sich mittlerweile die kritischen Stimmen gegenüber einem ausufernden Einsatz von genetischen Informationen für forensische Zwecke.[31] Die britische Polizei setzt bei Straßenkontrollen bereits mobile Geräte zum sofortigen Abgleich von DNA-Proben mit der nationalen DNA-Datenbank ein; in diesem Zusammenhang stellt sich die Frage, was mit den Proben und den Identifizierungsmustern geschieht, wenn der Abgleich negativ verläuft (also keine Entsprechung in der Datenbank gefunden wurde).[32]

Allerdings muss auch bedacht werden, dass die DNA-Analyse der Entlastung Unschuldiger dienen kann. So sind in den USA bereits zahlreiche zu Unrecht zum Tode Verurteilte auch noch nach Jahren frei gekommen, weil die neue Methode belegte, dass sie als Täter nicht in Frage kommen.

Umgekehrt darf - dass haben die genannten Beispiele aus Deutschland gezeigt - die DNA-Identifizierung nicht überschätzt werden. Sie ist ein zunehmend wichtiges Mittel der Beweiserhebung, bei dessen Einsatz aber hohe Qualitätsanforderungen erfüllt werden müssen. Die molekulargenetischen Untersuchungseinrichtungen bedürfen deshalb der ständigen Kontrolle auch durch die Datenschutzbeauftragten. Das hat der Gesetzgeber in der Strafprozessordnung auch für die von den Strafverfolgungsbehörden zunehmend eingeschalteten privaten Labore hervorgehoben.

Schließlich darf es nicht dazu kommen, dass die Entnahme von Gewebespuren (Speichelprobe) routinemäßig an die Stelle der erkennungsdienstlichen Behand-

---

[27]   So die treffende Formulierung des Parlamentarischen Staatssekretärs im Bundesjustizministerium, Alfred Hartenbach.

[28]   Vgl. den Vorschlag von Lord Justice Sedley, Data Protection Law & Policy, Sept. 2007, S. 1

[29]   Der in Großbritannien die Funktion des Bundesbeauftragten für den Datenschutz und die Informationsfreiheit ausübt.

[30]   Vgl. Data Protection Law & Policy, a.a.O.; allerdings hat das britische Home Office bereits vorgeschlagen, DNA-Identifizierung auch bei Verkehrsordnungswidrigkeiten und minderschweren Straftaten anzuwenden.

[31]   Vgl. den Bericht des angesehenen Nuffield Council on Bioethics vom Sept. 2007, online unter: www.nuffieldbioethics.org/fileLibrary/pdf/The_forensic_use_of_bioinformation_-_ethical_issues.pdf

[32]   Der Nuffield Council on Bioethics (a.a.O.) empfiehlt die Löschung der Daten, was bisher offenbar nicht selbstverständliche Praxis in Großbritannien ist.

lung durch Abnahme von Fingerabdrücken tritt. Schon letztere ist von der Polizei in der Vergangenheit wiederholt als „schnelle Strafe" bei Personen eingesetzt worden, gegen die kein konkreter Tatverdacht bestand. Auch wenn die Entnahme einer Speichelprobe „nicht weh tut", führt die Analyse des entnommenen Zellmaterials zu einem gravierenden Eingriff in die Persönlichkeitssphäre der betroffenen Person, die ohnehin nur mit richterlicher Genehmigung stattfinden darf.

Insgesamt wirft der zunehmende Einsatz der DNA-Identifizierung auch die grundsätzliche Frage auf, welche Bedeutung die z. B. in der Europäischen Menschenrechtskonvention verbürgte Unschuldsvermutung in unserem Rechtssystem künftig haben wird. In dem Maße, wie DNA-Spuren erhoben und zentral erfasst werden, wächst der Rechtfertigungsdruck auf denjenigen, dessen biologische Spur an einem Tatort festgestellt wurde. Das gilt auch für Fingerabdrücke, die ebenfalls zentral in polizeilichen Datenbanken gespeichert werden können und zudem neuerdings auch in Reisepässen enthalten sind und bald wohl auch in Personalausweisen zum Bestandteil werden.

7 Die internationale Dimension

Die Staaten der Europäischen Union unterhalten mittlerweile sehr unterschiedlich strukturierte und umfangreiche DNA-Datenbanken. Während die DNA-Analysedatei des Bundeskriminalamtes ca. eine Million Datensätze umfasst, sind es in Großbritannien bereits 4,6 Millionen. Die rechtlichen Voraussetzungen für die Aufnahme von Informationen in diese Datenbanken sind sehr unterschiedlich. In Großbritannien sind die Regeln für eine Einspeicherung erheblich weniger restriktiv als in der Bundesrepublik. Der frühere britische Premierminister Blair hat darüber hinaus schon die Bevölkerung dazu aufgefordert, ihre DNA-Identifizierungsmuster freiwillig für die nationale Datenbank zur Verfügung zu stellen. Demgegenüber hat der Erfinder der DNA-Identifizierung, Sir Alec Jeffreys, kürzlich davor gewarnt, dass beim Einsatz dieser Methode jedes Maß verloren gehen könne.[33]

Mit dem Vertrag von Prüm aus dem Jahr 2005 haben einzelne EU-Mitgliedsstaaten (Deutschland, Frankreich, Spanien, die Niederlande und Österreich) vereinbart, sich zur Verbrechensbekämpfung gegenseitig Zugriff auf polizeiliche Datensammlungen (z. B. Fingerabdruckdateien und DNA-Datenbanken) zu eröffnen. Deutschland und Österreich haben damit bereits Anfang Juni 2007 be-

---

[33] Vgl. auch den Bericht des Nuffield Council on Bioethics, a.a.O.

gonnen. Bundesinnenminister Schäuble sprach bei einer Konferenz der EU-Justiz- und Innenminister im März 2007 in Dresden von einem „Meer von Erkenntnismöglichkeiten", das sich durch eine solche Zusammenarbeit eröffne. Dabei wird zum einen übersehen, dass bloße technische Erkenntnismöglichkeiten in einem Rechtsstaat noch nicht die Schaffung neuer, einschneidender Befugnisse zur Informationsverarbeitung rechtfertigen; zum anderen bestehen aber auch erhebliche praktische Probleme bei solchen grenzüberschreitenden Datenbankzugriffen, die möglicherweise bilateral im Verhältnis zu Österreich noch beherrschbar sein mögen. Was aber geschieht im multilateralen Verhältnis zwischen Ländern mit völlig unterschiedlichen Voraussetzungen und Rahmenbedingungen für die Speicherung von DNA-Datensätzen? Wer stellt sicher, dass Daten, die in Deutschland nicht in die zentrale DNA-Analysedatei eingestellt werden dürfen, nicht in der Datenbank eines Nachbarlandes landen? Wie kann verhindert werden, dass Daten, die in Großbritannien vorliegen, nach deutschem Recht aber nicht gespeichert werden dürften, von deutschen Behörden dennoch genutzt werden? Umgekehrt ist zu fragen, wie ein unzulässiger Zugriff von Unternehmen auf DNA-Daten aus Deutschland in Großbritannien effektiv ausgeschlossen werden kann.[34]

Der Vertrag von Prüm soll nach dem Willen der Sicherheitspolitiker auf alle EU-Staaten erstreckt werden. Das aber setzt - neben einer Überwindung der beschriebenen praktischen Probleme - ein einheitliches und hohes gemeinschaftsweites Datenschutzniveau im Bereich der Zusammenarbeit der Innen- und Justizverwaltungen voraus. Bisher ist aber kein solches Datenschutzregime in Sicht. Die EU-Datenschutzrichtlinie hat lediglich dazu geführt, dass die Mitgliedstaaten ihr nationales Recht für den Bereich des Binnenmarktes, also vor allem der privatwirtschaftlichen Unternehmen, angeglichen haben. Entsprechendes gilt für Maßnahmen der EU-Institutionen. Hoheitliches Handeln der Mitgliedstaaten auf europäischer Ebene jedoch erfolgt bisher weitgehend im datenschutzfreien Raum. Es wird zwar über einen Rahmenbeschluss für den Datenschutz beraten, die Regierungen - nicht zuletzt die Bundesregierung während der deutschen Ratspräsidentschaft im ersten Halbjahr 2007 - setzen aber alles daran, das Datenschutzniveau hier so niedrig wie möglich zu halten. Insbesondere enthalten die gegenwärtig diskutierten Entwürfe keinerlei besondere Schutzvorkehrungen für genetische Informationen, obwohl ein erklärtes Ziel der

---

[34] Kürzlich wurde bekannt, dass Privatfirmen in mehreren Fällen Zugriff auf die britische nationale DNA-Datenbank erhielten; dabei sollen allerdings bisher nur anonymisierte Daten offenbart worden sein, online unter: www.heise.de/newsticker/Privatfirmen-erhielten-Zugriff-auf-alle-DNA-Profile-der-britischen-nationalen-Gendatendank--/meldung/113392

verstärkten Zusammenarbeit gerade auch die Vernetzung von DNA-Datenbanken sein soll. Dies hat auch der Europäische Datenschutzbeauftragte deutlich kritisiert.[35]
Schließlich wird auch im Rahmen der G8-Staaten, also weit über den europäischen Rahmen hinaus, über eine Vernetzung von DNA-Datenbanken diskutiert. Auch die US-Regierung hat mehrfach ihr Interesse an Zugriffsmöglichkeiten auf europäische Informationssammlungen mit genetischen Identifikationsdaten bekräftigt. Die Standards in den USA für die Speicherung und den Schutz solcher Informationen vor Zweckentfremdung weichen aber erheblich von den in Deutschland geltenden ab. Dennoch hat die Bundesregierung mittlerweile ein Abkommen mit der US-Regierung unterzeichnet, dass einen entsprechenden Datenzugriff aus einem Land ohne hinreichendes Datenschutzniveau zulässt. Der Bundestag muss diesem Abkommen allerdings noch zustimmen.

8 Heimliche Vaterschaftstests

Auch außerhalb des Strafverfahrens werden molekulargenetische Methoden zur Feststellung von Verwandtschaftsbeziehungen, insbesondere zur Vaterschaftsfeststellung, eingesetzt. Die Zivilprozessordnung lässt dies ausdrücklich zu, wenn eine entsprechende Klage auf Anerkennung oder Anfechtung der Vaterschaft erhoben wurde. Allerdings stößt die Molekulargenetik auch in diesem Zusammenhang naturgemäß an ihre Grenzen, wenn z. B. eineiige Zwillinge als Väter in Betracht kommen. Da beide potentiellen Väter über ein identisches DNA-Identifizierungsmuster verfügen, müssen andere Erkenntnisquellen für die Vaterschaftsfeststellung herangezogen werden. Ein entsprechender Fall beschäftigt gegenwärtig die US-amerikanische Justiz.[36]
Abgesehen von solchen außergewöhnlichen Fällen stellt sich in der Praxis häufiger die schwierige Frage, ob ein Vater, der Zweifel an seiner Vaterschaft ausräumen will, heimlich die Erbsubstanz des Kindes analysieren lassen darf (in-

---

[35] Stellungnahme des Europäischen Datenschutzbeauftragten zur Initiative der Bundesrepublik Deutschland im Hinblick auf den Erlass eines Beschlusses des Rates zur Durchführung des Beschlusses zur Vertiefung der grenzüberschreitenden Zusammenarbeit, insbesondere zur Bekämpfung des Terrorismus und der grenzüberschreitenden Kriminalität, Abl.EU vom 10.4.2008, C 89/1, Ziff. 4.1 f.

[36] In diesem Fall stellte ein US-Gericht - nach ergebnisloser DNA-Analyse - die Vaterschaft desjenigen Zwillings fest, den die Mutter zunächst als Vater benannt hatte, obwohl sie später auch die Vaterschaft des anderen Zwillings für möglich gehalten hatte. Dagegen will der gerichtlich als Vater Festgestellte jetzt den US Supreme Court anrufen, vgl. Guardian vom 23.5.2007, online unter: www.guardian.co.uk/international/story/0,,2085779,00.html

dem er z. B. einen Zahnputzbecher oder ein Haar an ein Labor schickt), um das negative Ergebnis anschließend in ein gerichtliches Verfahren zur Anfechtung seiner Vaterschaft einzuführen.

Die Frage ist auch deshalb von erheblicher praktischer Bedeutung, weil sich mittlerweile sowohl in der Bundesrepublik als auch weltweit ein regelrechter Markt für private Vaterschaftstests gebildet hat, auf dem derartige Dienstleistungen[37] intensiv beworben werden.

Die Befürworter derartiger heimlicher Vaterschaftstests berufen sich auf das Recht des Vaters, Gewissheit über seine Vaterschaft erhalten zu können, ohne zuvor gerichtlich die Vaterschaft angefochten zu haben (was nach geltendem Recht ohnehin nur in engen zeitlichen Grenzen möglich ist). Dem ist allerdings entgegen zu halten, dass die Erstellung einer DNA-Analyse ohne Wissen des Kindes und der Mutter deren Recht auf informationelle Selbstbestimmung missachtet. Zudem kann das Familiengericht, das über eine Vaterschaftsanfechtung zu entscheiden hat, nicht verifizieren, wie und bei wem die DNA-Probe entnommen wurde.

Nachdem der Bundesgerichtshof deshalb die Einführung des Ergebnisses eines heimlichen Vaterschaftstests in das Verfahren zur Vaterschaftsanfechtung als unzulässig bezeichnet hatte, hat das Bundesverfassungsgericht die dagegen erhobene Verfassungsbeschwerde eines Mannes im Februar 2007 zurückgewiesen.[38] Gleichzeitig hat das höchste deutsche Gericht den Gesetzgeber allerdings aufgefordert, bis zum 31. März 2008 den Vätern ein Recht auf Feststellung ihrer Vaterschaft einzuräumen, das weder an die kurzen Fristen der Vaterschaftsanfechtung gebunden ist noch die rechtliche Folge hat, dass das Verwandtschaftsverhältnis zu dem Kind automatisch mit der Feststellung endet, dass es einen anderen natürlichen Vater hat.

Damit hat das Bundesverfassungsgericht den Weg zu einem sachgerechten Ausgleich zwischen dem Recht des Kindes auf informationelle Selbstbestimmung, dem Sorgerecht der Mutter, das auch den Schutz vor ungewollten Zugriffen auf das genetische Datenmaterial des Kindes umfasst, und dem Recht des Vaters auf Kenntnis der Abstammung gewiesen.

Sowohl das Recht des Kindes auf informationelle Selbstbestimmung als auch das Recht der Mutter, selbst darüber zu befinden, wem sie Einblick in ihr Geschlechtsleben gibt, werden durch die Schaffung eines Verfahrens zur bloßen Klärung der Abstammung des Kindes (ohne rechtliche Folgen) nicht in verfassungswidriger Weise eingeschränkt, weil der Vater seinerseits ein grundrecht-

---

[37]   Zum Beispiel im Internet: papacheck.de
[38]   Urteil vom 13.2.2007 (1 BvR 421/05)

lich geschütztes Interesse daran hat, zu erfahren, ob das Kind von ihm abstammt. Am 1. April 2008 ist das Gesetz zur Anerkennung der Vaterschaft
unabhängig vom Anfechtungsverfahren in Kraft getreten, das die verfahrens-
rechtliche Schwelle zur Erlangung der Kenntnis von der biologischen Vaterschaft senkt und von der Vaterschaftsanfechtung trennt.[39] Das Gesetz berücksichtigt das ebenfalls schützenswerte Interesse des Kindes, seine soziale und
rechtliche Familienzuordnung zu behalten. Heimliche Vaterschaftstests bleiben
in jedem Fall vor Gericht unverwertbar. Offen ist gegenwärtig noch, ob und in
welcher Weise gesetzwidrige heimliche Vaterschaftstests unter Strafandrohung
gestellt werden. Während die Bundesjustizministerin dies zunächst zu Recht befürwortet hatte, zeichnet sich jetzt eine Regelung im künftigen Gendiagnostikgesetz ab, wonach es sich lediglich um eine Ordnungswidrigkeit handeln soll.[40] Damit würde ein heimlicher Vaterschaftstest lediglich zum bußgeld-
bewehrten Verwaltungsunrecht.

Das Gesetz zur Anerkennung der Vaterschaft unabhängig vom Anfechtungsverfahren ist aber auch deshalb eine lex imperfecta, weil es zahlreiche wichtige
Fragen offen lässt. Zwar können die Beteiligten (Mutter, Kind, Vater) per Gerichtsbeschluss zur Mitwirkung an einer DNA-Analyse verpflichtet werden. Die
Durchführung des Vaterschaftstests soll aber in der alleinigen Verantwortung
der beteiligten Personen stattfinden. Es ist weder festgelegt, wer das Gutachten
in Auftrag geben soll, noch welchen Qualitätsstandards die Untersuchung genügen muss. Letzteres bedarf dringend einer gesetzlichen Klärung, weil sich schon
abzeichnet, dass immer mehr Billig-Labors auf dem Markt agieren, deren Ergebnisse unzuverlässig sind. Auch enthält das Gesetz keinerlei Vorgaben hinsichtlich des datenschutzgerechten Umgangs mit den gewonnenen Daten. Alle
diese Fragen sind auf das ohnehin überfällige Gendiagnostikgesetz verschoben
worden.

9 DNA-Test als Mittel der Zuwanderungskontrolle

In immer mehr europäischen Staaten werden DNA-Tests inzwischen auch im
Zuwanderungsbereich praktiziert. Einige Staaten[41] haben dies ausdrücklich legalisiert, um einer Vorgabe des EU-Rechts zu genügen, wonach Einwanderer

---

[39] BGBl. I, S. 441
[40] Vgl. Tagesspiegel vom 25.7.2008
[41] Nach einem Bericht der Frankfurter Rundschau vom 16.10.2007 sind dies Schweden, Däne-
      mark, Belgien, Österreich, Finnland und Litauen.

und Flüchtlinge auch dann die Möglichkeit haben müssen, familiäre Verbindungen nachzuweisen, wenn ihnen die entsprechenden Dokumente abhanden gekommen sind. In Frankreich hat der Gesetzgeber vor kurzem nach einer heftig geführten öffentlichen Debatte den Einsatz von DNA-Analysen zur Kontrolle der Zuwanderung probeweise bis 2009 insoweit zugelassen, als auf diese Weise das verwandtschaftliche Verhältnis eines Familienmitglieds zur Mutter nachgewiesen werden kann und ein Richter die Untersuchung genehmigt.[42] Hintergrund war ein angeblich hoher Anteil gefälschter Reisepässe bei Zuwanderern. Daraufhin bildete sich eine breite Protestfront in der Öffentlichkeit, der sich auch mehrere ehemalige Premierminister anschlossen. Schließlich ließ der französische Verfassungsrat (Conseil Constitutionnel) die Durchführung von Gentests zur Überprüfung des Verwandtschaftsverhältnisses bei Familienzusammenführungen nur unter strikten Auflagen zu: Sie dürfen nur als letztes Mittel, nach eingehender Prüfung der Personaldokumente der Betroffenen und nur auf richterliche Anordnung erfolgen. Der Staat hat die Kosten zu tragen.[43]

In Großbritannien und Deutschland (offenbar insbesondere im Bundesland Hessen) werden DNA-Analysen zur Verifikation von Verwandtschaftsbeziehungen bei Flüchtlingen und Zuwanderern offenbar auf „freiwilliger Basis" durchgeführt. Zwar werden solche Analysen als zwingende Vorbedingung für die Zuwanderung in Deutschland allgemein als unzulässig angesehen, in bestimmten Situationen legen deutsche Behörden aber Flüchtlingen die Beibringung eines DNA-Tests „nahe". Das gilt insbesondere dann wenn sie aus Ländern mit zerfallender staatlicher Ordnung wie Afghanistan oder dem Irak kommen.[44] Auch Vertreter des UN-Flüchtlingskommissariats räumen ein, dass dies unter Umständen im Interesse der Flüchtlinge sein kann. Allerdings ist dieser faktische Zwang, dem die Flüchtlinge sich ausgesetzt sehen, mit dem deutschen Aufenthaltsrecht unvereinbar, das solche DNA-Tests im Gegensatz zur Strafprozessordnung nicht vorsieht. Die Bundesregierung hält zwar die allgemeine Mitwirkungspflicht, wie sie in § 82 Aufenthaltsgesetz bzw. § 6 Passgesetz geregelt ist, für eine hinreichende gesetzliche Basis,[45] verkennt dabei aber, dass eine solche Blankettvorschrift nicht geeignet ist, diese Untersuchungsmethode zu legitimieren, selbst wenn ihr Einsatz der „freiwilligen" Entscheidung der Betroffenen überlassen bleibt. Es ist auch fraglich, ob eine entsprechende gesetzliche Regel - nach französischem Vorbild - in Deutschland mit dem Grundgesetz ver-

---

[42]   Die Welt vom 17.10.2007
[43]   www.conseil-constitutionnel.fr/decision/2007/2007557/index.htm
[44]   Der Zwang des Faktischen, Frankfurter Rundschau vom 6.10.2007
[45]   Antwort der Bundesregierung auf die Kleine Anfrage der Abg. Piltz u.a. v. 13.11.2007, BT-Drucksache 16/7120, S. 2

einbar wäre.[46] In praktischer Hinsicht stehen die Flüchtlinge häufig vor dem Problem, dass sie entweder die Mittel für den noch immer teuren DNA-Test nicht aufbringen können oder die Untersuchung länger dauert, als die Ausländerbehörden bzw. Konsulate bereit sind, mit ihrer Entscheidung zu warten.[47] Aber selbst wenn diese praktischen Hürden eines Tages beseitigt werden sollten, darf die DNA-Identifizierung nicht zur europaweiten Standardmaßnahme bei der Zuwanderungskontrolle werden. Flüchtlingen müssen in Ermangelung von entsprechenden Dokumenten andere Möglichkeiten des Nachweises eröffnet werden, die sie nicht dazu zwingen, ihr genetisches Personenkennzeichen zu offenbaren.

Neuerdings kann in Deutschland sogar eine staatliche Behörde die Anerkennung der Vaterschaft anfechten, wenn der Verdacht einer „Scheinvaterschaft" zur Erlangung eines Aufenthaltstitels besteht. [48] Dies betrifft alle binationalen Elternpaare, bei denen zwischen dem (vermeintlichen) Vater und dem Kind keine „sozial-familiäre Beziehung" vorhanden ist.[49] Nur dann kann das Gericht im Verfahren der Vaterschaftsanfechtung eine DNA-Analyse anordnen. Besteht dagegen eine „soziale Familie", so gibt es kein Anfechtungsrecht, weil der Gesetzgeber seit der Reform des Kindschaftsrechts im Jahr 1998 für diesen Fall auch dem nicht-leiblichen Vater seine Stellung nicht streitig machen will.

10 Fazit

Die DNA-Identifizierung hat sich als wichtiges Hilfsmittel bei der Strafverfolgung und Gefahrenabwehr durchgesetzt. Da sie zu einem tiefen Eingriff in das Grundrecht der Untersuchten auf Datenschutz führt, bedarf sie jedoch besonderer rechtsstaatlicher Begrenzung. Sie darf nicht mit dem Fingerabdruck gleich gesetzt werden. Eine weitere Absenkung der Voraussetzungen (z. B. ein Verzicht auf den Richtervorbehalt) wäre verfassungsrechtlich nicht mehr hinnehmbar. Insbesondere ist eine Ausweitung der DNA-Analyse auf den codierenden Bereich des menschlichen Genoms unzulässig. Umgekehrt ist der Gesetzgeber gehalten, neue Beschränkungen dieses Instruments vorzunehmen, wenn der wissenschaftliche Fortschritt dies erfordert. Datenbanken mit DNA-Identitätsmustern ganzer Bevölkerungsteile sind verfassungswidrig. Heimliche Vaterschafts-

---

[46]   Verneinend Weichert, zit. nach Frankfurter Rundschau vom 6.10.2007
[47]   Von der Ausnahme zur Regel, Frankfurter Rundschau vom 16.10.2007
[48]   Seit dem Inkrafttreten des Gesetzes zur Ergänzung des Rechts zur Anfechtung der Vaterschaft am 1.6.2008 (BGBl. I, S. 315)
[49]   § 1600 Abs. 3 BGB

tests dürfen vor Gericht nicht verwertet werden. Der Gesetzgeber muss dringend ein umfassendes Gendiagnostikgesetz verabschieden, damit die bereits zugelassene Feststellung der Vaterschaft unabhängig von der Vaterschaftsanfechtung in einem datenschutzgerechten Umfeld stattfinden kann. Für die generelle Nutzung der DNA-Identifizierung zur Kontrolle der Zuwanderung gibt es in Deutschland keine Rechtsgrundlage. Eine solche Praxis sollte auch nicht - z. B. nach französischem Vorbild - legalisiert werden.

Gentechnik und die neue Qualität der Biowaffen

Jan van Aken

Die biologische Rüstungskontrolle befindet sich gegenwärtig in einer ihrer schwersten Krisen seit Unterzeichnung des Biowaffen-Übereinkommens im Jahre 1972. Verhandlungen für ein Verifikationsprotokoll des Abkommens sind 2001 am Widerstand der US-Regierung gescheitert,[1] während parallel in den USA die biologische Abwehrforschung immer stärker ausgebaut wird und erste Ansätze für die Entwicklung neuartiger biologischer Waffen in den USA zu beobachten sind.[2]

Renommierte Biowaffenexperten aus England und den USA[3], haben davor gewarnt, dass die USA möglicherweise schon jetzt hemmungslos militärische Anwendungen der Biotechnologie betreiben.[4] Sie weisen in diesem Zusammenhang auf die zunehmende Gefahr eines neuen biologischen Wettrüstens hin.[5]

Das Risiko, dass bestimmte Anwendungen von Biotechnologie und Biomedizin die Schwelle für einen Einsatz von biologischen Waffen absenken könnten, wird zunehmend auch von Regierungsangehörigen gesehen.[6]

Alarmiert durch diese Entwicklungen und das Scheitern des Verifikationsprotokolls hat das Internationale Komitee des Roten Kreuzes kürzlich an alle politischen und militärischen Institutionen appelliert, sich gemeinsam für eine biologische Rüstungskontrolle einzusetzen.[7]

---

[1] Informationen zu den jüngsten Entwicklungen beim Biowaffen-Übereinkomnmen unter www.fas.org/bwc/index.html

[2] In den vergangenen Monaten wurde öffentlich, dass die US-Regierung die Entwicklung sogenannter nicht-tödlicher Chemiewaffen, Material zerstörender Mikroorganismen sowie fragwürdige Projekte der biologischen Abwehrforschung betreibt. Mehr dazu bei www.sunshineproject.de, M. Wheelis, M. Dando: Back to bioweapons? In: Bulletin of the Atomic Scientist 59/2003, S. 40-46

[3] Wie z. B. Mark Wheelis und Malcolm Dando

[4] M. Wheelis, M. Dando: On the brink: biodefence, biotechnology and the future of weapons control, in: Chemical & Biological Weapons Convention Bulletin 58/2002, S. 3-7

[5] M. Wheelis, M. Dando: Back to bioweapons? In: Bulletin of the Atomic Scientist 59/2003, S. 40-46

[6] J. B. Petro, T. R. Plasse, J. A. McNulty: Biotechnology: Impact on biological warfare and biodefense. Biosecurity and Bioterrorism 3/2003, S. 32-42

[7] Appeal of the International Committee of the Red Cross on Biotechnology, Weapons and Humanity. September 2002, online unter www.icrc.org

Der dramatische Appell wurzelt in der Erkenntnis, dass einerseits die Revolution in der Biotechnologie das Risiko durch biologische Waffen dramatisch erhöht, während auf der anderen Seite die Regierungen bislang wenig dafür getan
haben, diese Risiken einzudämmen. Während vor 30 Jahren die Biotechnologie
noch auf einige sehr wenige hochspezialisierte Laboratorien beschränkt war, ist
sie heute weltweit verbreitet. In praktisch jedem Land der Welt existieren das
Wissen und die technischen Einrichtungen, um biologische Agenzien im großen
Umfang produzieren zu können. Neben dieser generellen Verbreitung der Biotechnologie sind besonders einige spezifische Anwendungen der neuen Technologien problematisch. Dies gilt vor allem für die gentechnische Effektivierung
klassischer Biowaffen-Erreger. Mittlerweile stehen bereits Techniken zur Verfügung, die noch weit darüber hinaus reichen. So können bereits ausgerottet ge-
glaubte Erreger wie das Pockenvirus oder das Virus der tödlichen Spanischen
Grippe[8], die 1918 mehr als 20 Millionen Menschen weltweit das Leben kostete,
im Labor künstlich wiederbelebt werden. Gentechnisch veränderte Nutzpflanzen
oder Insekten ließen sich für die Produktion und unbemerkte Verbreitung gefährlicher Substanzen einsetzen. Und selbst ethnisch spezifische Biowaffen
werden im Zuge der Entschlüsselung des menschlichen Genoms möglich.
Wir wollen im Folgenden einen systematischen Überblick über die verschiedenen Technologien und Anwendungsbereiche geben, wobei einige der Beispiele
bereits Realität sind, während bei anderen die militärische Anwendung unseres
Wissens noch eher hypothetischer Natur ist - die dahinter stehenden naturwissenschaftlichen Erkenntnisse sind jedoch bereits realisiert.

1 Gentechnische Veränderung klassischer Biowaffen-Erreger

In der Diskussion um Gentechnik und biologische Waffen wird oft konstatiert,
dass die natürlichen Erreger ausreichend gefährlich und gentechnische Veränderungen überhaupt nicht notwendig seien. Das ist insofern richtig, als dass sich
effektive Biowaffen auch ohne Gentechnik - oder gar ganz ohne naturwissenschaftliche Erkenntnisse - einsetzen lassen, wie die Geschichte der Biowaffen in
den vergangenen Jahrhunderten beweist.[9]

---

[8]   Bei der Spanischen Grippe handelte es sich um eine weltweite Pandemie, die in den Jahren zwi-
      schen 1918 und 1920 mindestens 25 Millionen Todesopfer forderte.
[9]   Noch bevor Pasteur und Koch Ende des 19. Jahrhunderts den Nachweis für die krankheitsauslö-
      sende Funktion von Bakterien erbrachten, wurden bereits vielfach biologische Waffen einge-
      setzt. So wurden im 14. Jahrhundert Pestleichen in die belagerte Stadt Kaffa geschleudert, um

Andererseits wurden in der Vergangenheit jedoch bereits gentechnische Verfahren in offensiven Biowaffen-Programmen eingesetzt, um Erreger noch effektiver für den Einsatz als Waffe zu machen. In der ehemaligen Sowjetunion wurden diesbezüglich verschiedene derartige Experimente durchgeführt, die wir im Folgenden darstellen.

1.1 Bakterien mit unüblichen Krankheitssymptomen

Eine Forschergruppe aus Obolensk in der Nähe von Moskau hat ein Gen für die Endorphin-Produktion in den Erreger der Hasenpest (Francisella tularensis) eingeschleust. Hasenpest gilt neben Milzbrand als der wichtigste bakterielle Biowaffen-Erreger. Personen, die mit dem gentechnisch veränderten Bakterium infiziert werden, würden nicht die üblichen Symptome der Hasenpest zeigen, sondern durch das Endorphin zusätzlich noch starke Verhaltensänderungen.[10] Die behandelnden Ärzte wären zunächst nicht in der Lage, eine richtige Diagnose zu stellen und eine adäquate Therapie einzuleiten. Die Entwicklung von Biowaffen-Erregern mit veränderter Symptomatik wurde vom US-Verteidigungsministerium als ein Beispiel für die militärische Anwendung der Gentechnologie identifiziert.[11]

1.2 Unsichtbares Anthrax („Tarnkappen-Mikroben")

Eine Veröffentlichung aus dem selben Institut in Obolensk hat bereits 1997 Besorgnis im Westen ausgelöst. Durch die Übertragung eines Gens aus einem nahe verwandten Bakterium (Bacillus cereus) wurden Anthrax-Bakterien so verändert, dass weder Impfungen noch Nachweisverfahren die genveränderten Bakterien als Anthrax erkannten.[12] Gleichzeitig hat die Forschergruppe einen spezifischen Impfstoff für die „unsichtbare" Variante mit entwickelt - eine optimale Kombination für den offensiven Einsatz. Im September 2001 wurde bekannt, dass die US-Armee diesen Versuch in eigenen Labors wiederholen will,[13] nach

---

dort eine Pestepidemie auszulösen, und im 18. Jahrhundert haben britische Militärs gezielt pockenverseuchte Decken an Indianer in Nordamerika verteilt.

[10]   V. M. Borzenkov, A. P. Pomerantsev, I. P. Ashmarin: The additive synthesis of a regulatory peptide in vivo: the administration of a vaccinal Francisella tularensis strain that produces beta-endorphin, in: Bull Eksp Biol Med 116/1993, S. 151-153

[11]   Jane's Defence Weekly, 13. August 1997, S. 6: US DoD reveals horrific future of biological wars

[12]   A. P. Pomerantsev, N. A. Staritsin, Y. V. Mockov, L. I. Marinin: Expression of cereolysine ab genes in Bacillus anthracis vaccine strain ensures protection against experimental hemolytic anthrax infection, in: Vaccine 15/1997, S. 1846-1850

[13]   New York Times, 4. September 2001: US Germ warfare research pushes treaty limits

eigenen Angaben, um zu überprüfen, inwieweit dieser Milzbrandstamm auch den US-amerikanischen Impfstoff gegen Milzbrand überwinden kann.

1.3 Behandlungsresistente Pestbakterien

Nach Angaben eines Wissenschaftlers aus dem früheren offensiven Biowaffen-Programm der Sowjetunion wurden seinerzeit Pestbakterien (Yersinia pestis) entwickelt, die gegen 16 verschiedene Antibiotika resistent waren.[14] Heutzutage ist die Übertragung von Antibiotikaresistenz-Genen ein alltäglicher Eingriff in praktisch jedem molekularbiologischen Labor.

Dies sind nur einige der Beispiele für den Einsatz der Gentechnologie in offensiven Biowaffenprogrammen, die öffentlich geworden sind. Es kann sicherlich davon ausgegangen werden, dass dies nur die Spitze des Eisberges darstellt, denn ein Großteil der tatsächlich durchgeführten Experimente unterliegt bis heute noch der höchsten Geheimhaltung.

1.4 Schritte bei der Entwicklung eines Biowaffen-Potentials

Trotzdem ist wohl nicht zu erwarten, dass die Gentechnik in der Anfangsphase eines Biowaffen-Programms eine entscheidende Rolle spielen wird.[15] Die Entwicklung einsatzfähiger biologischer Waffen erfordert ein umfangreiches und ressourcenintensives Forschungsprogramm, in dem nacheinander drei zunehmend komplexe Probleme gelöst werden müssen: Die Beschaffung virulenter Erregerstämme, die Massenproduktion der Erreger ohne Verlust ihrer Pathogenität und die Entwicklung von effektiven Ausbringungsmethoden. Gerade der dritte Schritt ist recht aufwändig und wurde erst selten gelöst.[16] Das wird auch am Beispiel des Irak deutlich, der Anfang der 1990er Jahre trotz eines jahrelangen staatlichen Biowaffen-Programms keine effektiven Ausbringungsmethoden zur Verfügung hatte. Aus dieser Perspektive gesehen stellt die Gentechnik erst den vierten Schritt bei der Entwicklung eines Biowaffenpotentials dar, der weder von Terrorgruppen noch von staatlichen Programmen vor den ersten drei essentiellen Schritten vollzogen werden kann.

Andererseits darf jedoch nicht unterschätzt werden, dass kaum ein Erreger sich wirklich optimal als Biowaffe eignet. Die Anforderungen an einen Mikroorga-

---

[14]   A. Hay, zitiert in: The bugs of war, news feature, in: Nature 411/2000: S. 232-235
[15]   Eine Ausnahme stellen hier vielleicht nicht-staatliche Akteure dar, die versucht sein könnten, gentechnische Verfahren für ihre eigenen, privaten Interessen einzusetzen. Damit sind weniger Akteure wie Al Qaeda gemeint, sondern eher Firmen und/oder Einzelpersonen, die aufgrund ihres beruflichen Hintergrundes die Möglichkeiten und Fähigkeiten dazu haben.
[16]   Mit Ausnahme der beiden großen früheren Biowaffenprogramme in den USA und der UdSSR.

nismus sind aus Sicht der Militärs groß, der Erreger muss nicht nur in großen Mengen herstellbar sein, schnell wirken und harsche Umwelteinflüsse tolerieren, die Krankheit muss zudem prinzipiell behandelbar sein, damit der Aggressor sich selbst schützen kann. Viele Mikroorganismen eignen sich deshalb nur bedingt als B-Kampfstoff. Milzbrand gilt als Biowaffe erster Wahl, weil Bacillus anthracis fast alle Anforderungen optimal erfüllt - allerdings können eventuelle Opfer eines Milzbrandangriffs auch noch einige Tage nach der Infektion erfolgreich mit gängigen Antibiotika geschützt werden, nur ein sehr geringer Prozentsatz der Infizierten würde tatsächlich sterben. Das hat nicht zuletzt die Erfahrung mit den Milzbrandbriefen in den USA gezeigt. Mit einem simplen gentechnischen Eingriff könnte hier ein sehr viel drastischerer Effekt erzielt werden.

1.5 Genetische Sonnenschutzfaktoren

In verschiedenen Projekten der Grundlagenforschung wurde - meist unwissentlich und unwillentlich - aufgezeigt, wie bestehende Probleme der Biowaffen-Entwickler mit Hilfe der Gentechnik überwunden werden könnten. Ein besonders interessantes Beispiel hierfür sind Gene für „Sonnenschutzfaktoren". Viele Mikroorganismen werden im Sonnenlicht sehr schnell durch die UV-Strahlung[17] zerstört und eignen sich damit nur bedingt für einen Einsatz als biologische Waffe. Zudem wird durch diesen Effekt die Einsatzmöglichkeit vieler Biowaffen praktisch auf die Nachtstunden begrenzt. Es lassen sich gentechnisch jedoch Substanzen in Bakterien einfügen, die als Sonnenschutzfaktor dienen. So wurden bereits die Gene für die Synthese von Karotinoiden auf Kolibakterien übertragen, welche die UV-Strahlung aufnehmen und damit die Zelle vor Zerstörung schützen.[18] Eine andere Möglichkeit läge darin, giftige Substanzen mit Hilfe der Gentechnik in Mikroorganismen einzuführen, die einen natürlichen UV-Schutz besitzen.[19] Es existieren sicherlich unzählige Möglichkeiten für derartige genetische Eingriffe.

---

[17] Daher auch der Name Sunshine Procect, www.sunshine-procect.de
[18] G. Sandmann, S. Kuhn, P. Böger: Evaluation of structurally different carotenoids in Escherichia coli transformants as protectants against UV-B radiation. Applied and Environmental, in: Microbiology 64/1998, S. 1972-1974
[19] R. Manasherob, E. Ben-Dov, W. Xiaoqiang u. a.: Protection from UV-B damage of mosquito larvicidal toxins from Bacillus thuringiensis subsp. israelensis expressed in Anabaena PCC 7120, in: Curr Microbiol 45/2002, S. 217-220

2 Neuartige infektiöse Agenzien

Zunehmend werden auch komplexere genetische Eingriffe möglich, wie z. B. die Übertragung mehrerer Gene. Harmlose Bakterien können auf diese Weise mit tödlichen Eigenschaften ausgestattet werden, und selbst so genannte Chimären, Zwitterwesen aus zwei oder mehr verschiedenen Mikroorganismen, sind derzeit nicht mehr undenkbar.

2.1 Experimente mit dem Mauspockenvirus

Ein Experiment australischer Wissenschaftler sorgte weltweit für Furore: Ohne es zu wollen hatten sie durch einen gentechnischen Eingriff den Erreger der Mauspocken sehr viel gefährlicher gemacht. Die genveränderten Viren schalteten völlig unerwartet das Immunsystem der infizierten Mäuse aus und konnten sogar geimpfte Mäuse töten.[20] Der mögliche Missbrauch dieser Technik für militärische Zwecke löste seinerzeit eine weltweite Debatte um Risiken und Grenzen der gentechnischen Forschung mit gefährlichen Krankheitserregern aus.

Es kann davon ausgegangen werden, dass dies kein Einzelfall ist; wahrscheinlich entstehen sogar vergleichsweise häufig bei gentechnischen Experimenten ungewollt gefährliche Erreger. Da dies dann in der Regel aber „fehlgeschlagene" Experimente sind, landen die meisten dieser Erreger wohl ohne weitere Aufmerksamkeit im Abfall. Die britische Regierung wies im Jahre 2001 darauf hin, dass das Mauspocken-Experiment ein warnendes Beispiel dafür sei, dass gentechnische Experimente immer auch unvorhergesehene Konsequenzen haben können.[21]

Während das australische Forscherteam seinerzeit rein zufällig über diesen unerwarteten Effekt stolperte, wurden die gleichen Versuche in der Folgezeit von einer US-amerikanischen Forschergruppe wiederholt und weiter entwickelt.[22] Es gelang die gentechnische Veränderung (Einbau eines Gens für Interleukin 4) so weit zu optimieren, dass 100 % der infizierten Mäuse starben. Das gleiche Experiment wurde mit Kuhpockenviren wiederholt[23], die auch Menschen infizieren können. In ihrer natürlichen Form sind Kuhpocken meist harm-

---

[20] R. J. Jackson, A. J. Ramsay, C. D. Christensen: Expression of mouse interleukin-4 by a recombinant ectromelia virus suppresses cytolytic lymphocyte responses and overcomes genetic resistance to mousepox, in: J Virol 75/2001, S. 1205-1210

[21] Background paper on new scientific and technological developments relevant to the convention on the prohibition of the development, production and stockpiling of bacteriological (biological) and toxin weapons and on their destruction. in: BWC/CONF.V/4/Add.1, 26 October 2001

[22] Mark Buller von der University of St. Louis

[23] US develops lethal new viruses, in: New Scientist, 29. Oktober 2003

los, doch wenn durch die gentechnische Veränderung wie bei den Mäusen auch das Immunsystem des Menschen unterdrückt würde, könnte sich das Virus als tödliche Bedrohung für den Menschen erweisen. Auch das australische Forscherteam hat seine Experimente mit dem Mauspockenvirus weiter verfolgt, auch sie entwickelten noch gefährlichere Varianten des genmanipulierten Virus und übertrugen das Experiment erfolgreich auf Kaninchenpocken. Darüber hinaus stellten sie fest, dass die neu geschaffenen Viren nicht mehr ansteckend von Tier zu Tier sind. Dies ist eine genauso gute wie schlechte Nachricht. Würde das Virus aus dem Labor entweichen, könnte es nicht viel Schaden anrichten. Könnte man diese Ergebnisse aber auch auf Menschenpocken übertragen, würde es diese womöglich noch attraktiver für den Einsatz als Biowaffe machen. Denn in staatlichen Biowaffenprogrammen werden bevorzugt nicht ansteckende Keime verwendet, um eine unkontrollierte Ausbreitung und Infektion der eigenen Truppen bzw. der eigenen Bevölkerung zu vermeiden.

2.2 Experimente mit dem Denguefieber

Ein weiteres Beispiel für ganz neuartig infektiöse Agenzien ist die „Dengatitis". Im Jahre 2001 wurden britische Wissenschaftler strafrechtlich verfolgt, weil sie eine gentechnisch erzeugte Mischung aus den Viren für Hepatitis C und Denguefieber nicht mit den nötigen Sicherheitsvorkehrungen gehandhabt hatten. Britische Behörden haben das chimäre Virus als „tödlicher als HIV"[24] charakterisiert. Das Virus wurde gezielt erzeugt, angeblich mit dem Ziel, für die Versuche an einem Impfstoff gegen Hepatitis C weniger Labortiere zu verbrauchen. Unter ungenügenden Sicherheitsvorkehrungen wurde das neue Virus entwickelt und beinahe aus Versehen freigesetzt.

2.3 Erforschung von Pathogenitäts- und Virulenzfaktoren

Ein zentrales Forschungsgebiet der Biomedizin und auch der militärischen Abwehrforschung ist die Identifizierung von so genannten Pathogenitäts- oder Virulenzfaktoren. Das sind solche Eiweiße oder Gene, die es Krankheitserregern ermöglichen, eine Krankheit zu verursachen und sich von Mensch zu Mensch weiter zu verbreiten. Noch sind hier viele Fragen ungeklärt und es ist bislang nur punktuell möglich, zu erklären, warum ein Mikroorganismus tödlich ist,

---

[24] Scientists made virus more lethal than HIV, in: The Independent, 24. Juli 2001

während nahe verwandte Arten vollkommen harmlos oder gar nützlich sind.[25] Trotzdem sind bereits erste Anwendungen möglich. So wurde schon 1986 erstmals einem harmlosen Darmbakterium (E. coli) der „letale Faktor" des Milzbrandbakteriums übertragen. Wie erwartet fingen nach diesem gentechnischen Eingriff auch die Darmbakterien an, das tödliche Gift des Milzbrandes zu produzieren.

Angesichts der ständig steigenden Zahl bakterieller und viraler Genome, die komplett durchsequenziert wurden - darunter einige der gefährlichsten Organismen wie Yersinia pestis, Variola major oder Bacillus anthracis, die Verursacher von Pest, Pocken und Milzbrand - kann davon ausgegangen werden, dass in den kommenden Jahren mehr und mehr Gene identifiziert werden, die den Unterschied zwischen harmlos und tödlich ausmachen. Virulenzgene werden zur Zeit intensivst untersucht, in den USA vor allem im Zuge der militärischen Abwehrforschung. Anfang 2003 hat beispielsweise die US-Regierung ein entsprechendes Projekt ausgeschrieben.[26]

2.4 Analyse des Eindringens in menschliche Zellen

Ein anderer Forschungsansatz befasst sich mit genetischen Veränderungen, die Mikroorganismen das Eindringen in menschliche Zellen erleichtern. Bereits 1997 wurde dem US-Verteidigungsministerium ein Patent auf „invasive microorganisms"[27] erteilt. In diesem Patent wird beschrieben, wie harmlose Bakterien genetisch verändert werden können, um in Zellen einzudringen und dort spezifische Moleküle abzulagern. Während in dem Patent mit „spezifischen Molekülen" wahrscheinlich eher pharmazeutische Wirkstoffe gemeint sind, könnte das Verfahren aber ebenso für zerstörerische Zwecke eingesetzt werden.

3 Synthese gefährlicher Erreger

Heute ist der Zugang zu hochgefährlichen Erregern stark reguliert und eingeschränkt. Das besonders gefährliche Pockenvirus, das vor über 20 Jahren weltweit ausgerottet wurde, existiert heute sehr wahrscheinlich nur noch in zwei

---

[25]   Einen Überblick gibt die komplette Ausgabe Nr. 264 von Curr Top Microbiol Immunol (2002), herausgegeben von J. Hacker und J. B. Kaper, die sich mit 'Pathogenicity Islands and the Evolution of Pathogenic Microbes' befasst.

[26]   www.science.doe.gov/sbir/Solicitations/FY%202003/NN.htm#T1

[27]   US Patent 5662908 vom 2. Sept. 1997, ausgestellt auf die Stanford University in Palo Alto, California

Hochsicherheitslaboratorien in Russland und in den USA. Es ist jedoch nur noch eine Frage der Zeit, bis eine künstliche Synthese von Krankheitserregern möglich sein wird.

3.1 Das Poliovirus aus der Retorte

Im Jahre 2002 gelang es einem US-Forscherteam[28] den Erreger der Kinderlähmung künstlich herzustellen. Ausgehend von einer im Internet verfügbaren genetischen Sequenz wurde die DNA des Poliovirus Stück für Stück im Labor nachgebaut und durch die Zugabe eines entsprechenden Chemikalien-Cocktails zum Leben erweckt.[29] Finanziert wurde das Experiment durch einen Pentagon-Ableger, die US Defense Advanced Research Projects Agency (DARPA). Im Prinzip kann die gleiche Methode auch bei anderen Viren angewendet werden, die eine ähnlich kurze genetische Sequenz besitzen wie das Poliovirus. Das trifft für wenigstens fünf Viren zu, die auch als potentielle Biowaffen angesehen werden, darunter Ebola, das Marburg-Virus und der Erreger der Venezuelanischen Pferdeenzephalitis. Ebola und Marburg sind sehr seltene Viren, die für einige Staaten möglicherweise nur schwer erhältlich sind. Mit Hilfe der Methode, die jetzt für das Poliovirus veröffentlicht wurde, könnte das Ebolavirus im Labor nachgebaut werden. Wahrscheinlich kann diese recht aufwändige Methode heute nur von einer Handvoll hochspezialisierter Experten eingesetzt werden, doch wird sich dies in den nächsten Jahren sicherlich ändern.

3.2 Wege zum künstlichen Pockenvirus

Das Virus der Kinderlähmung ist keine besonders effektive Biowaffe,[30] aber das Experiment deutet an, welche Probleme auf uns zukommen, wenn ähnliche Techniken auch für andere Erreger wie das Pockenvirus entwickelt würden. Heute kann es als äußerst unwahrscheinlich - wenn auch nicht völlig ausgeschlossen - gelten, dass noch andere Länder außer Russland und den USA Zugang zum Pockenvirus besitzen. Auf dieser Annahme beruhen die heutigen Bedrohungsanalysen, nach der die Wahrscheinlichkeit eines Einsatzes von Pocken als Biowaffe als sehr, sehr gering eingeschätzt wird. Sollte es in einigen Jahren

---

[28] Einem Forscherteam der State University of New York in Stony Brook
[29] J. Cello, A. V. Paul, E. Wimmer: Chemical synthesis of poliovirus cDNA: generation of infectious virus in the absence of natural template, in: Science 297/2002, S. 1016-1018
[30] Über 95 % der infizierten Personen entwickeln nach einer Infektion mit dem Poliovirus keine oder nur leichte grippeähnliche Symptome. Angesichts der Tatsache, dass nur ca. 1 % der Infizierten schwere Symptome entwickeln, eignet sich das Poliovirus wahrscheinlich nicht gut als biologische Waffe.

möglich sein, das Pockenvirus im Labor nachzubauen, würde sich diese Situation fundamental ändern. Die relative Sicherheit, von der heute noch in den meisten Ländern ausgegangen werden kann, wäre dann dahin.

Die Methode, mit der das Poliovirus künstlich erzeugt wurde, lässt sich nicht auf Pocken übertragen. Das Pockengenom ist mit 200.000 Basenpaaren sehr viel größer als das Poliogenom. Selbst wenn sich die gesamte genetische Sequenz der Pocken im Labor künstlich zusammensetzen ließe, wäre es kaum möglich, sie ähnlich einfach wie beim Poliovirus zum Leben zu erwecken. Es sind jedoch andere Wege zur künstlichen Erzeugung von Pockenviren denkbar. So könnte man beispielsweise ausgehend von einem nahen verwandten Virus - z. B. den Affenpocken - Schritt für Schritt jeden einzelnen Genbaustein so verändern, dass am Ende ein lebendes Virus mit der Sequenz und damit auch der Funktion des menschlichen Pockenvirus entstehen würde.

Dass dieses Vorgehen prinzipiell möglich ist, wurde bereits 2002 unter Beweis gestellt. Die Sequenz eines Gens des Vaccinia-Virus, das nahe mit dem Pockenvirus verwandt ist, wurde durch die gezielte Veränderung von 13 Basenpaaren in die Sequenz des Pockenvirus verwandelt.[31] Es ist wohl nur noch eine Frage von wenigen Jahren, bis diese Technik auch auf ganze Genome angewendet werden kann. Spätestens dann müsste die heutige Bedrohungsanalyse bezüglich der Pocken neu überdacht werden.

Gegenwärtig sind die vollständigen Sequenzen zweier hochinfektiöser Pockenstämme im Internet verfügbar.[32] Kürzlich wurde zudem eine neue Internetseite gestartet, die sich speziell dem Pockengenom widmet.[33] Ein Mitarbeiter der National Center for Biotechnology Information in den USA teilte diesbezüglich mit, dass es unter den WissenschaftlerInnen wohl die Ansicht gebe, dass die Pockensequenzen mittlerweile veröffentlicht und kaum noch zurückzuholen seien und deshalb ein Löschen der entsprechenden Sequenzen in den öffentlichen Datenbanken wie GenBank eher die Entwicklung von Impfstoffen behindern als wirklich zusätzliche Sicherheit bringen würde.[34]

---

[31] A. M. Rosengard, Y. Liu, Z. Nie, R. Jimenez: Variola virus immune evasion design: Expression of a highly efficient inhibitor of human complement, in : PNAS 99/2002, S. 8808-8813

[32] Ein Pockensequenz (Variola virus) mit dem GenBank Code X69198 (identisch mit NC_001611) wurde von einer Arbeitsgruppe aus dem früheren offensiven Biowaffenprogramm der Sowjetunion veröffentlicht, eine zweite Sequenz (Variola major virus strain Bangladesh 1975) mit dem GenBank Code L22579 von einem amerikanischen Team.

[33] C. Upton, S. Slack, A. L. Hunter, Ehlers, A., R. L. Roper: Poxvirus orthologous clusters: toward defining the minimum essential poxvirus genome, in: J Virol 77/2003, S. 7590-7600

[34] Persönliche Mitteilung am 26. Juni 2003 von Dr. D. Wheeler, NCBI, an Jan van Aken

3.3 Spanische Grippe gentechnisch wiederbelebt

Grippeviren bringt man gewöhnlich nicht mit biologischen Waffen in Verbindung; Grippe wird im Allgemeinen als ärgerlich, aber nicht wirklich bedrohlich wahrgenommen. Nur für jeden tausendsten Infizierten werden die Viren lebensgefährlich, alle anderen haben die Grippe nach ein paar Tagen Husten-Schnupfen-Heiserkeit überwunden. Aber Grippeviren können auch anders. 1918 und 1919 starben weltweit zwischen 20 und 40 Millionen Menschen an der so genannten Spanischen Grippe, die außerordentlich aggressiv war und im Gegensatz zu den heutigen Grippestämmen über 2,5 % aller Infizierten tötete.[35] Betroffen waren seinerzeit besonders jüngere Menschen, die oft innerhalb von wenigen Tagen an der Grippe starben. Die Ansteckungsgefahr und Mortalitätsrate war so dramatisch hoch, dass seinerzeit allein durch die Spanische Grippe die durchschnittliche Lebenserwartung in den USA um fast zehn Jahre sank.[36] Eine künstliche Wiederbelebung dieses außergewöhnlich gefährlichen Virusstammes - wie es derzeit in den USA versucht wird - ist mit hohen Risiken verbunden, die sich nicht durch einen entsprechenden Nutzen für die biomedizinische Forschung oder die Behandlung heutiger Grippeepidemien aufwiegen lassen.

In einem Kommentar im Journal of the Royal Society of Medicine[37] wurde erneut betont, dass das Grippevirus aufgrund seiner sehr leichten Übertragbarkeit und Infektiosität eine ideale biologische Waffe sein könnte. Der mögliche militärische Einsatz von Grippeviren wird in den USA als reale Gefahr wahrgenommen. Im September 2003 erhielt beispielsweise die Stanford Universität 15 Millionen Dollar von den US National Institutes of Health, um einen Schutz speziell gegen bioterroristische Angriffe mit Grippeviren zu entwickeln. [38]

Trotzdem wird intensiv an einer künstlichen Wiederbelebung des gefährlichsten aller Grippestämme gearbeitet. Amerikanische Wissenschaftler unter der Leitung eines Armee-Pathologen begannen, das Spanische Grippevirus genetisch zu rekonstruieren. Ein gentechnisch erzeugtes Virus, das mit zwei Genen der Spanischen Grippe ausgestattet worden war, hat in einem Experiment erfolg-

---

[35] J. K. Taubenberger, A. H. Reid, A. E. Krafft: Initial genetic characterization of the 1918 Spanish influenza virus, in: Science 275/1997, S. 1793-1796

[36] T. M. Tumpey, J. K. Taubenberger, D. E. Swayne u. a.: Existing antivirals are effective against influenza viruses with genes from the 1918 pandemic virus, in: PNAS 99/2002, S. 13849-13854

[37] M. Madjid, S. Lillibridge, P. Mirhaji, W. Casscells: Influenza as a bioweapon, in: J Roy Soc Med 96/2003, S. 345-346

[38] Stanford University News Release 17. September 2003, online unter:
www.mednews.stanford.edu/news_releases_html/2003/septrelease/bioterror%20flu.htm

reich die damit infizierten Mäuse getötet, während in einem Kontrollexperiment mit Genen aus heutigen Viren den Mäusen gar nichts passierte.[39]

Bereits in den 1950er Jahren gab es erste Versuche, das Virus der Spanischen Grippe zu isolieren. Seinerzeit versuchten Wissenschaftler vergeblich, das Virus aus Leichen von Grippeopfern zu gewinnen, die in den Permafrostböden Alaskas beerdigt sind.[40] Mitte der 1990er Jahre begann dann Jeffery Taubenberger vom US Armed Forces Institute of Pathology, Gewebeproben von Opfern der Grippeepidemie 1918 zu untersuchen. In einem Zeitungsinterview nannte Taubenberger als Motiv für diese Arbeiten, dass er und sein Team gerade eine entsprechende Technik zur Entschlüsselung von DNA-Sequenzen in konservierten Gewebeproben entwickelt hätten und auf der Suche nach einem interessanten Forschungobjekt wären, um diese neue Technik anzuwenden.[41]

In einem Stück Lungengewebe eines 21-jährigen Soldaten, der 1918 in Fort Jackson, South Carolina,[42] starb, wurden die Forscher fündig: sie konnten intakte Stücke viraler RNA[43] isolieren, analysieren und sequenzieren. In einer ersten Publikation veröffentlichten sie 1997 neun kurze Fragmente der Spanischen Grippe.[44] Aufgrund der wenig schonenden Gewebebehandlung im Jahre 1918 konnten keine lebensfähigen Viren oder kompletten Gensequenzen identifiziert werden, sondern nur einzelne kurze Bruchstücke.

In den folgenden Jahren konnten mehr und mehr RNA-Bruchstücke der Spanischen Grippe aus einer Reihe verschiedener Quellen isoliert werden. Mittlerweile sind vier der acht viralen RNA-Segmente komplett durchsequenziert, darunter auch die zwei Segmente, die als entscheidend für die Virulenz des Virus gelten: Die Gene für das Hämagglutinin (HA) und für die Neuraminidase (NA).

Aber mit der Sequenzierung des genetischen Codes der Spanischen Grippe gaben die Forscher sich nicht zufrieden. Die Armee-Wissenschaftler taten sich mit Mikrobiologen der renommierten Mount Sinai School of Medicine in New York zusammen. Gemeinsam begannen sie die gentechnische Wiederbelebung der

---

[39]   T. M. Tumpey, J. K. Taubenberger, D. E. Swayne u. a.: Existing antivirals are effective against influenza viruses with genes from the 1918 pandemic virus, a.a.O.

[40]   Spanish flu keeps its secrets. Nature science update, online unter: www.nature.com/nsu/990304/990304-5.html

[41]   Profile: Jeffery Taubenberger, online unter: www.microbeworld.org/htm/aboutmicro/what_m_do/profiles/taubenberger.htm

[42]   AFIP scientists discover clues to 1918 Spanish flu, online unter: www.dcmilitary.com/army/stripe/archives/mar28/str_flu032897.html

[43]   Grippeviren enthalten als genetischen Informationsträger nicht DNA, sondern die sehr ähnliche RNA.

[44]   J. K. Taubenberger, A. H. Reid, A. E. Krafft: Initial genetic characterization of the 1918 Spanish influenza virus, a.a.O.

Spanischen Grippe. In einem ersten Versuch kombinierten sie Genfragmente eines normalen Laborstammes der Grippe mit einem Gen[45] des Stammes von 1918. Sie infizierten Mäuse mit dieser Chimäre, mussten aber feststellen, dass das Gen der Spanischen Grippe das Virus im Tierversuch weniger gefährlich machte.[46]

In einem zweiten Experiment, das im Oktober 2002 publiziert wurde[47], haben die Wissenschaftler ein Virus mit zwei Genen des Stammes von 1918 hergestellt. Für Mäuse war dieses Virus tödlich, während die Viren in den Kontrollversuchen, die Gene von heutigen Virenstämmen enthielten, den Mäusen gar nichts anhaben konnten.[48] Mit diesem Experiment ist es erstmals gelungen, die tödlichen Eigenschaften der Spanischen Grippe zumindest teilweise wieder zu beleben.

Die beteiligten Wissenschaftler sind sich der damit verbundenen Gefahren sehr wohl bewusst. Die Versuche wurden unter hohen Sicherheitsbedingungen in einem Speziallabor der US-Landwirtschaftsbehörde in Athens, Georgia, durchgeführt. Auch einen möglichen militärischen Missbrauch ihrer Arbeiten mochten die Forscher nicht ausschließen.[49]

Aus unserer Sicht gibt es kaum einen vernünftigen wissenschaftlichen Grund für diese Experimente. Nach Aussage der Autoren der jüngsten Veröffentlichung des Taubenberger-Teams[50] war es Ziel der Versuche, die Effektivität heutiger Grippemedikamente gegenüber dem Stamm von 1918 zu testen. Ohne die vorherige Sequenzierung und teilweise Rekonstruktion der Spanischen Grippe würde sich diese Frage jedoch gar nicht stellen - wenn die Spanische Grippe nicht wieder belebt wird, brauchen wir auch keine Medikamente dagegen.

---

[45] Das so genannte nonstructural Gen (NS)

[46] C. F. Basler, A. H. Reid, J. K. Taubenberger u. a.: Sequence of the 1918 pandemic influenza virus nonstructural gene (NS) segment and characterization of recombinant viruses bearing the 1918 NS genes, in: PNAS 98/2001, S. 2746-2751. Für diese Versuche wurde ein Grippestamm verwendet, der speziell an Mäuse adaptiert und für diese tödlich ist. Als Erklärung für das Versuchsergebnis boten die beteiligten Wissenschaftler an, dass das Gen des Stammes von 1918 die Tödlichkeit des Virus für Mäuse wahrscheinlich deshalb minderte, weil es von einem an Menschen angepassten Grippestamm kommt.

[47] T. M. Tumpey, J. K. Taubenberger, D. E. Swayne u. a.: Existing antivirals are effective against influenza viruses with genes from the 1918 pandemic virus, a.a.O.

[48] In diesem Versuch wurden die Gene für Hämaglutinin (HA), Neuraminidase (NA) und Matrix (M) - einzeln und in Kombination - eingesetzt. Nur die Kombination der HA- und NA-Gene des Stammes von 1918 verursachte den dramatischen Anstieg der Mäusesterblichkeit im Vergleich mit Konstrukten, die heutige Gene enthielten. Die Wissenschaftler schlossen: "These data suggest that the 1918 HA and NA genes might possess intrinsic high-virulence properties."(T. M. Tumpey, a.a.O., S. 13853

[49] T. M. Tumpey, a.a.O., S. 13849

[50] T. M. Tumpey, a.a.O.

Es ist ohne Zweifel richtig, dass sich die biologische Abwehrforschung - und jegliche zivile medizinische Forschung - immer in einem Wettrennen mit der Evolution natürlicher Krankheitserreger bzw. der Entwicklung neuer biologischer Waffen befindet. In diesem Wettrennen sollte es jedoch auf jeden Fall vermieden werden, neue Bedrohungen erst selbst zu entwickeln, um sie dann wieder zur Rechtfertigung der eigenen Forschung heranzuziehen. Hier scheint sich die Defensivforschung gegenwärtig einen eigenen Teufelskreis zu kreieren.[51] Mit dem Argument neuartiger Bedrohungen wurde erst kürzlich die Einrichtung eines weiteren Hochsicherheitslabors für die militärische Abwehrforschung in Texas begründet. Ohne die Grundlagenarbeiten von Taubenberger und seinem Team hätte die Biowaffen-Abwehrforschung ein Problem weniger und könnte die knappen Ressourcen eher in die Bekämpfung natürlicher Krankheiten wie Tuberkulose, Malaria oder AIDS investieren.

In anderen Publikationen wurde argumentiert, dass diese Versuche dazu beitragen könnten, die Mechanismen der Evolution der Virulenz von Grippeviren aufzuklären.[52] Auch dieses Argument ist bei genauerer Betrachtung wenig stichhaltig. Seit 1918 wurden weltweit unzählige verschiedene Grippeviren mit unterschiedlicher Virulenz und Pathogenität isoliert und charakterisiert; eine mehr als ausreichende Grundlage für Generationen von Wissenschaftlern, um die Evolution der Virulenzfaktoren von Grippeviren zu studieren. Vor diesem Hintergrund gibt es aus einer medizinischen Perspektive kaum einen Grund, nun ausgerechnet das gefährlichste aller Grippeviren wieder zu beleben.

Es mag für jeden der daran beteiligten Wissenschaftler individuelle Gründe für eine Teilnahme an dem Projekt geben - nicht zuletzt auch wissenschaftliches Prestige, denn die Spanische Grippe war Garant für eine Reihe von wissenschaftlichen Publikationen in hochkarätigen Fachjournalen. Aus der Sicht der Rüstungskontrolle ist es jedoch äußerst sensitiv, wenn sich ausgerechnet Militärforscher daran beteiligen, einen außergewöhnlich gefährlichen Krankheitserreger wieder zum Leben zu erwecken.

---

[51] Brief (mit Datum vom 4. Februar 2003) von Robert G. Webster, Professor für Virologie am St. Jude Children's Research Hospital, an Stanley Lemon, Dean, School of Medicine, University of Texas Medical Branch (UTMB), in Unterstützung des UTMB-Antrages für ein neues Hochsicherheitslabor.
[52] J. K. Taubenberger, A. H. Reid, A. E. Krafft: Initial genetic characterization of the 1918 Spanish influenza virus, in: Science 275/1997, S. 1793-1796; C. F. Basler, A. H. Reid, J. K. Taubenberger u. a.: Sequence of the 1918 pandemic influenza virus nonstructural gene (NS) segment and characterization of recombinant viruses bearing the 1918 NS genes, in: PNAS 98/2001, S. 2746-2751

4 Vollkommen neue Waffenarten

In den kommenden Jahrzehnten werden noch viele andere biologische Waffen möglich werden, die wir uns heute noch kaum vorstellen können. Die Entschlüsselung des menschlichen Genoms, synthetische Gene und Organismen, neue Ansätze für Gentherapie und neue Methoden zur Verabreichung von Medikamenten - all dies und die fast grenzenlose Fülle an gentechnischen Experimenten mit potenziell gefährlichen Organismen wird dazu führen, dass immer neue Möglichkeiten für einen feindseligen Einsatz biotechnischer Methoden entstehen. Das wird nicht nur auf die klassischen Kriegsszenarien beschränkt sein, sondern auch und vor allem neue Formen der Kriegsführung betreffen: verdeckte Operationen, „military operations other than war", „low intensity conflict" oder so genannte friedenserhaltende Maßnahmen. Einige Beispiele für potenzielle künftige Waffensysteme sollen im Folgenden die Fülle der neuen Möglichkeiten illustrieren.

4.1 Nahrungsmittel als Waffen („Food Weapons")

Als „biopharming" bezeichnet man eine Technik, bei der biologisch aktive Moleküle (Medikamente, Vitamine oder Impfstoffe) in gentechnisch veränderten Pflanzen produziert werden. In den vergangenen zehn Jahren wurden bereits verschiedenste essbare Pflanzen gentechnisch derart verändert, dass sie Impfstoffe produzieren. Es wurde auch gezeigt, dass ein Verzehr dieser Pflanzen tatsächlich eine entsprechende Immunantwort[53] - vermittelt über die Mundschleimhaut - hervorrufen kann.[54] Gegenwärtig werden verschiedene klinische Studien mit Impfstoffen durchgeführt, die in essbaren Nutzpflanzen produziert wurden.[55] Theoretisch können die Impfstoffe dabei direkt über den Verzehr der Pflanze eingesetzt werden (edible vaccines - essbare Impfstoffe). Bei einer kommerziellen Nutzung wird es jedoch eher darauf hinauslaufen, den Impfstoff zunächst aus der Pflanze zu isolieren und dann wie bei anderen Impfstoffen auch weiter zu verarbeiten und per Spritze zu verabreichen.

Neben Impfstoffen werden auch industriell genutzte Enzyme, Wachstumshormone und andere potente medikamentöse Wirkstoffe in genveränderten Nutz-

---

[53] Einen Überblick bieten: S. J. Streatfield, J. A. Howard: Plant-based vaccines, in: Int J Parasit 33/2003, S. 479-493

[54] T. A. Haq, H. S. Mason u. a.: Oral immunization with a recombinant bacterial antigen produced in transgenic plants, in: Science 268/1995, S. 714-716

[55] Sie z. B. die Presseerklärung von ProdiGene vom 12. August 2002: ProdiGene and NIH beginning phase I study on oral vaccine derived from transgenic corn, online unter: www.prodigene.com.

pflanzen erzeugt. Wenn es sich dabei um essbare Nahrungsmittelpflanzen handelt, ist - neben verschiedenen Umwelt- und Gesundheitsrisiken[56] - ein militärischer Missbrauch nicht auszuschließen. In lang anhaltenden Konflikten könnten die Nahrungsmittelpflanzen des Gegners mit krankheitsauslösenden, schwächenden oder gar sterilisierenden Substanzen versetzt werden. So manipuliertes Saatgut könnte über Saatgutverkäufe oder humanitäre Hilfe problemlos in das Zielland und seine Nahrungsmittelproduktion eingeschleust werden. Diese Methode stößt natürlich da an Grenzen, wo die entsprechenden Nutzpflanzen von dem Zielland auch exportiert werden und sich somit die „essbare Waffe" über den Weltmarkt unkontrolliert verbreiten würde. Für die meisten Länder dürfte es jedoch kein großes Problem darstellen, eine Nahrungsmittel- oder Futterpflanze zu finden, die nicht exportiert wird.

Beängstigend bei dem Einsatz von Nahrungsmitteln als Waffe ist die Tatsache, dass er auch ohne umfangreiches biotechnologisches Wissen realisiert werden kann. Allein der Diebstahl von nur wenigen Maiskörnern von einem der unzähligen Feldversuche mit entsprechend genveränderten Nutzpflanzen - vor allem in den USA - würde vollkommen ausreichen. Zwar mögen blutverdünnende und gerinnungsfördernde Substanzen, die bereits in essbare Nutzpflanzen eingeführt wurden, nicht gerade eine Biowaffe erster Wahl darstellen, aber sie könnten leicht von einem Versuchsfeld gestohlen und in die Nahrungsmittel eines Landes eingeschleust werden. Zumindest eine grenzenlose Panik wäre damit in dem entsprechenden Land garantiert, außerdem dürfte die Verunreinigung nur schwer wieder aus dem Saatgut zu entfernen sein.

Noch bedenklicher wäre der Einsatz von Pflanzen, die Wachstumshormone oder einen Wirkstoff namens Trichosanthin produzieren. Beides wird bereits auf Versuchsflächen in den USA angebaut. Trichosanthin, das als mögliches Krebsmedikament gehandelt wird, hat den gleichen Wirkmechanismus wie das typische Biowaffen-Toxin Rizin[57] und gilt als sehr starke Fehlgeburten auslösende Substanz.

Ein „Verhütungs-Mais", der von der US-Firma Epicyte entwickelt wurde, lässt sich hingegen in der bisherigen Form wohl weniger als Waffe einsetzen. Epicyte hat Mais gentechnisch so verändert, dass er einen Antikörper gegen menschliche Spermazellen produziert. Dahinter steht der Gedanke, den Antikörper aus dem Mais zu extrahieren und in Form von Verhütungs-Gelen zu vermarkten. Ein di-

---

[56]   Eine Diskussion möglicher Folgen für Umwelt und Gesundheit findet sich im Hintergrundpapier „Manufacturing drugs and chemicals in crops" von Friends of the Earth, online unter: www.foe.org/camps/comm/safefood/biopharm/BIOPHARM_REPORT.pdf.

[57]   Sowohl Rizin als auch Trichosanthin sind Hemmstoffe der Ribosomen.

rekter Verzehr dieses Antikörpers mit den Maiskörnern wird hingegen kaum eine Sterilität verursachen. Allerdings könnte ein ähnlicher Entwicklungsansatz sehr drastische Resultate erzielen. Wenn statt des Antikörpers das Gen für ein Eiweiß der Spermazellen in die Pflanzen eingeführt wird, würden diese beim Verzehr eine Immunantwort gegen ebendiese Spermazellen und damit eine Unfruchtbarkeit auslösen. Ein Großteil der Frauen, die derart manipulierte Nutzpflanzen zu sich nähmen, ließen sich damit sterilisieren.

Nahrungspflanzen als Waffen sind ein großes Problem der biologischen Rüstungskontrolle. Keine heutige Methode der Rüstungskontrolle könnte jemanden davon abhalten, ein paar Maiskolben von einem Versuchsfeld zu stehlen, zu vermehren und in die Saatgutproduktion eines Landes einzuschleusen. Diese Technologie und vor allem ihre Produkte sind prinzipiell sehr schwierig zu kontrollieren - das haben die vielfältigen Skandale um genveränderte Nutzpflanzen in den vergangenen Jahren schmerzhaft deutlich gemacht. In einem Fall ist beispielsweise eine Maissorte, die von den Regulierungsbehörden in den USA ausdrücklich nicht für den menschlichen Verzehr zugelassen war, in verschiedenen Nahrungsmitteln aufgetaucht.[58]

In Anbetracht der Tatsache, dass ein feindseliger Missbrauch entsprechend veränderter Pflanzen vergleichsweise einfach und sehr effektiv sein kann, scheint ein grundsätzliches Verbot der Produktion von gefährlichen Substanzen in Nahrungsmittelpflanzen gerechtfertigt zu sein. Das würde zwar kriminelle Elemente nicht davon abhalten können, eine „waffenfähige" Nahrungspflanze selbst zu entwickeln, aber es würde den Aufwand im Vergleich zu einem einfachen Diebstahl einiger Maiskörner enorm steigern. Zudem wird es für jeden künftigen Biowaffen-Entwickler ungleich schwieriger sein, eine entsprechende Nutzpflanze als Biowaffe selbst zu entwickeln, wenn die Technologie nicht im zivilen Bereich weiter entwickelt wird. Mit jedem weiteren Experiment und mit jedem weiteren Freilandversuch wird mehr und mehr Wissen darüber angehäuft, wie sich Nahrungsmittelpflanzen möglicherweise als gefährliche Waffen einsetzen lassen.

Ein Verbot dieses speziellen Anwendungssektors der Gentechnologie würde weder aus wissenschaftlicher noch aus wirtschaftlicher Sicht ein besonderes Problem darstellen. Alle bioaktiven Substanzen, die gegenwärtig in Nutzpflanzen produziert werden, können auch mit anderen Methoden hergestellt werden,

---

[58] Eine Zusammenfassung der Geschichte und der möglichen Risiken des StarLink Mais findet sich in der Washington Post, 19. März 2001, Biotech Corn Is Test Case For Industry, online unter: www.washingtonpost.com/ac2/wp-dyn/A23092-2001Mar18?language=printer.
Siehe hierzu in diesem Buch den Beitrag von Achim Bühl: Risikoanalyse Grüne Gentechnik.

die weniger leicht missbrauchbar sind. Zwar werden einige kleine Biotechnologie-Unternehmen, die sich auf das „biopharming" spezialisiert haben, Probleme bekommen, dafür werden aber andere Firmen mit einem Schwerpunkt auf anderen Technologien entsprechend profitieren können.

4.2 Sterilisation als Waffe

Derzeit werden verschiedene Methoden entwickelt, um in das Fortpflanzungsgeschehen von Menschen und von Tieren einzugreifen. Neben neuen Verhütungsmitteln stehen bei Tieren vor allem Methoden zur biologischen Kontrolle von Schädlingen im Vordergrund. Ein Ansatz ist dabei die Verhütungsimpfung. Wie bei dem oben bereits erwähnten australischen Mauspocken-Experiment wird dabei versucht, das körpereigene Immunsystem gegen Eizellen oder Spermien zu richten und damit eine Befruchtung und Fortpflanzung zu unterbinden. Aus heutiger Sicht lässt sich kaum sagen, ob derartige Methoden jemals Marktreife erlangen werden - gerade bei Verhütungsmitteln für den Menschen muss eine sehr hohe Verlässlichkeit erreicht werden. Unabhängig davon können sie jedoch leicht für feindselige Zwecke missbraucht werden. Wenn dabei ein Impfstoff verwendet wird, der wie im Mauspocken-Beispiel von Individuum zu Individuum übertragbar ist, kann sehr leicht eine ganze Population - von Mäusen oder Menschen - sterilisiert werden, mit kaum vorstellbaren langfristigen sozialen und ökonomischen Konsequenzen. In einer ähnlichen Art und Weise kann eine derartige Technologie natürlich auch eingesetzt werden, um Nutztiere zu sterilisieren und um damit eine wichtige Einnahme- und Nahrungsquelle im gegnerischen Land auszuschalten.

4.3 Terminator-Technologie

Die so genannte „Terminator-Technologie" wurde entwickelt, um das Saatgut gentechnisch veränderter Pflanzen unfruchtbar zu machen und damit eine jährliche Neuabnahme des Saatgutes durch die Bauern zu garantieren. Diese Technologie lässt sich leicht für eine ökonomische Kriegsführung einsetzen, sobald sie sich in einem Land flächendeckend durchgesetzt hat. Denn dann wäre es für das betroffene Land kaum noch möglich, auf eigene Saatgutquellen zurückzugreifen, wenn plötzlich der Zugang zur Terminator-Technologie aus politischen, militärischen und/oder ökonomischen Erwägungen heraus gesperrt werden würde. Ist das neue Saatgut erst einige Jahre flächendeckend angepflanzt worden, so wird nur noch wenig natürliches, reproduktionsfähiges Saatgut in der entsprechenden Region verfügbar sein.

4.4 Insektenbomber

Die Idee, Insekten militärisch als Überträger von Krankheitserregern zu nutzen, ist keineswegs neu. Bereits im Zweiten Weltkrieg wurden im japanischen Biowaffen-Programm - und später auch in den USA - systematisch Insekten daraufhin untersucht, inwieweit sie sich als Ausbreitungsmittel eignen. In der Regel wurde dies später als zu kompliziert und unzuverlässig verworfen. Doch die Gentechnologie eröffnet jetzt völlig neue Wege, um Insekten als Biowaffe einzusetzen. Ähnlich wie bei den gentechnisch veränderten Pflanzen könnten auch Insekten so verändert werden, dass sie gefährliche Substanzen produzieren und sie über ihren normalen Lebenszyklus - z. B. über den Speichel bei blutsaugenden Mücken - in ihre Opfer injizieren. Auch hier könnten verschiedenste Stoffe eingesetzt werden, von krankmachenden oder sterilisierenden Substanzen bis hin zu tödlichen Giften.

Es wurden bereits Techniken entwickelt und patentiert, um Insekten als Hilfsmittel für Impfkampagnen einzusetzen.[59] Die Idee solcher „fliegender Spritzen" geht davon aus, dass gentechnisch veränderte Insekten den Impfstoff mit jedem Stich eigenständig in der Zielpopulation verteilen und damit teure und aufwändige Impfprogramme überflüssig würden. Die entsprechenden Technologien sind jedoch noch nicht sonderlich weit entwickelt, im Vergleich zu den gentechnisch veränderten Nutzpflanzen sind hier noch Jahre intensivster Entwicklungsarbeit zu bewältigen.

Zudem ist es eine offene Frage, ob derartige „Kampfmücken" wirklich eine geeignete Waffe darstellen, denn es wird nahezu unmöglich sein, die Ausbreitung der Insekten über das eigentliche militärische Zielgebiet (wie z. B. das Land des Gegners) hinaus zu verhindern. Selbst wenn gezielt solche Insekten ausgewählt werden, die an bestimmte Klimabedingungen gebunden sind, können derartige Grenzen schnell durch eine natürliche Evolution oder den globalen Klimawandel übersprungen werden. Staatliche Biowaffenprogramme sind in der Regel sehr darauf bedacht, die unkontrollierte Ausbreitung der eigenen biologischen Waffen zu verhindern. So sind auch die meisten klassischen Biowaffen-Erreger nicht oder nur sehr schlecht von Mensch zu Mensch übertragbar.

4.5 Aktuelle Projekte in den USA

Die neuen technischen Möglichkeiten durch die Revolution in Bio- und Gentechnologie haben auch in den USA neue Begehrlichkeiten geweckt, die das

---

[59] Europäisches Patent PCT/GB95/02639 und US Patentantrag 20020124274 (5. September 2002) des Imperial College of Science Technology and Medicine (London) für ein delivery system.

Verbot biologischer Waffen zu unterlaufen drohen. Die folgenden drei Beispiele, die wir kurz skizzieren wollen, sollen die Richtung und die Problematik aktueller Projekte verdeutlichen.

4.5.1 Material zersetzende Mikroorganismen

Natürliche Mikroorganismen können praktisch jedes Material zersetzen.[60] Punktuell werden sie auch bereits für ökologische Reinigungsarbeiten (Bioremediation) eingesetzt. In der Regel sind die natürlichen Organismen jedoch zu langsam und unzuverlässig für militärische Anwendungen. Mit Hilfe der Gentechnik lassen sich jetzt jedoch Organismen herstellen, die sich durchaus für einen Einsatz als Waffe eignen. Kürzlich wurde in einem Bericht der britischen Regierung davor gewarnt, dass derartige Technologien das Potential für einen feindlichen, kriegerischen Einsatz gegen Materialien wie z. B. Öl und Plastik besäßen.[61] Bei einigen Forschungsinstituten in den USA sind diese Möglichkeiten auf besonderes Interesse gestoßen, darunter auch das US Naval Research Laboratory. Dort wurden Mikroorganismen die verschiedene Materialien - vor allem Plastik - zersetzen, gentechnisch auf Waffenfähigkeit getrimmt.

4.5.2 Pilze gegen Drogenpflanzen

Vor ca. zehn Jahren intensivierten US-Forscher die Suche nach Pilzen für die Zerstörung von Drogen produzierenden Pflanzen.[62] Ende der 1990er Jahre standen vor allem zwei Pilzarten im Mittelpunkt des Interesses: Pleospora papaveracea, ein Schädling der Mohnpflanze, wurde in Tashkent, Usbekistan, mit finanzieller Unterstützung aus den USA bis ca. 2001 im Freiland getestet. Ein in den USA entwickelter Stamm von Fusarium oxysporum zur Zerstörung von Kokapflanzen sollte im Jahre 2000 in Kolumbien im Freiland getestet werden, internationale Proteste konnten dies jedoch verhindern.

4.5.3 Militärischer Missbrauch psychoaktiver Substanzen

So genannte „nicht-tödliche" Chemiewaffen wurden bereits in den 1950er Jahren entwickelt, allen voran eine BZ genannte Substanz, die in der US-Armee auch als „sleeping gas" bekannt war. Da diese Substanz jedoch individuell sehr

---

[60]   Mehr online unter: www.sunshine-project.org/publications/bk/bk9en.html
[61]   Background paper on new scientific and technological developments relevant to the convention on the prohibition of the development, production and stockpiling of bacteriological (biological) and toxin weapons and on their destruction, in: BWC/CONF.V/4/Add.1, 26 October 2001
[62]   Umfassende Informationen über Agent Green finden sich im Sunshine Project Backgrounder Nr. 4.

unterschiedlich wirkte und deshalb als vollkommen unzuverlässig galt, wurde sie Ende der 1960er Jahre aus dem Arsenal der US-Armee verbannt. Heute stellt die moderne Neurobiologie ein umfangreiches Wissen über spezifische Neurorezeptoren und eine Vielzahl an psychoaktiven Substanzen zur Verfügung, welche die Möglichkeit „nicht-tödlicher" Chemiewaffen wieder in das Blickfeld der Militärs gerückt haben. Ein konkretes Anwendungsbeispiel hat die Welt bei der Beendigung der Geiselnahme in einem Moskauer Theater Ende 2002 erlebt. In Projekten der US-Armee (Aberdeen Proving Ground) und der Universität des US Marine Corps wurde in den letzten Jahren die militärische Nutzbarkeit verschiedener „nicht-tödlicher" Stoffe untersucht, darunter Betäubungsmittel, Schlafmittel und krampfauslösende Substanzen. Sowohl in Russland als auch in den USA werden darüber hinaus auch neue Trägersysteme (z. B. Granaten) für derartige Chemikalien mit einer Reichweite von über 2,5 km entwickelt - eine Entfernung, die ausschließlich für Kriegssituationen Sinn macht und nichts mehr mit dem innerstaatlichen Einsatz von z. B. Tränengas zu tun hat.

5 Ethnisch spezifische biologische Waffen

Die Entwicklung von ethnisch spezifischen Waffen, die nur Menschen einer bestimmten Population treffen, galt bislang als theoretisch wie praktisch unmöglich und wird in der Regel als Science Fiction abgetan. Vor allem Genetiker haben in der Vergangenheit vehement argumentiert, dass überhaupt keine ethnisch spezifischen Gene existieren würden, die für entsprechende biologische Waffen nutzbar wären. Zudem galt es auf der praktischen Seite als äußerst unwahrscheinlich, dass eine genetische Variabilität, so sie denn überhaupt existieren würde, für Waffeneffekte genutzt werden könnte. Beides muss aus heutiger Sicht als überholt gelten. Angesichts der rasanten technischen Entwicklung in Biologie und Medizin erscheinen ethnische Waffen heute als tatsächlich machbar.
So gibt es bereits neue Technologien, um spezifische Gensequenzen als Marker oder Auslöser für eine biologische Aktivität zu verwenden. Eine Analyse aktueller Daten des Human Genom Projektes hat zudem ergeben, dass Hunderte oder gar Tausende von Gensequenzen im menschlichen Genom vorliegen, die als Zielsequenzen für populationsspezifische Waffen dienen könnten.[63]
Ethnische Waffen müssen nicht unbedingt eine tödliche Wirkung haben. Sie könnten einen Gegner auch nur vorübergehend außer Gefecht setzen bzw. eine dauerhafte körperliche Schwächung verursachen oder auch sterilisierend wir-

---

[63] Siehe hierzu: www.sunshine-project.de

ken. Ihr möglicher Einsatz ist nicht auf klassische Kriege begrenzt, sondern kann vielmehr auch im Rahmen von verdeckten Operationen in lang anhaltenden Konflikten erfolgen, um eine gegnerische Gesellschaft auf Dauer sozial oder ökonomisch zu schwächen.

5.1 Genetische Sequenzen und biologische Effekte

Aus der Sicht der Waffenentwickler wären Technologien optimal, die eine beliebige genetische Sequenz in einen beliebigen biologischen oder Waffeneffekt umsetzen könnten, d. h. wenn die Art des Effektes völlig unabhängig von der jeweiligen Funktion der Gensequenz wäre. Dann könnten sogar Sequenzen in „ruhenden" Abschnitten der DNA für einen Waffeneffekt genutzt werden. Derartige Technologien stehen nach unserem Wissen bislang jedoch noch nicht zur Verfügung.

Es gibt allerdings bereits Techniken, die Gene mit einer spezifischen Sequenz hemmen können. Sie zielen auf die so genannte mRNA, das Molekül, das die genetische Information von der DNA zum Ort der Proteinsynthese innerhalb der Zelle vermittelt. Eine dieser neuen Techniken, die RNA interference (RNAi), basiert auf dem zelleigenen Mechanismus, dass spezifische RNA-Sequenzen abgebaut werden, wenn ein externes RNA-Molekül der gleichen Sequenz in die Zelle eintritt.[64] Einen ähnlichen Ansatz verfolgt die antisense Technologie, bei der die zelleigene mRNA dadurch gehemmt wird, dass von außen ein DNA-Molekül mit passender (antisense) Sequenz zugeführt wird. Diese Technik wird bereits in der Entwicklung von pharmakologischen Wirkstoffen eingesetzt, u. a. von der US-Firma Ibis Therapeutics.[65]

Mit beiden Techniken lassen sich Gene mit einer spezifischen Sequenz hemmen. Wenn in diesen Genen Sequenzunterschiede zwischen verschiedenen Populationen vorliegen, könnte das dazu genutzt werden, sie spezifisch in einer Population zu hemmen, während Menschen anderer Populationen davon unbeeinträchtigt blieben. Um diese Techniken für die Waffenentwicklung nutzen zu können, müssten populationsspezifische Sequenzen in Genen identifiziert werden, die eine aktive und lebenswichtige Funktion im menschlichen Körper haben.

---

[64] Eine Übersicht findet sich bei H. Cerutti: RNA interference: traveling in the cell and gaining functions? In: Trends Genet 19/2003, S. 39-46
[65] www.ibisrna.com

5.2 Ethnisch spezifische genetische Marker

Die Frage ist, ob derartige Marker überhaupt existieren. Marker, die nur in einer Population - wenigstens zu einem gewissen Prozentsatz - vorhanden sind, aber nicht in anderen Populationen. Viele Humangenetiker betonen, dass die genetische Diversität innerhalb einer menschlichen Population sehr viel größer sei als die zwischen verschiedenen Bevölkerungsgruppen. Diese Ansicht spiegelt sich auch in einem Hintergrundpapier der britischen Regierung wieder, das zur Überprüfungskonferenz der Biowaffenkonvention im Jahre 2001 veröffentlicht wurde.[66]

Es heißt, dass 99,9 % der genetischen Bausteine von zwei Menschen identisch sind. Dabei darf jedoch nicht übersehen werden, dass die verbleibenden 0,1 % immerhin noch drei Millionen Buchstaben im genetischen Alphabet ausmachen. Da es nur einige zehntausend Gene im menschlichen Genom gibt, kann selbst bei einer 99,9 prozentigen Übereinstimmung der Gensequenz von zwei Individuen jedes einzelne Gen einen mehr oder weniger großen Unterschied aufweisen. Ein Teil dieser enormen genetischen Diversität spiegelt sich auch in Unterschieden zwischen verschiedenen Bevölkerungsgruppen wider. Diese „genetischen" Populationen korrespondieren oft auch mit kulturell determinierten ethnischen Gruppen.[67]

In der Vergangenheit wurden u. a. die vielen Gene des Cytochrom P450-Systems als mögliche Zielsequenzen für ethnische Waffen diskutiert, weil sie einerseits eine hohe ethnische Diversität zeigen und andererseits bei der Entgiftung toxischer Subtanzen eine zentrale Rolle spielen. Es wurde spekuliert, dass möglicherweise ethnische Gruppen mit speziellen Polymorphismen in einem Cytochrom P450-Gen nicht in der Lage wären, bestimmte biologische bzw. chemische Waffen zu entgiften und deshalb von diesen stärker betroffen sein könnten.

Aus unserer Sicht sind diese Gene jedoch für militärische Zwecke wenig geeignet, da die ethnische Diversität hier in fast allen Fällen eine Variation in den Allelfrequenzen meint und nicht eine Situation, in der eine Population ein Allel überhaupt nicht trägt, während es in einer anderen Population signifikant vertre-

---

[66] Background paper on new scientific and technological developments relevant to the convention on the prohibition of the development, production and stockpiling of bacteriological (biological) and toxin weapons and on their destruction. BWC/CONF.V/4/Add.1, 26. Oktober 2001

[67] Für eine detaillierte Diskussion der problematischen ethnospezifischen genetischen Forschung siehe P. Sankar, M. K. Cho: Toward a new vocabulary of human genetic variation, in: Science 298/2002, S. 1337-1338; P. Aldhous: Geneticist fears ‚race neutral' studies will fail ethnic groups, in: Nature 418/2000, S. 355-356; R. S. Schwartz: Racial profiling in medical research, in: NEJM 344/2001, S. 1392-1393; A. J. Wood: Racial differences in the response to drugs - pointers to genetic differences, in: NEJM 344/2001, S. 1393-1395

ten ist. Zudem besteht das Cytochrom P450-System aus mehreren Dutzend Enzymen mit zum Teil überlappenden Aktivitäten. Es erscheint wenig wahrscheinlich, dass eine bestimmte chemische Substanz entwickelt werden kann, die ausschließlich von einem bestimmten P450 Enzym mit einer echten Populationsspezifität verstoffwechselt wird.

Für eine Entwicklung ethnischer Waffen bedeutet „populationsspezifisch" jedoch mehr als nur eine gewisse Variation von Allelfrequenzen in verschiedenen Bevölkerungsgruppen - es dürfte wohl kaum eine Waffe entwickelt werden, deren genetische Zielsequenz auch in der Bevölkerung des Aggressors vorhanden ist. Aus einer militärischen Perspektive würde „populationsspezifisch"' deshalb bedeuten, dass die entsprechenden Gensequenzen gar nicht oder nur zu einem sehr geringen Teil in einer Population (der des Aggressors) vertreten sind.[68]

Während es sicherlich optimal wäre, wenn ein sehr hoher Anteil - bis zu 100 % - der Zielpopulation die entsprechende genetische Sequenz trägt, ist das keinesfalls eine Grundvoraussetzung für militärisch sinnvolle Waffen. Selbst wenn nur 10 % oder 20 % einer Bevölkerung davon betroffen wären, hätte dies einen katastrophalen Effekt auf die betroffene Armee bzw. Gesellschaft. Das heißt, dass bei einer Diskussion um geeignete genetische Marker für ethnische Waffen solche Gensequenzen relevant sind, die in einer Population eine Frequenz nahe Null und in einer anderen Population eine ausreichend hohe Frequenz aufweisen. Im Rahmen der vorliegenden Untersuchung sind wir davon ausgegangen, dass eine Frequenz von 20 % oder höher als ausreichend für militärische Zwecke angesehen werden kann.

Unsere systematische Suche in zwei Datenbanken hat ergeben, dass derartige genetische Sequenzen in unerwartet hoher Zahl tatsächlich existieren. In dieser Analyse haben wir uns auf so genannte Einzelnukleotid-Polymorphismen (single nucleotide polymorphisms - SNPs) konzentriert, welche die weitaus häufigsten genetischen Variationen im menschlichen Genom darstellen. SNPs sind Variationen in einzelnen Buchstaben der DNA-Sequenz. In den vergangen Jahren wurden mehrere Millionen SNPs durch verschiedene industrielle oder öffentlich finanzierte Institutionen identifiziert. Das SNP Consortium (TSC), das von meh-

---

[68]   Es stellt sich allerdings die Frage, wie gut diese ‚Null'-Frequenz auf Seiten des Angreifers tatsächlich sein muss. Das könnte stark vom jeweiligen Effekt der ethnischen Waffe sowie vom politischen System des Aggressors abhängen. So ist es vorstellbar, dass Diktaturen einen gewissen ‚Kollateralschaden' in der eigenen Bevölkerung eher in Kauf nehmen würden als andere Gesellschaften. Auch wenn die jeweilige Waffe nicht tödlich wirkt, sondern eher langfristige Effekte wie Sterilität hervorruft, ist es gut möglich, dass Opfer in den eigenen Reihen eher in Kauf genommen werden. Bei einem Einsatz in Kriegssituationen bzw. bei Gefechten könnte ein Angreifer auch die eigenen Soldaten entsprechend auswählen bzw. gezielt vorab behandeln.

reren pharmazeutischen Firmen und gemeinnützigen Organisationen getragen wird, unterhält eine öffentlich zugängliche Datenbank mit einer großen Zahl an SNPs. Eine andere Datenbank, die SNP500Cancer Database, wird vom Cancer Genome Anatomy Project der US National Institutes of Health betrieben. In beiden Datenbanken finden sich für einige SNPs Angaben zu Allelfrequenzen in verschiedenen Populationen. Wir haben fast 300 SNPs aus kodierenden Regionen oder Genen[69] aus beiden Datenbanken analysiert. Ein unerwartet hoher Anteil davon war tatsächlich populationsspezifisch: Bei 6,7 % der SNPs in der TSC-Datenbank (siehe Tabelle 1) und bei 1,6 % der SNPs der SNP500Cancer Database[70] war ein Allel in einer der untersuchten Populationen überhaupt nicht vertreten, während es gleichzeitig eine Frequenz von mindestens 20 % in wenigstens einer anderen Population hatte.

Chrom.	Anzahl der SNPs mit TSC-ID und Frequenzdaten für zwei oder mehr Populationen	0 : ≥ 1 % (n)	0 : ≥ 10 % (n)	0 : ≥ 20 % (n) (pop:pop)	TSC-ID
1	17	5	2	1 (A:K)	1166809
2	18	4	2	1 (A:AA)	0493622
				1 (A:AA)	0231219
3	8	1	1	1 (A:AA)	0207612
4	12	1	1		
5	9	1	1		
6	9	3	3	1 (K:AA)	1104025
7	8	2	1		
8	11	2	2	1 (K,A:AA)	0668661
9	7	2	1	1 (A:AA)	0815601
10	6	0			
Total (n) (%)	105 (100 %)	21 (20 %)	14 (13,3 %)	7 (6,7 %)	

Tabelle 1: Ethnisch spezifische SNPs in der TSC-Datenbank

[69] Wie bereits oben diskutiert ist es wohl heute noch eine Grundbedingung ethnischer Waffen, dass die Zielsequenzen nicht in ruhenden Teilen des humanen Genoms liegen, sondern in kodierenden Sequenzen mit einer aktiven Funktion im menschlichen Körper. Solange keine neuen Technologien zur Verfügung stehen, die sogar inaktive genomische Sequenzen in einen gewünschten biologischen Effekt umsetzen können, scheint dies die Voraussetzung dafür zu sein, genetische Variation in Waffeneffekte umzusetzen.
[70] www.snp500cancer.nci.nih.gov/snplist.cfm. Größer/gleich 10 % in einer anderen Population. Drei davon (1,6 %) hatten eine Frequenz von größer/gleich 20 % in einer Population.

Die SNPs aus der TSC-Datenbank[71] wurden hinsichtlich ihrer Populationsspezifität[72] untersucht. Die TSC-Datenbank unterscheidet zwischen kaukasischen, asiatischen und afro-amerikanischen Proben.[73] Von 105 zufällig ausgewählten SNPs[74] in kodierenden Regionen des menschlichen Genoms hatten 21 ein Allel mit einer Frequenz von 0 % in einer Population. 14 davon hatten eine Frequenz von $\geq$ 10 % in mindestens einer anderen Population und von diesen wiederum hatten 7 (6,7 % aller untersuchten SNPs) eine Frequenz von über $\geq$ 20 % in einer Population. Ein ähnlicher Befund findet sich auch bei Stephens u. a.[75], die insgesamt 1.452 SNPs von insgesamt 3.899 (37,2 %) als populationsspezifisch identifiziert haben.

In einigen Fällen können die Frequenzunterschiede sogar sehr hoch sein. So fand sich unter den 105 SNPs aus der TSC-Datenbank ein SNP (TSC-Codenummer TSC0493622) mit einem 0 : 94 % Verhältnis zwischen zwei Populationen (siehe Abbildung 1). Das G-Allel dieses SNP hatte eine Frequenz von 94 % in der afro-amerikanischen Population, während es in der Gruppe der Asiaten überhaupt nicht zu finden war. Die Funktion des betreffenden Gens ist unbekannt. Ein anderes Beispiel für einen vergleichsweise hohen Frequenzunterschied ist ein Polymorphismus im Gen für den Melanocortin-1 Rezeptor, ein Enzym, dass eine Rolle bei der Ausbildung der Hautfarbe spielt. In einer Studie von Rana u. a.[76] war dieser Polymorphismus mit einer Frequenz von 70 % in Ost- und Südostasiaten vertreten, während er bei Afrikanern überhaupt nicht nachweisbar war.

---

[71]   www.snp.cshl.org, 24. Juni 2003

[72]   Legende: In diesem Programm wurde das Genom von insgesamt 102 Individuen untersucht, die nach eigenen Angaben folgender Abstammung waren: Afro-Amerikaner (24 Individuen), Kaukasier (31), Hispanics (23), Pazifik (pacific rim, 24). In dieser Datenbank haben wir 193 zufällig ausgewählte SNPs (alle validierten SNPs in den Chromosomen 6 und 10) analysiert. Insgesamt zeigten davon 24 SNPs (12 %) eine Frequenz von 0 % in einer Population und pop - Population; A - asiatisch; K - kaukasisch, AA - afro-amerikanisch (A:K heißt beispielsweise, dass das Allel in der asiatischen Population gar nicht vertreten war und seine höchste Frequenz in der kaukasischen Population hat).

[73]   Für eine Beschreibung der Populationen siehe
www.snp.cshl.org/allele_frequency_project/panels.shtml

[74]   Es wurden alle SNPs in kodierenden (synonyme wie non-synonyme) Regionen mit einer TSC-ID Nummer und mit Angaben zu Allelfrequenzen in mindestens zwei Populationen in den jeweils ersten 100 MB der Chromosomen 1-10 analysiert.

[75]   J. C. Stephens, J. A. Schneider, D. A. Tanguay u. a.: Haplotype variation and linkage disequilibrium in 313 human genes, in : Science 293/2001, S. 489-493

[76]   B. K. Rana, D. Hewett-Emmett: High polymorphism at the human melanocortin 1 receptor locus, in: Genetics 151/1999, S. 1547-1557

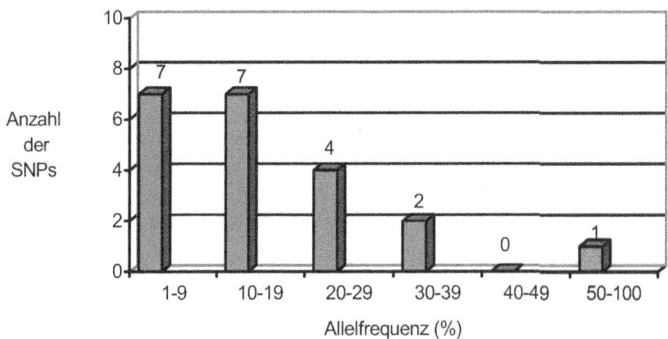

Abbildung 1: Frequenz der 21 populationsspezifischen Allele in der TSC-Datenbank

Ein Großteil der populationsspezifischen Allele hat eine eher geringe Frequenz von meist unter 20 %. Bei insgesamt 7 SNPs lag jedoch die Allelfrequenz höher, eines davon hatte sogar eine Frequenz von 94 % in einer Population. Lag ein Allel in mehreren Populationen vor, wurde für diese Abbildung die jeweils höchste Frequenz gewählt.

Die hier vorgestellten Zahlen müssen unter einem Gesichtspunkt relativiert und vorsichtig interpretiert werden. Die Zahlen in beiden Datenbanken sowie die in der Arbeit von Stephens u. a. basieren auf der Untersuchung von nur wenigen Individuen in jeder der untersuchten Populationen.[77] Dementsprechend könnten Allele mit einer sehr geringen Frequenz in einer Population nicht erfasst worden sein. Es ist deshalb sehr wahrscheinlich, dass einige Allele, die in den Datenbanken mit 0 % in einer der untersuchten Populationen gelistet sind, in der Realität eine Frequenz von über 0 % aufweisen. Das heißt, dass ein gewisser Teil der als „populationsspezifisch" identifizierten Allele in der Realität nicht wirklich populationsspezifisch ist.

Andererseits kann jedoch sicher davon ausgegangen werden, dass zumindest bei einigen dieser Allele eine echte Populationsspezifität vorliegt, selbst wenn weitaus größere Individuenzahlen getestet würden. Dafür gibt es in der Literatur bereits Beispiele. So ist das Allel *3A der Thiopurin Methyltransferase - ein En-

---

[77]   Die SNP500Cancer Database basiert auf 23-31 Individuen je Bevölkerungsgruppe; die Zahlen in der TSC-Datenbank basieren auf verschiedenen Untersuchungsgruppen, von denen die meisten zwischen 12 und 42 Individuen je Population umfassen; J. C. Stephens u.a (s.o.) haben in jeder Gruppe 18-21 Individuen erfasst.

zym, das im Stoffwechsel einiger Medikamente eine Rolle spielt - bislang nicht in ostasiatischen Bevölkerungsgruppen gefunden worden, obwohl insgesamt 1.068 Individuen im Rahmen von fünf unabhängigen Studien daraufhin untersucht wurden.[78] Das Allel *3A ist das bei weitem häufigste mutierte Allel dieses Enzyms in europäischen Bevölkerungsgruppen.

Zusammenfassend kann man festhalten, dass eine signifikante Anzahl populationsspezifischer SNPs existiert. Es wird heute davon ausgegangen, dass beim Menschen ein SNP auf ca. 200 Basenpaare kommt.[79] Bei insgesamt drei Milliarden Basenpaaren würden also insgesamt 15 Millionen SNPs im menschlichen Genom liegen. Wenn in einer vorsichtigen Schätzung davon ausgegangen wird, dass nur 0,1 %[80] populationsspezifisch sind, könnten insgesamt 15.000 genetische Zielsequenzen für künftige Ethnowaffen existieren.

Von einigen der hier identifizierten populationsspezifischen SNPs ist die natürliche Funktion bekannt. So liegt der SNP mit der Codenummer rs2894804 aus der SNP500Cancer Datenbank in einem Gen namens GSTA1, das für Glutathion S-Transferase kodiert. Dieses Enzym hat eine wichtige Funktion in der Entgiftung von toxischen Substanzen wie Karzinogenen, pharmazeutischen Wirkstoffen oder Umweltgiften. Eines der Allele in GSTA1 war in einer afroamerikanischen Population mit einer Frequenz von 23 % vertreten, während es in keiner der anderen drei Populationen gefunden wurde.

Es kann als sicher gelten, dass ethnische Waffen heute noch nicht existieren und wohl auch kaum innerhalb der kommenden Jahre realisiert werden. Der Glaube jedoch, dass sie grundsätzlich und schon theoretisch gar nicht machbar wären, muss als überholt gelten. Es ist nur noch eine Frage der Zeit, bis die entsprechenden Techniken zur Verfügung stehen - und es spricht heute technisch nichts dagegen, dass sie dann auch eingesetzt werden. Eine effektive Kontrolle biologischer Waffen existiert derzeit praktisch nicht. Deshalb müssen jetzt und heute konkrete Schritte eingeleitet werden, um die Produktion und den Einsatz derartiger Waffen in Zukunft zu verhindern.

Ein wichtiger Schritt liegt darin, ethnisch-spezifische genetische Daten auf ein absolutes Minimum zu begrenzen. Tatsächlich sind wir heute jedoch mit einer gegenläufigen Entwicklung konfrontiert. In verschiedenen Bereichen werden zur Zeit umfangreiche genetische Daten von verschiedenen Bevölkerungsgrup-

---

[78] J. van Aken, M. Schmedders, G. Feuerstein, R. Kollek: Prospects and Limits of Pharmacogenetics: the TPMT Experience, in: Am J Pharmacogenomics 3/2003, S. 149-155

[79] J. A. Schneider, M. S. Pungliya, J. Y. Choi, R. Jiang u. a.: DNA variability of human genes, in: Mechanism of Ageing and Development 124/2003, S. 17-25

[80] Im Vergleich zu den 6,7 % bzw. 1,6 % in unserer Analyse

pen analysiert und gesammelt. Wir wollen hierfür im Folgenden Beispielprojekte benennen.

5.2.1 Pharmakogenetik und Pharmakogenomik

Zunehmend werden klinische Studien an pharmakogenetisch relevanten Genen durchgeführt, die möglicherweise einen Einfluss auf die (Neben-)Wirkung von Medikamenten haben. Darunter fallen zum Beispiel Gene für Enzyme im Stoffwechsel von Medikamenten wie das Cytochrom P450-System, aber auch Gene für Transportproteine oder für Zielstrukturen von Medikamenten.[81] Um pharmakogenetische Tests weltweit oder in multikulturellen Gesellschaften sicher implementieren zu können, müssen verlässliche Daten zu den Frequenzen der entsprechenden Allele in allen relevanten Bevölkerungsgruppen vorliegen. Dementsprechend werden derzeit in vielen pharmakogenetischen Studien im großen Maßstab ethnisch-spezifische genetische Daten erhoben - eine mögliche Fundgrube für künftige Biowaffen-Konstrukteure. Dieses Problem könnte jedoch vermieden werden, da heute bereits Techniken existieren, um Allelfrequenzen in Mischproben von mehreren 100 Individuen zu bestimmen. Es könnten also Proben von allen betroffenen Bevölkerungsgruppen in einer Mischprobe zusammengefasst werden, so dass einerseits keine ethnisch-spezifischen genetischen Daten erhoben werden müssten, andererseits jedoch die Forderung der Pharmakogenetik nach einer lückenlosen Erfassung aller relevanten Allele in allen relevanten Populationen erfüllt werden könnte. Die Pharmakogenetik ist aus Sicht der ethnischen Waffen ein besonders heikles Feld, da hier insbesondere solche Gene untersucht werden, die eine Rolle im Stoffwechsel von Medikamenten und anderen Giftstoffen spielen und deshalb möglicherweise besonders leicht als Auslöser für einen biologischen (Waffen-)Effekt benutzt werden könnten.

5.2.2 Das HapMap Projekt

Im Oktober 2002 wurde ein internationales Projekt zur Kartierung von so genannten Haplotypen[82] im menschlichen Genom initiiert.[83] Das 100 Millionen US-Dollar schwere Projekt wird von öffentlichen und privatwirtschaftlichen Institutionen getragen. Im Rahmen des HapMap Projektes wird die genetische Va-

---

[81] Für eine Übersicht siehe: R J. van Aken, M. Schmedders, G. Feuerstein, R. Kollek: Prospects and Limits of Pharmacogenetics: the TPMT Experience, in: Am J Pharmacogenomics 3/2003, S. 149-155

[82] Haplotypen sind Blöcke miteinander gekoppelter SNPs in einem Genom. Sie gelten heute als eines der besten Werkzeuge für die Untersuchung genetischer Variation im menschlichen Genom.

[83] Mehr Details unter www.hapmap.cshl.org.

riation von vier Populationen untersucht: Han-Chinesen, Japaner, Yorubas in Nigeria und US-Bürger europäischer Abstammung. Es kann davon ausgegangen werden, dass das HapMap Projekt umfangreiche genetische Marker generieren wird, die für jede der vier Populationen spezifisch sind.

5.2.3 Forensische Genetik

Der genetische Fingerabdruck zum Abgleich der DNA eines Verdächtigen mit einer Spur vom Tatort ist bereits fest in der Kriminaltechnik etabliert. Mittlerweile geht die Entwicklung jedoch bereits einen Schritt weiter. Vor allem in den USA wird versucht, aus einer DNA-Spur vom Tatort zusätzliche Informationen über den Täter herauszuholen. Erste Ansätze zur Abschätzung der ethnischen Zugehörigkeit eines Täters aufgrund der hinterlassenen DNA-Spuren gibt es bereits.[84] Erst kürzlich hat das US National Institute of Justice der University of Arizona einen Auftrag über 496.000 US-Dollar erteilt, um Techniken zur Vorhersage der Hautfarbe anhand einer DNA-Probe zu entwickeln.[85] Die US Firma DNA Print Genomics Inc. bietet kommerzielle Tests zur Bestimmung der „race proportions" anhand von DNA-Proben an, obwohl diese Techniken noch als umstritten gelten.[86] Diese Entwicklungen - so sie denn überhaupt erfolgreich sind - müssen nicht unbedingt für ethnische Waffen relevant sein, da sie in der Regel wohl eher auf Variationen in Allelfrequenzen basieren und weniger auf populationsspezifischen Gensequenzen im oben erläuterten Sinne (0 % : ≥ 20 % Allelfrequenz). Wenn allerdings im Rahmen der forensischen Genetik systematisch nach ethnisch spezifischen Gensequenzen gefahndet wird, kann nicht ausgeschlossen werden, dass hier auch der eine oder andere Marker identifiziert wird, der für eine ethnische Waffe nutzbar wäre.

5.2.4 Weitere Projekte

Einige humangenetische Projekte erfassen genetische Daten in sehr spannungsgeladenen Gegenden, darunter Arbeiten zu ethnisch-[87] oder gar kasten-

---

[84]   M. D. Shriver, M. W. Smith u. a.: Ethnic-affiliation estimation by use of population-specific DNA markers, in: Am J Hum Gent 60/1997, S. 957-964

[85]   NIJ grant number 2002IJCXK010.

[86]   C. H. Brenner : Difficulties in the estimation of ethnic affiliation, in: Am J Hum Genet 62/1998, S. 1558-1560

[87]   N. P. Bhattacharyya, P. Basu u. a.: Negligible male gene flow across ethnic boundaries in India, revealed by analysis of Y-chromosomal DNA polymorphisms, in: Genome Res 9/1999, S. 711-719

spezifischen[88] Genen in Indien, oder zu genetischen Unterschieden zwischen der baskischen und der nicht-baskischen Bevölkerung in Spanien.[89] Eine sorgfältige Abwägung des Nutzens - so es einen gibt - und des Missbrauchsrisikos solcher Projekte scheint dringend erforderlich zu sein.

6 Empfehlungen

Die Beispiele haben gezeigt, wie mit Hilfe der Gentechnik klassische Biowaffen-Erreger noch gefährlicher gemacht werden können, dass der Zugang zu gefährlichen Erregern erleichtert wird, neuartige Biowaffen-Agenzien entwickelt werden können und vor allem vollkommen neue Arten biologischer Waffen perspektivisch möglich werden. Es liegt jetzt in der Verantwortung von Politik und Wissenschaft weltweit, der gestiegenen Bedrohung durch biologische Waffen entschieden entgegenzutreten, das Biowaffenverbot zu stärken und besonders missbrauchsgefährdete Technologien besser zu kontrollieren.
Während die wissenschaftlichen Erkenntnisse und Technologien in den verschiedenen Beispielen jeweils sehr real sind und den gegenwärtigen Wissensstand widerspiegeln, hat in den meisten Fällen ein militärischer Missbrauch (hoffentlich) noch nicht stattgefunden. So wurde unseres Wissens beispielsweise die Terminator Technologie noch nicht für militärische Zwecke missbraucht - sobald sie sich jedoch weltweit als Mittel des Patentschutzes für die Biotechnologieindustrie durchsetzt, ist es nur noch ein sehr kleiner Schritt bis zu einer feindseligen Nutzung.
Bei allen diesen Beispielen muss beachtet werden, dass Gentechnik, Genomik und Biotechnologie noch ganz am Anfang einer Entwicklung stehen, deren weitere Zukunft wir uns heute kaum ausmalen können. In den nächsten Jahren und Jahrzehnten werden immer neue Techniken mit immer neuen militärischen Missbrauchspotentialen auf uns zu kommen. Sehr wahrscheinlich werden dann die gentechnischen Eingriffe an den klassischen Biowaffen-Erregern nur noch eine marginale Rolle spielen. Sehr viel bedrohlicher werden neuartige Waffensysteme für die zunehmend diversen Konfliktformen sein, mit denen wir künftig vermehrt konfrontiert sein werden.

---

[88] M. Bamshad, T. Kivisild u. a.: Genetic evidence on the origins of Indian caste populations, in: Genome Res. 11/2001, S. 994-1004

[89] M. I. Arrieta, B. Martinez u. a.: Study of trimeric tandem repeat locus (SBMA) in the Basque population: comparison with other populations, in: Gene Geogr. 11/1997, S. 61-72

Um einen feindseligen Missbrauch der Biologie für jetzt und alle Zeiten zu verhindern, sollte heute ein ganzes Bündel verschiedener Maßnahmen angegangen werden. Vor allem muss das Biowaffen-Übereinkommen durch ein rechtsverbindliches, multilaterales Verifikationsabkommen ergänzt und gestärkt werden. Darüber hinaus sind drei Schritte von besonderer Dringlichkeit, die wir im Folgenden benennen.

6.1 Einstellung von Projekten

Alle Projekte, die gegen die C- und B-Waffen-Übereinkommen verstoßen, müssen unverzüglich eingestellt werden. In den Vereinigten Staaten betrifft das die Entwicklung von Material zerstörenden Mikroben, so genannten „nicht-tödlichen" (bio)chemischen Waffen und Pilzen zur Vernichtung von drogenproduzierenden Pflanzen. Auch andere Staaten mit vergleichbaren Programmen - beispielsweise Russland - müssen diese Projekte unverzüglich einstellen. Derartige Entwicklungen unterminieren die Bio- und Chemiewaffen-Übereinkommen und senken die Schwelle zum Einsatz von biologischen bzw. chemischen Waffen immer weiter ab. Mit diesen Programmen begeben sich die Staaten auf einen gefährlichen Kurs, der schnell in den militärischen Einsatz dieser und anderer biologischer bzw. chemischer Waffen führen kann. Zudem werden zunehmend noch andere Staaten ermutigt, selbst neue biotechnologische Waffen zu entwickeln. Ein ungehemmtes biologisches Wettrüsten wäre die unausweichliche Folge.

6.2 Grenzziehung und Transparenz

Regierungen sollten der biologischen Verteidigungsforschung enge Grenzen setzen und ein Höchstmaß an Transparenz garantieren. Eine derartige Grenzsetzung sowie Garantie ist erforderlich, um die Entwicklung offensiver Technologien unter dem Deckmantel der Defensivforschung zu verhindern. Wir fordern alle Regierungen auf, sich die Prinzipien des „Government Undertaking on Biodefense Programs"[90] des Sunshine Project zu eigen zu machen. Darin findet sich mit Blick auf neue biotechnologische Entwicklungen das Prinzip, im Rahmen der Abwehrforschung keine gentechnischen Versuche durchzuführen, bei denen Organismen mit einem erhöhten offensiven Waffenpotential entstehen, d. h. mit einer Resistenz gegen Medikamente, erhöhter Umweltresistenz oder einer erhöhten Infektiosität.

---

[90] Mehr dazu online unter: www.sunshine-project.de

6.3 Einschränkung ganzer Forschungsrichtungen

Im Einzelfall sollte auch eine Einschränkung bestimmter Forschungsrichtungen erwogen werden. Eine Einschränkung empfiehlt sich dann, wenn ein militärischer Missbrauch sehr wahrscheinlich erscheint, keinerlei effektive Rüstungskontrollmaßnahmen zur Verfügung stehen, um einen solchen Missbrauch zu verhindern bzw. aufzudecken, und wenn alternative Verfahren potenziell zur Verfügung stehen, um das jeweilige wissenschaftliche Ziel anderweitig zu erreichen. Wie in diesem Beitrag ausführlich dargelegt, treffen diese Kriterien insbesondere für die Produktion bioaktiver Substanzen in Nahrungsmittelpflanzen und auf einige Aspekte der Pharmakogenetik zu. Gegenwärtig wird, vor allem in den USA, mit Blick auf mögliche bioterroristische Aktivitäten eine Beschränkung bzw. Selbstbeschränkung der wissenschaftlichen Publikationsfreiheit diskutiert. Damit ist jedoch die Gefahr verbunden, dass gerade sensible Forschungsbereiche sich zunehmend einer öffentlichen Kontrolle entziehen. Umfassende Transparenz ist eine Grundbedingung biologischer Rüstungskontrolle. Deshalb erscheint es sinnvoller, bestimmte sensible Informationen bzw. Technologien durch eine entsprechende Kontrolle der Forschung von vornherein gar nicht erst zu erzeugen.

7 Zusammenfassung

„Emerging diseases", neu auftretende Infektionskrankheiten, werden oft als weltweite Gesundheitsgefahr thematisiert. Die Bedrohung durch diese neuen Krankheitserreger wird jedoch möglicherweise schon bald durch eine andere Entwicklung in den Schatten gestellt, durch „emerging technologies", neue Technologien, die neue missbräuchliche Anwendungen von Bio- und Gentechnologie ermöglichen könnten.

Wir haben diesbezüglich ein breites Spektrum möglicher militärischer Anwendungen von Biotechnologie, Gentechnik und Genomik vorgestellt. So können klassische Biowaffen-Agenzien wie Milzbrand oder Pestbakterien durch einfache genetische Veränderungen noch effektiver gemacht werden. Mit Hilfe genetischer bzw. genomischer Techniken lassen sich schon bald gefährliche Viren wie die Erreger von Pocken, Ebola oder der Spanischen Grippe künstlich im Labor erzeugen und damit bisherige Zugangsbeschränkungen umgehen. Und es werden vollkommen neue Waffenarten denkbar, die so bislang nicht möglich waren, darunter z. B. die Verwendung von entsprechend genveränderten Nahrungspflanzen als Waffe oder ethnisch spezifische Waffen, die auf der Basis neuer Humangenom-Daten heute möglich erscheinen.

Noch kann hoffentlich davon ausgegangen werden, dass diese neuartigen Waffensysteme nicht in die Praxis umgesetzt wurden - die dafür notwendigen wissenschaftlichen Erkenntnisse und Technologien stehen jedoch bereits zur Verfügung. Ohne umfassende Maßnahmen zur Kontrolle biologischer Waffen werden sich militärische Anwendungen der Bio- und Gentechnologie in Zukunft wohl kaum mehr verhindern lassen. Angesichts dieser zugespitzten Situation hat auch das Internationale Komitee des Roten Kreuzes kürzlich an die Regierungen dieser Welt appelliert, konkrete Maßnahmen einer biologischen Rüstungskontrolle zu ergreifen.

Perspektivisch lassen sich Verstöße gegen das Biowaffen-Übereinkommen nur durch ein rechtsverbindliches, multilaterales Abkommen zur Überprüfung des Biowaffen-Verbots verhindern. Auch ohne ein solches Abkommen, das derzeit am Widerstand vor allem der US-Regierung scheitert, lassen sich jedoch schon jetzt verschiedene Maßnahmen realisieren:

Erstens: Eine Einstellung aller Projekte, die gegen die C- und B-Waffen-Übereinkommen verstoßen. Dies gilt insbesondere für die so genannten ‚nicht-tödlichen' Chemiewaffen in Russland und den USA sowie für Material zerstörende Biowaffen.

Zweitens: Klare Grenzen für die biologische Verteidigungsforschung, um die Entwicklung offensiver Technologien unter dem Deckmantel der Defensivforschung zu verhindern.

Drittens: Die Beschränkung von Forschungsprojekten mit hohem militärischen Missbrauchspotenzial und nur geringem zivilen bzw. medizinischen Nutzen.

Was vielleicht auf den ersten Blick wie Science-Fiction anmutete, hat leider einen sehr realen Hintergrund.

Resümee

Achim Bühl

Zu Beginn des 21. Jahrhunderts verändern sich unsere Kenntnisse auf dem Gebiet der Gen- und Biotechnologien in rasantem Tempo. Positionen, die noch vor der Jahrtausendwende für ehernes Lehrbuchwissen gehalten wurden, fallen der Revision anheim. Beispielhaft ist hierfür die Bezeichnung „Junk DNA". Wurde noch vor der Jahrtausendwende die Position vertreten, dass diese Teile des Genoms funktionslos seien und daher nicht unter den Gen-Begriff fallen - es sich um „Daten-Müll" handele -, so wird von Jahr zu Jahr immer deutlicher, dass es sich um außerordentlich wichtige genregulatorische Bestandteile handelt. Was gestern noch Müll war, ist heute genomisch betrachtet zum Erkennen von Startpunkten bei der Initiation der Transkription sowie bei der Genregulation während der Zellteilung funktionell entscheidend und unverzichtbar. Sequenzen, die vor der Jahrtausendwende als der „unwesentliche Rest" unseres Erbgutes galten, übernehmen von unserem heutigen Kenntnisstand aus betrachtet existentielle Funktionen in unserem Organismus und können im negativen Falle auch genetisch bedingte Krankheiten auslösen.

In Bezug auf die sogenannte „nichtcodierende DNA" zeichnet sich eine „stille Revolution" ab, ein Umdenken, das - wenn auch nur langsam und zögerlich - zur Kenntnis nimmt, dass der „Genmüll" von einst eine Vielzahl von RNA produziert, deren funktionelle Implikationen außerordentlich hoch zu taxieren sind. Die Umwertung betrifft folglich nicht nur die „nichtcodierende DNA", sondern auch die RNA, die stets nur als Assistent der Proteinsynthese betrachtet wurde, während die Resultate jüngerer Forschungsprojekte verdeutlichen, dass sie „in den Zellen eine wichtige und direkte Rolle bei der Synthese von Proteinen" spielt.[1]

Die sogenannte „Junk-DNA" ist nur ein Beispiel unter vielen. Es stellt sich folglich die Frage, ob es nicht berechtigt ist, nach der Jahrtausendwende von einer „neuen Genetik" zu sprechen, deren Maximen sich erst noch konkretisieren müssen, die aber gleichwohl mit den reduktionistischen Vorstellungen der „alten Genetik" bricht.

---

[1] www.g-o.de/wissen-aktuell-5954-2007-01-22.html

Das Humangenom-Projekt (HGP) erscheint im nachherein betrachtet als entscheidender Wendepunkt. Ohne seine wissenschaftliche Bedeutung zu relativieren, ist das HGP ein Resultat des Denkens der „alten Genetik", die sich treffend als „genetischer Determinismus" charakterisieren lässt, und stellt zugleich ein Symbol für die Krise des Biologismus sowie seines „1:1-Paradigmas" dar. Die „Entschlüsselung" der menschlichen DNA belegt, dass die systemische Komplexität des menschlichen Genoms - ja auch die von tierischen und pflanzlichen Genomen - vollständig neu zu veranschlagen ist. Die begrenzte Zahl menschlicher Gene verweist dergestalt betrachtet auf die Grenzen der reduktionistischen Sichtweise von einst. Der Mensch ist nicht nur sozial betrachtet mehr als die Summe seiner Gene, er ist es auch in physischer, medizinischer, psychischer, geistiger und sonstiger Hinsicht.

Im Herbst 2008 - dem Zeitpunkt des Redaktionsschlusses dieses Buches - befinden wir uns noch im langwierigen Übergangsprozess von der „alten" zur „neuen Genetik", vom „genetischen Determinismus" zur „systembiologischen Epi-Genetik". Eine solche Transformation wissenschaftlicher Leitmaximen mag mit großen Verunsicherungen, mit Suchprozessen und Neuorientierungen verbunden sein - doch sie ist vor allem eine Chance zum Nachdenken, zur kritischen Reflexion, zum Innehalten.

Ein solcher Prozess des Überdenkens wissenschaftlicher Lehrsätze, die in Auflösung begriffen sind, ist nicht zuletzt für die Technikfolgenabschätzung von Relevanz. Mahnt ein solcher Transformationsprozess doch vor wissenschaftlicher Hybris, vor dem Überschätzen unseres (naturwissenschaftlichen) Wissens. Das Humangenom-Projekt ist zu einem solchen Sinnbild des Warnens geworden, zu einem Zeichen dafür, dass wir nicht an einem Endpunkt („Entschlüsselung") angelangt sind, sondern erst eine Tür und diese nur einen Spaltbreit geöffnet haben.

Um die den Gen- und Biotechnologien immanenten Risiken nicht zu unterschätzen, besteht eine mögliche Stärke im Umgang mit transformatorischer Verunsicherung im Bekenntnis zum Sokratischen Prinzip des „Ich weiß Nichts". Auf dem Feld der Lebenswissenschaften gilt gar das Prinzip, dass wir derzeit noch nicht einmal wissen, was wir (alles) nicht wissen.

Für die Technikfolgenabschätzung ist ein solcher Übergangsprozess zugleich ein deutlicher Hinweis auf die mit den (post)modernen Lebenstechnologien verbundenen Risiken. Die Technikfolgenabschätzung der Gen- und Biotechnologien befindet sich in einem doppelten Dilemma; zum einen gilt es einen Reflexionsprozess einzuleiten, der die bereits vorhandenen neuen Kenntnisse der „neuen Genetik" risikoanalytisch auslotet und neu vermisst und zum anderen ist es erforderlich, einen kritischen Blick dafür zu bewahren, dass der vermutlich größere Teil des Risikos sich noch in einer „Black Box" befindet, d. h. in dem Bereich dessen, was wir alles (derzeit) nicht wissen und von dem wir wiederum zum größeren Teil noch nicht einmal wissen, dass wir es nicht wissen.

Die Krise des „genetischen Determinismus" deckt die offensichtlichen Schwächen einer alten Gen- und Biotechnologie, die sich bewusst oder unbewusst als eine Ingenieurswissenschaft verstanden hat, schonungslos auf. Die Natur ist eben kein toter Gegenstand, den man beliebig mit Genkanonen beschießen kann. Die Krise verlangt nach der bereits von Hans Jonas eingeforderten Einsicht, dass die Zahl der Unbekannten im Gesamtplan des Lebens riesig ist.[2] Biologische Technik lässt sich nicht mit konventioneller Technik gleichsetzen.

Die Gefahren der (post)modernen Lebenstechnologien ergeben sich ferner daraus, dass sich diese erneut mit Praktiken der Dehumanisierung verknüpfen könnten. Ein solches Risiko ist den Gen- und Biotechnologien immanent und ergibt sich aus der Genese der (Human-)Genetik, deren Historie nahezu unauflöslich mit eugenischen Bewegungen verbunden ist.

Der potentiell nicht auszuschließende (Irr-)Weg zu einer „biomächtigen Gesellschaft" stellt dergestalt betrachtet ein Risikoszenario dar, das mit dem Anwachsen eugenischer Tendenzen verbunden wäre. Elitäre Samenbanken, eugenische Inzestverbote - ausgesprochen durch das Bundesverfassungsgericht - sowie Screeningprogramme auf Bevölkerungsebene, deren (positive) Resultate zum Entzug der Heiratserlaubnis führen, sind innerhalb Europas nur einige bereits existente Beispiele dafür, dass die Position, die Eugenik sei ein für allemal durch die Verbrechen des deutschen Nationalsozialismus diskreditiert, eine irrige Annahme darstellt.

Das Warnen vor immanenten Gefahren technologischer Entwicklungen darf indes nicht zur Technikfeindlichkeit führen. Dies belegt nicht zuletzt eine kritische Auseinandersetzung mit der „Janusköpfigkeit der Pränataldiagnostik". Einseitige Kritiken an der Pränataldiagnostik übersehen, dass es mit ihrer Hilfe gelungen ist, eine rein reagierende, mechanische Geburtshilfe in eine planbare agierende Geburtsmedizin zu verwandeln, mit deren Hilfe sich vielfältige negative Geburtseffekte vermeiden lassen. Die informative, die behandelnde sowie die operative Seite der PND sind heute in der Lage, die Schwangere umfassend auf die Geburt vorzubereiten sowie im gegebenen Fall lebenswichtige Maßnahmen für die Schwangere und/oder das Kind zu ergreifen.

---

[2]   Hans Jonas: Technik, Medizin und Ethik. Zur Praxis des Prinzips Verantwortung, Frankfurt a. M. 1985, S. 169

Die negative Seite der PND liegt vor allem darin, dass diverse Mechanismen den Übergang von einer rein freiwilligen Inanspruchnahme zu einem pflichtmäßigen Einsatz bewirken könnten. Die Tatsache, dass noch nach der Jahrtausendwende Gynäkologen - wenn auch nur vereinzelt - die Ansicht vertreten, die PND sei zwecks Kostensenkung im Gesundheitswesen ökonomisch erforderlich, verdeutlicht, dass mit der Pränataldiagnostik eugenisches Gedankengut verbunden ist und sich Tendenzen in eine eugenische Richtung manifestieren könnten.

Derart berechtigte Befürchtungen dürfen indes nicht dazu führen, die Gefahr der Eugenik als Argument gegen die Entscheidungsfreiheit der Schwangeren im Sinne eines potentiellen Schwangerschaftsabbruchs zu missbrauchen. Termini wie „Eugenik von unten" oder „Früheuthanasie" stellen in diesem Kontext nicht nur eine Verharmlosung der Realitäten der „Rassenhygiene" des deutschen Faschismus dar, sondern sind zugleich auch eine offene Diskriminierung von Frauen, die von ihrer Entscheidungsfreiheit Gebrauch machen (wollen). Die Äußerung, dass es sich beim Schwangerschaftsabbruch um eine „Eugenik von unten" handelt, ist eine gesellschaftliche Missachtung der Meinung Andersdenkender im Kontext des § 218 und verkennt die eigentliche der PND immanente Gefahr, dass nämlich der Staat erneut dirigistische Maßnahmen ergreifen könnte, um Druck auf die Schwangere auszuüben und dergestalt eugenische Praxen reanimiert würden.

Negative Reproduktionsszenarien können auch mit der PID verbunden sein. Der Staat einer (möglichen) biomächtigen Gesellschaft könnte das Ziel verfolgen, die „natürliche Zeugung" zu Hause durch den kontrollierten Zugang in vitro inklusive umfassender PID zu ersetzen. Eugenische Diskurse über die staatsbürgerliche Pflicht zur „Gesundheitsverbesserung" könnten die PID im Kontext reduktionistischer „Enthüllungen" der Medien, dass Krankheiten, Immunschwächen und Allergien auf genetische Veranlagungen zurückzuführen seien, als einzige Möglichkeit gesunder Fortpflanzung erscheinen lassen.

Wie die PND, so verfügt auch die in Deutschland verbotene PID über eine Janusköpfigkeit. Sie kann missbraucht werden, aber andererseits auch zur Lösung komplexer Dilemmatasituationen eingesetzt werden und dergestalt dabei helfen, die Reproduktionsfreiheit betroffener Paare zu erhöhen. Die derzeit vorliegenden Befunde sprechen sowohl bei der PND wie bei der PID nicht für die häufig befürchtete direkte Verbindung zwischen Reproduktionsmedizin und Behindertenfeindlichkeit. Die Diskriminierung von Behinderten dürfte wohl auch eher durch pädagogische, politische und soziale Mittel zu bekämpfen sein als durch ein strafrechtliches PID-Verbot. Es ließe sich daher die Frage stellen, ob die PID in bestimmten prekären Lebenssituationen nicht doch für spezielle Fälle gestattet werden sollte.

Die wissenschaftliche Krise des „genetischen Determinismus" bedeutet keineswegs das Ende des reduktionistischen Denkens. Der historische Rückblick auf die eugenischen Bewegungen des 20. Jahrhunderts lehrt auch dies: biologistisches Denken ist nur scheinbar mit realen fachwissenschaftlichen Entwicklungen rückgekoppelt. Das ideologische Gedankengebäude, welches sich des Menschen mit Hilfe genetischer Normierungen bemächtigt, ist ungebrochen. Die Ursache dieser Mächtigkeit liegt nicht zuletzt darin, dass sich Protagonisten wie Antagonisten einer „biomächtigen Gesellschaft" des genetischen Reduktionismus bedienen, um ihre Positionen argumentativ zu stützen.

Diesen Sachverhalt verdeutlicht in Deutschland nicht zuletzt die Debatte über den Status des Embryos im Kontext der Stammzellforschung. Die Position, dass der „Bürger Embryo" von Anfang an, d. h. mit der Verschmelzung der Zellkerne in der befruchteten Eizelle, umfassend zu schützen sei, übersieht genau den Sachverhalt, dass der Mensch nur zu einem (Bruch-)Teil von den im Zellkern vorhandenen Genen geprägt wird. Wesentliche Merkmale des Menschseins werden dadurch geformt, „was nach der Genetik kommt", also von der Epigenetik im weiteren Sinn. Nichts davon ist „von Anfang an" vorhanden. Der Rekurs auf den mit Individualrechten ausgestatteten „Bürger Embryo" verhindert keine Schäden, er stellt vielmehr selber einen gravierenden Schaden dar, insofern er das Denken in biologistischen Kategorien perpetuiert. Den Menschen als soziales Wesen und nicht als die „Summe seiner Gene" zu achten, erfordert den Schutz der reproduktiven Einheit von Mutter und Kind und nicht die „Erhebung" jeder totipotenten Zelle zu einem „Staatsbürger in vitro".

Techniksoziologisch betrachtet mag der seiner realen lebensweltlichen Beziehungen entkleidete „Bürger Embryo" auch ein Resultat moderner Ultraschalluntersuchungen sein. Dergestalt betrachtet hat die nichtinvasive PND mit dazu geführt die Position von der Existenz eines sich selbst programmierenden Menschen, der „in nuce" von Anfang an existent sei und einer Mutter nur in Gestalt eines „austragenden Gefäßes" bedürfe, zu stützen. Eine derartige Ansicht stellt jedoch eine „Entsozialisierung" des Menschen dar und eine wissenschaftliche Missachtung der umfassenden Bedeutung der Mutter-Kind-Interaktionen nicht nur in epigenetischer Hinsicht.

Gerade angesichts der historischen Erfahrungen und des damit verbundenen Entsetzens über die Mitschuld von Wissenschaft und Medizin im deutschen Nationalsozialismus existiert in Deutschland eine vergleichsweise breite Front der Ablehnung bezüglich der embryonalen Stammzellforschung. Dies belegt nicht

zuletzt die hochgradig kontroverse Debatte um die Verschiebung der Stichtagsregelung im Deutschen Bundestag. Wissenschaft und Forschung sollten gegenüber einer solchen Haltung sensibel sein, belegt diese doch erst einmal, dass die
deutsche Öffentlichkeit nicht vergessen will, was nicht vergessen werden darf.
Rationale Diskurse stoßen an ihre Grenzen, diese Grenzen zu respektieren bedeutet die Achtung der Freiheit des anders Denkenden. Naturwissenschaftler
sollten daher verstärkt Ausschau halten nach ethisch weniger brisanten Forschungsalternativen, zumal - selbst wenn man die Position des „Bürger Embryo" nicht teilt - mit der embryonalen Stammzellforschung weitere ethische
Probleme verbunden sind wie etwa die „Eizellspende", die Frauen zu Lieferan-
tinnen „biologischer Ware" degradiert.

Auch bei den Forschungsalternativen zeigt sich indes das Tempo des Umbruch-
prozesses auf dem Gebiet der Gen- und Biotechnologien. Hielt man noch vor
kurzem die Forschung an adulten Stammzellen für ethisch unbedenklicher, so
erweist sich angesichts jüngerer Untersuchungen die nahezu sakrale Bedeutung,
welche der Totipotenz beigemessen wird, als ein unhaltbares Konstrukt. Vor-
aussichtlich wird es in naher Zukunft gelingen, jede Zelle zu reprogrammieren,
ihre „molekularbiologischen Schalter" auf „Null zurückzusetzen". Damit wäre
die ethische Unterscheidung zwischen einer pluripotenten hES-Zelle[3] und einer
reprogrammierten adulten Zelle hinfällig.

Doch es gibt weiterhin ethisch wie juristisch unproblematischere Felder, die der
Forschung offenstehen, so z. B. die Forschung auf dem Gebiet der Entwicklungsbiologie von Tieren, um hier im Vorfeld Moleküle und Mechanismen der
zellulären Differenzierung präziser zu untersuchen, sowie vor allem das weite
Gebiet der Epigenetik als solches.

Die Relevanz epigenetischer Prozesse belegt nicht zuletzt die hohe Anzahl der
Fehlversuche der Kerntransfer-Technik beim reproduktiven Klonen. Die „alte
Genetik" hat die Komplexität dieser Prozesse völlig verkannt. Die derzeit weitgehende Unkenntnis der Epigenetik würde beim Klonen eines Menschen dazu
führen, der Schwangeren und dem Kind medizinische Risiken zuzumuten, die
unverantwortlich wären. Das Klonen von Menschen ist daher zum Schutz der
Gesundheit der betroffenen Personen weltweit zu verbieten.

Wie schon die Stammzellforschung, so belegt auch das Forschungsgebiet des
reproduktiven Klonens die ungebrochene Alltagsmächtigkeit des genetischen
Determinismus. Die Argumente, welche gegen das Klonen von Menschen sowohl in „real life" wie in „virtual life" vorgetragen werden, reproduzieren umfassend die Ideologeme des genetischen Reduktionismus. Die Identität des

---

[3]   Humane embryonale Stammzelle

Menschen, seine Menschenwürde und seine Einzigartigkeit werden in den Gründen der Klongegner auf die Existenz eines nicht-repetitiven, singulären Genoms reduziert. Der Mensch wir hier in einem Maße zur „Summe seiner Gene", dass der eineiige Zwilling „in real life" nahezu als „Frankenstein-Monster" erscheint.

Das wissenschaftliche Ende des „genetischen Determinismus" schließt nicht aus, dass wir uns in den kommenden Jahren und Jahrzehnten mit immer neuen „genetischen Informationen" konfrontiert sehen. Manche davon werden in der medizinischen Grundlagenforschung wie in der Patientenversorgung neue Chancen eröffnen, die es zu erschließen gilt; andere Informationen werden - wie es der Gattaca-Spielfilm bereits dystopisch prophezeit - die Gefahr eines Denkens in reduktionistischen Kategorien verstärken. Es spielt dabei keine Rolle, ob es sich lediglich um genetische Prädispositionen für multifaktoriell bedingte Krankheiten oder um monofaktoriell bedingte Gesundheitsprobleme handelt, entscheidend wird sein, ob diese Informationen im Alltagsleben - z. B. bei beruflichen Entscheidungen - eine Relevanz erhalten werden, die sich gegen die Betroffenen richtet. Auch auf diesem Sektor ist es irrelevant, ob der „genetische Reduktionismus" wissenschaftlich betrachtet haltbar ist oder nicht, im Kontext ökonomischer Interessenlagen sowie neoliberaler Strategien der Genetifizierung des Gesundheitswesens kann er eine strukturierende Kraft entfalten, die sich gegen die informationelle Selbstbestimmung, gegen das Recht auf Nichtwissen sowie gegen eine Gesundheitsversorgung als öffentliches Gut richtet. Staatliches Handeln und gesetzliche Regelungen sind gefragt, um eine nicht zuletzt durch das Internet existente Grauzone „genetischer Prognosen" zu unterbinden.

Die Mächtigkeit der „alten Genetik" zeigt sich vor allem bzgl. der Mainstream-Risikoforschung zur Grünen Gentechnik, die noch immer das Paradigma des genetischen Determinismus zugrundelegt, demzufolge ein Gen ein Protein codiert. Wenn es um die Bewertung potentieller Risiken geht, erfahren Kenntnisse der modernen Molekularbiologie, der Epigenetik sowie der Pflanzenphysiologie keinerlei oder nur unzureichende Berücksichtigung. Löst man sich vom Genoismus und öffnet sich einem systembiologischen Denken, so ist davon auszugehen, dass pleiotrope[4] Effekte der Grünen Gentechnik bei ihrem derzeitigen technologischen Stand immanent sind. Eine kritische Risikoforschung kann angesichts der Komplexität von Regulationszusammenhängen, der Epigenentik sowie genomischer Interaktionen nur zu dem Resultat gelangen, dass angesichts unseres rudimentären Kenntnisstandes fundierte Aussagen über die Risiken der

---

[4] Phänomen, dass ein Gen zwei oder mehrere voneinander unabhängige Merkmale beeinflussen kann.

Grünen Gentechnik derzeit nicht getroffen werden können. In diesem Sinne handelt es sich bei den Gefahren der Grünen Gentechnik um „Phantomrisiken". Vielfältige, noch weitgehend unverstandene Abläufe können die ursprünglichen Charakteristika eines Fremdgens entscheidend verändern. Verschärfend kommt hinzu, dass die Grüne Gentechnik derzeit zwar imstande ist, ein Fremdgen in einen Organismus einzubauen, sie aber nicht dazu in der Lage ist, ein synthetisches Gen auch wieder aus dem Pflanzengenom herauszubekommen. Damit sind alle Fehler einer Risikoabschätzung unumkehrbar.

Während sich das technologieimmanente sowie das gesundheitliche Risiko der Grünen Gentechnik derzeit erst gar nicht fundiert beurteilen lassen, können Aussagen über die ökologische sowie die soziale Seite des Risikos getroffen werden. Die Grüne Gentechnik gefährdet traditionelle Lebensräume lokal, regional wie weltweit. Als hochindustrialisierte Landwirtschaft, die einseitig auf Monokulturen setzt, führt sie zu einer Reduktion der Artenvielfalt von Tieren, Pflanzen und Kleinstlebewesen. Gentechnisch veränderte Organismen bedrohen darüber hinaus die globale Genreserve, da sie zu einer Verunreinigung traditioneller Sorten führen und mit Wildformen auskreuzen können.

Bezüglich der sozialen Seite des Risikos stellt die Grüne Gentechnik eine Globalisierungsstrategie dar, die das Risiko in sich birgt, dass die Nahrungsmittelproduktion unter die vollständige Kontrolle einer Handvoll Global Player gerät. Für die Shareholder-Value-Mentalität hochindustrialisierter Länder ist sie ein strategisches Mittel auf dem Weg zur Monopolisierung des Saatgutes sowie der Lebensmittelerzeugung. Das Risiko der Grünen Gentechnik stellt sich darüber hinaus als ein „sinnloses Risiko" dar, insofern vielfältige Alternativen nicht zuletzt im Kontext der modernen Biotechnologie selbst zur Verfügung stehen.

Die Janusköpfigkeit der modernen Gen- und Biotechnologien erweist sich auch am Beispiel der DNA-Identifizierung. Als wichtiges Hilfsmittel bei der Strafverfolgung und Gefahrenabwehr leistet sie wichtige Dienste. Die Aufarbeitung sogenannter „Altfälle" hat in den USA auf der Basis des genetischen Fingerabdrucks zur Entlassung zahlreicher Menschen geführt, die zum Teil jahrzehntelang unschuldig in Haft saßen. Die Problematik einer Risikoanalyse moderner Gen- und Biotechnologien lässt sich nicht zuletzt am Beispiel der DNA-Identifizierung aufzeigen. Galt doch gerade beim genetischen Fingerabdruck, dass dieser unbedenklich sei, da es sich bei den zur Identifizierung benutzten „nicht-codierenden" DNA-Abschnitten um „Daten-Müll" handele. Das Dilemma der Risikoanalyse zeigt sich an diesem Beispiel noch einmal mit aller Schärfe. Während auf der Basis des gestrigen Wissens vorschnell von „völlig ungefährlich" ausgegangen wurde, wissen wir heute, dass nicht nur Informationen über die geschlechtliche sowie die ethnische Zugehörigkeit inkludiert sind, sondern darüberhinaus auch genetische Daten tangiert sein könnten, die das „Recht auf Nichtwissen" sowie die „informationelle Selbstbestimmung" gefährden. Ist schon die Verwendung der „nicht-codierenden" Bestandteile aus der Sicht unseres heutigen Kenntnisstandes problematisch genug, so sollte auf jeden Fall eine Ausweitung der DNA-Analyse auf den „codierenden Bestandteil" des menschlichen Genoms unterbleiben. Darüber hinaus liegen die immanenten Risiken der DNA-Identifizierung vor allem in ihren umfassenden Möglichkeiten zur Realisierung überwachungsstaatlicher Ambitionen derzeit nicht zuletzt im Kontext der Einwanderungspolitik. Anhand der DNA-Identifizierung, zeigt sich die Befürchtung des Gattaca-Szenarios, dass die lebenstechnologisch gestützte Überwachung sowohl Staat als auch Gesellschaft zugleich ist. Die Unschuldsvermutung droht in diesem Szenario zu einer Farce zu werden.

Auf dem Gebiet der Biowaffen ermöglichen moderne Technologien völlig neue missbräuchliche Anwendungen von Gen- und Biotechnologien. So können klassische Biowaffenerreger wie z. B. Milzbrand oder Pest durch gentechnische Veränderungen effektiver gemacht werden. Bakterien mit unüblichen Krankheitssymptomen, sogenannte „Tarnkappen-Mikroben", bedrohungsresistente Pestbakterien sowie vor natürlichem UV-Licht geschützte Erreger sind hier nur einige Stichworte.

Gefährliche Viren wie die Erreger von Pocken, Ebola oder der Spanischen Grippe lassen sich mit Hilfe genomischer Techniken schon bald synthetisch im Labor herstellen. Vollkommen neue Waffenarten in Gestalt genveränderter Nahrungspflanzen sowie ethnisch spezifischer Waffen, die auf der Basis neuer Humangenom-Daten heute möglich erscheinen, sind in greifbare Nähe gerückt. Es bedarf umfassender Maßnahmen zur Kontrolle biologischer Waffen wie etwa eines rechtsverbindlichen, multilateralen Abkommens zur Überprüfung des Biowaffen-Verbots, um die militärische Anwendung dieser qualitativ neuartigen Entwicklungen zu verhindern.

In transdisziplinärer Zusammenarbeit von Biologie, Chemie, Medizin, Soziologie, Jura und Humangenetik beabsichtigte unser Forschungsprojekt den sich auf dem Feld der Gen- und Biotechnologien abzeichnenden qualitativ neuartigen Forschungstand mit zum Teil rasanten Entwicklungen einer risikoanalytischen sowie ethischen Bewertung zu unterziehen, um auf diese Weise die jüngeren Prozesse auszuloten und zu vermessen sowie vertiefende Studien anzuregen. Wenn auch jeder Autor nur für seinen eigenen Beitrag verantwortlich zeichnet und innerhalb der Autoren recht unterschiedliche Haltungen, Positionen und Meinungen zu den (post)modernen Lebenstechnologien existieren, so haben sich doch vielfältige Vernetzungen innerhalb der einzelnen Beiträge ergeben. Stichworte aus der (subjektiven) Sichtweise des Herausgebers sind diesbezüglich: die Relevanz der Entwicklungen in den Gen- und Biotechnologien um bzw. nach dem Millenium, die Krise des genetischen Determinismus bzw. Reduktionismus, die Bedeutung der Epigenetik, die Janusköpfigkeit der Lebenstechnologien insgesamt sowie ihrer einzelnen Teilbereiche, die Ablehnung eugenischer Tendenzen, die Kritik an Positionen, welche in der Reproduktionsmedizin den Eugenik-Vorwurf instrumentalisieren sowie der Wunsch des Einsatzes der modernen Gen- und Biotechnologien im Interesse der Menschheit.

Literaturverzeichnis

Ach, Johann S.; Brudermüller, Gerd u. a. (Hrsg.): Hello Dolly? Über das Klonen, Frankfurt a. M 1998

Agamben, Giorgio: Homo sacer. Die souveräne Macht und das nackte Leben, Frankfurt a. M. 2002

Aken, van J. P.; Schmedders, M.; Feuerstein, G.; Kollek, R.: Prospects and Limits of Pharmacogenetics: the TPMT Experience, in: Am J Pharmacogenomics 3/2003, S. 149-155

Aldhous, P.: Geneticist fears 'race neutral' studies will fail ethnic groups, in: Nature 418/2000, S. 355-356

Arrieta, M. I.; Martinez, B. u. a.: Study of trimeric tandem repeat locus (SBMA) in the Basque population: comparison with other populations, in: Gene Geogr. 11/1997, S. 61-72

Baker, Robin: Sex im 21. Jahrhundert. Der Urtrieb und die moderne Technik, München 2000

Bamshad, M.; Kivisild, T. u. a.: Genetic evidence on the origins of Indian caste populations, in: Genome Res. 11/2001, S. 994-1004

Barben, Daniel: Politische Ökonomie der Biotechnologie. Innovation und gesellschaftlicher Wandel im internationalen Vergleich, Frankfurt a. M. 2007

Bartram, C.; Beckmann, R. u. a.: Humangenetische Diagnostik. Wissenschaftliche Grundlagen und gesellschaftliche Konsequenzen, Berlin 2000

Basler, C. F.; Reid, A. H.; Taubernberger J. K. u. a.: Sequence of the 1918 pandemic influenza virus nonstructural gene (NS) segment and characterization of recombinant viruses bearing the 1918 NS genes, in: PNAS 98/2001, S. 2746-2751

Bayertz, Kurt (Hrsg.): Moralischer Konsens. Technische Eingriffe in die menschliche Fortpflanzung als Modellfall, Frankfurt a. M. 1996

Bayertz, Kurt u. a. (Hrsg.): Darwin und die Evolutionstheorie, Köln 1982

Bayertz, Kurt: GenEthik. Probleme der Technisierung menschlicher Fortpflanzung, Reinbek bei Hamburg 1987

Beck, Ulrich: Gegengifte. Die organisierte Unverantwortlichkeit, Frankfurt a. M. 1988

Beck, Ulrich; Beck-Gernsheim, Elisabeth: Riskante Freiheiten. Individualisierung in modernen Gesellschaften, Frankfurt a. M. 1994

Beck-Gernsheim, Elisabeth: Technik, Markt und Moral. Über Reproduktionsmedizin und Gentechnologie, Frankfurt a. M. 1991

Bellmann, Marina; Kenntner, Christine: Die Perfektionisten. Eine parteiische Einführung in die Reproduktions- und Gentechnik, Stuttgart 1990

Benhabib, Seyla: Selbst im Kontext, Frankfurt a. M. 1995

Bentley, D. R.: Whole-genome re-sequencing. Current Opinion, in: Genetics & Development 16/2006, S. 545-552

Bergermann, Ulrike; Breger, Claudia u. a. (Hrsg.): Techniken der Reproduktion, Königstein/Taunus 2002

Bergh, Christina: Single Embryo Transfer. A mini review, in: Human Reproduction 19/2005, S. 2415-2419

Berlin, Isaiah: Freiheit. Vier Versuche, Frankfurt a. M. 2006

Bhattacharyya, N. P.; Basu, P. u. a.: Negligible male gene flow across ethnic boundaries in India, revealed by analysis of Y-chromosomal DNA polymorphisms, in: Genome Res 9/1999, S. 711-719

Bilé, Serge: Das schwarze Blut meiner Brüder. Vergessene Opfer des Nationalsozialismus, Berlin 2006

Birnbacher, Dieter: Bioethik. Zwischen Natur und Interesse. Frankfurt a. M. 2006

Bishop, Jerry E.; Waldholz, Michael: Landkarte der Gene. Das Genom-Projekt, München 1991

Black, Edwin: War Against the Weak. Eugenics and America's Campaign to Create a Master Race, New York 2003

Bock von Wülfingen, Bettina: Genetisierung der Zeugung. Eine Diskurs- und Metaphernanalyse reproduktionsgenetischer Zukünfte, Bielefeld 2007

Bockenheimer-Lucius, G. (Hrsg.): Forschung an embryonalen Stammzellen. Ethische und rechtliche Aspekte, Köln 2000

Bourdieu, Pierre: Soziologische Fragen, Frankfurt a. M. 1993

Brähler, Elmar u. a. (Hrsg.): Vom Stammbaum zur Stammzelle. Reproduktionsmedizin, Pränataldiagnostik und menschlicher Rohstoff, Gießen 2002

Brähler, Elmar; Stöbel-Richter, Yve; Hauffe, Ulrike (Hrsg.): Vom Stammbaum zur Stammzelle. Reproduktionsmedizin, Pränataldiagnostik und menschlicher Rohstoff, Gießen 2002

Brändle, C.; Reschke, D., Wolff, G.: Metaanalyse der Diskussion um den genetischen Exzeptionalismus, in: Schmidtke J. u. a. (Hrsg): Gendiagnostik in Deutschland. Status quo und Problemerkundung. (BBAW Hrsg.), Berlin 2007

Brandt, Peter: Transgene Pflanzen, Basel 1995

Brandt; Peter: Zukunft der Gentechnik, Basel 1997

Braun, Kathrin: Menschenwürde und Biomedizin. Zum philosophischen Diskurs der Bioethik, Frankfurt a. M. 2000

Brenner, C. H.: Difficulties in the estimation of ethnic affiliation, in: Am J Hum Genet 62/1998, S. 1558-1560

Broberg, Gunnar; Roll-Hansen, Nils (Hrsg.): Eugenics and the Welfare State. Sterilization Policy in Denmark, Sweden, Norway, and Finland, Michigan 1996

Broberg, Gunnar; Tydén, Mattias: Eugenics in Sweden, in: Broberg, Gunnar; Roll-Hansen, Nils (Hrsg.): Eugenics and the Welfare State. Sterilization Policy in Denmark, Sweden, Norway, and Finland, Michigan 1996, S. 77-149

Bröckling, Ulrich; Krasmann, Susanne; Lemke, Thomas: Gouvernementalität der Gegenwart. Studien zur Ökonomisierung des Sozialen, Frankfurt a. M. 2000

Bublath, Joachim: Die neue Welt der Gene, München 2003

Buchstein, Hubertus; Beier, Katharina: Biopolitik, in: Göhler, Gerhard; Iser, Mattias; Kerner, Ina (Hrsg.): Politische Theorie, Wiesbaden 2004, S. 29-46

Buckel, Peter u. a. (Hrsg.): Das Handwerk der Gentechnik. Naturwissenschaft, Politik und Ethik, München 1991

Bud, Robert: Wie wir das Leben nutzbar machten. Ursprung und Entwicklung der Biotechnologie, Braunschweig 1995

Bundesärztekammer: Diskussionsentwurf zu einer Richtlinie zur Präimplantationsdiagnostik, in: Deutsches Ärzteblatt 9/2000, A 461-464

Cello, J.; Paul, A. V.; Wimmer, E.: Chemical synthesis of poliovirus cDNA: generation of infectious virus in the absence of natural template, in: Science 297/2002, S. 1016-1018

Cerutti, H.: RNA interference: traveling in the cell and gaining functions? In: Trends Genet 19/2003, S. 39-46

Clausen, Christian; Yoshinaka, Yutaka: Social Shaping of technology in TA and HTA, in: Poiesis & Praxis 2/2004, S. 221-246

Conzelmann, Claus: Die neue Genesis. Biotechnologie verändert die Welt, Frankfurt a. M. 1989

Dabrock, Peter; Klinnert, Lars; Schardien, Stefanie: Menschenwürde und Lebensschutz. Herausforderungen theologischer Bioethik, Gütersloh 2004

Dahl, Edgar u. a.: Social sex selection and the balance of the sexes: empirical evidence from Germany, the UK, and the US, in: Journal of Assisted Reproductive Genetics 23/2006, S. 311-318

Dahl, Jürgen: Die Verwegenheit der Ahnungslosen. Über Genetik, Chemie und andere Schwarze Löcher des Fortschritts, Stuttgart 1989

Damschen, Gregor; Schönecker, Dieter (Hrsg.): Der moralische Status menschlicher Embryonen, Berlin 2002

Deutscher Bundestag: Schlussbericht der Enquete-Kommission „Recht und Ethik der modernen Medizin", Drucksache 14/9020, 14.05.2002

Dewey, John: Logik. Die Theorie der Forschung. Frankfurt a. M. 1986

Die Grünen (Hrsg.): Frauen gegen Gentechnik und Reproduktionstechnik, Köln 1986

Diedrich, Klaus; Griesinger, Georg: Deutschland braucht ein Fortpflanzungsmedizingesetz, in: Geburtshilfe Frauenheilkunde 66/2006, S. 345-348

Dillard, J. M.: Star Trek: Nemesis. Der Roman zum Film, München 2002

Dixon, Patrick: Die genetische Revolution, Essen 1994

Dolata, Ulrich: Politische Ökonomie der Gentechnik. Berlin 1996

Drux, Rudolf: Der Frankenstein-Komplex. Kulturgeschichtliche Aspekte des Traums vom künstlichen Menschen, Frankfurt a. M. 1999

Düwell, Marcus; Steigleder, Klaus (Hrsg.): Bioethik. Eine Einführung, Frankfurt a. M. 2003

Dulbecco, Renato; Chiaberge, Riccardo: Konstrukteure des Lebens. Medizin und Ethik im Zeitalter der Gentechnologie, München 1991

Eberhard-Metzger, Claudia: Gene, Nürnberg 2001

Edwards, Jeanette: Explicit connections: ethnographic enquiry in North West England, in: Edwards, Jeanette; Franklin, Sarah; Hirsch, Eric (Hrsg.): Technologies of Procreation: Kinship in the age of assisted conception. Manchester 1993, S. 42-66

Elkington, John: Von Erbgutmanipulationen und dem Geschäft mit der Genforschung, Zürich 1987

Emmrich, Michael (Hrsg.): Im Zeitalter der Bio-Macht. Frankfurt a. M. 1999

Emmrich, Michael: Der vermessene Mensch. Aufbruch ins Gen-Zeitalter, Berlin 1997

ESHRE PGD Consortium data collection V: Cycles from January to December 2002 with pregnancy follow-up to October 2003, in: Hum Reprod 21/2006, S. 3-21

ESHRE PGD Consortium Steering Committee: ESHRE PGD Consortium Data Collection VI: cycles from January to December 2003 with pregnancy follow up to October 2004, in: Human Reproduction 22/2007, S. 323-336

ESHRE PGD Consortium Steering Committee: ESHRE Preimplantation Genetic Diagnosis Consortium: data collection III (May 2001), in: Human Reproduction 17/2002, S. 233–246

Etzemüller, Thomas: Ein ewigwährender Untergang. Der apokalyptische Bevölkerungsdiskurs im 20. Jahrhundert, Bielefeld 2007

Etzioni, Amitai: Die zweite Erschaffung des Menschen. Manipulation der Erbtechnologie, Opladen 1977

Fehér, Ferenc; Heller, Agnes: Biopolitik. Frankfurt a. M. 1995

Fesch, Claudia: Genetische Tests, Frankfurt a. M. 2000

Fischer, Ernst Peter: Das Genom, Frankfurt a. M. 2002

Fischer, Ernst Peter: Geschichte des Gens, Frankfurt a. M. 2003

Fischer, Ernst Peter; Wiegandt, Klaus: Evolution. Geschichte und Zukunft des Lebens, Frankfurt a. M. 2003

Fletcher, John C; Miller, Franklin G; Spencer, Edward: Introduction to Clinical Ethics, Fredrick 1995

Flöhl, Rainer (Hrsg.): Genforschung - Fluch oder Segen? Interdisziplinäre Stellungnahmen, München 1985

Fossel, Michael: Das Unsterblichkeitsenzym, München 1998

Foucault, Michel: Von der Subversion des Wissens, Frankfurt a. M. 1974

Franklin, Sarah: Embodied progress. A cultural account of assisted conception, London 1997

Fremuth, Wolfgang (Hrsg.): Das manipulierte Leben. Pflanze - Tier - Mensch: Die Gentechnik entlässt ihre Kinder, Köln 1988

Friedrichsen, Gisela: Gentechnologie. Chancen und Gefahren, Heidelberg 1988

Frommel, Monika: Auslegungsspielräume des Embryonenschutzgesetzes, in: Journal für Reproduktionsmedizin und Endokrinologie 2/2004, S. 104-111

Fuchs, Richard: Gen-Food. Ernährung der Zukunft? Berlin 1997

Fuchs, Ursel: Die Genomfalle. Die Versprechungen der Gentechnik, ihre Nebenwirkungen und Folgen, Düsseldorf 2000

Fukuyama, Francis: Das Ende des Menschen, Stuttgart 2001

Gardner, David; Edwards, Robert G: Control of the sex ratio at full term in the rabbit by transferring sexed blastocyts, in: Nature 218/1968, S. 346-349

Gebhard, Ulrich; Hößle, Corinna; Johannsen, Friedrich: Eingriff in das vorgeburtliche menschliche Leben. Naturwissenschaftliche und ethische Grundlegungen, Neukirchen 2005

Gerhardt, Volker: Der Mensch wird geboren. Kleine Apologie der Humanität. Zur aktuellen Debatte über die Biopolitik, München 2001

Geyer, Christian (Hrsg.): Biopolitik. Die Positionen, Frankfurt a. M. 2001

Giddens, Anthony: Jenseits von Rechts und Links. Die Zukunft radikaler Demokratie, Frankfurt a. M. 1997

Giddens, Anthony: Modernity and Self-Identity. Self and Society in the Late Modern Age, Stanford 1991

Graumann, Sigrid: Die Gen-Kontroverse, Freiburg im Breisgau 2001

Graumann, Sigrid: Präimplantationsdiagnostik - ein in jeder Hinsicht fragwürdiges Verfahren, in: Brähler, Elmar; Stöbel-Richter, Yve; Hauffe, Ulrike (Hrsg.): Vom Stammbaum zur Stammzelle, Gießen 2002, S. 205-221.

Graumann, Sigrid: Selektion im Reagenzglas. Versuch einer ethischen Bewertung der Präimplantationsdiagnostik, in: Emmerich, Michael (Hrsg.): Im Zeitalter der Bio-Macht. Frankfurt a. M. 1999, S. 105-123

Graumann, Sigrid: Sind Biomedizin und Bioethik behindertenfeindlich? Ein Versuch, die Anliegen der Behindertenbewegung für die ethische Diskussion fruchtbar zu machen, in: Ethik in der Medizin 15/2003, S. 161-170

Graumann, Sigrid; Schneider, Ingrid (Hrsg.): Verkörperte Technik - entkörperte Frau. Biopolitik und Geschlecht, Frankfurt a. M. 2003

Greenpeace (Hrsg.): Das unterschätzte Risiko, Hamburg 2005

Grewel, Hans: Lizenz zum Töten. Der Preis des technischen Fortschritts in der Medizin, Stuttgart 2002

Groß, Michael: Expeditionen in den Nanokosmos. Die technologische Revolution im Zellmaßstab, Basel 1995

Grosse, Pascal: Kolonialismus, Eugenik und bürgerliche Gesellschaft in Deutschland 1850-1918, Frankfurt a. M. 2000

Grössler, Manfred (Hrsg.): Gefahr Gentechnik. Irrweg und Ausweg, Schaafheim 2005

Grunwald, Armin: Technikfolgenabschätzung - Eine Einführung, Berlin 2002

Grunwald, Armin: The normative basis of (health) technology assessment and the role of ethical expertise, in: Poiesis & Praxis 2/2004, S. 175-193

Habermas, Jürgen: Die Zukunft der menschlichen Natur. Auf dem Weg zu einer liberalen Eugenik? Frankfurt a. M. 2001

Habermas, Jürgen: Strukturwandel der Öffentlichkeit, Frankfurt a. M. 1990

Hahlbrock, Klaus: Kann unsere Erde die Menschen noch ernähren? Frankfurt a. M. 2007

Haimes, Erica: What can the social sciences contribute to the study of ethics? Theoretical empiricam and substantive considerations, in: Bioethics 16/2000, S. 89-113

Haker, Hille: Ein in jeder Hinsicht gefährliches Verfahren. Die Praxis der PID unter Abwägung aller Umstände, in: Geyer, Christian (Hrsg.): Biopolitik: Die Positionen. Frankfurt a. M. 2001, S. 143-150

Handyside, Alain u. a.: Pregnancies from biopsied human preimplantation embryos sexed by Y-specific DNA amplification, in: Nature 344/1990, S.768-770

Hansen, Bart; Schotsmans, Paul T: Stem Cell research: Trust in Progress through biotechnology. Some ethical reflections on the Belgian debate, in: Gastmans, Chris u. a. (Hrsg.): New Pathways for European Bioethics, Antwerpen, Oxford 2007, S. 207-217

Hansen, Bent Sigurd: Something Rotten in the State of Denmark. Eugenics and the Ascent of the Welfare State, in: *Broberg, Gunnar; Roll-Hansen, Nils (Hrsg.):* Eugenics and the Welfare State. Sterilization Policy in Denmark, Sweden, Norway, and Finland, Michigan 1996, S. 9-76

Haq, T. A.; Mason, H. S. u. a.: Oral immunization with a recombinant bacterial antigen produced in transgenic plants, in: Science 268/1995, S. 714-716

Hashiloni-Dolev, Yael: A life (un)worthy of living. Reproductive genetics in Israel and Germany, Dordrecht 2007

Hauskeller, Christine: How traditions of ethical reasoning and institutional processes shape stem cell research in Britain, in: Journal of Medicine and Philosophy 29/2004, S.509-532

Hemminger, Hansjörg: Der Mensch - eine Marionette der Evolution? Eine Kritik an der Soziobiologie, Frankfurt a. M. 1983

Henn, Wolfram; Meese, Eckart: Was stimmt? Humangenetik: Die wichtigsten Antworten, Freiburg im Breisgau 2007

Hietala, Marjatta: From Race Hygiene to Sterilization. The Eugenics Movement in Finland, in: Broberg, Gunnar; Roll-Hansen, Nils (Hrsg.): Eugenics and the Welfare State. Sterilization Policy in Denmark, Sweden, Norway, and Finland, Michigan 1996, S. 195-258

Ho, Mae-Wan: Das Geschäft mit den Genen. Genetic Engineering - Traum oder Alptraum, München 1999

Höffe, Otfried u. a.: Gentechnik und Menschenwürde, Köln 2002

Hofmann, Heidi: Die feministischen Diskurse über Reproduktionstechnologien. Positionen und Kontroversen in der BRD und den USA, Frankfurt a. M. 1999

Hope, Tony: Medical Ethics, New York 2004

Hucho, Ferdinand u. a. (Hrsg.): Anwendungen in der Medizin am Fallbeispiel molekulargenetischer Diagnostik, in: Gentechnologiebericht. Forschungsbericht der Interdisziplinären Arbeitsgruppe der Berlin-Brandenburgischen Akademie der Wissenschaften, Stuttgart 2005, S. 159-275

Irrgang, Bernhard: Einführung in die Bioethik, Stuttgart 2005

Jackson, R. J.; Ramsay, A. J.; Christensen, C. D. u. a.: Expression of mouse interleukin-4 by a recombinant ectromelia virus suppresses cytolytic lymphocyte responses and overcomes genetic resistance to mousepox, in: J Virol 75/2001, S. 1205-1210

Janich, Peter: Kultur und Methode. Philosophie in einer wissenschaftlich geprägten Welt, Frankfurt a. M. 2006

Jasanoff, Sheila: Designs on nature. Science and democracy in Europe and the United States, Princeton 2005

Jasanoff, Sheila: States of Knowledge: The Co-Production of Science and Social Order, London 2004

Jonas, Hans: Das Prinzip Verantwortung. Versuch einer Ethik für die technologische Zivilisation. Frankfurt a. M. 1979

Kaati, G.; Bygren, L. O.; Pembrey, M. u. a.: Transgenerational response to nutrition, early life circumstances and longevity, in: Eu J of Hum Genet 15/2007, S. 784-790

Kaku, Michio: Zukunftsvisionen. Wie Wissenschaft und Technik des 21. Jahrhunderts unser Leben revolutionieren, München 1998

Kamlah, Wilhelm; Lorenzen, Paul: Logische Propädeutik: Vorschule des vernünftigen Redens, Mannheim 1973

Kappert, Ines: Vom glücklichen Klon. Michel Houllebecq und krisengeschüttelte Männlichkeit im auslaufenden 20. Jahrhundert, in: Bergermann, Ulrike; Breger, Claudia u. a. (Hrsg.): Techniken der Reproduktion, Königstein/Taunus 2002, S. 227-239

Katalyse Institut (Hrsg.): Gentechnik in Lebensmitteln, Hamburg 1999

Kaupen-Haas, Heidrun: Der Griff nach der Bevölkerung. Aktualität und Kontinuität nazistischer Bevölkerungspolitik, Nördlingen 1986

Kay, Lily E.: Das Buch des Lebens. Wer schrieb den genetischen Code? München 2001

Kelly, Kevin: Das Ende der Kontrolle. Die biologische Wende in Wirtschaft, Technik und Gesellschaft, Regensburg 1997

Kempken, Frank; Kempken, Renate: Gentechnik bei Pflanzen, Kiel 2006

Kerner, Charlotte: Blueprint. Blaupause, Weinheim 2004

Kevles, Daniel J.; Hood, Leroy: Der Supercode. Die genetische Karte des Menschen, München 1993

Kissler, Alexander: Der geklonte Mensch, Freiburg im Breisgau 2006

Klaffenböck, Gertrude; Lachkovics, Eva (Hrsg.): Biologische Vielfalt. Wer kontrolliert die globalen genetischen Ressourcen, Frankfurt a. M. 2001

Kleba, John Bernhard: Risiken, Bedarf und Regulierung gentechnisch veränderter Pflanzen in Brasilien. Eine Studie aus der Sicht der Cultural Theory, Bremen 2000

Klees, Bernd: Der gläserne Mensch im Betrieb. Genetische Analyse bei Arbeitnehmern und ihre Folgen, Frankfurt a. M. 1988

Koch, Claus: Ende der Natürlichkeit. Eine Streitschrift zu Bio-Technik und Bio-Moral, München 1994

Koechlin, Florianne (Hrsg.): Das patentierte Leben. Manipulation, Markt und Macht, Zürich 1998

Kollek, Regine u. a. (Hrsg.): Die ungeklärten Gefahrenpotentiale der Gentechnologie, München 1986

Kollek, Regine: Nähe und Distanz: Komplementäre Perspektiven der ethischen Urteilsbildung, in: Düwell, Marcus; Steigleder, Klaus (Hrsg.): Bioethik. Eine Einführung. Frankfurt a. M. 2003, S. 230-237

Korff, Wilhelm; Beck, Lutwin; Mikat, Paul: Lexikon der Bioethik, Gütersloh 2000

Kostrjukowa, K. J.: Die Lage in der biologischen Wissenschaft, in: Stenographischer Bericht der Tagung der Lenin-Akademie der landwirtschaftlichen Wissenschaften 1948, Moskau 1949

Kreß, Hartmut: Präimplantationsdiagnostik. Ethische, soziale und rechtliche Aspekte, in: Bundesgesundheitsblatt, Gesundheitsforschung, Gesundheitsschutz 50/2007, S. 157-167

Krones, Tanja u. a.: What is the preimplantation embryo? In: Social Science and Medicine, 63/2006, S. 1-20

Krones, Tanja u. a.: Einstellungen und Erfahrungen von genetischen Hochrisikopaaren hinsichtlich der Präimplantationsdiagnostik. (PID)-Nationale und internationale Ergebnisse, in: Journal für Reproduktionsmedizin und Endokrinologie 2/2004, S. 112-119

Krones, Tanja u. a.: Public, expert and patients opinions on preimplantation genetic diagnosis (PGD) in Germany, in: Reproductive Biomedicine online 10/2005, S. 116-123

Krones, Tanja: Der Beitrag der Sozialwissenschaften zur biomedizinischen Ethik: Ein interdisziplinäres Mehrebenenmodell, in: Düwell, Marcus; Neumann, Joseph (Hrsg.): Wie viel Ethik verträgt die Medizin? Paderborn 2005, S. 291-306

Krones, Tanja: Fortpflanzungsentscheidungen zwischen Schwangerschaftsabbruch und assistierter Reproduktion -eine kritische Evaluation der deutschen feministischen bioethischen Debatte, in: Feministische Studien 1/2005, S. 24-39

Krones, Tanja; Richter, Gerd: Preimplantation Genetic Diagnosis (PGD). European Perspectives and the German Situation, in: Journal of Medicine and Philosophy 5/2004, S. 623-640

Kühl, Stefan: Die Internationale der Rassisten. Aufstieg und Niedergang der internationalen Bewegung für Eugenik und Rassenhygiene im 20. Jahrhundert, Frankfurt a. M. 1997

Künzli, Arnold: Menschenmarkt. Die Humangenetik zwischen Utopie, Kommerz und Wissenschaft, Reinbek bei Hamburg 2001

Kuhlmann, Andreas: Politik des Lebens, Politik des Sterbens. Biomedizin in der liberalen Demokratie, Berlin 2000

Kutschera, Ulrich: Prinzipien der Pflanzenphysiologie, Heidelberg 2002

La Folette, Hugh: The Blackwell Guide to Ethical Theory, Oxford 2000

Lecourt, Dominique: Proletarische Wissenschaft? Der Fall Lyssenko und der Lyssenkoismus, Berlin 1976

Leisinger, Klaus M.: Gentechnik für die Dritte Welt? Basel 1991

Lemke, Thomas: Biopolitik zur Einführung, Hamburg 2007

Lemke, Thomas: Die Polizei der Gene. Formen und Felder geneteischer Diskriminierung, Frankfurt a. M. 2006

Lemke, Thomas: Gouvernementalität und Biopolitik, Wiesbaden 2007

Löbsack, Theo: Das manipulierte Leben. Gen-Technologie zwischen Fortschritt und Frevel, München 1986

Lösch, Andreas; Schrage, Dominik u. a.: Technologien als Diskurse, Heidelberg 2001

Löser, P.; Wobus, A. M.: Aktuelle Entwicklungen in der Forschung mit humanen embryonalen Stammzellen, in: Naturwiss. Rundschau 60/2007, S. 229-237

Lübbe, Weyma: Das Problem der Behindertenselektion bei der pränatalen Diagnostik und der Präimplantationsdiagnostik, in: Ethik in der Medizin 3/2003, S. 203-220

Madjid, M.; Lillibridge, S.; Mirhaji, P.; Casscells, W.: Influenza as a bioweapon, in: J Roy Soc Med 96/2003, S. 345-346

Maio, Giovanni: Zur Begründung der Schutzwürdigkeit des Embryos e contrario, in: Maio, Giovanni; Just, Hansjörg (Hrsg.): Die Forschung an embryonalen Stammzellen in ethischer und rechtlicher Perspektive, Baden-Baden 2003, S. 168-177

Manasherob, R.; Ben-Dov, E.; Xiaoqiang, W. u. a.: Protection from UV-B damage of mosquito larvicidal toxins from Bacillus thuringiensis subsp. israelensis expressed in Anabaena PCC 7120, in: Curr Microbiol 45/2002, S. 217-220

Maranto, Gina: Designer-Babys. Träume vom Menschen nach Maß, Stuttgart 1998

Marquard, Odo: Abschied vom Prinzipiellen, Stuttgart 2005

Martin, Luther H.; Gutman, Huck u. a. (Hrsg.): Technologien des Selbst, Frankfurt a. M. 1993

Mastenbroek, Sebastian u. a.: In Vitro Fertilization with Preimplantation Genetic Screening, in: New England Journal of Medicine 357/2007, S. 9-17

Medwedjew, Shores A.: Der Fall Lyssenko. Eine Wissenschaft kapituliert, München 1974

Meister, Ulrike u. a.: Knowledge and attitudes towards preimplantation genetic diagnosis in Germany, in: Human Reproduction 20/2005, S. 231-238

Merkel, Reinhard: Forschungsobjekt Embryo. Verfassungsrechtliche und ethische Grundlagen der Forschung an menschlichen embryonalen Stammzellen, München 2002

Moch, Katja: Epigenetische Effekte bei transgenen Pflanzen: Auswirkungen auf die Risikobewertung, BfN-Skripten 187, Bonn 2006

Müller-Hill, Benno: Tödliche Wissenschaft. Die Aussonderung von Juden, Zigeunern und Geisteskranken 1933-1945, Hamburg 1984

Mürner, Christian; Schmitz, Adelheid; Sierck, Udo (Hrsg.): Schöne, heile Welt? Biomedizin und Normierung des Menschen, Hamburg 2000

Nationaler Ethikrat: Zum Import menschlicher embryonaler Stammzellen. Stellungnahme, Berlin 2002

Nicholl, Desmond, S. T.: Gentechnische Methoden, Heidelberg 2002

Niemitz, Carsten: Erbe und Umwelt. Zur Natur von Anlage und Selbstbestimmung des Menschen, Frankfurt a. M. 1989

Nippert, Irmgard: Präimplantationsdiagnostik - ein Ländervergleich. Die aktuelle Situation hinsichtlich der gesetzlichen Regelung, der Anwendung und der gesellschaftlichen Diskussion in Belgien, Frankreich und Großbritannien. Bonn 2006

Nusser, Tanja: Was verbindet Dolly mit Jesus? Zu christlichen Metaphoriken in der Klonierungsdebatte, in: Bergermann, Ulrike; Breger, Claudia u. a. (Hrsg.): Techniken der Reproduktion, Königstein/Taunus 2002, S. 213-226

Papanikolaou, E. G. u. a.: In vitro fertilization with single blastocyst-stage versus single cleavage-stage embryos, in: N Engl J Med 2006; 354/2006, S. 1139-46

Pennings, Guido: Personal desires of patients and social obligations of geneticists: applying preimplantation genetic diagnosis for non-medical sex selection, in: Prenatal Diagnosis 12/2002, S. 1123-1129

Pennings, Guido: Reproductive Tourism as moral pluralism in motion, in: Journal of Medical Ethics 28/2002, S. 337-341

Pennings, Guido; de Wert, Guido: Evolving ethics in medically assisted reproduction, in: Human Reproduction Update 4/2003, S. 397-404

Pernicka, Susanne: Wem gehören die Gene? Patente auf Leben für ein neues Wachstumsregime, Hamburg 2001

Piechocki, Reinhard: Genmanipulation. Frevel oder Fortschritt? Leipzig 1983

Podak, Klaus (Hrsg.): Die Gegenwart der Zukunft, Berlin 2000

Propping, Peter; Schott, Heinz: Wissenschaft auf Irrwegen. Biologismus - Rassenhygiene - Eugenik, Bonn 1992

Prüfer, Thomas; Stollorz, Volker: Bioethik, Hamburg 2003

Rainer, Bettina: Euthanasie. Zu den Folgen eines harmoniesüchtigen Weltbildes, Wien 1995

Rana, B. K.; Hewett-Emmett, D. u. a.: High polymorphism at the human melanocortin 1 receptor locus, in: Genetics 151/1999, S. 1547-1557

Rapp, Raina: Testing Women, Testing the Fetus. The Social Impact of Amniocentesis in America, New York 2000

Reich, Jens: Es wird ein Mensch gemacht. Möglichkeiten und Grenzen der Gentechnik, Berlin 2003

Reid, A.; Fanning, T. G.; Taubenberger, J. K. u. a.: Characterization of the 1918 "Spanish" Influenza Virus Matrix Gene Segment, in: J Virol 76/2002, S. 10717-10723

Reiter, Johannes: Die genetische Gesellschaft, Handlungsspielräume und Grenzen, Limburg 2002

Ridley, Matt: Alphabet des Lebens. Die Geschichte des menschlichen Genoms, München 2000

Rifkin, Jeremy: Biotechnik - Schöpfung nach Maß, Reinbek bei Hamburg 1986

Rifkin, Jeremy: Das biotechnische Zeitalter. Die Geschäfte mit der Gentechnik, München 2000

Rip, Arie; Misa, Thomas J.; Schot, Johan (Hrsg): Managing Technology in Society: The Approach of Constructive Technology Assessment, London 1995

Roemer, I.; Reik, W.; Dean, W.; Klose, J.: Epigenetic Inheritance in the Mouse, in: Current Biology 7/1997, S. 277-280

Roll-Hansen, Nils: Norwegian Eugenics. Sterilization as Socual Reform, in: *Broberg, Gunnar; Roll-Hansen, Nils*: Eugenics and the Welfare State. Sterilization Policy in Denmark, Sweden, Norway, and Finland, Michigan 1996, S. 151-194

Ropers, H. H.: New perspectives for the elucidation of genetic disorders, in: A J Hum Genet 81/2007, S. 199-207

Ropers, H. H.; Ullmann, R.: Neue Technologien für Genomforschung und Diagnostik, in: Schmidtke, J. u. a. (Hrsg.): Gendiagnostik in Deutschland. Status quo und Problemerkundung, Limburg 2007

Rosengard, A. M.; Liu, Y.; Nie, Z.; Jimenez, R.: Variola virus immune evasion design: Expression of a highly efficient inhibitor of human complement, in: PNAS 99/2002, S. 8808-8813

Sandmann, G.; Kuhn, S.; Böger, P.: Evaluation of structurally different carotenoids in Escherichia coli transformants as protectants against UV-B radiation. Applied and Environmental, in: Microbiology 64/1998, S. 1972-1974

Sankar, P.; Cho, M. K.: Toward a new vocabulary of human genetic variation, in: Science 298/2002, S. 1337-1338

Schäfer, Achim Th.: Bioterrorismus und biologische Waffen, Berlin 2002

Schell, Thomas von; Steltz, Rüdiger (Hrsg.): Inszenierungen zur Gentechnik, Wiesbaden 2000

Schellekens, Huub, u. a.: Ingenieure des Lebens, DNA-Moleküle und Gentechniker, Heidelberg 1992

Scheller, Ruben: Das Gen-Geschäft. Chancen und Gefahren der Biotechnologie, Köln 1988

Schicktanz, Silke u. a.: Kulturelle Aspekte der Biomedizin. Bioethik, Religionen und Alltagsperspektiven, Frankfurt a. M. 2003

Schindele, Eva: Schwangerschaft. Zwischen guter Hoffnung und medizinischem Risiko, Hamburg 1995

Schmidtke, J.; Sperling, K.: Genetische Tests auf dem Teststand, in: Zeitschrift für Biopolitik 1/2003, S. 39–47

Schneider, J. A.; Pungliya, M. S.; Choi, J. Y.; Jiang, R. u. a.: DNA variability of human genes, in: Mechanisms of Ageing and Development 124/2003, S. 17-25

Schöne-Seifert, Bettina: Grundlagen der Medizinethik, Stuttgart 2007

Schöne-Seifert, Bettina: Medizinethik, in: Nida-Rümelin, Julian (Hrsg): Angewandte Ethik, Stuttgart, 1996, S. 552-648

Schopfer, Peter; Brennicke, Axel; Mohr, Hans: Pflanzenphysiologe, Heidelberg 2005

Schramme, Thomas: Bioethik, Frankfurt a. M. 2002

Schuller, Alexander; Heim, Nikolaus (Hrsg.): Der codierte Leib. Zur Zukunft der genetischen Vergangenheit, Zürich 1989

Schwank, Alex (Hrsg.): Stammzellen-Monopoly. Keine Patente auf Leben, Freiburg 2003

Schwartz, R. S.: Racial profiling in medical research, in: NEJM 344/2001, S. 1392-1393.

Schwinger, E.: Präimplantationsdiagnostik: Medizinische Indikation oder unzulässige Selektion? Gutachten Bio- und Gentechnologie, Bonn 2003

Shahine, L. K.; Cedars, M. I.: Preimplantation genetic diagnosis does not increase pregnancy rates in patients at risk for aneuploidy, in: Fertility and Sterility 85/2006, S. 51-56

Shiva, Vandana: Biopiraterie. Kolonialismus des 21. Jahrhunderts, Münster 2002

Shiva, Vandana: Geraubte Erde. Biodiversität und Ernährungspolitik, Zürich 2004

Shriver, M. D.; Smith, M. W. u. a.: Ethnic-affiliation estimation by use of population-specific DNA markers, in: Am J Hum Genet 60/1997, S. 957-964

Silver, Lee M.: Das geklonte Paradies. Künstliche Zeugung und Lebensdesign im neuen Jahrtausend, München 1998

Sloterdijk, Peter: Regeln für den Menschenpark, Frankfurt a. M. 1999

Smith, Jeffrey M.: Trojanische Saaten, München2004

Smith, Michael Marshall: Geklont, Reinbek bei Hamburg 1998

Spangenberg, Joachim: Das grüne Gold der Gene. Vom Angriff der Gentechnik auf das Leben der Dritten Welt, Wuppertal 1992

Sperling, Karl: Das Humangenomprojekt: heutiger Stand und Zukunftsperspektiven, in: Ganten, D. u. a. (Hrsg.): Gene, Neurone, Qubits & Co. Ges Dtsch Naturf u Ärzte Tagungsband 120, Stuttgart 1999, S. 207-215

Sperling, Karl: Das Humangenomprojekt: Medizin im Licht der Evolution, in: Dtsch. med. Wschr. 125/2000, S. A15-A20

Sperling, Karl: Die Genkarte des Menschen: Grundlage einer molekularen Anatomie, in: Parthier, B. (Hrsg.): Jahrbuch 1998. Deutsche Akademie der Naturforscher Leopoldina, Halle/Saale 1999, S. 431-447

Sperling, Karl: Gendiagnostik-Gesetz - wie sieht die Prognose aus? In: Biospektrum 3/2006, Editorial

Sperling, Karl: Präimplantations- versus Pränataldiagnostik. Ein Vergleich aus humangenetischer Sicht, in: Zeitschrift für ärztliche Fortbildung, 6/2002, S. 404–409

Sperling, Karl: Präimplantationsdiagnostik, in: Schmidtke, J. u. a. (Hrsg): Gendiagnostik in Deutschland. Status quo und Problemerkundung, Limburg 2007

Sperling, Karl: Reduktionismus und seine Folgen am Beispiel der Humangenetik, in: Berlin-Brandenburgische Akademie der Wissenschaften (Hrsg.): Gegenworte - Hefte für den Disput über Wissen, Berlin 2004, S. 19–23

Sperling, Karl: Welchen Wert hat die Wissenschaft? Ein Beitrag aus Sicht der Humangenetik zum Diskurs „Neue Aufklärung", in: Dürr, H.-P. (Hrsg.): Wirklichkeit, Wahrheit, Werte und die Wissenschaft, Berlin 2003

Steger, Ulrich (Hrsg.): Die Herstellung der Natur. Chancen und Risiken der Gentechnologie, Bonn 1985

Steinbiß, Hans-Henning: Transgene Pflanzen, Heidelberg 1995

Stephens, J. C.; Schneider, J. A.; Tanguay, D. A. u. a.: Haplotype variation and linkage disequilibrium in 313 human genes, in: Science 293/2001, S. 489-493

Stingelin, Martin (Hrsg.): Biopolitik und Rassismus, Frankfurt a. M. 2003

Streatfield, S. J.; Howard, J. A.: Plant-based vaccines, in: Int J Parasit 33/2003, S. 479-493

Sullivan, S.; Cowan, C. A.; Egan, K. (Hrsg.): Human Embryonic Stem Cells: The Practical Handbook, West Sussex 2007

Taubenberger, J. K.; Reid, A. H.; Krafft, A. E. u. a.: Initial genetic characterization of the 1918 'Spanish' influenza virus, in: Science 275/1997, S. 1793-1796

Testart, Jacques; Sele, Bernard: Towards an efficient medical eugenics: is the desirable always the feasible? In: Human Reproduction 10/1995, S. 3086-3090

Thimm, Utz; Wellmann, Karl-Heinz (Hrsg.): Darwins Enkel. Zwischen Evolutionsforschung und Genetik, Marburg 2002

Traverso, Enzo: Moderne und Gewalt. Eine europäische Genealogie des Nazi-Terrors, Köln 2003

Tumpey, T. M.; Taubenberger, J. K., Swayne, D. E. u. a.: Existing antivirals are effective against influenza viruses with genes from the 1918 pandemic virus, in: PNAS 99/2002, S. 13849-13854

Upton, C.; Slack, S.; Hunter, A. L.; Ehlers, A.; Roper, R. L.: Poxvirus orthologous clusters: toward defining the minimum essential poxvirus genome, in: J Virol 77/2003, S. 7590-7600

Van den Daele, Wolfgang: Droht präventiver Zwang in Public Health Genetics? In: Schmidtke, J. u. a. (Hrsg.) Gendiagnostik in Deutschland. Status quo und Problemerkundung, Limburg 2007

Van den Daele, Wolfgang: Soziologische Aufklärung zur Biopolitik, in: Van den Daele, Wolfgang (Hrsg.): Biopolitik. Leviathan Sonderheft 23, Wiesbaden 2005, S. 7-41

Van der Ploog, Irma: Only Angels can do without skin. On reproductive technologies hybrids and the politics of body boundaries, in: Body & Society 2-3/2004, S. 153-181

Wagenhofer, Erwin; Annas, Max: We Feed the World. Was uns das Essen wirklich kostet, Kempten 2006

Wagner, Friedrich (Hrsg.): Menschenzüchtung. Das Problem der genetischen Manipulierung des Menschen, München 1969

Waldschmidt, Anne: Normierung oder Normalisierung: Behinderte Frauen, der Wille zum „Normkind" und die Debatte um die Pränataldiagnostik, in: Graumann, Sigrid; Schneider, Ingrid (Hrsg.): Verkörperte Technik- Entkörperte Frau. Biopolitik und Geschlecht, Frankfurt a. M. 2003, S. 95-109

Wartburg, Walter P. von; Liew, Julian: Brennpunkt Gentechnologie, Frankfurt a. M. 1999

Weber, Thomas P.: Genforschung, Köln 2002

Wehowsky, Stephan: Schöpfer Mensch? Gen-Technik, Verantwortung und unsere Zukunft, Gütersloh 1985

Weigel, Sigrid (Hrsg.): Genealogie und Genetik. Schnittstellen zwischen Biologie und Kulturgeschichte, Berlin 2002

Weingart, Peter; Kroll, Jürgen; Bayertz, Kurt: Rasse, Blut und Gene. Geschichte der Eugenik und Rassenhygiene in Deutschland, Frankfurt a. M. 1992

Weß, Ludger (Hrsg.): Die Träume der Genetik. Gentechnische Utopien von sozialem Fortschritt, Nördlingen 1989

Wheelis, M.; Dando, M.: Back to bioweapons? In: Bulletin of the Atomic Scientist 59/2003, S. 40-46

Wheelis, M.; Dando, M.: On the brink: biodefence, biotechnology and the future of weapons control, in: Chemical & Biological Weapons Convention Bulletin 58/2002, S. 3-7

Whitelaw, N. C.; Whitelaw, E.: How lifetimes shape epigenotype within and across generations, in: Hum Mol Genet 15/2006, S. 131-137

Wichterich, Christa (Hrsg.): Menschen nach Maß, Göttingen 1994

Wiesemann, Claudia: Von der Verantwortung, ein Kind zu bekommen. Eine Ethik der Elternschaft, München 2006

Wiesing, Urban (Hrsg.): Ethik in der Medizin, Stuttgart 2004

Wildermuth, Volker: Biotechnologie. Zwischen wissenschaftlichem Fortschritt und ethischen Grenzen, Berlin 2006

Wilmut, Ian; Campell, Keith; Tudge, Colin: Dolly. Der Aufbruch ins biotechnische Zeitalter, München 2001

Winnacker, Ernst-Ludwig: Das Genom. Möglichkeiten und Grenzen der Genforschung, Frankfurt a. M. 2002

Wobus, A. M.; Hucho, F.; van den Daele, W. u. a.: Stammzellforschung und Zelltherapie. Stand des Wissens und der Rahmenbedingungen in Deutschland. Supplement zum Gentechnologiebericht, München 2006

Wöhrmann, Klaus; Tomiuk, Jürgen; Sentker, Andreas: Früchte der Zukunft. Grüne Gentechnik, Weinheim 1999

Wood, A. J.: Racial differences in the response to drugs - pointers to genetic differences, in: NEJM 344/2001, S. 1393-1395

Wormer, Eberhard J.: Stammzellen, Köln 2003

Wörner, Beate: Von Gen-Piraten und Patenten, Frankfurt a. M. 2000

Wuketits, Franz M.: Bioethik. Eine kritische Einführung, München 2006

Wuketits, Franz M.: Was ist Soziobiologie? München 2002

Zankl, Heinrich: Genetik. Von der Vererbungslehre zur Genmedizin, München 1998

Zarzer, Brigitte: Einfach GENial. Die Grüne Gentechnik: Chancen, Risiken und Profite, Hannover 2006

Zoglauer, Thomas: Konstruiertes Leben. Ethische Probleme der Humangenetik, Darmstadt 2002

Zubair, Fabian u. a.: Gender preferences and demand for preconception sex selection: a survey among pregnant women in Pakistan, in: Human Reproduction 2/2007, S. 605-609

Angaben zu den Autoren

Jan van Aken, Dr. war als Biowaffen-Inspektor bei den Vereinten Nationen tätig, ist Gründer und Leiter des Biowaffen-kritischen Sunshine Project (www.sunshine-procect.de) sowie der Forschungsstelle Biowaffen & Rüstungskontrolle der Uni Hamburg. Seit 25 Jahren arbeitet und publiziert er zu Fragen der Gentechnik, von Pharmakogenetik, Gen-Food und Humangenetik bis hin zu biologischen Waffen. Derzeit arbeitet er als Campaigner für Gentechnik bei Greenpeace International.

Rolf Becker, Prof. Dr. med., Studium der Physik an der TU Berlin, der Humanmedizin an der FU Berlin, Oberarzt im Klinikum Steglitz, Promotion am Institut für klinische Physiologie, Habilitation am Klinikum Steglitz. Außerplanmäßiger Professur an der FU Berlin seit 2001.

Achim Bühl, Prof. Dr. phil. habil., Hochschullehrer für Technik- und Mediensoziologie mit den Schwerpunkten Technikfolgenabschätzung und Zukunftsforschung an der Hochschule für Technik Berlin (ehemals TFH Berlin, Nachfolge Prof. Dr. Rolf Kreibich) , Studium der Soziologie, Philosophie, Sozial- und Wirtschaftsgeschichte sowie der Informatik in Bonn und Marburg. Diplom-Soziologe und EDV-Organisator. Dissertation zum Internet, Habilitation zur Psychologie und Soziologie virtueller Welten. Buchveröffentlichungen u.a.: „Cybersociety", „Computerstile", „Cyberkids", „Die virtuelle Gesellschaft im 21.Jahrhundert" sowie zahlreiche Statistik- und Informatiklehrbücher.

Alexander Dix, Dr. ist seit Juni 2005 Berliner Beauftragter für Datenschutz und Informationsfreiheit. Zuvor war er sieben Jahre Landesbeauftragter für den Datenschutz und für das Recht auf Akteneinsicht in Brandenburg. Er ist Vorsitzender der Internationalen Arbeitsgruppe zum Datenschutz in der Telekommunikation (international auch bekannt als „Berlin Group") und Mitglied der Artikel 29-Gruppe der Europäischen Datenschutzbeauftragten. Das Studium der Rechtswissenschaften in Bochum, Hamburg und London schloss er mit dem Grad eines Master of Laws an der London School of Economics and Political Science ab und promovierte 1984 zum Dr. jur. an der Universität Hamburg. Er begann seine Tätigkeit beim Berliner Datenschutzbeauftragten 1985 und war von 1990 bis 1998 dessen Stellvertreter.

Ferdinand Hucho ist Professor a.D. für Biochemie der FU-Berlin. Nach Studium der Chemie und Promotion in Freiburg, Postdoc in den USA (University of Texas at Austin). Habilitation für das Fach Biochemie in Konstanz. Nach Aufenthalten am Institut Pasteur/Paris und in Cold Spring Harbor/N.Y. Wechsel zur Neurochemie. Ernennung zum Professor in Konstanz, Ruf an die FU-Berlin. Präsident der European Society for Neurochemistry (ESN). Mitglied des Vorstands der Berlin Brandenburgischen Akademie der Wissenschaften. Inititiator und Sprecher (bis 2007) des 1. Deutschen Gentechnologieberichts.

Tanja Krones, PD Dr. med. Dipl. Soziologin, ist Dozentin für Klinische Ethik am Fachbereich Medizin der Phillipps-Universität Marburg, Mitglied der Zentralen Ethikkommission bei der Bundesärztekammer, sowie in verschiedenen Fachgesellschaften. u. a. des International Network of Agencies for Health Technology Assessment (INAHTA) zur ethischen Evaluation von Gesundheitstechnologien. Sie hat Medizin, Soziologie, Psychologie und Politologie studiert und über das Thema „Depressionen bei älteren Arbeitsmigranten- eine sozialepidemiologische Studie" in der Medizin promoviert. Die Habilitation in Ethik in der Medizin hat sie im Jahr 2007 abgeschlossen. Veröffentlichungen zu Ethik und Genetik, Pränatal-und Präimplantationsdiagnostik, Arzt-Patient Beziehung, Gesundheitspolitik, Health Technology Assessment, Wissenschaftstheorie und zur klinischen Ethik.

Karl Sperling, Prof. Dr., Prof. h. c., Studium der Biologie und Chemie in Hamburg, Freiburg und Berlin; 1971 Ernennung zum Professor am Institut für Allgemeine Biologie und Genetik der FU Berlin; seit 1976 ordentlicher Professor und Direktor des Instituts für Humangenetik der Charité – Universitätsmedizin Berlin. Mitglied der Berlin-Brandenburgischen Akademie der Wissenschaften und der Deutschen Akademie der Naturforscher Leopoldina. Ehrenmitglied der "Czech Medical Society". Zahlreiche wissenschaftliche Arbeiten auf dem Gebiet der molekularen Humangenetik und Humanzytogenetik.

Sach- und Personenregister

A

Aborte 145
  habituelle 152, 210
Abstammungsbegutachtung 343
Abstammungsuntersuchung 343
Abtreibungsdebatte 173, 176, 221
Ackerschmalwand 381
Adenauer, Konrad 57
Adorno, Theodor W. 140
Affenpocken 472
Agar, N. 71
Aguti-Gen 281
Aktion T4 52
Alien
  Die Wiedergeburt 278
Allele, populationsspezische 489
Allelfrequenzen 491
Allergie 391, 393
  Auslösung 394
  Fälle 394
  Nüsse 392
  Symptome 391
Alpha-Amylase 427
Altersrisiko 108
Amniozentese 111, 352
Amplifikation 343
Anämie, fetale 110
Andra Pradesh 410
Andrews, Lori 61
Anencephalie 107, 111
Aneuploidien 335
  Screening 145, 146, 169, 208, 210
Anhaltermoleküle 383, 384
Anthrax 465
  unsichtbares 465
Antibiotika-Resistenz 425, 466
Antibiotikaresistenz-Gene 466
Anti-Frost-Protein 293
Apoptose 245, 272
Arabidopsis thaliana 381
Arendt, Hannah 44, 45
Argentinien 407
Array-CGH 343, 344
Artenvielfalt 399
Aventis Crop Science 424

B

Baby take home Rate 153, 154, 195
Baby-Facing 133
Bacillus thuringiensis 402
Bakterien, Unsichtbarkeit 465
Bauernsterben 415
Baumwolle 409
Baur, Erwin 46
Beck, Ulrich 138, 139, 240
Becker, Rolf 19
Beck-Gernsheim, Elisabeth 138, 139, 240
Befragung
  Ergebnisse zur PID 202
  standardisierte 202
Befruchtung 153, 155, 164, 166, 179, 183,
  185, 186, 187, 199, 226, 231, 233, 235
  künstliche 143
Behindertenbewegung 187, 201
Behindertenfeindlichkeit 124, 126
Behinderung 158, 173, 174, 177, 178, 179,
  182, 187, 194, 195, 197, 198, 202, 217
  Diskriminierung 181
  Recht auf 58
Bell, Alexander Graham 32
Benda-Kommission 361
Beratung, genetische 346
Berlin, Isaiah 180
Bethmann Hollweg, Thomas von 42
Beutelwolf, tasmanischer 295
Bevölkerung 193, 194, 202, 203, 204, 208,
  209, 210, 212, 213, 217, 219, 222, 224,
  229, 236, 237
Bevölkerungsdiskurs, apokalyptischer 33
Bewusstseinstheorie 119
Bienenproblematik 403
Bienensterben 406
Binding, Karl 31, 42
Biobanken 344, 366
Biodiversität 398
Bioethiker 179, 185, 190
Bioethikgesetze 158, 159
Bioethik-Konvention
  Europarat 317
Biofeinde, natürliche 433
Biologie, synthetische 26

Sach- und Personenverzeichnis 531

GPSR Compliance

The European Union's (EU) General Product Safety Regulation (GPSR) is a set of rules that requires consumer products to be safe and our obligations to ensure this.

If you have any concerns about our products, you can contact us on ProductSafety@springernature.com

In case Publisher is established outside the EU, the EU authorized representative is:

Springer Nature Customer Service Center GmbH
Europaplatz 3
69115 Heidelberg, Germany

The manufacturer's authorised representative in the EU is Springer
Nature Customer Service Centre GmbH, Europaplatz 3, 69115 Heidelberg,
Germany. If you have any concerns regarding our products, please
contact ProductSafety@springernature.com

Printed and bound by CPI Group (UK) Ltd, Croydon, CR0 4YY
24/04/2026
02096312-0008